地质时间划分沿革表

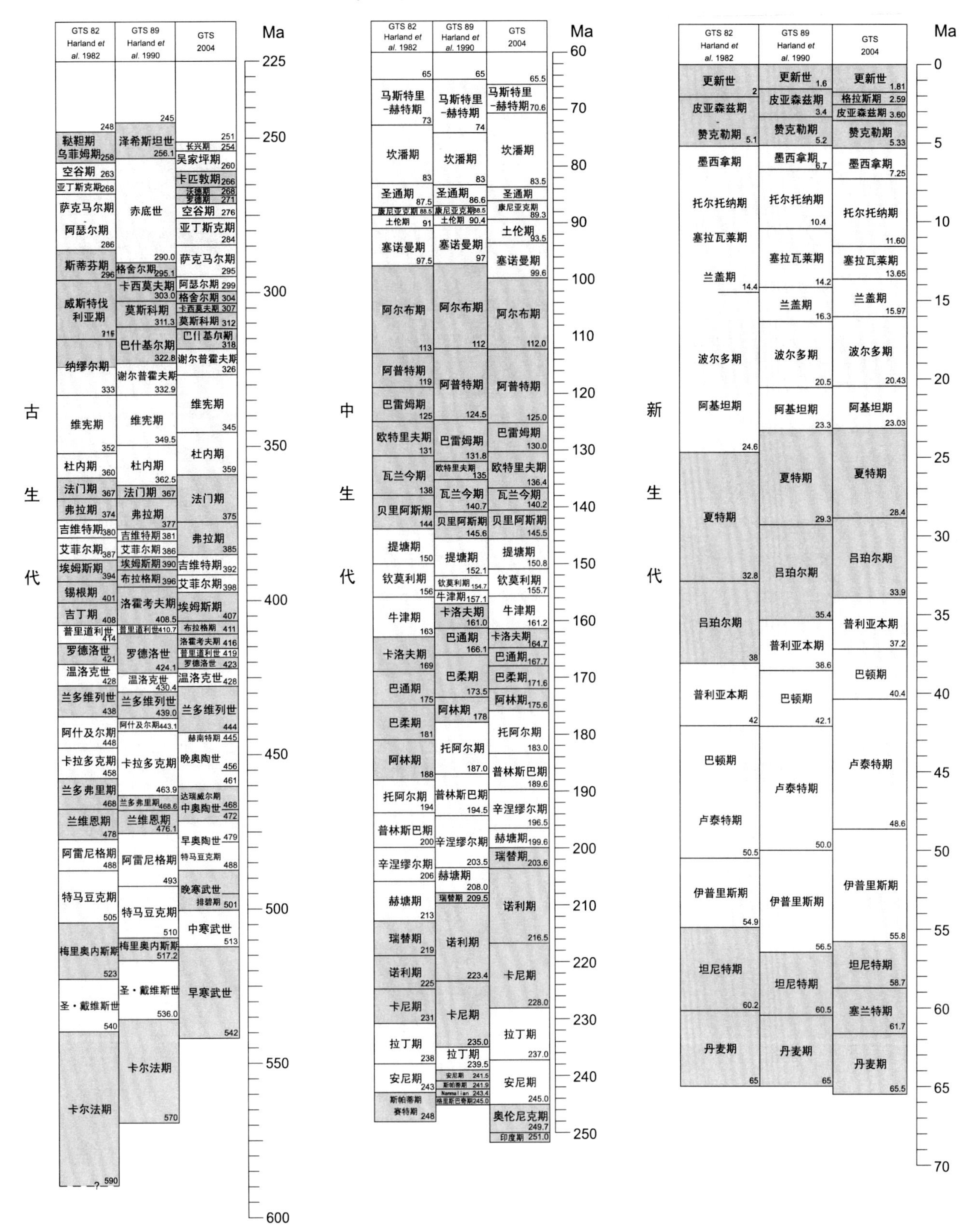

注：表中的栏目显示了国际地质年表(Geologic Timescale, GTS)的演变历史，反映了在年代测定和全球生物地层对比方面不断取得的进展。本表基于三个自上世纪80年代以来发表、并广为接受的地质年表版本，展示了显生宙期一级单元的时限与名称的变化。许多老的期名，如奥陶纪的老期名，特别是最近才被修改的名称，目前仍被普遍使用。读者在阅读本书过程中可将本表作为期名的参考。此外，书中引用的部分图表中标注的绝对年龄，均引自其原始发表文献，书中未作修正。本表据国际地层委员会的原始图件重绘而得，原图可从国际地层委员会官方网站(http://www.stratigraphy.org/)下载。

译者注：表中期名的译法参考《地层学杂志》第37卷第3期第257页。

古生物学原理

第三版

〔美〕MICHAEL FOOTE　　ARNOLD I. MILLER 著
（芝加哥大学）　　（辛辛那提大学）

樊隽轩　詹仁斌 等 译
（中国科学院南京地质古生物研究所，
现代古生物学和地层学国家重点实验室）

科 学 出 版 社
北 京

图字：01-2008-2846号

First published in the United States
By
W.H. FREEMAN AND COMPANY, New York and Basingstoke

图书在版编目（CIP）数据

古生物学原理：第三版/（美）富特（Foote, M.），（美）米勒（Miller, A. I.）著；樊隽轩，詹仁斌等译．—北京：科学出版社，2013. 4

书名原文：Principles of Paleontology

ISBN 978-7-03-038418-8

I.①古…　II.①富…　②米…　③樊…　④詹…　III.①古生物学　IV.①Q91

中国版本图书馆 CIP 数据核字（2013）第 194284 号

责任编辑：胡晓春 / 责任校对：张怡君
责任印制：赵　博 / 封面设计：王　浩

科学出版社出版
北京东黄城根北街 16 号
邮政编码：100717
http://www.sciencep.com
北京建宏印刷有限公司印刷
科学出版社发行　各地新华书店经销
*
2013年4月第　一　版　　开本：889×1194　1/16
2024年4月第四次印刷　　印张：20　插页：2
字数：650 000

定价：168.00 元
（如有印装质量问题，我社负责调换）

译 者 名 单

（以姓氏汉语拼音为序）

陈　清	中国科学院南京地质古生物研究所	第七章
樊隽轩	中国科学院南京地质古生物研究所	第七章，词汇解释
方宗杰	中国科学院南京地质古生物研究所	第三章
华　洪	西北大学	第五章
冷　琴	美国布莱恩特大学	第四章
李国祥	中国科学院南京地质古生物研究所	词汇解释
林　巍	中国科学院南京地质古生物研究所	第九章
马学平	北京大学	第一章
毛方园	中国科学院古脊椎动物与古人类研究所	第二章
王　晶	中国建筑材料工业地质勘查中心浙江总队	第十章
王　军	中国科学院南京地质古生物研究所	第十章
王伟铭	中国科学院南京地质古生物研究所	第二章
王向东	中国科学院南京地质古生物研究所	第九章
王小娟	中国科学院南京地质古生物研究所	第九章
詹仁斌	中国科学院南京地质古生物研究所	第八章，词汇解释
张元动	中国科学院南京地质古生物研究所	第六章

资助项目和资助单位

中国科学院知识创新方向性项目（KZCX2-EW-111）
国家自然科学基金（41221001, 41290260 和 41272042）
中国科学院南京地质古生物研究所　　　　　　　　　　联合资助
现代古生物学和地层学国家重点实验室
GBDB 数据库（Geobiodiversity Database, www.geobiodiversity.com）

目　录

中文版序

上世纪60至70年代，David M. Raup与Steven M. Stanley两位学者开始了古生物学领域的一场科学创新，他们将化石作为一种数据使用，以此来研究与地球中生命历史相关的一些科学问题。作为这一创新的重要方面，由Raup与Stanley共同编写的最初两版《古生物学原理》（*Principles of Paleontology*，*POP*）有力地推动了大学中古生物学教学方法的改革，并对后继的古生物学家产生了深远影响。

与此同时，在过去的四十年里，各国古生物学家见证了中国古生物学在研究广度和国际影响力上令人震惊的增长。几乎每周我们都能在主流科学刊物上看到中国学者发表的创新性古生物学论文！这不仅仅是由于源自中国的、与生命历史中重要时段相关的地层和古生物研究的急剧增长，同时也是因为越来越多的数据分析方法被中国的古生物学家作为常规手段用于古生物和地层数据的分析上。

在《古生物学原理》第二版出版以后，古生物科学又经历了长期的持续发展。在本书中，也即《古生物学原理》的第三版中，我们试图报道20世纪古生物学涉及的各种理论基础和分析原理。考虑到中国古生物学在同时取得的迅猛发展，在中国出版本书的中译本尤为适合。

本书能被翻译为中文发行，我们深感荣幸。中国科学院南京地质古生物研究所的樊隽轩博士最初提出了中译本的建议，并且，经过他与诸位译者的不懈努力，本书最终得以出版发行，在此深表谢意。

Arnold I. Miller

序

教科书通常有两种风格：追随者和领导者。追随者是将某个领域或学科已有的诸多资料有效地融合在一起，并以一种学生和老师易于接受的方式展示出来。领导者是聚焦于某个领域或学科前沿以及新涌现的诸多新理论，并将之有效地展示出来。Foote 和 Miller 在本书中采用了第二种策略，并将两种方法很好地融合在一起。因此，我预言“*POP*3”（《古生物学原理》第三版，这一叫法对我而言感觉很亲切），将会拥有长期而高效的学术影响力。

自 Steve Stanley 和我发表“*POP*1”以来的 35 年里，古生物学发生了引人注目的变化。在 1971 年，我们（以及其他同行）努力将我们的学科带入 20 世纪。严格的定量方法被引入古生物的形态分析以及生物地层学研究，计算机开始被广泛用于处理大型数据库，并且许多源自居群生物学的方法首次被应用于化石。或许更为重要的是，古生物学开始有效地与演化生物学交互，与地质学中生物地层学之外的领域交互，尤其是沉积学、生物地球化学和构造地质学。

现今对于 Foote 和 Miller，以及本书的使用者而言，新的挑战是如何将古生物学研究推进到 21 世纪。正如第一章中指出的，古生物学正处于复兴之中，大量在 35 年前未知的方法以及分析技术被不断引入古生物学研究之中。因此，“*POP*3”与更早的两版《古生物学原理》在内容上极少重叠，这也是本书值得赞扬的一点。尽管如此，Foote 和 Miller 在本书中依然记述了一点基本的事实，即所有优秀的古生物学研究均建立于对化石及其赋存地质环境的认真描述和分类。

David M. Raup
威斯康星州华盛顿岛
2006 年春

前　言

上世纪70年代，David M. Raup和Steven M. Stanley发表了前两版的《古生物学原理》，并以此彻底改革了古生物学的教学方法。学生们受Raup和Stanley以及使用《古生物学原理》作为教科书的一代教师的影响，开始创新性地思考如何将古生物学数据有效地整合在一起。正是在Raup和Stanley著作的直接影响下，现在这些学生已经成长起来并为科学事业做出他们自己的贡献。

自第二版的《古生物学原理》于1978年发表以来，古生物学所涉及的领域不论是在深度还是广度上都在不断成长。尽管第二版的《古生物学原理》中论及的古生物学的许多方面迄今仍然适用，但近年来的需求明显表明，我们需要对此更新。

继续强调古生物学的基本原理

在过去三十年里古生物学取得了令人惊叹的进展，因此对著者而言，对之前版本的有限改写是不够的，读者需要的是包含更多新内容的重写。我们的目标是在本书中继续保持对古生物学的基本概念和分析方法的前瞻性聚焦，而这一点，在Raup和Stanley的前两版著作中均得到了非常有效的体现。因此，与前两版类似，本书的目的是提供一本适合于高年级本科生学习、对古生物学的基本概念进行全面介绍的课本。本书并非对古生物学记载的事实的全面论述，而是对古生物学家在其研究中产生的研究内容和研究方法上的疑问的综述。

方法的广度与难度的平衡

可用以解决古生物学问题的数据和方法总是随着很多因素的变化而千变万化：从生物学到地质学，从单个生物体到较大的生物群体，从经验到理论，从区域到全球，从定性到定量。在本书中我们并不想聚焦在单一系列的研究方法，而是试图在多样化的古生物学研究方法中找到一个平衡点，并尽量将研究方法的难度保持在适合本科生的水平。我们同样也期望本科生之外的读者们，也能从本书中找到感兴趣的内容。

在我们看来，一部篇幅适中的著作不可能既论及古生物学的诸多原理，也涵盖所有重要生物类群的系统分类学信息，并在两者间保持平衡。因此，在本书中我们附注了很多关于系统古生物学和解剖学的补充阅读材料，如果古生物学课程还伴随着实验室内基于化石标本的手工课，这些补充材料将尤其有用。

全新的编排方式

与之前的版本相比，本书的编排方式有以下三点不同。

- 首先，本书不再分为两个部分。之前的版本均明显分为两个部分，即化石的描述和分类，以及古生物数据的使用。随着古生物学的发展，各种方法和科学问题不再显示为如此截然的两类。也就是说，当前对于古生物学中一些引人注目的问题的研究，通常既涉及数据采集方面的新方法，也涉及数据分析方面的新手段。因此，在本书中论及各类古生物学问题时，我们不仅讨论古生物学家如何获取数据，也论及如何针对面临的任务找寻合适的方法分析数据。
- 其次，在过去的三十年里，出现过一些引人注目的综合研究实例。在这些实例中，采用了本书中诸多研究方法，以分析、解决地质学、生物学以及其他学科领域中的一系列相关问题。为此，我们在书末增加了最后一章，“古生物学领域的多学科综合研究案例”。在这一章中，我们介绍了几种当前常用的研究手段，每一种手段在早先的章节中均有详细介绍。

- 最后，在之前版本的《古生物学原理》中包含了大量的、以文本框框出的讨论系统古生物学和数据分析中的重要步骤的内容，在本书中我们同样采用了这一方法。这些被文本框标出的知识点，是对正文和图表中讨论的素材的进一步处理过程的描述，例如不同的分析程序究竟是如何工作的。提供这些知识点的目的在于，帮助读者进一步了解古生物学中的一些常用分析工具的原理。我们相信，如果学生花费时间去认真阅读这些知识点，将有助于他们了解这些古生物学分析方法究竟是如何工作的。因此，从某种意义上来说，我们可以将这些知识点看做是某种“书中书”，读者可以选择阅读它们，或者跳过它们直接阅读后续内容。

就本质而言，古生物学是地质学、生物学、化学以及物理学的交叉学科。因此在描述这样一个涉及面很广的学科时，我们不可避免地需要做一些抉择，例如哪些主题应当被排除在外，或者是仅做概要介绍。我们试图强调那些对实践古生物学家必要的内容，以及我们了解某个主题所必须的核心数据。对于某些主题，我们在书中仅做了简要的介绍，原因在于与之相关的学科已经非常成熟（例如埋藏学），或者这些主题主要是后本科生阶段的研究内容（例如多变量分析），亦或者这些主题对古生物学的重要性还处于发展的早期阶段。

对于上述的最后一点，一个例子是发育遗传学。现代发育遗传学取得了令人震惊的非凡进展，并对于我们认识生命的演化和历史具有重要的意义。然而，将古生物学数据与发育遗传学信息直接融合产生的研究方向目前仍处于非常初级的阶段。因此，虽然我们可以预见在下一版的《古生物学原理》中这一主题或许会占用一个完整的章节，但在本书中我们仅用了有限的篇幅略作介绍。

Michael Foote
Arnold I. Miller
2006年5月

致　谢

我们衷心感谢 David M. Raup 与 Steven M. Stanley，没有他们的帮助，我们不可能完成本书的撰写工作。他们对古生物学的独特视角，以及所出版的古生物学教科书，深深地影响到我们，无论是作为学生、科学家、教师抑或是作者。

多位同行正式审阅了本书的部分章节并提供了许多必需的指导。这些贡献者包括：

Ann F. Budd，爱荷华大学
Sandra J. Carlson，加州大学戴维斯分校
Karl W. Flessa，亚利桑那大学
Thor Hansen，西华盛顿大学
Peter J. Harries，南佛罗里达大学
Nigel C. Hughes，加州大学河滨分校
Roger L. Kaesler，堪萨斯大学
Lance L. Lambert，得克萨斯大学圣安东尼奥分校
Rowan Lockwood，威廉姆斯和玛丽学院
Rosalie F. Maddocks，休斯顿大学
Jörg Maletz，纽约州立大学布法罗分校
Thomas D. Olszewski，得克萨斯 A & M 大学
Dena M. Smith，科罗拉多大学
James T. Sprinkle，得克萨斯大学奥斯汀分校
Sally E.Walker，乔治亚大学

此外，在写作本书的过程中，还有许多同行慷慨地与我们分享了他们的想法。因此，除了上述感谢了的审稿人，以及为本书提供了照片和插图并由于人数太多而无法在此一一列出的同行之外，我们感谢下述同行对本书所做的贡献，包括：Jonathan Adrain, John Alroy, Richard Aronson, C. Kevin Boyce, Carlton E. Brett, Devin Buick, Katherine Bulinski, Matthew T. Carrano, Rex E. Crick, Hope De Simone, Douglas H. Erwin, Jack Farmer, Chad Ferguson, Daniel C. Fisher, Richard A. Fortey, Juan M. Garcia-Ruiz, Philip D. Gingerich, Shannon Hackett, Austin Hendy, Steven M. Holland, Gene Hunt, David Jablonski, Christian F. Kammerer, Susan M. Kidwell, Michael LaBarbera, Riccardo Levi-Setti, David R. Lindberg, Peter J. Makovicky, Charles Marshall, Pamela Martin, Frank K. McKinney, David L. Meyer, Karl J. Niklas, Shanan E. Peters, Carl Simpson, Andrew B. Smith, Mark Webster 以及 Scott L.Wing。我们特别感谢已过世的 Jack Sepkoski，他敏锐的思想一直帮助着我们和引导着我们完成本书的撰写。

最后，我们想感谢 W. H. Freeman 出版集团的编辑和技术人员，尤其是 Valerie Raymond 和 Vivien Weiss 一直在帮助我们并高效地推动着本书的编辑出版工作。

我们希望读者能将书中的错误之处反馈给我们，以便于我们在将来的再次印刷和再版时可以修正这些错误。

第一章　化石记录的特性

1.1 古生物学的性质及范畴

- *化石主要发现于沉积岩中，因此，在哪里能发现化石关键在于在哪里能发现相关的沉积岩。三十多年前，古生物学家记述了在某一特定地质时期保存下来的沉积物数量及化石数目之间的一种简单关系（图 1.1）。然而这也引出了一个新的问题（而且至今仍然没有答案）：我们在化石记录中所看到的生物界多样性的变化，究竟在多大程度上反映了生命历史中实际的多样性变化过程？*
- *生物死亡后形成化石的概率很小，这会使我们猜测，生活于现今生物群落中的物种最终不会全部出现在化石记录中。虽然如此，如果我们要建立生活于某一地区的完整物种目录，在未固结的沉积物内采集死亡壳体要比采集活体标本相对更为有效［见 1.2 节］。但为何会这样呢？*
- *通过对各个物种的详细研究，古生物学家发现，许多物种在数百万年间几乎没有什么演化方面的变化。假使如此，那么生命历史为何会显示出某些重要的演化趋势——例如，生物体型（body size）的增加、机体的不断复杂化、更加有效的取食方式，以及智能上的提高［见 7.4 节］？*

上述几个问题仅仅是**古生物学**（paleontology）所涉及的众多问题中的几个而已。广义上来说，古生物学是研究史前生命的学科。尽管这个定义足够清楚，但它并未表达出目前包含在该学科内的那些令人兴奋的研究领域；事实上，可以公正地说，古生物学正处于复兴中期，这主要归因于新一代的分析技术及方法应用于化石记录中，以此来解释与地球上生命的历史、现状和未来紧密相关的地质学、生物学，甚至是天文学上的问题——这或许会令某些学生感到非常惊讶。

古生物学资料来源于化石的形态、化学性质及其时空分布。**化石**（fossil）的英文来源于拉丁文 *fodere*，本意是挖掘的意思。化石这个术语曾经用来指示从地下挖掘出的几乎所有东西，但现在则专指史前生命的遗体和遗迹。化石是通过机械的或化学的方法从岩石或未固结的沉积物中获得的，这些岩石或沉积物可以是地表的自然露头，或者是经由人类活动如筑路或采矿等暴露出来。历史上，发达国家对主要的人类居住区附近的化石资料已经有了非常详细的研究；目前，越来越多的精力致力于从边远的地区如南极洲采集样品并进行分析。

之前提到的观察到的多样性与保存的沉积物之间的关系反映了一个更为普遍的问题，即化石记录的不完整性是否会影响到我们对史前生命的研究。本书的一个中心主题是，在任何时候我们都要考虑到化石记录的特性（如不完整性），并通过一些严谨的技术手段解决其不足之处。本书的目的之一是告诉学生如何解释化石记录数据，通常是通过一些模型及观察这些数据是如何形成的；与此同时，需注意避免与化石记录有关的两个误解。第一个是一个隐含的假定，即认为化石记录都是完整的，因此可用以代表真实的生命历史数据；第二个正好与之相反，认为化石记录是如此的偏差或不完整，因此认为它没有什么科学价值。

事实上，正因为化石记录的不完整性，有时我们可以对化石记录中存在的模式曲解现象进行预测，而这些预测可以被利用起来产生好的效果。举一个简单例子，方解石是碳酸钙的一种形式，它比另一种形式——文石［见 1.2 节］更加稳定。大多数**腕足动物**①* 具有方解石壳，而文石和方解石均普遍见于**双壳类软体动物**中。因此，我们可以推测双壳类具有更低的保存概率，在化石记录中的缺失

---

① 请参见后环衬关于古生物学重要生物类群的概要。

* 原书中重要生物类群名称以加粗的大写英文表示，词汇解释名词以黑体表示。在中文版中无法做此处理，因此做如下规定，即加粗体的生物类群名称请参见后环衬，其他加粗体名词请参见词汇解释。——译者

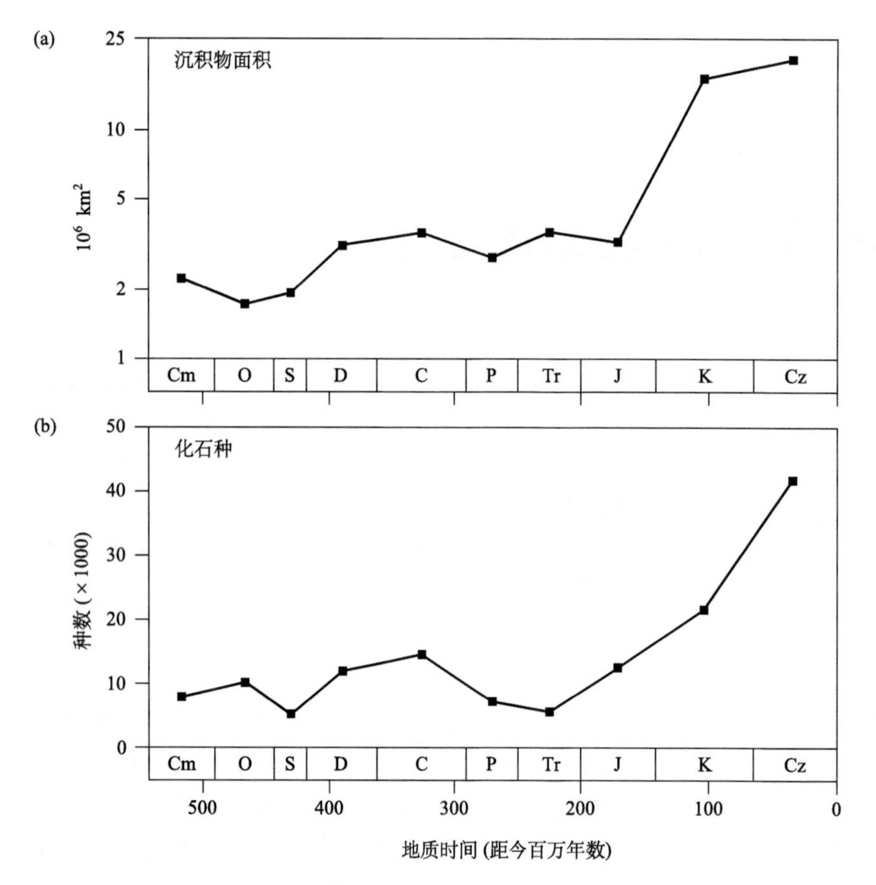

图 1.1 地质历史中的沉积岩与化石多样性*

(a) 根据显生宙各时期地质图测量得到的沉积岩出露面积（这些数据标绘在对数坐标轴上，用以强调数字间的比例变化；在这种对数标度上，一个单位的差异代表了数字间的一个常数比，例如，1 和 2 之间的差别与 5 和 10 间的差别是一样的）；(b) 1900 至 1975 年间发现和命名的无脊椎动物物种数目的估计值。更新世及全新世数据在两幅图中均未包括。所有数据汇编源自全球性的样品采集。具有更多沉积岩的时期也趋于含有更多的化石种。据 Raup（1976a, b）。

* 图中横轴上的字母为地质年表中各纪的简写（见前环衬），自左向右分别为寒武纪（Cm）、奥陶纪（O）、志留纪（S）、泥盆纪（D）、石炭纪（C）、二叠纪（P）、三叠纪（Tr）、侏罗纪（J）、白垩纪（K）和新生代（Cz）。后文图表中出现的此类简写，含义相同，不再重复注释。——译者

会更为严重。然而在中生代和新生代，化石双壳类的种数相对于腕足类种数有了巨大增加。这一观测值与根据假设推测的预期结果不一致，因此可以推测上述现象不是保存偏差的结果，所以我们可以相信，双壳类的种类在过去的 2.5 亿年间确实比腕足动物更为丰富。

对化石记录的不完整性的思考自然而然地会使人产生这样一个疑问：如何解释某种生物或一个更大的生物类群在一个特定时间和特定地区的缺失？假使化石保存是一种稀有事件，那么化石记录中某个化石的缺失并不一定意味着所讨论的生物未曾在那里生活。要证实这种不存在是真实的还是由保存因素造成的，一种方法是利用**埋藏控制**（taphonomic control）的概念（**埋藏学**-taphonomy，正如我们下面要讨论的，是研究化石形成过程的学科）。如果一种物种没有被发现，而另一种与其保存条件相似的物种却被发现了，于是我们可以推测，前一物种被保存的必需条件已经被满足了，因此该物种很可能是存在的。基于这一思路，某个物种在某个地点的缺失是否能反映该生物未曾在该地生活过，将取决于我们是否能找到埋藏控制因素。

1.2 化石保存

化石记录值得注意的方面之一是，一个曾经生活过的生物可以有许多方式保存成化石。仅仅直觉就告诉我们，具有骨骼物质（**硬体部分**，hard part）应该具有较高的保存概率，事实也通常如此。然而，硬体部分的保存并非如此简单，在生物死亡及软体组织（**软体部分**，soft part）经历微生物作用腐解后，骨骼物质会经历机械的、化学的变化。大多矿化骨骼之间具有联结的**有机基质**（organic matrix），这种基质会遭受快速的降解，这可能危及死后（post-mortem）骨骼的耐久性。此外，在特殊条件下，软体部分可以保存下来。通过把实验与观察资料结合起来，古生物学家已经初步了解了化石保存的许多复杂过程以及它们与我们这本书里要解决的问题是怎样的关系。

概要性介绍

死后降解 生命可以存活的环境内一般富含生物，其死亡后紧跟着就是有机组织被吞食、腐烂以及其硬体作为其他生物的基底。因此，许多生物活动并不利于化石的形成，而被搬运或埋藏到一个生物活动弱的区域则可以提高其保存概率。尽管如此，生物活动实际上也可以有利于保存，如结壳生物可以防止壳体的溶解。实验也表明生物死亡后不久被细菌席所覆盖，这以一种有利于矿物沉淀的方式改变了周围水化学体系，这在软体部分保存中起着重要作用。此外，有些生物，例如虾，为了取食而连续不断地通过其潜穴搬运加工沉积物，这可以极为有效地促进骨骼物质的埋藏（见图 9.13）。

降解的物理因素包括风和地面环境的冻结—解冻循环，以及水下环境的水流及波浪作用。风力的侵蚀力主要来源于飘浮在空气中的悬浮物，而在水中，除沉积物的侵蚀力外，水体本身的动能也非常重要。正如我们下面将要看到的，野外观察及模仿机械搬运的实验表明，当水流搬运时，除最粗壮的骨骼外，其他会很快分解。

虽然许多物质已知是由生物产生的（表 1.1），但最重要的成分为有机化合物、碳酸盐、磷酸盐和二氧化硅。有机质主要由碳、氢、氮和氧组成，包括**几丁质**（chitin：节肢动物表皮和真菌的一种主要成分）、**纤维素**（cellulose）和其他一些**多糖**（polysaccharide：藻类及植物细胞壁的主要成分）、**木质素**（lignin：维管植物输导组织的组成成分）、**胶原蛋白**（collagen：组成大部分动物结缔组织）以及**角蛋白**（keratin：一种组成角、爪、鸟喙及羽毛的蛋白质）。**碳酸盐**（carbonate）包括碳酸钙（$CaCO_3$），数量繁多的生物分泌这种物质。**方解石**（calcite）是一种在热动力学上更加稳定的碳酸钙；**文石**（aragonite）较为不稳定，随着时间的推移趋于溶解或转变为方解石。**磷酸盐**（phosphate）包括磷酸钙，其中一种为**磷灰石**（apatite）：$Ca_5(PO_4, CO_3)_3(F, OH, Cl)$，这类矿物是**脊椎动物**牙齿和骨骼、某些腕足动物壳体以及**环节动物**颚器等的重要组成部分。含水**二氧化硅**（silica），或者**蛋白石**（opal），化学方程式为 $SiO_2 \cdot H_2O$，较碳酸盐和磷酸盐少见，但在有些类群中则很重要，例如**海绵**以及单细胞**硅藻**和**放**

表 1.1 古生物中重要生物类群及其产生的主要无机和有机组分（●代表主要成分，○代表次要成分）

类群	无机组分				有机组分				
	碳酸盐	磷酸盐	二氧化硅	氧化铁	几丁质	纤维素	木质素	胶原蛋白	角蛋白
原核生物	●	○		○		○			
藻类	●		○		○	●			
植物	○		○	○		●	●		
单细胞真核生物	●		●	●	○	○			
真菌	○	○		○	●	●			
多孔动物	●		●	○				●	
刺细胞动物	●				○			○	
苔藓动物	●	○			●			○	
腕足动物	●	●			●			○	
软体动物	●	○	○	○	○			○	
环节动物	●	●		○	○			●	
节肢动物	●	●	○	○	●			○	
棘皮动物	●	○	○					●	
脊索动物	○	●		○		○		●	●

数据引自 Towe（1987）。

射虫。

化学基础决定了生物物质趋于稳定的环境条件。例如，有机物在氧化条件下一般是不稳定的，这反映了有机物与氧化剂的化学反应，另外也反映了生活在富氧环境中生物的腐食和其他活动。因此，保存完好的有机物的存在，向我们昭示了有机物当时所处的环境不具备强氧化的条件。碳酸盐在 **pH** 约 7.8 以下就不会存在了，而磷酸盐和硅酸盐在稍微偏酸性的条件下则是稳定的。

对有机质保存的探讨自然会涉及基因物质这一主题。**DNA** 不是一种十分稳定的分子，所以，目前最可靠的 DNA 保存记录仅来自不到 100 万年的干的或者冰冻的生物。主要问题是来自于其他方面对 DNA 的污染，包括微生物和实验人员，此外，还需要通过严格的测试来确定古代 DNA 的真实性。仅举一例可以说明针对古代 DNA 物质我们可以做什么，将灭绝的猛犸象（*Mammuthus*）的 DNA 与亚洲象（*Elephas*）和非洲象（*Loxodon*）的 DNA 进行比较，最近的 DNA 序列分析表明亚洲象的 DNA 与猛犸象的 DNA 较其与非洲象更加相似，因此，猛犸象与亚洲象在进化关系上比现生象种之间更加密切［见 4.2 节］。此项研究中目前还存在部分不确定性，较早期的分析还认为猛犸象与非洲象之间亲缘关系更近。无论最终如何解决这个特定例子中的亲缘关系问题，可靠的古代 DNA 实例的数量正在迅速增加，基于这种物质的分析将在许多演化研究中不断发挥重要作用。

提高保存概率的生物特征 通过分析降解的主要生物、物理及化学因素，我们可以预测哪些种类的生物及生物的哪一部分成为化石的概率最高。因为骨骼物质的有机基质通常在生物死亡后会很快降解，因此矿物与有机质的比值越高骨骼物质保存的可能性会越高。**三叶虫**的表皮较**软甲类甲壳动物**的表皮具有高得多的碳酸钙含量，因此，三叶虫具有较高的保存为化石的概率。类似地，脊椎动物的致密牙齿通常比其骨骼更具耐久性。

骨骼单元数量以及它们连接的方式也影响保存概率。海绵动物在其有机基质中常含有大量的孤立骨针，而许多**珊瑚**由单一、结实的骨骼单元组成，因此，珊瑚更加容易保存下来。矿物成分也很重要，正如先前提到的，方解石与文石相比，是一种更加稳定的碳酸钙，因此，在同样的沉积物中，有时会发现文石质的壳体被溶解掉了，而方解石壳质的种类则完整地保存了下来。有机分子的稳定性也存在差异，例如木质素较纤维素更加不易分解，从而导致富含木质素的维管植物一般较非维管植物更易保存下来。此外，覆盖在维管植物表面的蜡质表皮也可抵御腐烂。

除生物的构造特征外，它们的生态特征也影响其形成化石的概率。最重要的或许是生境。陆地是一个沉积物净剥蚀的区域，而湖泊、海洋以及河流系统的一些部位是沉积物净沉积的区域。因此，水生生物死后很快被埋藏的概率较高，从而远离了生物活动；陆生生物如果搬运到水下环境也极易被石化。总之，海洋区域较陆地区域具有更丰富及完整的化石记录。在所有其他条件相同的情况下，我们也可以期望个体数量较多的物种具有较高的概率形成化石，然而事实情况并没有完全遵循此项规律，因为具有较多个体的物种常常具有较小的体形，而在许多情况下较大的体形可以提高其保存概率，至少是部分躯体。

时间均化 化石组合通常经历了**时间均化**（time averaging）效应，也就是说，它们代表的是骨骼物质在一定时间内积累下来的组合。典型情况下是数十到数千年，但在有些情况下可以达到数百万年，事实上瞬间的沉积相当稀少。时间均化效应是由许多因素引起的，但主要依赖于可保存下来的骨骼物质的生产率及沉积物聚集的速率。对于一定的骨骼生产速率，若沉积速率较低，那么同样厚度的岩层则会包含了更多的世代，因此时间均化效应也就更加明显。下列事实可能使得这种情况变得复杂，即很低的沉积速率会导致长期的暴露，从而使得骨骼物质遭到破坏。沉积岩层也可以通过**生物扰动作用**（bioturbation）出现时间均化效应，也就是未固结沉积物经历正常的搅动及再沉积，这种情况是某些生物活动的一个副产物，如潜穴或消化沉积物以摄取食物等。

许多现生物种显示了一种补丁状的空间分布模式［见 9.3 节］。因此，在某一地点瞬时采集的活体不可能包含以该地点为代表的生活于较大区域的所有物种，然而，随着时间的流逝，由于定居的偶然变化以及某些独特生境分布在时间上的变化，物种的空间分布发生变化。于是，作为生活于某一地区的生物种类的代表取样，某一特定地点的时间均化的化石样品要比在同样范围内采集现生生物群可以提供更加完整得多的资料。然而，这种益处是以降低时间分辨率为代价的，并且在某些情况下失去了精细尺度上的空间补丁状分布的信息。

时间均化效应的重要与否取决于我们正研究的有关过程的时间尺度。例如，如果我们对重建过去生活的当地群落感兴趣，那么经过严重时间均化效应的组合中可能包括了从没有生活在一起的物种。相反地，生物形态的演变经常发生在数十万年到数百万年的尺度——比典型的时间均化效应的尺度要长得多。因此，对这种变化的分析很少受到时间均化效应的影响。关于不同地质情况下时间均化效应的影响程度尚未研究清楚。古生物学家目前正在试图通过放射性年龄测定和其他方法揭示死亡壳体的年龄，从而测量时间均化效应的影响程度［见 10.6 节］。

化石形成方式

古生物学家已经识别出生物个体成为化石的不同方式，这些方式形成了一个保存系列：从最完整（包括软体部分或容易降解的硬体部分，例如几丁质的保存）到最不完整（仅保存下来生物间接的遗迹）。下面所列的保存方式中，较早列出的比较晚列出的更加少见。

1. 冷冻（图 1.2a）。在稀有的环境条件下，可以保存基本完整无缺的古代生物，例如冷冻于西伯利亚和其他地区永久冻结带中的多毛猛犸象。这些标本仅仅有几千年的年龄，处于我们对化石定义的时间边界上。然而其保存确实是非凡的，为研究这些物种提供了独特的机会，例如从这些冷冻生物体内取出的 DNA 以及消化道内的东西。
2. 琥珀中的保存（图 1.2b）。这是**昆虫**和**蜘蛛**保存为化石的基本方式之一。相对小型的生物有时会陷于由各种树木分泌的高度黏稠的树脂内，当树脂变硬后，包裹在内的生物就会相对完整无缺地保存在透明的介质内。在偶然的情况下，古代的空气可以以气泡的方式保存在琥珀中，地球化学家可对此进行研究，寻找过去地球大气组成的线索。
3. **碳化作用**（carbonization）（图 1.2c）。生物的软体部分可以在热、压条件下通过**蒸馏作用**（distillation）选择性地去除氢和氧而保存为碳质薄膜，因此，即使我们幸运地从化石记录中发现了有机物质，但与原始成分相比，其化学形式通常发生了重大改变。但不管怎样，碳化作用可以保存下来软体解剖的精美细节［见 10.2 节］，例如煤及细粒沉积物中保存的树叶。
4. **完全矿化作用**（permineralization）（图 1.2d）。正如前面所提出的，生物埋藏的硬体部分并不能免于改变。**孔隙水**（pore water）渗透含化石层，可以溶解其中的骨骼物质，在某些情况下这发生在最初被沉积物埋藏的许多年之后。然而，孔隙水可能含有可溶性物质，这些物质在骨骼物质的孔隙中从溶液中沉淀下来。在这种过程中，像二氧化硅、磷酸盐以及黄铁矿等物质渗透进骨骼内，因而使其坚硬，同时保存了骨骼的精细构造，例如生长带、骨骼微孔及壳层。与此关系密切的一种过程是**石化作用**（petrifaction），这是一种把有机质转变为矿物质的过程。完全矿化作用及石化作用两者在植物组织的保存中均很重要。
5. **置换作用**（replacement）（图 1.2e）。这种过程与完全矿化作用类似，不同的是原始骨骼物质本身被渗透过滤的物质置换，有时是分子对分子的置换，并且也保存了精细的构造。置换作用的精确性取决于孔隙水的化学性质。用来进行交代的矿物包括黄铁矿（FeS_2，黄铁矿化作用）、二氧化硅（硅化作用）以及磷酸盐矿物（磷酸盐化作用）。
6. **重结晶作用**（recrystallization）（图 1.2f）。这是一种很普遍的过程，在温度、压力升高的情况下，骨骼物质发生自然改变形成了一种热动力学上更加稳定的形式（例如，文石转变成方解石；无定形或非晶质二氧化硅转变为石英）。在宏观尺度上，重结晶的骨骼单元可能与原始的难以区别，但因为骨骼单元呈现的是新矿物

(a)

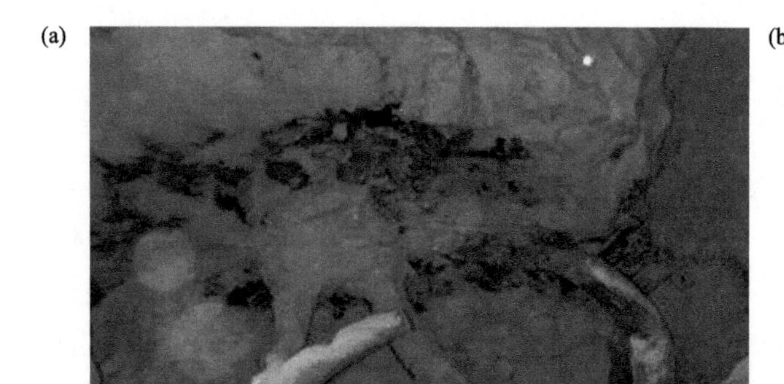

(b)

图 1.2 化石形成的常见方式

(a) 冷冻：1999 年从西伯利亚永久冻土中挖掘出的长毛猛犸象；(b) 琥珀中的保存：欧洲波罗的海地区始新世蚋类昆虫（midge）（放大倍数 ×9）；(c) 碳化作用：卡尼克阿尔卑斯山三叠纪**蕨类**植物；(d) 完全矿化作用和石化作用：亚利桑那佩恩蒂德沙漠三叠纪石化树干；(e) 置换作用：纽约黄铁矿化的奥陶纪三叶虫（*Triarthrus eatoni*）；(f) 重结晶作用：田纳西古生代的**苔藓动物**；(g) 内模：腹足类内核；(h) 铸模：西弗吉尼亚晚石炭世**石松类**植物根系构造（*Stigmaria*）。

资料来源：(a) “发现频道” / 新闻稿 /X00561/ 路透社 /Corbis 公司 ; (b) Alfred Pasieka/ 摄影研究家股份有限公司；(c) John Cancalosi/Peter Arnold 股份有限公司；(d) Eric 和 David Hosking/Corbis 公司；(e) ThomasWhitely；(f) Unrug 等（2000）；(g) R. A. Paselk, 夏威夷州立大学自然历史博物馆；(h) 西弗吉尼亚地质及经济调查所。

的晶体结构，因此细部构造有可能完全消失了。

7. **印模化石（mold）**和**铸模化石（cast）**。印模化石（图 1.2g）为生物硬体部分的印痕，因此与原来的花纹相反。即使当所有原始骨骼物质被孔隙水溶解掉了，如果沉积物的粒度足够细，一件精良的硬体部分模型仍可能作为印模化石保存在沉积物围岩中。部分古生物学家向含有印模化石的碳酸盐岩内注射环氧树脂，然后用酸溶解掉岩石而留下骨骼硬体部分的铸模化石（图 1.2h），这与硬体部分原来的花纹一致。铸模化石也可自然形成，即原始物质首先被溶解掉而留下一个空腔，然后被次生矿物质或沉积物所充填，虽然只是表面特征保存在铸模化石上，但其细节保存程度可以相当惊人。当沉积物充填了生物骨骼的空腔后，就会形成内膜或**内核**（steinkern）。在这种情况下，生物的内部特征甚至可以保存下来，例如肌痕，即肌肉固着的痕迹。

8. 遗迹化石（图 1.3a, b, c）。以上讨论的化石形成方式涉及的是**实体化石**（body fossils），即生物体的全部或某部分形成的化石。有些生物虽然没有直接保存下来，但留下了它们活动的遗迹。最普遍的**遗迹化石**（trace fossils）为潜穴和足印。在大多情况下我们难以确切知道制造遗迹的生物是什么，但有时某些遗迹化石的造迹生物还是可以被鉴别出来。例如，图 1.3b 图示的是一种三叶虫的休息痕迹。遗迹化石可以提供与生物习性相关的信息，而这些信息单靠实体化石是得不到的。例如，大量的平行排列的足迹为我们昭示了某些恐龙物种是成群行进的。生物活动的证据也可以直接发现在实体化石上，如咬痕和钻孔。

假化石及人造物品

地质记录为我们提供了许多类似于生物体的无机构造，例如像蕨类植物分枝似的矿物生长，看起来类似于动物移迹（trails）和水母（图 1.4）的沉积物排气和脱水特征，以及沉积的撕裂碎屑被误认为是节肢动物的碎片。重要的是如何将这些**假化石**（pseudofossils）与真正的生物体区别开来。形态上的复杂性、对称性以及与确认无疑的生物残留物的相似性通常可作为判别真正化石的可靠标准。

在太古宙和元古宙的地质记录里寻找微生物的过程中，假化石问题尤其突出，这是因为无机的微观结构有可能形似微生物［见 10.7 节］。因此，研究微生物的古生物学家在单个物种里寻找有限尺寸

(c)

(d)

(e)

(f)

(g)

(h)

图 1.3 几例遗迹化石

(a) 英格兰侏罗纪可能的蠕虫潜穴；(b) 澳大利亚奥陶纪一种三叶虫休息迹（*Rusophycus*）；(c) 亚利桑那佩恩蒂德沙漠的恐龙脚印。
资料来源：(a) Mike Horne, 英国地质学会，赫尔，英国；(b) 澳大利亚地质调查组织，堪培拉；(c) Tom Bean/Corbis 公司。

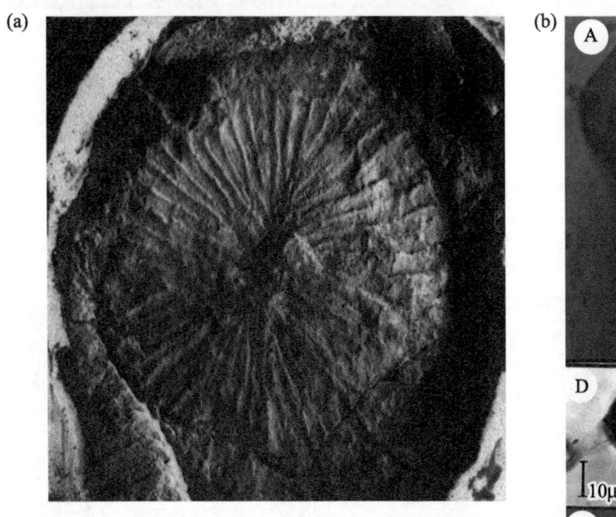

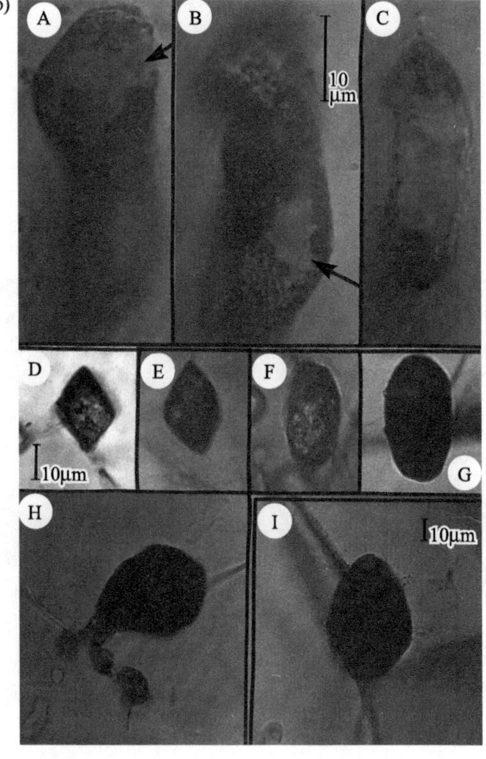

图 1.4 假化石实例

(a) 宾夕法尼亚志留纪砂岩中的黄铁矿玫瑰花结，与化石刺细胞动物相似；(b) 格陵兰太古宇石英岩薄片中各种矿物构造，类似于微体化石。
资料来源：(a) 据 Cloud（1973）；(b) 据 Schopf 和 Walter（1983）。

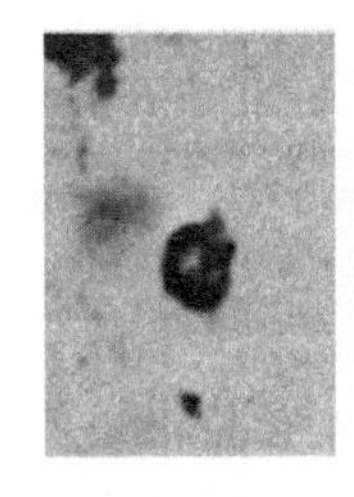
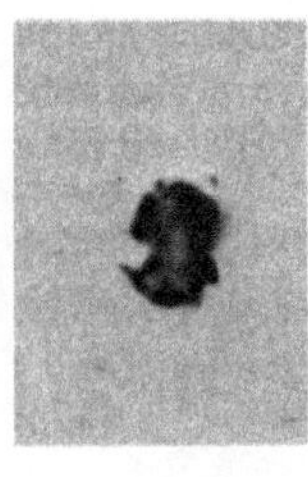
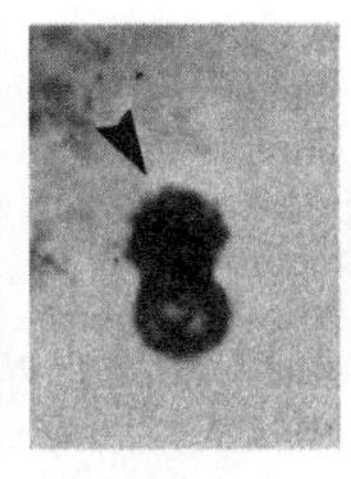
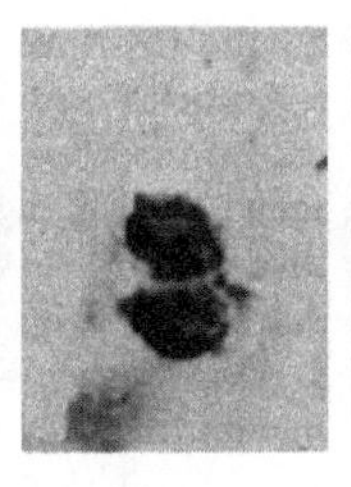
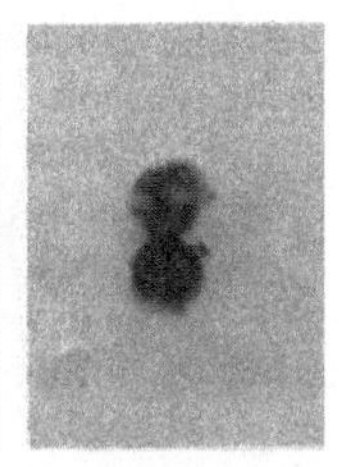

图 1.5 化石细胞不同分裂阶段的显微照片

材料来自南非的太古宙地层。放大倍数 ×1600。据 Knoll 和 Barghoorn（1977）。

的生物残留物，寻找保存着分裂过程中的细胞及其他微观细胞结构（图 1.5）。尽管所有生物会经受死后的分解，微生物则有其独特的问题。对现生类型的实验表明，假“细胞”和形状可能以假象保存下来。特别有趣的是，即**原核生物**（prokaryote：由缺乏细胞核和细胞器的微小单细胞组成）能产生类似于更复杂的**真核生物**（eukaryote）细胞器的假象。

埋藏学

了解化石的形成过程对古生物学家解释所采集的标本的生物学意义有着巨大的帮助。用另一种方式来说，我们清楚化石组合产生的数据不可避免地在质和量上与产生该化石组合的生活组合得到的数据是不同的，但是如果我们了解这些区别，我们就会在解释化石记录时做相应的调整。这些内容属于埋藏学的范畴，包括了化石形成过程的两个宽泛主题：**生物层积学**（biostratinomy），针对的是埋藏前影响死亡生物的过程；**成岩作用**（diagenesis），研究的是埋藏后死亡生物所受到的影响过程。当然，生物死亡后可能被埋藏和掘出几次，所以它也就可能经受几次层积和成岩作用。

实验途径 对化石形成过程的直接研究是**实证古生物学**（actuopaleontology）的中心内容，这个术语来源于一个德语词，意思是当今或现代古生物学。为了更好地了解化石保存下来的具体步骤，古生物学家在野外观察了许多类型的生物的死亡、解体和埋藏（图 1.6）。在实验室，他们进而模拟了在受控条件下的这一破坏过程。一种普通的实验室方法是把骨骼物质与砾石等研磨剂一起置于研磨滚筒内，然后转动滚筒来模仿搬运和其他机械破坏作用。

例如，Kidwell 和 Baumiller（1990）对 *Strongylocentrotus* 属的两种海胆进行了一系列滚筒实验，并在实验之前首先使壳体在多种温度和氧化条件下腐烂不同的时间。他们发现这些海胆在腐烂过程中氧化程度的改变对其在滚筒转动过程中的分解趋势没有多大影响，然而，温度的改变对滚筒实验结果的影响则非常显著（图 1.7）。按照使得 *S. purpuratus* 壳体几乎全部分解所需要的滚筒转动小时数来看，在冷水（11 ℃）中标本的腐烂要比在温水（23 ℃

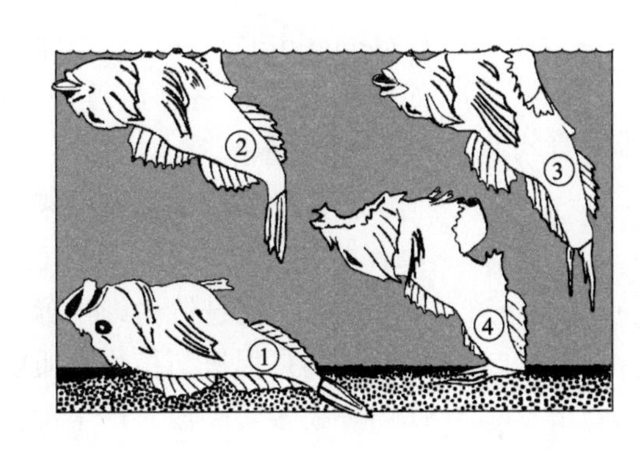

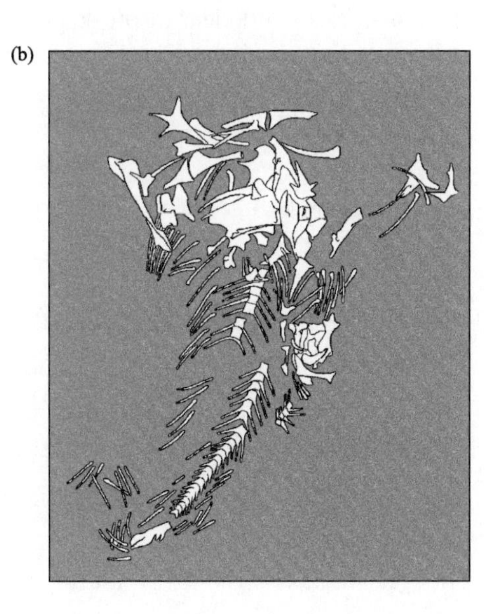

图 1.6 死亡和解体实例

(a) 海蝎子 *Myoxocephalus scorpius* 尸体腐烂的早期阶段（前 4 天）。因分解而产生的胃部膨胀和气泡最初导致尸体浮起。随后，气体从逐渐形成的破缝处溢出，因而尸体下沉。(b) 在海底动荡水体中暴露 3 个月之后 *M. scorpius* 的骨骼残留物。据 Schäfer（1972）。

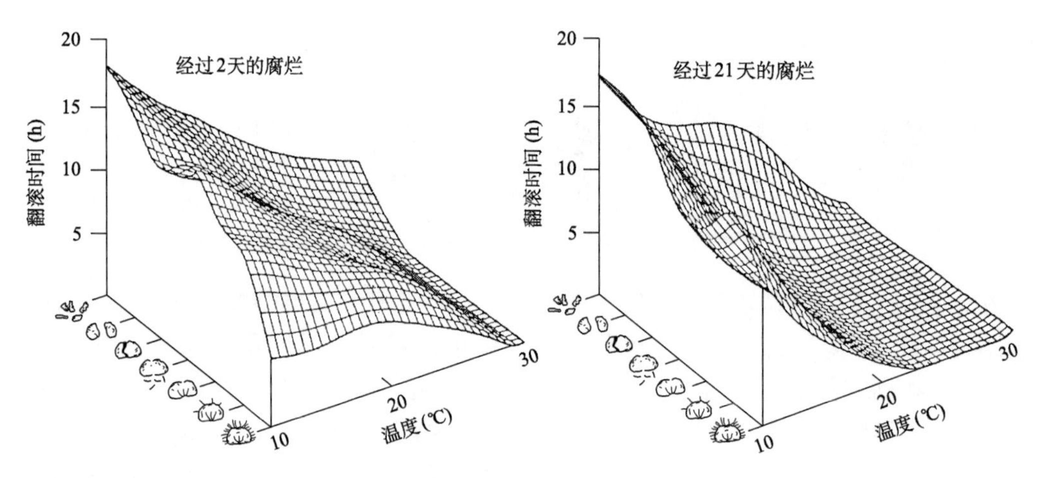

图 1.7 对海胆 *Strongylocentrotus purpuratus* 壳体进行的滚筒实验结果

图形界面结合了温度、解体状态（由图标指示）以及实验的转动时间，这里在转动前分两组，分别允许海胆腐烂 2 天和 21 天。注意 21 天腐烂后的实验结果式样与 2 天腐烂的情况没有太大的区别。在两种情况下有效的解体所需要的转动小时数随着温度的降低而增加。据 Kidwell 和 Baumiller（1990）。

或 30℃）中标本*的腐烂耗时更长。较冷的条件显然延缓了腐烂速率，因此有助于持久保存软组织，进而防止骨骼解体。无论滚筒转动之前的腐烂时间是两天还是 21 天，情况均是如此，这意味着 11℃时腐烂速率的降低是如此显著，以至于甚至在几周后仍有相当数量的没有腐烂的软组织保存。这些实验结果意味着海胆的保存可能有纬度和**水深的**（bathymetric）变化趋势，大部分情况下，较好的保存应出现于较高的纬度、中等深度，因为这里的水体偏凉，而且风暴沉积也十分普遍。

在另一个滚筒实验中，Greenstein（1991）比较了四个海胆属的耐久性。Greenstein 根据对残留的大于 2 mm 碎片的评价，为每一个实验标本计算了破碎系数（coefficient of breakage，简称 CB）。界限值设置为 2 mm 的实际意义是，小于这一尺寸的碎片在化石记录中难以识别。该系数是根据下式计算的：

$$CB=\frac{\text{大于 2 mm 碎片数目}}{\text{大于 2 mm 碎片重量}}\times\frac{1}{\text{大于 2 mm 碎片重量百分比}}$$

因为高度碎片化的骨骼由大量的碎片组成，这些碎片合起来也只占很少一部分重量，这种骨骼在公式中的第一项和第二项会有相对比较高的值。因此，较高的 CB 值意味着骨骼的破碎程度大。公式的第二项有助于抵消一些情况，在这些情况下，骨骼在开始就相对小或者是高度碎末状的。碎末状的骨骼，或许只有一片大于 2 mm 的碎片残留，如果只使用第一项的话就会产生低 CB 值。然而，由于这一个残片重量百分比也可能会很小，所以把第二项包括进来就会增加 CB 值。

Greenstein 的实验结果显示在图 1.8 中。四类海胆展示的破碎程度极为不同，*Diadema* 的解体最为严重，而 *Echinometra* 则完整无缺。根据实验结果，Greenstein 考察了这些属所属的四科化石的情况。反常的是，Diadematidae 科的化石种类能够完整无缺地保存下来的壳体所占的比例要比想象的高得多，而该科 *Diadema* 属的壳体则是很快解体。Greenstein 的研究表明，该科化石的保存情况明显地呈双峰形式：在大多情况下标本保存要么是极度破碎的状况，要么几乎是完整无缺的，两者之间的保存情况非常少见。这种证据表明了 diadematid 类标本的易碎性，它们必须迅速被埋藏而避免解体；在迅速被掩埋的情况下，其保存状况则相对完整。

埋藏学实验也可以用来评价与软组织腐烂及保存有关的化学变化［见 10.2 节］。例如，Grimes 等（2001）把悬铃树细枝置于各种不同的化学环境中，目的是促进与植物物质腐烂相伴的黄铁矿沉淀作用。大多实验没有产生黄铁矿。相反，在实验室必须要有非常独特的硫、铁、氧及有机物浓度才能产生黄铁矿。在自然界中黄铁矿形成的必要条件也

* 原文中为物种（species），对比上下文，我们将之译为标本。——译者

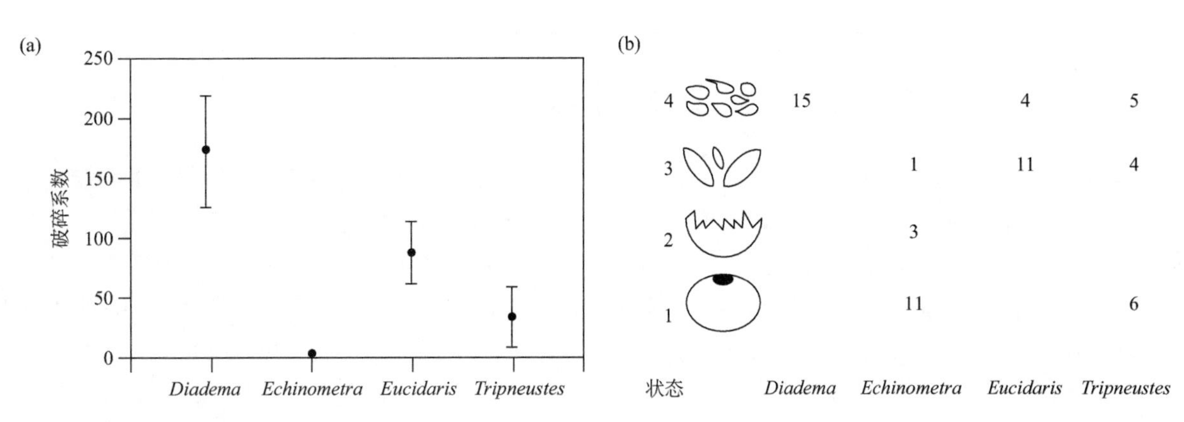

图 1.8 海胆滚筒实验结果

(a) 四种不同海胆平均破碎系数，每一种包括 15 个壳，误差线表明了均值的两种标准误差（见知识点 3.1）；(b) 图示壳体滚动和相应的壳片数目所展示的破碎程度。据 Greenstein（1991）。

应该非常独特。值得注意的是，没有产生黄铁矿的实验之一是在实验过程中没有注入细菌的那个。这一实验与许多其他研究一样，都表明了细菌的腐烂作用可以导致许多化学变化，如氧气的耗尽，从而促进了软组织内部及表面的矿物沉淀。

对近代亚化石组合的评估 古生物学家也直接研究现今正不断积累的**亚化石**（subfossil）组合在多大程度上能够真实代表其来源的生活组合。这些所谓的活体 - 遗体研究的共同点是试图恢复有可能保存在化石组合中的时空分辨率，因此，活体 - 遗体比较是我们评估化石记录质量的主要方法之一。

对骨骼遗体的物种组成与来自于同一环境背景的生活样本的比较表明，**生活组合**（life assemblage）的物种相对丰度（abundance）趋向于更好地保持在相关的亚化石堆积中（**死亡组合**，death assemblage），Kidwell（2001）在多种海洋环境下所进行的软体动物活体 - 遗体壳体的综合比较证实了这一点（知识点 1.1）。

前文中我们曾引证了时间均化效应，将其作为死亡组合如何比相应生活组合含有更多物种的一种原因。知识点 1.1 很好地解释了一种相关原因，即死亡组合常常含有比生活组合更多的个体标本，因此更容易找到更稀有的物种。

生活组合与亚化石堆积之间的比较也表明，死亡组合趋于保持极好的环境重现精度，反映精确至十数米空间尺度上的物种组成变化。然而，这种死亡组合的逼真重现仅适用于那些容易保存下来的组合分子，而且有时更严格，仅适于某个单一的生物类群，例如软体动物。化石组合不可能忠实地重现其来源的整个生活组合。正如先前讨论的，软躯体生物的丧失通常是不可避免的。

对古代组合的评估：埋藏相 **相**（facies）这个术语一般涉及的是沉积岩的特征。**埋藏相**（taphofacies）为具有独特保存特征的化石集合。Brett 和 Baird（1986）在对埋藏相的开创性研究中提及下述因素，如死后搬运、暴露程度、水体氧化程度、沉积化学、骨骼粗壮程度以及组成骨骼的铰合单元数量。埋藏相方法不仅提供了一种评估在化石组合形成过程中生活组合改变程度的方法，还提供了一种古环境分析的诊断工具。

这里用纽约州中泥盆统汉密尔顿群（Hamilton Group）的三叶虫来说明埋藏相概念的应用。Speyer 和 Brett（1986）评价了所采集的 *Phacops rana*（图 1.10a）和 *Greenops boothi* 三叶虫组合的几种埋藏学特征。评价的特征包括骨骼凸面向上的比例、骨骼铰合程度、卷曲个体的比例以及与蜕皮骨骼相伴的骨骼遗体的比例。在此基础上，他们识别出与深度梯度及**陆源**（terrigenous）沉积注入程度有关的成套的三叶虫埋藏相（图 1.10b）。一般而言，较浅水的组合以较粗的沉积物为特征，含有更加破碎的骨骼物质，这些骨骼呈现出与水流有关的定向趋势（例如图 1.10b 中的 1A），但那些沉积速率相对较高以及骨骼物质快速或呈幕式掩埋的地区除外。在较深水中，陆源沉积物供应不占主导地位，铰合单元出现频率

知识点 1.1

活体－遗体比较

Kidwell（2001）广泛调查了前人对生活群落及其亚化石对应物的研究，他据此评价了相同的物种名录是否趋于出现在来自相同地点的生活组合和死亡组合内，以及它们是否会呈现相似的丰度。图 1.9a 图示了来自加利福尼亚一个潮汐小溪的例子。其中共发现 11 物种；它们在活体样本中的丰度绘制在 x 轴，而在沉积物中死亡壳体样本的丰度置于 y 轴。其中落在 y 轴上的三个物种仅发现在死亡壳体中，但在活体样本中没有发现。从该图中可以清楚看到，某种个体在活体样本中越丰富，它在死亡样本中也倾向于越丰富；也就是说，生活组合和死亡组合的丰度呈正比。另外也很明显的是，死亡组合的丰度通常高于生活组合。

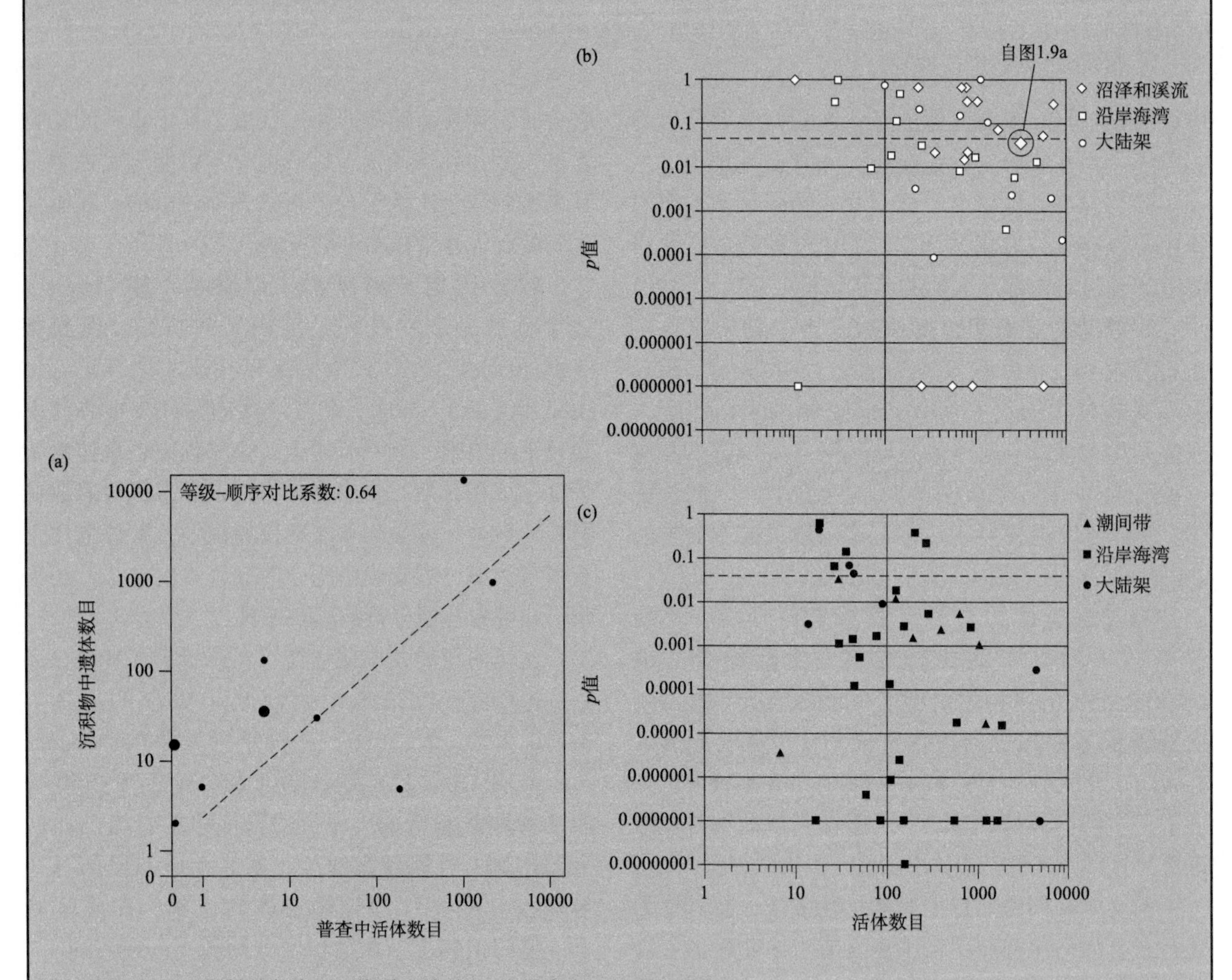

图 1.9 Kidwell 所做的代表不同海洋环境的 85 个样本生活组合与死亡组合的比较

(a) 加利福尼亚某潮汐小溪 11 种生物的活体和遗体丰度的对比。每个小圆点代表一个种；每个较大的圆点代表的是活体和遗体丰度相同的两种生物。虚线是在活体和遗体样本中均出现的物种其活体和遗体丰度间的相关趋势线。在活体样本中较丰富的种也倾向于在遗体样本内更加丰富。正如正文内所解释的，活体丰度和遗体丰度间的相关性在统计上是显著的，p 值为 0.04。(b) 和 (c) 两图图示的是 85 个对比中的活体丰度和 p 值。(b) 筛子网眼为 1 mm 或更小的 43 个样本，(a) 图中的对比用圈起来的大菱形表示在本图上。(c) 筛子网眼大于 1 mm 的 42 个样本。具体可参见正文中的相关讨论。

数据来源：(a) MacDonald（1969）；(b) 和 (c) Kidwell（2001）。

多种相关系数［见3.2节］被用来度量两个变量间的关联强度。在目前情况下，活体 - 遗体丰度之间的相关程度是用等级 - 顺序（rank-order）系数来度量的，它仅考虑变量的相对次序；例如，0、5、6及100的丰度就会以4、3、2、1的次序来表述。相关性［以及许多其他统计方法，见3.2节］常用它们相应的*p*值来表示。*p*值所估计的概率是，假设两个变量之间实际上没有联系，由于采样误差，导致其相关性高至所观察到的数值的可能性。*p*值越低，数据中具有真正相关性的推论越可靠。*p*值等于或小于0.05通常视为具有统计上的意义，换句话说，指示的是一种真正的相关性。

图1.9a的对比中具有3500枚活个体，得到的相关性为+0.64（在−1至+1的数值范围内），*p*值约为0.04。这种对比呈现在图1.9b中，活体数目放在*x*轴，而*p*值置于*y*轴。这张图也包括了42个来自其他地区的对比。水平虚线表示的*p*值为0.05；在此之下的结果被认为具有统计上的显著意义。但也有许多对比并未得出活体 - 遗体丰度之间有意义的相关性。

然而，在图1.9b的对比中，采集壳体用的网和筛子的网眼大小为1 mm或更小，因此，个体尺寸相对较小的标本被包含在了这些样本中。较小壳体更加易受死后破坏和搬运的影响，再者，包含小个体的活体样本对最近是否有幼虫注入到群体中的反映可能更灵敏。因此在图1.9c中图解了另一组对比，其中的样本是通过使用网眼大于1 mm的筛子采样的，从而剔除了最小的壳体。总体来讲，这些对比得出了较低的*p*值，高于0.05的值极少。换句话说，活体和遗体丰度之间具有较好的一致性。没有得出显著相关性的大部分对比涉及的是小数据组，其活体标本不到100个。

较高，骨骼物质（包括蜕皮）显著富集（例如图1.10b中的埋藏相4A）。

特异保存

尽管保存质量呈连续变化，然而少数沉积中保存有异常精美的有机质及骨骼材料，以至于它们常被单独作为**特异埋藏化石库**（Lagerstätte，这是一个德国采矿业术语）讨论。这些沉积在揭示通常很难被保存下来的生物学特征方面具有非常重要的意义，例如节肢动物的附肢及其他软体部分的性质（图1.11和1.12）、陆生植物维管组织和其他组织的化学成分（图1.13）、早期**鸟类**的羽毛（图1.14）以及极为稀少的胚胎（图1.15）。这些保存也打开了了解某些关键时段的整个群落的窗口，例如中寒武世由加拿大不列颠哥伦比亚布尔吉斯页岩（Burgess Shale）和其他地区类似沉积所揭示的动物分异的一个早期阶段［见10.2节］。

1.3 化石记录的采集

相对于提出某类生物记录是否完整这个问题来说，更好的问题是这种记录能否满足特定的研究目标（Paul, 1982），毕竟，对于前一问题而言，其答案永远是“否”。对于任一样品，有两个问题必须提出来，每一个仅对特定的古生物学问题有意义。首先，样品是否是随机的（没有偏差的）？第二，即使样本无偏差，我们测量的数据对样本本身的大小是否敏感?

样品采集不可避免地会出现误差，但统计科学为我们指出了如何解决这个问题。假如我们从犹他州中寒武统惠勒（Wheeler）组采集了包含100个个体的一个样品，我们发现其中40个个体属于三叶虫*Elrathia kingi*。假设我们并没有优先采集那些较大的、更完整或更引人注意的标本——也就是说，假设我们是随机采集的样品——那么我们最好的推测是该组化石中*E. kingi*的真正比例是40%。然而，与这个估计值相伴的会有一个明确的误差幅度。如果

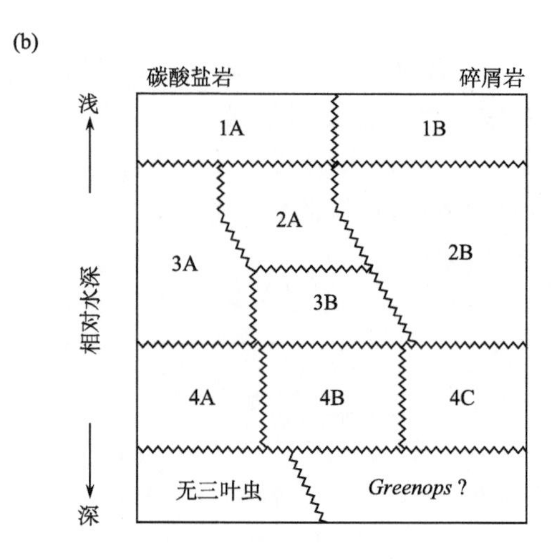

埋藏相	生物层积指数				
	FRG	CNV%	ART%	ENR%	MLT%
1A & 1B	aa	60—80	<1	p	np
2A & 2B	a—p	~50	10—25	40—80	30—50
3A	p—c*	20—30	20—30	60—0	30—70
3B	c—p*	60—70	<15	p	85—95
4A	p	25—40	60—75	>80	>95
4B	np	25—40	40—60	70—100	20—40
4C	np	p	>95	>70	20—30

*常见 *Greenops* 头甲碎片

图 1.10 Speyer 和 Brett（1986）对纽约中泥盆统 Hamilton 群三叶虫埋藏相的评价

(a) 几个保存完好的三叶虫 *Phacops rana* 标本（Levi-Setti, 1975）。(b) 根据生物层积标志及其与水深和沉积特征有关的古环境位置描绘的一组 Hamilton 埋藏相。一般来说，在较深水中，标本趋于更加完整和较小破坏程度（较大数字编号的埋藏相）。

缩写：aa= 非常丰富；a= 丰富；c= 常见；p= 存在但稀少；np= 缺失；FRG= 破碎程度；CNV%= 凸面向上标本的百分比；ART%= 铰合个体的百分比；ENR%= 卷曲个体的百分比；MLT%= 蜕皮保存的铰合标本的百分比。据 Speyer 和 Brett（1986）。

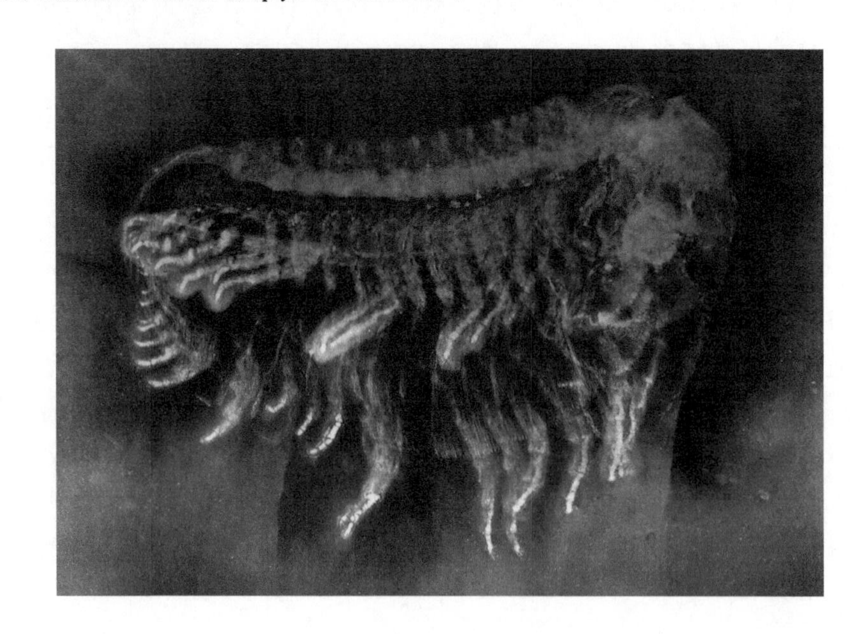

图 1.11 洪斯吕克板岩（Hunsrück Slate）（德国泥盆系）某三叶虫的 X 射线照片

这一非比寻常的标本保存了几乎完整的附肢系列。X 射线照片由德国 Erlangen 的 W. Stürmer 拍摄。

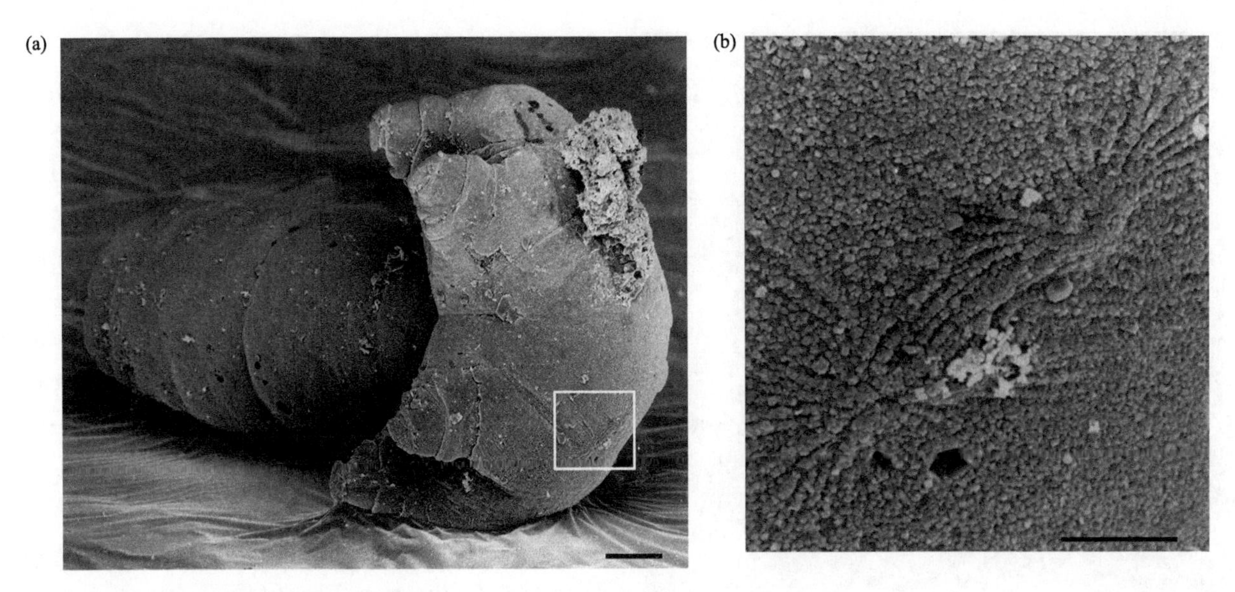

图 1.12　瑞典上寒武统五节类 *Heymonsicambria kinnekullensis* 标本

该标本已磷酸盐化，呈现了极好的形态细部特征。(a) 头部的前视。(b) 图 (a) 中方框部分的放大，显示详细的乳突构造（感觉器官）。标尺为 10 μm。据 Walossek 和 Müller（1994）。

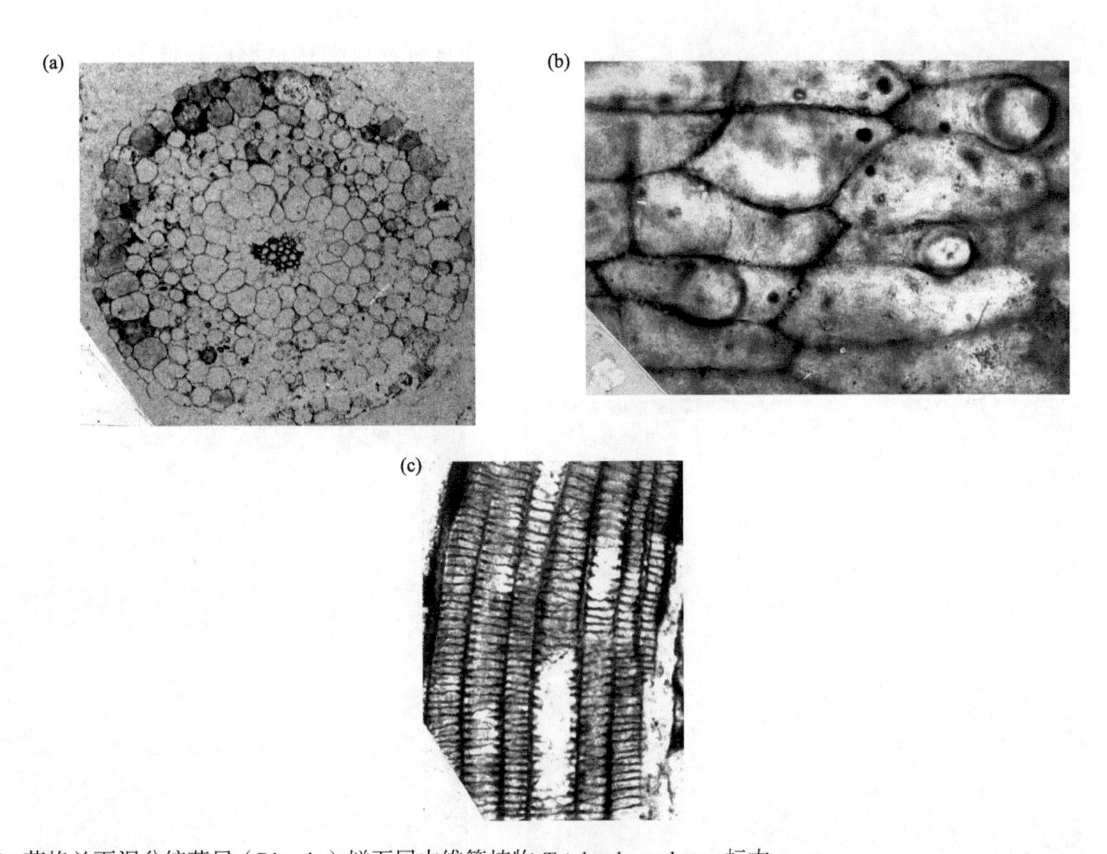

图 1.13　苏格兰下泥盆统莱尼（Rhynie）燧石层中维管植物 *Trichopherophyton* 标本

(a) 横切面示细胞形态（放大倍数 ×41）。最内部的暗色细胞为输导组织木质部。输导组织韧皮部由紧围着木质部的细胞组成。标本的剩余部分大多由皮层细胞组成。(b) 细胞放大（放大倍数 ×187）。(c) 木质部的纵切面（放大倍数 ×216）。莱尼燧石层中的这种保存状况主要是因为石化作用和过矿化作用。原始碳被保存下来，对原始碳进行了化学分析，通过确定哪些组织含有木质素可帮助我们了解维管组织的演化（Boyce *et al.*, 2003）。据 Lyon 和 Edwards（1991）。

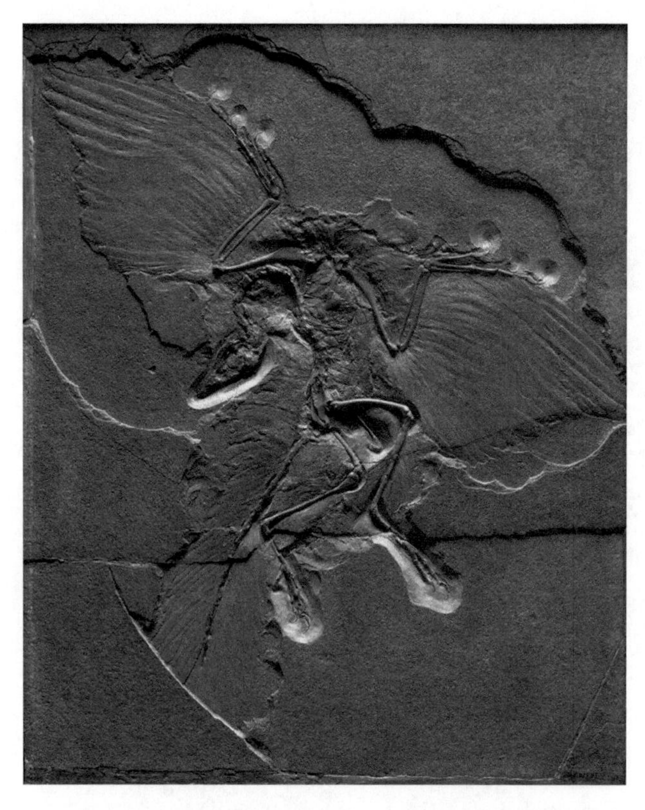

图 1.14 采自于索伦霍芬石灰岩（巴伐利亚侏罗系）的始祖鸟 *Archaeopteryx*

该化石为已知最古老的鸟类。该化石显示了羽毛印痕。资料引自 Louie Psihoyos/Corbis。

我们在采集的第二个 100 个个体的样品中发现，少至 35% 或多至 45% 的个体属于 *E. kingi*，这不应该令人惊讶。原始样品越大，误差幅度就越小。

我们尽力确保化石样品的无偏差采集，但化石记录本身有着强烈的偏差，偏向于那些更容易保存的生物和生活在化石形成作用发生的区域的生物。让我们回到 *E. kingi* 的例子，认为中寒武世生活于现今犹他州地区的所有个体中 40% 属于这个种的结论显然是不合理的。三叶虫具有矿化的外骨骼，更易保存；然而，还有许多软躯体的物种，它们留不下多少化石遗体。这种偏差的重要与否取决于我们希望解决的问题是什么。

要在古代群落中估计个体的相对比例，差别性的保存就会导致严重的统计偏差。（另一个中寒武统的岩组——布尔吉斯页岩，代表了一种化石记录里软躯体保存的特例［见 10.2 节］。已知来自这个组的物种大大超过 100 个，据估计，其中小于 15% 的物种具有在典型化石形成条件下可以保存下来的硬体）。然而，对于许多问题，类群间的保存概率差异不是很重要。例如，如果我们感兴趣的是 *E. kingi* 的体型大小的演化改变，那么再拿三叶虫具有更好的保存性与其他类群进行比较就没有多大意义了。

那么与样品大小有关的偏差如何呢？这是否要紧，主要取决于我们希望从样品中度量得到什么数

(a)

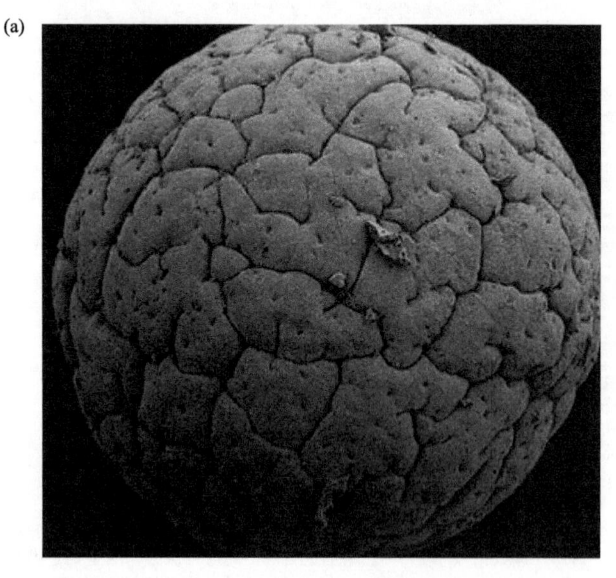

(b)

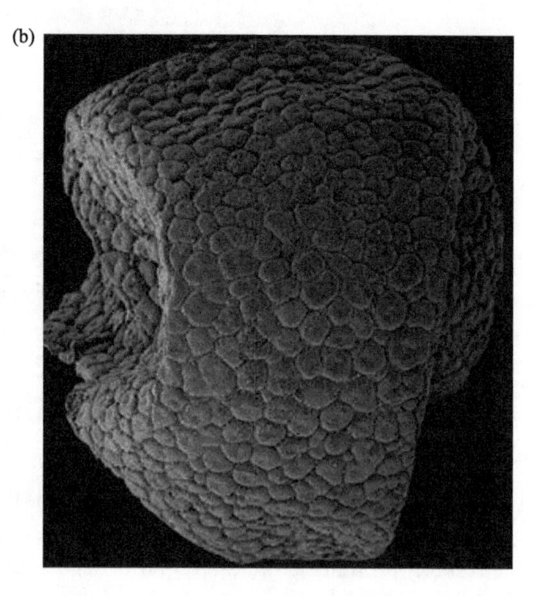

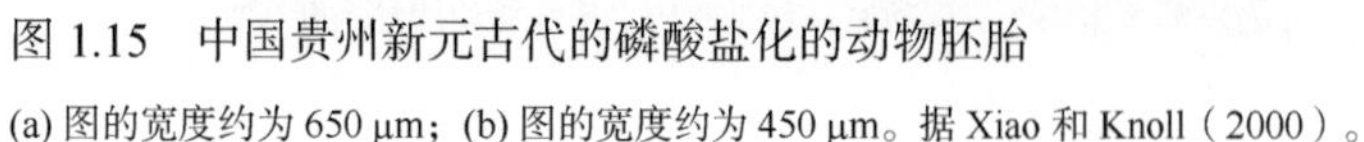

图 1.15 中国贵州新元古代的磷酸盐化的动物胚胎

(a) 图的宽度约为 650 μm；(b) 图的宽度约为 450 μm。据 Xiao 和 Knoll（2000）。

据。样品中属于某个物种的个体的平均比例一般不依赖于采集的个体总数。相对的是，从一个地点发现的物种数目则与采集的个体数目有关，正如某一特定的物种所记录的最大个体与个体数目有关一样。

理念上，样品大小的影响可以通过在研究设计（study design）中增加一部分内容来消减，即对采集样品的性质和内容进行标准化——例如，如果目的是在岩组之间进行物种数目的比较，可以从不同的岩组中采集相同数量的标本。然而通常情况下这是行不通的，比如我们需要分析的是那些为了其他目的而已经采集的标本时，此时样品的标准化必须在统计学上进行。对已经采集好的样品的标准化就是一个简单程序，即**稀疏化法**（rarefaction）（知识点1.2），它可以用来估计假如采集了相对较少的个体的情况下可能发现的物种或其他分类单元的数目。

所有生物，不管是化石还是现生的，不仅分成物种，而且还归进更高级别的类群中［见4.3节］。在分类等级上，较高的一端是门和纲等类群，较低的一端则是科和属。我们也可以应用稀疏化方法来估计，假设采集了较少量的个体的情况下可能会发现多少属、科或其他分类单元。

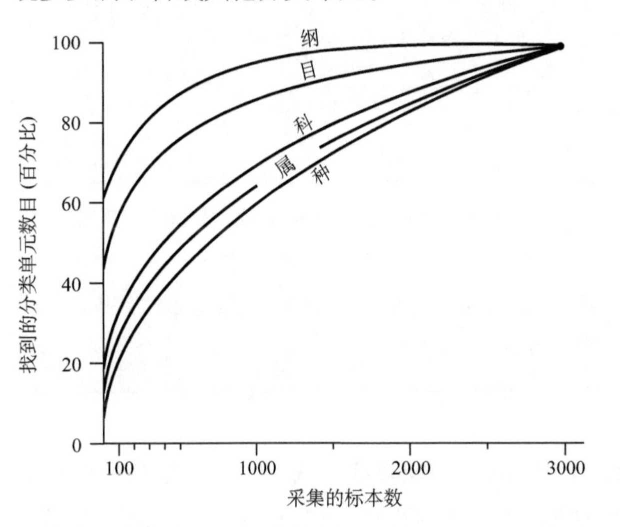

图 1.16 发现于丹麦中新世某钻井样品的软体动物化石的稀疏化曲线

右上角的圆点代表的是实际样本。这些曲线可用来估计，当样本小于该实际样本时，我们可能发现多少分类单元。据 Sorgenfrei（1958）。

图 1.16 用丹麦中新世的一例来说明稀疏化方法的原理。表 1.2 显示的是在近 3000 个个体的样品中发现的每个分类级别的数量。因为本研究的科学家仅对软体动物感兴趣，只记录了一个门，包括了三个纲（双壳纲、**腹足纲**及**掘足纲**）。在分类等级的另一端则是 86 个物种。事实总是如此，即每个较低的分类级别具有更多的分类单元。如果采集的标本少于 2954，正如稀疏化曲线所表明的那样，所获得的分类单元数量会变少。这种影响在较低的分类级别上更明显，例如，稀疏化方程预测，如果采集 1000 个个体，只有目前 86 种的约 60% 的种会被发现，但发现的目将会超过目前目数的 80%。

表 1.2 丹麦中新世 Arnum 组某样品中发现的软体动物分类单元数目

	2954 枚标本
门	1
纲	3
目	12
科	44
属	64
种	86

据 Sorgenfrei（1958）。

最后的这一点结论反映的是样品采集的一项重要的普遍观点：样品采集在较高级别的分类等级上更加完整。这是嵌套式分类体系的必然结果，每一属包含一个或更多的物种，每一科含有一个或更多的属，等等。因此，任何一个属总是要比组成该属的某个种具有更多的个体，而任何一个科要比它的某个构成属具有更多的个体。

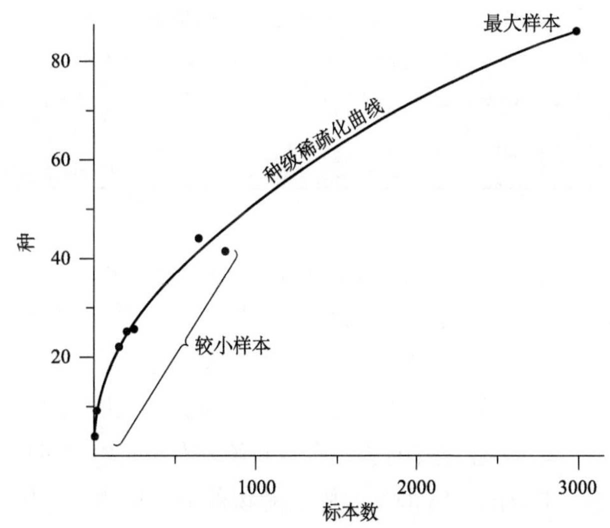

图 1.17 样本大小对化石组合中发现的种数的影响

实线为图 1.16 的种数稀疏化曲线，圆点代表的是采自于主样本之上及之下的其他样本。据 Sorgenfrei（1958）。

知识点 1.2

稀疏化法

为了计算如图 1.16 所示种级曲线的稀疏化曲线，首先需要获得以下几个数据，样本中的个体数目（N）、种数（S）及每种发现的个体数目（N_i, 这里 i=1, 2, ⋯, S）。有几种方法来计算个体数目为 n 的较小样本中可能发现的种数，用 $E(S_n)$ 来表示。一种简单的方法是用计算机程序随机从整个样本中抓取 n 个个体。例如，假设有 N=25 个个体，分布在 3 个种内，N_1=15，N_2=8，N_3=2。个体的列表被随机重排，就像洗一副纸牌，然而列表上的前 n 个个体被选出。如果我们用它们的物种号码来识别每个个体，最初的列表看起来为：1 1 1 1 1 1 1 1 1 1 1 1 1 1 1 2 2 2 2 2 2 2 2 3 3。我们把上边的序列随机排列，结果是：2 1 1 2 2 2 1 1 1 1 1 2 2 1 1 1 1 1 3 1 1 3 1 2 2。如果我们要取 n=10 的一个样本，我们简单地从这个序列中读出前 10 个，结果是第一个物种 6 个个体、第二个物种 4 个个体，而第三个物种 0 个个体。因此在这个 n=10 的样本中发现了 2 种。

显然与该过程相伴的是随机变化。例如，如果把上述序列重新"洗牌"，得出的结果是：3 2 2 1 2 1 1 1 2 2 1 1 3 1 1 1 2 1 1 1 2 2 1 1 1，这样所有 3 个物种都会在该序列的前 10 个个体中发现。正因为如此，随机排序要进行成百上千次，然后把结果平均在一起。此外，还有一个精确的方程式，可直接产生同样的结果（见 Raup, 1975）。

实际上，针对一系列小于 N 的任意 n 值进行计算，然后所产生的每个 $E(S_n)$ 在稀疏化曲线上构成一点。或者，如果把几个样本取一个标准 n 进行比较，那么 n 可以用于每个样本的单独计算。此外，还可以计算所估计的种数的不确定性，即 $E(S_n)$ 的方差（见 Raup, 1975; 另见知识点 3.1）。

图 1.16 所示的种级稀疏化曲线的例子中，N 等于 2954，S 是 86。最常见的物种包含了 818 枚个体；有 40 个物种每种仅有一枚标本。几个 $E(S_n)$ 计算值及其方差如下：

标本数目（n）	种数期望值 $E(S_n)$	$E(S_n)$ 的方差
2500	79.66	5.42
2000	71.93	9.89
1500	63.14	12.59
1000	52.52	13.59
500	38.56	12.23
100	19.05	6.64
50	14.05	5.05
10	6.24	2.88

如果要对较高级别的分类进行稀疏化（如图 1.16），将种的数据换成属、科及更高级别的分类单元的数据，然后执行同样的步骤即可。

在图 1.17，用丹麦的材料以另一种方式来说明样品大小对物种数目的影响。从一个岩组中共采集八个样品，2954 个个体的样品是其中最大的一个，其余七个样品来自于该样品之上或之下的不同层位。每个样品的个体及物种数目绘制在图 1.17，同时还有来自图 1.16 的最大样品的物种稀疏化曲线。较小样品的数据的落点很接近于理论的稀疏化曲线，意味着物种数目的差别仅仅是样品大小不同的结果。

图 1.16 和 1.17 描绘了一个普遍观点：增加采样但所得回报逐渐降低。从一个组内采集的个体数目翻番，所获得的物种数通常远小于之前已发现的物种数的两倍。其主要原因是少量物种经常占了绝大部分的个体，因此，重复的取样趋于再次获得更常见的种，而要发现额外的、更加稀有物种的可能性则非常小。

重要的是要记住，有关稀疏化有两点常被错误理解。首先，稀疏化方法不能用于外推法——即假设采集的是一个更大的样品，估计有多少物种会被发现。另一个是，虽然稀疏化曲线常呈现变平趋势，但曲线外表的扁平不一定意味着已经近于达到我们感兴趣的真实数值，例如在过去的某个时间实际生活的物种总数。从一个近于平坦的稀疏化曲线，我们最多可以得出的结论是：我们不大可能从适度的额外样品采集中获得更多的信息，要发现保存下来的最稀有物种就要投入巨大的努力。

测量化石记录的完整性

当我们在先前讨论观察到的腕足动物和双壳类多样性时，我们注意到，了解不同生物类群的相对完整性的一些情况，将有助于确定它们之间的演化差异是否可能是由于保存潜力的差别所导致的，因此重要的是要有一些手段来估计**古生物完整性**（paleontological completeness）。完整性可以被表示为在一个特定时间段内采集到某个物种的概率（probability），或者称为在其整个生存历史中采集到该种类的概率。

测量每时间段采样概率的最简单方法是把实际采集到某类生物的时间段数目与我们已知它存在的时间段数目——即它具有的应被采集到的机会——相比（知识点 1.3）。某个生物存在过，但没有被采集到的时间段代表该生物的地层分布范围的**缺失或间断**（gap）［见 6.4 节］。

知识点 1.3

古生物完整性评估方法节选

我们首先考虑每单位时间段采到某种生物的概率（Paul, 1982）。在图 1.18 假设的数据里，采样间断为某种生物存在但没有留下化石记录的时间段。这样的间断越少，估计的采样概率就越高。例如，第一物种在其第一时间段的首现和第六时间段的末现之间持续了 4 个时间段。因此，它被采到的机会有 4 个。而在这 4 个中间的时间段之中，它仅见于第五时间段；第二、三及四时间段代表了第一物种记录的间断。因此其采样概率被估计为 1/4，或每时间段 25%。因为每单个物种仅有少量几个观测数据，估计的采样概率的误差范围可能相当高。通过结合许多物种的数据，可以获得更可靠的平均采样概率的估计值。也可以对单个时间段以列表方式列出间断，以确定采样概率是如何随时间而变化的。

地层信息的汇编经常报道的仅仅是化石种类的首现和末现，而不是如图 1.18 呈现的那样包含中间出现的数据。这样的数据可以用另一种方法来估计采样概率，这种方法基于一种数学形式化的简单的直觉原理：因为不完整的采样趋于缩短观察到的地层范围，所以只见于单一地层时段的种类的比例应该与采样质量呈反比。假设采样概率随时间是固定的，那每单位时间采样概率可以估计为 $(f_2)^2 \div (f_1 f_3)$，这里 f_1、f_2 和 f_3 为保存的地层范围为 1、2 和 3 个时间段的物种的数目或相对比例（图 1.19；表 1.3）。进一步的细节可参见 Foote 和 Raup（1996）。

为比较已知化石物种数目和估计的实际存在的数目，我们将我们的讨论限定在古生物学上重要的类群，而忽略完全的软躯体生物。对显生宙期间全部物种数目的估计，我们需要知道物种的平均寿命——它告诉我们现存物种多长时间绝灭并被新种所取代——还有显生宙期间的多样性水平。利用类似于第七章中要详细讨论的方法，我们能够估计海洋无脊椎动物物种的典型寿命大致为 4 Ma。换句话说，每百万年现存物种大约有 25% 绝灭了。

已经描述的现生物种数目大约为 150 万种，然而，这个数字有很大的不确定性。如果我们集中在古生物学上重要的类群，当今的多样性约为 18 万种。我们难以清楚了解从初始多样性近于 0 到目前 18 万种的过程，因为所观察到的多样性严重低估了在过去任一时间真正存活的物种数量。然而，我们可以采

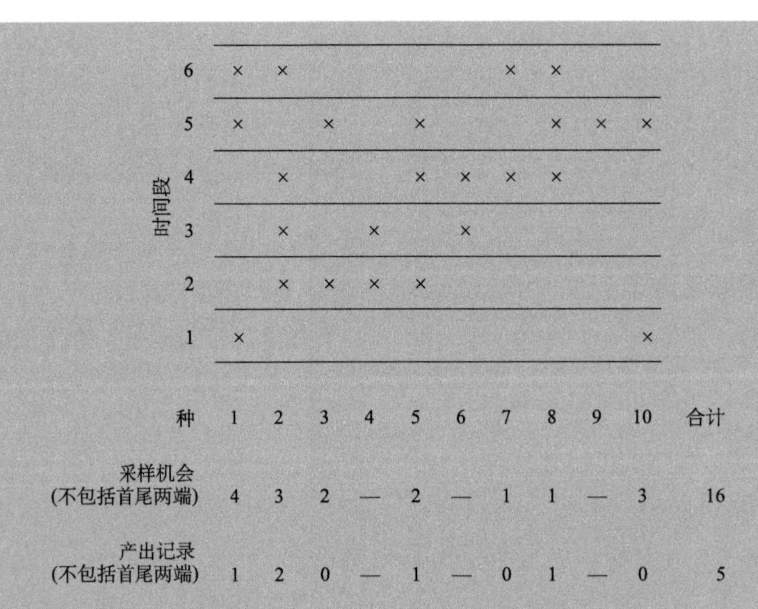

图 1.18 用以估算一组物种的平均采样概率的缺失分析（gap analysis）示意图

图中“×”标记的是在某时间段内采到了相应的物种；其间的空白区为该种记录中的缺失。统计每个种在各时间段中出现（occurrence）的次数（即发现该种的时间段总数），将之列表，但不包括首现（first appearance）和末现（last appearance）所在的时间段。将这些数目与采样机会数目——即物种可能被采到的时间段的数目——进行比较。后者可以是该物种的首现和末现之间的时间段之和。由于一个物种必定会在其首现层位和末现层位所在的时间段中被采到，所以这些时间段没有被包括在列表中，否则容易高估采样概率。在本例中，采样机会共计 16 个，化石出现共计 5 个。因此，这组物种总的采样概率是 5/16，即每时段 31%。

取一种方法进行初步的估计，虽然这种方法肯定会过高估计古代多样性并会得出对已采集物种比例的最小估计值。我们假设在寒武纪一开始就达到了当今的多样性水平，并从那以后保持下来。那么每百万年就有 18 万种的 25%，或者说 45000 种绝灭并被新种所代替。粗略地说，显生宙约为 5.5 亿年，这样可估计曾经存在过的物种数目为 180000 +（45000 × 550），约为 2500 万种。把这个数目与已经描述的 30 万种化石相比，意味着 1%—2% 的物种已知成为了化石。

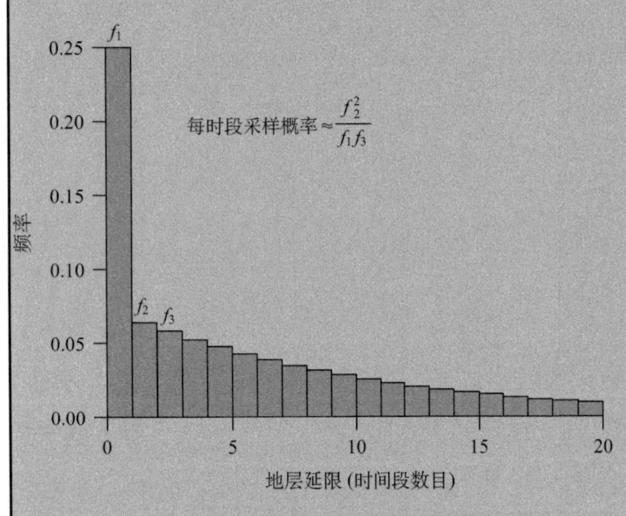

图 1.19 假设采样不完整但采样概率不变时分类单元的地层延限的频率分布示意图

每单位时间段的采样概率可以从生物种类具有 1、2、3 个时间段范围这样的频率来估计。据 Foote 和 Raup（1996）。

样品采集中，间断数据的制表需要极为大量的信息，即每一分类单元在每个时间段的存在或缺失。如果没有这些数据，还有许多间接方法来估计样品采集的概率。其一是基于这样一个预期，即较低的采样概率将导致更大比例的分类单元仅仅从一个时间段内采到，无论它们事实上可能存活的时间有多长（知识点 1.3）。表 1.3 给出了一些基于这种方法的估计值。对于骨骼化的动物，每五百万年时间段每属的采样概率范围大约为 10% 到 90%。

表 1.3 对部分重要的古生物类群内的属级完整性的估计

类 群	每属每时间段的保存概率
海绵	0.4—0.45
珊瑚	0.4—0.5
多毛类	0.05
软甲（亚）纲甲壳类	0.2—0.35
介形虫	0.5
三叶虫	0.7—0.9
苔藓虫	0.7—0.75
腕足动物	0.9
海百合	0.4
海星	0.25
海胆	0.55—0.65
双壳类	0.45—0.5
腹足类	0.4—0.55
头足类	0.8—0.9
笔石	0.65—0.9
牙形刺	0.7—0.9
软骨鱼类	0.1—0.15
硬骨鱼类	0.15—0.3

据 Foote 和 Sepkoski（1999）。

注：时间段平均约为 5 Ma。估计值所依据的原理是，属限于单一时间段比例较高的那些类群其保存概率可能较低（知识点 1.3）。计算细节可参见 Foote 和 Sepkoski（1999）。

为估计生物分类单元在其整个生存持续期间的完整性，我们可以简单地比较某类群内现生分类数量和其已知化石分类数量。表 1.4 和 1.5 列述了这种比较，当然对于完全绝灭的类群则无法做此数据汇编。从这些表格可以明显看出预料到的分类等级对完整性的影响。与同类群内的物种相比，更大比例的属具有化石记录，科与属的比较显示了同样的情况。

第二种方法是估计采集的分类单元的整体比例，该方法是由 Valentine（1970）提出的。它是将已知化石分类单元的全部数量与曾经生活的估计数量进行比较。例如，大约 30 万种动物物种已在化石记录中描述了，这与可能在显生宙里曾生活过的动物物种数量相比如何呢？第二个数目依赖于在地质历史中物种数量是如何变化的［见 7.2 节］。所进行的相应计算（知识点 1.3）得出的估计值是，在过去 5 亿年存在过的古生物上重要类群大约有 2500 万个物种。换句话说，容易保存类群的全部动物物种仅略大于 1% 存在于化石记录中。从第一眼

表 1.4 现生种类具有化石记录的比例

类 群	分类级别	百分比
海绵	科	48
珊瑚	科	32
多毛类	科	35
软甲（亚）纲甲壳类	科	19
介形虫	科	82
	属	42
苔藓虫	科	74
腕足动物	科	100
	属	77
海百合	科	50
海星	科	57
	属	5
海胆	科	89
	属	41
双壳类	科	95
	属	76
腹足类	科	59
头足类	科	20
软骨鱼类	科	95
硬骨鱼类	科	62
蛛形纲	属	2
	种	<1

据 Raup（1979）、Foote 和 Sepkoski（1999）以及 Valentine 等（2006）。数据为全球数据。

表 1.5 加利福尼亚生物地理区现生软体动物种类具有更新世化石记录的比例

类 群	分类级别	百分比
双壳类	科	91
	属	84
	种	80
腹足类	科	88
	属	82
	种	76

据 Valentine（1989）。

看，这个百分比似乎很小，但事实上，在许多领域可靠的统计推论通常是用更小的样本得出的。

仅举一例，在美国，典型的全国性总统民意测验利用的是大约 1500 选举人的样本，而符合投票年龄的总人口超过两亿。因此，该样本代表的是不到 0.001% 的符合条件的投票人，然而，以这样的民意测验作为选举结果的预测往往是相当准确的。

当然，完整性在不同类群之间是不同的。

三叶虫、腕足动物、软体动物以及**棘皮动物**的某些纲在化石记录中的完整性明显高于1%这一数字。

表1.5的数据表示的是，现今生活于加利福尼亚的海生软体动物将近80%发现于更新世的化石记录中。那我们如何能够把1%完整性的估计值与类似于表1.5的数据相协调呢？显然，不一致的一个原因是，动物完整性的总估计值覆盖的不仅是保存相对完好的软体动物，而且也包括诸如**海星**、甲壳动物及海绵动物这些保存不是很好的生物。另一个更重要的原因是，这反映的是**局部完整性**（local completeness）和**全球完整性**（global completeness）之间的区别。在有化石记录保存的地区，我们常常发现其完整性相当高，然而，含化石岩层具有补丁状的地理分布。对任一特定的地质时间段，多数地点（现今已显露地表）未能残留任何沉积物。

加利福尼亚现代及更新世软体动物的数据表述的要点是，进入化石记录仅仅是开始。记录本身必须避开后续的侵蚀及变质作用，而且避免由于上覆沉积物的叠加导致其所反映的生命历史知识的含混不清。通常，局部完整性是较高的，这个事实对演化研究至关重要，因为它通常意味着化石记录可能相当真实地反映了本地保存下来的物种的演化模式。

1.4 化石记录性质的时间变化

因为利用化石所研究的许多地质及演化过程往往经历相当长的时间（数十至数百个百万年），所以，了解化石记录性质在时间尺度上是如何变化的以及这种变化会如何影响我们对古生物资料的解释均很重要。上文中我们在讨论化石物种数目与沉积岩暴露面积之间的关系时已经接触到了这个问题（图1.1）。

生物扰动

在过去5亿年的动物历史中，海相生物扰动作用的强度明显加强。图1.20显示了对这一现象的一种记录。这张图描绘了遗迹架构指数（ichnofabric index，希腊语前缀ichno-指的是遗迹），这种指数提供了对沉积岩中保存的生物扰动作用的一种大致度量。对一系列寒武纪及奥陶纪沉积岩的分析表明，如图1.21所描绘的，平均遗迹架构指数是增加的。这与动物类群的演化分异过程是一致的，在此过程中它们不断开拓沉积物作为栖居地及食物来源。

第一步以三叶虫在早寒武世的出现为特征，第二步是在中、晚奥陶世之间，其原因不是十分清楚。它没有与某一具硬体的重要新类型动物的出现同时发生，然而它出现的时间确实是在一起显著的

图1.20 四个不同环境背景的遗迹架构指数标准

从左到右分别是：陆架，以垂直遗迹化石石针迹（*Skolithos*）为特征的近岸环境，以遗迹化石*Ophiomorpha*为特征的近岸环境，以及深海环境。在每一环境下，下部较高的遗迹架构指数指示了较高程度的生物扰动作用。据Droser和Bottjer（1993）。

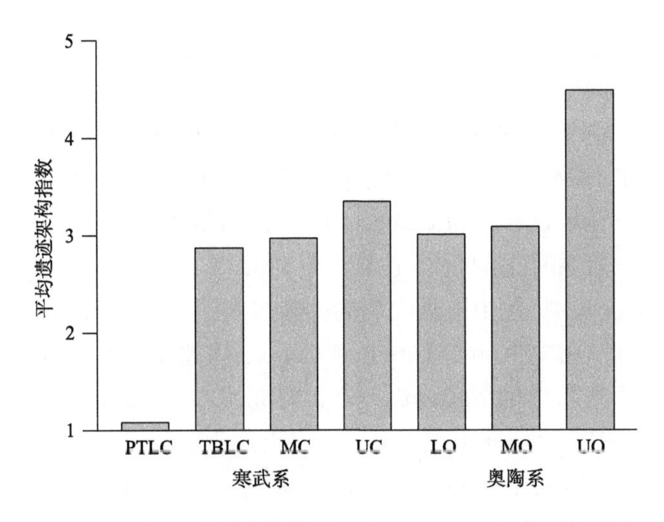

图 1.21 基于美国西南部大盆地（Great Basin）的野外研究结果的寒武纪至奥陶纪的平均遗迹架构指数

“PTLC”和“TBLC”指的是三叶虫出现之前的下寒武统和含三叶虫的下寒武统。MC，UC，LO，MO，UO 分别为中寒武统、上寒武统、下奥陶统、中奥陶统和上奥陶统。据 Droser 和 Bottjer（1993）。

海洋生物类群分异事件之后，而这次分异后的生物界则统治了古生代海洋环境［见 8.4 节］。因此可能的情况是，第二步的特征是某些骨骼生物类型产生了新习性或演化出一种新的软躯体生物类型。不管何种原因，生物扰动作用的增强可能会导致时间均化效应的增加，也可能导致更大规模的机械扰动及残骸的分解，也可能降低软体保存的概率。

骨骼矿物学

在生命历史中，形成壳体的各种矿物的相对丰富程度是不断变化的。对于化石记录质量，具有潜在重要性的一次主要变化与方解石质相对文石质骨骼的海洋生物的丰富程度及多样性有关。由于文石会随着时间推移趋于重结晶为方解石，所以我们有必要了解的一点是，对壳体微细构造的研究常常能够确定呈方解石保存的部分最初是方解石质还是文石质［见 1.2 节］。虽然方解石与文石的相对重要性随时间而变动，但很粗略地说，方解石质骨骼在古生代动物中更普遍，而文石质骨骼在古生代之后则更普遍。

虽然骨骼成分在时间上的变化原因仍在不断研究之中，但通过比较能代表同时同地的环境但经历了不同方式成岩作用的含化石沉积物，我们容易看出文石亏损的潜在重要意义。在有些情况下，保存较差的沉积物包含的文石质物种仅呈模铸化石，或重结晶成方解石壳质而丢失了大部分原始微细构造细节；保存较好的沉积物则含有丰富的文石质壳体。方解石质生物类群比文石质生物类群更易保存这个事实可能说明，在方解石质骨骼更为普遍的那些时段内化石记录或许更为完整。

含化石岩石的地理及环境分布

大多数化石记录的来源是海相的，因此即使是大陆环境对许多学者来说更加熟悉，大多数古生物学研究仍集中在海洋环境的沉积物中。再者，我们所了解的古代海洋环境的生命，大部分来自于相对浅水的沉积物中，这些浅水沉积物形成于海水淹没了部分大陆及其大陆架期间。这些沉积物的暴露要么是因为绝对海平面下降，要么就是因为构造抬升。沉积于深海的沉积岩有时在碰撞带被挤成碎片推到大陆上，有时在深海钻探中被直接采样［见 9.1、9.5 和 10.4 节］。然而，大约 1.8 亿年以前的大部分大洋沉积岩已经被消减掉了。与中—新生代相比，古生代深海沉积记录相对稀少，这反映了洋壳消减的结果。

对陆生生物，最普遍出现的生境是沿岸低地。海拔较高的生境一般位于净侵蚀的区域，其沉积物长时间保留在沉积记录中的可能性不大。因此距离现今越近，我们越容易看到更好的高地沉积记录。

全球沉积记录表明，广泛的**陆表海**（epicontinental sea）沉积在古生代大部分时期比在此之后更普遍。此外，北方大陆（组成当今的北美及欧亚大陆）古生代期间以热带—亚热带为主，此后移动到以亚热带—温带气候为主。由于这些因素的影响，浅海热带沉积物的范围在显生宙期间基本上是逐渐减少的。然而，与时间越新深海记录的数量越增加形成对比的是，陆表海的普遍减少及大陆位置的纬度移动则是实际存在的。地质证据表明，热带陆表海在古生代确实更普遍，并非只是因为我们具有该时段陆表海更完整的记录。

1.5 化石记录知识的增长

正如我们先前讨论稀疏化时所提出的，评估化石记录准确性的一种方法是确定某一位置，在这里随着我们采样的增加，记录结果却不再有明显的改变。如果不断的采样没有造成结果变化，我们就有足够的信心认为我们所看到的就是化石记录所能提供的。当然，这并不保证我们所看到的就是我们希望揭示的生物或地质过程的真实反映，这是因为化石记录本身就某个特殊问题依然可能出现偏差；仅靠增加样品大小不一定能解决这个偏差。再者，逐渐降低的回报率意味着要增加新的重要的研究信息——例如采集到稀有物种，就可能需要投入大量的额外采集工作。

Alwyn Williams 爵士是腕足动物方面的专家，他早在 20 世纪 50 年代就意识到，不同地质时期中已知的生物种类数目的列表数据可能存在差异，这种差异依赖于特定古生物学家所感兴趣的地层时段及他们所使用的分类学概念。于是他进行了如下的实验：假设在不同的科学历史时期古生物学家分析了当时已有数据，哪个地层时段会表现出腕足类属的峰值？ Williams 按地质时期列出了属数，数据来源分别是 Hall 和 Clarke（1894）出版的数据汇编、Schuchert 和 Le Vene（1929）出版的数据汇编以及截止到 1956 年主要由 Cooper 和 Williams 自己发表成果的可用数据。

相继的数据汇编之间不是无关的，相反，它们是基于对前期化石材料的认知及解释之上的。例如腕足类 *Finkelnburgia* 属，该属由 Walcott（1905）根据他从威斯康星州和明尼苏达州的上寒武统砂岩中采集和描述的两个种建立的，因此，这个属在 1894 年的数据汇编中是不存在的，但它列在了 Schuchert 和 Le Vene（1929）的数据汇编中，作为寒武纪的化石记录。在 1932 年，Schuchert 和 Cooper 将几个下奥陶统的标本归入了 *Finkelnburgia* 属；在 1936 年，Ulrich 和 Cooper 描述了几种北美早奥陶世的 *Finkelnburgia*。因此，在 1956 年的汇编中，该属既出现于寒武纪又出现于奥陶纪。

事实上，实际情况比这更复杂。在 1865 年，Elkanah Billings 描述了一种加拿大早奥陶世的腕足类，并将之有疑问地归入 *Orthis* 属。*Orthis*? *armanda* 这个种在 1932 年被 Schuchert 和 Cooper 归入了 *Finkelnburgia* 属。因此，代表奥陶纪的 *Finkelnburgia* 属的材料，在该属被描述之前 40 年、在该属被实际确认为奥陶纪的近 70 年前就已经为古生物学家所知。正如本例所呈现的，新材料的采集及已有材料的分类学研究均可影响基于古生物数据得出的结论。

图 1.22 图示了 Williams 基于连续地质时期建立的已知属总数的列表数据。1894 年数据组的腕足动物多样性峰值落在泥盆纪；1929 年的也落在泥盆纪，但在古生代之后的侏罗纪有另一个峰值；1956 年的峰值落在了奥陶纪。因此，这种图像在 Williams 看来相当不稳定，随着额外的研究数据的加入而呈现出惊人的变化。

通过了解某些主要的化石腕足动物学者的

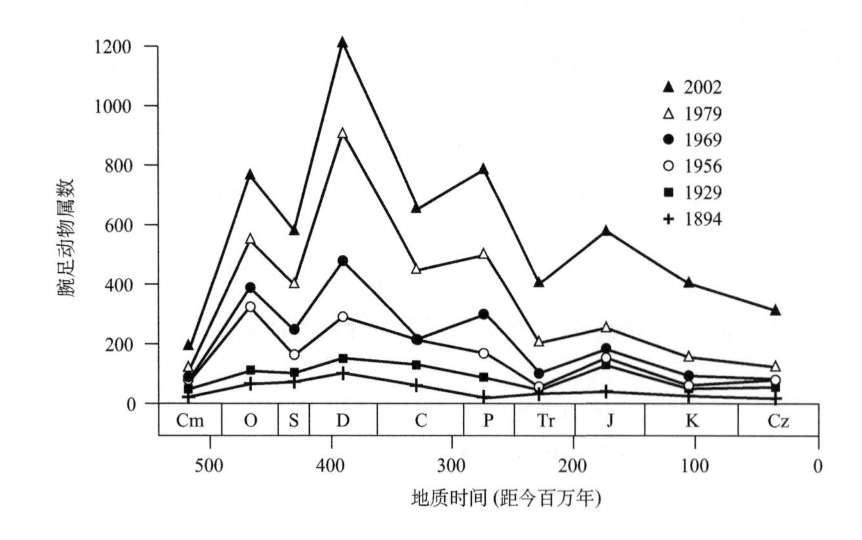

图 1.22 根据 6 个不同数据绘制的地质时期腕足动物属级多样性曲线

每一曲线显示的是各地质时期已知的腕足动物属的总数。每条曲线代表了不同的数据来源。从图中我们可以看到某些演化历史特征是如何随着数据的不断积累而逐渐稳定下来。据 Williams（1957）、Grant（1980）和 Sepkoski（2002）。

情况，我们可以弄清那些特定峰值变动的原因。James Hall 是一位活跃于 19 世纪后半叶的古生物学家，他的工作主要涉及纽约州和其他地区的泥盆纪及其他古生代地层。与 Hall 同期的 Thomas Davidson 研究的是欧洲侏罗纪的腕足动物，但他采取了一般被认为属于保守派或合并派（lumping）的分类方法：他倾向于仅当研究材料具有相当重要区别时才作为新属描述。此外，在 20 世纪早期，S. S. Buckman 是欧洲最重要的侏罗纪腕足动物学者之一，他更多地属于细分派（splitter） 他倾向于依据相对还不甚明显的解剖学差异来描述新属。上述这些事实将有助于我们了解 1929 年的数据汇编中为何侏罗纪属级数目如此巨大。最后，到 20 世纪 50 年代，许多腕足动物专家开始重点研究早古生代地层，这也在某种程度上解释了为何 1956 年数据汇编中出现奥陶纪的多样性峰值。

Richard Grant 在 1980 年进行了一项类似的研究，他将依据 Cooper 的 1969 年数据汇编而得出的腕足类多样性与他自己 1979 年建立的曲线进行比较，这一结果也绘制在图 1.22 中。与 1956 年的数据相比，该多样性曲线显示出了一些有趣的差异。例如，主要峰值再次出现在泥盆纪，就像在 1894 年和 1929 年的数据汇编中一样。再者，1969 年和 1979 年数据组在二叠纪呈现了一个新的次级峰值。作为原因之一，这反映了 Cooper 和 Grant 对得克萨斯州西部硅化的玻璃山（Glass Mountain）动物群所做的大量工作。Grant 所作研究的一个重要特征是，尽管他的数据比 1969 年的数据涉及面更广，但两者基本显示了相同的多样性模式。

那么在 Williams 的研究之后大约 50 年的今天，腕足动物的分布数据给我们呈现的是什么情况呢？J. J. Sepkoski 在 2002 年根据 Grant 以及许多其他数据来源所做的汇编研究［见 8.2 节］也图示在图 1.22 中，它显示了最新的曲线与近 30 年前 Grant 所看到的基本上是相同的。总体上来说，虽然化石腕足动物较之前有了非常多的属，但其在地质时期中的相对分布似乎已经稳定下来。随着更多材料的加入，可能出现微小区别的波动，例如腕足类多样性在奥陶纪和二叠纪孰高孰低；然而，主要的模式似乎是稳定的，例如泥盆纪的总峰值，以及古生代较

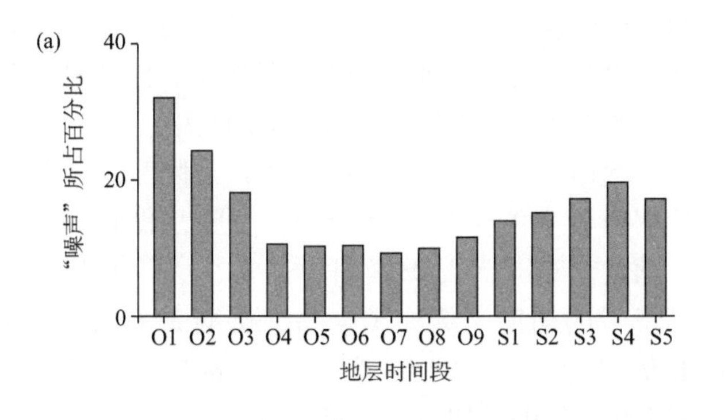

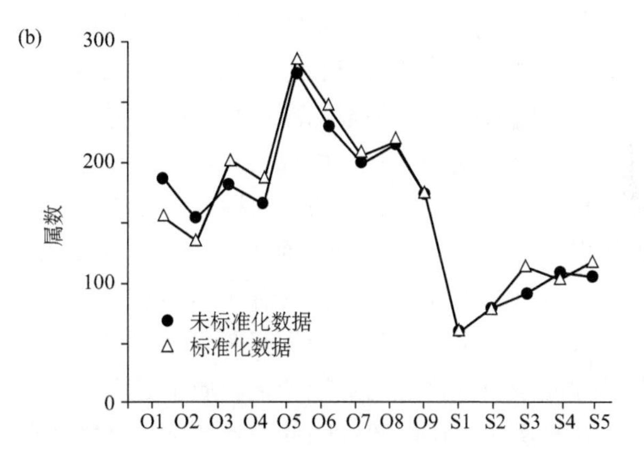

图 1.23 分类单元的标准化对已有的奥陶纪和志留纪三叶虫多样性理解的影响

数据由 Sepkoski（2002）汇编，他本人并不是三叶虫专家，因此他的原始数据被认为是未标准化的。随后，这些数据被两个三叶虫专家进行了仔细审核，从而构成了一组标准化数据。(a) 按时间段绘制的未标准化数据中无效记录的百分比，这些无效记录也被称为“噪声（noise）”。(b) 两组数据各自的总多样性的比较。(c) 两组数据中相邻时间段间变化的百分比。虽然 (a) 图显示了两组数据间的许多差异，但由它们生成的多样性曲线非常相似。O 代表奥陶纪，S 代表志留纪。据 Adrain 和 Westrop（2000）。

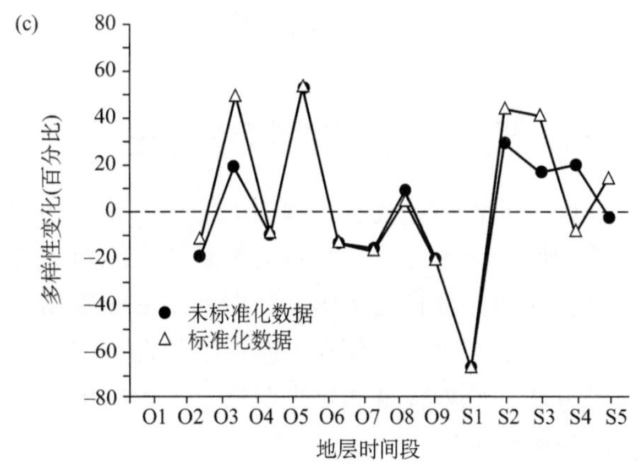

中生代和新生代多样性普遍较高。

别的类群也有了类似的多样性及许多其他问题上的研究——例如，种类之间的演化关系及解剖区别。这种研究的基本结果与发现于腕足类多样性的情况一致：化石记录中较小尺度的特征随着更多化石材料的采集更有可能被推翻，但大尺度的特征趋于稳定。然而，没有办法可以在事前准确知道在任一特定的情况下哪个特征是可靠的。因此，重要的是我们需要不断地留意新发现对化石的解释能造成多大程度上的影响。

正如 *Finkelnburgia* 属的例子所展示的，较老和较新数据汇编间的差异在于两种来源数据的变化：一是纯粹数据量的增加，二是分类观点和特定生物类群研究专家的准则的改变。我们将在第四章更详细地讨论分类准则。现在我们认识到，从一个现存的数据汇编开始，并根据连贯一致的分类约定修改它——例如包含在单个属内的物种形态范围有多宽，将有可能把这第二个变化因素隔离出来。采取一种一致的分类学方法并仔细审查现有数据，以保证它们与采用的标准一致的程序称为**分类单元标准化**（taxonomic standardization）。

图 1.23 给出了一个分类单元标准化的实例。该实例中关注的是奥陶纪和志留纪三叶虫属级多样性变化。图 a 标出的是未标准化数据中“噪声”数据所占的百分比，这些噪声数据在标准化数据中被认为是无效的；图 a 显示的是未标准化数据与标准化数据彼此间差异程度的一种度量方法。图 b 和 c 展示的分别是上述两组数据的总多样性及多样性变化的百分比。尽管在两组数据间普遍存在差异，但多样性曲线及多样性的短期变化实质上是极为一致的。在本例中，两组数据间的差异实际上是随机噪声，并在最终的曲线上被平均掉了。

1.6 已发表的古生物数据的书目来源

前面我们曾讨论过有关数据汇编如何随时间而增长的问题，读者自然而言就会想到如何能追踪这种信息，从而保证自己所用的数据汇编不断更新。在本书中自始至终我们都在不断讨论数据汇编的各种技术方法，此处仅就书目来源这个主题给出几个初步的建议和评述。

古生物学信息（特别是分类信息）已被发表于大量的文献中，最早可以追溯到 18 世纪。出版物涵盖了所有主要语言以及各种出版媒体。因此古生物学家高度依赖于书目的帮助。

针对某一特定类群或者某一地质时期发现的化石，其权威性专著极大地帮助了数据的汇编及标准化。如果这样的专著写作组织得很好，它会涉及所有重要参考文献，因此读者仅需在此基础上额外查阅其他书目来源，以获得那本专著出版以后所发表的文章即可。在使用某一特定的专著时，读者必须了解该书涉及的内容范围以及达到了何种分类级别。例如，《古无脊椎动物学论丛》（*Treatise on Invertebrate Paleontology*）——对化石无脊椎动物地质地理分布、形态及分类的概括——的作者尝试罗列各个化石大类所有的属，但其中一般不包括种级信息。

如果缺少最新的概括性论著，古生物学家必须转向已发表的作品目录索引，例如《动物学记录》（*Zoological Record*），每一卷都是对前一年发表的动物学和古动物学文献的一个相当全面的概览。其索引包括了所引用的文章中涉及的全部分类单元的目录。通过《动物学记录》，我们可以逐年地追溯从引用条目到属或种级的分类信息，因此对许多方面的工作都可以提供颇有价值的帮助。

然而，《动物学记录》并不完整，也没有哪种书目索引能做到十全十美。因此，我们在使用《动物学记录》此类索引时通常还必须有其他书目索引的辅助，例如《生物学文摘》（*Biological Abstracts*）和《地学参考》（*GeoRef*）以及针对特定生物类群的更加专业的资料源。

电子书目索引数据库近年来获得了巨大发展，此类数据库可以帮助用户快速并自动地查询某些特定分类、地层以及地理方面的关键词。许多较老的文献也逐渐被收录进了此类数据库，例如，《动物学记录》的电子版目前已回溯到了 1978 年，而《地学参考》则回溯到了 18 世纪。电子书目索引对古生物学家来说已成为一个不可或缺的助手。然而，尽管具有巨大的作用，但所有的书目索引都是不完整的，其索引也还存在部分缺陷。因此，古生物学者应该意识到传统的文献交叉引用（cross-referencing）及在图书馆中检索、浏览等方法仍有必要。

1.7 结束语

化石记录仅是过去的生命历史的一个很小的样本。然而，因为有如此多的物种曾生活于过去，还因为所涉及的时间是如此漫长，因此古生物学家依然有海量的数据可用来研究生命历史。几乎是从古生物学作为一门学科问世以来，一个焦点问题也随之产生，即面对古生物的不完整性如何研究生物学和地质学的过程。在本章中，我们强调了两个主要观点：

1. 可以对古生物学的研究进行设计，以使得化石记录的不足退居次要地位。主要步骤包括：(a) 集中解决骨骼化较好的物种；(b) 对来自于类似环境并有类似保存条件的化石组合进行比较；(c) 利用埋藏控制来判断某一物种在某一特定时间和环境的缺失是真实的还是保存原因所致；(d) 在一个区域级别上研究进化和生态学，因为化石记录在区域级别上相对完整。
2. 化石记录中存在的偏差，如果使用得当，对古生物学家依然有益。有时我们基于某些偏差现象如差异保存建模并预测可能得到的结果，如果实际观测结果与之不符，我们也应尽可能相信实际观测结果而非前者。

虽然化石记录的数据存在许多缺陷，但针对某一特定目的而言通常是相当足够的。正如我们在本书中始终强调的，我们可以在切实关注保存偏差和化石记录不完整性的影响的基础上，谨慎地使用和解释化石记录数据。

补充阅读

Allison, P. A., and Briggs, D. E. G. (eds.) (1991) *Taphonomy:Releasing the Data Locked in the Fossil Record.* NewYork, Plenum Press, 560 pp. ［全面论及埋藏过程和化石记录质量的论文集］

Benton, M. J. (ed.) (1993) *The Fossil Record* 2. London, Chapman and Hall, 845 pp. ［对化石记录中已知的科级分类单元的较为全面的普查］

Bottjer, D. J., Etter, W., Hagadorn, J. W., and Tang, C. M. (2002) *Exceptional Fossil Preservation.* New York, Columbia University Press, 403 pp. ［对于多个最重要的特异埋藏化石库的化石和地质特征的综述］

Donovan, S. K., and Paul, C. R. C. (eds.) (1998) *The Adequacy of the Fossil Record.* Chichester, Wiley, 312 pp. ［关于化石记录完整性的研究方法和实例分析的论文集］

Pääbo, S., Poinar, H., Serre, D., Jaenicke-Després, V., Hebler, J., Rohland, N., Kuch, M., Krause, J., Vigilant, L., and Hofreiter, M. (2004) Genetic analyses from ancient DNA. *Annual Review of Genetics* 38: 645–679. ［对古 DNA 抽取和分析方法的最近进展的综述］

Raup, D. M. (1979) Biases in the fossil record of species and genera. *Bulletin of the Carnegie Museum of Natural History* 13:85–91. ［对化石记录中一些重要偏差的讨论，并论及多样性的制表分析］

Schäfer, W. (1972) *Ecology and Paleoecology of Marine Environments* (English translation). Chicago, University of Chicago Press, 568 pp. ［实证古生物学的开拓性研究］

第二章 生长和形态

古生物学的原始材料，是我们为研究而收集和准备的个体标本。事实上，所有涉及化石资料的问题，无论是地质的、生态的，还是演化的，最后都会归结到对个体标本的详细观察。这里仅引用几例：

1. 我们可能想要检验这样的假设，即在整个演化时期个体的大小都是趋于增加的［见 7.4 节］。为此，我们必须知道大小的含义是什么，以及如何去测量它。
2. 在分类学［见3.3节和4.1节］、生物地层学［见6.1 节］和生物多样性［见 8.1 节］研究中，要求古生物学家能准确地将标本鉴定到种，确定两个标本是属于同一个种还是不同种，知道每次采集到的标本中含多少个种。这样的研究，取决于对这些标本的详细描述和测量。
3. 如果我们想解释生物灭绝的动力、生理和生态［见 5.2 节和 9.4 节］，我们就必须了解在生长中一些依赖于大小和形状改变的功能原理。

虽然我们经常从化石标本上采集化学、矿物和其他各种数据，但主要的信息依然是与它们的形态相关的。因此，我们将**形态学**（morphology）的基本处理方法，即生物形态和结构的研究作为本章的开始。

2.1 形态特征

无论我们研究的是整个生物体，还是只是它的一部分，都需要考虑形态的三个组成部分，即大小、形状及两者间的关系。**大小**（size）可能是最明显的生物特性了，它不仅明显，而且对生物体非常重要。许多功能如新陈代谢、繁殖以及运动等，通常会随大小而改变。因此，生物学家可以根据大小来预测生物体的诸多方面。例如大象是一种体重很大的可移动陆生动物，生物学家并不需要见到大象后，才能确定其身体下方必须发育有强壮的肢体。

形状（shape）是生物形态的第二个重要组成，它直观地反映了生物体不同部分的相对比例。形状大小可以通过骨头的长度和宽度来衡量，对比而言，长宽比，即相对窄薄与相对粗宽之间的对比，是一种形状测量。严格地说，一个形状测量的获得，是作为具有特定尺寸的其他度量，通常有质量（M）、长度（L）、面积（L^2）和体积（L^3）间的比值，由此无量纲的数据替代了具体的尺度（这些度量跟质量单位克和长度单位厘米这些特殊的单位截然不同）。骨头的长和宽都是长度尺度，L。因此，它们之间的比例为尺度 $L \div L$，等于 L^0，因此没有量纲。并非所有大小测量中的比率都包含形状测量。例如，质量和体积之间的比率为密度尺度，即 $M \div L^3$ 或者 ML^{-3}。同样地，骨的横切面面积和骨长的比率为尺度 $L^2 \div L$，等于 L。

形状的一个明显特征是对称。许多常见动物都是两侧对称（从左到右本质上是一样的）或者放射状对称（在任何前后轴的垂直方向上形状相似）。还有其他的对称形式，如棘皮动物的五射对称。基本的对称一般在种、属甚至更高的分类中是不变的。

生物体的生长代表着形状的改变，它给我们带来了第三种形态组合：大小与形状之间的关系。形状随大小变化的方式通常反映生物体的功能，会在我们讨论生长和发展的状态时涉及。

(a)

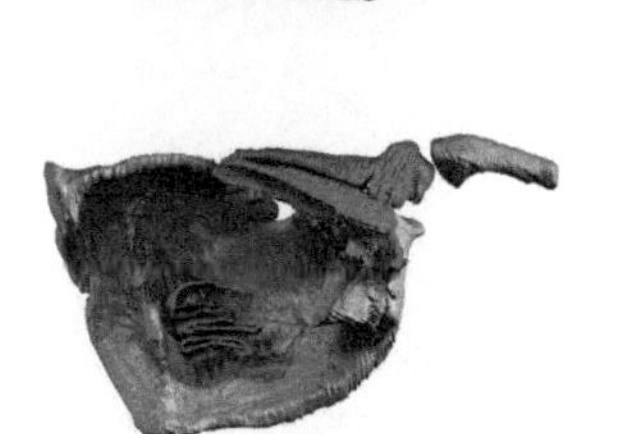

(b)

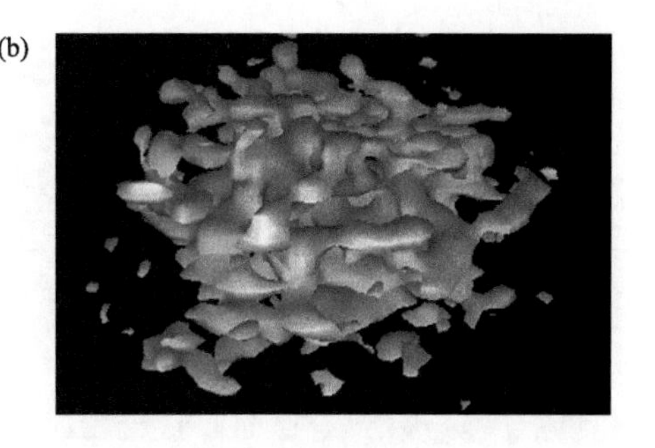

图 2.1 未破坏的化石图像

(a) 一个圆锥形棘皮动物的四个不同位置，产自俄克拉何马州上石炭统。许多精细比例的 X 射线图像，在不破坏标本的情况下，用于展示标本的系列切面。这些系列图像通过计算机作三维重建。(b) 一种复杂的三维遗迹化石 *Macaronichnus* 的电磁共振图像（MRI），产自艾伯塔白垩系。

数据来源：(a) 据 Dominguez 等（2002）；(b) 据 Gingras 等（2002），经沉积地质学会许可引用。

2.2 标本的描述和测量

我们测量什么和用哪种精度测量，最终取决于所提出的问题。研究某一生物类型的早先经验，在确定该类群的测量标准的选择上通常是必需。因此，只用一个规则来为任何标本或物种提供良好的描述和测量是困难的。有时对一个简单的身体大小的测量，可以区分两个接近的关联物种，但是在另外一些场合，这些物种可能在大小上非常相似，因此就需要有更为具体的测量标准来区分它们。

在本书接下来的内容中，将会通过举例、案例解读和实验室中材料的细查，来展开有关哪些测度标准最适合不同研究目的的工作方面的讨论。我们通常运用两个指导方针：（1）种内研究需要比种间对比具有更高的精度，因为形态差异更为精细；（2）在系统描述或测量中，详细程度越高，那么种在系统中的运用范围也就越明确。例如，简单的高宽比能在所有的带壳的腹足动物中进行对比，但是对于特殊壳饰特征的测量将只限于那些拥有壳饰疑问的种。在这里，我们着重讨论对已经收集并准备用于研究的标本的描述和测量。有关古生物的采集和准备技术，请参考本章后面的补充阅读文献和书后的参考文献。

图示描述

除了最小的微生物体化石，几乎所有标本的最初观察都要靠裸眼来完成。丰富的细节经常可以通过简单的纸、铅笔加上耐性被记录下来。尽管如此，我们所希望的研究，其结构可能小到需要使用放大镜、光学显微镜或电子显微镜，否则将无法观测到标本的表面。切片便于内部结构的观察，但这具有破坏性。X 射线照相术、计算机化的 X 射线断层扫描摄影术（CAT）及相关方法，使人们可以在不破坏标本的前提下，得到标本内部的可视性图片。这类方法还可特别用于检测密度或进行成分对比，如实际骨骼和沉积物之间的对比。图 1.11 和图 2.1 为一些未破坏的化石照片实例。

我们一旦见到一个标本，会有许多手段来帮助我们得到这个标本的永久记录，以便今后研究或是帮助测量。除照片之外，最有用的手段之一是**显像器**（camera lucida）。这是一个选择性装置，有时附在一台显微镜上，便于人们在手绘化石图时，同时看到标本的图像。在描述标本时，草图或素描仍然是非常重要的手段。例如在有些情况下，材料遭受严重脱落和变形，对标本的绘制要强调突出有关生物的详细情况以排除埋藏特征的影响，这是最为基本的。

(a)

(b)

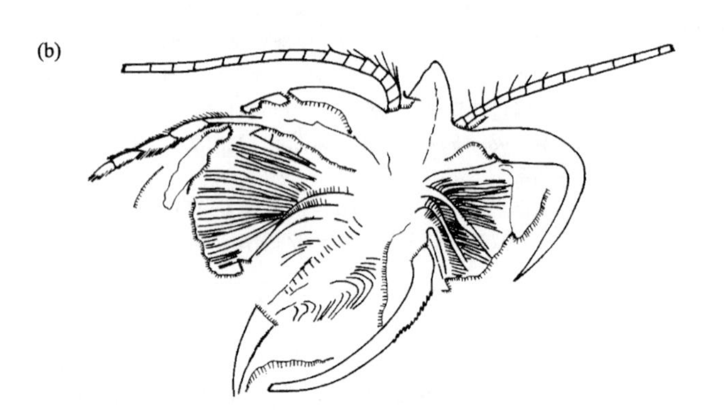

(c)

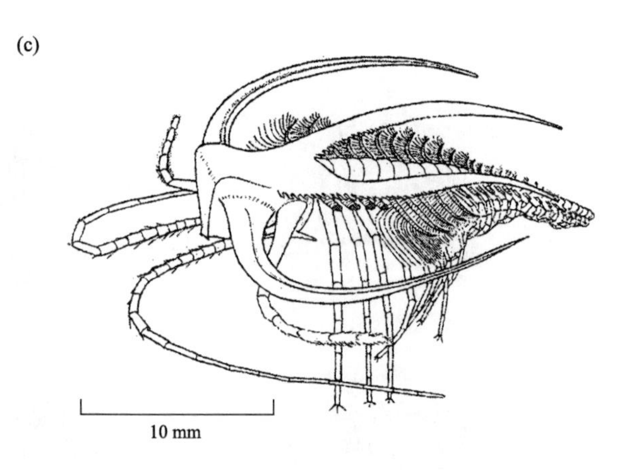

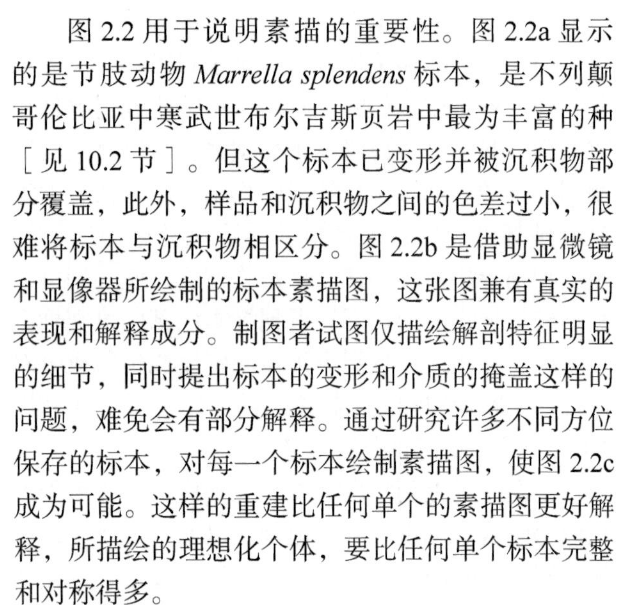

图 2.2 节肢动物 *Marrella splendens* 的图像，产自不列颠哥伦比亚中寒武统

(a) 标本照片；(b) 同一标本的素描图，借助于显像器的帮助；(c) 根据几个标本的显像器绘图重建图。据 Whittington（1971）。

图 2.2 用于说明素描的重要性。图 2.2a 显示的是节肢动物 *Marrella splendens* 标本，是不列颠哥伦比亚中寒武世布尔吉斯页岩中最为丰富的种［见 10.2 节］。但这个标本已变形并被沉积物部分覆盖，此外，样品和沉积物之间的色差过小，很难将标本与沉积物相区分。图 2.2b 是借助显微镜和显像器所绘制的标本素描图，这张图兼有真实的表现和解释成分。制图者试图仅描绘解剖特征明显的细节，同时提出标本的变形和介质的掩盖这样的问题，难免会有部分解释。通过研究许多不同方位保存的标本，对每一个标本绘制素描图，使图 2.2c 成为可能。这样的重建比任何单个的素描图更好解释，所描绘的理想化个体，要比任何单个标本完整和对称得多。

有众多的系统可以帮助人们把标本**数字化**（digitization），存储它们的电子图像。数字化可以是手动的，例如，用画笔绘制标本，画笔的移动在二维或三维空间上被机械地或电子地记录下来。更为普遍的方式是将整个照片图像以电子文档的方式保存起来。三维图像的自动储存可以通过将许多间隔很小的薄切片数字化来完成，如图 2.1a 所示。还可以通过数字化那些角度稍有不同的成对照片，以模拟双目视觉，并通过计算机的运算来重建三维形状。手动的数字化过程要比自动化方法费事得多，但素描图相对照片而言，具有仅记录所需细节的优势。

现代的数字化设备拥有高的光学分辨率，并且能够减少因标本从三维转为二维时所产生的不可避免的变形。此外，还有许多成熟的多功能电脑程序，可用于处理数字图像。照片图像经处理后，可以去除不需要的细节，从而使测量更加容易。例如，可以根据淡色标本与暗色背景的反差，来确定标本的大致轮廓，这样就不需要手工描绘了。许多标准的测量可以用电脑程序轻松完成，因此，从某种意义上来讲，有一个合适的数字化图像如同手头拥有了实际标本（见图 2.3）。

数字化技术和相关电脑软件使标本的描述和测量变得简便，然而，它们没有解决一个重要的问题，即我们需要描述什么和测量什么。在下文中我们将具体讨论这个问题。

描述性术语

迄今为止，文字是结构描述最为常用的媒介。精心设计的术语能有用而简明地描述形状，将大量的信息浓缩到一个单词或几个相关词语。如果选择

(a)

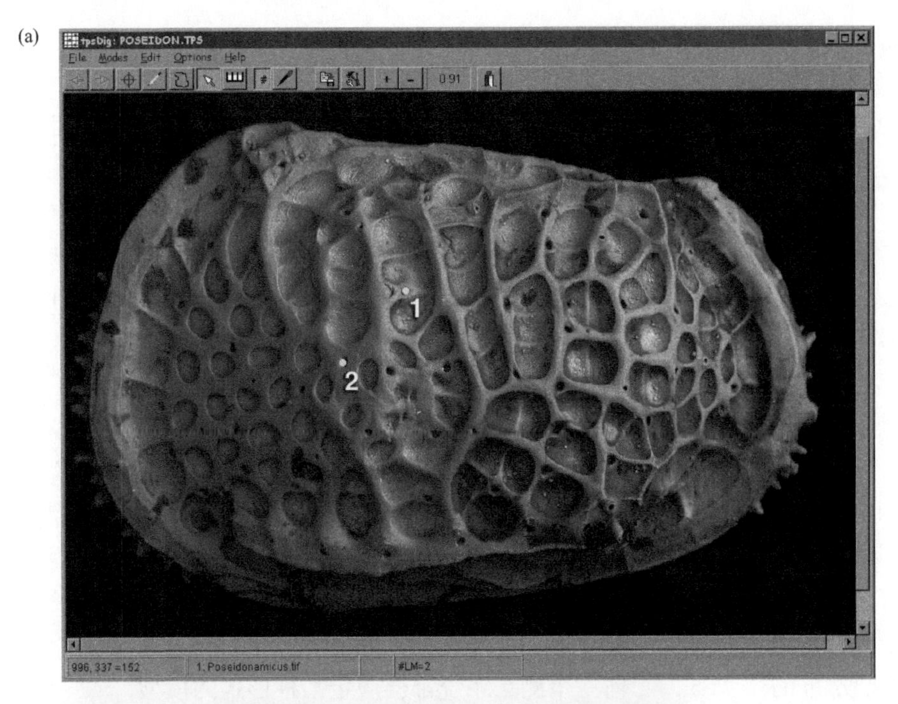

(b)

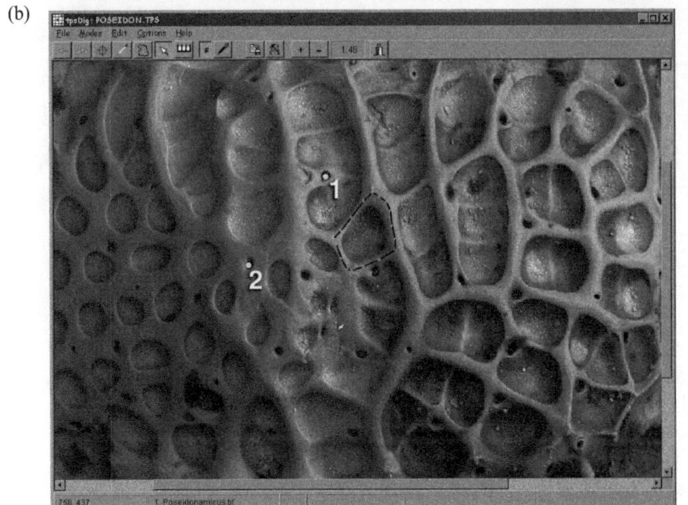

图 2.3 用计算机 tpsDig 软件所展示的介形类 *Poseidonamicus* 左壳数字图像

图中为电子扫描图像。(a) 一个标本的总体观察，所选择的界标点 1 和 2，自动记录其 *x* 和 *y* 轴坐标。注意计算机屏幕近顶部处的相对放大倍数 0.91。(b) 同一标本的一部分，相对放大倍数 1.46。除界标点 1 和 2 外，在壳体的凹沟（浅凹）中有一多边形。数据经 Gene Hunt 许可。

恰当的话，这些词自明而易于掌握。

作为一个有效利用描述性术语的实例，下面为一个腹足动物种的正规描述（据 Sohl, 1960）。标本的图片见图 2.4。

> 壳小，圆锥形，显脐型，内壳层珍珠质；正模标本具约 7¼ 迅速扩大的螺纹。胎壳光滑，在早期的螺纹上具有粗糙的轴向肋，略超过一个螺纹，随即被细螺旋状条脊所取代；留有缝合线。螺纹侧的倾角较螺塔的总坡度要缓和，轮廓线为前部螺纹的悬叠外围所打断；螺纹外围亚圆形至次棱角形；螺纹侧外围之下至宽圆的基部的坡度变陡。轴的雕饰和螺纹要素大小相同；上斜面中的 8 个螺旋状条脊含弱的结节，并为较粗糙、间距较小的轴饰所覆盖；基部被 10 个间隔不均的螺纹所覆盖，具弱的结节和许多条脊。脐窄，边缘含弱节点。孔不完全清楚，亚圆形，宽略大于高，在内唇和脐带边缘的连接处稍反折。

图 2.4 白垩系腹足动物 *Calliomphalus conanti*

该种的正规描述见正文。据 Sohl（1960）。

对一个不了解腹足动物的形态及其描述术语的人来说，这些描述可能几乎无法理解。然而，对于了解这门学科的人来说，这个描述为一组标本提供了一个令人确信的概况。

任何的描述性术语系统都可能导致困难。例如，注意在描述的第一行中的“小”字，它意味着与其他生物体相比的大小，但是是什么其他生物体呢？按照惯例，术语如小大和宽窄只是表示与其相接近的生物体的相比。

描述性术语通常包括许多类别，使一个生物组中的主要构成都能归于其中。图 2.5 展示了腹足动物壳的一些例子，类别之间的始末界线判断是一个常见问题。例如，当面对一块多少介于臀形和陀螺状之间的壳体时，我们该怎么做呢？中间形态并没有产生比它们本身更多问题的一个原因，是生物的形态并不是随意分布的［见 5.3 节］。确定的形态比其他不确定的更加普遍。如果一个描述术语系统能精确地反映出据优形状的自然类群，那么介于两个种类之间的标本会很少。因此，描述性术语系统的建立，其本身可能就是对科学的一种重要的贡献，代表了对自然界的一种基本解释。

测量的描述

分节特征（meristic character）的统计是定量描述的一个简单形式，例如鱼的肋骨数，花的花瓣数，节肢动物的节数。这样的统计表可能看上去很原始，但可以包含丰富的信息量。例如，我们根据节数可以鉴别出多组三叶虫，一些组中三叶虫种以头部边缘的特定凹槽数为特征。

所有的化石定量描述包括严格的测量，而不仅仅是统计。举一个简单的例子，如图 2.6 中所描绘的叶子，除了形状测量外，还需要有长宽比。这些叶子的长宽比几乎是一样的，但是在叶形方面存在明显的差异。描述形状仅用长宽之比，意味着假定长方形是一个好的形状近似值。换句话说，用长方形作为一个理想的形状模型是合理的。事实上，任何一个测量系统都会假定某种形式的模型。

图 2.7 为四种假定的卷状**头足动物**，每个最大直径 d 都已标出，以区分大小。但是，直径不含形状信息。假设默认模型为一圆形，任何一种非常不同的螺旋型头足动物都能归于同样的圆形中，因此直径只能提供除了大小以外的很少信息。对于图 2.7 中的每种形状，每对始于盘旋形态中心的不同

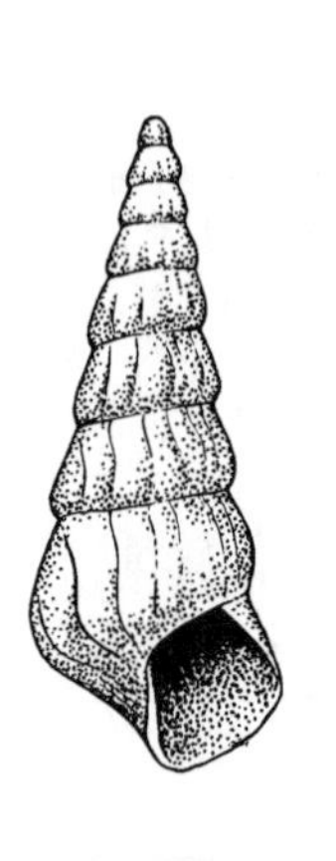

小塔形

梭形

玉螺形

螺锥形

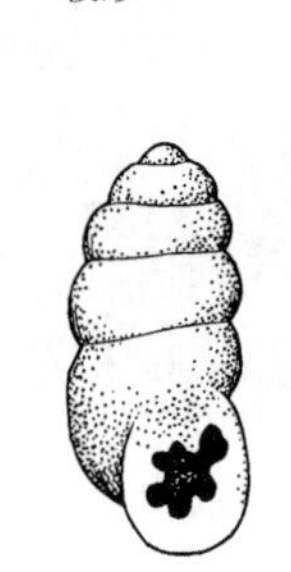

蛹形

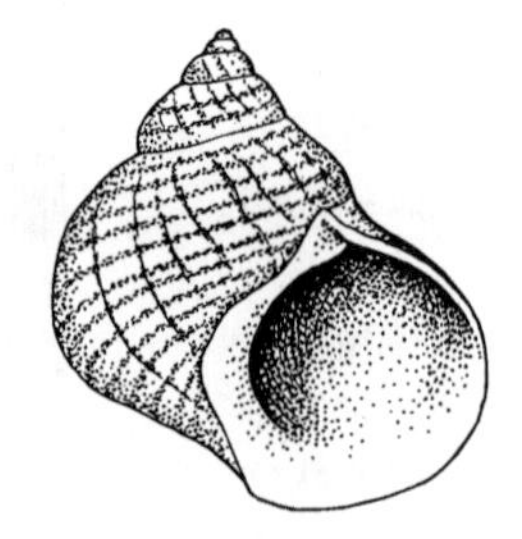

螺旋形

图 2.5　一些用于腹足动物形态描述的形状术语

这些术语的由来各式各样，有些已有几个世纪的历史。有些术语源自描述性单词：“Turbinate”从拉丁文“*turbinatus*”而来，意为“螺旋形的”。另一些没在这里出现的源自几何学，如圆锥形、双锥形和倒圆锥形等。还有一些取自特殊分类单元的名字，如玉螺形是由属名 *Natica* 而来。

的半径（r_1 和 r_2），可给我们提供更多的信息。对于这些假定的形态，以相同的角度间隔所测得的任何两个半径的比率为恒量，这里为 180° 。也就是说，当考虑这些半径时，壳的形状不随生长而改变。很多真正的壳大致符合半径比率恒定的理想模型，根据这个半径比率，我们可以区分出三种头足动物形态。图 2 .7a 的两个半径比率较图 2.7d 中的要大，这反映了两种形状之间的差异。在图上，图 2.7b 和 2.7c 的区别明显，但用半径的比率无法区分它们。

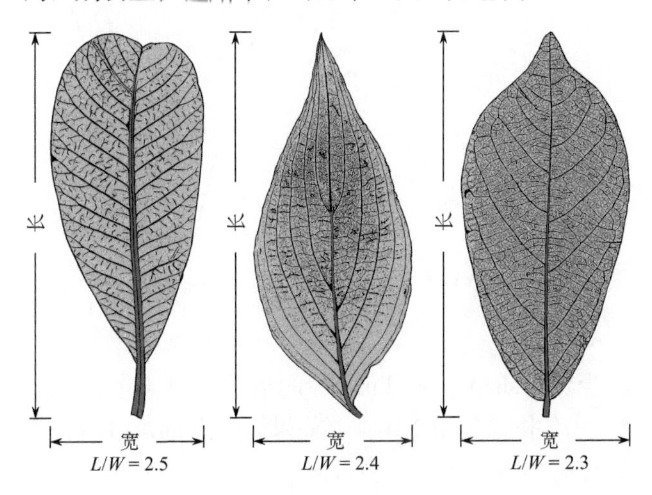

图 2.6　三种标有长度和宽度的不同树种的叶

这些叶的长宽比大致相等，但在其他形状方面相异。据 Leaf Architecture Working Group（1999）。

上述例子列举了最简单的，也是迄今最常用的定量描述方法：一系列线性的大小尺度，形状的定义随它们的比率而变化。这个方法有很多优势，所获得的测量数据令人直观满意，对应的形状特征常常从视觉上打动行家和初学者。它能通过简单的工具，如尺子或测径器，而轻易完成。它还允许一个很宽的形状范围作比较，反映测量是经过了认真的选取。也许这个方法的主要缺点是分析过于复杂。如果有人已对每一个样品进行了许多测量，力图对形态作详细的描述，我们在下章讨论的部分内容可能要求对数据进行解释。因而生物学上现实模型，例如卷状壳的模型，能在简便的测量方面具有很大的价值［见 5.3 节］。

与线性尺度测量相关的是标本上的**界标点**（landmark），或明显标记 x，y，z 轴坐标的记录。这些界标点部位可能是如棘皮动物的板或节肢动物骨片的三点交汇处，骨块间的连接点，或者如肢的端点。图 2.8 为示意这些标志的例子。在**硬骨鱼**（图 2.8a）的例子中，其形态大致通过二维尺度给出。对于棘皮动物**海蕾**（图 2.8b），用一种特殊的显微镜来记录其界标点处的三维坐标。

图 2.8a 中的虚线为可用于测量大小的标志点之间的距离。根据每个点的距心距离或所有点的算

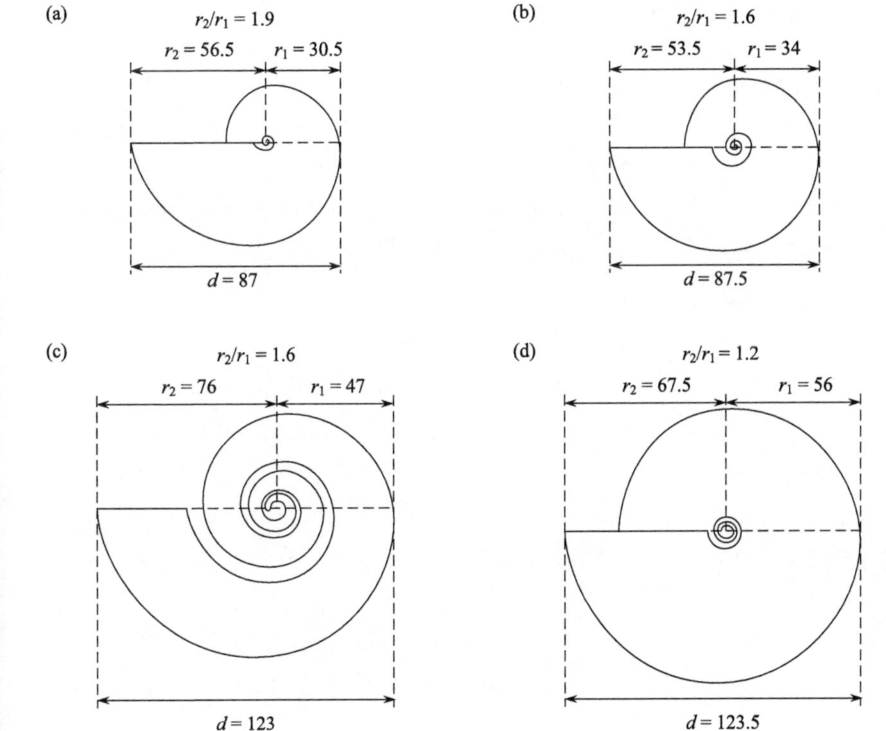

图 2.7　在卷状头足动物中常见的四种无显著特点的壳形

(a) 和 (b)、(c) 和 (d) 的直径 (d) 分别相同。这些直径只是表示大小而非形状，而半径比（r_1/r_2）则包含可观的形状信息。但是 (b) 和 (c) 的比率相同，尽管它们在其他方面相异。

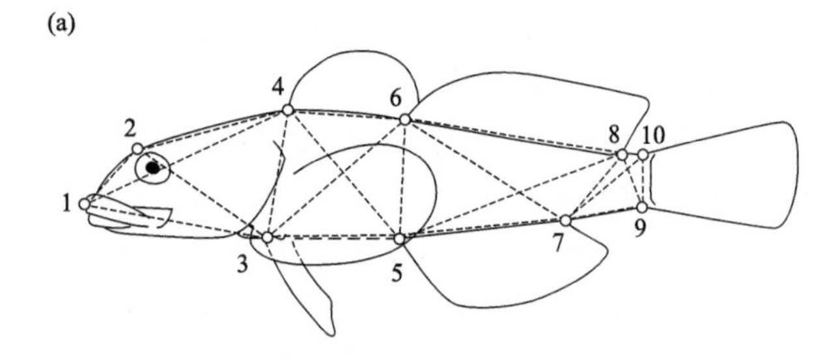

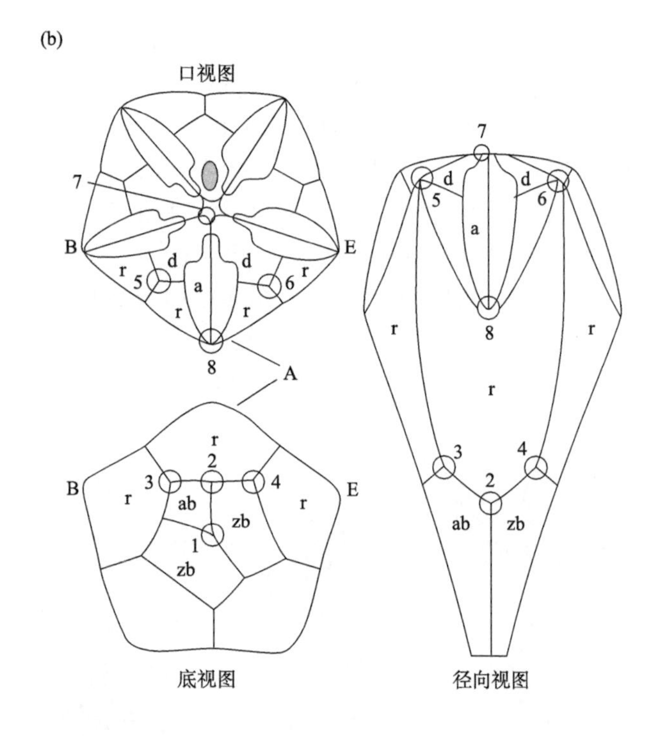

图 2.8 特征标记的例子

(a) 鱼的周界上的组织结合处（如 4，6 和 7）和端点（如 1）。虚线表示一些特征标记间的可测直线距离。(b) 一个普通棘皮动物海蕾板片结合处的三个不同方位观察。特征标记用数字编号，字母表示不同的板片：d，三角板；a，步带板；r，放射板（A，B 和 E 代表不同的放射板）；ab，非对偶（不融合）基板；zb，对偶（融合）基板。

资料来源：(a) 据 Bookstein 等（1985）；(b) 据 Foote（1991）。

术平均，界标点的坐标通常被合并成一个叫做**质心大小**（centroid size）的单独尺寸量度（Bookstein, 1991）(知识点 2.1)。界标点也可以转换为称作**形态坐标**（shape coordinate）的形状度量（见知识点 2.1 中的图 2.9 和 2.10）。如果界标点选择得当，它们将能体现形状的诸多方面。

知识点 2.1

质心大小和形态坐标

图 2.9a 描述的是寒武纪三叶虫 *Crassifimbra walcotti* 的头节，上面有一些界标点。这些界标点的选择使其在头节上的分布相对均衡。在这一例中，仅记录了位于中线和右侧的界标点。默认其形状是两侧对称的——换句话说，对绝对对称的偏离可以因它们个体小而忽略。本例突出标本的两维，为简单而忽略第三维，是个典型案例。

有 n 个界标点，坐标为 (x_1, y_1)，…，(x_n, y_n)。这意味着 x 和 y 坐标可分别用公式 $\bar{x}=\sum_{i=1}^{n} x_i/n$ 和 $\bar{y}=\sum_{i=1}^{n} y_i/n$ 计算，质心被定义为具有着坐标（$\bar{x}, \bar{y}$）的界标点（见知识点 3.1）。质心的形状被定义为观测点和质心之间的平方差之和的平方根：

$$CS=\sqrt{\sum_{i=1}^{n}(x_i-\bar{x})^2+(y_i-\bar{y})^2}$$

形态坐标可以通过图 2.9a 中的界标点通过选择合适的数值范围来计算，如图 2.9b 和 2.10 所示。一对特别接近标本长轴的点被用来定义**基线**（baseline）。这就意味着基线中的一个点将在一个新的坐标系中变成原点，而其他基线点将被放在 x 轴上。每一个其他的点被作为一个三角形的顶点（C 点），另两个顶点（A 点和 B 点）为基线点。这些点的坐标用（x_A, y_A），（x_B, y_B）和（x_C, y_C）来表示。于是，所储存的标本图片被扩大或缩小，以使基线的原点坐标为（0, 0），另一个基线点坐标为（1, 0）。因此，基线的长度指定为 1 个单位。其数值范围是以点的相对位置不受影响的方法进行的，也就是说，其结果标本的形状不变。现在以

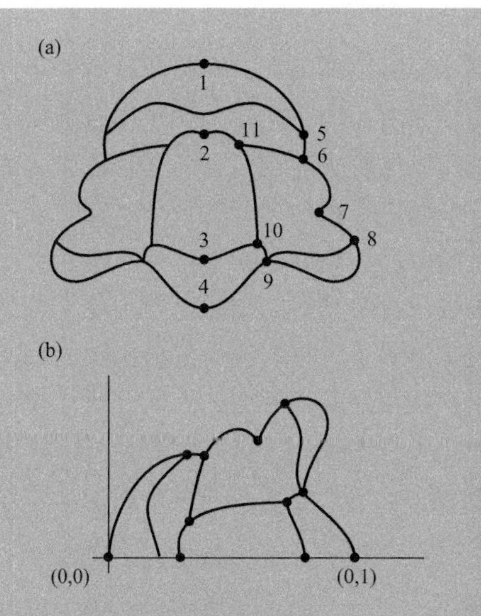

图 2.9 用于计算形态坐标的标本方位

(a) 寒武纪三叶虫 *Crassifimbra walcotti* 的头节，在中线和右侧的具有一些界标点。(b) 这一标本的转化和数值范围，而将界标点 1 和 4 定义为从（0,0）到（0,1）的底线。据 Smith（1998）。

A'，B' 和 C' 表示这个三角形的三个点，C' 点的 x，y 坐标汇总了包含三角形所有的形状信息，这些坐标通过下列源自三角法的公式得到：

$$x_{C'} = \frac{(x_B - x_A)(x_C - x_A) + (y_B - y_A)(y_C - y_A)}{(x_B - x_A)^2 + (y_B - y_A)^2}$$

和

$$y_{C'} = \frac{(x_B - x_A)(y_C - y_A) + (y_B - y_A)(x_C - x_A)}{(x_B - x_A)^2 + (y_B - y_A)^2}$$

形态坐标的计算方式与每个点的相似。最终计算得到的全套形态坐标则提供了存在于所有选定的选界标点中的形状信息。

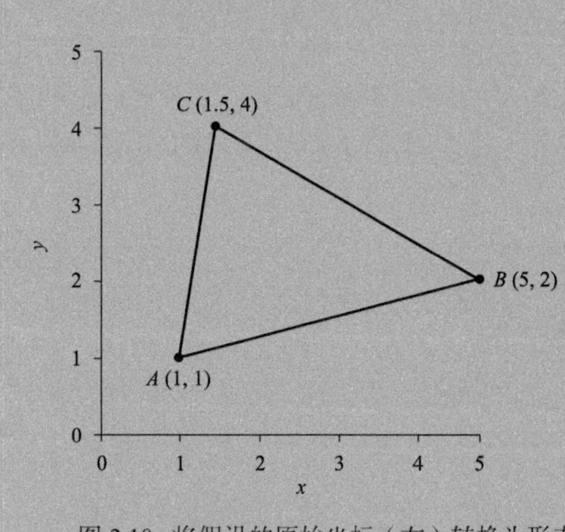

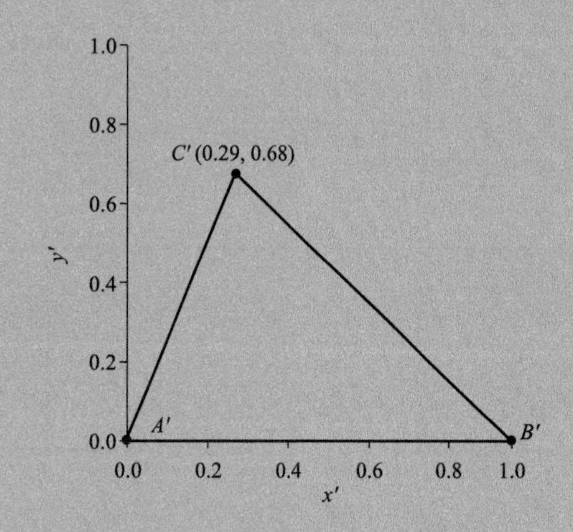

图 2.10 将假设的原始坐标（左）转换为形态坐标（右）

标有 *A* 和 *B* 的点为底线点，*C* 点为任何其他界标点。括号中的数字为转换前后的 *x* 和 *y* 轴坐标。

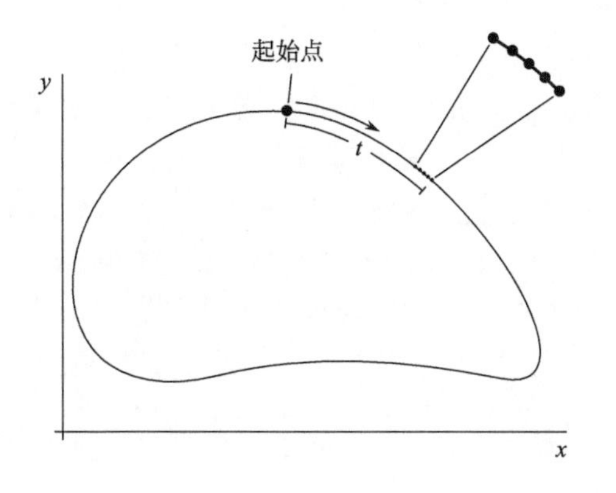

图 2.11 贻贝 *Mytilus* 某个标本的外形

插入处为部分轮廓采样点的放大。从起点沿着曲线的长度为 *t*；箭头指向曲线的轨迹方向。在谐函数分析中，*x* 和 *y* 轴坐标作为 *t* 的函数分析。据 Ferson（1985）。

很多生物体都具有明显的形状特征，其并不以几何模型如对数螺旋或一组界标点为特征。如图 2.11 中的现生紫贻贝（*Mytilus edulis*），其轮廓形状无法通过诸如矩形的模型来大致包括。此外，虽然我们能够在轮廓上选取一些点，但它们在标本中的生物同等性将无法证明；因此不能成为如同图 2.8 和图 2.9 中的界标点。

在像贝类轮廓的例子中，我们能够利用曲线拟合方法的优势，最为常见的方法之一是谐函数分析（知识点 2.2）。其效用源于这样的事实，任何简单的曲线能够通过一系列的正弦和余弦曲线的总和进行数学描述，每一个都与称为谐波函数系数的不同数字相乘。谐函数系数的特殊价值取决于曲线的形状。

在图 2.11 中，贝类的轮廓从起点开始被数字化，并由数百个储存点来表现。因此，实际上它是由多边形来表示的，但由于控制点多，事实上其与平滑曲线并无区别。对于每一个点，*x*, *y* 轴坐标都被记录。*x* 轴坐标和 *y* 轴坐标的变化被作为两个不同的函数区别对待，取决于从起始点沿曲线截断的长度。每一个函数由一组独立的谐函数系数来记录。

一旦计算出谐函数系数，曲线就能用其子集近似代表，如图 2.12 所示。与第一谐函数所对应的轮廓无疑与原始轮廓存在较大差异，连续的高谐函数通常反映出更为精细尺度的形状特征。形状的重建随着谐函数的提高而越来越接近原始轮廓。任何通过谐函数分析所获得的结果虽然不是立竿见影的，但在通常情况下，相对较少的谐函数能够提供一个与原始形状很好的接近值。因此，所代表的形状要比简单地记录整个轮廓的 *x*，*y* 轴坐标有效得多。在贝类的例子中，记录了数百个点，而要显示如图 2.12 中的好的近估值，只需 20 个谐函数。

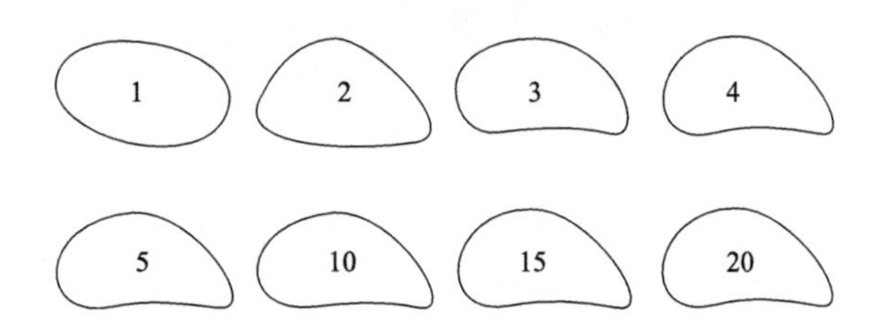

图 2.12 采用不同谐函数数字获得的 *Mytilus* 外形的拟合曲线

通过采用更多的谐函数，使得拟合曲线越来越接近图 2.11 中的贝类轮廓。据 Ferson 等（1985）。

知识点 2.2

谐函数分析

用谐函数分析来描绘图 2.11 中的外形，是一种研究多种曲线的标准方法。我们在这儿描述的步骤包含了谐函数一种方法，及其在一个简单例子中的运用。

图 2.13a 中的数据，是纽约 Farmingdale 气象站在五年间每隔一小时所记载的温度。温度的年变化如低频率（长波长）摆动一样清晰可见，这种年周期的重迭变化相当大，其起因无法轻易判断。

在这一分析中，时间被作为一个独立的变量，而温度则为非独立变量，非独立变量为独立变量的一个单值函数是基本。换句话说，每次只能有一个温度。注意反之则不成立；对于任何一个已有的温度，可能有许多时间与此对应。在图 2.13 的数据中，温度用均匀的时间间隔（每小时）记录。出现在这里的谐函数分析方法设定均匀间隔值为独立变量，本例为时间。

一般的谐函数方程式为

$$T = \sum_{k=0}^{\infty} A_k \cos(k\theta) + B_k \sin(k\theta)$$

也就是说，函数 *T*（这里为温度）能够表达为无数个周期性余弦和正弦曲线的总和。数值 A_k 和 B_k 为谐函数系数，通过此数值，理想的余弦和正弦与其相乘。谐函数值 *k* 涉及余弦和正弦曲线的周期，例如，*k*=1 意味着曲线在总的时间跨度内重复了一次；*k*=2 意味着曲线重复了两次；以此类推。因此，高谐函数值与具有较高频率或较短波长的较高解析度等级变化相对应。在有限的数据下，计算无限的连续谐函数是不可能的。如果有 *n* 的观测值，最大

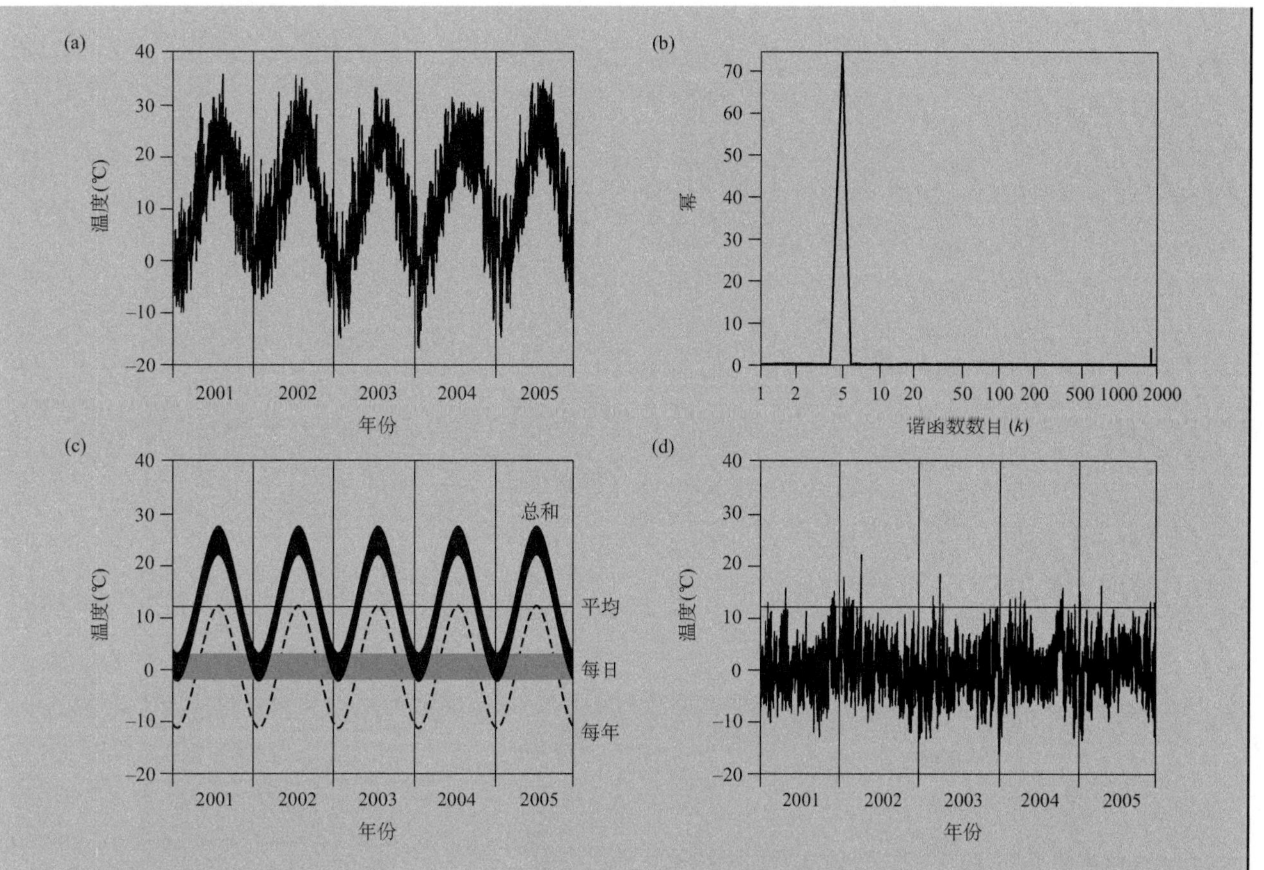

图 2.13 温度数据的谐函数分析

(a) 温度为摄氏度，为五年间小时计数据，取自纽约 Farmingdale 共和机场气象站。漏读数据用附近气象站数据代替。(b) 幂频谱，显示位于谐函数 5 和 1826 的峰值，与每年和每日周期对应。(c) 根据年谐函数（虚线）、日谐函数（灰色带）、总平均数（水平线）和三者总和（黑色带）重建的温度。(d) 剩余温度变化（未归入平均，每年和每日的变化），根据 (a) 中数据与 (c) 中黑色带的差异计算而来。据国家海洋和气候管理局［http://cdo.ncdc.noaa.gov/ulcd/ULCD，2006 年 1 月 30 日之结果］。

的谐函数值不会大于 $n/2$。

我们将温度的观测值 n 放在序列中，并用 T_i 表示，这里 $i=1,\cdots,n$。谐函数系数 A_k 和 B_k 用如下公式计算每个 k 值：

$$A_k=\frac{2}{n}\sum_{i=1}^{n}T_i\cos(2\pi ik/n)$$

和

$$B_k=\frac{2}{n}\sum_{i=1}^{n}T_i\sin(2\pi ik/n)$$

这些公式规定了时间总跨度的变化范围从 0 到 2π，周期函数的基本复制长度为谐函数值 $k=1$。对于每一个谐函数，波形的高度即振幅为 $\sqrt{(A_k^2+B_k^2)}$，幂为 $(A_k^2+B_k^2)/2$。幂越高，用于相关谐函数数据中的变化信息就越多。

在图 2.13a 中的温度数据中，有 1826 天（4 年 365 天加上一个闰年 366 天），因此 $n=43824$ 小时读数。前三个读数为 –4.4，–5.0 和 –5.0℃，最后三个为 1.1，1.1 和 0.6℃。将这些方程式运用到第一个谐函数中，我们得到

$$\begin{aligned}A_1=&(2/43824)\{(-4.4)\cos[2\pi(1)(1)/43824]\\&+(-5.0)\cos[2\pi(2)(1)/43824]\\&+(-5.0)\cos[2\pi(3)(1)/43824]+\\&\cdots\\&+(1.1)\cos[2\pi(43822)(1)/43824]\\&+(1.1)\cos[2\pi(43823)(1)/43824]\\&+(0.6)\cos[2\pi(43824)(1)/43824]\}\end{aligned}$$

和

$$\begin{aligned}B_1=&(2/43824)\{(-4.4)\sin[2\pi(1)(1)/43824]\\&+(-5.0)\sin[2\pi(2)(1)/43824]\\&+(-5.0)\sin[2\pi(3)(1)/43824]+\\&\cdots\\&+(1.1)\sin[2\pi(43822)(1)/43824]\\&+(1.1)\sin[2\pi(43823)(1)/43824]\\&+(0.6)\sin[2\pi(43824)(1)/43824]\end{aligned}$$

这里谐函数值用粗体表示，省略号（…）代表前三个和后三个之间的剩余读数。同样，对于第二个谐函数：

$$A_2=(2/43824)\{(-4.4)\cos[2\pi(1)(\mathbf{2})/43824]$$
$$+(-5.0)\cos[2\pi(2)(\mathbf{2})/43824]$$
$$+(-5.0)\cos[2\pi(3)(\mathbf{2})/43824]+$$
$$\cdots$$
$$+(1.1)\cos[2\pi(43822)(\mathbf{2})/43824]$$
$$+(1.1)\cos[2\pi(43823)(\mathbf{2})/43824]$$
$$+(0.6)\cos[2\pi(43824)(\mathbf{2})/43824]\}$$

和

$$B_2=(2/43824)\{(-4.4)\sin[2\pi(1)(\mathbf{2})/43824]$$
$$+(-5.0)\sin[2\pi(2)(\mathbf{2})/43824]$$
$$+(-5.0)\sin[2\pi(3)(\mathbf{2})/43824]+$$
$$\cdots$$
$$+(1.1)\sin[2\pi(43822)(\mathbf{2})/43824]$$
$$+(1.1)\sin[2\pi(43823)(\mathbf{2})/43824]$$
$$+(0.6)\sin[2\pi(43824)(\mathbf{2})/43824]$$

对于更高的谐函数依此类推。

图 2.13b 描绘的是所谓的幕谱，一个相对于谐函数值 k 的幂图。在此频谱中有两个峰值，大的在 $k=5$, 小的在 $k=1826$。这两个谐函数的系数为（$A_5=-10.8$，$B_5=-5.5$），和（$A_{1826}=-2.0$，$B_{1826}=-1.6$）。

较大的峰值对应于五年中重复五次的周期函数；换句话说，为年周期。较小的峰值为日周期，共重复 1826 次。如果我们将两个谐函数的幂与所有谐函数的总和作比较，我们发现年和日周期分别占五年温度变化的 76.9% 和 3.5%。因此，谐函数分析可以对信息进行非常有效的归纳。大多数信息只需两个谐函数来完成，只有少于 20% 的变化散布在剩余的谐函数中（有大约 22000）。

为了重建与特定数量的谐函数对应的预测曲线。应用下列公式：

$$\hat{T}_i=\sum_k A_k\cos(2\pi ik/n)+B_k\sin(2\pi ik/n)$$

这里，$\hat{T}_i$ 为与观测值 T_i 对应的预测值，只根据选择值 k 求和。例如，仅根据总平均 11.9℃，年循环 $A_5=-10.8$ 和 $B_5=-5.5$ 的第一读数预测值，等同于

$$\hat{T}_1=11.9+(-10.8)\cos[2\pi(1)(\mathbf{5})/43824]$$
$$+(-5.5)\sin[2\pi(1)(\mathbf{5})/43824]$$

其值等于 1.1。因此，观测的温度读数 −4.4 要比简单根据年周期所预测的低几度。如果我们同样用 $A_{1826}=-2.0$ 和 $B_{1826}=-1.6$ 对日周期相加，那么我们便有

$$\hat{T}_1=11.9+(-10.8)\cos[2\pi(1)(\mathbf{5})/43824]$$
$$+(-5.5)\sin[2\pi(1)(\mathbf{5})/43824]$$
$$+(-2.0)\cos[2\pi(1)(\mathbf{1826})/43824]$$
$$+(-1.6)\sin[2\pi(1)(\mathbf{1826})/43824]$$

其值等于 −1.2。有意义的是纳入日周期会导致一个较低的预测温度，问题在于其时间为午夜略后。然而，即使考虑日周期，读数 −4.4 也比预期要低。

图 2.13c 显示了与年和日周期相对应的曲线。日变化是如此的频繁，以致界限模糊。年谐函数的振幅为 12.1℃，意味着一个 24.2℃的温度范围，这大概是当振幅为 2.6℃时，日谐函数的 5 倍（因为幕与振幅的平方成比例，年和日周期之间的幕差异比振幅差异要大得多）。

图 2.13c 为年周期、日周期，以及平均温度的总和的叠加。三者结合好且合理地反映了原始数据。最后是图 2.13d，显示除了平均、年和日周期后的实际数据。这是没有为平均值、年和日条目所包括的记录时间段中的剩余温度变化。气象服务试图预测不为简单的日和年周期所记录的剩余温度变化的短期模式，偶尔获得成功。

对于图 2.11 中的外形，沿着曲线的长度被作为独立变量，而 x, y 轴坐标被当做两个非独立变量。对 x 和 y，完成两个单独的谐函数分析，导致四组谐函数系数。看上去可能并不明显，这一外形有一个如图 2.13a 中与温度数据一样的规则周期。但是，它必须是具周期的，因为起点和终点相同。在如图 2.11 的生物形状中，谐函数系数和主要的外形特征之间通常关系清楚。例如，有着明显四射或五射对称的轮廓，将趋于在第四或第五谐函数中有高的幕。

谐函数分析在地球科学中具有许多重要的

应用。例如，晚新生代气候记录分析已经为有关全球气温和气候的其他方面周期性变化与数万年时间尺度上的地球轨道和转动轴变换的响应理论的争论，提供了关键的实践性经验支持。谐函数分析同样被用于探测地质时期生物的多样性和绝灭周期［见 8.6 节］。

我们只是概述了几个形态描述的可行方法，在平时有更多的方法被使用着，同时新的方法还在不断地涌现，常常是在与古生物学无关的领域。从历史上看，古生物学中的一些最大的进展，往往是通过成功采纳其他学科的技术而取得的。例如，检晶仪运用所包含的对称轴系统来描述矿物（图 2.14a），菱形习性的方解石晶体有一个三侧对称的主轴（称为 c 轴）和三个与其垂直的对称轴（称为 a 轴）。从结晶学上来说，尽管棘皮动物盘的细微构造复杂，但仍为单晶方解石。它们晶体轴的空间方位能由一些如光学量角器之类的设备来测量，而这些轴的方位在形式上能如形状变量一样对待。

图 2.14b 显示了在海百合萼中典型的结晶轴取向。浅色棒表示许多板块在 c 轴方位上的方向。作为比较，黑色棒表示与每一个板面垂直矢量的方向。对许多板块来说，这两条线并不重合；因此，结晶轴提供了在板面形状上没有的额外的信息。

2.3 生长与发育特性

我们已在前面陈述了生物体的三个主要特征之一，即形状和大小之间的关联。这种关联表现于单个生物体的生长和发育期间，即**个体发育**（ontogeny）。知道形态是如何随着生长而改变，通常对理解生物的功能最为关键，对全面了解变异也是必要的，例如，对于两种不同的形态，它们可以是代表了不同的物种，或者只是反映了同种物种的不同生长阶段。研究个体发育也是演化研究的基础，因为成年体的演化变化是个体发育的演化表现。

个体发育的一个特例是**群体发育**（astogeny），即群体生物的生长和发育。如**笔石**、**苔藓虫**和**珊瑚**这样的动物，代表性地反映了由数十到数千遗传性相同的无性繁殖的集群。它们实现生活功能，在许多方面类似于独特的生物体。在很多情形下，它们甚至能高度分化地来完成不同的功能——一些致力于摄取食物，另一些致力于防卫，再有一些则司繁殖。每个软体“动物”单元被当作类似于笔石、苔藓虫的游动孢子，珊瑚的珊瑚虫；与其对应的骨骼单元反映为笔石的鞘、苔藓虫的虫室和珊瑚的珊瑚石。

(a)

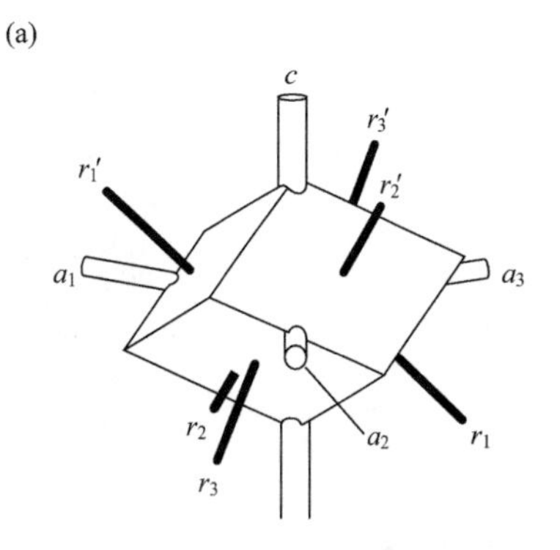

(b)

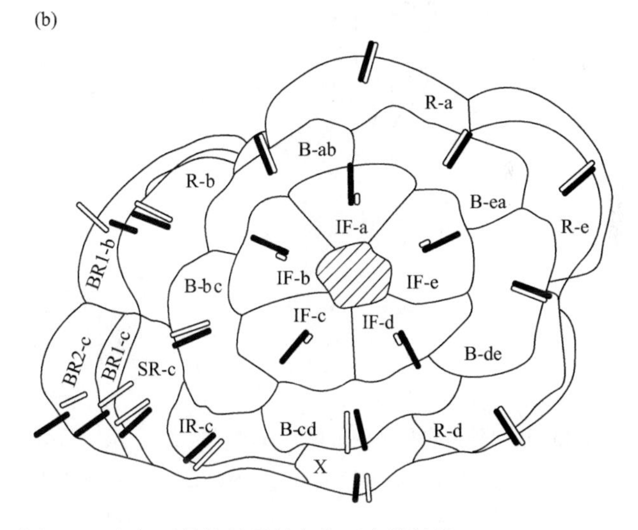

图 2.14 方解石晶体的晶轴与海百合的轴线

在(a)中，c 和 a 表示 c 和 a 轴，r 通常代表晶面方向。(b)为海百合基面观，浅色棒指示 c 轴方向，黑色棒指示通常为垂直板面的方向。大写字母表示不同的板块，小写字母则为这些板块的不同位置（IF，内底；B，基底；R，辐射；IR，内辐射；SR，超辐射；X，肛门；BR，臂状）。资料来源：(a) 据 Bodenbender（1996）；(b) 据 Bodenbender 和 Ausich（2000）。

图 2.15 显示了苔藓虫群体的群体发育。这一群体始于一个附着于类似一片贝壳或者一块岩石的单独游动孢子。在这个例子中，游动孢子首先水平

地增生扩散，为群体提供了一个基底。在一些游动孢子钙化增厚特化为支撑后，垂直方向的生长便紧跟其后，而其他的游动孢子则致力于捕食和繁殖。当然，每个个体在成为巨大群体发育的一部分的同时，还经历了各自的个体发育。因为这个，同时还因为个体单元和群体在生长过程中都必须保持它们的功能，研究群体生物体比单独生物体多少会复杂些。然而，群体发育与个体发育的研究手段是一致的。

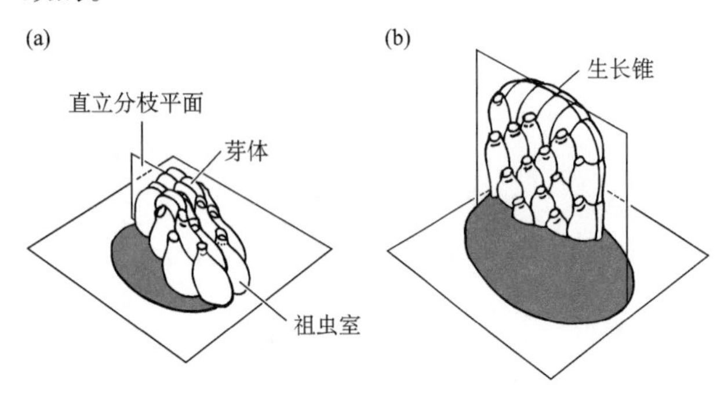

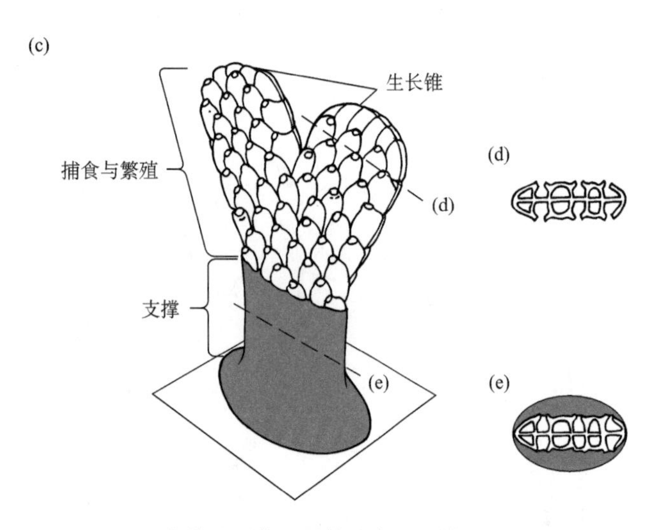

图 2.15 现生苔藓虫群体的群体发育理想模式

(a) 至 (c) 为三个不同的发育阶段，祖虫室是群体的最初部分，萌芽是一个新生的游动孢子。(d) 和 (e) 指示通过 (c) 阶段两个位置的横切面。据 Cheetham（1986a）。

生长的类型

有机体的生长是非常复杂的；它通常包含几种类型的变化，如细胞大小、细胞数量、细胞类型的数目，特别在动物中的细胞相对位置变化。一种生物体在生存期间的形态变化可以是突变，也可以是渐变的。生长，特别是硬质骨骼，以几种主要的方式和这些方式的组合产生。

现存部分的增生 在很多生物群中，生物体在整个个体发育的过程中，通过在生长区域增加新的物质来生长。例如，维管植物的新细胞，在一个被称为**分生组织**（meristem）的特殊区域增生，顶部分裂组织则位于生长的顶端，主要用以增加长度。图 2.16a 为一个石炭纪**木贼纲植物**顶点分裂组织的放大图，箭头所指为一个单独的顶端细胞。当细胞从顶点细胞分裂出来后，它们从顶端外推，导致老细胞离顶端越来越远。图 2.16b 展示了这一过程，图中顶端细胞位于顶部；箭头指示外层的生长方向。分裂组织之外的细胞一旦形成，一般不再分裂，虽然它们的形态由于功能的不同而分异。

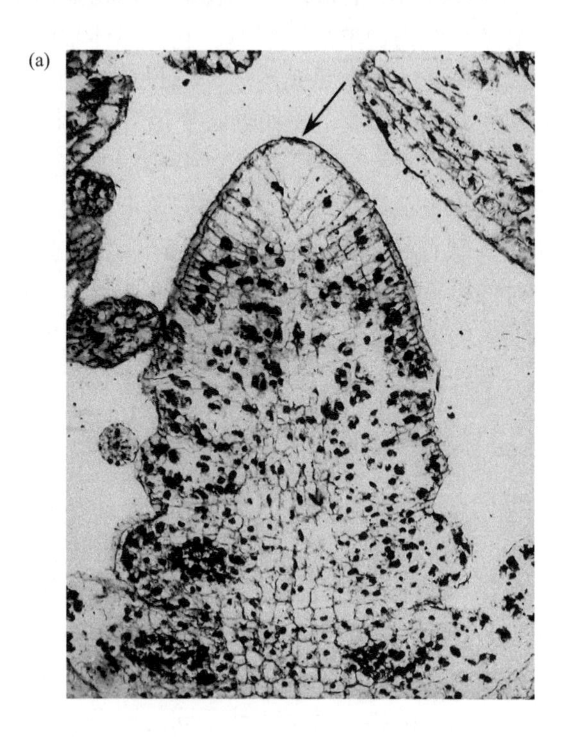

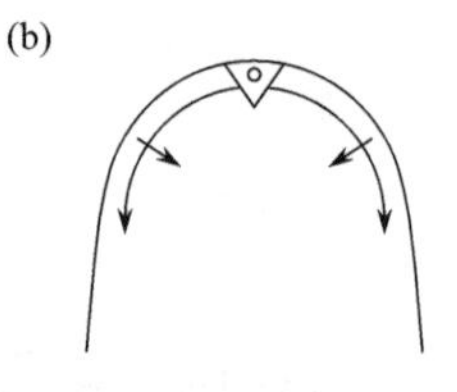

图 2.16 石炭纪木贼纲植物顶部分裂组织的增生

(a) 石炭纪木贼纲植物顶部分裂组织的切面，示意一个单独的顶部细胞（箭头），周围细胞由此分裂。放大倍数为 ×150。(b) 一个顶部分裂组织增生的示意图，箭头为生长方向。本例有一个单独的顶部细胞，其他细胞结构已知。

资料来源：(a) 据 Good 和 Taylor（1993）；(b) 据 Fahn（1982）。

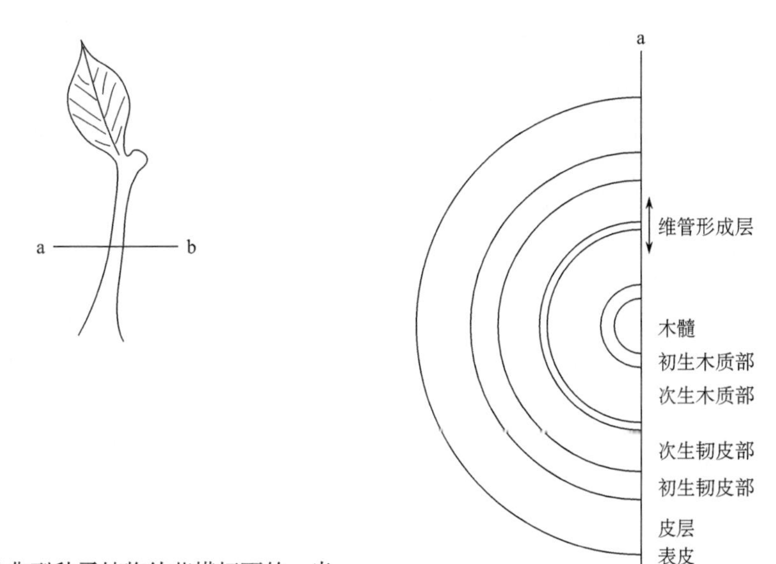

图 2.17 一种典型种子植物幼茎横切面的一半

箭头指示维管束形成层的增生方向。

图 2.17 为一种种子植物茎的横切面，标有一些组织的类型。在顶端分裂组织中共产生五种主要的组织：木髓、木质部、韧皮部、皮层和表皮，它们是原生组织。植物中的次生组织需要很长的时间来形成，例如，种子植物中有一层维管形成层，以及形成次生木质部和次生韧皮部的侧向分裂组织。维管形成层的增生产生于两个相反的方向，从而导致茎的变粗。在许多不同类型的植物中，表皮最终会脱落，而且表层和主要的韧皮部在外推中会变形，最终形成死外皮层。在这些植物中，还有一个次生皮层。

增生式生长在那些具外壳，而且壳体主要司保护作用的肌肉附着型动物中尤其普遍，如腕足类、腹足类、头足类和双壳类软体动物。图 2.18 含一张具有一系列生长线的放大照片，壳的横切面上标有生长线，这在壳的里面和表面都能观察到。新的壳体物质不仅在壳的边缘增长，而且还在整个壳的内部和表面生长。图 2.18 包含一个显示一系列生长线

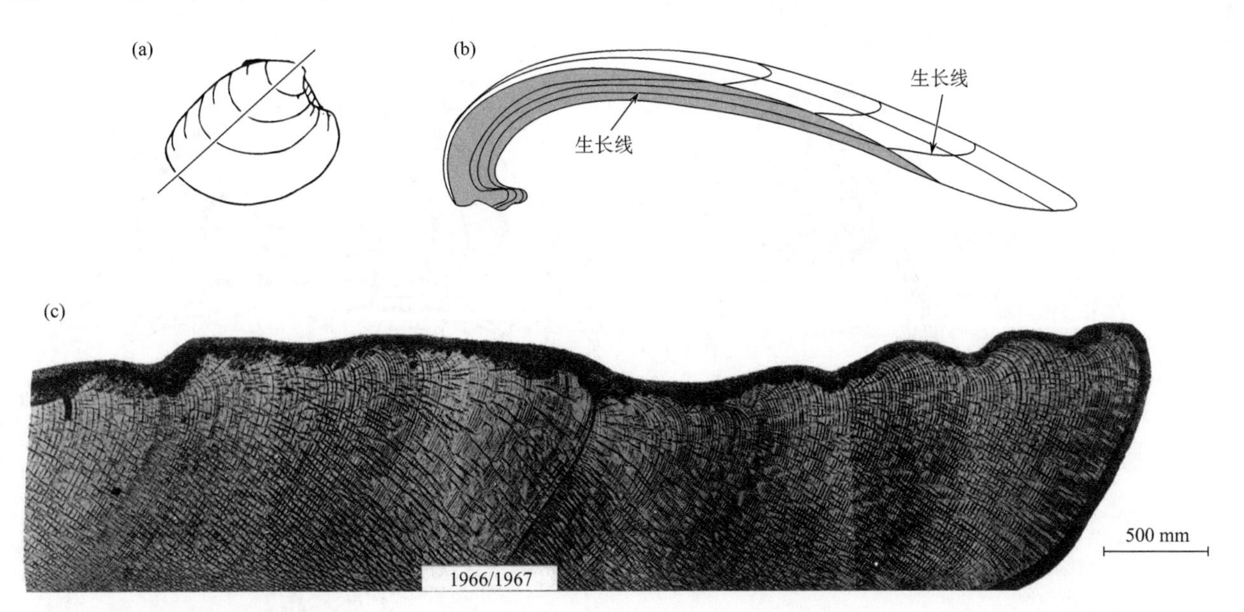

图 2.18 双壳类软体动物的增生

(a) 双壳类 *Mercenaria mercenaria* 的壳体外部，具三条明显的同心状生长线。直线示意横切面 (b) 在壳体上的位置。(c) 中的照片大致示意本种标本一年中的生长。壳的前缘位于右边，近中部的黑带为一年生长线，大致与其平行的细条带为日生长量。据 Pannella 和 MacClintock（1968）。

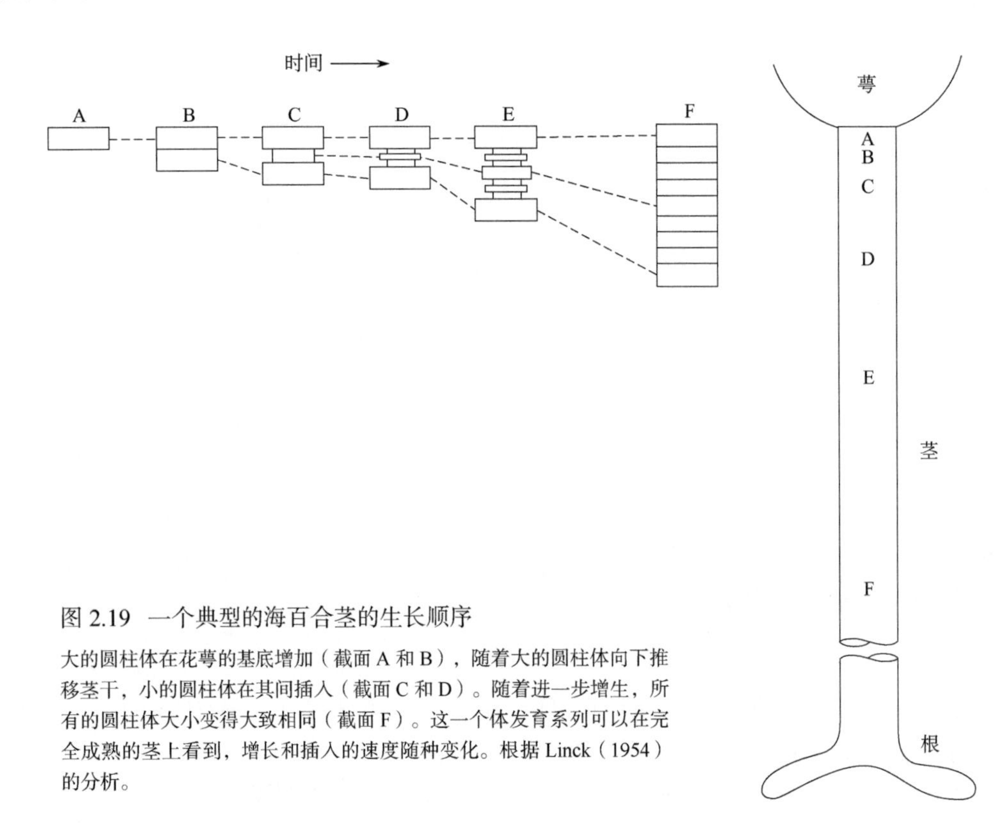

图 2.19 一个典型的海百合茎的生长顺序

大的圆柱体在花萼的基底增加（截面 A 和 B），随着大的圆柱体向下推移茎干，小的圆柱体在其间插入（截面 C 和 D）。随着进一步增生，所有的圆柱体大小变得大致相同（截面 F）。这一个体发育系列可以在完全成熟的茎上看到，增长和插入的速度随种变化。根据 Linck（1954）的分析。

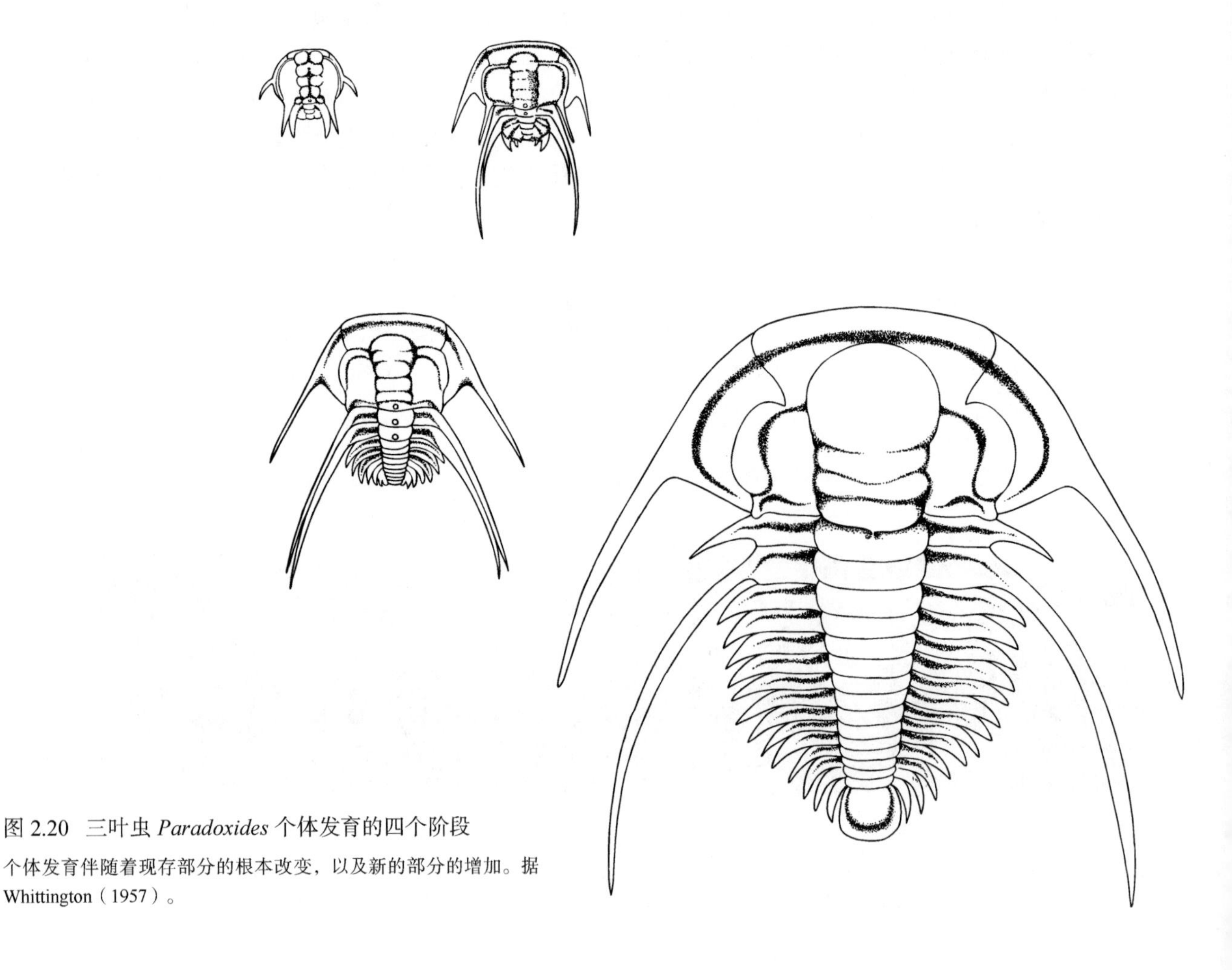

图 2.20 三叶虫 *Paradoxides* 个体发育的四个阶段

个体发育伴随着现存部分的根本改变，以及新的部分的增加。据 Whittington（1957）。

的扩大图片。在这个例子中，壳体是在可控条件下生长的，事实上可以确定每日的生长线。暗色的年生长线对应于冬天缓慢的生长，也能清晰地显现出来。生长线与天文周期的可比较性在许多研究领域都非常有用（见图 2.34 及 9.5 节和 10.5 节）。

新部分的增加 对那些骨架包含很多部分的生物体来说，生长的常见方式为新的骨骼部分的增加，无论这些骨骼是由关节紧密联结，还是通过软组织相结合。

图 2.19 图示了海百合茎通过增加新的圆柱体来生长的一些特性，在这种生长方式中，大的圆柱体在花萼的基底呈周期性增加（在图 2.19 中界标点为 A 和 B），它们形成后可能或几乎不再增生。当每一个新的圆柱体在花萼上形成后，之前的那个就向下移到了茎干。在离花萼的一些距离处，较小的圆柱体出现在现有的之间。它们由增生而生长，在此过程中，有更多的小圆柱体在不断地加入。其结果（在图 2.19 中界标点为 E）是产生一套有序的互层状圆柱体生长序列，可以根据它们的大小来确定先后。

对于许多其他生物体的生长来说，新部分的增加是必要的组成部分。图 2.20 显示了三叶虫的个体发育中的几个阶段，节的逐渐增加是明显的个体发育变化之一。

蜕皮 与其他的节肢动物一样，图 2.20 中的三叶虫采用了另一种基础的生长机制，即整个壳体的周期脱落或蜕皮，用新形成的壳体来满足软体部分增长的需要。图 2.21 显示了中奥陶世三叶虫 *Trinodus elspethi* 组合中头节的长宽比的集合，这些数据成群分布，每一个集群代表了一次蜕壳阶段，期间大小逐步增加。一个集群中点的分布差别，反映了同一阶段个体之间在大小和形状方面小的差异。

修正 在很多类群中，骨骼物质随着骨骼的生长而不断地再吸收和再沉积，其结果并不限于明确的生长边缘，而是整个骨骼形态的变化。通过修正来生长，在脊椎动物的骨头中十分普遍（图 2.22），但是其同样也发生在其他以外层生长为代表的生物体上，如某些软体动物和棘皮动物。

上述生长模式是理想化的极端事例，事实上，很多生物体的生长是这些模式的组合。海百合茎（图 2.19）兼有新部分的增长和现存部分的增生，而三叶虫（图 2.20）既有脱壳，也有部分增加。

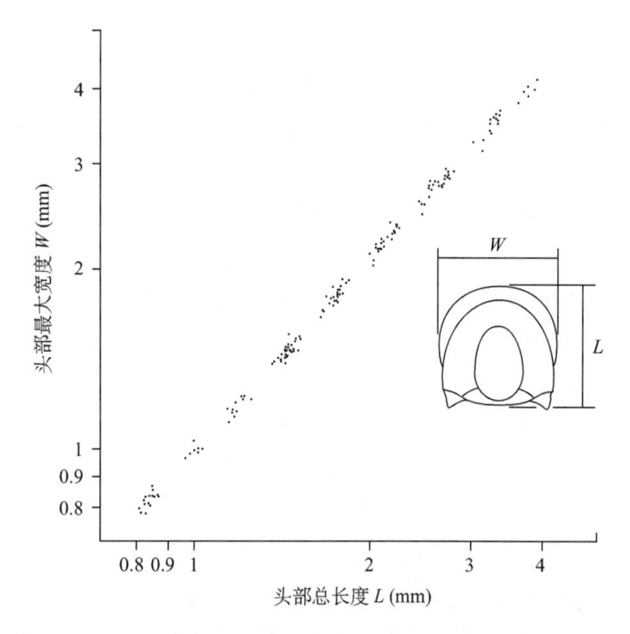

图 2.21 根据长度和宽度测得的奥陶纪三叶虫 *Trinodus* 的头部个体发育

集群反映蜕壳阶段，大小的主要增加发生在每个阶段之间。据 Hunt（1967）。

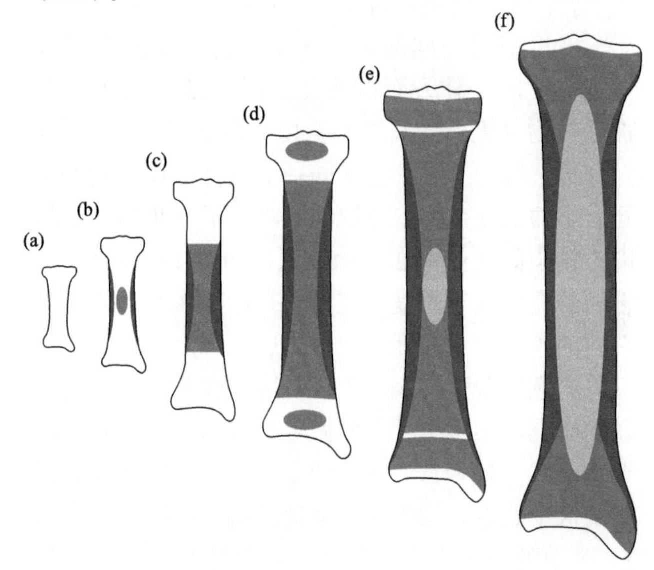

图 2.22 哺乳动物肢骨的修正生长

(a) 最初的非矿化软骨沉积（白色）。(b) 海绵状骨骼对软骨进行早期替代（中灰色）。(c, d) 海绵状骨骼进一步沉积，部分海绵状骨骼为致密骨骼替代（暗灰）。(e) 骨髓形成（淡灰），继续骨骼修正。(f) 骨髓扩展，继续骨骼修正。至此，只有末端的骨头为软骨。据 Romer（1970）。

描述个体发育的变化

对于现存生物我们可以通过其生长进行观察，因此能够详细研究个体发育的变化，并能确定变化的时间。对于化石材料，如同已经长成的现生形态标本，无法直接观察个体发育的变化及其发生时间。有两种常规的方法来研究化石的个体发育，即**横断分析**（cross-sectional analysis）和**纵向分析**（longitudinal analysis）。

在联立研究中，通过比较一系列不同大小或生长阶段的标本，来研究随大小增加的形状变化。由于没有参照单个生物体的生长，这只能是一个大概过程。然而，在一般情况下，这是一种对化石的唯一可行方法。

在纵向分析中，参照的是单个生物体的个体发育。当然，对于化石来说，只有在生物体生长记录完整的情况下才有可能，例如，图 2.18 中的双壳类为一成年体，但其生长线显示了它生命中不同时期的边缘形状。因此，该成年壳体记录了它的个体发育。化石的纵向分析一般只能运用于那些通过边缘简单增生来生长的生物体，而且其死后壳体没有经过剧烈的变化。对于个体发育的重建，纵向分析比联立分析更为直接，因此，如可能一般都为首选。

这里值得一问的是，联立分析到底能在多大程度上反映个体发育的变化。图 2.23 描述了一些腕足类物种壳体的长度和宽度。图 2.23a 为一例联立分析；每一个点都是从同一个组合中收集到的不同大小的独立个体。分散的点暗示了弯曲的生长轨迹。较小的壳体都在表示长宽等同的 45°线之下；它们的宽度大于长度。较大的壳体都在此线之上；它们的长度大于宽度。但是，这些弯曲分布的点并不一定意味着个体壳的生长轨迹也成曲线。像这样联立研究的案例中，我们假定个体的生长与它们的平均曲线大致相符。在这种情形下，我们能够直接测试这个假设，因为腕足类通过增生而生长。在图 2.23b 中的每一个生长曲线，是通过测量单个成年壳，用一系列与生长线相对应的点来重建的。在这个例子中，纵向分析确定了联立研究的意见，即这个种的个体生长形式为曲线状的。

坐标转换（coordinate transformation）是描述整个生物体或其部分生物体的个体发育的一种不同的方法，这一方法还被用于描述一个种群甚至相关种间个体之间的差异，甚至相关物种之间的不同。这个方法最先由 D'Arcy Wentworth Thompson 在他的经典著作《关于生长和形态》中提出。从那时起，一些坐标转换的数字描述得到了发展。

也许其中最具潜力的要数**薄板样条方法**（thin-plate spline，一个样条是一种简单的数字函数，用于平滑地插入点间；其接近于所观察到点之间的中间值位置。图形设计中，用具有韧性的木头制成的实体样条来绘制曲线）。要比较两种形状必须有一套对应界标点，如本章前面已记述的那样，记录下它们的 x 和 y 轴坐标。从一种形态到另一种形态的变形，即 x，y 轴的变化必须添加到第一种形态的每一个界标点中，来产生第二种形态，能被描述为少数几种具有特色的数学函数的集合。随着正弦和余弦函数在谐波分析中的应用，薄板样条的作用十分普遍；它们根据所比较的两种形态采用不同的系数。变形不仅在界标点上作定义，如同样条方法的名字所假定的那样，它们也在点间插入。

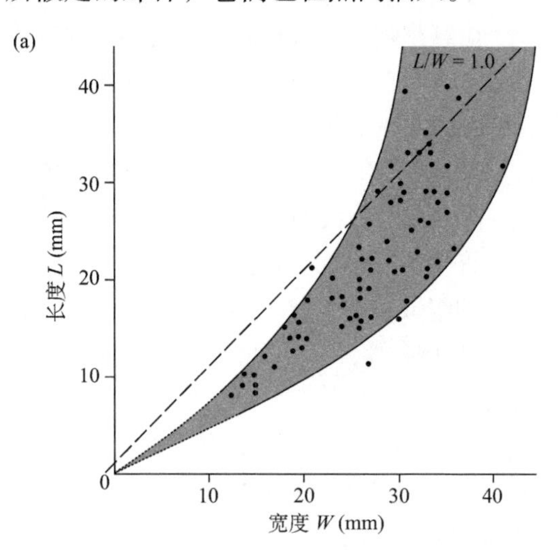

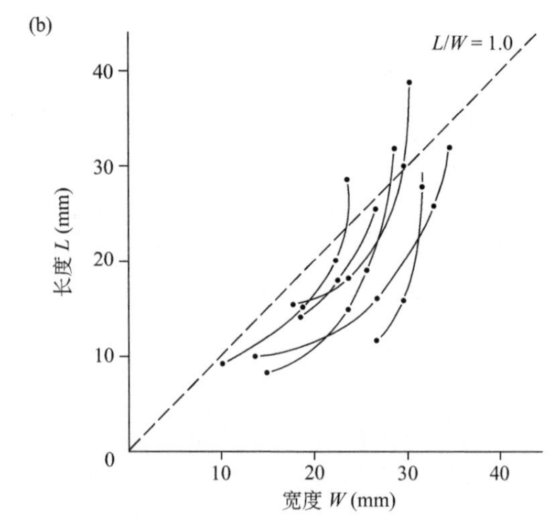

图 2.23 腕足动物个体发育的现状变化

根据对石炭纪腕足动物 *Ectochoristites* 组合的测量绘制，长度为茎壳的前后（前部至背部）之长，宽度沿茎壳的绞合处测量。曲线图的下部曲线相连的点根据单个标本的生长线测得。据 Campbell（1957）。

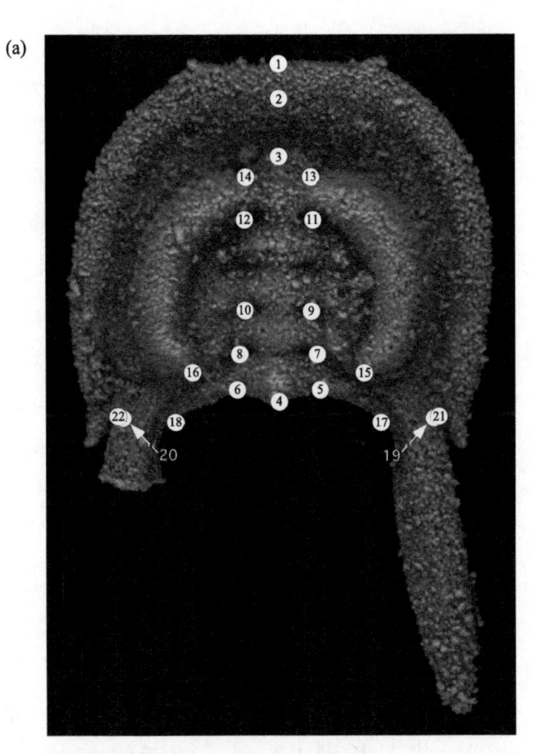

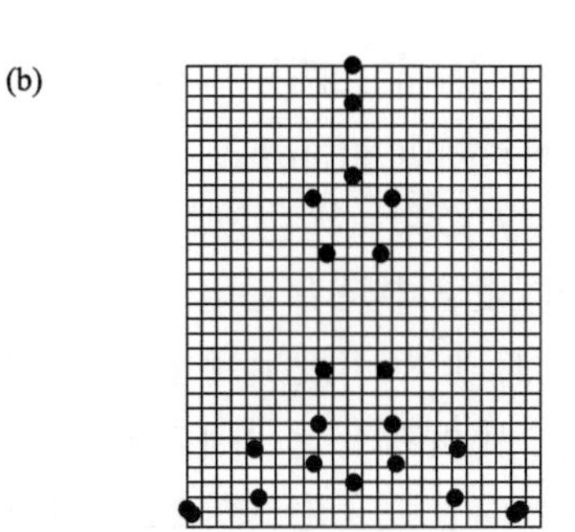

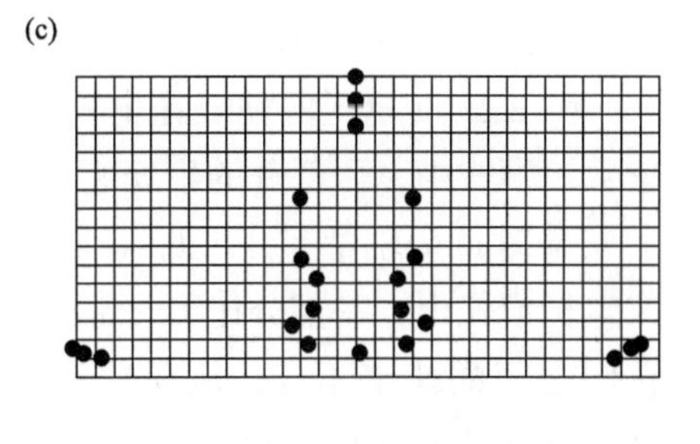

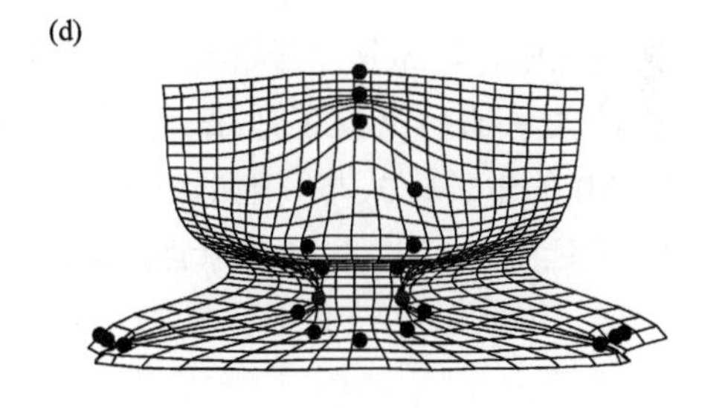

图 2.24 通过薄板样条计算用坐标转换所描绘的三叶虫个体发育

(a) 注明界标点的 *Olenellus fowleri* 幼体标本照片。点 19 和 21，以及点 20 和 22 几乎是一致的。(b) 相同的界标点在幼体的坐标网上。(c) 在一个成年体上的对应界标点。(d) 为将界标点位置移到成年体上，需要对幼体坐标网变形。前部位于 (a) 至 (d) 的上部。图件经 Mark Webster 许可。

图 2.24 列举了薄板样条方法在下寒武统三叶虫 *Olenellus fowleri* 的生长中的运用。图 2.24a 是一张标有一些界标点位置的幼年标本的照片，图 2.24b 为同一标本的界标点格子图，图 2.24c 为一个成年体的对应点位置。对比幼年的和成年体界标点，发现在个体发育中有两个明显的形状变化特点：第一个是眉间的胀大，即由界标点 3 至 16 标定的头的中间部位。第二个是颊刺的侧向移动，左边界标点为点 17、19 和 21，右边为点 18、20 和 22。图 2.24d 描绘了幼年和成年体之间的界标点在格子中所发生的移动变形。中心附近格子的变大与眉间的扩大相关，格子下部边缘的伸长与颊刺的运动有关。

生长速度

一些植物和动物生长得非常快，而另一些则生长缓慢。例如，人的生长一般需要 20 年；其他生物如昆虫，完成个体发育只需几天或者几个星期。在几乎所有的生物体中，生长的速率随时间而变化，即，在个体发育期间变化。生物体间最主要的不同之一，在于生长是否最终停止。在**有限生长**（determinate growth）的生物体中（如大多数**哺乳动物**），结构停止生长便意味着达到成熟阶段，虽然生物体仍继续存活着（人类显示为有限生长，即使在其后期体重常见增加）。然而，在很多动物和植物中，虽然其生长速率呈现为衰减的趋势，但其生长是**无限生长**（indeterminate growth），可伴随生物体的一生，导致真正的成年期不易界定。我们最多只能定义一个所有生长都已发生，但生长并未停止的阶段。

一个生物体的不同部分，以不同的特定速度生长。我们已经在图 2.23 的腕足动物中，看到了这样的例子，其长度和宽度以不同的速率生长。

在所有的有关个体发育的古生物研究中，几乎都包含了度量一种形态属性的变化与另一种变化的关联。我们能定义两种基本的不同生长类型：**等速生长**（isometric growth）和**异速生长**（anisometric growth）。如果一个生物体两部分的大小之间的比例在个体发育中没有变化，即为等速生长；随着大小的增加，形状不发生变化（图 2.25a 和 2.25b）。如果这个比例有变化，则为异速生长，形状随着大小的增加而发生变化（图 2.25c 和 2.25d）。异速生长比等速生长更为普遍，换句话说，个体发育中形状变化是惯例而非例外。

图 2.25 展示了两种等速生长。在曲线 (a) 的等速生长模式中，两部分的生长速率精确一致，包含了一条对每个轴都呈 45° 的直线。在曲线 (b) 的等速生长模式中，一部分比另一部分生长得更快，但它们之间的速率不变，从而导致一条以一个轴比另一个轴较小角度偏移的直线。在曲线 (c) 异速生长模式中，X 部分一开始要比 Y 部分生长得快，但这种关系随后又反了过来，生长图为一曲线。曲线 (d) 的生长模式与其他的三个不同，若将所绘制的线延长，它将不通过原点。(d) 模式与 (c) 模式一样，形状随生长变化。总之，如果所绘制的是直线且通过原点（或延长通过原点），则生长是等大的，所有其他情形产生异速生长。

当生长速度以绝对值，如每年多少厘米表示时，尺寸大的部分通常比小的部分要增长得快。例如，腿节的长度可能增长 1 cm，在相同的时间跨度中，宽度仅增长几毫米。因此，考虑**大小 - 比例生长速率**（size-specific growth rate）[又称**相对生长速率**（relative growth rate）] 是有用的。一个每年生长长度为 10 cm 到 11 cm 的腿节，其特定尺寸生长速率为每年 1/10 cm，或者其长度为每年 10%。

要想获得化石生长期的绝对年龄值通常是很困难的。但是如果我们只是想知道两部分是否以相同的大小 - 比例生长速率生长，那么我们就可以通过采用相对生长速率以抵消时间成分。如果腿节长度从 10 cm 增长到 11 cm，而腿节宽度从 1 cm 增长到 1.2 cm，两者的大小 - 比例生长速率为 10% 到 20%，或 1 ∶ 2，即使我们不知道较小和较大尺寸变化所需要的时间是多少。因此，即使我们不能度量反映真实时间的生长速率，确定是否是等

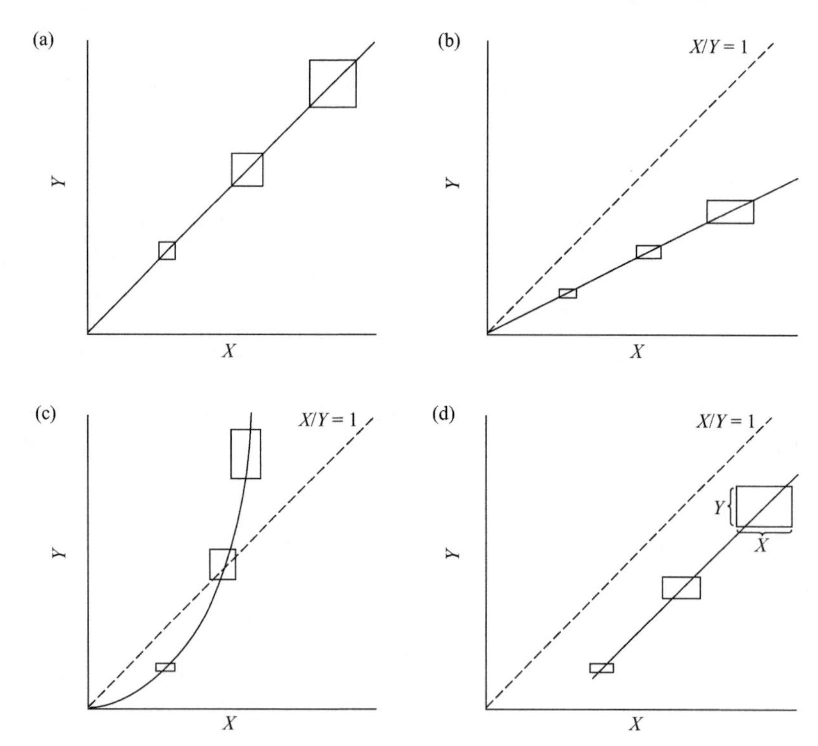

图 2.25 两个形态尺度相互对应绘制，作典型生长模式观察

在每个曲线图中，假设生物体的三个个体发育的形状用方形或长方形表示。在 (a) 和 (b) 中，生长是等大的，形状不发生变化。在 (c) 和 (d) 中，生长是非等大的，形状发生连续变化。

速或异速生长仍然是可能的。当然，这就是我们在图 2.25 所见到的实际情况。

异速生长的原因

生物体为什么会随生长而改变形状，可能归结于两个截然相反的主要原因：改变或维持功能。

如青蛙的变形，其需要经过一连串相当渐进的变化才能成为一个成年体。蝌蚪生活并且依赖于水生环境：它从水中直接获取氧气。成年青蛙虽然还部分地依赖于水体，但本质上已是陆生动物。青蛙解剖学表明，一些个体发育上的变化是由于产生一些新的结构和废弃一些旧的结构所导致；其他的变化则通过生长的相对速率变化来完成。蝌蚪和成年青蛙之间的显著不同主要反映在功能上的差异。

很多生物体并没有像青蛙那样从根本上改变功能，但伴随着生长它们仍在形状上发生实质性的变化。最主要的原因在于，随着个体的增大，不改变形状将难以维持功能。

如陆生脊椎动物的腿骨。腿骨提供了很多种功能，但其中最重要之一就是用来支撑身体。一块骨头（或任何其他类似的支撑结构）的强度大致与它的横切面积相对应。因此，不管其长度，结实的骨头比纤细的骨头要强壮些。现在想象整个生物体等大地生长（图 2.26），以致任何的线性尺度都以相同的比例增长。例如，假设每个线性尺度增加一倍，体积或质量（L^3）则将增加八倍（2×2×2=8），但横切面（L^2）只增加四倍（2×2=4）。因此，如果生长是等大的，身体质量将比骨头的横切面更快地增加，骨头将不可能不被折断而支撑动物。

D'Arcy Thompson 把这种不均匀缩放比例规则命名为**相似性原理**（principle of similitude）。为了克服这些缩放比例问题，骨头的形状必须随大小而变化，即骨头必须变得相对结实来承担身体重量的增加。事实上，这在很多陆生脊椎动物的个体发育中经常遇到。

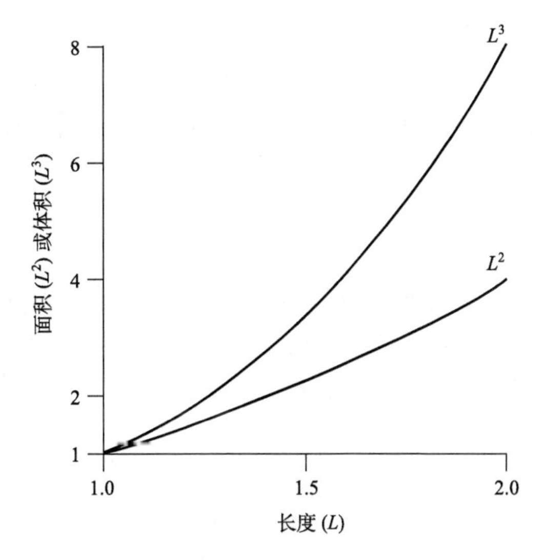

图 2.26 等速生长对线性尺度面积（L^2）和体积（L^3）的影响

如果生长等大，体积增长要比面积快得多。

适合于单个物种非等大变化生长的缩放比例规则，同样适用于种间的相关大小差异。图 2.27 为三种按不同比例显示的**爬行动物**盘龙的大腿骨，左边的最长，右边的最短。很明显，大腿骨越长就越强壮。这正是我们所期望的，符合体重和横切面的缩放比例。

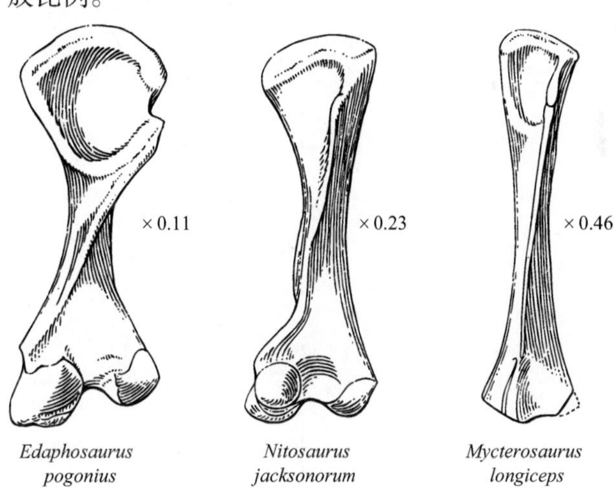

图 2.27 三种爬行动物盘龙的大腿骨，显示大小增加中的比例变化

实际大小从右到左增加，因此，长的骨骼更加粗壮。据 Gould（1967）。

相似的缩放比例原理同样在很多其他结构上得到演绎，例如，能被呼吸结构交换的气体量，取决于此结构的表面面积；而生物体所需的交换气体数量，则大致取决于生物体的质量或体积。等速生长将导致一个不断减少的表面和体积的比率，从而会降低功能。因而，在很多生物体的生长中，呼吸结构变得更加复杂，使呼吸表面区域与身体体积保持一致。

异速发育

相似性原理导致我们去期待一个被称为**异速发育**（allometry）的非等速生长的特例在生物界的盛行。如果 X，Y 为两个大小量度，那么一般的异速生长公式如下：

$$Y = bX^a$$

其中 a 和 b 为常量。这个等式与我们前面提到的大小 - 比例生长速率紧密相关，如果 X，Y 的增长遵照一个我们所认为的、在相似性原理下的简单缩放比例形式，如面积与体积的关系，那么，大小 - 比例生长速率的比例在个体发育中应该是一个恒量；生长将遵循本公式。事实上，这种形式的生长非常普遍。常量 a 和 b 需要通过测量数据来获得，如图 2.29 所示。这两者间的关系可以轻松地通过直线拟合方法显示出来［见 3.2 节］；比如，对 a 和 b 均取对数，然后就可以轻松地将非等速公式转换为一个相同的、线性的形式：

$$\log(Y) = a\log(X) + \log(b)$$

虽然一些工作者交替使用异速生长和异速发育这两个术语，但鉴于异速发育的简单性、特殊性以及可以广泛适用的公式表达，我们有必要给予异速发育一个独特的定义。图 2.25d 所列举的就是一个并非严格的异速发育的异速生长实例。

图 2.28 为两列与 X 因子相关的 Y 因子的异速发育实例。在 (a) 部分中，这些因子被绘在数值轴上。很明显，Y 比 X 以更高的相对生长速率增长；Y 相对于 X 显示**正异速发育**（positive allometry）。生长的关联呈曲线状，曲线的斜率随着大小的增长变得更陡。(b) 部分显示相同的生长关系，这里两个变量都绘于对数轴上。现在它们的关系呈线性，生长曲线 a 的斜率大于 1。

(c) 部分和 (d) 部分显示了一个**负异速发育**（negative allometry）的例子，其中 Y 以一个相对 X 较低的生长速率增长。在数值图上，生长曲线随着大小的增长而不断变浅；而对数图上，生长曲线

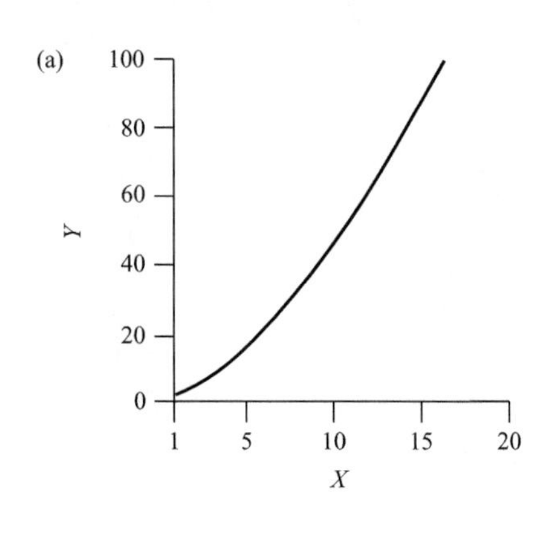

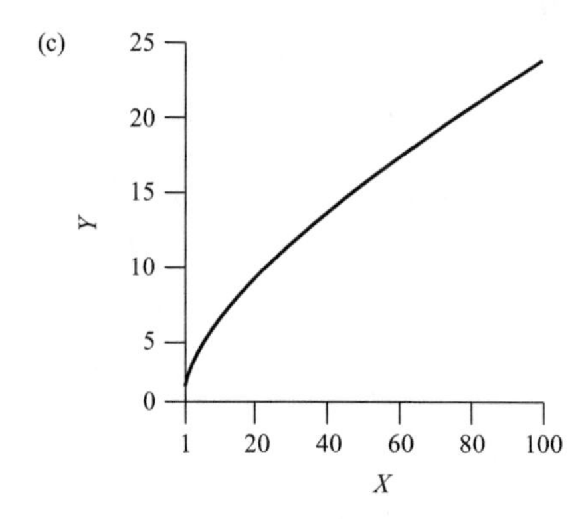

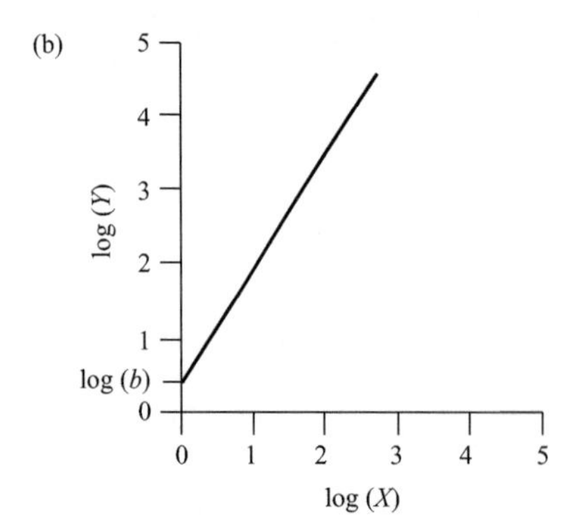

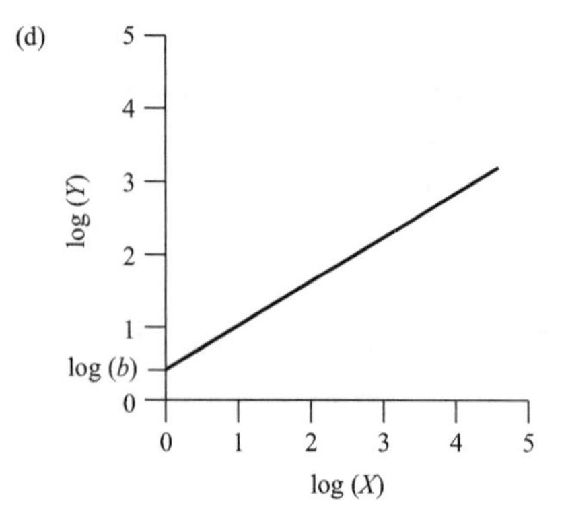

图 2.28 两个形态尺度上的异速发育模式

左侧图表示正异速发育，其中，Y 比 X 以更高的相对生长速率增长。右侧图表示负异速发育。

则为一线形，斜率小于 1。注意两个对数图中，当 $\log(X)=0$ 即 $X=1$ 时，$\log(Y)$ 具有 $\log(b)$ 的值。

到目前为止，我们已经着重描述了生长的模式。对潜在的异速发育的理解，可以用于检测与生物功能有关的缩放比例的特定假设。知识点 2.3 是这一方法的一个研究实例。

知识点 2.3

用一个奥陶纪的棘皮动物来检验异速发育假设

在下面的例子中，测量被用来确定是否生长与所期望的一个简单的面积和体积之比关系相一致。在此例中，一个意外的结果已对更好地理解功能做出贡献。

图 2.29 为一个产于美国中北部奥陶系的**海林檎类**棘皮动物 *Pleurocystites* 的标本。几个确信为栉孔菱的特殊结构在照片上已圈出。这些通常为栉孔菱的结构，有一个折叠的、使人联想到呼吸功能的表面，这种解释看上去非常合理，其明确地预测了异速发育的标度。假设提供给身体或囊的氧气，是与个体上的栉孔菱的总面积成比例，而所需的氧气数量与囊的体积成比例。于是我们会预测特定大小的菱形长度（L_R）的生长速度要比囊长（L_T）大。尤其是菱形面积的增加只是（L_R）^{2}，而囊的体积以（L_T）^{3} 增加。因为在生长中菱形面积与囊的体积一样迅速增加，L_R 就会与 L_T 呈比例增加，使达到指数 3/2 或 1.5。因为 $[(L_R)^{3/2}]^2=(L_R)^3$，这样的比例使囊的面积与其体积保持一致。因而，

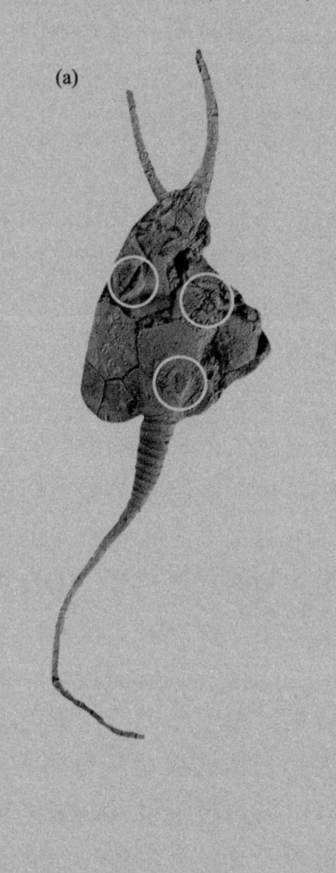

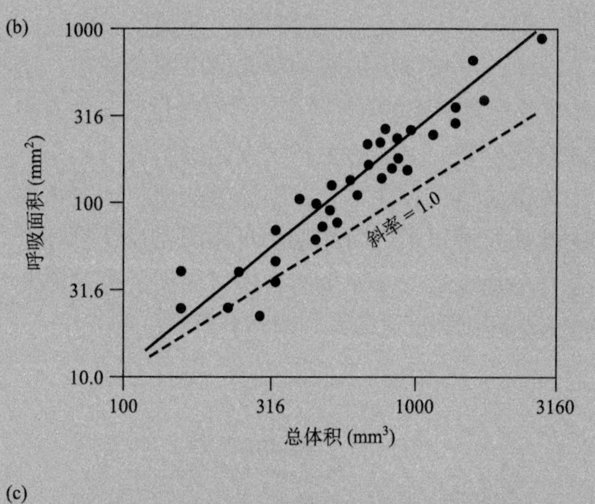

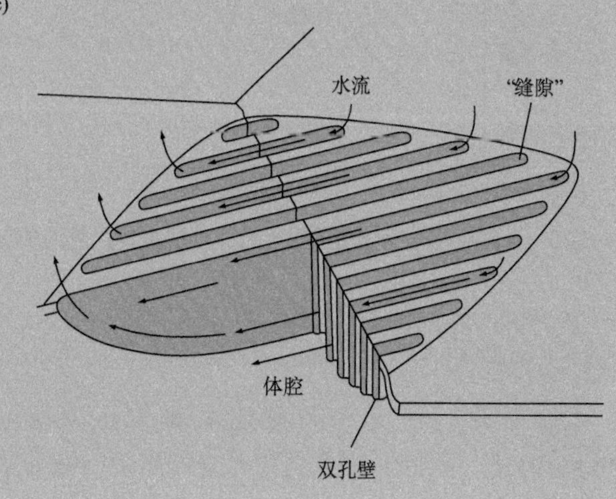

图 2.29 奥陶纪海林檎类棘皮动物的异速发育实例

(a) 圈有三个栉孔菱的个体。(b) 相对膜体积的栉孔菱总面积散布图，两者都以对数尺量。每个点为一个不同大小的个体。斜率为 1.0 的虚线是我们想要看到的理想的异速发育比例，即在个体增长中，菱形面积随囊的体积增加。实线显示实际关系；其斜率为 1.3，表明菱形面积比预测的简单面积和体积比例以更快的大小-比例生长速度增长。如正文中所解释的那样，一些因素在较大个体中限制了栉孔菱的效率。(c) 示意说明推断的栉孔菱功能。栉孔菱分布于两块囊板之间，含有一连串可让海水流入的缝隙。菱形底部的一个薄壁允许溶解了的气体在海水和体腔之间扩散。据 Brower（1999）。

我们会期待相对于囊长的菱形长度的对数图有一个 1.5 的斜率。也就是说，一个相对于囊体积的菱形面积的对数图有一个 1.0 的斜率。

图 2.29b 描绘了呼吸面积和囊体积之间的比较，为一个代表性的分析，其中，每一个点为一个不同大小的标准个体。菱形面积甚至比简单比例关系所要求的增长更快；针对囊体积的菱形面积的记录图有一个 1.3 的斜率，而不是所期望的 1.0。这说明一些不明因素在较大个体中限制了栉孔菱的呼吸效率，因此通过菱形的大小增加来弥补。一种可能的解释认为，海水中的氧气在通过栉孔菱时被消耗，如图 2.29c 所示。当一包最初饱含氧气的水在通过整个菱形的长度时，其中的许多氧气可能被消耗。因此，菱形的下水段比上水段提供氧气的能力大大变小。这种情况在较小菱形中不明显。

其他异速发育关系

我们应用到个体发育中的异速发育原理，常常可以帮助我们从不同尺度来解释大小 - 形状间的关系——例如，多个物种间的比较。

脊椎动物的脑质量和体质量之间的关系，是异速发育关系最有名的例子之一，图 2.30 用图示描绘了人类生长过程中两者的关系。这里有两个明显的特点：第一，大约在出生的时间，异速生长曲线的斜率减小，反映神经细胞的分裂速度明显减小；第二，出生后的斜率明显小于 1，只有少量或者没有神经细胞的分裂，身体的生长大大超过脑部的生长。这个关系显示负异速生长：脑质量的增长比身体质量的增长要慢得多，因此脑和身体的质量比例在个体发育中稳定地减小（当然，这对任何留意过婴儿较成人头部比例过大的人，都不会感到惊奇）。

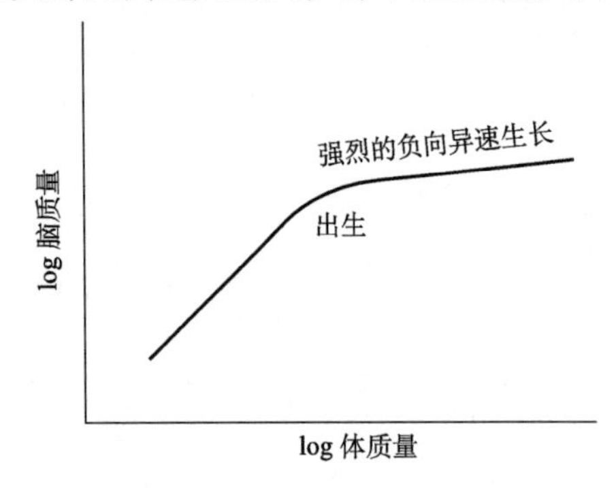

图 2.30 人的个体发育中脑质量对数和体质量对数间的理想关系

最初两个质量以可比较的特定大小速度增加，然而，脑质量的相对生长速度在出生前后大为降低。据 Lande（1979）。

如果我们研究**种间异速发育**（interspecific allometry），我们同样看到相对身体质量的脑部质量的负异速发育——考虑跨越许多物种身体两部分之间的变化关系。图 2.31 描述了许多现生脊椎动物种的脑和身体质量，以及用于显示几种脊椎动物的脑和身体质量之间关系的曲线。这些曲线的斜率约为 0.67。虽然其原因尚不清楚，但斜率为单一比率（2 ∶ 3）的事实，表明其可以部分地通过一个面积到体积或者其他基础的比例关系确定。这组点同时还互相偏离，在异速生长等式术语中，它们与斜率 *a* 的值相同，即为 0.67，但它们有不同 *b* 值。这意味着哺乳动物和鸟类一般比其他脊椎动物具有相对于身体较大的头部。

对位于异速生长曲线之上或之下的物种群，它们具有比单从身体质量判断相对更大或更小的大脑；这些种多少涉及脑的形成。例如，灵长动物的大脑在哺乳动物中高度发达，而人类的大脑在灵长动物中更加发达。

考虑种间的异速生长，能帮助我们解释与大小高度相关的种间的形状差异。例如，大型恐龙具有相对小的脑质量与体质量的比值。然而，这一事实的本身并不意味着恐龙的大脑特别不发育。为了确定大脑的发育程度，需要将恐龙与爬行动物的大体趋势相比较（图 2.32）。

在现生爬行动物中，可以直接测出脑质量和体质量；对于已灭绝的恐龙，则需采用间接的方法。因为身体的质量和骨骼大小相关［见 3.2 节］，所以可以通过测量骨骼来推算身体的重量。同样，脑重可以通过头盖骨的容量来测算。

当恐龙与其他爬行动物放在一起描绘时，很明显它们代表了一个连续的异速生长趋势。大型恐龙低的脑质量与体质量之比，并不是一个寻常的低等头部形成的标志，而是恰恰如人们所期望的，按照大型爬行动物大脑大小与身体大小的负异速生长。

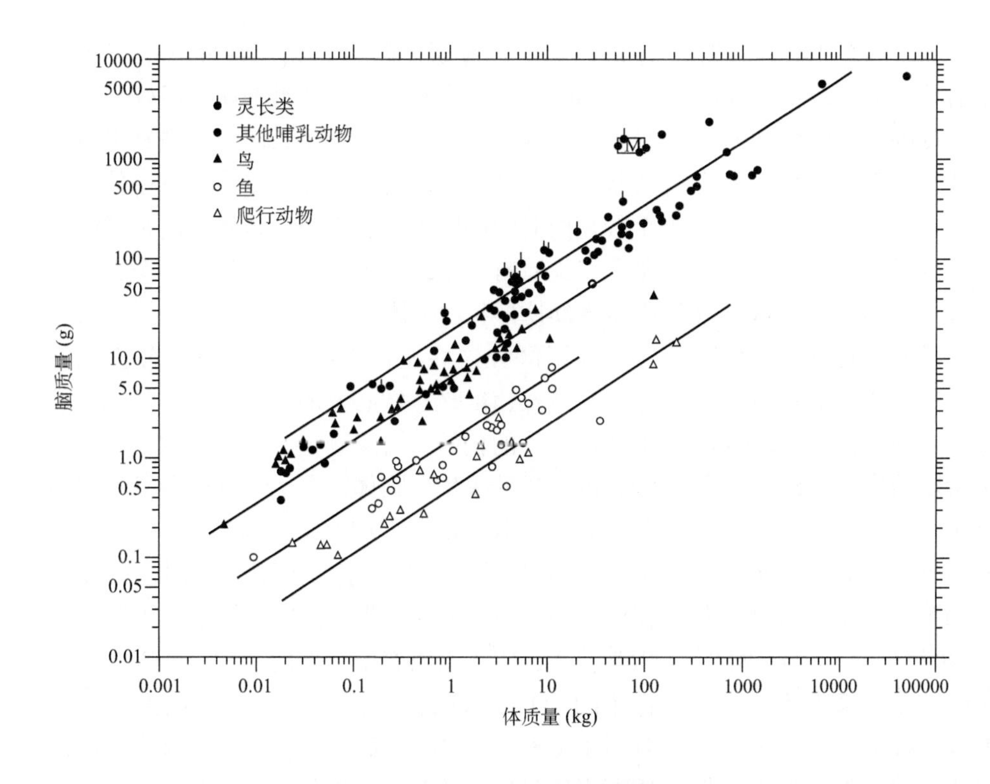

图 2.31 一些脊椎动物群的脑质量和体质量的比较

两个都为对数轴。除了现代人类用一个标有 M、显示变化区间的长方形为代表外，每个种都用一个独立的点代表。在每一个群中，资料显示一个具约为 2 ： 3 的斜率倾向。据 Jerison（1969）。

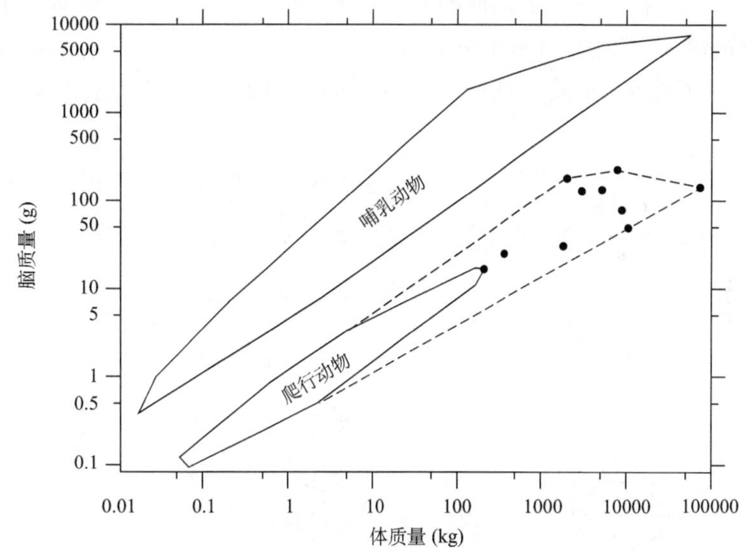

图 2.32 现生爬行动物和恐龙脑质量和体质量的比较，所含哺乳动物仅为比较

两个都为对数轴。实线多边形包括哺乳动物现生种和现生爬行动物的变化范围，如图 2.31 所示。实心点为恐龙种，将它们包括在虚线多边形内，可以解释为现生爬行动物区域的延伸。据 Jerison（1969）。

异时发育

异速生长的研究与**异时发育**（heterochrony），或在适时发展中的演化变化概念紧密相连。适时发展的重要方面包括：生长速度和与身体生长相关的性成熟开始。

异时发育具生物学意义的主要原因，在于通过从幼年到成年潜在的发展过程中相对小的变化，可能成为生物体在形态上获得大的演化变化的一种途径。如果许多因子受到共同的遗传控制，对于大小、生长速度或其他潜在的影响众多因子的因素的自然选择［见 3.1 节］，可能随之带来很多形态上的相关变化。

尽管异时发育常被作为演化变化的一种潜在机制，但对它进行严格的论证，并推断其起因的特定机制仍很困难。这主要由于两个原因：一、为了确定两物种之间的差异反映了从一个到另一个的演化变化，证明祖先 - 后裔之间关系的可靠性就非常重要了（见第四章）。二、一个完整的关于异时发育机制的理解通常需要测量绝对生长速度。这与我们最初定义的异速生长概念是相反的，在该概念中，我们将两种性状的生长相互比较，而非与绝对年龄比较。

要了解为什么是这样，可以下侏罗统的双壳类 *Gryphaea* 的**世系**（lineage）为例，它显示了被认为是**幼体发育**（paedomorphosis）的异时发育方式。在幼体发育中，演化发展使后裔的成年体与祖先的幼体类似（相对而言，**幼体发育**是一种后裔发展比祖先更甚的异时发育，导致幼年阶段的后裔与祖先成年体相似）。在 *Gryphaea* 世系中，从 *Gryphaea arcuata* 到 *G. mccullochi*，再到 *G. gigantea*（图 2.33）的转换，包含了形状上的明显变化。后裔 *G. gigantea* 的成年体以外形宽而平、盘纹不密而与祖先 *G. arcuata* 的幼体类似（图 2.33）。看来这些进化改变具有一个功能基础。实验性流动槽研究已经证实，较大的壳体，有着 *G. arcuata* 幼体的外形，在软底土上（类似 *Gryphaea* 的生活环境）更易固定。

Gryphaea 世系经历了幼体异时发育看来是清楚的，但是，似幼体的形态如何在发展中产生于 *G. gigantea* 的个体发育呢？是否个体发展较其祖先种个体具有同样的或更长的生长阶段，但具更慢的形状变化速度？换言之，是否 *G. gigantea* 个体在一个较短的时间间隔内生长更快？显然，两种可能性都无疑地具有一个幼体外形的成年体，一个大的但保留着幼体形状的个体。

为了区分这些非常不同的可能性，分析绝对年龄和生长速度是非常必要的。个体的年龄能幸运地通过壳体的化学分析来确定，众所周知，通过观测范围广泛的水生生物体，人们发现两种最丰富的氧**同位素**（isotope）^{16}O 和 ^{18}O 在贝壳的碳酸盐中的比例取决于周围水环境的温度，重同位素在较低温度下居优［见 9.5 节］。这一结果是由基础热力学获得，因为水温有季节性的变化，所以进入壳体中的 ^{18}O 和 ^{16}O 比例呈规则性变化，如图 2.34 所列举的 *Gryphaea* 之一种的一个标本。因此，通过判断壳体所经历的季节周期数，可以确定其年龄。对 *Gryphaea* 三个种作相应分析，发现 *G. gigantea* 较其祖先的生长年份要短，但在其获得成体外形之前，个体以充分的速度增长（图 2.35）。因而，通过异时发育，进化变化的准确属性在本例中得到检验：在一个较短的时间内，后裔的形状生长更快。

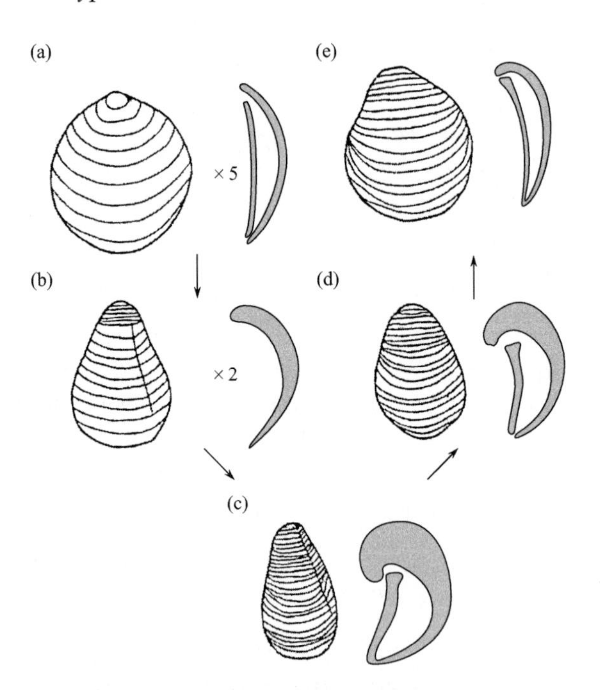

图 2.33 下侏罗统 *Gryphaea* 世系中的异时发育

标有 (a) 至 (c) 的序列显示 *G. arcuata* 从早期幼体到成年体的个体发育。标有 (c) 至 (e) 的序列显示成年体的演化变化，从 (c) *G. arcuata* 到 (d) *G. mccullochi*，再到 (e) *G. gigantea*。每个图都显示大的左外壳，以及双壳的横切面。注意 *G. gigantea* 的成年体与 *G. arcuata* 的幼体相似。据 Jones 和 Gould（1999）。

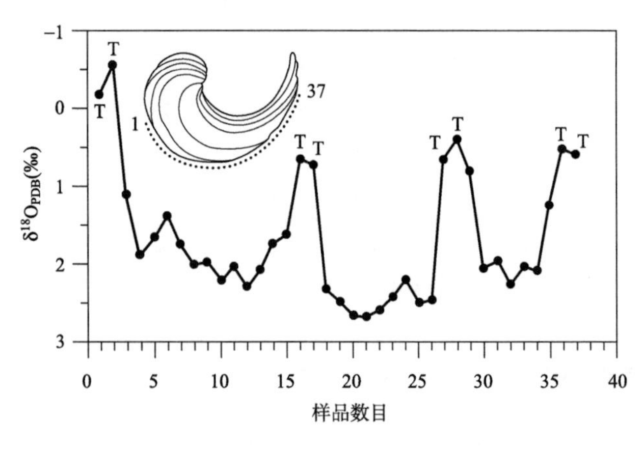

图 2.34 在 *Gryphaea arcuata* 的个体生长中，壳体碳酸盐中的氧同位素成分变化

上部插入的壳体素描图，其生长方向向右。壳的下部边缘的点为 37 个用于作化学分析的壳体样品。本图为所测壳体碳酸盐中的氧同位素与样号的比较。符号“$\delta^{18}O_{PDB}$（‰）”表示参考标准已知成分的 ^{18}O 与 ^{16}O 比率［见 9.5 节］。高值（曲线的底部）表明较高的 ^{18}O 与 ^{16}O 比率，意味着壳体分泌于较冷的温度。标有 T 的点为半透明壳体增生，与夏季缓慢生长相对应。这里可以看到三个温度周期，反映壳体生长的三个年周期。据 Jones 和 Gould（1999）。

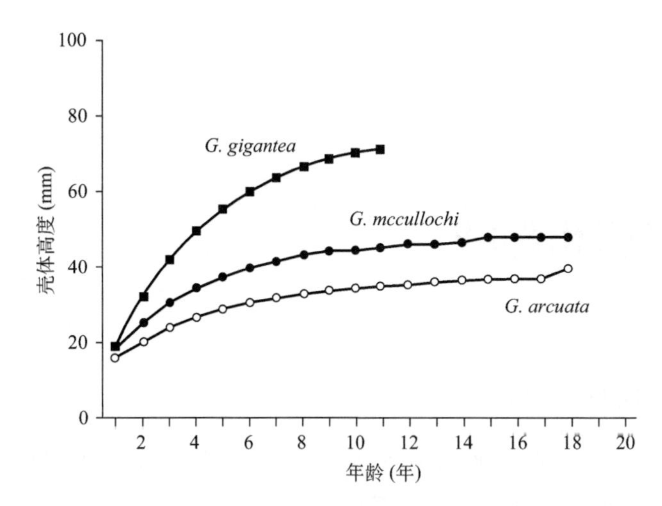

图 2.35 *Gryphaea* 三个种的壳高随时间的平均生长曲线

反映 *G. gigantea* 个体的生长时间较 *G. arcuata* 的要短，但速度较快。据 Jones 和 Gould（1999）。

2.4 结束语

古生物学家虽然拥有多种可用于对形态和个体发育描述和测量的手段，但这些方法仍处在快速发展中。在未来几年中，我们将更加注重发现那些最为有用和最具针对性的方法。

对绝对生长速度度量的持续改进，将会使更为精确地研究发展进化成为可能，就像 *Gryphaea* 的例子。注意在此例中，我们已经接受在图 2.33 中所给出的祖先和后裔之间的关系，而且绕过了如何知晓这些关系这一重要问题。事实上，如何确定进化世系的系谱是生物学和古生物学中最为重要的问题之一。这个题目将会在第四章中讨论。

对于 *Gryphaea* 的研究，在一定程度上是个成功，因为其通过重建相对于绝对年龄的生长，阐明了进化变化的状态。然而，像大多数异时发育的研究，它受限于仅有的几个特征。我们有时想要知道异时发育是否已塑造了进化世系的广泛特征。考虑大量特征的研究只是刚刚开始普及，在一些实例中，已发现一些特征通过异时发育而同时进化；因此，从一个小的发展变化来完成一个大的进化变化的观点是站得住脚的。然而，在其他的一些例子中，形态的进化要复杂得多，生物体的不同部分以不同的方式进化，一些具异时发育，另一些则不是。例如，某些结构可能在其位置上显示了一种在发展时间上难以用简单变化来解释的变化。根据这些研究，将来的一个重要问题只是确定在外形进化中，异时发育究竟有多重要。

补充阅读

Feldmann, R. M., Chapman, R. E., and Hannibal, J. T. (1989) *Paleotechniques* (Paleontological Society Special Publication Number 4). Knoxville, Tenn., The University of Tennessee, 358 pp. ［关于化石标本的准备和制图技术的一系列论文］

Gould, S. J. (1977) *Ontogeny* and *Phylogeny*. Cambridge, Mass., Harvard University Press, 501 pp. ［对于异速发育、异时发育及其他相关研究的权威性回顾］

Kummel, B. H., and Raup, D. M. (eds.) (1965) *Handbook of Paleontological Techniques*. San Francisco,W.H. Freeman and Company, 852 pp. ［关于古生物材料的采集、制备和绘图等方面诸多技术的论文合集］

McKinney, M. L. (ed.) (1988) *Heterochrony in Evolution: A Multidisciplinary Approach*. New York, Plenum, 348 pp. ［论文集，介绍如何研究生物体的发育和演化，及诸多应用实例］

Rohlf, F. J., and Bookstein, F. L. (eds.) (1990) *Proceedings of the Michigan Morphometrics Workshop*. (University of Michigan Museum of Zoology Special Publication Number 2.) Ann Arbor, Mich., University of Michigan, 380 pp. ［介绍如何度量和分析生物体形态的实用性回顾］

Schmidt-Nielsen, K. (1984) *Scaling: Why is Animal Size So Important*? Cambridge, U.K., Cambridge University Press, 241 pp. ［关于形体大小对动物的功能和生理的影响的重要回顾］

Thompson, D'A.W. (1942) *On Growth and Form*. Cambridge, U.K., Cambridge University Press, 1116 pp. ［研究个体发育及有机体形态的其他方面的经典著作。对生物形态感兴趣的读者的基本读物］

Wolpert, L., Beddington, R., Jessell, T., Lawrence, P., Meyerowitz, E., and Smith, J. (2001) *Principles of Development*, 2nd ed. Oxford, U.K., Oxford University Press, 568 pp. ［关于演化生物学的综合性专著］

Zelditch, M. L. (ed.) (2001) *Beyond Heterochrony:The Evolution of Development*. New York,Wiley-Liss, 371 pp. ［关于演化中的发育变化的实例合集］

软　件

美国国家卫生研究院（National Institute of Health）. NIH Image, http://rsb.info.nih.gov/nih-image/ ［可用于数字化和分析图像的软件］

Rohlf, F. J. tpsDIG, http://life.bio.sunysb.edu/morph/ ［可用于数字化图像并对图像中的轮廓和界标点进行分析的软件］

第三章 居群和物种

前一章着重于物种内单个个体的描述和度量。但是，没有两个生物个体是完全相同的，它们之间的变异是生物学最重要的事实。本章我们将仔细考虑变异的来源和古生物学所面临的某些特殊问题，以及为什么从演化的角度看变异是重要的。个体之间的变异必须从居群的角度进行分析，这正是我们现在要讨论的。

3.1 生物学和古生物学中的居群

我们在前一章探讨了单个生物的形态学，它们存在于**居群**（population）的生物学含义中。居群可以被定义为：同种的一群个体，它们生活得足够靠近，具有充分的配育机会。当然，对繁殖的强调适用于有性生殖的物种。居群共有一个**基因库**（gene pool）。一个物种相邻居群的基因库可能彼此部分或完全隔离。当两个居群杂交时，则称它们之间有**基因流动**（gene flow）。居群所占据的地理区域相差很大，它们与邻近居群的隔离程度也颇为不同，这取决于生物的行为、散布能力以及自然栖居地的破碎化（fragmentation）程度。

居群的地理结构通常是**超居群**（metapopulation）理论研究的范围。超居群或较大的居群由若干较小的亚居群组成。位于特别有利环境中的亚居群可以产生许多个体并扩散到其他地区，被称作源（sources）。相比之下，其他亚居群则可能聚集迁徙者，它们是汇（sinks）。超居群内支配源和汇的动态因素，以及地理结构的其他细微方面，对于生态学家而言十分重要。居群的空间结构对于古生物学问题也很重要，因为它在新种的起源，以及在随时间而发生的演化变化型式（pattern of evolutionary change）方面发挥着作用 [见 3.3 节和 9.3 节]。

居群内的个体变异

居群内的每一个体都有一个特定的**基因型**（genotype）和一个**表型**（phenotype），基因型的遗传组成编码在它的 DNA 序列中，表型包括该个体的形态、结构、生理、生物化学和行为。一个居群内变异的基本来源是现有遗传物质的**遗传突变**（genetic mutation）和**重组**（recombination），并通过性细胞的形成及有性生殖而形成新的基因型。

变异的重要性 变异不仅是居群的一个基本性质。它也构成了所有演化变化的基础。居群内**演化**（evolution）的发生一般要满足两个简单的条件：

1. 在基因型和表型的变异之间存在一个有规律的关系，以致表型变异可以从亲本遗传到后代。通常认为，可遗传性的直接含义——一个由遗传决定的特性，例如眼睛的颜色，是从母亲和父亲继承而来的。然而，可遗传性实际上是通过居群的统计学分析来研究的，参见本节后面的讨论。
2. 在可遗传的表型变异和生殖成功方面的变异之间存在某种关系，表现在幸存和生殖力这两个方面。例如，假定喙的大小是可遗传的，喙较大的鸟由于能够吃更大更富营养的种子而倾向于留下更多的后代，并因此而将更多的能量投入繁殖。那么，在这一假想例子中，该居群喙的大小会出现随时间而增大的倾向，除非有其他因素的抵消。

我们只是用一个假想的例子对演化的这两个简单的必要条件作了说明，这一例子中的表型和生殖成功之间存在一个直接的因果关系。对于诸如体型大小和形状之类的形态特点，以及许多其他特征，此类直接效应一般被视为演化变化的普遍原因。这样的关系是**自然选择**（natural selection）的例子。如果形态特征在遗传上与其他受控于选择的特征相关联，它们也可以在未受到直接选择的情况下演化。例如，脊椎动物额外的趾（指）在较大个体中更为常见。因此，促使体型变大的选择可能间接地导致趾（指）数目的增加。

关于表型和生殖成功之间的对应关系，自然选择之外的另一可能是机遇。这很可能只有两种情况：

1. 形态特征相应于自然选择确实是中性的，这意味着这些个体具有相同的适应性，尽管它们有着不同的特征值。一般认为，除了某些涉及蛋白质和其他大分子的交替类型外，真正的中性是不常见的。
2. 居群规模过小，以至于生殖成功方面的意外波动尚未达到最终平衡。例如，喙较大的鸟觅食更有效并留下更多的后裔，即使平均来说这是真的，喙较小的鸟偶尔也会有好运气，譬如，它们发现了隐藏的种子。

对于小居群而言，意外事件可能十分重要。由此类意外波动所导致的演化变化通称为**遗传漂变**（genetic drift）。广义地说，意外波动也可以其他方式发生，诸如地方居群的灭绝之类，其遗传组成也许不同于较大的超居群。

变异的可遗传性 人们常常在报刊上读到有关“先天对后天”（“nature versus nurture”）主题的讨论——诸如人类行为之类的特性究竟是源于遗传还是环境。事实上，个体发育期间，整个表型的发生自始自终都贯穿着生物的遗传组成与其环境之间的相互作用。例如，众所周知，牡蛎和其他生活在硬底表面的动物在生长时将自己塑型在底质上。这里显然有着环境的影响，然而，这种以可塑方式生长的能力具有遗传的基础。

许多因素，包括光、温度、养分、水、土壤化学和底质，能使表型产生环境变异。由环境变异导致的表型变异被称为**生态表型**（ecophenotypic）变异；一个基因型在不同环境产生不同表型的倾向通称为**表型可塑性**（phenotypic plasticity）。环境对表型的影响可以是适应性的。已经记录了许多适应的可塑性（adaptive plasticity）的例子，包括动物通过化学信号察觉捕食者的存在，并长出保护性装饰进行应对（图 3.1）。

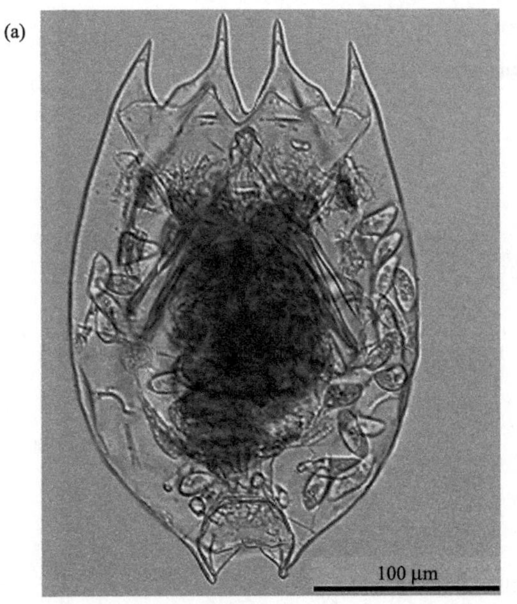

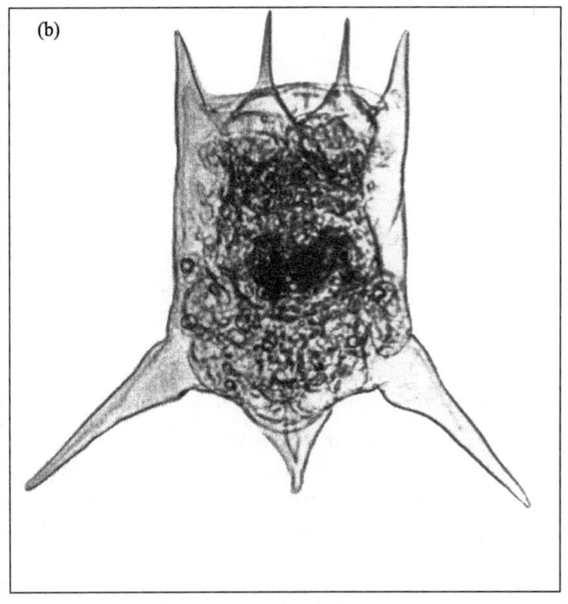

图 3.1 现生轮虫 *Brachionus calyciflorus* 的两个标本

(a) 正常状态的个体；(b) 当捕食轮虫 *Asplanchuna* 存在时，或有采自 *Asplanchuna* 的化学萃取物存在时，*Brachionus calyciflorus* 的个体长出了长刺，此个体宽约 150 μm，刺未包括在内。

资料来源：(a) 据 The Academy of Natural Sciences；(b) 据 Gilbert，1966，http://www.schweizerbart.de。

因为每个个体的形态都是由遗传和环境这两方面决定的，演化生物学研究个体之间表型变异的来源，而非一个特定个体的表型。图 3.2 图示了对加拉帕戈斯群岛某个岛上一个地雀居群喙的大小的分析。图中的每一个点将一对双亲的喙的平均度量值与它们后代的喙的平均值进行比较，黑色和白色方块分别代表采自两个不同年份的度量值。由两条直线所显示的双亲和其后裔喙的大小之间的正相关关系表明这一特征具有可遗传的组分。直线周围的点越集中，可遗传性就越高。这种分散或集中可以用标准的统计学方法度量，对本例的度量表明，后裔喙的大小的变异大约有 60% 是可遗传的。这是一个有关居群作为一个整体在特定环境中的统计学报告。它并没有告诉我们任一地雀个体喙的大小在多大程度上可以归因于它的基因型，又有多少可以归因于它生活的环境。

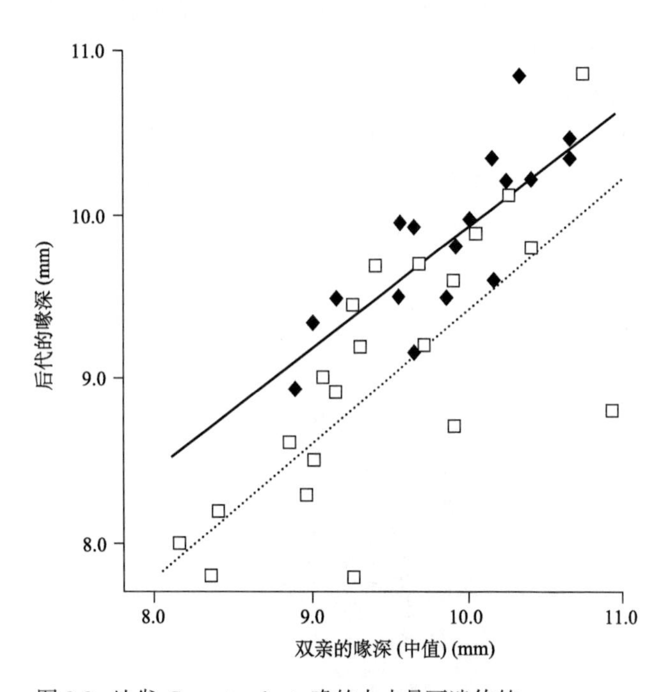

图 3.2 地雀 *Geospiza fortis* 喙的大小是可遗传的

双亲中值（midparent value）是一对双亲的平均度量值，后代值（offspring value）是它们后裔的平均值。双亲和其后裔喙的大小之间的正相关关系表明这一特征是可遗传的。黑色和白色方块分别代表两个不同年份的度量值，两条直线则分别与之对应。据 Boag（1983）。

因此，在一个特定的个体发育阶段不同个体之间的变异兼具遗传和环境这两种组分。一般而言，居群中个体发育期间的变化和两性之间的差异也促进了居群的总体变异。我们对处于某个可比较的个体发育阶段的同性个体进行研究，以尝试找出后两类变异的影响因子。还有其他来源的变异影响了化石居群。

化石居群中其他来源的变异 古生物学中的居群由采自某个特定产地的个体组成，在某些重要的方面不同于现生居群。这些个体经历了各种埋葬过程的过滤，如死后变形，它们有可能代表一个时间均化（time-averaged）的组合 [见 1.2 节]。

埋葬过程的一个最重要方面就是容易造成表观变异（apparent variation），这是由于沉积物的压实作用或沉积岩的变形而产生的畸变。图 3.3 是一个很引人注目但又绝非罕见的例子。Richard Bambach（1973）从加拿大新斯科舍（Nova Scotia）志留纪岩层中采集了大量内栖（infaunal）双壳类 *Arisaigia postornata* 的标本以分析其壳形变异。他记录了每个标本的岩石劈理方向与双壳类形态的关系。岩石的最大压缩方向垂直于劈理方向，由于这些标本实际上是原贝壳的二维模，可以通过化石目前的形状准确地说明岩石的变形历史。

图 3.3 图示了 4 枚典型标本以说明劈理方向与形态学的几何学关系。尽管这些标本外形不同，由于它们拥有十分特征的壳饰，可被归入当前所讨论的物种。位于中央的第五图代表未变形标本的重建。重建借助于标准的构造地质学方法。根据岩石劈理的方向，A 和 B 这两个端元的变形在本质上必

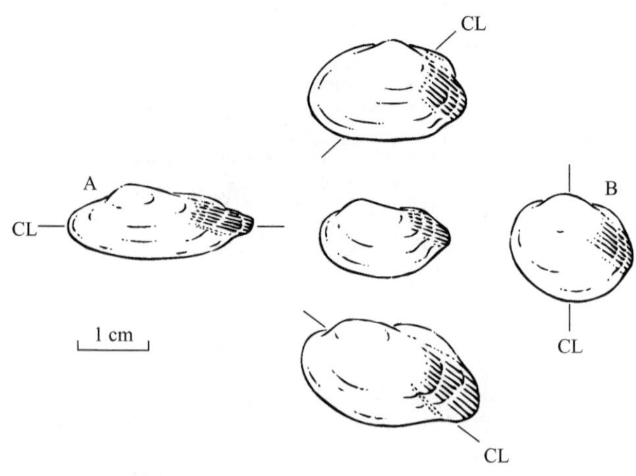

图 3.3 岩石变形对化石形态的影响

位于中央的图代表 *Arisaigia postornata* 的一个未变形标本。它周围的四个图代表不同的变形型式。其中，CL 对应于岩石劈理方向，垂直于最大缩短方向。A、B 两标本的变形方向相互垂直。据 Bambach（1973）。

定是呈垂直方向的。A 和 B 的相对长高比可用于估计变形在两个方向上的相对程度；也可用于估计未变形标本原始的长高比。由于同一层位两侧对称的腕足类也变形了，我们知道，Bambach 的所有标本都是变形的。因此，图 3.3 中央的类型实际上并未找到。

化石居群中附加变异的另一可能来源是时间均化作用 [见 1.2 节]。图 3.4 显示了一个假想的例子，如曲线的宽度所示，其中居群内某个特性的变异是固定的，该特性的平均值却随时间而变化。典型的情况是，许多相继的居群将被均化在一起成为一个单一的化石样品。由时间均化样品所导致的变异取决于某时间点居群内的变异量，并取决于该居群的形态学随时间变动的范围有多大。

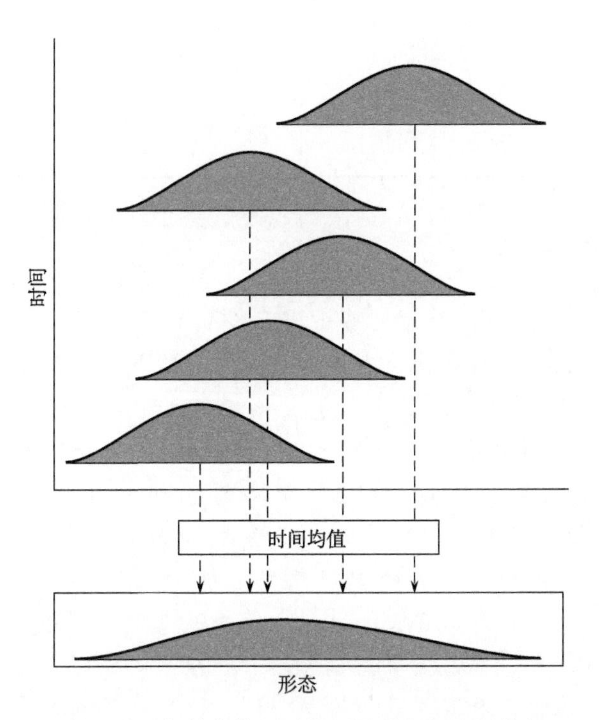

图 3.4 推想的时间均化作用对化石居群内变异的影响

本图上部的每一曲线都描绘了在某时间点某居群内的变异，居群的平均值见曲线的 X 轴。若居群不断随时间变动，由此所导致的时间均化样品，将比居群本身显示更多的变异（由本图底部曲线代表）。据 Hunt（2004a）。

原则上，当我们对化石居群内的变异无法得到合理的估计时，时间均化概念就有可能得到应用。但时间均化在实际上究竟起多大作用？可采用两种方法进行估计：（1）将化石样品的变异与同种现生居群的变异进行比较；（2）将化石样品的变异与这些样品时间均化的持续时间进行比较。

图 3.5 描绘了一些物种的现生居群与同种化石样品之间的比较。变异采用已知为**方差**（variance，见知识点 3.1）的统计学方法表达。化石样品的方差与现生居群的方差之比被计算后用于每一比较。这些比例以实心柱子被概括在图 3.5 中。当比例大于 1 时，则意味着化石样品的方差大于现生居群的方差。一些化石样品显然比现生居群更为多变，而另一些却相反。图 3.5 中的空心柱子显示了现生居群与化石样品的方差之比。在这里，比例大于 1 则意味着现生居群有更大的方差。在这两组比例值之间并没有值得注意的区别。也就是说，化石样品有时比对应的现生居群更为多变，有时则较为少变，不存在具有优势性的这种或那种倾向。

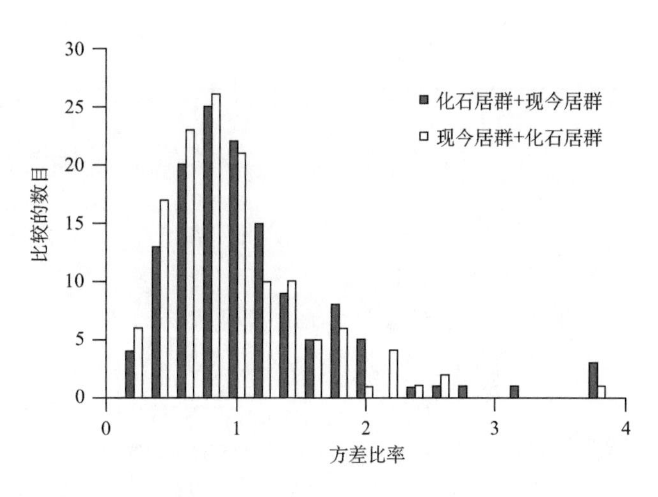

图 3.5 现生居群与同种化石居群之间方差的比较

实心柱子显示了约 130 个化石样品的方差与同种现生居群的方差之比的频率分布情况，空心柱子则描绘了现生居群与化石样品的方差之比。以上这两种分布难以区分，表明这些化石样品一般说来并不比现生居群显示更多的变异。据 Hunt（2004b）。

古生物学家对于由自然出现的岩层所代表的时间量缺乏控制。然而，由于单个样品涉及的岩层或多或少，时间均化的范围就有可能人为地发生变动。这就带来了**解析性时间均化**（analytical time averaging），当样品被结合了更多的时间，人们就得以探讨方差如何随之变化。图 3.6 根椐一些化石研究，总结了有关方差的资料。同种的样品被解析性地时间均化为复合的样品，以研究这些复合样品

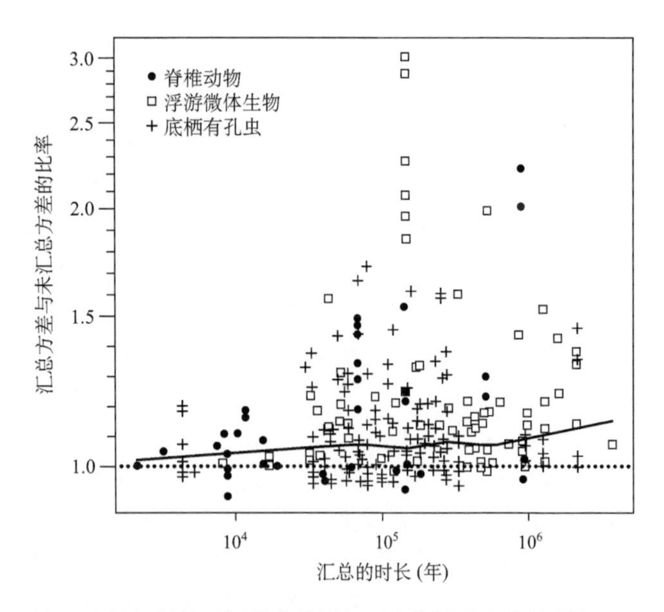

图 3.6 与解析性时间均化范围相对应的居群方差的膨胀

相继的样品被汇总在一起，汇总与未汇总方差之比按汇总的时间范围标绘。粗线指示平均比例值。平均来说，由于时间均化作用，方差的膨胀少于 10%。

的方差如何受到时间均化作用的影响。图中的每一个点将一个居群的时间均化序列的方差与时间均化的持续时间进行对照。粗线指示这些点的平均倾向。虽然方差随着时间均化作用而全面增加，一般都相当小——即使若干百万年被均化到一起，平均来说，方差的增加不超过 10%。

因此，已有证据表明，化石样品的方差并非由时间均化作用所决定。如果像图 3.3 那样明显的变形被排除，样品内变异的研究很有意义。在许多例子中，方差几乎不随着时间均化作用而增加，这表明居群在形态上始终是相当稳定的。在第七章我们会再来讨论这一点。

知识点 3.1

描述统计学

图 3.7 的直方图指示了具有落在特定区间的特征值的个体数目或比例；直方图也许可顺利地导出一个理想的频率曲线。直方图的图形概括常附随有其他统计数字，正如这里所略述的。

古生物学家和生物学家一般关心居群内单变量资料的两大方面：中心趋势（central tendency）

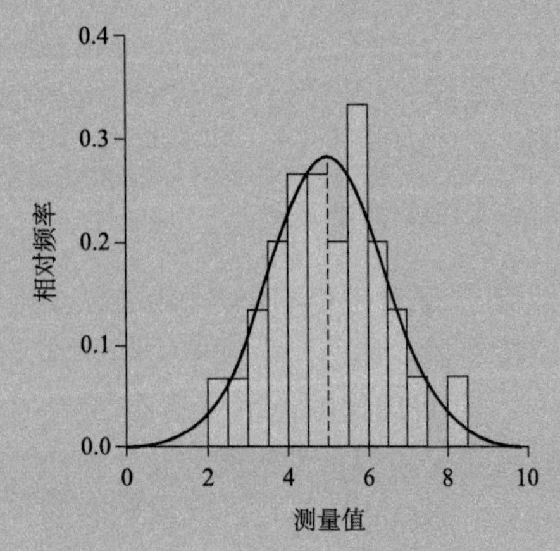

图 3.7 假想的直方图和理想化平滑的频率曲线

每个柱子指示了在 x 轴上对应范围值内具有某个特征值的个体数目或比例。虚线指示了样品平均值的位置。

和离散度（即离差，dispersion）或变异。什么统计数字适于表达中心趋势和离散度则取决于变量（variable）的性质。有三种主要的生物学变量：（1）**标称的**（nominal）或**分类的**（categorical）；（2）**有序的**（ordinal）或**等级的**（ranked）；（3）**定量的**（quantitative）。

标称的资料只具有特定而分明的值，缺乏自然的次序关系；一个值并不比其他值大或小。例如性（雄或雌）；某个特定构造的有或无；以及表面装饰（无、刺、结节等）之类的特点。

序位的资料也只具有分明的值，但它们具有自然的级序。例如，小、中等、大；无、稀少、常有、丰富；侧扁的、等维的、横长的。值本身常隐含有一个未度量的连续体。我们可以将尺寸表达为小或大，即使更精确的度量可以得出具体的数值。在一个序位尺度上，值之间的差别没有始终一贯的含义。譬如，小和大之间的差别并不是小和中等之差的两倍。

定量测量的例子包括长、宽、面积、体积、质量和角度。尺度的单位具有前后统一的含义。例如，长度 10.0 mm 和 10.2 mm 之差是 10.0 mm 和 10.1 mm 之差的两倍。定量测量在化石居群的研究中是最常见的资料形式。为此我们将聚焦于此。严格地说，部分计数或按部位计数（meristic counts）［见 2.2 节］，是有序次的。然而，出于多方面需要，它们被处理为定量的，尤其是当各项计数值出现广泛变化时。与标称的和序位的资料有关的统计学讨论的文献列于本章的末尾。

算术平均数（arithmetic mean）或**平均数**（average）可用以测定定量资料的中心趋势。如果 x 表示测定值，$\bar{x}$（读作"x bar"）是样品的平均值，只需将值的总和除以所度量个体的数目（n）：$\bar{x} = \sum x/n$。

若资料的分布很不对称，或 n 值小，平均值就可能受到少量高的或低的度量值的不恰当影响。在这种情况下，**中值**（median）常常对中心趋势提供更为可靠的估计。（经济统计学通常报告收入和资产的中值，财富的偏斜分布是一个原因；一个亿万富翁和 1000 个穷人的平均财富大概约 100 万美元。）在不对称分布的情况下，中值也更好地代表了我们所想象的典型形态。按照定义，观察记录的一半在中值或中值之下，一半在中值或中值之上。例如，假定我们以厘米为单位测量 7 个标本的全长，得到这一小型样品的以下数值，按由低至高排列为：12，13，13，13，14，15，32。中值是第 4 个值，或 13 cm。这是一个想要报告中值的明确例子。平均值 16 cm 受到一个大数值的控制，超出了其余 6 个数据的范围。它并未恰当地代表典型的尺寸，这很可能是一个从偶然碰到的物种中得来的例子。

定量特性的离散度一般是通过将观测值和平均值之差的平方进行平均后度量的。一个样品的方差 s^2 被定义为 $\sum(x-\bar{x})^2/(n-1)$。方差的度量单位是原始度量单位的平方。为了用与原始度量相同的单位表达离散度，通常采用**标准偏差**（standard deviation）s，等于方差的正平方根。在上一段的例子中，方差是 51 cm^2，标准偏差是 7.1 cm。

单变量资料常用于解释所观测到的两个居群之间的差异。由于随机突变，几个样品会不可避免地有些不同，即使它们来自同一个居群。每一个样品统计量，如样品平均值 $\bar{x}$，有一个相关的**标准误差**（standard error），它是统计量不确定性的一种度量。如果我们从同一个居群采取了大量样品，并一一计算出 x，那么，$\bar{x}$ 值的标准偏差就会是平均值的标准误差。标准误差相对于两个样品统计量之差越小，所观察到的差异反映随机变异的概率就越小，由此，两个样品来自真正不同分布的可能性就越大。一般来说，居群的变量越少，样品中的个体越多，一个样品统计量中的标准误差就越小。因此，有必要将任何观察到的差异与居群的内在方差进行比较（图 3.8）。

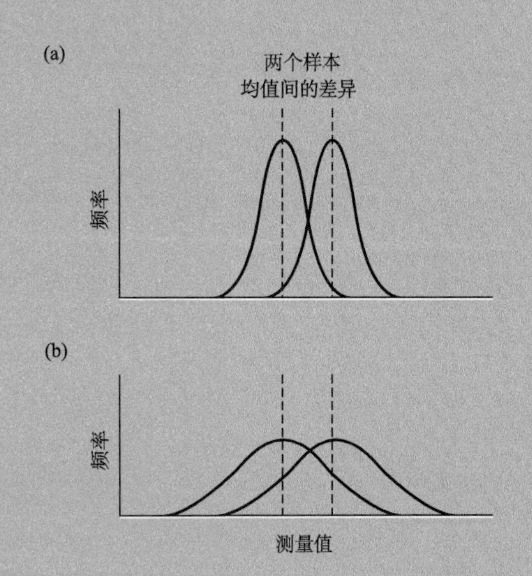

图 3.8 成对的假想频率分布，说明变异对于评估两组平均值之间一个观察到的差异的意义十分重要

与 (a) 图相比，(b) 图所见差异更可能来自随机。

图 3.9 的两个样品相对于它们的内在变异性明显互不相同。如果两个直方图被叠加在同一张曲线图上，它们几乎互不重叠。因此，样品之间的差异不大可能是因为偶然。相反，图 3.10 的两个样品则很容易得出相同的统计学

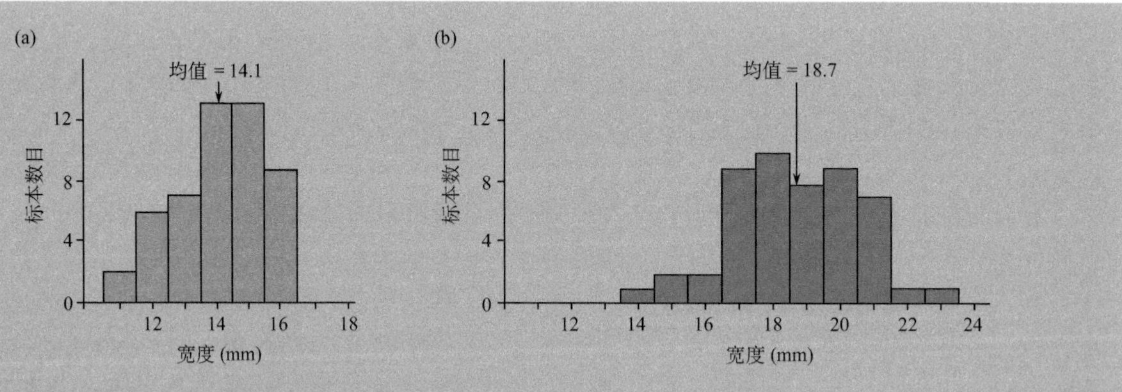

图 3.9 泥盆纪腕足类 *Pholidostrophia* 两个亚种的壳宽的频率分布

(a) *Pholidostrophia gracilis nanus*。(b) *Pholidostrophia gracilis gracilis*。两者的平均值明显不同，相对于变异而言，平均值的这种差异不大可能仅仅是由于采样的偶然性。据 Imbrie（1956）。

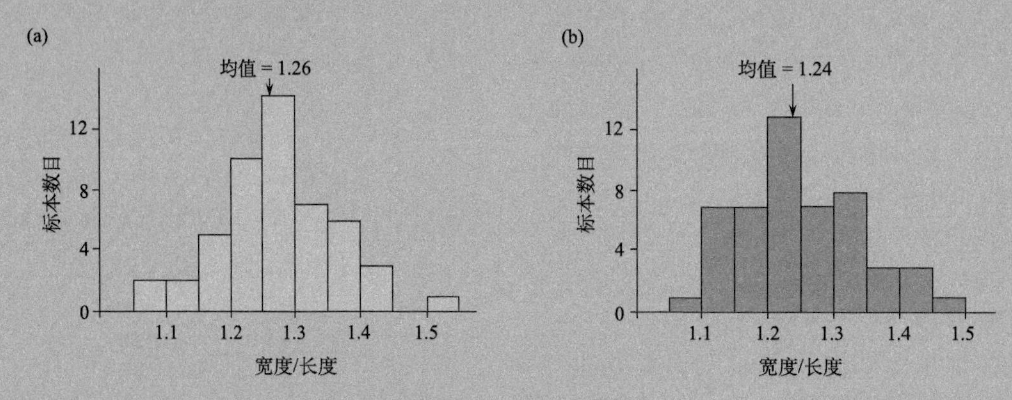

图 3.10 泥盆纪腕足类 *Pholidostrophia* 两个亚种的宽长比的频率分布

(a) *Pholidostrophia gracilis nanus*。(b) *Pholidostrophia gracilis gracilis*。两者的平均值略有差异，无疑可归因于采样中的随机误差。据 Imbrie（1956）。

分布。它们的平均值基本相同，如果将它们标绘到一起就会完全重叠。样品之间的某个差别会不会是因为偶然，答案也许是很不可能（图 3.9）、很可能（图 3.10），或位于两者之间——人们也许从未有绝对把握知道答案。尽管如此，所观察到的差异因采样偏差而造成，这样的概率很低，这就为考虑差异的意义提供了合理而实用的理由，除非另外加以证明。这种概率已借助于正式的统计学验证进行了评估，相关的原始文献列于本章的末尾。

图 3.9 描绘的两个例子，它们的平均值差别很大，而图 3.10 的差别很小。事实上，这两张图所涉及的是同一对亚种；相对立的结果反映它们所分析的是不同的特性。居群之间不同的特性可表现出不同的变异型式，因此，也许有必要度量和分析几个特性，这是多变量分析所需要的。

3.2 描述变异

本节我们为描述和分析变异中的一些最重要的程序提供简要的论述。论述只是初步的，更多的细节应参考列于本章末尾的原始文献。高速计算机和软件的广泛采用，使完成大范围的分析变得容易，但对于每一次分析，都需对其目标、假设和计算有充分的了解。我们聚焦于一个居群内个体间的变异，以及相似居群间的变异。由于居群在演化中的重要性，这一层次的分析起着特殊的作用。尽管如此，我们将要描述的许多程序，常常只要作少许修改，也可同样地应用于研究变异的其他方面——单个个体或较大生物类群远源种之间的生长变异。

描述单维变异

基础描述统计学是正式分类学工作的一个重要部分（知识点 3.1）。度量数据的概略总结典型情况下是单变量，一次只涉及单个变量。度量数据的图形或表格总结使其他作者得以将这些资料与其他种的类似度量数据进行比较［见 4.1 节］。例如，这些资料对于判断两个标本样品可能属于同种或不同的种十分重要。无论是将资料总结成图形或是表格形式，重要的是使其他作者能得到这些总结所依据的原始度量数据。

描述二维或多维变异

多数单变量分析具有与之类似的双变量和多变量分析，例如，两个标本样品之间差异的评判（知识点 3.1）。此外，当焦点在于两个已度量变量之间的关系时，就会设计一定的双变量方法来解析资料。这样的方法对于研究生长［见 2.3 节］、功能［见 5.3 节］和遗传（图 3.2）之类十分有用。

双变量分析的两个主要目的是度量两个变量之间的关联强度，描述它们之间联系的形式。一些**相关系数**（correlation coefficient）通常被使用于第一个目的（见知识点 1.1）。它们一般在 +1 和 –1 之间变动，位近两端的值指示较强的关联。负值指示一个变量的增加对应于另一变量的减少，正值则指示两个变量倾向于一起增长。近于零的值指示两个变量之间没有多少关联。再回到图 3.2 有关喙的大小的实例，黑色和白色方块这两套双亲与它们后代的度量值之比在 0.75 与 0.80 之间。这些值相当高，从而与我们早先的论述一致，这是有关遗传率的明确证据。

两个变量之间联系的形式表达了一个变量所见的变化究竟有多少与另一个变量的变化相关。这一般用一个线性的模型 $Y = aX + b$ 进行研究。斜率（slope）a 估计 Y 的变化究竟有多少与 X 的特定变化相关。截距（intercept）b 是当变量 X 的值为零时变量 Y 的值［见 2.3 节］。让我们再次回到图 3.2，与资料相吻合的直线的斜率大约是 0.8。这意味着，相对于双亲喙的大小每一毫米的差异，在其相应后代之间就会出现平均为 0.8 mm 的差异。

有两个重要理由配置一条与资料相吻合的直线。第一是为了描述两个变量之间的相互关系而无需区分主次。这种用法在研究异速生长时常见，如图 2.29。第二，一条合适的直线可被用来预测。例如，图 3.11 图示了一些现生苔藓和原始维管植物物种的主干直径和主干高度之间的关系。这种关系的强度意味着主干直径可被合理地用来预测主干的高度——或反过来也一样。利用主干直径预测主干的高度，这对于古生物学实际上要有用得多。因为材料常常是破碎的，不大可能保存整条主干。当然，这一方法依赖于现生的或完全保存的代表，以建立可预测的相互关系。合适相称的描述性和预测性直线涉及略有不同的假设和手续，这些包括在统计学的基本内容中。

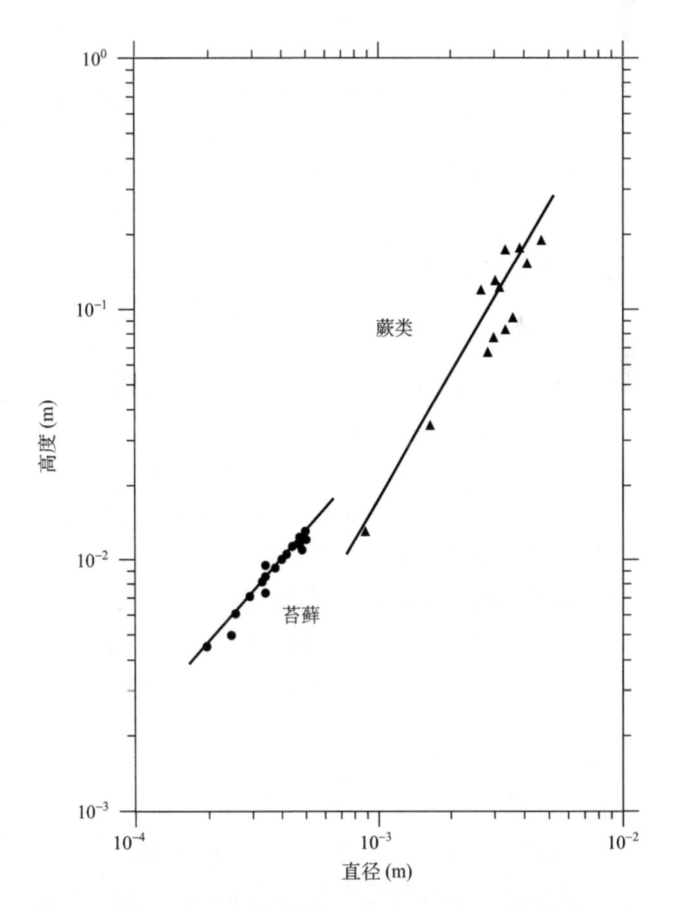

图 3.11　两个陆地植物类群的预测性回归线，可根据主干直径估计主干高度

两者的变量均采用对数标度度量。蕨类（pteridophytes）是原始维管植物的一个非正式类群。据 Niklas（1994a）。

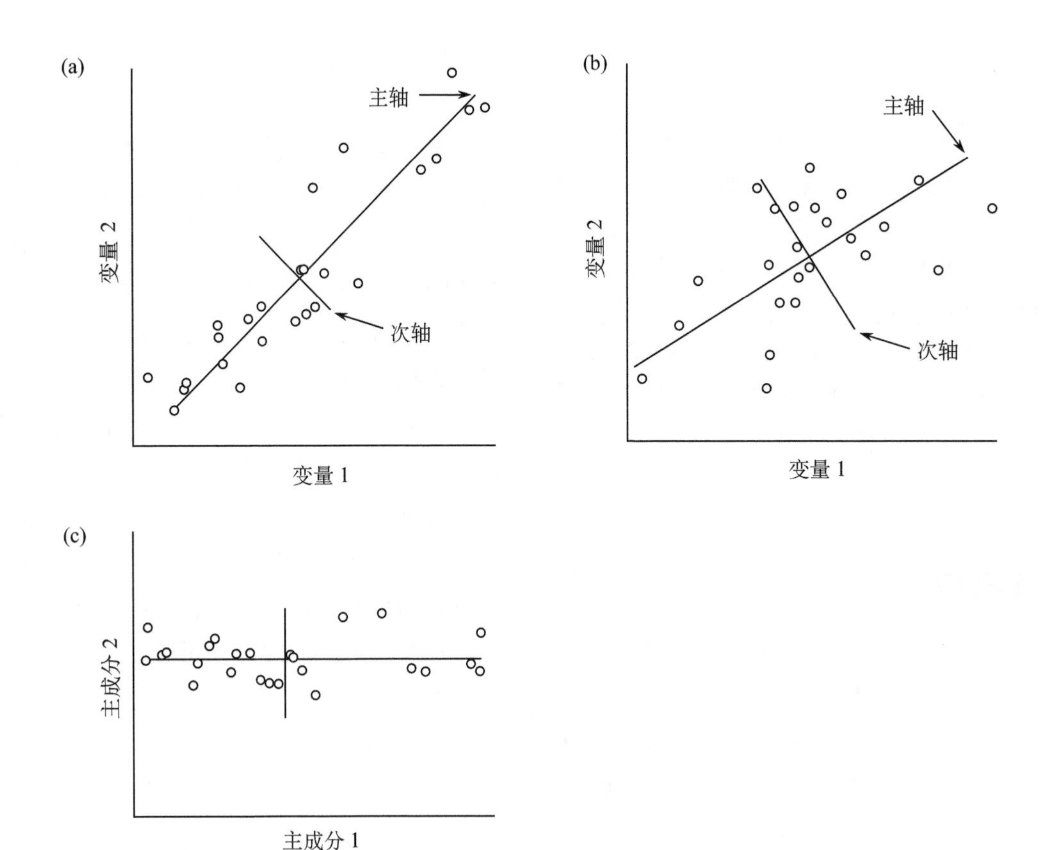

图 3.12 多变量分析基本原理的说明

(a) 这里的两个变量高度相关。在这种情况下，将所有的点投影到主轴上很少造成信息的损失。(b) 这里的两个变量相关较弱，因此，将二维资料简约成单维就会失去大多数信息。(c) 这里显示的是与 (a) 图相同的资料。主轴和次轴是第一和第二主成分，将资料投影到这两个轴上是主成分得分。

很重要的是要记住，我们用等式 $Y = aX + b$ 处理双变量资料时假定两个变量之间的关系是线性的。事实上，两个特性也许是非线性相关，如图 2.23 中的腕足类。此时，相关系数有可能大大地低估两个特性之间的关联强度，而与资料相对应的直线几乎毫无意义。诸如图 2.23 那样的非线性关系有时可采用对数标度测定变量以产生线条。这当然是异速生长等式［见 2.3 节］所伴随的。其他的变换方法经常被用来将资料线性化。

生物类型充分地由两个特点所代表的情况很少见。通常都需要度量更多的特性以得到一个更完整的形态图像。然而，这样做会出现问题，因为对于人脑而言，掌握简单的双变量关系这样的方法，不可能如此容易地将许多变量之间的所有相互关系都变得具体化。因此，一大类被统归为**多变量分析**（multivariate analysis）的方法得以产生。这些方法的共同目标是使资料简约化，换句话说，将代表大量变量的资料概括成少数维度。在这里所使用的维度常常是综合性的，是原先变量的组合。

任何这样在维度（dimensionality）上的简约，实际上代表原始资料的投影，正如一张地图是地球的二维投影。投影一般会产生变形，多数方法都结合有评估变形的方法。图 3.12 显示了假想的具有两个原始变量的例子。尽管在两个维度上都有变异，图 3.12a 中变量之间的强相关意味着多数变异可以被由左下方延伸至右上方的主轴 * 所概括。就是说，如果我们将此轴处理为单个综合性的变量，每一个点由单个数字——它在此轴上的投影位置代表，就很少会有变形，我们将失去很少的信息。我们也许原先度量了两个特性，但有意义的变量数目接近于一个。

一个相反的情况见图 3.12b。在这里，两个变

* 原书中关于主成分轴的两个英文词，major axis 和 minor axis，我们将前者译为主轴，后者译为次轴。——译者

量相关较弱，故围绕主轴的分布更为离散。这意味着有意义的变量数目更靠近两个而非一个，如果只考虑沿主轴分布的点的位置，我们就会失去大量信息。由于解剖特征的相互组间相关（mutual intercorrelation），生物统计学资料一般更为接近图 3.12a。例如，如果我们度量**四足类**脊椎动物样品中两个肢骨的长度，我们就会发现较大的种或个体倾向于两者都具有较大的长度。

本节我们用几个不同的方法说明了多变量分析。资料简约化的目标遍及所有方法，但每一个聚焦于一个不同的问题。还有许多其他方法，它们在实质上与我们这里介绍的相似，而不同在于细节。其中有些会在本书后面涉及。

标本的排序 多变量分析的主要用途之一是便于对资料进行直观的检查。在双变量图件中，很容易看出哪些标本最为相似、标本如何不同、资料如何趋向等等。为了使多变量资料也做到这样，就需要**排序**（ordination）——说明标本相互之间的位置。为了达到这一目的，最为广泛使用的方法之一是**主成分分析**（principal-component analysis）。图 3.12c 显示了与图 3.12a 同样的假想资料。图上的点被简单地旋转，使得图 3.12a 中穿过资料的主轴和次轴现在变成在图 3.12c 中与 x 轴和 y 轴相同的方向。主轴的方向是资料的最大离散方向，从而限定了第一主成分。沿此轴仍有剩余的变异，由垂直于主轴的次轴表示。次轴限定了第二主成分。

主成分方法将维度扩展至任何数目。每一个后继的轴总是垂直于所有先前的轴，并沿着围绕先前的轴的最大剩余离散方向伸展。每个标本沿着一个特定的主成分轴的位置被归为它在该轴上的**刻度**（score）。每根轴的长度指示资料中的方差有多少，并可由相应的主成分得到说明；它由一个称作**特征值**（eigenvalue）的数字来表达（见表 3.1）。

让我们来考虑主成分分析的一个古生物学例子。图 3.13a 给出了恐龙 *Stegoceras* 骨骼的重建图。阴影部分为头盖骨，包括脑腔（braincase）和突出的穹顶（dome）。对来自北美西部上白垩统标本中的一些头盖骨进行了度量；测定的方法图示在

表 3.1 *Stegoceras* 骨骼度量的主成分分析一览

变　量	主　成　分			
	1	2	3	4
1. 穹顶长	0.960	− 0.167	− 0.050	− 0.005
2. 穹顶宽	0.954	− 0.187	− 0.098	0.049
3. 前穹顶宽	0.918	− 0.040	0.090	0.187
4. 后穹顶厚	0.909	− 0.214	− 0.184	− 0.087
5. 穹顶厚	0.837	− 0.351	0.167	− 0.095
6. 前穹顶厚	0.947	− 0.086	− 0.097	0.051
7. 穹顶长（曲线）	0.945	− 0.166	− 0.071	− 0.115
8. 穹顶宽（曲线）	0.946	− 0.110	− 0.138	0.028
9. 前穹顶长	0.916	− 0.084	− 0.045	0.034
10. 后穹顶长	0.918	− 0.108	− 0.143	− 0.170
11. 脑腔长	0.714	0.629	0.254	− 0.060
12. 脑腔收缩沟之后的长度	0.595	0.695	0.248	− 0.206
13. 后脑腔长	0.220	0.824	− 0.311	− 0.363
14. 脑腔宽	0.277	0.636	− 0.435	0.556
15. 前脑腔长	0.685	0.238	0.597	0.270
特征值	10.0	2.32	0.91	0.66

资料来源：Chapman 等（1981）

注：本表显示了变量（行）在各主成分（列）上的输入数据。这些变量的含义见图 3.13。每个特征值等于相应的主成分输入数据的平方之和。特征值越大，由主成分所概括的信息比就越大。前两个特征值比后两个大得多，表明资料中的多数变异概括在前两个主成分中。

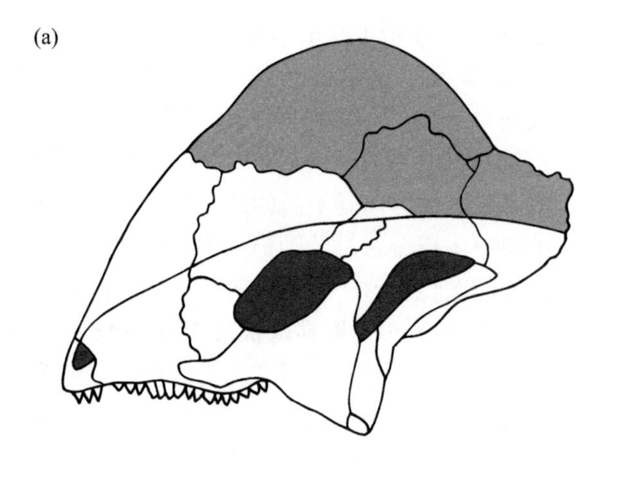

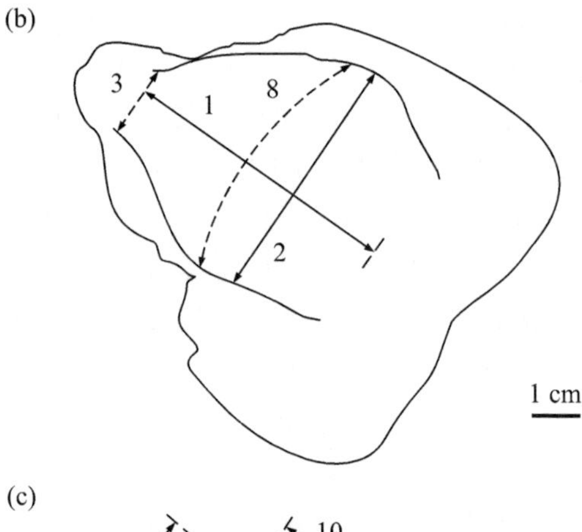

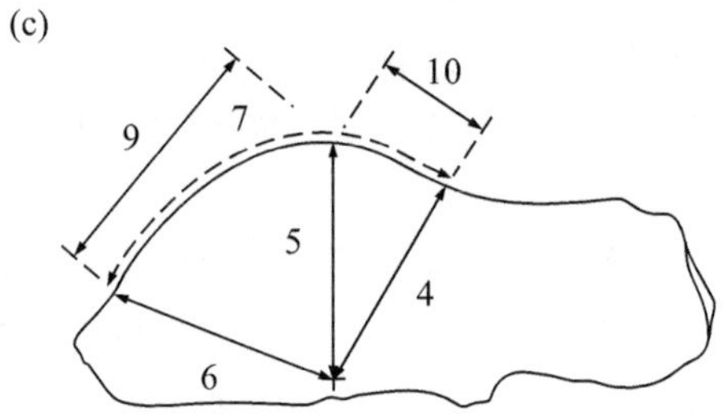

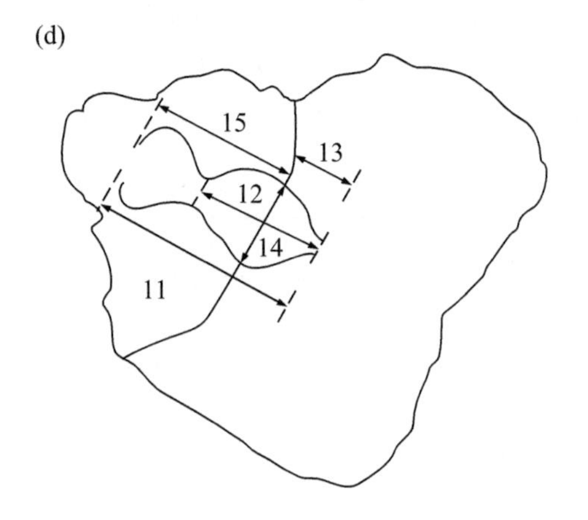

图 3.13 恐龙 *Stegoceras* 重建的骨骼

(a) 阴影部分为头盖骨。（b—d）在骨骼上所进行的度量，(b) 背视，(c) 侧视，(d) 腹视。在图（b—d）中所图示的骨骼范围大致相当于图 (a) 的阴影部分。据 Chapman 等（1981）。

图 3.13b—d。有穹顶的测量数据 10 个，脑腔的 5 个。图 3.14 描绘了大约 30 个标本在根据主成分分析得出的前两个轴上的刻度。*Stegoceras validusd* 的标本似乎相当自然地被分为两群，分别由空心圆和实心圆代表。

变量之间的结构关系 如果我们唯一的目标是将标本进行排列整理，以决定它们彼此间的差别有多大，或它们是否要被分为不同的类群，图 3.14 的分析则足以。然而，如果我们想了解差别的性质，那么，我们就必须知道原始的变量如何结合而产生综合的主成分。成群相互相关的变量会倾向于以相似的方式呈现在综合变量中。因此，一般说来，主成分分析使我们得以探讨变量之间的结构关系。

主成分分析的这个方面由表 3.1 中的 *Stegoceras* 资料加以说明，该表列出了原始的变量（排列成行）和主成分（列）的相互关系。表中的每一列值被称为一条**输入数据**（loading）。相当高的输入数据表明变量对主成分做出了实质性贡献。

就这里所描绘的这种生物统计学资料而言，多数或全部变量都共同地具有第一主成分上的高输入数据。于是这一组分作为一般的尺寸度量可以得到解释，尽管仅仅是粗略的解释。第二和较高的主成分也许只有几个变量具有大量输入数据。在本例中，第二主成分只有脑腔测量数据具有高输入数据，表明这一组分反映了与穹顶相比脑腔是比较发育的。

作为脑腔与穹顶之间的一个对比，第二主成分的解释使我们对 *Stegoceras validus* 的标本沿此轴分化为两群的现象得到某种理解（图 3.14）。因为在

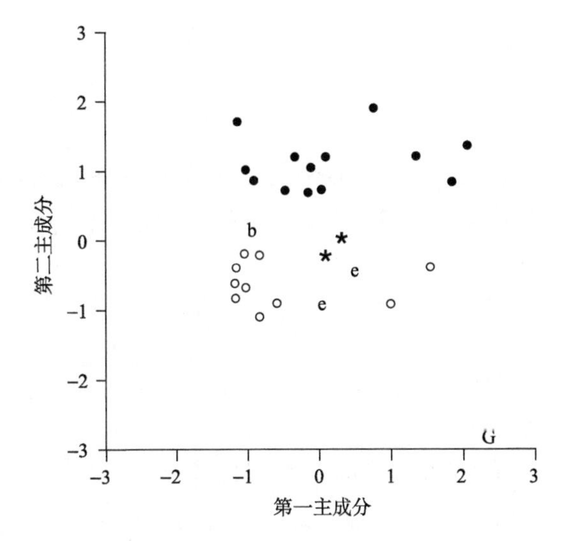

图 3.14 *Stegoceras* 标本及其相关种 *Gravolithus albertae* 的主成分刻度

空心圆和实心圆为 *S. validus* 标本。*S. browni* 和 *S. edmontonensis* 则分别被标示为 b 和 e，星号指 *Stegoceras* 的未定种标本，*Gravolithus* 被标记为 G。与图 3.12 的假想例子相反，本次分析采用了相当常见的标准化方法，使得分在每个主成分上的平均值为零，而方差为 1。此方法常被用来将每一组分描绘为同等重要的生物学因素。它对本例结果的解释没有什么影响。据 Chapman 等（1981）。

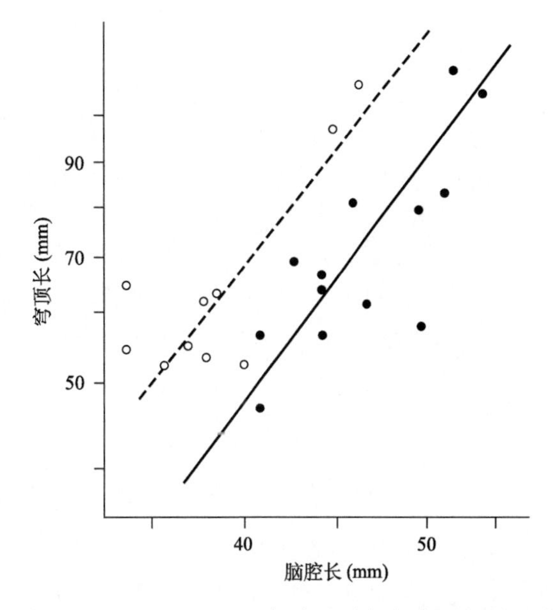

图 3.15 *Stegoceras validus* 标本脑腔长与穹顶长的双变量比较

空心圆和实心圆分别对应于图 3.14 中的两群标本。虚线和实线分别对应于两组测点。据 Chapman 等（1981）。

此轴上穹顶性状的输入数据低，而脑腔性状的输入数据高，一个高得分的标本将倾向于具有低穹顶变量值和高脑腔变量值。因此，上部的标本群应当具有相对较大的脑腔和相对较小的穹顶。

这一意见可直接用双变量分析比较穹顶和脑腔的测量数据进行验证。脑腔长与穹顶长的对比图（图 3.15）显示，这两组标本确实在穹顶和脑腔的相对发育程度上有所不同。还有一个无法仅仅靠多变量分析进行回答的问题，即为什么这些个体在脑腔的发育程度上有所不同。已经提出了一种解释：这个差别反映的是性双形现象（Chapman *et al.*, 1981）。

我们已经看到，主成分分析能够在维度数目减少的情况下对标本进行排列整理，有利于变量之间相互关系的研究。在 *Stegoceras* 的例子中，排列整理后显示似乎有两个不同的类群，通过对输入数据的研究，根据原始的变量，分化为两群的现象得到了理解。发现这两个事先并不知道的类群确实是多变量分析的另一重要用途，这正是我们现在要讨论的。

标本的分类 古生物学家常常在不知道究竟有多少自然类群的情况下开始研究一套标本。确定类群的数目及每一类群的组成是**聚类方法**（clustering technique）或**分类**（classification）技术的目标。有关被统称为聚类分析（cluster analysis）的这一类方法的说明见知识点 3.2，采用了与主成分分析中相同的 *Stegoceras* 的度量数据。聚类分析的目的是要在**树状图**（dendrogram）形式中总结标本之间的形态相似性和不相似性。这是一种将相似标本归成一类并与其他类群区分开来的分支图（图 3.16）。

Stegoceras 的标本在图 3.16 中被分成 A 至 E 共 5 个聚类组（clusters），将此树状图与图 3.14 的主成分分析图比较我们就可看出，后一图中所确定的两群标本在本图中分别倾向于属于同一个聚类组。

与聚类分析所使用的情况相反，我们也许想要确定事先指派的两个或更多的类群是否在它们所度量的特性方面明显不同。这是与分类相对应的**识别**（discrimination）问题，将在本章稍后讨论。识别常常涉及与图 3.8 至图 3.10 中所描绘的相类似的多变量分析。

知识点 3.2

聚类分析

聚类分析从标本之间的相似性或不相似性的一个矩阵开始。在本例中，我们聚焦于不相似性，这可以用许多方法进行度量；在这里，简单地以两个标本在完全的多变量空间的直线距离的计算所得来代表度量资料。例如，如果所度量的变量数目是 m，x_{ik} 代表标本 i 的变量 k 的值，那么，任何两个标本 a 和 b 之间的距离可由以下公式得到

$$d_{a,b} = \sqrt{\sum_{k=1}^{m}(x_{ak} - x_{bk})^2}$$

表 3.2 列出了 *Stegoceras* 一个子集标本之间的不相似性。表型图（phenogram）或**树状图**（图 3.16）是通过寻找彼此间具有最小不相似性的标本对来进行构建；与其他标本相比，每一对彼此之间更为相似。在表 3.2 中，这样的标本对是 2 和 3，6 和 7。一旦这些相互最为相似的标本对被找到，而其余标本被加入到现有的聚类组中，然后，聚类组又依若干序次被聚类嵌套在一起，直至所有的组都被聚类。

表 3.2 用于构建图 3.16 树状图的一个子集标本之间的默认距离

	1	2	3	4	5	6	7
1	—						
2	1.9	—					
3	2.2	1.1*	—				
4	2.7	2.2	2.2	—			
5	2.1	2.1	2.1	2.1	—		
6	1.7	1.8	1.6	1.3	1.0	—	
7	1.8	2.2	1.8	1.6	1.5	0.8*	—

注：这些标本在图 3.16 中相当于聚类组 D。彼此间最为相似的标本对由星号标出。

有一大类方法来确定标本如何被聚类成组，聚类组又如何彼此聚类结合在一起。在本例中，通过对一个聚类组的标本与另一个聚类组标本之间所有的成对不相似性的平均来进行度量，彼此间具有最小不相似性的一个或更多的标本由此被聚类成组。

表 3.3 显示了与第二轮聚类成组有关的不相似性。在这里，2 和 3 标本对由 2 + 3 聚类组代替，6 和 7 标本对由 6 + 7 聚类组代替。标本 4 和 2 + 3 聚类组之间的不相似性等于表 3.2 中 $d_{2,4}$ 和 $d_{3,4}$ 的平均值。其余的标本和聚类组之间的不相似性也以同样方法计算。2 + 3 聚类组和 6 + 7 聚类组之间的不相似性被计算为 $d_{2,6}$，$d_{2,7}$，$d_{3,6}$ 和 $d_{3,7}$ 的平均值。表 3.2 有一个相互间的最小距离，即标本 5 与 6 + 7 聚类组之间的距离。由此，标本 5 也加入了这一聚类组。这一计算距离矩阵和找出相互关系最为密切的标本对的手续被不断重复，直至所有的标本都被聚类成组。

表 3.3 表 3.2 中的标本在首轮聚类成组后，标本和（或）聚类组之间的平均距离

	1	2 + 3	4	5	6 + 7
1	—				
2 + 3	2.05	—			
4	2.7	2.2	—		
5	2.1	2.25	2.1	—	
6 + 7	1.75	1.85	1.45	1.25*	—

注：彼此间最为相似的一个标本对由星号标出。

聚类分析一个潜在的缺点在于叠加了一个嵌套结构；所有的标本不论它们的共同点如何小，最后都被聚类在一起。而且，多变量资料被减缩成总形态距离的一个单独维度。因此，在表现不相似性时会不可避免地出现某种扭曲。一个判断扭曲的简单而有效的方法是将由树状图所默认的不相似性与基于全部变量的真实的原始不相似性进行比较。

当两个聚类组加入到一个树状图中，与另一聚类组中的每一个标本相比，一个聚类组中的每一个标本具有相同的不相似性，即使原始的成对不相似性也许变化相当多。这意味着在

表 3.4 根据图 3.16 树状图得出的在聚类组 D 标本之间的默认距离

	1	2	3	4	5	6	7
1	—						
2	2.0	—					
3	2.1	1.1	—				
4	2.0	2.0	2.0	—			
5	2.1	2.0	2.0	1.7	—		
6	2.1	2.0	2.0	1.7	1.3	—	
7	2.1	2.0	2.0	1.7	1.3	0.8	—

它们所加入的树状图上不相似性是等高的。表3.4给出了表3.2中所列标本的默认不相似性，图3.17将用于构建树状图的所有标本对的原始不相似性与默认不相似性进行了比较。原始与默认不相似性之间的相关系数衡量了由树状图所代表的原始资料的完善程度。在本例中，相关系数为0.83，这是一个相当高的值，表明树状图相当合理地呈现了原始的不相似性。

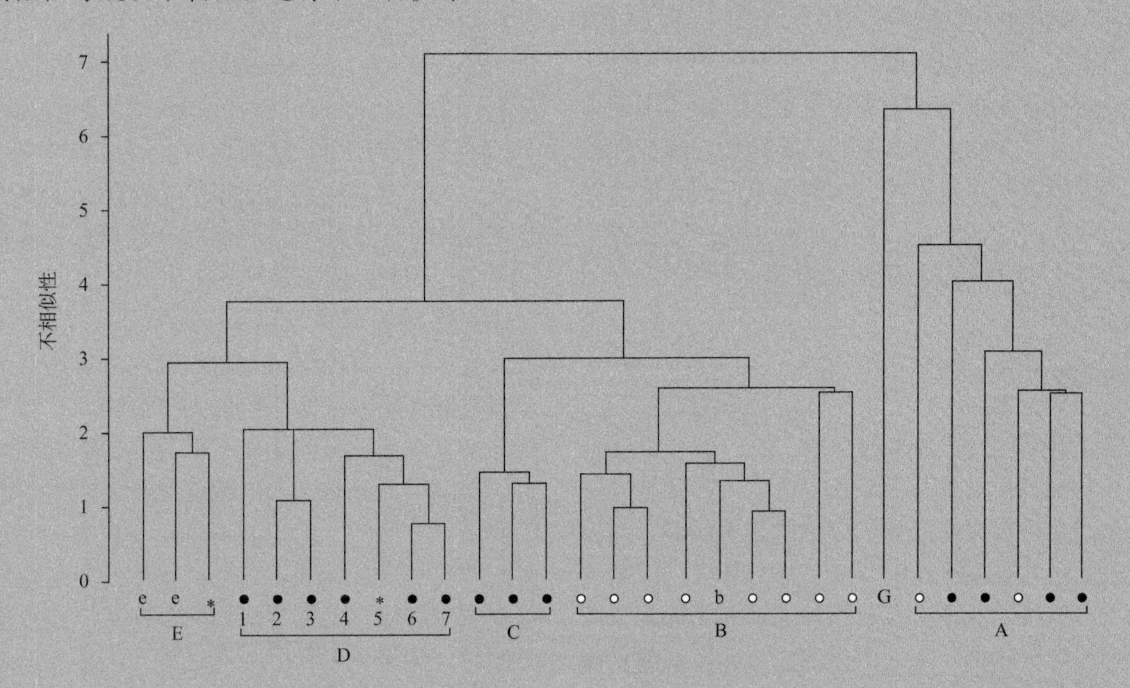

图3.16 显示 *Stegoceras* 标本聚类分析结果的树状图

这一分析根据全面相似度来查明类群。所用符号与图3.14对应。在正文和表3.2，表3.3和表3.4中对聚类组D中的编号标本作了进一步讨论。

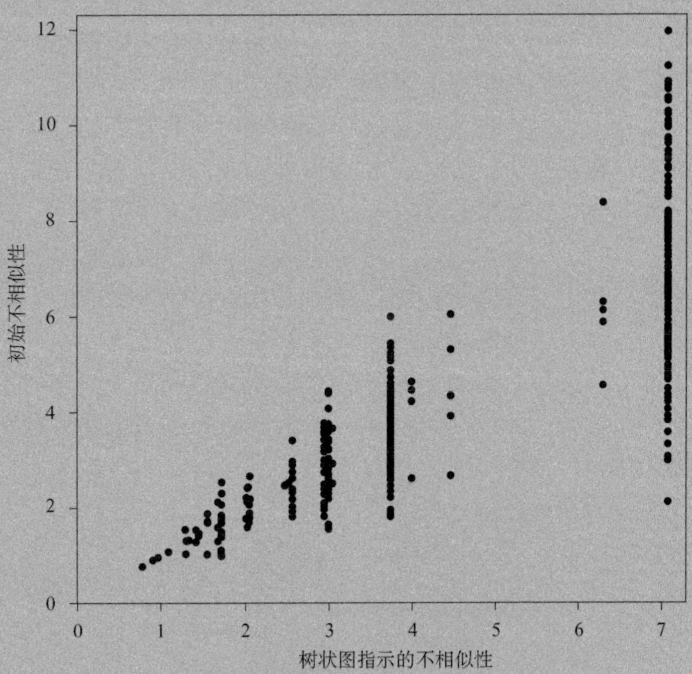

图3.17 *Stegoceras* 标本初始不相似性与图3.16树状图所默认的不相似性之间的比较

当两个聚类组结合在一起，所有的组间标本对具有相同的默认距离，故所有的点均纵向排列。

3.3 物种的生物学性质

穿越人类文化的最古老最引人注目的观察之一，就是生物倾向于在形态上划分成相当不连续的聚类组，即生物学的物种。每一个物种可能不仅有分明的形态，而且在生理、行为、营养需求、栖息地等方面也有所不同。物种在生态上与形态上同样分明，虽然在程度上有所不同。维持物种独特性的一个主要因素是生殖隔离，生殖隔离的演化是新种从现有种起源的核心。同样，生殖隔离一旦获得，其维持对于物种独特性的维持是最重要的。

生物种概念

最广泛接受的物种的生物学定义是由 Ernst Mayr（1942，p. 120）系统阐述的："物种是实际上或有潜在可能相互配育的成群的自然居群，它们与其他这样的成群居群在生殖上是隔离的。" 物种涉及一群居群，强调大多数物种在地理上被划分成亚单元或配育居群。定义中很明确，这样的配育居群是实际上或有潜在可能彼此配育的。如果两个居群生活在同一区域而未发生相互配育时，它们才被说成是生殖上隔离的。因此，在物种定义中，"有潜在可能"特别关键。物种定义的一个重要成分是不同物种的居群在自然条件下，它们在生殖上是彼此隔离的。有许多物种在监禁或驯养状态下容易杂交的例子。这基于生殖隔离常常取决于生态的或行为的障碍这一事实，而这样的障碍在监禁的状态下则趋于崩溃。

生物种概念有一些缺点。其中主要的是物种之间演化过渡型的偶尔存在，以及将这一概念应用于无性生殖的困难。研究无性生殖类群的生物学家有时采用基于表型特性的物种概念，诸如细菌的生物化学性质之类。我们聚焦于生物种概念，因为一般认为，这一概念被很合理地应用在许多对于古生物学来说是十分重要的生物类群。

物种的起源

如果一个物种的两个或更多的居群在遗传上充分地发生歧异，它们也许会在生殖上变得隔离，并由此逐渐成为不同的物种。物种起源或**成种作用**（speciation）研究中的主要问题之一，涉及歧异居群的地理关系。它们究竟是有相互重叠的地理分布区，此时它们被归为**同域的**（sympatric），或是它们有不相连接的地理分布区，即它们是**异域的**（allopatric）？由于基因流动可以降低居群之间的差别，也由于生活在同一广阔区域的居群也许经受了大体上相同的自然选择压力，假定成种作用应当主要发生在异域居群之间似乎是合理的。事实上，这在生物学家中间是占压倒优势的观点，尽管也有许多理论的和经验的证据支持同域成种。

要使异域成种发生，一个居群必须首先在地理上与该种的其他居群变得隔离；然后这必须持续一些时间；最后，必须要达到生殖隔离。当生物散布并创立在地理上与亲本居群分开的新居群时，当诸如山脉、河流和上升陆地之类新近产生的地理隔障使居群分裂时，地理隔离体就一直在形成之中。由此产生的居群代表了潜在的新种，但是它们的命运全然没有保证。许多隔离体灭绝了，或者是因为开始时个体相当少并由此对居群大小的波动十分敏感，或者是因为它们所拓殖的环境不利或只是短暂存在过的。

如果一个地理上隔离的居群确实建立起来了，但即使是居群之间偶然的个体迁移亦有可能产生足够的基因流动，从而阻止了生殖隔离的继续发展。环境随时间而发生的空间游移有利于大规模的基因流动，因为生物追踪它们所适应的局部环境，这种空间游移促进了迁移。一个地理上隔离的居群真正成为一个新种的可能性一般来说是相当低的。

我们对物种形成的了解主要来自生物学而非古生物学。尽管如此，物种如何起源，即居群如何在生殖上变得隔离，演化变化如何与这一过程相联系却有着重要的古生物学意义，对此我们将在第七章进一步探讨。

物种的识别

将物种在原则上如何定义与它们在实际上如何识别加以区分，这十分重要。生物学家很少进行配育实验来确定两个居群是否为同一物种的组成部分，古生物学家当然更不可能对化石居群这样做。

除了生物学中行为资料的可利用性和遗传资料的广泛解析以外，生物学家和古生物学家的方法常常是相当类似的：一般首先确定两个居群之间的表型差异是否比居群内的变异大（见图3.9）。

图3.18借助于加拿大北极区的志留纪日射珊瑚给出了这一方法的一个实例。在这里，显然存在互不重叠的三种：*Heliolites* aff. *H. luxarboreus*, *H. diligens* 和 *H. tchernyshevi*。根据形态，它们被接受为不同的物种。第四种类型 *H.* sp.，就这里所描绘的特点而言与 *H. tchernyshevi* 十分相似，但由于缺乏足够的材料尚不足于判断这些特点的变异，例如，隔壁或个体内纵板的性质。

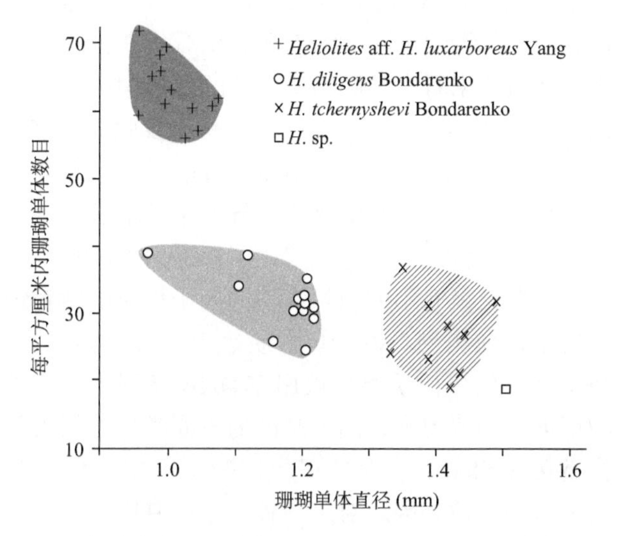

图3.18 加拿大北极区志留纪珊瑚 *Heliolites* 物种的形态识别

据 Dixon（1989）。

直接的DNA序列形式，或以间接的蛋白质形式呈现的遗传资料，对于识别现生物种也十分宝贵，遗传分析现在是生物学家标准工具包（standard toolkit）的组成部分（见知识点3.3）。如果两个居群像两个密切相关的物种那样彼此不同，它们就常常被认为属于不同的物种。当形态差别微不足道或难于观察时，遗传资料可以得到非常有效的利用。然而，与形态资料一样，并没有公式或准则来告知究竟要多少遗传差别来区分不同的物种。

形态种和生物种

实际上，生物学家和古生物学家都应用形态种概念。这一方法引发了几个重要问题。

未考虑变异有可能导致生物学上与实际不符的结果。图3.19显示了来自美国大盆地三叠纪菊石属 *Parananites* 的例子。此图绘出了两个独立的性状，旋环宽（*W*）与壳体直径和脐宽（*U*）与壳

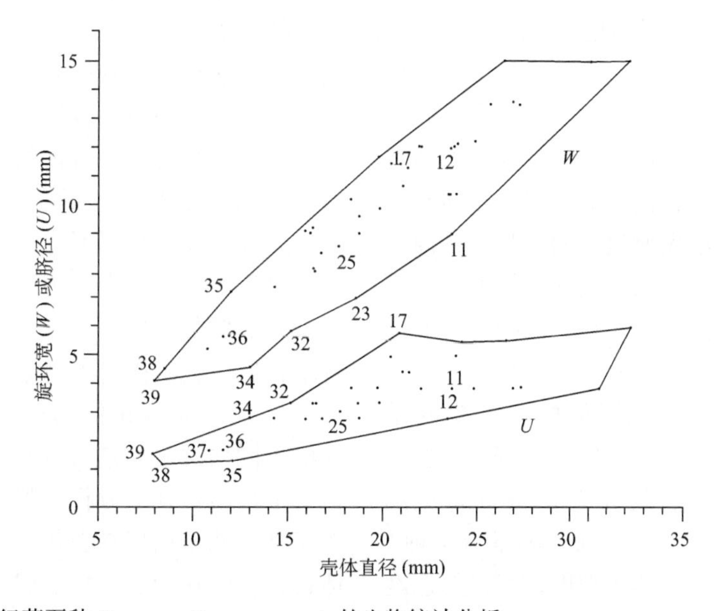

图3.19 大盆地三叠纪菊石种 *Parananites aspenensis* 的生物统计分析

这里出示了两个独立的双变量比较：旋环宽（*W*）与壳体直径之比，脐径（*U*）与壳体直径之比。每一个点代表一个标本。编号的点是先前用于描述该种和另外三个种的模式标本。由于它们显示了连续变异，现在所有这些标本都被认为属于单一的种。模式标本倾向于落在连续形态分布的两端附近。据 Kummel 和 Steel（1962）。

体直径之比。每一个点是一个单独的标本，图中的每一个数字系统代表一个独立的双变量比较，这些点形成了一个连续的分布。没有明显的划分或聚类组可被用作多个种存在的证据。部分是因为这些理由，Kummel 和 Steel（1962）断定，这些材料代表单一的种，*Paranannites aspenensis*。

在 Kummel 和 Steel 作这一分析的 30 年之前，J. P. Smith（1932）研究了其中的部分材料。除了 *P. aspenensis*，主要依据与 *P. aspenensis* 在总体大小、旋环宽和脐径以及在壳饰细节上的相对差别，Smith 建立了另三个种。已知 Smith 与 Kummel 和 Steel 研究了相同的特性，那么我们如何解释他们在识别种数上的不同呢？图 3.19 上编号的点是 Smith 的模式标本——他为自己描述的种选择作为代表的典型［见 4.1 节］。这些点的多数位于散射点的边缘。Smith 显然将注意力集中于极端的类型，并将它们视为各个种的代表，而不是仅仅将它们视为一个连续体的端员。

尽管对形态变异进行了更为详细的评估，但生物学和古生物学中因形态种的使用所带来的潜在问题并非那么容易被克服。首先是**同形种**（cryptic species），也被称作**亲缘同形种**（sibling species）的存在。密切相关的种也许在遗传上和行为上是分明的，却缺乏明确的形态差异。其次，物种也许包含有许多不同的形态类型，或**多型**（polymorph）。一个多型种内的不同类型是在遗传的控制下，但它们在生殖上却不隔离，所涉及的遗传差异一般很小。尽管如此，如果仅仅以形态学为基础，多型有时在形态上的差异足以使它们可能会被误认为不同的种。最后，正如我们早先所讨论的，某些种内变异是生态表型的而非可遗传的。因此，如果同一物种的两个居群生活在导致出现明显不同的表型的环境中，它们就有可能被错当成不同的物种。

这些问题的存在是毫无疑问的，重要的是确定它们在现实中出现的频率如何。探索这一问题的一项研究涉及加勒比海唇口目苔藓虫属 *Steginoporella*、*Stylopoma* 和 *Parasmittina* 的现生种。

采用与我们先前讨论的相类似的多变量形态度量技术，Jeremy Jackson 和 Alan Cheetham（1990，1994）分析了各种各样的骨骼度量数据，并查明了标本的形态聚类组，这些形态聚类组被实用地定义为**形态种**（morphospecies）。一旦形态种被确立，Jackson 和 Cheetham 就试图评估生态表型变异的重要性。将已知起源的胚胎放在不同于其双亲曾被抚育成长的环境进行培育。然后，对后代进行度量，并在形态相似性的基础上将它们与可能的双亲联系起来。也就是说，为每一个后裔指定它们可能的亲本群体，后者在形态上与之最为相似。就所有被研究的 7 个种而言，最后发现这些指定是正确的——与它们真正的起源的匹配百分比达当时的 99%—100%，尽管事实上后裔和双亲并不共享相同的环境。从整体来看，与胚胎所生长的环境中的变异相比，形态变异受可遗传性影响的程度要强烈得多。

然后，Jackson 和 Cheetham 通过了解形态上不同的种是否具有一致的遗传差异，来验证多态性。为了鉴定遗传差异，他们采用了标准的电泳技术，此技术鉴定具有不同质量和不同电子性质的两者选一的蛋白质类型。由于蛋白质是由 DNA 编码的，两者选一的蛋白质类型被用作 DNA 序列出现差异的证据。一般说来，同一基因的不同类型被归为**等位基因**（allele）。在这里，推断不同的蛋白质代表不同的等位基因。对于一种特定的基因，每一个体从其母亲继承一个等位基因，并从其父亲继承一个。对于该特定的基因而言，两个等位基因的结合就是该个体的基因型。

知识点 3.3 给出了一个例子，说明如何对遗传结果进行解释，以验证居群之间的差异。当这一方法被应用于苔藓虫，就发现一个属内每一对不同的形态种至少具有一个特征的遗传差异。因此，这些形态种很可能是真正的生物种而非单个种内的多型。此外，如果将居群之间的形态的和遗传的不相似性进行比较，就会发现形态差异和遗传差异的规模彼此关联的很好（图 3.20）。成对居群在形态上越不相似，它们在遗传上也越不相似。

最后，Jackson 和 Cheetham 通过确定同一形态种的不同居群之间是否具有特征的遗传差异，来验证同形种的存在。分析未找到可以有把握地对同一形态种的两个居群在遗传上进行区分的例子。换句话说，不能从形态上加以区分的居群也无法从遗传上进行区分。因此，没有使人信服的证据表明在这些属中有同形种存在。

总的看来，在这个唇口目苔藓虫例子中，这些

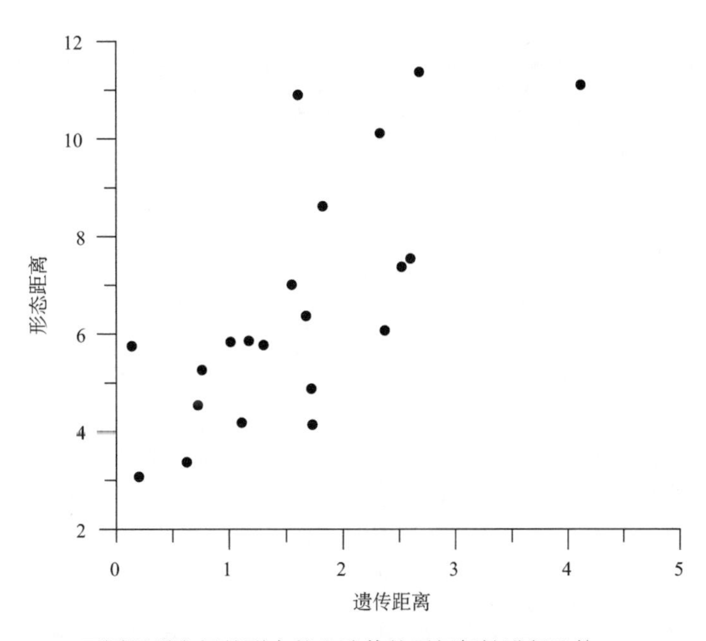

图 3.20 将苔藓虫 *Stylopoma* 不同居群之间的形态的和遗传的不相似性进行比较

每个点代表两个居群之间的一次比较。形态距离的测量方法是知识点 3.2 中有关聚类分析的讨论中论及的直线距离测量方法的一种变型。遗传距离是在基因频率的差异的基础上进行度量（见表 3.5 与基因频率有关的例子）。形态距离和遗传距离为正相关。据 Jackson 和 Cheetham（1994）。

结果表明生物种和形态种之间协调得非常好。

生物种和形态种之间的协调问题在生物学与古生物学中是一样的。然而，由于生命历史的时间尺度，古生物学家必须面对一个特殊的问题。我们在先前讨论物种形成时，将情况限定在一个演化中的种系分裂成两个不同的种系。有时碰巧某个单一的种系也许随着时间演化到某个点，虽然此时并未发生分裂，在这里它在形态上与该种系先前的居群变得明显不同（图 3.21）。像这种情况，古生物学家会将该种系划分成两个或更多的命名的物种。由于

知识点 3.3

验证居群之间特征的遗传差异

在 *Stylopoma* 属中，蛋白质 GPI 有 4 个可供选择的类型。通过从遗传上对每个形态种的许多个体（平均约 40 个）进行分析，发现了 4 个等位基因，表示为 *a* 至 *d*，它们以不同的频率见于两个形态种中。已知一个物种内个体之间的随机交配这一标准假设，基因型频率就可根据等位基因频率得到估计。例如，S. sp. 1 中 *b* 和 *c* 这两个等位基因的频率分别是 $f_b = 0.139$ 和 $f_c = 0.583$。由此可推断 *bc* 基因型的频率等同于 $2f_bf_c$，或 0.162。（用 2 相乘反映了以下事实：一个个体可以从其母亲或父亲继承等位基因 *b*，等位基因 *c* 也是如此。）

一旦确定了基因型频率，我们便会看出，多数基因型对于一个种或另一个种是独特的。

如果一个个体有基因型 *aa* 或 *ab*，它属于 *S.* sp. 2。如果它有基因型 *bc*，*bd*，*cc*，*cd* 或 *dd*，就属于 *S.* sp. 1。唯一模糊的基因型是 *bb*。因为大多数 *bb* 的个体属于 *S.* sp. 2，我们最好的猜测就是将这样的个体归入该种。如果我们假设两个种具有相同数目的个体，那么一个随机抽样的个体属于 *S.* sp. 1 的概率，以及它具有 *bb* 基因型的概率为 $f_b^2/2$，在本例中仅为 0.019/2，或小于 1%。也就是说，如果我们采用 GPI 基因型将个体指定到形态种，我们的错误将小于当时的 1%。利用遗传标志对个体进行分类所预期的错误概率不到 1%，实用地看，这样的遗传标志被认为是特征的。

表 3.5 唇口目苔藓虫 *Stylopoma* 两个种的 GPI 蛋白的等位基因和基因型频率

	频率的符号	*Stylopoma* sp. 1 的频率	*Stylopoma* sp. 2 的频率
等位基因			
a	f_a	—	0.188
b	f_b	0.139	0.812
c	f_c	0.583	—
d	f_d	0.278	—
	频率的公式	*Stylopoma* sp. 1 的频率	*Stylopoma* sp. 2 的频率
基因型			
aa	f_a^2	—	0.035
ab	$2f_af_b$	—	0.305
bb	f_b^2	0.019	0.659
bc	$2f_bf_c$	0.162	—
bd	$2f_bf_d$	0.077	—
cc	f_c^2	0.340	—
cd	$2f_cf_d$	0.324	—
dd	f_d^2	0.077	—

资料来源：Jackson 和 Cheetham（1990）。

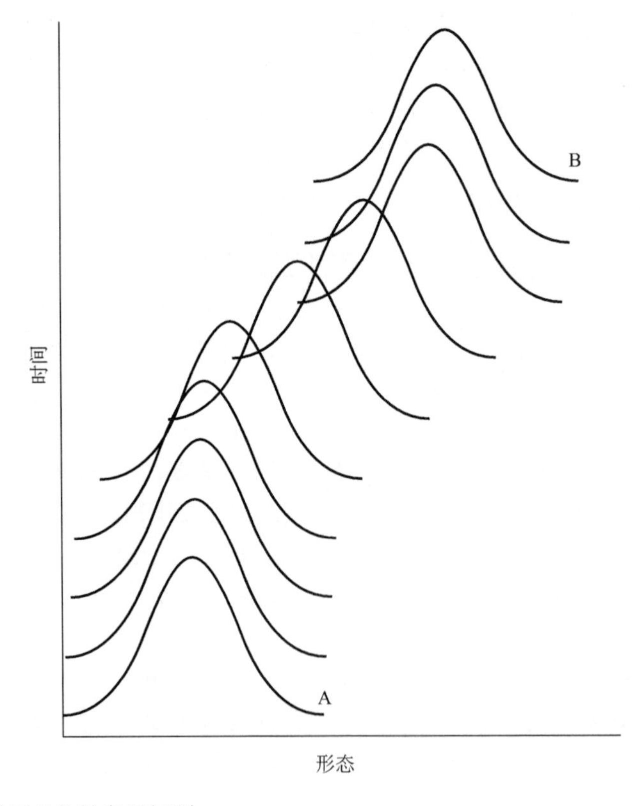

图 3.21 一个演化中的种系的物种定界问题

每一曲线代表一个特性的频率分布。此种系是一个单一而连续的居群序列，然而，在不同时间点，例如时间点 A 和时间点 B 上的居群也许彼此是如此地不同，以至于如果它们被一起找到，就会被当成不同的物种。

增加了时间尺度，图3.21中诸如A和B这样的物种，也许可被归为**年代种**（chronospecies）。如果可能的话，许多今天的工作者宁愿将物种界限放在分支点，放在真正的种系终点。然而，如果A和B之间的中间类型未被采样，要避免建立年代种也许是困难的。

3.4 结束语

在苔藓虫例子中，生物种和形态种之间密切的对应关系并不意味着其他类群的生物，或甚至是其他的苔藓虫也是如此。然而，如果这些结果被证明是普遍的，那么，生物学家和古生物学家以形态学基础来识别物种时就处于一个极其有利的位置。要充分评估形态种和生物种之间的对应关系现在仍嫌过早。尽管如此，对许多其他生物类群的研究已经表明，正如在苔藓虫的情况，形态学上限定的物种在遗传上是倾向于分明的。可是，已经知道隐种在某些类群是常见的。

因此，在形态种和遗传种之间的关系是不对称的。如果两个居群在形态上不同，它们就很有可能属于不同的物种。但是，如果它们在形态上不可区分，这并不意味着它们就属于同一物种。当我们在第七章讨论物种形成和形态演化的关系时，将会涉及到这种不对称性。

补充阅读

Coyne, J. A., and Orr, H. A. (2004) *Speciation*. Sunderland, Mass., Sinauer Associates, 545 pp. [关于成种作用的生态学、遗传学和地理学特征的全面回顾]

Davis, J. C. (2002) *Statistics and Data Analysis in Geology*, 3rd ed. New York, John Wiley and Sons, 638 pp. [包含了对多种多变量分析方法的直观的和图形化解释]

Futuyma, D. J. (1998) *Evolutionary Biology*, 3rd ed. Sunderland, Mass., Sinauer Associates, 763 pp. [关于遗传学、演化和成种作用的全面介绍]

Hanski, I., and Gilpin, M. E. (eds.) (1996) *Metapopulation Biology: Ecology, Genetics, and Evolution*. San Diego, Academic Press, 512 pp. [包含了一系列的理论性论述和众多应用实例]

Knowlton, N. (1993) Sibling species in the sea. *Annual Review of Ecology and Systematics* 24:189–216. [关于同形种问题的全面思考]

Reyment, R. A. (1991) *Multidimensional Palaeobiology*. Oxford, U.K., Pergamon Press, 377 pp. [可用于解决古生物学问题的一系列多变量分析方法介绍]

Siegel, S., and Castellan, N. J., Jr. (1988) *Nonparametric Statistics for the Behavioral Sciences*, 2nd ed. New York, McGraw-Hill, 399 pp. [对单变量和双变量数据的统计分析，尤其是分类变量和有序变量]

Sneath, P. H. A., and Sokal, R. R. (1973) *Numerical Taxonomy*. New York,W. H. Freeman, 583 pp. [包含了对生物体的差异性、分类排序、聚类和辨别方面的重要讨论]

Sokal, R. R., and Rohlf, F. J. (1995) *Biometry: The Principles and Practice of Statistics in Biological Research*, 3rd ed. New York, W. H. Freeman, 887 pp. [关于生物学数据的统计分析的全面介绍]

软　件

Hammer, Ø., Harper, D. A. T., and Ryan, P. D. (2001) PAST: Paleontological statistics software package for education and data analysis. *Palaeontologia Electronica*, volume 4, issue 1, article 4, 9 pp. [包含了多种数据分析方法及其应用实例的免费的统计软件包，下载网址为 http://folk.uio.no/ohammer/past/]

McCune, B., and Mefford, M. J. (2002) *PC-ORD: Multivariate Analysis of Ecological Data, Version* 4. Glenden Beach, Oreg., MjM Software Design. [包含了多种对数据进行分类排序和聚类的分析方法的软件包，获取地址为 www.ptinet.net/mjm]

R Development Core Team (2004). *R: A Language and Environment for Statistical Computing*. Vienna, Austria, R Foundation for Statistical Computing. [适用于单变量、双变量和多变量分析的有效软件包，其中集成了强大的图形功能，下载地址为 http://cran.r-project.org]

第四章　系统学

上一章我们讨论了种的属性和界定。早在生物演化概念被接受之前，人们就已观察到所有的种，无论其数目多么庞大、差异多么明显，都能被自然地归纳到更高级的阶元里。从广义上来说，**系统分类学**（systematics）就是研究生物多样性以及生物间相互关系的学科。系统学的重要组成部分是**分类学**（taxonomy），即关于描述和区分生物体的理论和实践的科学。系统学涉及古生物学研究的许多领域，其结果又成为许多其他观察研究的基础。本章将聚焦于对古生物学家来说最为重要的专业技能：种的描述、演化关系的推断以及将种划分到更高级阶元。

4.1　正式命名及种的描述

生物学和古生物学建立新种的理由有二：为以前未命名的标本建立新种；判定以前建立的种应被分为两个甚至两个以上的种。每位学者对于种的范围和如何把属划分为种的看法各异，一般与他对该类生物的研究积累有关（见第三章）。相反，对种的命名却受公认的规则和程序体系的制约。最重要的体系之一就是《国际动物命名法规》。该法规适用于亚种到超科的各级分类阶元。本章着重于种级。

类似的适用于植物的体系是《国际植物命名法规》。还有一些法规适用于其他类群如细菌。这些法规各自独立，因此同一个正式名称可能同时被动物和植物使用，虽然这种情况并不常见。对于古生物学来说，这些法规之间的差别非常微小［比如，植物法规规定一个新种的建立必须配以拉丁文的描述（description）或特征（diagnosis）——但植物化石未被硬性要求遵守该规定］，因此我们将只介绍动物法规。人们已认真讨论过建立一套同时适用于植物和动物的标准法规的问题，但至今未见落实。

一个种要获正式确立，必须有一个“双名”，即由两个词组成的名称。人属的正式名称是 *Homo*，*Homo sapiens* 就是人种。*sapiens* 被称为种名（species name，有时也称 trivial name 或 epithet），如果不与属名联合使用是不代表任何意义的。实际上，大多数新发现的种都能被归入某已建立的属，因而命名一个新种只需新建立一个种名即可。如果新种无法被归入任何已建立的属，需同时建立和命名一个新属以收纳新建立的种。

把一个种完整地纳入从属到界的分类系统是困难的，甚至是不可能的，尤其当一个新种与其他任何已知种都具有显著差别的时候，因此，除上述对属的硬性规定外，一个种并未被硬性规定非纳入从科到界的所有等级不可。

新名称必须是尚未**被占用的**（occupied）。这里的新名称指的是由属名和种名联合而成的双名。按惯例，亲缘关系较近的属应避免使用同样的种名，这是为了避免随着人们对种间演化关系的了解的加深，属间的亲缘关系可能改变，从而导致重名。

种名和属名都必须是拉丁词或者拉丁化的词。词的选择范围相当广——拉丁化的地名、人名和描述词汇都是可选的。

要使一个新种名被认可，该种必须在一个被业界认可且易于被获取的媒介上发表。如果一个新名称仅在博物馆标本的标签上出现过，或仅在学术会议上进行过口头报道，或匿名发表，该名称均不被正式认可。一个新种名根据法规建立并正式发表后，该名称即被称作**有效的**（available）。发表的形式随着生物命名历史的进程而演变，法规也相应地有所改变。不久前，新种名还要求必须发表于印刷品上，但最新版的法规已开始承认只读光盘等媒介的发表方式，虽然传统的纸质印刷方式被强力推荐。网络传播目前仍是无效的，但据分析该发表方式将来也可能被认同。为便于编目，法规建议的发表语言为法文、德文、英文和俄文。

法规特别指出，每个新描述的种必须指定一个或一套模式标本（type specimen）。模式标本必须清楚编号并采取有效措施以利存放和使用，通常要求存放于具有良好标本管理设施的大型博物馆里。强烈建议甚至强迫性地要求为标本提供图影。

模式标本并不对种下定义，而是种名的承载者（name bearer）。一个种被命名后，该名称即正式附属于被指定的那个或那套模式标本。在实际应用中，由于人们一般偏好于选择个体较大或保存较好的标本，对具有较大变异幅度的种，人们常有意将代表非常见形态的标本指定为模式标本（参见图 3.19）。

仅单一标本被指定为模式标本时，称为**正模**（holotype）。当数块标本同时被指定为模式标本时，称为**共模**（syntypes）。理论上两种定模方式均可，但考虑到一套标本中难免有些会被后续研究者改定为他种，法规鼓励大家采取正模定模方式。

还有几种模式标本也在分类中起到重要作用，例如**副模**（paratype）。副模是在原始文献中被用于描述新种的除正模之外的标本。指定一个正模和一系列副模集中了正模和共模两种定模方式的优点。正模作为完全的种名承载者，作者的种的概念就可以通过指定多个副模来全面表达。表 4.1 中列出了重要的模式标本的名称、定义和词源。

典型的新种的描述包括以下要素：

1. 题头（headings），包括新种所隶属的属及其他更高级阶元的名称和命名者。
2. 以双名法形式命名的学名（scientific name）。
3. 图号，指明该种的图影。
4. 特征集要（diagnosis），指将该种区别于其他种的特征清单。
5. 模式材料（type material），需明确指定。
6. 词源（etymology），说明名称的由来。
7. 描述（description），指对所有特征进行描述，不必特别对比与其他种的异同。
8. 讨论（discussion），可包括诸如非遗传性变异、个体发育阶段、与其他种之间的演化关系及（化石的）保存状况等信息。
9. 产地（occurrence），现代种指其生境信息，化石种指其层位。
10. 分布（distribution），列举该种的所有发现地。相对于生境，古生物学家更关心地质背景如岩性等。

除上述标准要素外，新种的描述通常还包含一个研究材料清单（列出模式标本之外的标本的存放单位）和一份生物统计资料，至少应包括模式标本的大小。如果是一个建立在已知标本之上的新种的描述，甚或是对某已知种的重新描述，该描述一般还需包含一段分类文献及该种的命名历史。

知识点 4.1、4.2 和 4.3 分别例举了三个种的描述及模式标本的图像。

表 4.1 模式标本的分类

名 称	定 义	词 源
正模（holotype）	被指定为名称承载者的单一标本	holo-, 完全的
共模（syntypes）	被指定为名称承载者的数个标本	syn-, 合、共同的
副模（paratype）	原始文献中除主模外被用于描述新种的标本	para-, 并排的、并列的
选模（lectotype）	后来从共模中选出，指定为命名模式的标本	lecto-, 选择
新模（neotype）	用于替代丢失或损毁模式的标本	neo-, 新的
近模（plesiotype）	用于已存在种的新描述的标本	plesio-, 靠近的

知识点 4.1

STENOSCISMA PYRAUSTOIDES COOPER AND GRANT, N. SP.（新种）

以下描述参见图 4.1 和表 4.2。

Large for genus; outline broadly subelliptical to subtrigonal, sides diverging between 80° and 125° , normally over 100° in adults, maximum width near midlength, normally slightly farther toward the anterior; profile strongly biconvex to subtrigonal; commissure uniplicate, fold moderately high, standing increasingly high anteriorly, beginning 1–5 mm anterior to brachial beak; sulcus rather shallow, but dipping steeply at anterior, extending forward as broad tongue, producing emargination of anterior. Costae strong and sharp crested on fold and in sulcus, lower, broader, and rounder on flanks, beginning at beaks, frequently bifurcated, especially on fold and sulcus, numbering 6–10 on fold (normally 9), one less in sulcus, 4–9 on each flank, number not necessarily equal on both sides; stolidium better developed on brachial valve, varying from broad and fanlike to nearly absent.

Pedicle valve flatly convex transversely and from beak to flanks, strongly convex longitudinally through sulcus; beak short, only moderately thick, suberect to erect but not hooked; beak ridges gently curved, illdefined; lateral pseudointerareas elongate, narrow, normally covered by edge of brachial valve; delthyrium moderately large, sides only slightly constricted by small, normally widely disjunct deltidial plates; foramen large for genus, nevertheless small, opening ventrally.

Brachial valve strongly convex transversely, only moderately convex along crest of fold owing to anterior increase in height of fold, convexity uniform without swelling in umbonal region; beak bluntly pointed, apex only slightly inside pedicle valve.

Pedicle valve interior with small teeth, continuous with dental plates that form short, boat-shaped spondylium just above floor of valve; median septum low, extending slightly forward of spondylium; troughs of vascula media diverging from midline of valve just anterior to median septum, extending directly across floor of valve; muscle marks in spondylium faint and undifferentiated.

Brachial valve interior with short, broad hinge plate, semicircular to crescentic; cardinal process at apex of hinge plate, located just beneath apex of valve, low or rather high, knoblike, normally not

图 4.1 二叠纪腕足类 *Stenoscisma pyraustoides* Cooper et Grant

种的原始描述见本知识点。照片拍摄自正模（与一珊瑚相胶结）。据 Cooper 和 Grant（1976）。

polylobate, shallowly striate for muscle attachment; hinge sockets short, narrow, at lateral extremes of hinge plate, finely corrugated; crural bases slightly diverging anterior to cardinal process, space between filled by narrow crural plates dipping along center line attaching crural bases to top of intercamarophorial plate; brachial processes not observed, presumed to be normal for genus; median septum high, thin, exceptionally short, length increasing greatly with height; camarophorium narrow, relatively short, anteriorly widening; intercamarophorial plate low, thick, relatively long; muscle marks not observed.

STRATIGRAPHIC OCCURRENCE. Skinner Ranch Formation (base); Hess Formation (Taylor Ranch Member); Cibolo Formation.

LOCALITIES. Skinner Ranch:USNM 705a,705b, ?709a, 711o, 711z, 715c, 716p, 720e, 726j, 729j. Taylor Ranch: USNM 716o. Cibolo: USNM 739-1.

DIAGNOSIS. Exceptionally large and wide *Stenoscisma* with numerous bifurcations of costae on posterior of fold and flanks.

TYPES. Holotype: USNM 152220i. Figured paratypes: USNM 152219a–d; 152220b, c, k; 152221a, b; 152225. Measured paratypes: USNM 152220a–h, j; 152225. Unfigured paratypes: USNM 152220a, d–h, j.

COMPARISONS. *Stenocisma pyraustoides* is characterized by its exceptional width, large maximum size, numerous and frequently bifurcating costae on flanks, short beak with small disjunct deltidial plates, relatively short spondylium and camarophorium.

The only known species that is closely related to *S. pyraustoides* is *S. multicostum* Stehli (1954, cited in Cooper & Grant, 1976) from the Sierra Diablo. *Stenoscisma pyraustoides* is larger, wider, and less strongly costate, especially on the flanks where the costae are lower, broader, and fewer. The species bears superficial resemblance to *S. trabeatum*, new species, which is smaller, more triangular in outline, less strongly convex, has a longer beak, and a stolidium that is continuous from flanks to fold.

表 4.2 标本尺寸（单位：mm）

产地与模式	长度	腕瓣长度	宽度	厚度	顶角（°）
USNM 705a					
152220a	13.0	10.7	14.5	约 6.0	95
152220b	15.0?	13.0	16.7	10.3	89
152220c	13.5	12.8	18.4	11.0	104
152220d	18.2	16.2	23.5	14.0	103
152220e	19.0	16.8	26.0+	14.0	107
152220f	23.7	22.4	28.0	16.0	93
152220g	26.0	25.2	35.9	21.3	116
152220h	28.3	26.6	45.1	22.7	104
152220i（正模）	32.5	30.5	50.0	26.6	114
152220j	34.7	32.5	56.0?	21.0?	118
USNM 716o					
152225	35.5	33.5	50.5	23.2	109

知识点 4.2

DIPLOCAULUS PARVUS OLSON, N. SP.（新种）

HOLOTYPE. UCLA VP 3015, partial skull and skeleton including vertebrae, ribs, shoulder girdle, humerus, radius, and ulna. (See Figure 4.2 and Table 4.3.)

HORIZON AND LOCALITY. Chickasha Formation (Permian: Guadalupian, equivalent to the middle level of the Flowerpot Formation) about 2 miles east of Hitchcock, Blaine County, Oklahoma. Site BC- I (Olson, 1965; cited in Olson, 1972). SW 1/4 SW 1/4, sec. 6, T. 17N., R. 10W., Blaine County, Oklahoma.

DIAGNOSIS. A small species of *Diplocaulus*, in which the adult ratio of skull length to skull width is attained when the skull length is approximately 60 mm, as contrasted to *D. magnicornis* and *D. recurvatus*, in which the adult ratio is reached at skull lengths of between 80 and 110 mm. Otherwise similar in all features to *D. recurvatus*. (See Figure 4.3.)

表 4.3 标本 UCLA VP 3015 之颅骨尺寸
（据 Olson, 1953 之描述及图像，据 Olson, 1972）

	mm
颅骨长度	63.0
颅骨宽度	172.0
前松果体长度	5.0
顶骨间长度	14.1
顶骨长度	19.6
额叶长度	25.2
眼鼻长度	14.5
眶间宽度	10.8
眶宽	10.2
眶长	9.9
顶骨宽	84.0
顶骨间距	94.0

* 数据测自右侧，乘 2 得全宽。与其他各类文章一致。

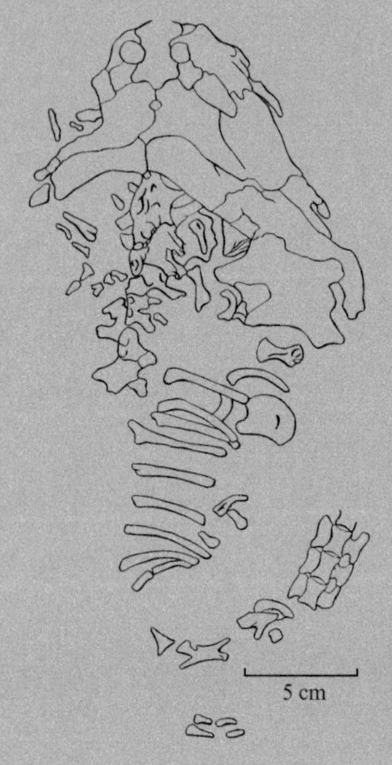

图 4.2 二叠纪两栖类 *Diplocaulus parvus* Olson

种的原始描述见本知识点。插图显示了主模的背面观。据 Olson（1972）。

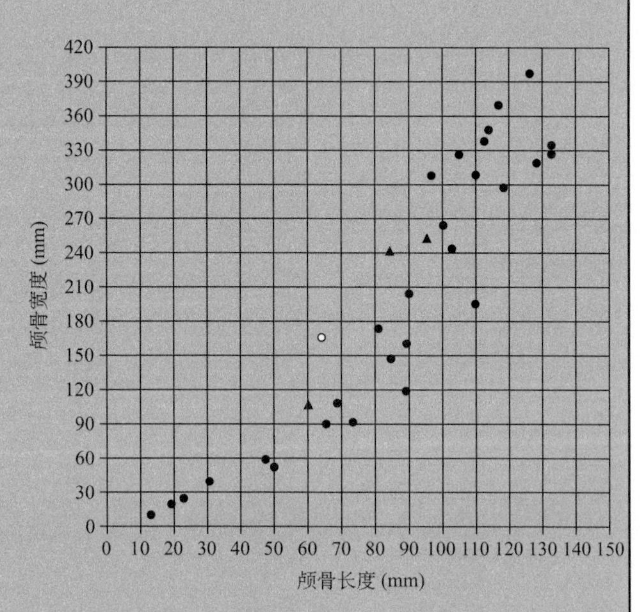

图 4.3 *Diplocaulus* 属的颅骨长度与宽度关系图

实心圆代表 *D. magnicornis*；空心圆代表 *D. parvus*；三角代表 *D. recurvatus*。据 Olson（1972）。

知识点 4.3

NAMACALATHUS HERMANASTES GROTZINGER, WATTERS, AND KNOLL, N. GEN. N. SP.（新属新种）

Genus Namacalathus n. gen.

TYPE SPECIES. *Namacalathus hermanastes* n. sp.

DIAGNOSIS. Centimeter-scale, chalice- or gobletshaped fossils consisting ot a calcareous wall less than 1 mm thick; a basal stem open at either end connects to a broadly spheroidal cup perforated by six or seven holes with slightly incurved margins distributed regularly around the cup periphery and separated by lateral walls; the cup contains an upper circular opening lined by an incurved lip.

ETYMOLOGY. From the Nama Group and the Greek *kalathos*, denoting a lily- or vase-shaped basket with a narrow base or, in latinized form, a wine goblet.

Namacalathus hermanastes **n. sp.**

DIAGNOSIS. A species of *Namacalathus* distinguished by cups 2–25 mm in maximum dimension, with aspect ratio (maximum cup diameter/ cup height) of 0.8–1.5.

DESCRIPTION. Goblet-shaped calcified fossils; walls flexible, ca. 100 μm thick (original wall dimensions commonly obscured by diagenetic cement growth); basal cylindrical stem, hollow and open at both ends, 1–2 mm wide and up to 30 mm long, attached to spheroidal cup; cup with maximum dimension 2–25 mm, broad circular opening at top with inward-curving lip, perforated by six to seven slightly incurved holes of similar size and shape distributed regularly about cup periphery. Specimens preserved principally by void-filling calcite, with rare preservation of primary, organic-rich wall.

ETYMOLOGY. From the Greek *herma*, meaning "sunken rock or reef," and *nastes*, meaning "inhabitant."

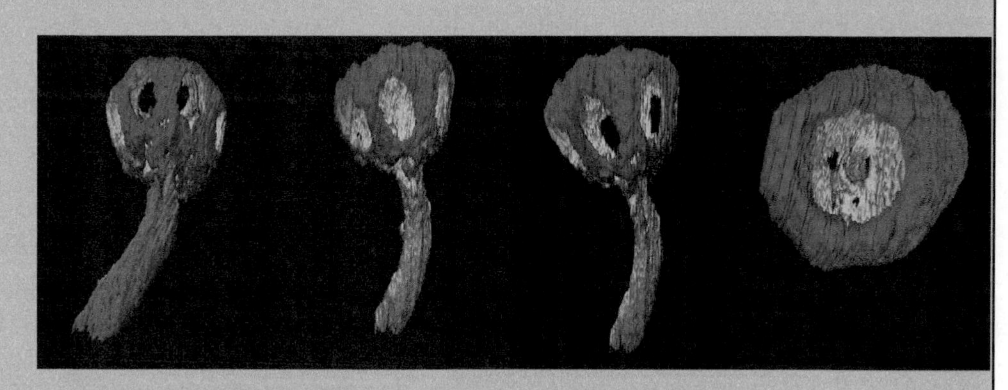

图 4.4 钙化化石 *Namacalathus hermanastes* 的层析成像重建图

据 Grotzinger 等（2000）。

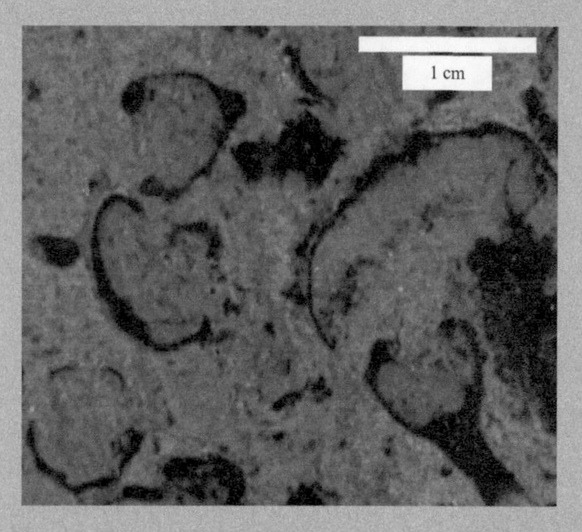

图 4.5 Nama 群中的礁相和相关锑铜矿层中的钙化 *Namacalathus* 化石组合

高脚杯状的化石原由 Grotzinger 等（1995; 据 Grotzinger *et al.*, 2000）描述。注意其旁边的杯状化石是 *Namacalathus* 的横切面。

MATERIAL. More than 1000 specimens from biohermal carbonates of the Kuibis and Schwarzrand Subgroups, terminal Proterozoic Nama Group, Namibia.

TYPE SPECIMEN. Our understanding of *Namacalathus hermanastes* derives principally from virtual fossils modeled from serially ground surfaces (see Figure 4.4). Systematic practice, however, requires that real fossils be designated as types. Accordingly, the specimen illustrated in the lower right corner of Figure 4.5 is designated as holotype for the species. The type specimen is to be reposited in the paleontological collections of the Museum of the Geological Survey of Namibia, as collection No. F314. Representative specimens are also housed in the Paleobotanical Collections of the Harvard University Herbaria (HUHPC No. 62989).

TYPE LOCALITY. Reefal biostrome developed at the top of the Omkyk Member, Zaris Formation, Kuibis Subgroup, exposed along the Zebra River near the boundary between Donkergange and Zebra River farms, south of Bullsport, Namibia.

由于特征集要和描述的主要目的之一是便于信息交换，保持统一性极为重要。例如，应尽可能使用标准化的形态学术语。与特征集要不同，描述需同时服务于几个目的——比较重要的一个目的是对将来可能放入特征集要的性状进行评价。如果一个种属于一个广为人知的类群，而且与该类群的其他种区别不大，与其他种相似的大部分的描述可省略，只需提供一个简单的特征集要即可。

对于那些不太被人所熟悉的类群，种的描述应尽可能全面，以利与将来发现的相关种进行对比。当一个新种被归入一新属和一新科，且为已知唯一的种，种、属和科的特征集要一般相同或相似。新的种被发现后，属和科的特征集要一般要作相应的调整。

描述应尽可能包括对个体发育的讨论，尤其当个体发育过程中出现变态的情况时。对该种的居群（population）内和居群间的变异进行评价也很重要。

建立一新种究竟需要多少标本材料？这个问题没有固定答案，因为对一特定的描述来说，什么是必需的，什么是可能的，由相关种的区别和保存材料的质量决定。经常有一块标本即足以表明该生物体与其他所有生物体都不同的情况发生。另一方面，对于广为人知的类群，其种间区别较为模糊，要建立新种就需要大量材料，使该新种的描述完整而有效地区别于其他所有相关种 [见 3.2 节]。

一些值得引起注意的例子表明，同一个化石生物体可能因其不同部分分散保存而被鉴定为不同种。只有当后来这些不同“种”被发现连生在一起时，才被证实属同一生物体 [见 10.2 节]。晚泥盆世的**前裸子植物**（Progymnosperm）古羊齿属（*Archaeopteris*）就是一个明显又典型的例子。19 世纪 70 年代一些枝叶化石被首次描述为 *Archaeopteris* 属，1911 年人们又为一些不同的木质茎干化石建立了 *Callixylon* 属。虽然两个属都很常见，且时常被发现于同样的层位，直到 1960 年当两者被发现连生于一块标本上时，人们才清楚它们实际上来自于同一个生物体（图 4.6）。这是个重要的发现，证实了一类以前未知的植物——具有类似于种子植物的木材但枝条上却生长着孢子而非种子。

另一个例子是**牙形刺**（Conodonta，又译作牙形石）——古生代一种原始生物类群，保存为磷酸钙质地的齿状物（图 4.7）。19 世纪 50 年代被首次发现后不久，不同形状的牙形刺即被普遍认为可能来源于同一类生物体。但由于缺乏明显证据，一种把不同形状的齿状物区别开来的**形态分类学**（form taxonomy）还是被广为应用。20 世纪 30 年代开始，不同的牙形刺组成的特定组合被重复发现，有时甚至发现石化在一起，使人们相信几种不同齿状物应该来自于同一种生物体。因此，到 20 世纪 60 年代，形态分类渐被废弃，代之以多形态分类，尽量按牙形刺的组合来鉴定种。

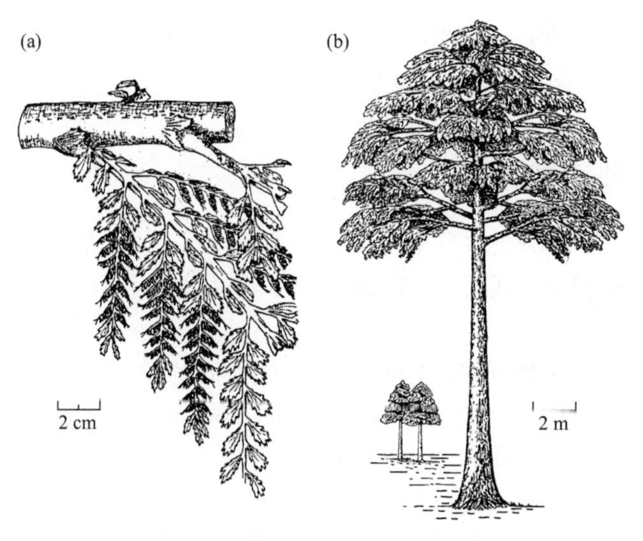

图 4.6 上泥盆统陆生植物古羊齿属（*Archaeopteris*）重建图
(a) 一枝条。(b) 一完整树。据 Beck（1962）。

最后，在 20 世纪 80 年代，具有两侧对称的牙形刺组合的软体动物被报道出来。牙形刺位于该软体动物的咽部，显然属于摄食器官的部分。这些发现以及许多后续报道所揭示的软体解剖特征表明，这类含有牙形刺的动物可能属于**脊索动物**（Chordate）。

正如同建立新种的材料是否充分要根据种的实际情况决定，哪些特征可放入特征集要也要根据实际情况区别对待。特征集要里的特征可被称作分类特征（taxonomic character），它们应满足几个条件。它们应该是相当明显的特征，尤其对于因保存限制而难以获得生物体完整信息的化石材料更应如此。当然，部分类群可通过切片和其他处理技术获得分类特征。理想情况下，一个分类特征应该在生物体的整个个体发育过程中都存在并能识别，而不仅仅存在于某一特定生长阶段。一个分类特征还应显示有限的种内变异。如果对现生亲缘种的研究发现某特征具有明显的生态表型变异，则应避免将该特征作为分类特征 [见 3.1 节]。

分类名称的书写格式

正式印刷的分类名称可用于以下目的：新种的描述、分类的改变、某样品中种的编目、博物馆标本的标号等。无论哪种情况，为利于交流，名称都需符合一定的标准格式。根据传统，属名和种名印刷时一般用斜体，手写或打字机打字时一般加下划线。属名一般首字母大写，而种名全小写。种名后紧跟着命名人。

下面例举的是一个典型的化石名单（据 Farrell, 1992），展示了名称格式的种种传统用法。请注意一些种的命名人是写在括号内的，表示自该种建立后，其属的归属有所改变。还应注意的是当一个名

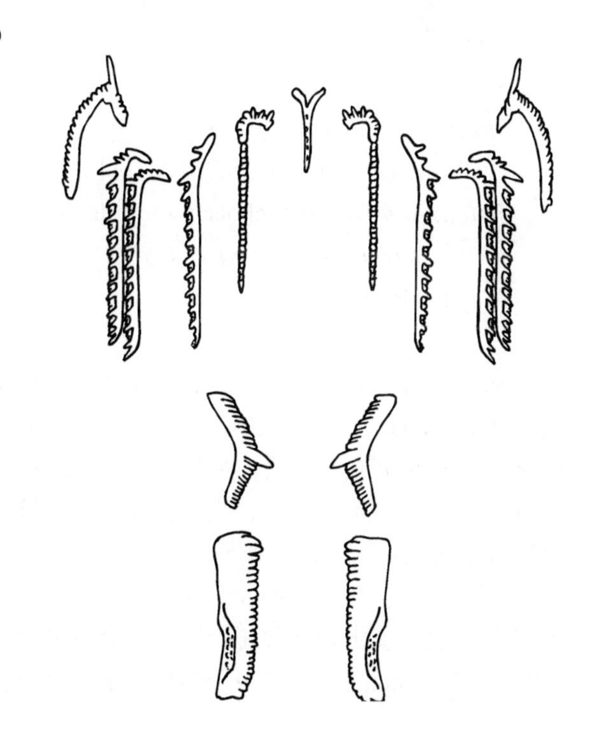

图 4.7 牙形刺的实例
(a) 美国伊利诺伊州石炭纪一牙形刺组合。视野宽约 3 mm。(b) 一个典型的石炭纪牙形刺组合示意图。据 Aldridge（1987）。

单中有**同属的**（congeneric）两个或更多的种时，后面出现的属名可简写为其首字母。只要不引起歧义，此用法总是可行的。在古生物学论文的正文中，属名常被简写，命名人也常被省略（见知识点4.1、4.2和4.3）。

新南威尔士早泥盆世Garra组部分化石名单：

Dolerorthis angustimusculus n. sp. Farrell（新种）
Skenidioides sp. cf. *S. robertsensis* Johnson, Boucot, and Murphy（相似种）
Muriferella sp. cf. *M. punctata* (Talent)
Iridistrophia mawsonae n. sp. Farrell
Eoschuchertella burrenensis (Savage)
Colletostracia roslynae n. gen. n. sp. Farrell（新属、新种）
Gypidula pelagic austrelux n. subsp. Farrell（新亚种）
Grayina magnifica australis (Savage)
Machaeraria catombalensis Strusz
Atrypina sp. cf. *A. erugata* Amsden
Reticulatrypa fairhillensis Savage
Spirigerina (*Spirigerina*) *supramarginalis* (Khalfin)
S. (*S.*) *marginaliformis* Alekseeva（属同上）
Megakozlowskiella sp.（未定种）
Reticulariopsis sp.
Straparollus (*Straparollus*) sp.
Straparollus (*Serpulospira*) sp.
Hyalospongea indet.（分类位置不明）
Heliolites daintreei Nicholson and Etheridge
Pleurodictyum megastoma M'Coy
Calymenina indet.

名单中部分条目紧跟属名后还在括号内标明了亚属（subgenus）（例如*Serpulospira*）。少数情况下亚种名称也列在种名后。如果一个属名或亚属名后面跟着“sp.”而非种名，表示该种为未定种，即还未能准确鉴定。少数情况下，“sp.”后还跟着“cf.”（代表拉丁词confer，意为“对比”）及一个种名，表示鉴定为该种还存疑。一个高级阶元名称后跟着“indet.”表示该分类级别以下的分类位置难以确定。如种名后跟着“n. sp.”，表示该种为新种。新属则标为“n. gen.”。

种名的改变

当分类名称不符合命名法规时，或该类群的原始鉴定有误时，可以改变名称。我们只讨论种名的改变。

异物同名（homonym）指不同的种用了相同的名称。分为原同名（primary homonym）和后同名（secondary homonym）两种情况。一次同名指为同一个属的不同种（具有不同主模）赋予了相同的名称。后命名的作者因不了解该名称已被占用而出错。一旦发现出错，首先发表的名称，或称为“先出同名”（“首出同名”）应被保留。与一次同名不同的是，二次同名指将某种改定为另一个属，但该属中已有了与该种同种名的种。由于不同属允许用相同的种名，因此两个种的命名人都不算出错。一次同名和二次同名都应用最早出现的名称替代。如果无法确定更早出现的名称，则必须另立新名。

同物异名（synonym）指相同的类群被赋予了不同的名称。也分两种情况：**客观异名**（objective synonym）和**主观异名**（subjective synonym）。客观异名指基于相同的模式标本给予了不同名称。这种情况与分类观点无关，一般最早发表的异名获得保留，而后出的异名永久无效。这就是命名**优先律**（priority）。主观异名指为不同的模式标本建立的不同名称，被后继研究发现其实应属同种。再后继的研究者还可判定两个（套）模式标本仍分属不同种，该研究者因而可不认同异名而保留两个名称。换句话说，晚出的客观异名将被自动废弃，而晚出的主观异名则可能被保留，是否被保留完全依赖于研究者的分类观点。

令人遗憾的是，有时根据命名优先律必须舍弃一些已被熟悉的名称，这也许会给将来的研究者追溯老文献带来困难。著名的始新世始马（dawn horse）的属名正式由*Eohippus*改为*Hyracotherium*就令许多学者不快。动物命名法委员会（Commission on Zoological Nomenclature）有权特批一些特殊情况不必强求符合优先律。这为许多熟悉的名称（即使被发现为晚出同名或异名）仍予保留提供了机会。部分出于减轻委员会负担考虑，最新版的法规已允许作者在特定情况下选择使用惯用名称。

知识点 4.4 例举了一个异名录（synonymy）。异名录引证了重要著作的目录，因此可代表一个种的主要分类历史。异名录是新种描述的重要组成部分，也是高级分类阶元的系统学修订。此例看似复杂，却很具代表性。由于异名录一方面是历史记录，另一方面又代表了作者对分类状况的理解，因此不同作者对同一个种写出的异名录有所区别也就很正常了。

知识点 4.4

Archaeocidaris rossica 的异名录

下面例举的是 Robert Tracy Jackson (1912) 为下石炭统一海胆种所写的异名录。题头表明了作者对有效种名和所属属的观点：*Archaeocidaris rossica* (von Buch)（注意 Jackson 将 L. von Buch 的姓写作 Buch，而现在人们把 von Buch 作为姓）。

该种被 E. Eichwald 在 1841 年首次描述为 *Cidaris deucalionis*。但 Jackson 认为该文未提供明确的描述，因此该种名不应被认可。下一条目表明 von Buch 首次将其描述为 *Cidaris rossicus*。作为对该种的首次有效描述，种名“*rossicus*”即优先于任何后继的用于该种的名称（虽然其拼写为了在语法上适应属的词性作了改变）。

第三条记录的是 R. I. Murchison、E. Verneuil 和 A. Keyserling 将该种改定为“*Cidarites*”属（意为化石 *Cidaris* 属）。后续的几个条目记录了对属的类似修改，大多反映了作者对种的亲缘关系的不同看法。其中一条较之其他有较大不同：*Echinocrinus deucalionis*。此条为 Eichwald（1860）的成果。他认为该种是他 1841 年发表的 *Cidaris deucalionis* 的异名。

属名“*Echinocrinus*”的使用引发了另一命名学问题。此名于 1841 年被 L. Agassiz 有效地提出。三年后 F. McCoy（1844）独立地为同一类海胆建立了新属“*Archaeocidaris*”。从技术上说，“*Echinocrinus*”作为先出的名称是正确的。然而，部分由于“*Echinocrinus*”较少被海胆专家使用，部分由于该名称易被误为非海胆类棘皮动物（尤其是海百合类）的属名，动物命名法委员会于 1955 年作为特例批准了“*Archaeocidaris*”的使用。

***Archaeocidaris rossica* (Buch)**

(?) *Cidaris deucalionis* Eichwald, 1841, p. 88. [Description is unrecognizable so the name cannot hold.]

Cidaris rossicus Buch, 1842, p. 323.

Cidarites rossicus Murchison, Verneuil, and Keyserling, 1845, p. 17, Plate 1, figs. 2a–2e.

Palaeocidaris rossica L. Agassiz and Desor, 1845–1847, p. 367.

Echinocrinus rossica d'Orbigny, 1850, p. 154.

Palaeocidaris (*Echinocrinus*) *rossica* Vogt, 1854, p. 314.

Eocidaris rossica Desor, 1858, p. 156, Plate 21, figs. 3–6.

Echinocrinus deucalionis Eichwald, 1860, p. 652.

Eocidaris rossicus Geinitz, 1866, p. 61.

Archaeocidaris rossicus Trautschold, 1868, Plate 9, figs. 1–10b; 1879, p. 6, Plate 2, figs. 1a–1f, 1h, 1i, 1k, 1l; Quenstedt, 1875, p. 373, Plate 75, fig. 12; Klem, 1904, p. 55.

Archaeocidaris rossica Lovén, 1874, p. 43; Tornquist, 1896, text fig. p. 27, Plate 4, figs. 1–5, 7, 8.

Archaeocidaris rossica var. *schellwieni* Tornquist, 1897, p. 781, Plate 22, fig. 12.

Cidarotropus rossica Lambert and Thiéry, 1910, p. 125.

分类过程的重要性

分类过程的重要性是毋庸置疑的。充分的描述和模式的指定能保证其他学者准确理解作者建立新种的想法。在报道分类名称时严格遵守命名法规并遵循已被公认的传统用法是良好交流的先决条件。对于古生物学家来说，统一使用 *Tyrannosaurus rex* 这样一个名称，其意义等同于化学家用氢来表示一个唯一的元素、数学家把 *n* 当作常数。一个名称可以说是“一定用终身”。

恰当的、一致的报道对于为生态学、演化和地质学研究而收录大批化石种的名单尤为重要。本节的前面段落中我们例举了一个澳大利亚下泥盆统产出的部分类群名单。这仅仅是为古生物学分析而整理成电子数据库的成千上万类似名单中的一个而已。关于数据库我们将在其他章节进行详细介绍[见 8.7 节]，当前只提请注意两点：首先，恰当地记录种名及命名人历史将为把未来可能产生的分类修订自动地纳入数据库节省大量的精力；其次，数据库的使用者一般不太可能再追溯每条记录的原始资料以对数据是否真实反映了原作者的意图进行核实。

让我们看看在前述的泥盆纪化石名单中被鉴定为 *Skenidioides* sp. cf. *S. robertsensis* 的腕足类化石。*S. robertsensis* 这个种在美国内华达州和加拿大北极地区的几乎同时代的地层里出现。如果澳大利亚地层里出现的 *S.* sp. cf. *S. robertsensis* 在录入数据库时被误写作 *S. robertsensis*，将导致数据库使用者错误地以为 *S. robertsensis* 这个种的分布范围比其实际范围要广得多。

Skenidioides 这个小小的例子已表明，不准确记录学名将导致众多问题。在某种意义上，这种情况与前述的异名录或分类修订的发表具有相同性质——读者一般倾向于接受作者对前作者使用学名的意见的理解。但某种意义上它们又有着根本的区别。任何人理论上都能对一个典型的异名录（比如知识点 4.4 中例举的）的每个条目进行检验，但对那些被二次收录的数据库，其庞大规模却令检验工作难以想象。因此，在收录分类名称时采取有效步骤使错误率降到最低是必要的。

4.2 系统发育学

古生物学许多领域依赖于对种间或范围更广的类群间的演化关系或谱系关系的认识，包括异时发育（heterochrony）[见 2.3 节]、演化速率[见 7.1 节]、演化趋向[见 7.4 节]。**系统发育学**（phylogenetics，又译作“谱系发生学”）就是试图查明演化关系的学科。它与**分类学**（classification）不同，后者是将种“分派”到一个已命名的分类等级体系中。但两者又相互关联，因为大多数学者希望一个分类系统能真实反映系统发育关系。然而，即使人们已获知种间的演化关系，也可能会有数个分类系统都能真实反映这种关系。

在本节里，我们将介绍一些最简单的推断演化关系的逻辑方法。由于 DNA 序列分析及其他分子资料一般仅能从现生生物体获取，本书不作考虑。然而，对生物学家来说这些资料非常重要。建议读者参考本章末所列的推荐读物以熟悉分子资料的分析技术。

分支图和树状图

所有的现生种和迄今所知的所有化石种都有一个共同的生命起源，可以说所有的物种在一定程度上都是相互关联的。出于多数目的，一般考虑的是最接近的种间的关系以及区分“关系”的两种最基本状态：一、某种可能是另一种的祖先种，无论是直接祖先还是通过中间环节；二、两个种仅仅是共享一个共同祖先类群。

图 4.8 即以**分支图**（cladogram，又译作“支序图”，来源于希腊词 *klados*，“分支”的意思）的形式展示了一组假想种之间的关系。这个具有分枝（branch）的图，在不考虑时间顺序的情况下简单描绘了种间的亲缘关系的远近。各分支的结合点被称为**节点**（node）。此分支图所表现的信息同样可以用其他方式表现出来，比如叠加的括号：((AB)C)(DE)。虽然一个分支图并未明确表述时间，种 A 和 B 的组合已表明它们共享一个祖先类群的时间比它们各自与任何其他种共享祖先类群的时间都要晚。在这个意义上，A 和 B 相互间关系最近。D 和 E 也同样。A 和 B 的组合与 C 共享祖

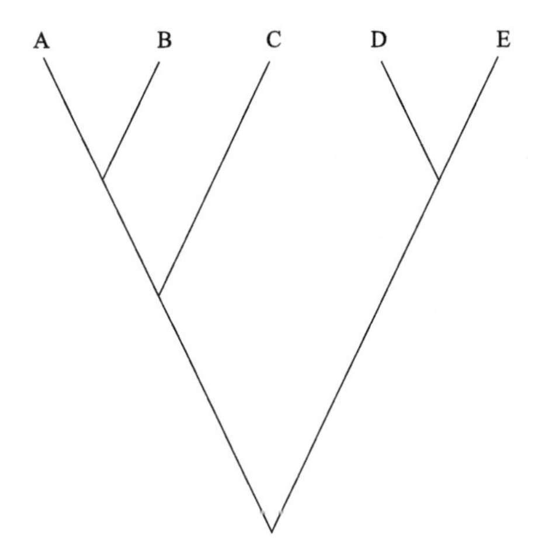

图 4.8 分支图显示五个假想种之间的关系

种 A 和 B 相互间关系最近，D 和 E 也一样。C 与 A 和 B 的关系近于与 D 和 E 的关系。

先类群的时间也早于 A、B、C 三者中的任一个与 D、E 中的任一个共享祖先类群的时间。A 和 B 被称为**姊妹种**（sister species），D 和 E 也是姊妹种。两个及更多的种如果享有共同祖先类群，再加上该共同祖先类群的所有后代类群，就组成一个**分支**（clade）。A 和 B 是一个分支；D 和 E 是一个分支；(AB)C 组合和 ((AB)C)(DE) 组合也是分支。如同 A 和 B 被称为姊妹种，((AB)C) 和 (DE) 两个组合可被称为**姊妹分支**（sister clades）。连接两个姊妹种或姊妹分支的节点就代表了它们的共同祖先类群。

我们必须把这种分支图与**演化树**（evolutionary tree，也译作“演化树状图”）区分开来。与一个分支图相对应的可以是大量的演化树，它们都能表现出与分支图一致的演化关系。演化树能表达具有实际时间顺序的祖 - 裔关系，还能表达其他演化特征，比如形态变化。虽然我们通常讲述的关系指的是种和其他类群之间的关系，但实际操作中所涉及的只是世系（lineage）的样本（sample），有时可称作**世系片段**（lineage segment）。对古生物学家来说，它们是某特定产地或特定地层里产出的居群，而对现代生物学家来说它们只是那些有幸存活至今的居群。

图 4.9 显示了图 4.8 中的五个假想种在演化时间上的位置以及与分支图相一致的许多个可能的演化树中的两个树。图 4.9b 的演化树中，样本种 C 和 D 占据了祖先类群的位置。C 演化出 A 和 B 的共同祖先类群，而 D 直接演化出 E。“种”D 和

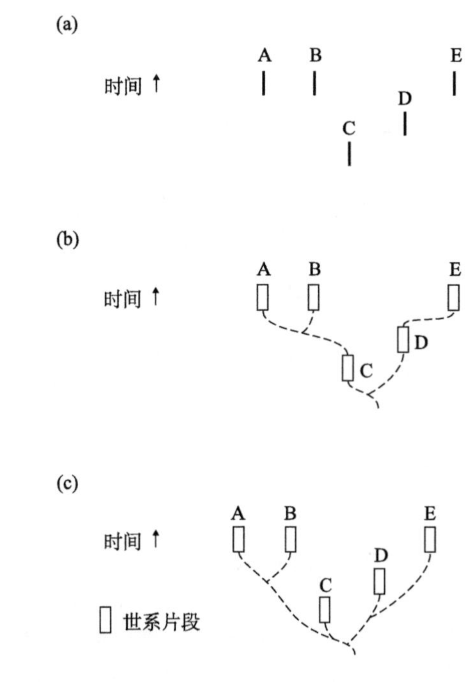

图 4.9 世系片段的图示

(a) 图 4.8 的分支图上所示的五个取样的世系片段的时间位置。（b、c）与分支图的演化关系相一致的多个可能的演化树中的两个例子。虚线代表世系片段之间的谱系连线。(b) 中的世系片段 C 和 D 是其他世系片段的祖先类群。在 (c) 中所有取样的世系片段都是终端。

“种”E 实际上是同一个世系的两个样本或片段。图 4.9c 的演化树中，所有的种都是由未取样的共同祖先类群连接起来的，而每一个样本（这里就是种）即代表了一个独特的世系。如果一个种或世系片段不再演化出任何后代，它们可被称为（在演化上）**终结的**（terminal）。图 4.9b 中的 A、B 和 E 是终端。图 4.9c 中的所有世系片段都是终端。

我们前文讨论的成种过程 [见 3.3 节] 强调了由一个演化世系“分裂”成两个世系。其遗留问题就是，是否两个世系中的某一个一定是另一个的祖先类群。如果是通过一个居群与该种的主要地理分布范围的隔绝而产生生殖隔离获得新种，那么直观的理解就是把原种当作祖先类群。可能两个世系中的某一个比另一个具有较少的演化改变 [见 7.3 节]，这种状况下，传统做法就是把较保守的世系当作祖先类群，而把较趋异的作为后裔类群。

我们将在后文讨论分支图和演化树的构建，现在通过每种图的一个实例来介绍它们的主要特点。图 4.10 展示了一个极其简化的四足动物分支图。图上每一个分枝都可能代表了数个种。此图上的短线加

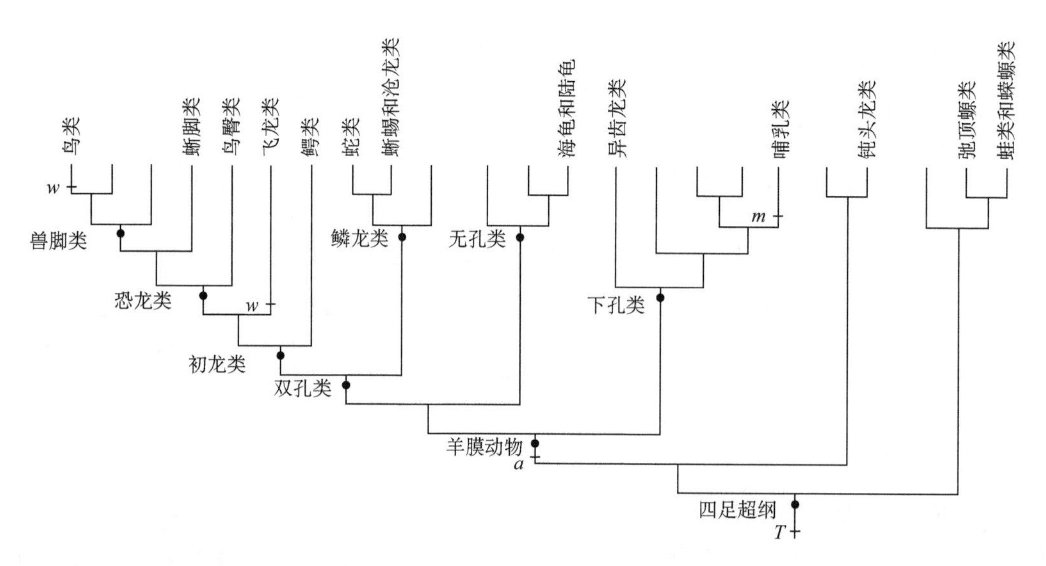

图 4.10 极简化的四足动物分支图，示部分特征的演化

代表大部分为人所熟悉的类群的分枝，给予了特别标明。未标明分枝一般代表不太被熟悉的类群。学名均以大写字母开头，其他为俗名。短线 +*T* 指示了一组可以限定四足动物的前后肢和脊柱的骨骼特征。其他特征为羊膜卵 (*a*)、乳腺 (*m*)、翅膀 (*w*)。节点处标出了部分分支的名称。

T 代表了将四足动物与其他脊椎动物区别开来的一组特征的演化，包括骨骼的细微特征和它们在前肢、后肢及脊柱的分布等。短线加其他符号代表了其他特征的演化，如 *a* 代表羊膜卵、*m* 代表乳腺、*w* 代表翅膀。这些特征不一定非是特征集要里的特征不可。

图 4.11 展示了一个与图 4.10 的分支图相一致但却更为简化的四足动物演化树。各类群的起源时间来源于它们的化石记录及它们在分支图上的分枝顺序。例如，鳞龙类（lepidosaurs）、鳄类（crocodylians）、飞龙类（pterosaurs）和恐龙类（dinosaurs）在三叠纪首次出现，但它们出现的顺序却与分支图上的分枝顺序不完全一致。对于图 4.11，分支图被用来建立类群间的相对演化关系。

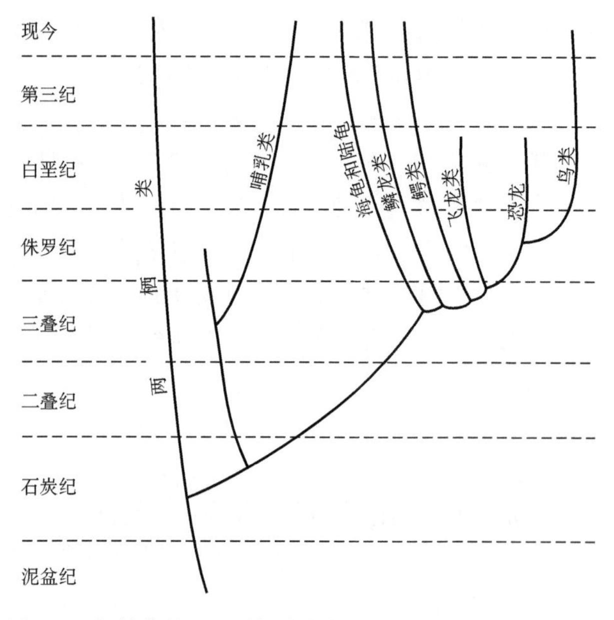

图 4.11 极简化的四足动物演化树，展示了图 4.10 中的部分主要世系

共有新征和演化关系

要了解系统发育的含意，最好从一个我们认为已明了其演化关系的实例开始。这将有助于我们从仅有的信息里识别出用于构建分支图或演化树的有用信息。

我们假设图 4.10 中的分支图是正确的。首先我们来辨别**同源性状**（homologous trait，指即使稍有改变，但被两个或更多的种共有的，从同一个祖先类群继承来的性状）和**同功性状**（analogous trait）或**趋同性状**（convergent trait）（同功性状或趋同性状指虽被两个或更多的种共有，但却分别由不同世系演化而来的性状）。图 4.10 的分支图中，羊膜卵是所有羊膜四足动物的同源性状，哺乳是所有哺乳动物的同源性状。相反，翅膀分别独立地起源于飞龙类世系和鸟类世系，因此是这两个类群的同功性状。因此从基本属性判断，同源特征能推测演化关系距离，而同功特征则不能。

判定类似的特征是否同源一直是生物学最重要但也最困难的任务。结构细节上的相同、胚胎发育所展示的性状的相同以及保存良好演化顺序的化石证据所显示的演化历程等是判定同源性的最重要线索。一个性状是否同源在某种程度上还取决于分析范围。鸟类和飞龙类的前肢不是翅膀的同源器官——这两个类群的共同祖先并无翅膀——但它们在前肢的概念上是同源的。

飞龙类和鸟类的翅膀，即前肢的变型，在这两个类群中具有本质的区别。趾就是一个很好的例子。飞龙类的前三趾为正常大小，但第四趾却极度延长并支撑起膜翅，第五趾几乎消失（图4.12）。最古老的鸟类始祖鸟属（*Archaeopteryx*），具有三个完全发育的几乎等长的趾——这是从恐龙类继承来的性状（图4.13）（应该指出，现代鸟类已具备许多始祖鸟属所不具备的特化性状）。

一个同源特征是否能提供关于演化关系的信息仍要看分析范围。让我们来看看羊膜卵。它显然是从哺乳动物、鸟类和爬行类的共同祖先演化来的，对于脊椎动物的演化来说是**衍生特征**（derived character）或**新征**（novelty）。当我们考虑脊椎动物主要类群之间的关系时，这个特征有效地使这三个类群组成了一个自然类群——**羊膜动物**（Amniota），而把两栖动物及其他脊椎动物排除在外。但在羊膜类中，这个特征就是原始的（primitive），所有世系都从它们的共同祖先类群继承了该特征。虽然它是同源特征，却无法用以判定鸟类、蜥蜴、鳄鱼类、哺乳动物等类群中哪两者关系比其他类群更近。

正如此例所示，理解系统发育的含意关键在于在恰当的分析范围内发现同源的新征。同源性告诉我们一个世系组通过演化继承共享了一个特征，而新征告诉我们在该组中共享了该新征的所有世系就与其他世系区别开来，它们具有更近的亲缘关系。新征也被称作**衍征**（apomorphy，*apo-* 表示“远离”），而原始性状就被称作**祖征**（plesiomorphy，*plesio-* 表示“靠近”）。被一个世系组所共享的新特征叫作**共同衍征**（synapomorphy），而被某世系所独有的新特征就是**独有衍征**（autapomorphy）。

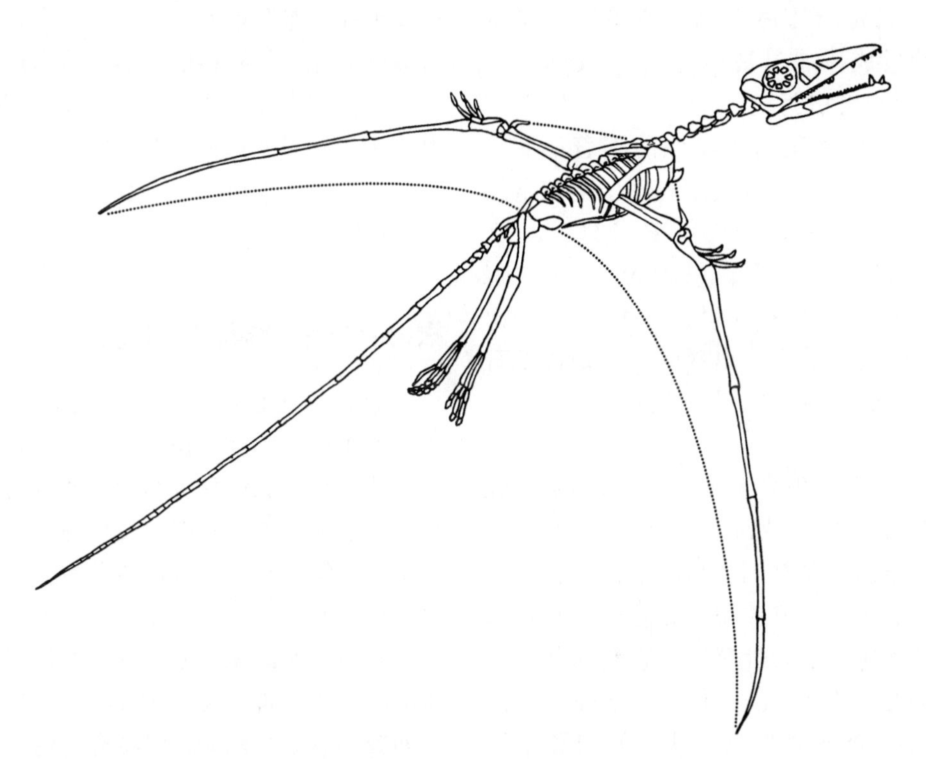

图4.12 意大利晚三叠世的原始飞龙类 *Eudimorphodon* 的骨骼重建图，示变型的前肢，其第四趾极度延长

据 Carroll（1988）。

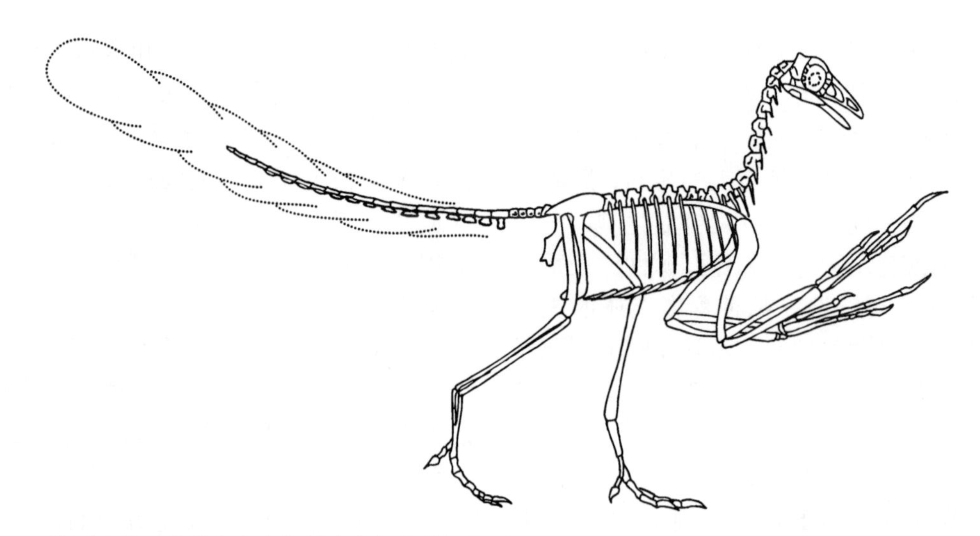

图 4.13 德国晚侏罗世的迄今所知最古老鸟类始祖鸟属（*Archaeopteryx*）的骨骼重建图，示三个延长的趾
据 Carroll（1988）。

总体上说，共同衍征就是能让我们判定某世系组通过共有一个祖先类群而区别于其他世系，从而拥有最近亲缘关系的关键特征。

深同源现象 鸟类和飞龙类翅膀的趋同例子展示了演化途径及其导致的结构均大为不同的现象。然而，也有其他例子可以说明从一个相同的起点沿着相似的演化途径通过重复演化也能产生趋同性状。双壳类软体动物，如贻贝就是这样的例子。贻贝成体通过被称为足丝（byssus）的一束特化的丝状物附着（图 4.14）。数个双壳类世系都独立地演化出了类似的附着器官。事实上，许多双壳类并不以成体附着，例如常见的圆蛤 *Mercenaria mercenaria*（图 4.15），在其早期发育阶段用足丝纤维（byssal thread）保持稳定。有人认为，在不同世系中独立演化出的成体足丝可能代表了重复出现的通过**幼体发育**（paedomorphosis）在成体中保留幼态的例子 [见 2.3 节]。

沿着同样的思路，发育遗传学（developmental genetics）已揭示了许多在不同世系中通过部分相同的遗传途径而获得趋同特征的实例。我们来看看其中的一个例子。节肢动物和脊椎动物很显然各自独立地演化出了肢性器官，它们的共同祖先类群是无肢的。然而在个体发育过程中，两类生物都利用一套被称为 *Hox* 基因的同源基因（homologous gene）来控制身体的型式，包括肢的形成。利用特定基因来建立身体型式的能力显然是一种同源性状，但“开发”出这些基因制造肢性器官的功能却是节肢动物和脊椎动物这两大世系中的各自独立事件。

这种不同世系独立演化出某结构，但该结构却是在个体发育过程中通过同源基因的表达而形成的现象，被称为**深同源现象**（deep homology）。另一个类似例子是眼的发育。动物的眼是通过数次各自独立的演化事件获得的。但对许多门类的研究已表明，它们在个体发育过程中都使用同样的一套关键基因来控制眼的形成。在这些例子中，共享的基因是同源特征，但所产生的表型构造——肢和眼——却是趋同的。

根据形态特征推断亲缘关系

假设的演化树已显示，共同衍征是推断演化关系的关键。实际工作中当然没有人为我们提供现成的演化树。我们只有物种。通过对它们的解剖观察，我们能获取一些性状或特征，同时我们还可能获得地层学资料。通过这些资料，如何判断系统发育信息呢？

解决问题的途径之一就是开始建立特征的**极向**（polarity），即判断特征是原始的还是衍生的。判断极向有数个标准，但没有任何标准是绝对可靠的，因此最好是综合利用这些标准。

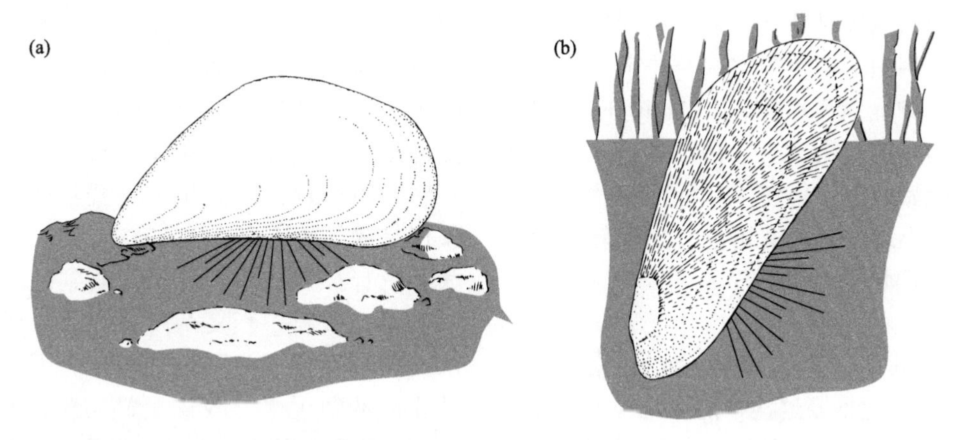

图 4.14 以足丝附着的现生双壳类成体例子

(a) *Mytilus*，附着于岩石或其他硬物上。(b) *Modiolus*，附着于沉积物中的碎屑上并大部分包埋在沉积物中。据 Stanley（1972）。

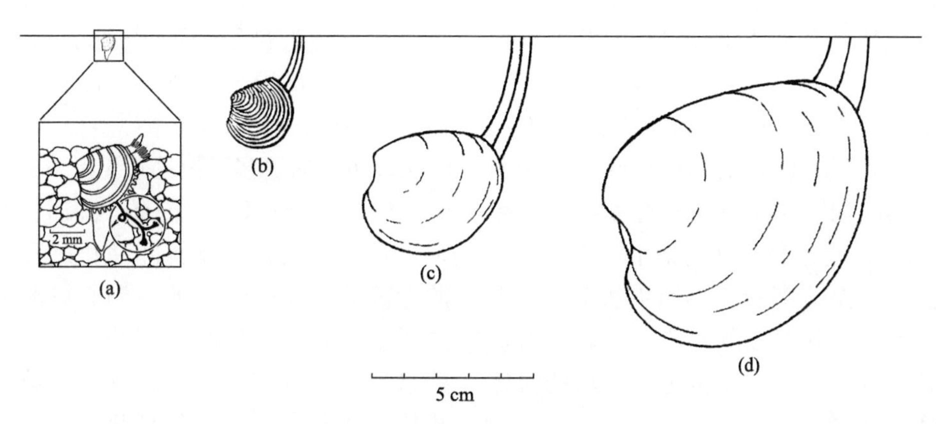

图 4.15 生活于沉积物中的现生双壳类 *Mercenaria mercenaria* 的个体发育阶段

(a) 极年幼的幼体靠足丝纤维（圆圈中）稳固。以后的阶段缺失足丝纤维，依靠 (b) 尖锐的纹饰或（c、d）壳体大小得以稳固。伸出沉积物 - 水界面的器官为其水管（siphon），通过它的吸水和排水功能完成取食和呼吸。据 Stanley（1972）。

1. 外类群对比（outgroup comparison）。在一个指定类群中如果某特征有变化，那么该特征在另一个相关类群中的状态一般可认作原始的。这个指定类群即可称为**内类群**（ingroup），而那个相关类群可称为**外类群**（outgroup）。再回到我们的四足动物例子。哺乳动物在出生方式上是有区别的，有些胎生，有些卵生。把哺乳动物与其他四足动物相对比我们可以推断对于哺乳动物来说卵生是原始的，因为四足动物中的其他原始类群都是卵生的。外类群对比是最常用的判定特征极向的方法。此法最好在已确知外类群与内类群具有很近的亲缘关系时再使用，只有这样特征的同源性才有把握。因此，前人所作的初步系统发育分析有助于选择外类群。
2. 地层位置（stratigraphic position）。一般认为，通常情况下较早出现的特征比较晚出现的原始。当然，由于化石记录的不完整性，这只能是一个统计学结论而非确定无疑的标准。尤其当某特征极易受化石保存影响时更应保持警惕。比如维管植物，确切证据已表明是从非维管植物演化来的，但它们却拥有比非维管植物更丰富的早期化石记录。很显然，维管组织的出现提高了陆生植物被保存为化石的能力。这就导致了陆生植物中的一些衍征在化石记录中出现得比祖征还早的现象。
3. 发育生物学（developmental biology）。在个体

发育过程中出现较早的性状一般认为比出现较晚的原始。例如，鲨鱼和它们的“亲戚”终其一生都具有软骨。而硬骨鱼类（bony fish）只在个体发育的早期具有软骨，后被骨化。软骨即可被视作原始状态。但使用此标准时我们必须记住，性状出现的顺序有可能发生逆转，而发育阶段甚至可能彻底消失。

让我们假设我们已获得一组物种的一套已极向化的特征，需要据此推断这些种的演化关系，并以分支图的形式表达出来。图 4.16a 的数据矩阵就显示了 5 个种和它们的 5 个已极向化的特征。数值 0 代表了特征的原始状态。让我们据此绘制几个分支图，分析它们就特定的性状能表达怎样的演化问题。

图 4.16b 显示了许多个可能的分支图中的一个。此图表达了 5 个演化步骤：从 A 到 D 的 4 个种的共同祖先类群获得了特征 1 的衍生状态；A 和 B 的共同祖先类群获得了特征 2 的衍生状态；C 和 D 的共同祖先类群获得了特征 3 的衍生状态；演化出 B 和 D 的两个世系分别获得了特征 4 的衍生状态和特征 5 的衍生状态。请注意此分支图里的演化步骤数正好是衍征的总数。

图 4.16c 显示的是另一个可能的分支图，与前者主要有两个区别：（1）特征 3 的衍生状态演化了两次，一次出现在演化出 C 的世系，一次出现在演化出 D 的世系；（2）A、B、C 三个种的共同祖先类群获得了特征 2 的衍生状态，但在演化出 C 的世系中此特征逆转（退化）到其原始状态。因此，共有 7 个演化步骤发生。这两个分支图（也包括大量其他可能绘制出的分支图）都完全符合特征资料，那么，究竟哪个是我们更想要的呢？下面就是一个合理的考虑方法：我们实际上并没有直接观察到演化步骤，只是为了对特征资料进行解释而设想出了这些步骤，因此，它们仅仅是些假说（hypothesis）。每一步假说都只是为了解释如何从一个并未观察到的演化过程获得一套特征资料。当复杂解释并非必要的时候，寻求简单解释是正常不过的想法。因此，在其他条件相同的情况下，我们更倾向于选择只发生了 5 个演化步骤的图 4.16b，而非发生了 7 个演化步骤的图 4.16c。

用最少演化步骤来解释观察到的特征数据的分支图就被称为最**简约的**（parsimonious）分支图。演化步骤被称为分支图的步长（length）。所谓简约法（parsimony）就是选择步长最短的分支图。简约法和步长的更多讨论见知识点 4.5。

应当切记的是，简约法仅是科学领域的通则，我们并没有假设实际演化过程就是通过最少的特征演化步骤进行的。当有可靠证据证明简约法所获结果不合理时，简约法可以而且应该不必严格遵守。例如，不同于针状、鳞片状及其他形状的片状叶在多个陆生植物门类中出现，包括前裸子植物（图 4.6）、**种子植物**（Seed plant，图 2.6）、**楔叶类**（Sphenopsids）和**真蕨类**（Fern）。虽然这些门类间的关系还未能完全确定，但在每个门类内，已有足够证据表明那些具有片状叶的种能组合成分支，而最原始的类群是不具片状叶的，因此，片状叶应该是通过数次各自独立的演化过程而形成的。

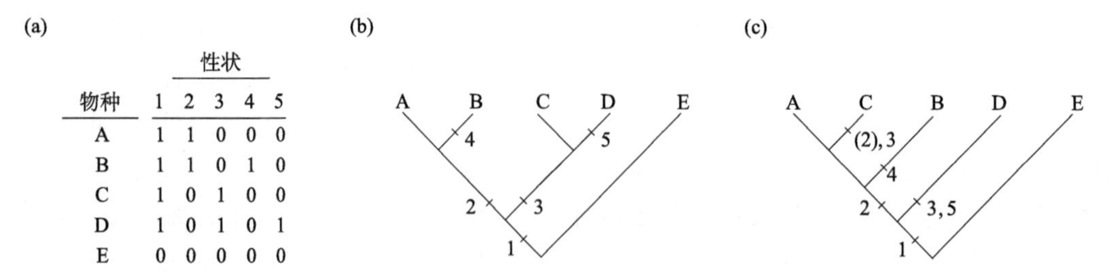

(a)

物种	性状 1	2	3	4	5
A	1	1	0	0	0
B	1	1	0	1	0
C	1	0	1	0	0
D	1	0	1	0	1
E	0	0	0	0	0

图 4.16 构建分支图的实例

(a) 特征资料：每个特征的 0 代表原始状态而 1 代表衍生状态。(b) 根据简约原则构建的分支图。每个特征的衍生状态（由短线标示）只演化一次。(c) 另一可能的分支图。特征 3 的衍生状态演化了两次；而特征 2 发生了一次逆转（由带括号的数值 2 标示）。

知识点 4.5

特征分布与数据的不一致性

另一个描绘系统发育信息的途径是考虑**特征分布**（character distribution）的型式及它们所蕴含的种间关系。在图 4.16 的例子中，特征 1 具有 11110 的型式，表示种 A 到 D 的状态为衍生状态（1），而种 E 为原始状态（0）。其余特征的型式分别为 11000、00110、01000、00010。每组 1 表示一组共享的衍征，正如我们前文已指明的，能确认一个或多个种具有比其他种更近的亲缘关系。因此，特征 1 的型式表明种 A 到 D 之间的关系比它们中的任一种与

(a)

物种	性状 1	2	3	4	5	6	7
A	1	1	1	1	0	0	0
B	1	1	1	0	0	1	0
C	1	0	0	1	1	0	1
D	1	0	0	0	1	1	1
E	0	0	0	0	0	0	0

(b)

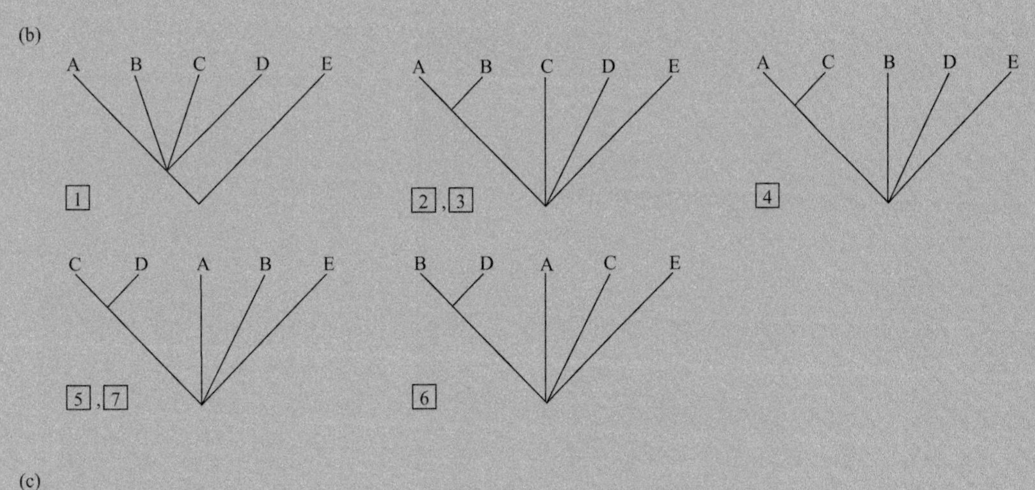

(c)

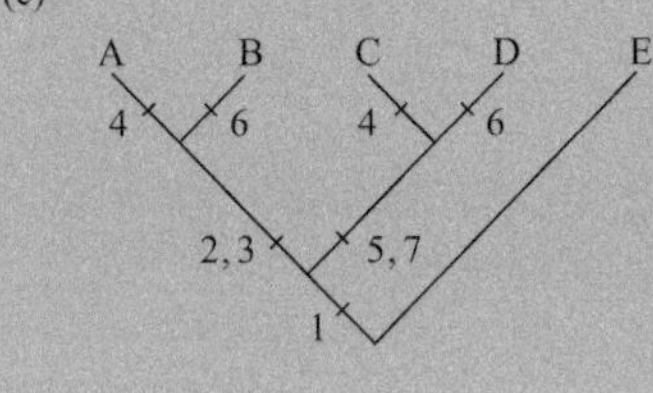

(d)

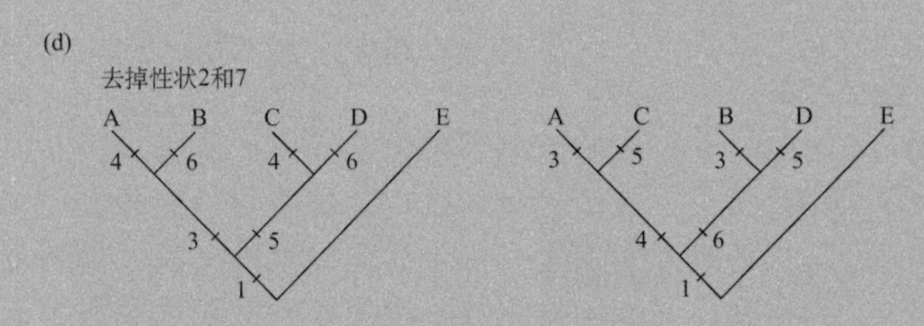

图 4.17 根据最多特征所支持的种的关系所构建的分支图实例

(a) 特征资料：0 表示原始状态，1 表示衍生状态。(b) 根据 7 个特征中的每个特征所构建的分支图。例如，特征 1 将种 A 到 D 组合在一起而排除了 E，但却无法细分 A 到 D 内的关系。特征 2 和 3 将 A 和 B 组合在一起而排除了 C、D、E。(c) 所有特征的分支图。(d) 排除特征 2 和 7 后所获得的两个同等简约的分支图。

E的关系都要近，虽然此特征无法进一步辨识A-D内的关系。同样地，特征2能把A和B组合在一起，而特征3能把C和D组合在一起。

特征4和5，由于它们的衍生状态只分别存在于一个种中，它们只能作为该种（B和D）的特征集要里的特征，而不能表明它们与任何种具有更近的亲缘关系。综合考虑所有特征，这些分布的相互限制即产生了我们最希望获得的关系，即图4.16b中的分支图所表达的关系。我们可以看到，寻找被最多特征所支持的种的排列方式与寻找具有最少步长的分支图是完全等同的。

在图4.16的例子中，用于解释特征资料的最少步长就是衍生状态的数目。一般情况下，衍生状态的数目也就是一个分支图在理论上的最少步长。具有最少步长的分支图所表达的种的关系就是被特征型式所决定的最不矛盾的关系。例如，图4.16中的特征2将种A和B组合在一起，而没有任何其他特征让我们把这两个种与任何别的种直接组合在一起。换句话说，如果可以证实根据特征资料所获得的种的关系不产生矛盾，那么就可以说该分支图具有理论上认定的最少步长。

在实际研究中，古生物学家涉及的是数十到数百个的特征，每个都具有不同的演化历史。不可避免地，它们将显示一些矛盾，或曰**不一致性**（incongruence）。最简约分支图所显示的就是一组由最多的特征所支持的分支图，即特征的不一致性最低。图4.17a展示了一个五个种和七个已极向化的特征的例子。特征1把A到D组合在一起，没有其他特征与该组合不一致（图4.17b）。特征2和3把A和B组合在一起而排除了其他所有种。特征5和7把C和D组合在一起而排除了任何其他种。然而，A和B的组合与C和D的组合存在两处矛盾：特征4将A和C组合在一起，而特征6将B和D组合在一起。本例中，A和B的组合与C和D的组合每对都获得两个特征支持。因此，相矛盾的组合（A+C与B+D），每对仅获得一个特征支持，就被现有资料排除了。

图4.17c展示了由这些特征分布所构建的最简约分支图。注意，由于两个特征相矛盾，分支图共有9个步长——特征1、2、3、5、7的演化和特征4、6的两步演化——而非无矛盾状况下的理论最少步长7。

在实际例子中，我们通常不会如此幸运地只获得一个无争议的最简约图。例如，假定我们从此例中拿走特征2和7，将导致各有一个特征支持A+B、A+C、B+D、C+D四个组合，结果将产生两个相当不同的但却同等简约的分支图，每个都有7个步长（图4.17d）。

对于多个同等简约的分支图的标准处理方法就是把它们罗列出来，然后如果可能，获取它们共同的特点。本例中的特征资料还不足以让我们确定哪对种最接近，但足以使我们认为B+C与A+D都不是姊妹种。

有鉴于此，一个涵盖了多次片状叶演化的谱系肯定不如只把片状叶的状态设置成“具有”和“缺如”两种状态所获得的分支图简约。在实际操作中，当证据确凿可靠时，我们可以把不同的片状叶设置成不同的特征，以表明它们实际上不是同源的。

寻找最简约分支图是一个计算问题，需要对每个可能性都进行准确评价直到能确保不存在另一个更简约的图。本文所举例子都很简单，能进行人工验算。然而大多数的实际研究都涉及许多种及许多特征，对每个可能的分支图进行人工验算是不可能的。因此许多用于获取一个或几个最简约图的计算机程序就被开发了出来。事实上，对于数个以上的类群，需要考虑的分支图的个数可能庞大到甚至计算机都无法检验的地步。为解决此问题，许多计算方法因此被开发出来。

为简便起见，我们从特征的极向化开始概述获取演化关系的方法。而事实上，正如知识点 4.6 所显示的，特征的极向化常常在系统发育分析之后才能最终决定。对那些致力于了解真实存在的演化事件的古生物学家和生物学家来说，特征的极向化具有最重要的意义。而对那些只对演化关系（如知识点 4.6 中图 4.18c）感兴趣的人来说，特征的极向化就不那么必要了。

我们的系统发育分析法严格遵守对所有特征给予相同权重的原则。支持每个可能的种的组合的特征数日被简单地制成表格，而不考虑该特征是否具有功能性意义、是否具有特征逆转的倾向或是否为多次获得的趋同性状。在实际例子中，如果一个特征被认为不太可能属于趋同性状或不太可能是逆转的结果，通常它会被加权。即使是被许多学者所追求的所谓理性的加权，也难以保持其客观性。因此，系统发育分析的过程，至少在初始阶段，是一直在平等地对待所有特征的。

特征的加权问题实质上涉及许多系统发育分析的基本前提。平等对待所有特征意味着假设它们都是独立演化出来的。事实上这个假设是不太符合客观实际的，这只需看看许多性状都是由相同的基因控制的 [见 2.3 节和 3.2 节] 就明白了。另外，许多性状可能由于生命演化历程中的某次变化而共同演化出来。

前文中我们举了双壳类用足丝附着的例子。这种附着包含两种主要类型：内足丝的（endobyssate，见图 4.14b），大部分生物体埋藏在沉积物内；表足丝的（epibyssate，见图 4.14a），生物体附着在基底的表面。以现生贻贝 Mytilus 属为代表的表足丝类在演化上更为进步。从功能上讲，这种附着状态与其他变异是相关联的，包括压扁的壳腹面（使壳体易于紧密地附着在基底上以保持稳定）和一些肌肉系统细节特征（使足丝可从准确的角度紧密地从同一个方向伸向基底）。据此，至少这三个特征——成体的足丝、壳形和变异的肌肉系统——组成了三个相互关联的特征组合而非三个独立的特征。

迄今为止还没有解决特征关联和特征加权问题的通用方法，这也代表了未来研究的一个重要领域。当特征关联具有有力证据的时候，避免把它们再作为独立特征当然十分理想。然而，像表足丝类那样明显的特征组合在现实中其实并不多见。

系统发育估计的准确性

说到这里，读者显然将意识到一个问题：最简约分支图在描绘真实的演化关系上准确程度究竟如何？我们几乎没有理由确定演化就是沿着最简约的方式进行的，我们又凭什么指望简约分支图准确呢？

两种方法被用于评估简约法和其他系统发育分析法的准确性。首先，把各种方法都用于分析某些已被长期研究，对其演化关系已有一定了解的门类，比如四足动物分支图的某些部分（图 4.10），从而对这些方法进行检测。其次，用诸如电脑模拟的、实验室培养的或其他途径获得的人工演化树来对这些方法进行检测。

虽然这些观察法的具体结果不属本书讨论范畴，我们仍愿指出：结果普遍显示，当演化速率较低（因而逆转或趋同概率也偏低）以及特征独立演化（这是平等对待所有特征的要求）时，简约法看起来是有效的。这两个条件显然是有道理的，因为它们有可能导致演化通过简约的方式进行。然而，这些条件满足时简约法有效并不意味着简约法非需要这两个条件不可。事实上，支持简约法的一套演化假设并未被完全证实（Sober, 2004）。

某种程度上，当所有世系的特征演化速率相等时，分支系统学的简约法也较为准确。这个条件的反例对于古生物学和演化生物学具有特殊意义。当世系在演化速率上具有本质区别时 [见 7.1 节]，而且当所研究的特征具有有限的不同状态时，那些演化较快的世系趋向于被组合在一起，即使它们的亲缘关系并非最近。虽然这是一种看似复杂的现象，直觉告诉我们这些亲缘关系较远的类群被人为组合在一起实际上反映了这样的事实：由于这些世系具有超越于其他世系的高演化速率，它们独立地获得特征的衍生状态的能力也相应地提高。这个现象通常被称为**长枝吸引**（long-branch attraction）（分枝的长度指的是演化树中该分枝上的演化变化的总量）。

知识点 4.6

根据未极向化的特征判断系统发育关系

考虑图 4.18 所示的四个种、五个特性的假想例子，每个特性存在非此即彼的两个状态。让我们假设我们并不知道哪个状态是原始的，哪个是衍生的。由于两个状态（0 或 1）中的任一个都可能是原始的或衍生的，共 5 个特性，那么哪个状态是原始的哪个是衍生的就共有 2^5 或者说 32 种可能性。

让我们再简化到四种可能性，每个可能性里有某个种，该种的所有五个特征都处于原始状态。四个标明了特征状态的分支图见图 4.18b。它们看起来互不相同，但实质上却有着共同点。在所有四幅图（还有另 28 个未显示的图）中，追溯 A 和 B 之间，或者 C 和 D 之间的演化途径，都包括两个步长；追溯 A 或 B 与 C 或 D 之间的演化途径则包括三个步长。

这些共同点可归结为一个未极向化的（unpolarized）或者称为**无根网状图**（unrooted network），图中那些随着状态的改变而变化的特征需被标明，而且特征变化也能从任一方向进行追溯。不考虑特征极向，A 和 B 之间永远存在一个节点，C 和 D 之间也有一个，而 A 或 B 和 C 或 D 之间有两个。

实际分析过程中，计算机程序通常构建无根的网状图，这是因为，较少的无根图比大量的有根图要大大减少计算机的工作量。然后，无根图再被转换成**具根的**（rooted）分支图，典型的方法是通过选择某组类群为内类群，一个或一些其他类群为外类群，从而将特征极向化。

(a)

物种	性状 1	2	3	4	5
A	0	0	0	0	0
B	0	0	0	1	1
C	0	1	1	1	0
D	1	1	0	1	0

(b)

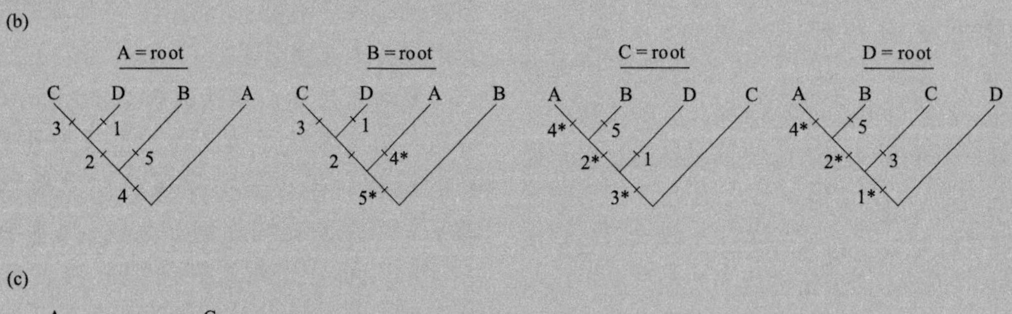

(c)

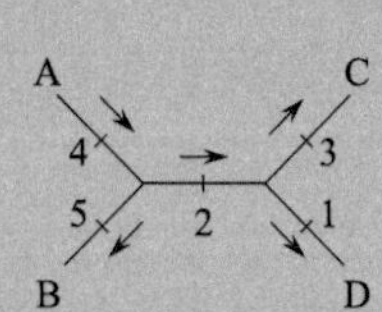

图 4.18 特征极向未知时构建分支图的例子

(a) 特征资料。(b) 四个可能的分支图，每个对应于某个种，该种的所有五个特征都处于原始状态。例如，假设种 B 是原始的，那么数值 0 在特征 1、2、3 中代表原始状态，而数值 1 在特征 4、5 中代表原始状态。每个特征编号代表了一个步长。带星号的编号表示该特征从状态 0 演化到状态 1，其余表示从状态 1 演化到状态 0。(c) 无根网状图展示了四个种之间的关系。箭头表示特征从状态 0 向状态 1 转变。不考虑特征极向，A 和 B 被两个步长（特征 4 和 5）分隔；C 和 D 也被两个步长（1、3）分隔；AB 和 CD 被一个步长（2）分隔；AB 对中的任一个和 CD 对中的任一个被三个步长（4 或 5；2；1 或 3）分隔。

其他方法

此处描述的获取系统发育关系的方法——分支系统学简约法（cladistic parsimony），是目前针对形态学特征（古生物学通常只涉及形态学特征）使用最广的方法。当然，还存在许多其他方法。这些方法多数有一个共性：它们对大量可选的分支图或演化树进行评估以获得对某标准来说最优化的图——正如简约法以使用最少的演化步骤为标准建立分支图一样。

获得广泛关注的优化标准之一是：在一个假想的演化模式下，所获得的分支图能满足所观察到的特征资料的可能性（probability）。在这种状况下，相关的可能性是与所谓的**似然**（likelihood）成正比的：表述了最大可能性的分支图被认为提供了系统发育关系的**最大似然估计**（maximum-likelihood estimate）（见知识点 4.7）。演化模式通常包含了以下要素：在非此即彼的特征状态间转换的可能性、不同演化速率的数目——从最简单的模式即所有世系所有特征都以一样的速率演化，到复杂的模式即每一个世系都具有独特的速率——等。

知识点 4.7

系统发育关系的最大似然判断

图 4.19 用一个非常简单的只涉及三个假想种的例子对似然法进行了描述。在实际工作中，虽然演化过程可能与本例大为不同，但如何从分支图中进行选择的最终标准是一样的。图 4.19b 是特征矩阵。图 4.19b 列举了三个用于判断似然的分支图。

以下是为本例所制定的假设：（1）特征均已极向化，0 代表原始状态。最基部的标有 X 的节点，在所有特征上都是最原始的。（2）每个分支图都有四次特征变化机会，分别对应于从一个节点分别演化到三个终端类群和两个节点 X 和 Y 之间的演化。这四次机会中的每一个，其从状态 0 变化到 1 的可能性都被假定为相同。这个可能性被指定为 P。假定特征状态可以从 0 变化到 1，但却没有变，那么这个可能性等于 $1-P$。（3）不存在特征逆转现象（即不会从状态 1 变化到 0）。

三个种的特征分布型式为 001（特征 1）；011（特征 2）；100（特征 3）。分析的要点在于将每种可选的系统发育假说获得这些特征分布型式的可能性进行计算机化。让我们考虑特征 1。先来看看分支图 I。由于此特征只在种 C 中表现为衍生状态，那么它只变化了一次，从节点 X 变到 C，而失去了另三次变化机会，即从 X 到 Y、从 Y 到 A、从 Y 到 B。可能性的净值就等于 $P(1-P)^3$（见图 4.19c）。

同理，对于另两个分支图，获得特征分布型式 001 的可能性都等于 $P(1-P)^3$。由于不管哪个分支图其观察到 001 分布型式的可能性都相同，基于特征 1 所获的三个分支图的似然就无法区分。特征 3 也一样，获得其分布型式 100 的三个分支图，其可能性都是 $P(1-P)^3$。这样的结果并不奇怪，因为本例的特征都被认为是独特的而非共享的新征。

让我们转向特征 2。其分布型式为 011。在分支图 I 中，该特征的衍征应该独立地演化了两次，一次从 X 到 C，一次从 Y 到 B。记住我们已假定特征不会从 1 逆转到 0，那么特征 2 也失去了从 X 到 Y 和从 Y 到 A 的两次机会。因此，分支图 I 的可能性净值就等于 $P^2(1-P)^2$。分支图 II 显示了同样的值。

在分支图 III 中，获得这样的分布型式有两种可能的方式：一种方式为，衍征可能独立地演化了两次，分别从 Y 到 B 和从 Y 到 C；失去了两次变化机会，分别是从 X 到 Y 和从 X 到 A。相应的可能性就成为 $P^2(1-P)^2$。另一种方式为，衍征只演化了一次，从 X 到 Y，之后该衍征延续到 B 和 C；失去一次变化机会，即从 X 到 A。相应的可能性就成为 $P(1-P)$。因此，对于分支图 III 来说，获得特征分布型式 011 的总可能性就等于 $P^2(1-P)^2+P(1-P)$。显然这个值大于分支图 I

或 II 的值，即 $P^2(1-P)^2$。由于分支图 III 的可能性值最高，该分支图就被认为提供了最大似然判断。考虑到我们对此例作了人为的假设，同样的分支图也会被简约法所选择也就不足为奇了。但通常情况下，事实并非如此。

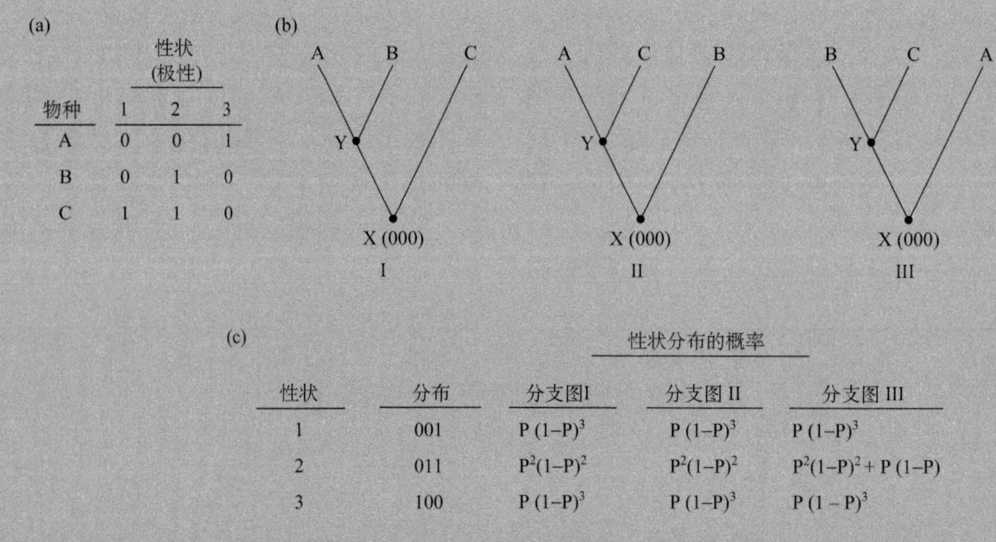

(a)

物种	性状（极性）		
	1	2	3
A	0	0	1
B	0	1	0
C	1	1	0

(c)

性状	分布	性状分布的概率		
		分支图I	分支图 II	分支图 III
1	001	$P(1-P)^3$	$P(1-P)^3$	$P(1-P)^3$
2	011	$P^2(1-P)^2$	$P^2(1-P)^2$	$P^2(1-P)^2+P(1-P)$
3	100	$P(1-P)^3$	$P(1-P)^3$	$P(1-P)^3$

图 4.19 根据似然原则评估分支图的例子，即估计分支图准确时，观察到给定数据的概率

(a) 特征矩阵。(b) 三个假定的分支图。任何特征沿着分支图的某片段从 0 演化到 1 的可能性被指定为 P，而不演化的可能性为 $1-P$。这里分支图的某片段指的是两个节点之间（如 X 到 Y），或者一个节点到一个终端（种）之间。假定特征不会从状态 1 逆转到 0。(c) 特征 1 和 3 在所有分支图里都提供了相同的似然，因而所提供的信息是有限的。特征 2 为分支图 III 提供了最高的似然，因而更有分析价值。

似然法具有几个潜在的优势。与简约法相反，支持似然法的演化模式是明确的，因而可进行直接的评估。另外，相似性分析具有成熟的统计学基础，而且对不同分支图的相对支持度可进行严密的测算。也许最重要的是，对特定事例，尤其是那些演化速率不同，因而产生较多长枝吸引问题的事例，似然法能比简约法获得更准确的分支图。似然分析主要用于 DNA 序列资料，通过这些资料建立演化模式非常容易，这对于古生物学来说就是坏消息了。但不管怎么说，此分析用于形态学资料理论上是可行的，而且似然法的不断改良或将成为系统生物学和系统古生物学的重要进展之一。

谱系中的时间维

此前我们专注于用分支图的方式重建谱系关系，但对许多古生物问题来说，获得演化树更为重要。无论出于何种目的，构建演化树的重要性都不亚于把地层或年代资料 [见 6.1 节] 与系统发育分析过程结合起来。

把地层资料与系统发育分析结合起来的方法有两种。第一种运用形态资料先建立起分支系统学关系，之后再把地层位置加进去以形成演化树。第二种是把地层分布信息作为建立演化关系的基础。这里我们给每个方法举个实例进行说明。

考虑三个假想世系片段的特征资料、分支图和时间分布（图 4.20）。特征资料显然支持 A(BC) 这样的组合：B 和 C 共享特征 1 的衍生状态因而排除了 A。A 的地层分布比 B 和 C 早的事实也许可表明 A 是后两者的祖先种（图 4.20d）。但如果 A 是祖先种，它却又拥有一个本应属于 B 和 C 的新征。如果要维持 A 的祖先种地位，就要求那个 A 独有的特征是被 (BC) 组合丢失的。另一种假设是 A 和 (BC) 共享同一个祖先类群（图 4.20e），A 的新征是在 A 和 (BC) 已从同一个世系分异出来之后形成的。两个假设相比，后者更为简约。

(a)

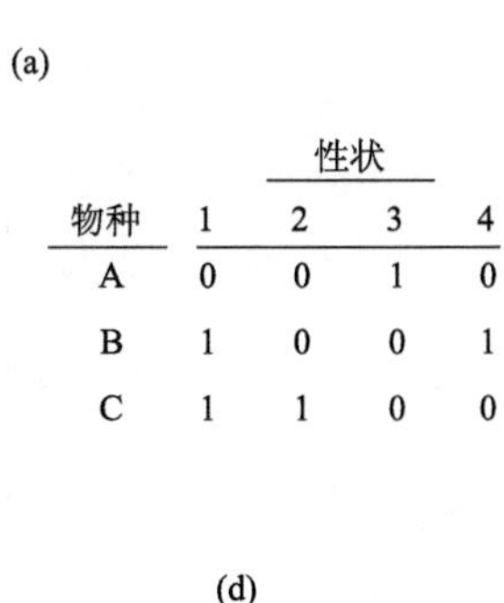

物种	性状 1	2	3	4
A	0	0	1	0
B	1	0	0	1
C	1	1	0	0

(b)

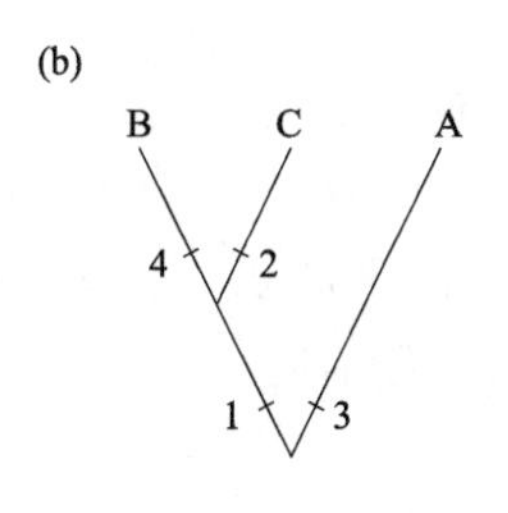

(c)

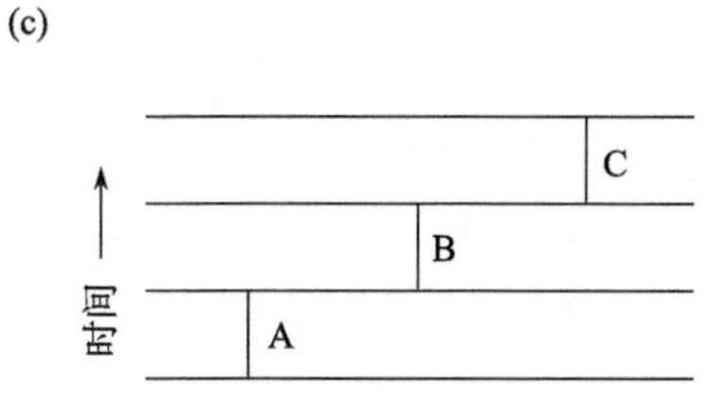

(d)

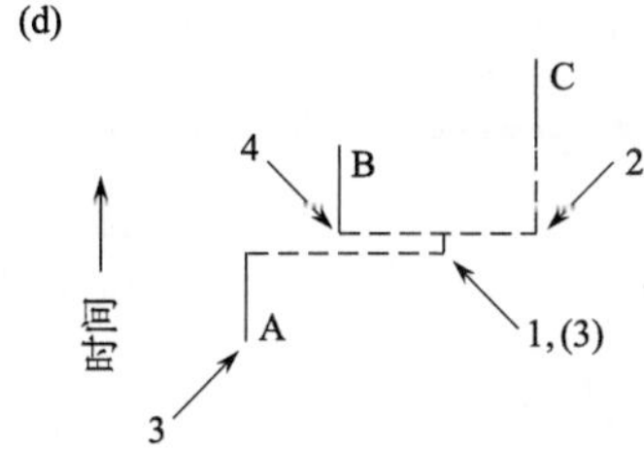

(e)

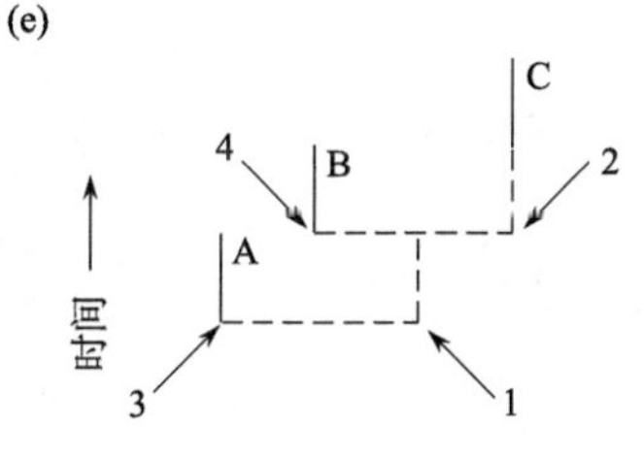

图 4.20 在分支图建立后结合地层位置信息的一种方法

(a) 特征资料：数值 0 为原始、1 为衍生。(b) 根据这些资料建立的最简约分支图。(c) 取样种的地层位置。(d) 假设 A 是 BC 的祖先种所构建的演化树。由于 A 在特征 3 上是独有衍征，此树要求该特征有二次丢失。(e) 假设 A 和 BC 共享一个未取样的祖先种所构建的演化树。不要求特征逆转。

当 A 相对于 B 和 C 来说绝对原始，不拥有任何新征时，就出现了一个完全相反的例子（图 4.21）。把 A 当作 (BC) 组合的祖先种看起来合理，也简约。因此，当一个类群在地层上较低，相对于它的姊妹分支又具有绝对的近祖性（plesiomorphic）时，那么把该类群当作潜在的祖先类群成为通则。实例参见知识点 4.8。

许多古生物学家已意识到根据形态学资料构建了分支图后地层资料就不会仅限于区分类群的位置了。可将地层位置与分支图本身的构建结合起来的**地层分支系统方法**（stratocladistics）因此发展起来。地层分支系统方法的要点就是把形态学资料和地层学资料作为逻辑上同等的信息类别来对待。这就意味着用同样的标准——简约法——来评价一个假定的演化树与观察到的资料（无论是形态学资料还是地层学资料）之间的一致性（见知识点 4.9）。

(a)

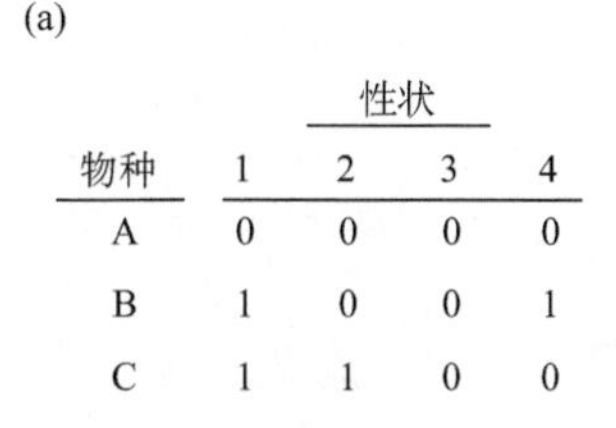

物种	性状 1	2	3	4
A	0	0	0	0
B	1	0	0	1
C	1	1	0	0

(b)

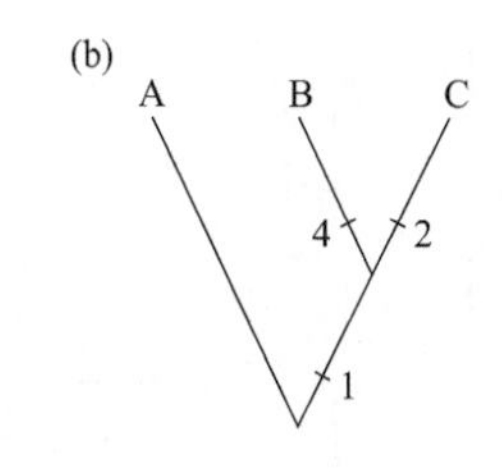

(c)

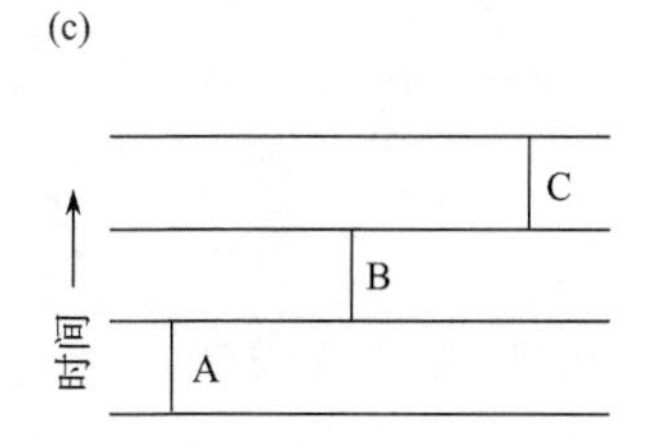

(d)

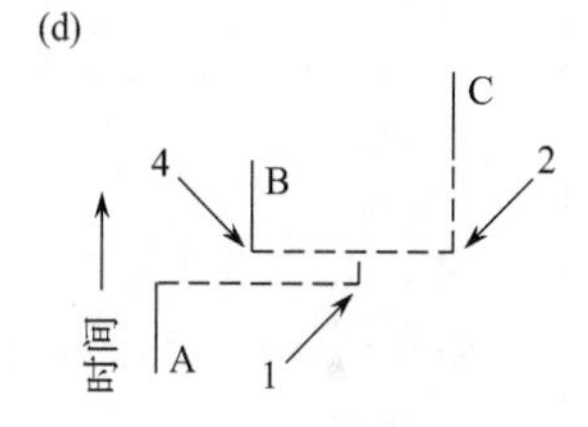

图 4.21 当某个种具有绝对的近祖性时结合地层位置信息的一种方法

(a) 特征资料：数值 0 为原始、1 为衍生。(b) 根据这些资料建立的最简约分支图。(c) 取样种的地层位置。(d) A 为 BC 祖先种的演化树。由于 A 没有独有衍征，这样的关系不要求演化逆转。

知识点 4.8

部分海胆的演化树构建

本例的演化树构建以图 4.20 和 4.21 中展示的原则为准。图 4.22a 是根据特征资料利用简约法构建的分支图。外类群用黑体表示。星号代表一个已绝灭的属，（—）代表相对于姊妹类群没有衍征的属，而（+）表示具有一个或多个衍征。（?）表示无法确定姊妹属 *Coelopleurus* 和 *Murravechinus* 中哪个更原始——因为 *Coelopleurus* 属既有衍征又有祖征。

图 4.22b 展示了取样属的地层分布范围及与分支图一致的演化树。为构建此演化树，一对姊妹类群中层位低的那个当缺乏衍征时将被放置在祖先类群的位置上，如图 4.21 显示的那样。*Acropeltis* 演化出 *Goniopygus* 就是一个例子。相反，当它具有衍征时，即使它出

现的层位较低，也会被放在终端的位置。例如 *Glyphopneustes* 并未出现于 *Arbia* 的祖先类群的位置。把 *Coelopleurus* 放在 *Murravechinus* 的祖先类群的位置纯粹基于地层位置。*Hemicidaris*、*Hypodiadema*、*Gymnocidaris* 三者的分支系统关系是由几个同样简约的分支图决定的，与图 4.22a 中将 *Hemicidaris* 和 *Hypodiadema* 当作姊妹类群不同。

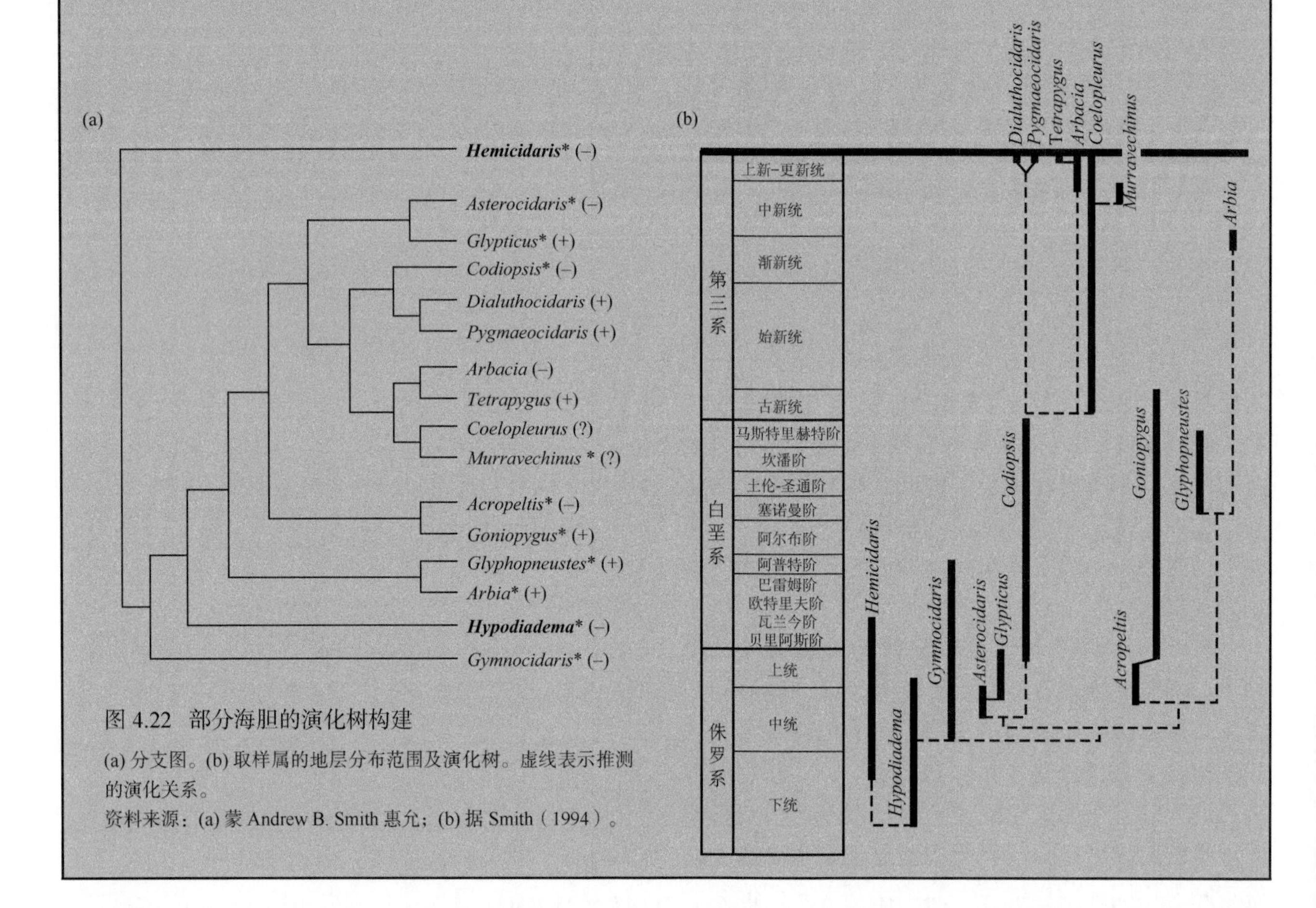

图 4.22 部分海胆的演化树构建

(a) 分支图。(b) 取样属的地层分布范围及演化树。虚线表示推测的演化关系。

资料来源：(a) 蒙 Andrew B. Smith 惠允；(b) 据 Smith（1994）。

知识点 4.9

地层分支系统方法

我们已了解了简约法对于形态资料的意义。图 4.23 图示了地层学简约法的概念。被评估的演化树在某种程度上是不简约的，因为它假设了一个未被实际观察到的世系的存在。人们预计如果该世系确实存在过的话，它可能出现在某时空范围内的某适合保存的沉积物里。例如图 4.22 的海胆演化树就假设了许多未被观察到的世系（竖线中的虚线）。对沉积物是否适合保存的判断来源于沉积相特征或埋藏控制单元的存在与否（见 1.1 节）。

图 4.23a 展示的形态学资料支持 A(BC) 的组合（图 4.23c）。在一个与这个组合相一致的演化树（图 4.23d）中，A 是 C 的祖先类群，而 C 则是 B 的祖先类群。此演化树要求 C 类群，或者一个演化出 C 的世系的存在，并跨越了两段层位。事实上，这两段层位里并未发现该类群。每一个这样未被采获的世系片段就给**地层简约亏欠**（stratigraphic parsimony debt）增添了一份“债务”。由于此演化树的演化步骤是对于两个衍征状态来说最少的步骤，因此该演化树不存在**形态简约亏欠**（morphological parsimony debt）。

在另一个可能的演化树（图 4.23e）里，A 先演化出 B，持续了一段时间后，又演化出 C。此树形态上与 A(BC) 组合并不一致，它暗示 A 与 B 的关系和 A 与 C 的关系一样近。此演化树产生了一份地层亏欠，因为它假设了一个从 A 演化到 C 的世系片段，该片段未见保存。同时，该演化树还产生了一份形态亏欠，因为特征 3 的衍生状态应该演化了两次。如果地层学和形态学的简约亏欠被同等看待，此演化树就被认为与图 4.23d 的树一样简约，即使在形态上其简约性要差一些。

还可假设出许多演化树。在本例的第三个演化树里，A 是 B 的祖先类群，而 B 又成为 C 的祖先类群（图 4.23f）。此树并未要求未取样的世系片段，因而不存在地层亏欠。然而，它暗示了一份形态亏欠，因为它要求 C 类群二次丢失特征 2 的衍生状态。在本例的三个演化树里，此树具有最少的形态亏欠和地层亏欠之和，因此成为最符合地层分支系统学方法要求的演化树。

在图 4.23 所示的假想例子中，我们假设形态简约亏欠和地层简约亏欠权重相同。然而，正如分支系统学允许对那些不太可能来源于趋同演化的特征进行加权一样，当有证据表明在相应层位里化石记录已较为完整时地层分支系统学也允许对特定的未实际采获的世系片段给予不同的权重。换句话说，如果我们已知某化石记录已相当完整，我们就应该对假想出的世系给予适当的怀疑；而如果我们已知某地质学上特定的沉积缺失或罕见，我们就应适当“抵消”那些由缺失的世系片段所增添的地层简约亏欠，因为它们可能确曾存在，只是未能保存下来。当埋藏学信息并不十分可靠时，地层分支系统学甚至能给予所有的地层学资料较少的权重。

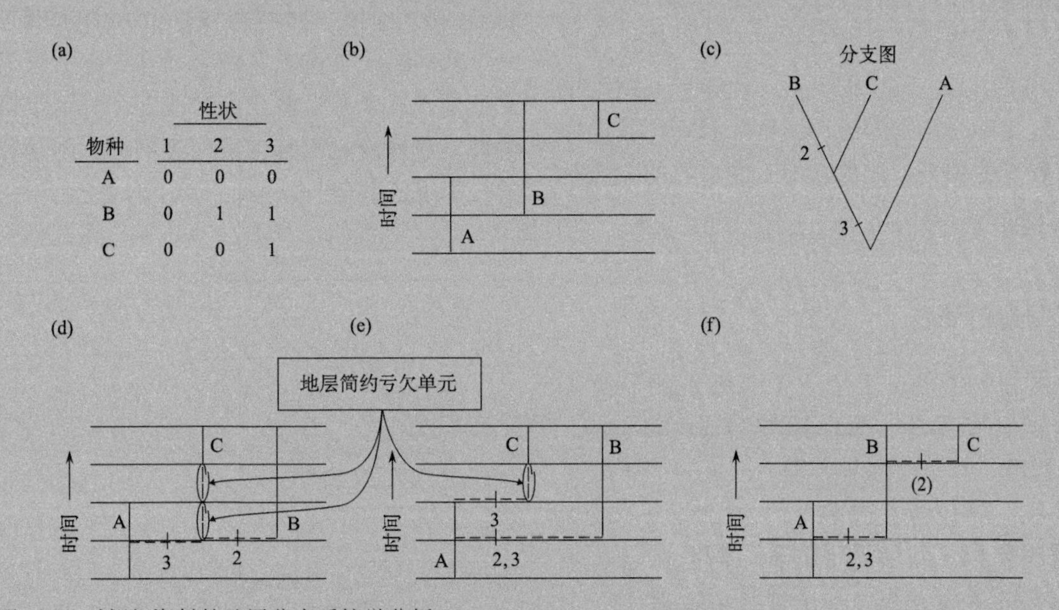

图 4.23 对假想资料的地层分支系统学分析

(a) 特征资料：0 表示原始状态，1 表示衍生状态。(b) 取样类群的地层分布范围。(c) 对应于特征资料的最简约分支图。（d—f）是三个对应于特征资料和地层分布范围的可能的演化树。树 (d) 对特征的逆转和重复演化都无要求，却要求一个演化出种 C 的并未被采获的世系在两个地层段里的存在。树 (e) 要求特征 3 演化了两次，并要求一个演化出种 C 的并未被采获的世系在一个地层段里的存在。树 (f) 要求特征 2 逆转到原始状态，但它不要求未被采获的世系。树 (d) 满足分支系统学的要求而树 (f) 满足地层分支系统学的要求。

4.3 分类

无论对于物种还是无生命物体的分类，其主要目的之一就是对信息进行有效的总结和恢复。这有助于记忆并有利于交流。对物种的理想分类一方面能对其形态特性进行总结，另一方面还能反映演化关系。例如，古生物学家报道了一个新的节肢动物化石，几乎所有科学家都能立刻联想到该生物体具有节肢动物门的典型特征，比如几丁质的外骨骼、有节的肢等。如果该古生物学家进一步报道说该标本属于三叶虫纲、栉虫目、栉虫超科，那么那些典型的三叶虫特征，包括三分的虫体、合生的尾区（或称尾节，pygidium）和双支型的附肢等将出现在几乎所有古生物学家或生物学家的脑海里。而三叶虫专家更能联想到一些典型的栉虫类特征，例如特化的幼虫等。

因此，分类允许用少量词汇来表述解剖特征的细微信息。在三叶虫的例子中，门、纲、目还是分支，因此，将标本划分在该分类系统中还意味着该标本与其他节肢动物具有较近的亲缘关系，比如它与甲壳动物的关系就比与贻贝类要近；也意味着它与其他三叶虫类具有较近的关系，比如它与镜眼虫类的关系就比甲壳动物要近；还意味着它与其他栉虫类具有较近的关系，比如它与三瘤虫类的关系就比与镜眼虫类的关系要近。

较高分类等级的属性

对物种进行分类，并引入更高级别的分类等级而构建的分类系统，源自林奈（Carl Linnaeus，1758）的标准，并历经多年发展，已成为一个嵌套的等级系统。界包含一或多个门，门包含一或多个纲，以此类推，直到属下的种。同时，它又是一个不重叠的等级系统。一个种只可能属于一个属，一个属只属于一个科，以此类推。在界和种之间最常用的等级是门（phylum 或 division）、纲（class）、目（order）、科（family）、属（genus），虽然照惯例，尤其当涉及许多种的组合时，还会用到许多中间等级，比如亚门（subphylum）、亚纲（subclass）、超目（superorde）、亚目（suborder）、超科（superfamily）、亚科（subfamily）、亚属（subgenus）等。

《国际动物命名法规》用规则（rule）和辅则（recommendation）来规定高级阶元的形成。规则与种的规则大体相似。通常假定所有的属都能被归入科、目等等，同时也允许演化关系不明的属的存在。这种情况下，该属可被独立命名，或称作**未定命名**（open nomenclature，也叫“incertae sedis”，“位置未定”）。模式的概念也被引用到高级阶元的定义上。当申请建立一个新属时，伴随着属的原始描述，还必须指定一个**模式种**（type species）。模式种必须成为该属名的承载者。同样地，一个科必须有一个**模式属**（type genus），目、纲等以此类推。

一个种的组合可以是**单系的**（monophyletic），意即该组合包含了一个共同祖先类群及其所有后代类群（图 4.24）——换句话说，即前文所说的分支（clade）。它是演化树上的一个独立的分枝。我们熟悉的包含高级阶元的单系类群的例子有**脊索动物门**、哺乳动物纲、灵长目等。在某些方面与单系群相似的另一种组合是**并系的**（paraphyletic），包含一个共同祖先类群及其部分而非全部后代类群。广义上说，一个并系群是一个或多个其他组合的祖先类群，意即演化出其他后代类群的世系是并系类群的一个组成部分。

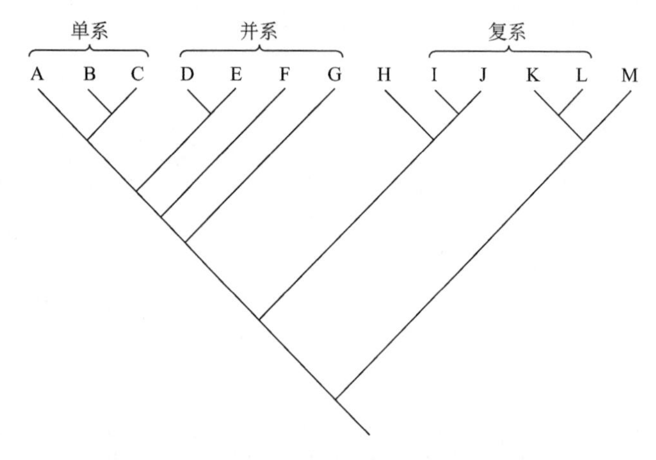

图 4.24 显示单系、并系和复系群的分支图

让我们再返回图 4.10 所示的四足动物的分支图。被称为两栖类和爬行类的两大传统类群都是并系的。简单地说，两栖类是无羊膜卵的四足动物，而爬行类是鸟类和哺乳动物之外的羊膜动物。一个

复系的（polyphyletic）组合其成员并非来源于同一祖先类群。具翅的脊椎动物（包括飞龙类、鸟类和蝙蝠类）就是复系类群的一个例子。从分类的双重目的——既反映演化关系又总结形态特性——来考虑，复系类群通常是不符合要求的，我们将不再作进一步讨论。

这个单系、并系、复系的三元术语应用最为广泛，我们也用它们来进行进一步讨论。一些系统学家把这里定义的并系和单系都称为“单系”，而把后者称为**全系**（holophyletic）或**狭义单系**（strictly monophyletic）。

涵盖范围和等级

在建立种以上类群时，需做两个不同的决定：该类群应涵盖哪些低等级类群；该类群又该被确定在哪个水平（level）或哪个**等级**（rank）（指属、科、目等）上。对任何事例，答案都受研究者的主观判断及其实践经验的影响，法规并未对此作明确规定。

与系统发育信息可成功地通过公认的计算方法来获取所不同的是，迄今为止，用严格的规则来建立分类系统的努力均告失败。

假设获得了一个准确的演化树，据此判断两个种是否在同一个分枝上是毫无问题的。但要回答它们是否该被划归同一个高级类群就没有确定答案了。一个典型的例子就是人类与近缘的灵长类的分类。大量的遗传学资料支持在现生灵长类中人类与黑猩猩属（*Pan*，包括黑猩猩和倭黑猩猩）亲缘关系最近，而与大猩猩和其他巨猿亲缘关系较远（图 4.25）。当然还有其他不同的分类方案。有的强调人类明显的趋异形态特征，把他们归入一个独立的科（而把黑猩猩属和大猩猩属这两个属放在另一个与之并系的科）。一个今天被普遍接受的分类是把人属（*Homo*）、已绝灭人类、黑猩猩属（*Pan*）、大猩猩属（*Gorilla*）和猩猩属（*Pongo*）都放在一个单系的科，人总科（Hominidae）里。

正如某高级类群的涵盖范围无法由严格的规则来确定一样，即便在对分类组成不存在不同意见的情况下，对该类群的等级的确定也取决于研究者的主观判断。人类和黑猩猩是同一个属下的两个不同种，还是同一个科下的两个不同属？没有标准答案。许多系统学家希望等级能与类群间形态差异的程度成比例。种由较小的差异区分，属由较大的差异区分，以此类推。

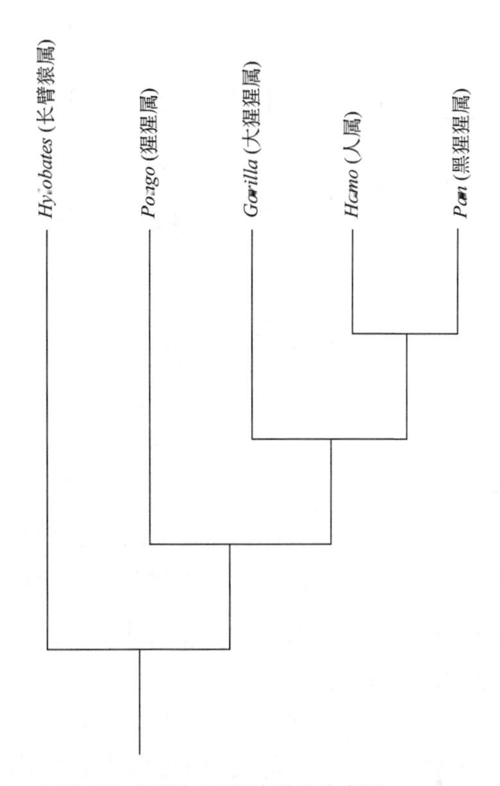

图 4.25 显示现生人类与巨猿关系的分支图

综合大量研究成果绘制，包括形态资料和 DNA 序列资料。修改自 Purvis（1995）。

形态差异在决定等级时无疑是重要的，但这并不排除其他标准的使用。也许最通用的标准是演化序列（evolutionary success），也可以说是分异度随时间延续所产生的累计效应。人们常说如果鸟类在侏罗纪就绝灭了，那么鸟纲（Aves）就很可能不会建立，始祖鸟属和它的“亲戚”们可能只被归入兽脚类恐龙下的一个独立的科而已（图 4.10）。

更高分类等级也被应用于原始的、并系的类群，这些类群演化出一个或多个被命名为高等级类群的组合。例如，棘皮动物**海蕾亚门**（Blastozoa）中，被称为**始海百合类**（eocrinoids）的原始类群演化出了许多纲级类群（图 4.26）。很多纲级类群，比如海蕾纲（Blastoidea）和 Coronata 纲，显然是

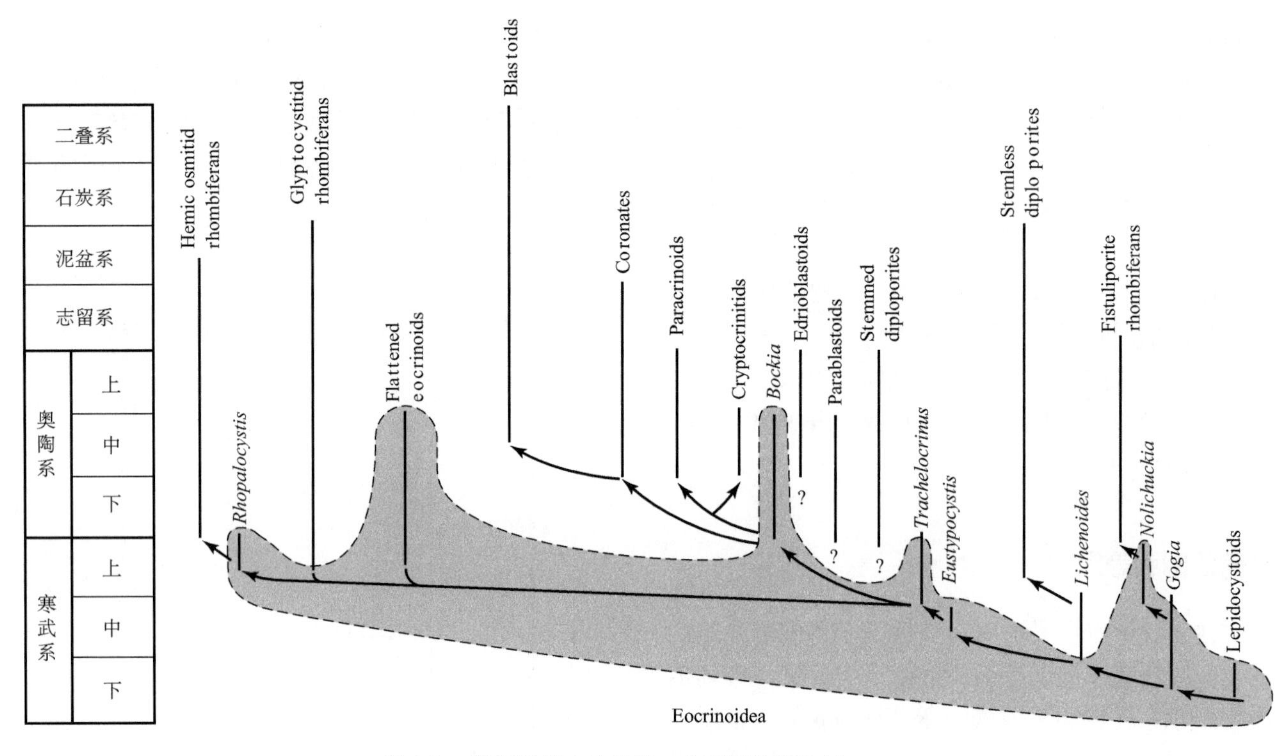

图 4.26 海蕾类棘皮动物的一个可能的演化树

并系的始海百合纲用虚线框出。据 Paul 和 Smith（1984）。

单系的。在多数分类系统里，并系的始海百合类也被正式命名为始海百合纲。

如果某特定的高分类等级被用于一个门或纲的部分类群，那么它也能被用于该门或该纲内的所有或大多数同级别类群，虽然这并非强制性要求。例如，亚纲通常被用于划分海百合类。最早描述于1973年的中寒武世的 *Echmatocrinus brachiatus* 被一些学者认为属于海百合类，但因它与其他海百合类的亲缘关系不明，被划分到一个**单系**的属、单系的科、单系的目和单系的亚纲。与此类似的是按姊妹分支中的已确定分类等级的类群给另一类群定级别。逻辑上这是理所当然的，但正如其他确定高级类群的方法一样，它也同样面临着究竟应该定在哪个等级的问题。

4.4 结束语

我们从如何处理资料的角度讨论了获取系统发育信息的方法。事实上，系统发育学的最关键步骤是详细的形态分析，目的在于了解个体发育的细节、弄清变异的来源、对可能影响特征独立性的性状进行对比以及对可能的演化过程进行初步的了解等。经验表明，那些提出了无可辩驳的、可信的系统发育关系的古生物学家不一定掌握了最好的计算机技能，但他们却对某类生物具有详尽的了解，从而能提供可靠的形态学分析。

即使当两个古生物学家完全赞同某演化关系时，他们对用哪个分类系统来表现该演化关系及其他信息更为理想也可能持不同意见。我们觉得如果一个分类系统只允许单系类群存在，它所损失的信息和研究便利要大于它所保持的优势（见知识点4.10）。当然，一些古生物学家已完全接受了他们所研究类群的系统发育分类。越来越多的演化关系被解决；分类信息的存储和恢复的日益电子化又导致越来越庞大的单系类群和冠 - 茎 - 近系统（见知识点 4.10）被获取，我们有理由期望看到系统发育分类研究领域有更大的进展。

在分类学中最近产生的一项进展就是在物种命名中引入了**系统发育编码**（phylogenetic code）。这种编码的一个版本就是取消将种纳入属以及更高等级的类群，除非该类群已被确证为单系类群。这将是与从林奈时代就开始的传统双名法的彻底决裂。

知识点 4.10

古生物学中的并系类群

对并系类群的应用有以下不同观点：

- 在一个并系类群和由它演化出来的单系类群之间画连线被认为具有人为性，因为从演化树的不同地方画线都可能产生等效的结果。当然，这种情况下所获得的单系类群其人为性并不比并系类群少。系统发育分类只要求根据共有新征对类群进行组合，却并不限定哪些新征可用，因而也不限定哪些种必须被归入某高级类群。唯一完全没有人为性的分类系统就是把每个单系类群都划入一个更高等级（图 4.27）。然而，这将导致分类名称的激增，在许多方面造成累赘和不便。
- 并系类群一定程度上是由它们所共同缺乏的特征而非共同拥有的特征来限定的。回到图 4.26，始海百合类具有一个被称为腕羽（brachiole）的捕食构造，这是海蕾类棘皮动物的特征构造。但始海百合类与其他海蕾类的主要区别在于它缺乏其他世系所拥有的一些新征。在系统发育系统学概念上，保留原始特征并没有特殊意义，几乎没有任何特征可以把始海百合类组合在一起，它们仅仅是被各单系类群排除在外的残余分子的组合。
- 属和科的最早出现的和最晚出现的分子许多是并系类群，它们常被用来确定化石记录的起源和绝灭的型式 [见 7.2、8.5、8.6 节]。高级类群发生变化的时间通常也被当作种发生变化的时间。但一些学者对此提出质疑，认为并系类群有可能曲解种级起源和绝灭型式的真实含义。

最后一个问题示于图 4.28。图 4.28a 展示了一个假想的演化树，在地层段 5 的顶端发生了种的集中绝灭。图 4.28b 展示了将该演化树分为两个更高级类群的一种可能途径。两个类群一个是单系的，一个是并系的。这种分类方案显示，并系类群的最后出现时间与集中绝灭时间并不一致，但单系类群是一致的。因而，如果用并系类群的绝灭来代替其下某种的绝灭事件，必将产生误导。然而，误导并非由并系类群的固有特性决定的。在另一种分类方案（图 4.28c）里，并系类群的最后出现时间与大量物种的绝灭时间相一致，反而是单系类群的最后出现时间与种级绝灭事件不一致。

事实上，图 4.28b 和图 4.28c 究竟哪种情形更常见还是未知数。每种都能找到实例。换句话说，我们只是不知道这种并系类群产生的误导会有多严重。

并系类群在反映重要的形态、功能和生态区别上可能很有价值。鸟类在系统发育概念上被归入恐龙类中，但让一个独立的、并系的恐龙类存在被许多学者认为对于区分一些重要的解剖学和生理学差异仍具有重要意义。

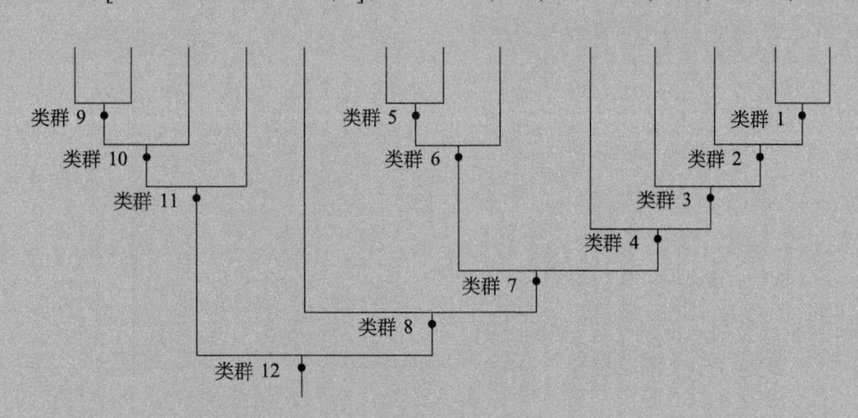

图 4.27 假想分支图，示许多单系类群嵌套在一起

一个建立了分支系统分类的学者必须对将哪些组合描述为正式的更高级类群、描述为何等级类群等作出决定。

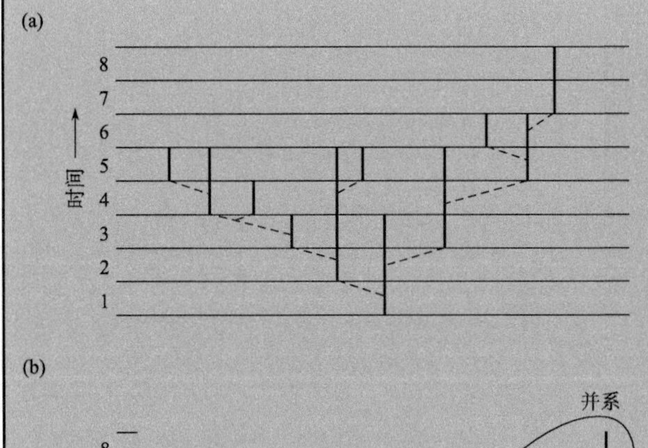

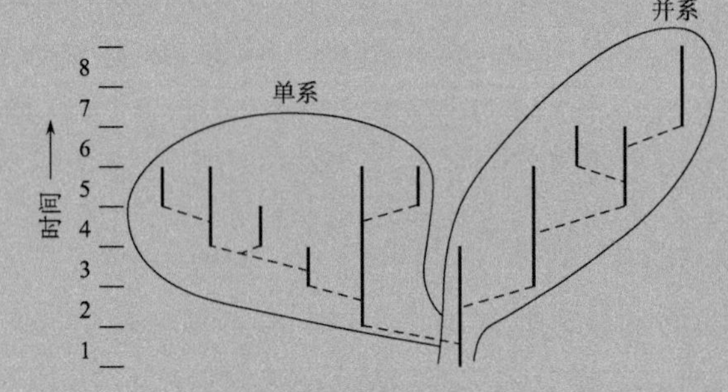

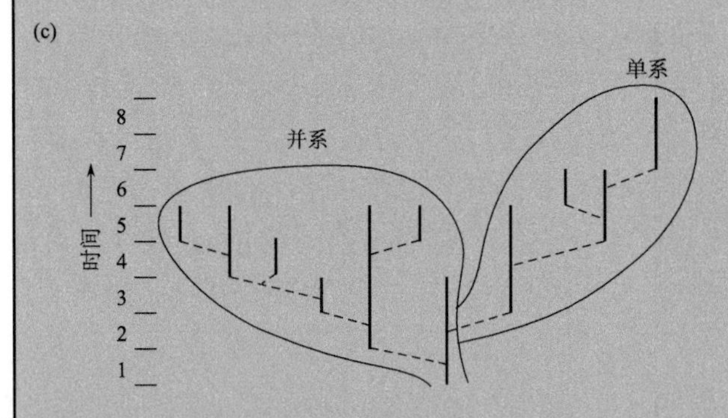

图 4.28 种级绝灭与高级类群的绝灭

(a) 假想的演化树，被两种途径分别划分成一个单系一个并系的两个更高级类群（b、c）。许多种在地层段 5 绝灭。该种级绝灭事件在 (b) 中对应于单系类群的最后出现时间，而在 (c) 中对应于并系类群的最后出现时间。修改自 Fisher（1991）。

从古生物学观点来看，也许保留并系类群最有说服力的论据在于，根据化石记录重建演化树不仅表达姊妹类群的关系，还表达祖 - 裔关系。每个祖先类群从本质上来说都是并系的。在化石记录稀少的组合里，建立祖 - 裔关系相对比较困难，大多数取样的类群都成为终端类群，因而建立一个没有并系类群的分类系统可能性较大。然而，对于那些有大量化石记录的组合，祖 - 裔关系常常被保存下来，并系类群也就成为实际需要了。

为尽量避免系统发育分类和古生物学资料间的矛盾，人们创建了一个不需要把每个种都放入更高级类群（从属到门）的系统。该系统将**冠群**（crown group）与**茎群**（stem group，也译作“基干类群”）区别开来。前者指包含了现生种及与它们组合在一起的绝灭种的一个单系类群，后者指仅由剩余的绝灭种组成的并系类群（图 4.29）。茎群不被正式命名为一个高级类群，而茎群中的单系类群被称为**近群**（plesion）。这些近群可以被赋予等级，但它们不能被纳入一个有演替关系的更高等级。

表 4.4 显示了图 4.22a 里展示的海胆类这样一个分类系统。注意这里用了非正式分类阶元（诸如“未命名亚科 1”和“组合 1”）。*Hemicidaris* 属被认为不是单系类群，而是从

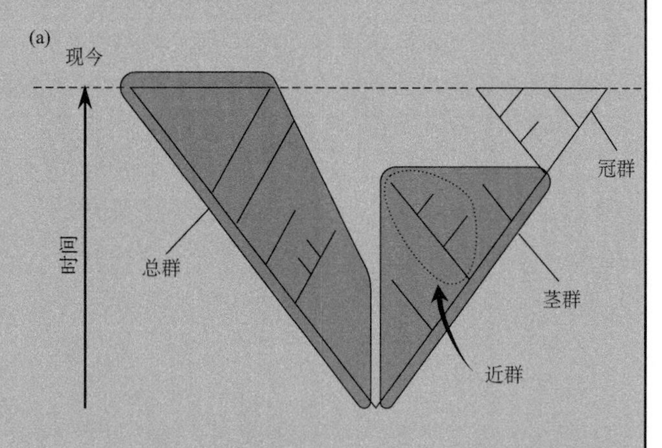

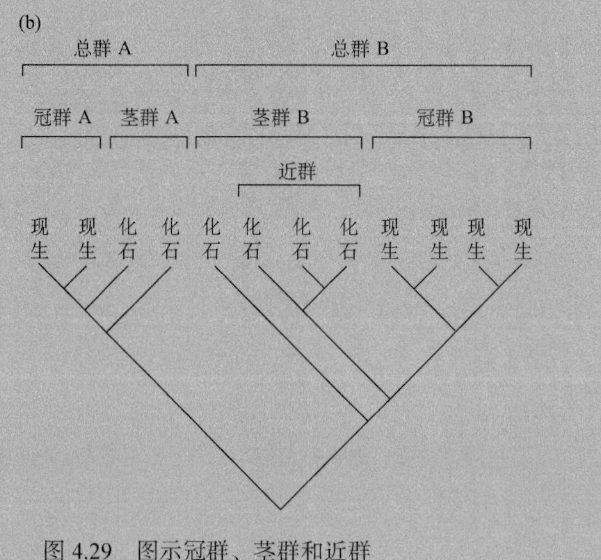

图 4.29 图示冠群、茎群和近群

(a) 假想的演化树。(b) 分支图。图中的每个部分都是一个可鉴别的近群。据 Smith（1994）。

两个亚科里划分出来的。还应注意，此表中的三个近群（*Hypodiadema*、*Gymnocidaris*、*Codiopsis*）根据图 4.22b 的演化树有可能是祖先类群，因而是并系类群。未命名亚科 2 和 *Dialuthocidaris*+*Pygmaeocidaris* 两个属组成的姊妹对组成了此分类系统中的两个冠群。

虽然冠 - 茎 - 近系统方法在某种程度上使系统发育系统学与古生物学资料结合了起来，但对于那些完全由绝灭种组成的组合，如三叶虫类，此方法却不适用。另外，对绝灭类群的等级不作要求，也可能导致所获得的分类系统储存和恢复信息的潜力大为降低，尤其是对那些主要由绝灭而非现生种组成的类群，比如鳃足类、头足类、海百合类等。

表 4.4 图 4.22a 中海胆类的分类系统，展示近群的应用

Order Arbacioida Gregory	Unnamed plesion 2
Plesion (Genus) *Hypodiadema* Desor	Genus *Glypticus* Agassiz
Plesion (Family) Hemicidaridae Wright	Genus *Asterocidaris* Cotteau
Subfamily Hemicidarinae Smith and Wright	Family Arbaciidae Gray
Genus *Hemicidaris* Agassiz (in part)	Unnamed subfamily 1
Subfamily Pseudocidarinae Smith and Wright	Plesion (Genus) *Codiopsis* Agassiz
Hemicidaris termieri Lambert	Genus *Dialuthocidaris* Agassiz
Plesion (Genus) *Gymnocidaris* (Agassiz)	Genus *Pygmaeocidaris* Doderlein
Unnamed plesion 1	Unnamed subfamily 2
Family Acropeltidae Lambert	Group 1
Genus *Acropeltis* Agassiz	Genus *Arbacia* Gray
Genus *Goniopygus* Agassiz	Genus *Tetrapygus* Agassiz
Family Glyphopneustidae Smith and Wright	Group 2
Genus *Glyphopneustes* Pomel	Genus *Coelopleurus* Agassiz
Genus *Arbia* Cooke	Genus *Murravechinus* Philip

资料来源：Smith (1994)。

与此进展相关联的是对生物学上的物种概念 [见 3.3 节] 的重新考虑。新建议的**系统发育物种概念**（phylogenetic species concept）用是否拥有有别于其他种的演化历史来限定一个物种。该演化历史应该导致种内的居群（如同分支内的种）由共同衍征组合在一起。实际操作上，此概念所认定的种，必须是“最小的居群集合。可由一组独特的特征集要所鉴定”（Nixon and Wheeler, 1991）。一个正式的系统发育命名密码在何种程度上能为生物学家和古生物学家所用，还需拭目以待。

补充阅读

Bodenbender, B. E., and Fisher, D. C. (2001) Stratocladistic analysis of blastoid phylogeny. *Journal of Paleontology* 75: 351–369. [地层分支系统学方法的诠释与应用]

Cantino, P. D., Bryant, H. N., De Queiroz, D., Donoghue, M. J., Eriksson,T., Hillis, D. M., and Lee, M. S. Y. (1999) Species names in phylogenetic nomenclature. *Systematic Biology* 48: 790–807. [基于系统发育编码进行分类命名的建议书]

Felsenstein, J. (2004) *Inferring Phylogenies*. Sunderland, Mass., Sinauer Associates, 664 pp. [对系统发育方法以及将系统发育分析用于演化研究的综述]

Hillis, D. M, Moritz, C., and Mable, B. K. (1996) *Molecular Systematics*, 2nd ed. Sunderland, Mass., Sinauer Associates, 655 pp. [对系统发育学中涉及的 DNA 及其他生物大分子数据进行分析的方法综述]

International Botanical Congress. (2000) *International Code of Botanical Nomenclature (Saint Louis Code)*. Königstein, Germany,Koeltz Scientific Books, 474 pp. [国际广泛接受的植物物种及其他分类单元命名法则与建议]

International Commission on Zoological Nomenclature. (1999) *International Code of Zoological Nomenclature*, 4th ed. London, International Trust for Zoological Nomenclature, 306 pp. [动物命名法则]

Kitching, I. J., Forey, P. L., Humphries, C. H., and Williams, D. M. (1998) *Cladistics:The Theory and Practice of Parsimony Analysis*, 2nd ed. Oxford, U.K., Oxford University Press, 228 pp. [分支分析方面有用的启蒙书]

Lewis, P. O. (2001) A likelihood approach to estimating phylogeny from discrete morphological character data. *Systematic Biology* 50: 912–924.

[将似然分析方法应用于形态数据而非遗传数据的先驱性工作]

Mayr, E., and Ashlock, P. D. (1991) *Principles of Systematic Zoology*, 2nd ed. New York, McGraw-Hill, 475 pp. [关于系统分类学科学基础的讨论，并论及非分支分析的方法]

Smith, A. B. (1994) *Systematics and the Fossil Record: Documenting Evolutionary Patterns*. Oxford, U.K., Blackwell Scientific, 223 pp. [介绍系统发育分析，其中包含针对古生物学问题的实例]

Winston, J. E. (1999) *Describing Species: Practical Taxonomic Procedure for Biologists*. New York, Columbia University Press, 518 pp. [分类学入门指南，其中包含众多实例]

软 件

Huelsenbeck, J., and Ronquist, F. (2001) MRBAYES: Bayesian Inference of Phylogeny. *Bioinformatics* 17: 754–755. [使用似然和相关方法的系统发育分析软件，软件下载地址为 http://morphbank.ebc.uu.se/mrbayes]

Maddison, W. P., and Maddison, D. R. (2000) *MacClade: Analysis of Phylogeny and Character Evolution, Version 4.0*. Sunderland, Mass., Sinauer Associates, 398 pp. [用于苹果的麦金托什操作系统的系统发育分析软件，其中包含地层分支分析功能。软件获取地址为 www.sinauer.com]

Swofford, D. L. (2002) *PAUP: Phylogenetic Analysis Using Parsimony* (*and Other Methods*), *Version 4.0*. Sunderland, Mass., Sinauer Associates. [用于系统发育分析的流行软件，获取地址为 www.sinauer.com]

第五章　演化形态学

当讨论生物多样性 [见 8.1 节] 时往往同时带来这样一个问题：为什么地球上有这么多不同的生物存在？同时我们也可能将问题换个说法，为什么生物的类型是如此之少？在第三章讨论群落和物种的特性时，我们发现生物的形态并不是随机或均匀分布的，而是形成或多或少独立的单元。同样在高级别阶元中形态也不是随机分布的。曾经生活在地球上的物种其形态仅代表了人们可以想象到的极少数类型。换言之，大多数人们能想到的形态在演化过程中并没有出现。相反的，有些形态在演化过程中却多次重复的出现 [见 4.2 节]。既然生命在地球上的演化历史已超过 30 亿年，为什么生物的形态范围是如此的单调？

总的说来，**演化形态学**（evolutionary morphology）关心的是对生物多样性及其形态非随机性的认识。显然这是一门繁杂的学科。我们将着重在以下两个方面进行研究：**功能形态学**（functional morphology），解释生物的功能与其形态之间的关系；**理论形态学**（theoretical morphology），比较想象出的形态范围与实际演化出的形态之间的差异。

5.1　适应及其他基本假说

我们常常从下面这一工作模式开始，即假设生物的形态分布大多可以用**适应**（adaptation）来解释。适应作为一个状态（生物表型与它们所在的环境条件和生活方式是相适应的）和适应作为一个过程（生物的演化机制和某一世系中产生适应性状的路径）是存在差别的。当功能上存在演化漂移时这一差异就显得更为互相关联。自然选择可能会产生某一特定环境下行使某一特定功能的结构，这一结构在演化阶段随后被选用并得到改变来适应一个新的功能需要。

具有说服力的关于功能变化的例子是昆虫的翅膀。昆虫的翅膀必须超过某一尺度时才具有飞行的能力。由于完全发育的昆虫的翅膀不太可能是通过一次基因的改变来产生，昆虫的翅膀在演化的最早期它可能是一个很小的器官，而且不可能是用来飞行的。也就是说，翅膀在初期并非是为了飞行功能经过自然选择而演化出来的。

然而，这并不意味着小的、翅膀状的结构是没有什么用的。在本章稍后将要讨论到的此类结构的功能形态模拟表明，小的、翅膀状的附枝可以通过吸收太阳辐射调节体温。在生物学家 J. Kingsolver 和 M. Koehl 所做的系列实验中，当粘在模型昆虫上的翅膀逐步变大时，并且在一定大小范围时，它在体温调节上的作用逐渐加强。超过一定大小，翅膀就会产生一定的抬升能力，对模型在空气动力学方面起作用。这暗示着温度调节功能自然选择可以导致翅膀变大，随之新的飞行功能选择就取而代之。

在解释形态的过程中，建立一个框架模型是十分有益的，这一模型可以区分开除适应以外的其他两个对形态起决定作用的因素（图 5.1）。该模型，通常称作**建构形态学**（constructional morphology），得到了古生物学家 Adolf Seilacher 和他的同事们的大力推广。**历史因素**（historical factor）或**系统发育因素**（phylogenetic factor）反映了那些形态特征之所以在某些化石类型中能够保持稳定，其原因是由于它们具有共同的祖先。例如，在解释一类特殊的双壳类如扇贝的形态时，我们没有必要问为什么它有两瓣壳。因为这是双壳类体构的基本组成，在扇贝谱系历史中不会有任何改变。某一形态特征是否反映了谱系的继承性常取决于我们分析的尺度。在研究双壳类软体动物起源时我们就必须考虑两瓣壳存在与否的适应价值，**功能因素**（functional factor）随之就显得十分重要。

结构因素（structural factor）是大家最不熟悉的，虽然 D'Arcy Thompson 在他的专著《论生长和形态》（1942）中对其作了详细论述 [见第 2.3 节]。相对于直接选择来说，这一因素与物理定律所产生的结果和物质性质关联更为密切。例如，一些自然界能见到的结构，如蜂巢、珊瑚群体、节肢动物的眼睛和许多棘皮动物骨骼显示了规则六边形分布。在蜂巢的例子里，单个蜜蜂能够制造一个圆形的蜂巢单元，与此同时，其他的蜜蜂也在制造相同的圆形蜂巢单元，蜜蜂不停地向外产生圆形的蜂巢单元，最终就会筑成一个紧密而又具有几何对称美的完美蜂巢。类似的，珊瑚单体周围的圆形界限或者是六边形界限都展示了珊瑚单体组合成珊瑚群体过程中的紧密聚集。

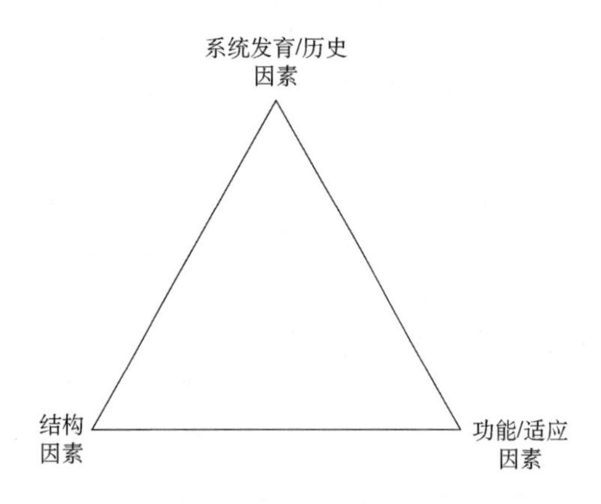

图 5.1 用地质学家所熟悉的三角图解模式来展示影响生物学形态的关键性因素

生物的每一形态都代表了直接的适应（功能因素）、系统发育历史以及物理定律和物质性质（结构因素）等的约束作用。据 Seilacher（1970）。

自然选择只能发生在种群中存在的变异上 [见 3.1 节]。对于一个没有遗传变异的遗传体来说，即使某些变异对生物是有利的，这样的遗传也是不能进化的。因此，那些在生命历史中不存在的特定形态并不意味着它们原本是不适应环境的。同样地，一些遗传变异可能更多地是由自然变异产生的，而不是源于其他的原因。**发育限制**（developmental constraint）这个术语有时用来描述由基因和发育作用之间的相互作用产生的变异的非随机性。如第四章中所谈到的，成年双壳类软体动物的足丝固着器的重复进化可能是因为幼年期时就存在的足丝促进了它的进化。这一特点可以在双壳类软体动物发育期间的常规诱发变异中得以保留。因此，那些能够发生选择的变异并不具有严格的随机性。这反映了图 5.1 中历史和结构因素的综合作用。

5.2 功能形态学

对形态和功能之间存在相关性这一现象的观察，在生物学中是最古老的观察之一了。在一些实例中，形态和功能之间的相关性也有可能多少是出于系统发育的原因。例如，现生咀嚼反刍食物的哺乳动物有许多蹄，但是蹄的数目很明显与系统发育特征的传递有着很密切的相关性，而不是对消化适应的表现。其他一些实例中的形态 - 功能之间的相关性则很明显是属于适应的表现。例如，跑得很快的四足动物同样具有很长的肢体。这种现象同样可以从肌肉的结构和杠杆的原理中得到理解。形态 - 功能之间的相关性的因果联系就是功能形态学的核心原理。

假如适应是形态的一个决定因素的话，识别出特殊例子中由于选择而决定了的形态则是很必要的。在本文中，我们列出从已经灭绝的生物中推断其功能学的基本方法。同时我们还列举了实例来阐述这些方法。在所有的功能学分析中，必须要注意一个结构可能具有几个功能。如果这些功能对这一结构的要求产生冲突时，不是每个功能都能够很好地被发挥、展示出来的。于是，这种冲突的结果就是相互妥协或者是**权衡取舍**（trade-off）。

功能形态分析的方法

同源推断 推断灭绝物种的功能学，最常见的方法就是参考其现生亲属中存在的同源结构。除非现生鸟类翅膀的形态细节特征意味着别的东西，否则我们完全可以推断已灭绝鸟类是使用它们的翅膀来进行飞翔的。同源推断在功能学的应用上也是有局限的，因为许多化石种类都没有亲缘关系特别近的现生近亲。同源推断在功能学上同样不是一种很确切的方法。例如，始祖鸟和其他原始鸟类可能也是使用它们的翅膀来进行飞翔的。然而，因为从鸟类的祖先开始，在演化过程中它们在骨骼、肌肉和呼吸系统方面都发生了很大的改变，所以就不能认

为这些原始的飞翔方式也一定存在于现生鸟类中。尽管存在这样的局限，同源结构提供的证据在形态功能学的研究中依然是很重要的依据之一。

同功推断 骨骼结构的功能同样可以从拥有与它们相似物理学特征的属种的骨骼结构中推断出来。就像今天我们在解释翼龙的翅膀时，我们认为它们的翅膀可能是飞行过程中的一个辅助器或是一个导航器；同样，我们把鱼龙的流线型结构解释为对游泳的适应。正因为同功推断也不确切，因此在准确推断其功能细节特征前，同功结构需要进行详细的分析研究。

生物力学分析 几乎所有现代关于形态功能的研究都包含**生物力学分析**（biomechanical analysis）。疑难结构的功能学都是根据生物体的物理特点来进行推演的，如参考平衡木、杠杆、关节以及其他结构的原理以及航空学和水动力学原理等。生物力学分析方法通常可分为两类：**范例法**（paradigm approach）和**试验法**（experimental approach）。这两种方法并不是截然不同的。

在功能学研究中的范例概念在 20 世纪 60 年代由 M. J. S. Rudwick 引入到古生物学中。Rudwick 认为，当同源和同功特征不易被识别时，范例法就显得尤为重要。Rudwick 把范例定义为“在生物体的本质特征所决定了的缺陷存在的情况下，能够最大限度地满足功能学的那种结构 (Rudwick, 1961, p. 450)”。范例法通常包括以下三个步骤：

1. 对一个疑难结构首先假设一个或多个潜在的功能。
2. 对每个潜在的功能，按照工程学原理设计一个能最大限度地符合这一潜在功能的假设性结构。这个假设的结构就是一个范例。由于遗传下来的生物体结构中存在功能的交替使用以及它们固有的局限，这个设计出来的最优化结构不是最可信的但却是在这些条件的限制下最可能存在的结构。
3. 对范例和实际结构之间的相似程度进行估计并识别出最相似的那个范例。根据最相似的那个范例推断得出的功能就是生物体实际结构中最可能存在的功能。

对范例结构和实际结构之间的相似程度进行估计需要多学科的共同努力。例如，苔藓虫突起的部位长得像个烟囱，要使我们确信它确实就像个烟囱一样便利水流从苔藓虫群体的表面流过，这时我们就需要对这些突起结构和体管之间的相似程度进行估计。这种不确定性就需要通过试验方法来进行演示验证。通过试验方法可对所展示的功能学特征进行衡量并进行相应的修正。生物力学中的试验方法同样包含以下三个步骤：

1. 与范例法一样，首先对一个未知结构假设一个或多个潜在的功能。
2. 对一个生物或结构设计一个模型，可以是物理模型也可以是数学模型。这个模型可以高度简化也可以是几乎是一个复制品。
3. 通过试验对这个模型结构执行功能的能力进行估计。试验通常包括去除一个结构来证实这个去除的结构对模型的生物力学特征和功能特征有没有明显的影响。对于普通的物理模型和数学模型，可能由精确度公式来决定它执行功能的情况。

范例法和试验法在生物力学分析中的共同优点就是它们是基于普遍物理理论和物质本性的。它们的共同缺点就是它们都是假设的，带有人为意识的想象。一个最匹配功能的结构往往没有被构想出来。生物力学分析只能告诉我们在特定的方式下是否能执行它特有的功能，而不是它实际的情况。但是生物力学在研究现生生物和化石生物之间的形态 - 功能相关性中是一个很重要的手段。

生物力学分析灭绝物种实例

三叶虫的视力 三叶虫的眼睛和很多现生节肢动物的眼睛很相似。因此，通过和现生生物中的相似形态进行比较可以很好地推断三叶虫眼睛的功能形态学。但是依然存在很多重要的结构差异表明三叶虫眼睛中所使用的光学系统与存在于现生类似物种中的有着很大的不同。今天我们所了解的关于三叶虫视力的认识源自于古生物学家 Euan Clarkson 和物理学家 Riccardo Levi-Setti 的合作研究。当他们两人于 1973 年在 Oslo 的一次会议上相遇时，他们都还只是在三叶虫形态学的研究上花了几年工夫

的学生。Clarkson 在三叶虫的视力研究上做了大量的工作，而 Levi-Setti 则拥有一个物理学者的学识并且了解关于光学系统的知识。

三叶虫具有复眼，复眼包含很多晶状体。这些晶状体排列成行（图 5.2）。晶状体通常构成一个紧密排列并具有几何对称的形态特征。晶状体由碳酸钙构成。这些碳酸钙矿物主要是钙质方解石，它们有时可以被保存下来。实验表明，通过这些晶状体可以产生聚焦清晰的影像。三叶虫能否产生清晰的影像还不得而知，因为这取决于它的神经系统以及没有保存下来的眼部的细节特征。但是它们至少可以识别一个物体的活动以及判别这个物体的大小。

一类三叶虫与另一类三叶虫的晶状体的形态和排列方式变化很大。图 5.3 展示了一个很特别的三叶虫晶状体的形状。这个特别的晶状体由一套成对物构成，晶状体的上表面是凸起的，但是它的下表面则显得比较复杂一些。图片中央所展示的是下表面形状不同的两种晶状体。在两种晶状体中，下面的成对物具有一个和上部晶状体形态匹配的上表面，同时具有一个微凸的下表面。这两个晶状体合起来就构成了一个双凸的复眼。

Clarkson 对三叶虫的眼睛进行了复原。Levi-Setti 对这些复原图进行检查后注意到了其中的晶状体上部与 René Descartes 和 Christiaan Huygens 在 17 世纪发表的论文中设计的晶状体非常的接近。为了便于对比，将 Descartes 和 Huygens 发表的关于晶状体的描绘图进行了重绘，分别放到了图 5.3 左右两边。左边的图为 Descartes 所发表，右边的为 Huygens 所发表。两个图的目的都是为了制作一个所谓的消球差透镜。设计这种透镜是为了避免产生视图的扭曲和失真。三叶虫晶状体上部的形状与 Descartes 和 Huygens 设计的晶状体非常的相似。除了三叶虫晶状体下部以外，其他地方的差异都很小。晶状体下部形态没有在 Descartes 和 Huygens 的设计中出现。但是消球差透镜的设计是为了在空气介质中进行使用，其间存在的差异也就可以理解了。计算表明，三叶虫的下部晶状体在抵消水体环境中海水相对较高的折射率方面起着很必要的作

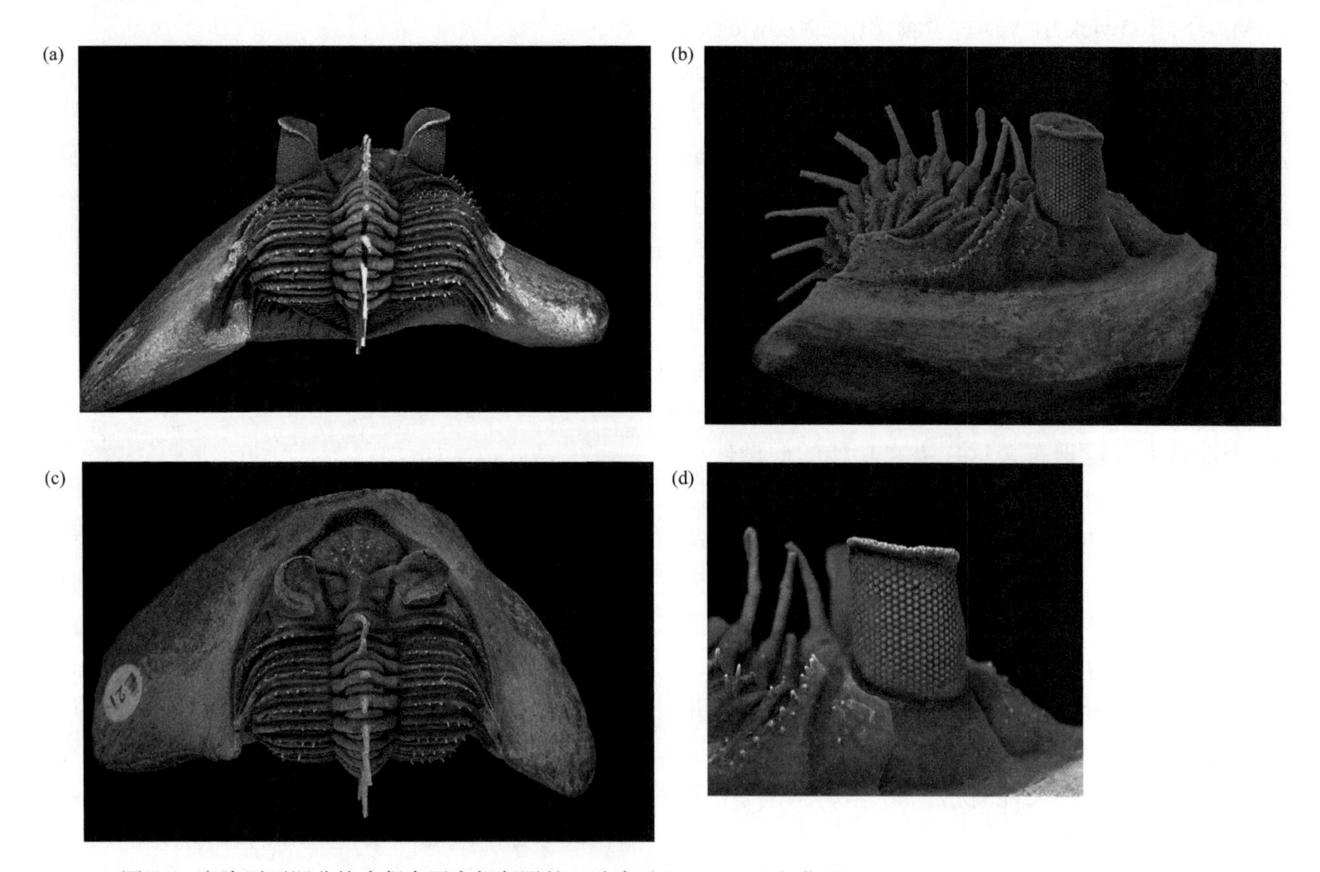

图 5.2 摩洛哥下泥盆统中保存了完好复眼的三叶虫（*Erbenochile*）化石

（a—c）尾视、侧视和背视。(d) 眼部细节特征显示每一个晶状体的排列。三叶虫头宽 32 mm。据 Fortey 和 Chatterton（2003）。

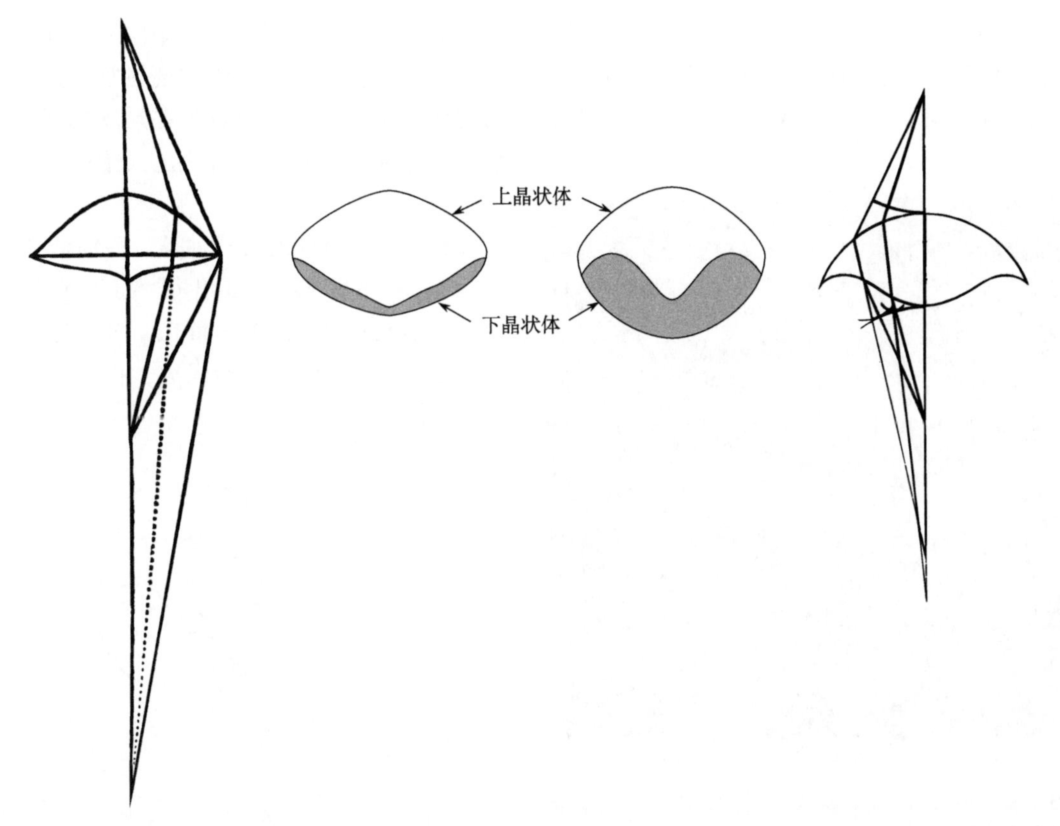

图 5.3 两个三叶虫［*Dalmanitina socialis*（左中）、*Crozonaspis struvei*（右中）］晶状体形态与消球差透镜的原始描绘图［作者分别为 Descartes（左）和 Huygens（右）］的对比

晶状体为横切面图；每个三叶虫晶状体的竖直轴与复眼的表面正交。两个三叶虫的地质时代都为奥陶纪。

用。因此，从 17 世纪至今，三叶虫晶状体的成对物结构就成了人类技术设计过程中的一个基础模型。于是类似的研究相继在现生昆虫、甲壳动物甚至于扇贝中发现了令人信服的晶状体。

三叶虫的晶状体还有一种发挥其功能的方式。光线通过由方解石构成的晶状体传播到眼睛中的感光细胞中。方解石晶体使光线发生折射，转变成两个方向的光线并形成两个图像。如果晶体是固定的，光线平行主光轴（*C* 轴，图 2.14）移动，光线将会穿过晶体就好像穿过玻璃一样。这就是从三叶虫晶状体中观察到的定向。方解石质晶状体的 *C* 轴在垂直眼睛表面的情况下，每一个眼睛细胞相对眼睛的曲面来讲，它的方向是固定的。

总之，通过 Riccardo Levi-Setti (1975) 的工作可以看出，三叶虫具备一个非常高级而又复杂的光学系统。对于一个工程师来讲，要开发一个这样的光学系统需要非常渊博的知识和超常的想象力。作为一个模型方法在功能形态学上的应用，三叶虫晶状体的例子几乎是无法超越的。

作为一个被展示得很详细的经典范例，对三叶虫晶状体的解释一直以来备受检验和挑战。首先，有人认为图 5.3 中展示的晶状体的成对物结构可能是一种保存假象 (Bruton and Haas, 2003)。虽然这种可能性还没有彻底地得到评估，但是对于三叶虫晶状体成对物结构的质疑一直都没有停止。另外更有趣的是，一些计算显示 Descartes 晶状体虽然包含了很多数学估计，但是实际上它对光学失真的控制并不是最佳的 (Gál *et al.*, 2000)。可是有些三叶虫却具有这种形态，这是为什么？虽然还不是很肯定，但是一些学者已经认为这些晶状体可能具有双焦距功能，可以对远距离和近距离的物体晶形对焦并成像 (Gál *et al.*, 2000)。虽然我们不能预测这些问题最终怎样被解决，但可以肯定的是三叶虫眼睛的功能学毫无疑问将会一直是很有趣的研究主题。

海百合腹部的板片 现生具柄海百合是直立悬浮取食的动物。它们利用触腕捕食悬浮的细粒有机

物。有机物颗粒通过步带或食物沟进行传送。食物沟和触腕一样长，一直延伸到口部，固定在萼部腹侧的中央部位（图 5.4）。图 5.5 展示了现生海百合的捕食姿势。触腕在水流中向后弯曲，图中的水流方向为从左向右。水流围绕触腕流过并穿过触腕间的孔。水流中的食物颗粒在触腕的下游方向被捕获。同样地，一般认为古代已灭绝的海百合也是使用这种捕食方式的。

图 5.4 现生海百合 *Neocrinus dccorus* 的腹视图，显示了中央的口、片状的步带和触腕的基部

图片宽约 1 cm。据 Moore 和 Teichert（1978）。

图 5.5 现生具茎海百合 *Cenocrinus* 的取食姿势

水流从左向右流，海百合的口位于水流的下游方向。海百合大约 1 m 高。照片拍摄于 Jamaica 海岸，水深介于 200 m 到 300 m 之间。图片蒙 David L. Meyer 惠允。

石炭纪的特殊海百合种类，特别是 *Pterotocrinus* 属，从萼部的腹面伸出很大的翼状板片（图 5.6）。Tomasz Baumiller 和 Roy Plotnick（1989）对 *Pterotocrinus* 进行了试验研究，提出了两种可能的功能学解释。

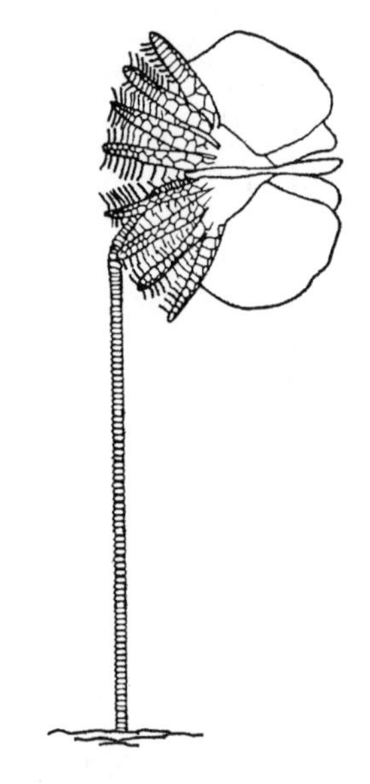

图 5.6 早石炭世海百合 *Pterotocrinus depressus* 的取食姿势复原图

取食姿势与现生具茎海百合（图 5.5）类似。水流方向从左到右。注意海百合腹侧明显的翼状板片（图片中面向右侧）。据 Baumiller 和 Plotnick（1989）。

第一种就是他们所说的“分流板片”。从水动力学理论的角度来讲，水流围绕海百合体流过时遭受海百合体的分流，在尾流中产生一个低压强区域。这个低压强区域能够对海百合体产生拉力（图 5.7a）。在下游方向增加一个长的板片之后，延缓了分流作用，这样可以减小水流对海百合的拉力，于是减小了尾流的直径大小（图 5.7b）。拉力的减小对保持海百合稳定的取食姿势和减少海百合茎的韧带压力是十分有益的。

第二种情况就是板片可能像一个方向舵一样，当水流方向改变时，能够使海百合保持它固有的取食姿势。这就像风标的尾部一样，一直使其指向风的方向。

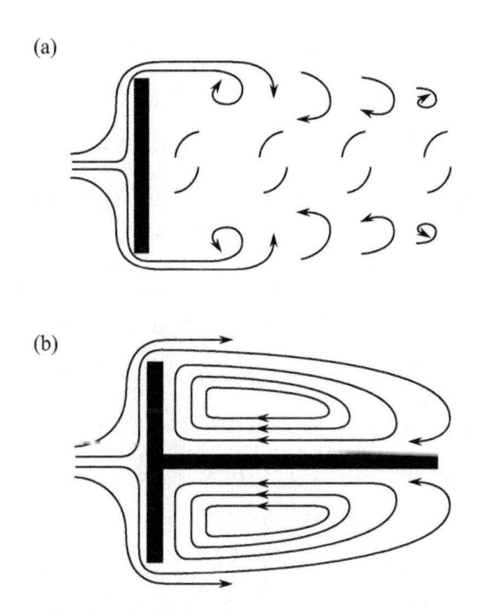

图 5.7 分流片效应，水流从左向右

(a) 处在水流中的海百合躯体的横切面图。箭头指示水流的方向。分流能够形成一个低水压区域以增加拉力。(b) 相似的海百合躯体。箭头指示纹层状水流，对水流的分流作用被延迟，致使拉力减小。据 Baumiller 和 Plotnick（1989）。

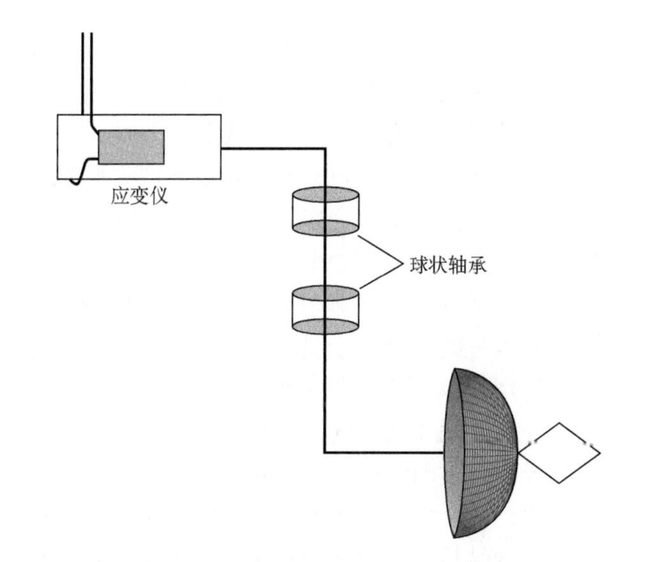

图 5.8 对海百合模型压力测试的试验设计

半球形网状球模拟的是海百合取食时的姿势，菱形框模拟的是板片。球状轴承可使模型自由旋转，应变仪可测定模型上的压力。水流方向从左到右。据 Baumiller 和 Plotnick（1989）。

为了探究这两种可能性，Baumiller 和 Plotnick 设计了一套海百合取食器官的物理模型：一个安装了很细的钢筛的半球体（图 5.8）。这个海百合模型通过坚硬的杆连接到轴承上以确保模型能够转动。这一套装置又连接到一个应变仪上来测量所产生的拉力。模型被固定在一个水槽中——其水动力效应与风洞类似，通过改变与模型相关的水流的速度和方向来进行试验。试验分别在安装了板片和去掉板片这两种情况下进行。为了证实试验结果并不依赖于特定的实验条件，水流速度、水流和模型之间的交角、金属丝网的粗细以及其他像支点和"萼部"之间的距离等等这些试验条件因子的变化范围都很大。水流的速度同样控制在实际生物力学范围内。

为了证实海百合 *Pterotocrinus* 中的"分流板片"功能学特征，他们把板片存在与不存在两种情况下模型中产生的拉力值进行了对比。为了与现生海百合的取食姿势一致，金属丝网半球体的凹面指向水流来的方向。"分流板片"效应应该证实带有

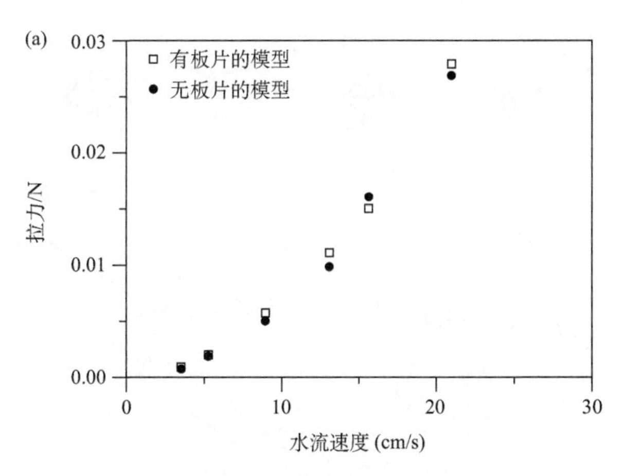

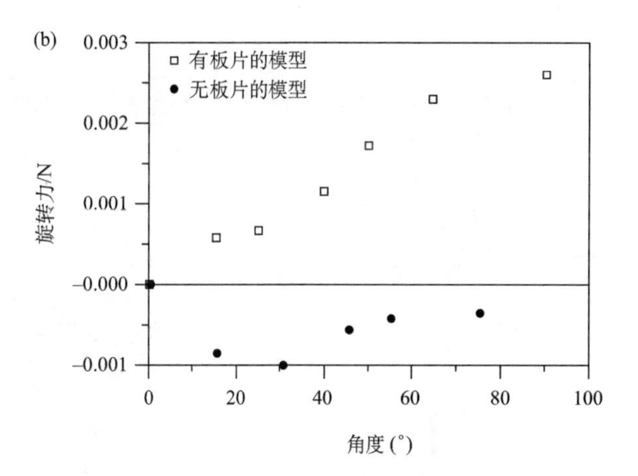

图 5.9 图 5.8 中海百合模型的测试结果

(a) 模型拉力与水流速度之间的关系。翼状板片存在与否对模型拉力的大小基本上没有什么影响。(b) 模型的旋转力与模型 - 水流间角度之间的关系。应力为正值的点代表的情况是网状半球体在水流中得以改变方向。有板片存在的情况下，模型能够在水流中被动地重新定向；而没有板片的情况下则不能。据 Baumiller 和 Plotnick（1989）。

板片的模型将会产生较小的拉力。实际上，板片存在与否所产生的拉力没有什么区别（图 5.9a）。所以，海百合板片的功能可能不是减小水流的拉力。

为了证实海百合 *Pterotocrinus* 中的“方向舵”功能学特征，把模型中金属丝网半球体与水流的交角进行了特殊的定位。如果翼状板片能够有效地具备方向舵一样的功能，那么安装了板片的模型将比没有安装板片的模型产生更大的旋转拉力。这正是试验中所观察到现象（图 5.9b），于是表明“方向舵”效应的假说是成立的。海百合可能就是利用这些翼状板片去主动调整它在水流中的方向。

总之，这个关于古代海百合的简化试验模型说明了其特殊结构——翼状板片可能不是用来减小拉力，而更可能是在不消耗能量的情况下来调整海百合自身取食姿势的。这就是一个用物理模型并结合现生生物代表来推断已灭绝生物的功能学的范例。下一个范例谈论的是相同的主题，但所使用的实际标本不一样。

马蹄蟹的刺　刺或者其他凸起结构在很多生物中都是很常见的。它们的功能通常很自然地被认为是对生物体起到保护作用。然而，这些刺的详细形态学信息，如形状和大小则研究得不够清楚。*Euproops* 是晚石炭世的一种和现生马蹄蟹相关的节肢动物。在它的前躯或身体前部具有两对刺（图 5.10）。这些刺有一个很有趣的特点就是在马蹄蟹幼体中，侧面的一对刺比中间的一对要长。中间那对刺的生长速度很快，所以在成体中，中间那对刺比侧面那对刺长。Daniel Fisher（1977）通过试验研究了这些刺的常规功能以及刺产生长短差异的原因。

现生马蹄蟹是通过潜穴来进行自我保护的。由于之前的功能学研究认为 *Euproops* 能够游泳，Fisher 也因此认为潜穴并不是一种好的选择，因为基底上面很容易遇到捕食者。很多节肢动物，无论是现生的还是已经灭绝的，都能够卷曲，尤其是在遇到干扰的情况下。*Euproops* 的解剖学特征表明它能够卷曲：前体和后体之间的形态匹配。更重要的是，很多标本都保存了卷曲的姿态。

如果 *Euproops* 遭遇捕食者，它们就会卷曲起来，沉到基底上，从而增加了逃避捕食的可能。*Euproops* 的捕食者应该包括与现生类别相类似的具有基本感官功能的鱼类和两栖类。对现生鱼类的观察证明它们在捕食的时候，对水平移动的敏感性是很强的。摆动或振荡运动所产生的水平方向运动会阻止生物的垂直降落，而相对来说平稳地潜到基底上可以明显减少捕食者对马蹄蟹的攻击。

基于上述背景，Fisher 研究了刺在潜到基底上这一过程中的作用。他制作了马蹄蟹的模型，使它们自由地在水体中沉降，并拍摄了它们的沉降运动过程。图 5.10b 显示了两组模型，分别代表幼体 (A) 和成体 (B)。对于这两组模型，其中一组中的马蹄蟹的刺的长度和实际中的一样，另外一组中的马蹄蟹的刺的长度则和实际中不一样，或长或短，或将其相对长度作了一定改变。所有模型都设计成卷曲状态：身体末端部分翻到前躯上面，尾刺凸出并超过头部。

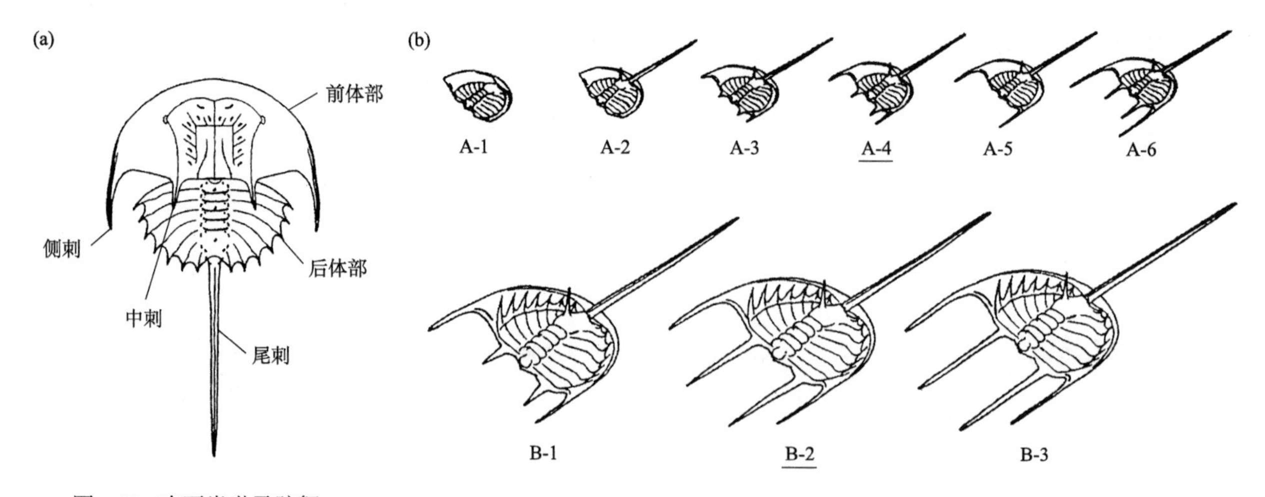

图 5.10　晚石炭世马蹄蟹 *Euproops danae*

(a) 复原图。(b) 虚构的模型。模型中的马蹄蟹处于卷曲状态：背部翻转到前部的上面，尾部向前方凸出。A、B 模型分别为幼体和成体。A-4 和 B-2 是实际的形态，其他模型中的刺都人为的加以拉长或缩短）。据 Fisher（1977）。

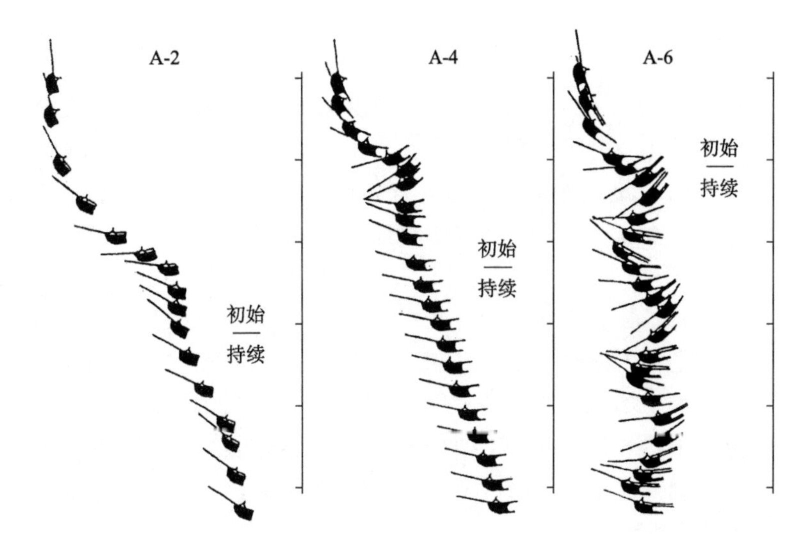

图 5.11 *Euproops* 幼体模型的定居行为，根据定时照片绘制

模型被放入水中，保持尾刺朝上。开始的时候，这些模型一直保持这个姿势移动，然后开始持续地下沉。A-4 显示了实际形态所产生的持续下沉；A-2 和 A-6 模型中刺的长度和实际中的不一致，导致下沉过程的不稳定。据 Fisher（1977）。

图 5.11 展示了下沉实验中具有代表意义的一些实验结果。一些模型在沉降过程中发生了振荡（A-6），其他的则发生了大幅度的横向移动（A-2），一些保持了稳定的沉降状态（A-4）。最后一种情况最不容易引起捕食者的察觉，因此对于避免捕食来讲是最理想的。而这种模型正是在实际中所观察到的情况。对于幼体，相对较长的侧面刺和相对较短的中间刺，对比前体，它们都相对较短，于是利于平稳的沉降。对于成体，要能够平稳地沉降，Fisher 发现刺的长度必须和前体差不多长才行。这再一次验证了实际中的观察。这些结果强力支持刺的长度是为了达到平稳的沉降。因为刺的长短和体形的大小不存在线性关系，拉力和其他水动力之间也不存在线性关系，所以相同长度的刺对于不同的体形来说产生的效应是不等同的。很明显地，生物体会自然选择一个特定的、不等同的生长模式来对应现实中的形态和功能 [见 2.3 节]。

虽然 *Euproops* 的刺具有明显的功能学价值，但沉降行为的解释对于马蹄蟹来说并不是最佳的观点。球状体形态更容易到达稳定的沉降。目前来看，马蹄蟹的刺的功能学机制应该不是简简单单地沉降。例如，它的体形更像是拉长的而不是球形的，这样更有利于游泳。同时，背部凸出的刺能够帮助它在基底上运动。如果能够彻底锁定 *Euproops* 的功能学和谱系遗传特征（图 5.1），我们将会看到一个最佳的、能够更平稳地进行沉降的模型。

知识点 5.1 中的其他例子结合了生物力学和解剖学测量数据。

知识点 5.1

非鸟恐龙类的运动

对于任何现生长寿、多样化的生物类群，一般来说任何一个方面的功能在整个类群中都不可能是完全一致的。然而把一个高级类群的普通功能和其他类群的功能进行对比却是可能的。恐龙的例子就十分地有趣，因为有一类现生生物类群在谱系上和他们很接近，那就是鸟类。一般认为鸟类是兽脚类恐龙的一个分枝。

虽然现生鸟类是从恐龙演化来的，但是从生理学、行为、取食以及骨骼解剖学方面来看，它都传承了恐龙的特征。初龙（图 4.10）的基部谱系特征表明鳄鱼可能是一些恐龙的现生类比物。同时，与哺乳动物一样，恐龙也具有颇为多样化的生活方式，表明现生哺乳动物可能也是它的一个现生类比物。下面的例子主要谈论一个特殊的功能学——行走时的姿势。通过这个例子来说明哪种现生生物类群更能代表恐龙的类比物。

恐龙骨骼的很多方面的形态学特征都表明它更多的是一种直立的姿势。所以从鳄鱼和其他一些原始初龙的爬行特点来看，它们可能就被排除了。从目前直立的姿势来看，它有两种主要的运动方式，分别是鸟类和哺乳动物的主要特点（图 5.12 和 5.13）。对于鸟类和哺乳动物，股骨的方向在行走过程中的每一步中都会发生变化。当脚离开地面时，股骨相对直立；当脚接触地面时，股骨相对水平（图 5.13）。在步行过程中，股骨上产生的应力变化也发生有规律的变化。股骨水平时，以扭曲力和压力为主；当股骨竖直时以弯曲力和压力为主（图 5.12d 和 5.12e）。然而，在不考虑行走周期的位置时，鸟类的股骨比哺乳动物的更接近水平方向（图 5.13）。

鸟类股骨的相对水平姿势对它的骨骼结构具有重要影响。我们可以分析它们的下肢的长度以及股骨、胫骨和跖骨在下肢中所占的比例（图 5.14 和 5.15）。鸟类的股骨通常占下肢长度的 20%—40%。与弯曲力相比，扭曲的力量使骨头更脆弱。这些，并结合鸟类的股骨在水平方向的特征表明如果股骨的长度超过下肢长度的 40%，产生的扭曲力就会过大。对于更加直立的哺乳动物，它受到的扭曲力更小，因此它可以具有更长的股骨，可达到肢体总长度的 60%。

因此，通过生物力学特征，我们可以得出一个形态 - 功能学的关系。我们能不能用这一关系来推断恐龙的运动形式呢？这就需要自然的数据来说明这个问题。通过测量恐龙的肢体的长度，发现在股骨、胫骨和跖骨三相图上它们大多都重叠在哺乳动物的数据区域（图 5.15），但是只有很少的比例叠加到鸟类的数据区域。值得注意的是最古老的鸟类——始祖鸟，它的投点数据出现在这个小的叠加区域。二足恐龙和四足恐龙分别占据不同的区域，但是它们和哺乳动物的区域一致。

总之，恐龙的肢体结构表明，相比鸟类，它们的活动方式更类似于现生哺乳动物。这一结果并不说明恐龙其他方面的功能学特征和生理学特征也和哺乳动物而非鸟类更相似，但是它对恐龙活动方式的进一步研究提供了一个类比物。

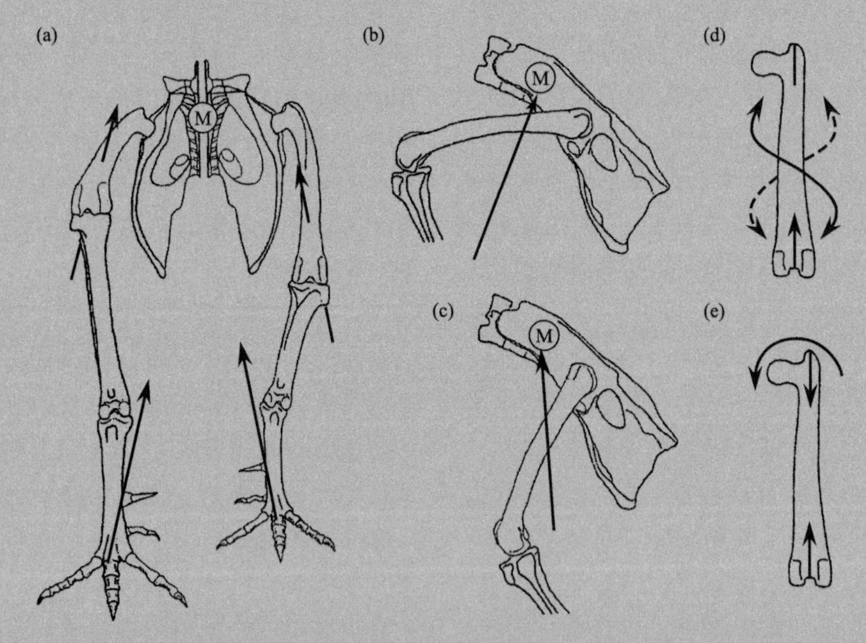

图 5.12 陆生脊椎动物代表（鸡）的姿势和生物力学特征

(a) 盆骨和下肢。下方的箭头示意地面和身体重心（M）之间产生的力的方向。上方的箭头示意股骨和身体重心之间的力的方向。(b，c) 鸡在大步行走过程中股骨出现的两种情形：(b) 相对较水平和 (c) 相对较直立。(d，e) 图示股骨中的应力分布。当股骨更水平的时候 (d)，产生的是压力（直箭头）和旋转力（曲箭头）。当股骨更直立时 (e)，产生的是压力（直箭头）和弯曲力（曲箭头）。据 Carrano（1998a）。

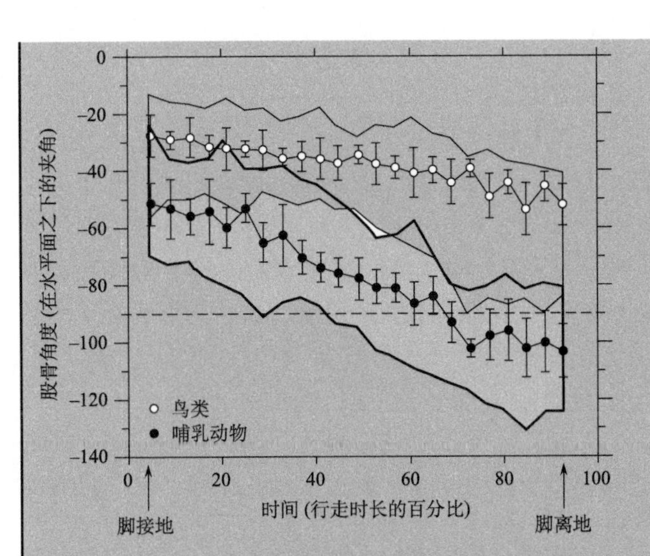

图 5.13 鸟类（空心圆）和哺乳动物（实心圆）的股骨在大步行走过程中的姿势

这些动物在行走中，股骨和水平面的交角的变化范围是可以预测的。相对来说在鸟类中这些交角都很小。根据 4 种鸟类和 8 种哺乳动物的统计结果，每一点均显示了平均标准误差（ ±1 ）[见知识点 3.1] 。据 Carrano（1998a）。

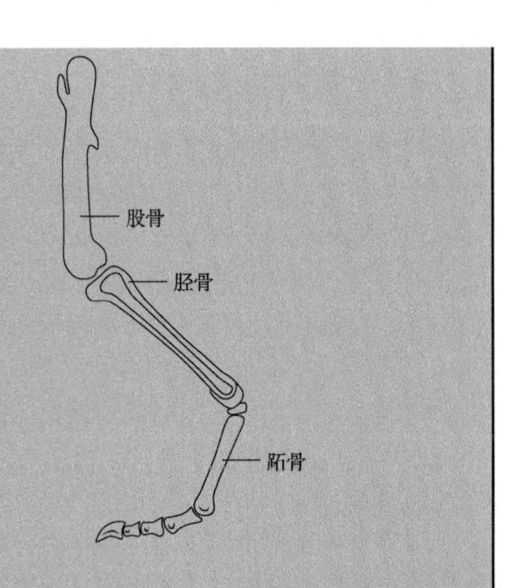

图 5.14 下肢图展示股骨、胫骨和跖骨

它们是用来对鸟类、哺乳动物和恐龙进行区别的主要部位。据 Carrano（1998a）。

(a)

(b)

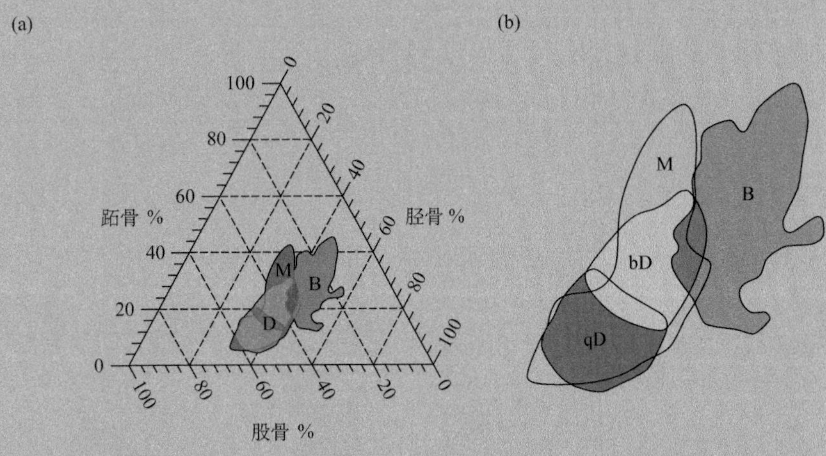

(c)

(d)

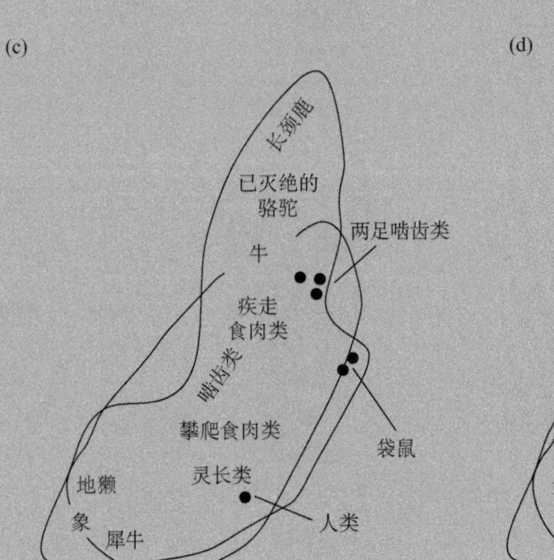

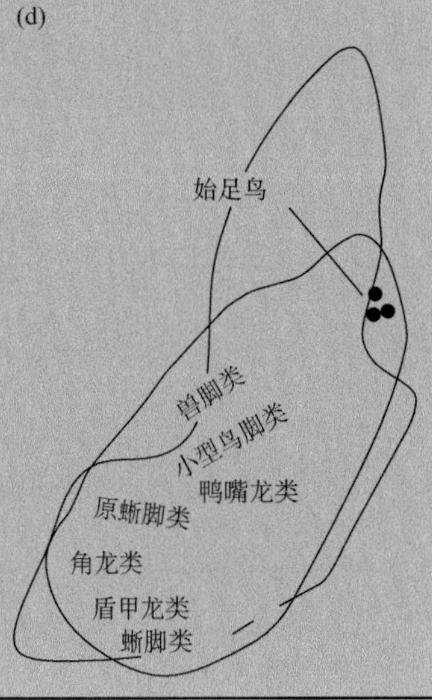

图 5.15 鸟类 (B)、哺乳动物（M）和非鸟恐龙类 (D) 的下肢测量结果

(a) 用三角形投点图展示鸟类、哺乳动物和恐龙的股骨、胫骨和跖骨在总的下肢长度中所占的比例。曲线勾勒的区域显示了每一生物类群所有可能出现的值的范围。(b) 三种动物所占据的区域范围细节特征。二足恐龙（bD）和一些鸟类重叠在一起，但是二足恐龙和四足恐龙（qD）更多的是和哺乳动物重叠在一起。(c) 一些哺乳动物类群所处的区域。二足哺乳动物（由其中的点来表示）大面积重叠在二足恐龙上面。(d) 一些恐龙类群所处的区域。最老的鸟类——始祖鸟处在二足恐龙的区域中。据 Carrano（1998a）。

其他关于功能学解释的证据

在功能学的研究中还包含很多补充证据。正如第一章中所讨论的，遗迹化石能够提供线索来揭示生物的功能和生物生活习性特征。生物的发育学研究在功能学分析中也很重要。例如第二章中 [知识点 2.3] 在讨论孔棱目棘皮动物的呼吸作用时，其不等速生长的板片被用来推断某些因素可能限制了呼吸结构的功能效率。下面的例子谈论的是利用地质和古地理资料来辅助推断某些特化三叶虫属种的功能古生态学问题。

浮游三叶虫的生活习性 三叶虫个体上的晶状体的分布和定向范围可用来推断其视野范围和视野形态。大多数三叶虫的视野是侧向的，并且高于沉积物表面。在一些三叶虫支系中分别独立地演化出了很大的眼睛，在大部分极端的例子中，这些眼睛的视野范围能够达到最大值 360°，即能观察到任何方向的事物，包括下面的（图 5.16）。在图 5.16 的类型中其特化的眼睛同时伴随着其他特殊结构的出现，这些特征在其他三叶虫中很少发现。它们大多是底栖动物并具备有限的行走和游泳能力。它们的胸节侧部缩小可能是为了增加灵活性并减小自身的体积，适应于游泳。同时胸节侧部的缩小也可能便于向后看。

它们的头很大，头上具有向下伸出的颊刺。这一特点和大部分颊刺向水平方向伸出的三叶虫不一样，所以不利于底栖生活。另外，三叶虫躯体的轴部向上拱起，可能暗示着它像虾一样具有发达的肌肉，这可能是为了利于游泳。这一系列的特点表明这些三叶虫更像是游泳生物（广海）而不是底栖生物。

这些三叶虫发达的眼睛与现生特化片脚类动物和等足甲壳类动物中所观察到的一样。这些类群的生物大多属于底栖生物，但是生活在广海中的一些特化种类则演化出了大大的眼睛，这与我们所质疑的那些三叶虫一样。通过类比表明这些三叶虫也是浮游的。就像前面谈到的，用类比物进行类比的方法得出的结论存在很大的争论和不确定性。但是在上述例子中，还有两条额外的证据支持从功能形态讨论和类比物对比中得出的结论。

首先，这些三叶虫具有很宽广的古地理分布范围但却局限在古赤道附近海域（图 5.17）。这表明不是生物扩散能力和大陆的展布 [见 9.6 节] 影响了它们的分布，而更像是海洋条件影响了它们的分

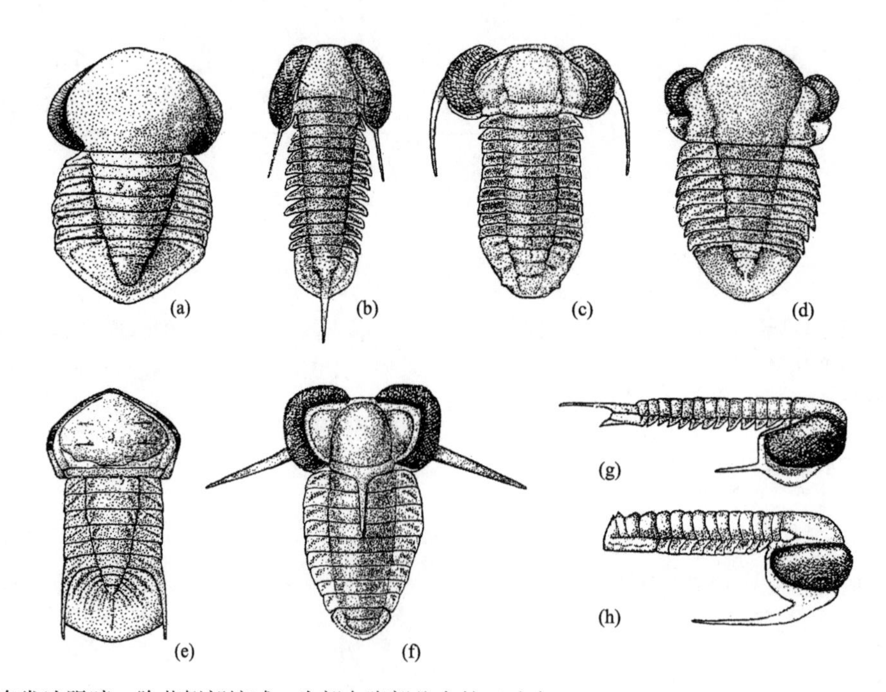

图 5.16 具有发达眼睛、胸节侧部缩减、头部向腹部凸出的三叶虫

（a—f）*Pricyclopyge*、*Opipeuterella*、*Carolinites*、*Prospectatrix*、*Girvanopyge* 和 *Telephina* 的背视图。（g, h）*Opipeuterella* 和 *Carolinites* 的侧视图。据 Fortey（1985a）。

布。第二，这些三叶虫在一系列不同的沉积类型，包括浅水到较深水沉积物中被找到，而底栖三叶虫大多发现在浅水沉积物中。我们很难相信，三叶虫的属种在没有任何解剖学特征变化以适应各种不同生活环境的情况下，能够占据这么宽广的海洋底栖环境。实际上，其他生活在只有很少光线能穿过的深水环境中的三叶虫，它们的眼睛大大缩小甚至是盲眼。

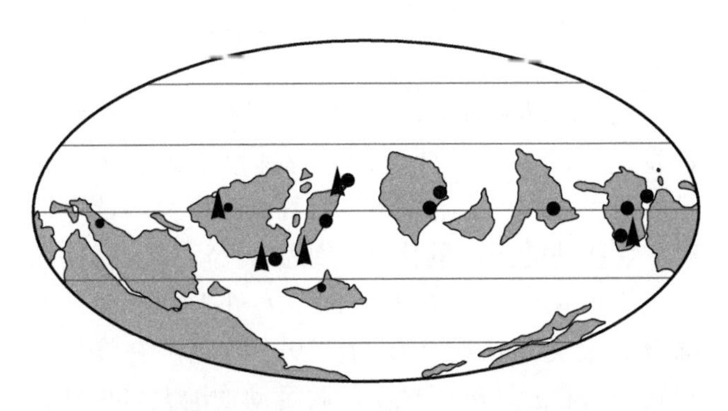

图 5.17 早奥陶世古地理复原图显示各个大陆板块的展布

圆点指示 *Carolinites* 属（图 5.16c 和 5.16h）产地；三角形指示 *Opipeuterella* 属（图 5.16b 和 5.16g）产地。这两个属的古地理分布范围都很广，但却集中在古赤道附近。表明这两个属种的分布受控于海洋条件而不是受控于它们的扩散能力。据 Fortey（1985a）。

综合古地理和地质产地分布特征，一种自然的解释就是，和上文中提到的片脚类动物和等足甲壳类动物一样，这些三叶虫生活在开阔的海洋环境中，它们脱落的皮和尸体落到基底表面占据一系列的不同的沉积环境。对这种解释的进一步提升细化是可能的。不同属种的浮游三叶虫发现于不同类型的沉积物中。脱落的皮和尸体沉降到海底，于是浮游三叶虫生活的水体越浅，它脱落的皮和死亡的尸体能够沉降的水体深度范围就越广（图 5.18）。例如 *Carolinites* 属（图 5.16c 和 5.16h）和 *Opipeuterella* 属（图 5.16b 和 5.16g）从最浅到最深的海洋环境中都能被发现，那么它们可能生活在最浅的水体环境中。其他的属，如 *Pricyclopyge*（图 5.16a）和 *Girvanopyge*（图 5.16e），不出现在最浅的海洋环境中，那么它们可能生活在相对较深的海洋环境中。

5.3 理论形态学

上述关于功能 - 形态分析的例子解释了生物个体结构中产生的适应性和功能学的权衡取舍。这些相同的因素对于确定一个大的生物群体中生物形态的分布是很重要的。如果某些形态能够高度适应环境，我们希望它是普遍的一种形态，因为它经受了地质历史、结构和竞争功能学的限制作用影响。

在理论形态学的研究中，通常有三个主要特点：（1）提出一个正式的形态学模型 [见 2.2 节]；（2）利用这个模型产生出与这一模型假说相关联的所有可能的形态类型；（3）把所有已知的形态的分布和这个理论模型进行对比，例如在实际形态分布中最常出现的类型和缺失的类型，我们要用功能 - 形态学以及其他的推理线索来进行解释研究。

在下面的章节中，我们列出一些理论形态学研究中的主要框架。对于每一个形态都阐明了与其不同模型之间的联系。特殊的模型，例如曲线谱和分析 [见知识点 2.2]，它包含了大量的参数，因而它在探讨理论的和实际的形态分布关系时其实用性受到了限制。就我们的目的而言，参数较少的模型在理论形态学研究中限制其讨论范围更为便利。

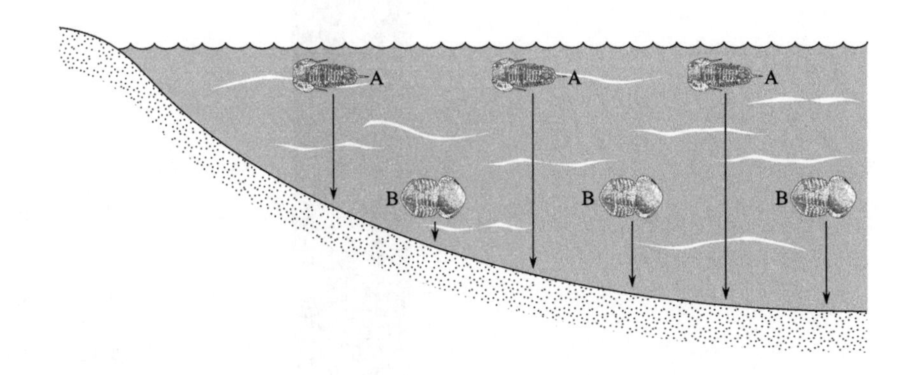

图 5.18 不同沉积环境中发现的浮游三叶虫的分布与它们生活时的海水深度有关联

箭头指示死亡或蜕壳后落到海底。在表层居住的类型 (A) 可以在代表水深深度范围更广的沉积物中发现，而生活在较深处的类型则不会在代表浅水的沉积物中出现。

发掘生命的不同模式

壳体盘绕的几何分析 很多生物都具有盘绕的骨骼和骨骼部分，这些盘绕的部分都具有很明显的数学特征。例如，软体动物和腕足动物壳的生长可以看成是一条母曲线围绕一个轴进行的盘绕所划出的一个三维实心的螺旋体（图 5.19）。母曲线大约和壳的口部或孔相当，但是母曲线和盘绕轴更像是数学结构而不是生物结构。

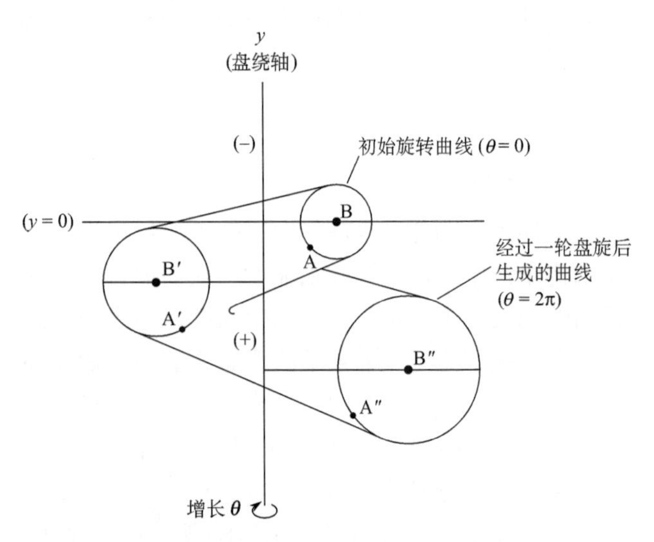

图 5.19 用圆柱形坐标测定器示意的壳旋卷几何模型

母曲线围绕盘绕轴的运动描绘出一个三维的固体旋转空间。θ 给出了母曲线与盘绕轴之间的角度，y 代表沿着盘绕轴的距离。A、A′、A″ 分别代表旋转弧度为 0、π、2π 时位于母曲线上的点。B、B′、B″ 分别代表旋转弧度为 0、π、2π 时母曲线的中心。据 Raup（1966）。

母曲线围绕轴旋转的时候，它的长短是改变的。旋转展开速度 W 用来表达经过完整的一圈旋转，或 2π 弧度 (360°) 以后，母曲线长度比例的变化。因为我们关心的是生物特征的，所以对着生物的生长，W 的理论最小值是 1，没有理论最大值。

在其旋转和展开的过程中，母曲线也可能沿着轴发生移动。这一变化用平移速度 T 来表示，它是母曲线上的一个点沿着 y 轴移动的距离与该点远离 y 轴移动的距离的比值。如果 T 等于 0，壳体在一个平面内生长（图 5.20 的中心处），这就是大部分头足类的情况。在图 5.19 中，壳是右旋的，即它是向右旋转的。现生的腹足动物绝大多数具右旋的壳，对于其原因还不清楚。对于右旋壳，T 是正值，曲线向轴的下面平移。对于左旋壳的情况，T 是负值，曲线向轴的上面平移。在两种情况中，T 在理论上都没有上限值。平移速率越大，壳的高度、宽度比就越大（图 5.20，底部系列）。

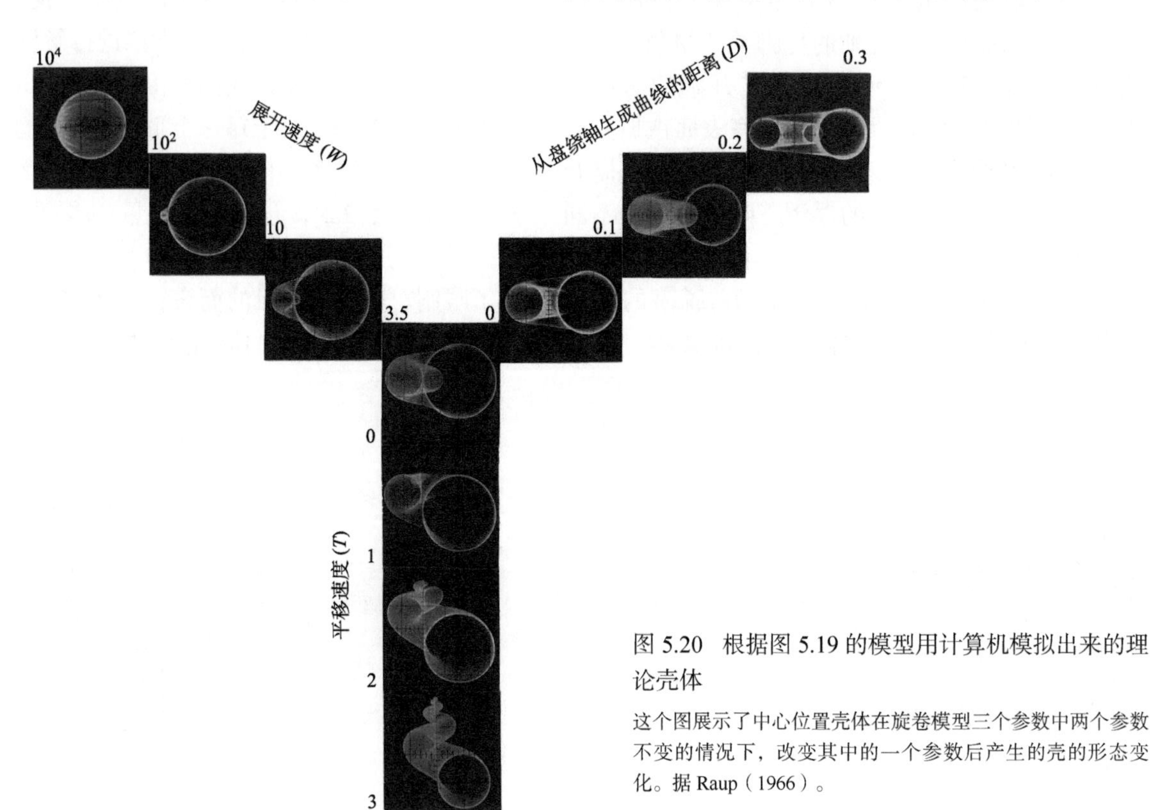

图 5.20 根据图 5.19 的模型用计算机模拟出来的理论壳体

这个图展示了中心位置壳体在旋卷模型三个参数中两个参数不变的情况下，改变其中的一个参数后产生的壳的形态变化。据 Raup（1966）。

知识点 5.2

旋卷参数估计

为了计算旋卷壳体的 W、T 和 D 值，很有必要估计盘绕轴的位置以及识别母曲线。这通常需要切出一个横切面或使用 X 射线照相来解决。

图 5.21a 展示了现生陆地蜗牛 *Theba pisana* 的成年壳体。图 5.21b 显示了同一物种另一个蜗牛壳体的 X 射线照片，并用负片来印刷。在这一过程中，没有破坏壳体就获得了一个模拟的横切面 [见 2.2 节]。我们可以获得连续螺旋环旋卷管体的轮廓。获得的轮廓被假设为代表理想的母曲线。

图 5.21c 展示了随着 π 弧度的增加而出现的母曲线的轮廓线条勾勒图。叠加的部分被估

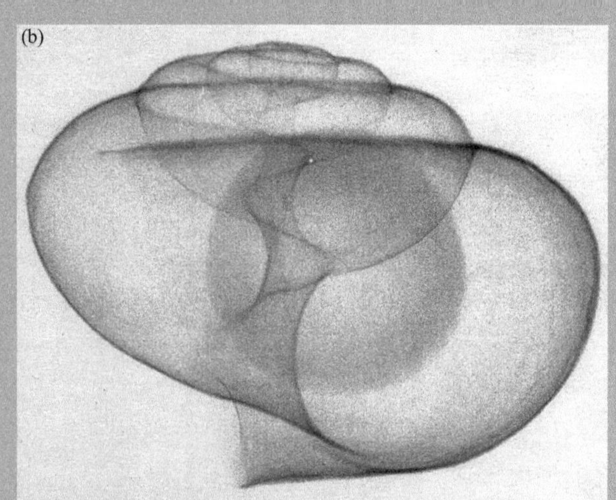

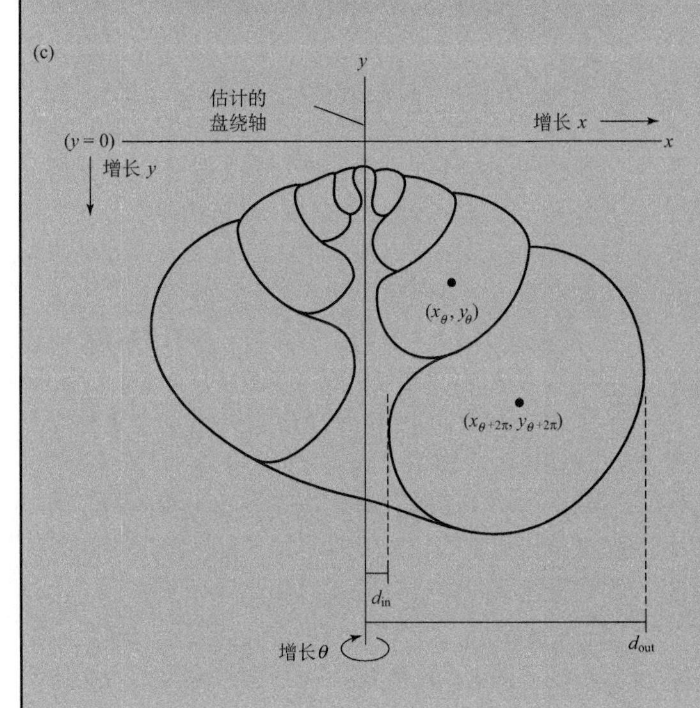

图 5.21　盘绕参数的估计

(a) 现生陆地蜗牛 *Theba pisana* 的照片。壳体宽度大约 1.5 cm。(b) 放大的壳体 X 射线负片照片，用来获取横切面图像。图片中心的似圆形图案是橡皮泥球，用来固定壳体以便进行 X 射线照相。(c) 根据 X 射线照片勾勒出的螺旋环轮廓图，用来估计母曲线的位置和长度。竖直线是估计了的盘绕轴。黑点是母曲线的面心。$D=d_{in}/d_{out}$, $W=x_{\theta+2\pi}/x_\theta$; $T=(y_{\theta+2\pi}-y_\theta)/(x_{\theta+2\pi}-x_\theta)$。

计为盘绕轴的位置。在这个例子中，盘绕轴的位置适合人眼观察的位置，但是可以使用更多更准确的数据方法来定位轴的最佳位置。

假设壳体很适合于旋卷模型，如图 5.21c 所示，D 的值可以从母曲线的任何一点上估计出来；W 和 T 可在 2π 弧度范围内的母曲线所处两个点之间估计出来。在这里，D 的值计算为最终螺旋环上 d_{in} 和 d_{out} 的比值。黑点显示母曲线的几何面心位置。这些点的 x 轴和 y 轴用来计算 W 和 T，其计算公式如下：

$$W=x_{\theta+2\pi}/x_{\theta}$$

$$T=(y_{\theta+2\pi}-y_{\theta})/(x_{\theta+2\pi}-x_{\theta})$$

这些公式是否恰当，可以通过和图 5.19 中的模型进行对比后来进行检验。其他的方法也经常使用。例如，如果 A 是已经测量了的母曲线区域，W 可计算为 $\sqrt{(A_{\theta+2\pi}/A_{\theta})}$。因为 W 被定义为是一个线性的增加参数，所以要进行平方根。

这个旋转模型的最后一个参数就是相对距离 D，它指的是母曲线和盘绕轴之间的距离。具体是指盘绕轴到母曲线内面的距离除以到外边缘的距离。母曲线不能重叠盘绕轴，所以 $D \geqslant 0$。如果母曲线刚好和盘绕轴发生接触，$D = 0$。D 也没有理论上限值。

从 W 的定义上可以看出，这个几何模型认为壳的生长是倍增的。如果盘绕参数是固定值，随着壳的增大，它的形态是不变的。图 5.20 展示了一系列盘绕壳，它们可以用这一简单模型进行模拟。虽然在有些方面失败了，但是这种模型在很多情况下它们都栩栩如生地模拟了真实的壳。例如，对于双壳类和其他一些旋卷的动物来讲，在它们的生长过程中经常改变旋卷几何形状，有时是渐变，有时却是突变，特别是从幼体到成体的过渡阶段最为明显（见图 7.29）。像这样的突变在图 5.19 的简单模型中就得不到体现。同样地，为简单起见母曲线通常认为是圆形的，然而在真实的壳体中，螺旋环切面的形状变化极大。

旋卷参数中的个体发育变化也同时需要在模型中予以考虑，母曲线的形状需要和其他的一个或多个参数结合起来考虑以使得结果更接近现实。然而，形态学模型通常不能替代真实的生物体。要综合考虑这些参数就需要进行复杂的大量参数描述，这样可能会使得模型在实践中失去其效应。

模型能够告诉我们如何去模拟真实的壳。如果我们把它们与真实的形态进行对比，通过实际壳体对旋卷参数进行估计就很必要。关于如何解决这个问题，在知识点 5.2 中有描述。其他类比物的模型也需要进行设计，这将在本章的后面进行讲述。虽然形态数学模型很抽象，但是比实际测量标本要容易很多!

W、T 和 D 这三个参数定义了一系列可能的壳体形态类型，虽然真实的壳体只出现在参数空间相对较小的一个区域（图 5.22）。通过广泛考虑具双瓣壳或单瓣壳动物的功能学需求以及它们不同的生活模式，我们就可以理解为什么实际观察到的壳体只集中在一个很小的范围内。

双瓣壳动物为了壳体连接的更加有效，它需求一个很大的扩展速度值以及一个小的 D 值（图 5.23）。这一理想化的生长模式所产生的偏差，如图 5.23 上部的情形，可能导致螺旋环的过度叠加，于是在两个壳体间产生干扰。图 5.22 中的虚线指示了在 W-T-D 空间中，具有叠加螺旋环的壳体与松旋壳体之间的分界线。没有产生叠加的双瓣壳动物壳体局限在这个分解表面的下部。

实际上，对于双壳动物来讲，即使具有合适的 W 和 D 值也不能避免壳体干扰的问题。图 5.24a 显示了两个具有高 W 和低 D 值的壳体发生了叠加。在这些模型壳体中，壳顶之间也明显发生了叠加致使两个壳产生干扰。要解决壳体的干扰问题，双壳类至少可以采取以下三种方法。第一是通过在壳顶之间充填多余的壳体物质以偏离理想化模型，这样能有效地获得一个与几何母曲线彻底不一样的生物母曲线（图 5.24b 和 5.24c）。第二就是两个壳体明显不一样大小（图 5.24d）。第三是两个壳体相等但具有一个正的异速扩展速率，即 W 值随着壳体

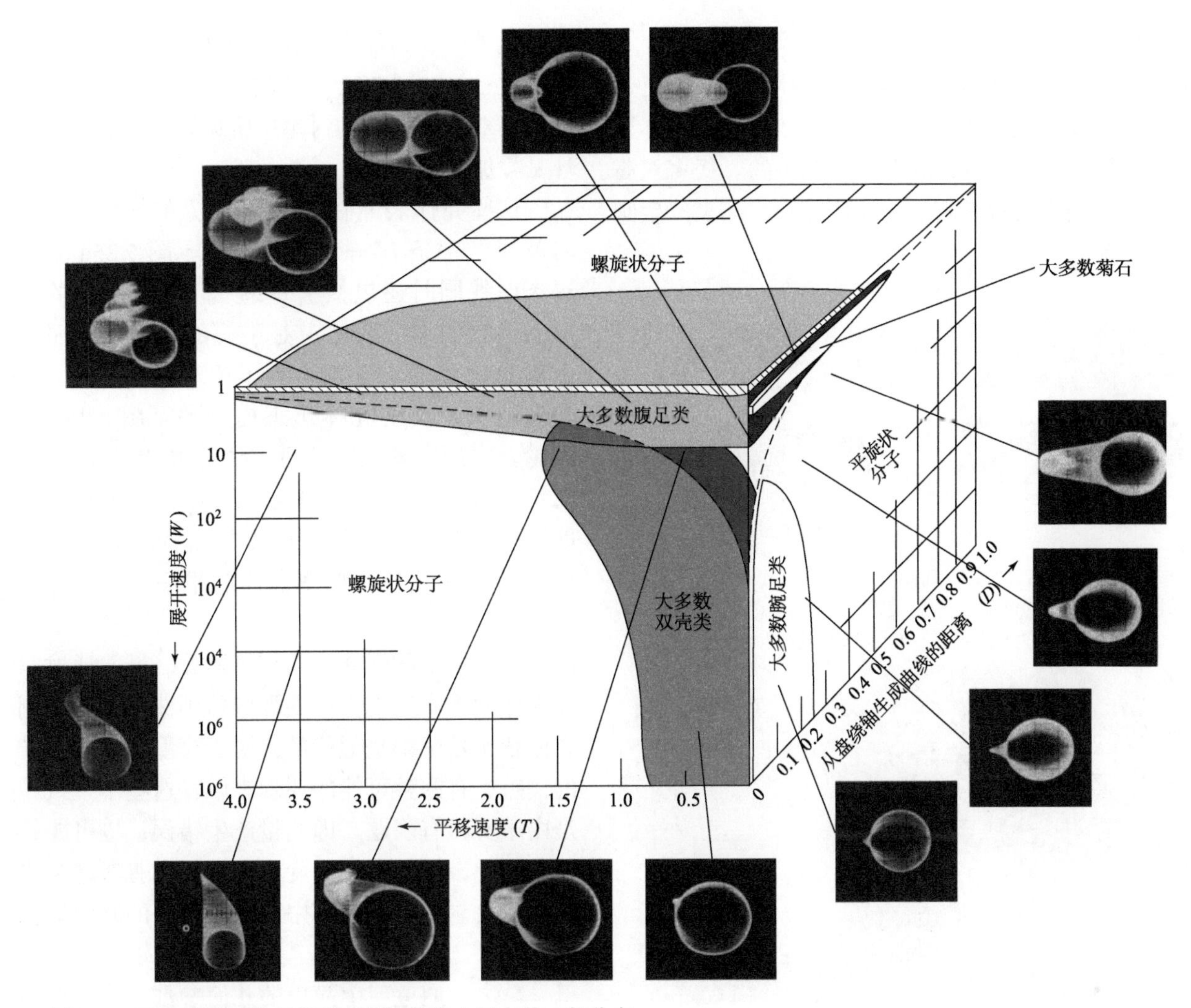

图 5.22 可以见到的形态类型在理论旋卷空间中的一般分布

旋卷参数特殊综合处理后计算机产生的代表性形态。阴影部分是一些主要生物类群通过旋卷参数综合处理后的结果。大部分可能的理论空间都没有被实际的生物所占据。图中的虚线示意的是两种壳体——松旋（下）和相邻螺旋环叠加的壳体（上）的分界线。据 Raup（1966）。

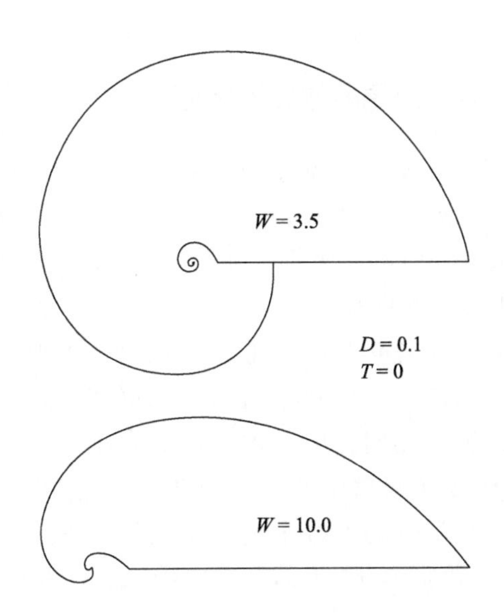

图 5.23 扩展速率对螺旋环叠加的影响

相对较小的扩展速率产生螺旋环的叠加，这是双壳类动物（上）壳体的典型特征。相对较高的扩展速率不产生叠加，这是单瓣壳类动物（下）壳体的特征。据 Raup（1966）。

体积的增加而增大（图 5.24e）。第一和第二个策略普遍用于腕足动物和双瓣壳类软体动物。第三条策略在双瓣壳类软体动物中用得最多。然而壳体干扰的问题不是在所有情况下都能解决的。很多双瓣壳类软体动物通过把两个壳体挤压到一起来产生倾斜的壳顶。

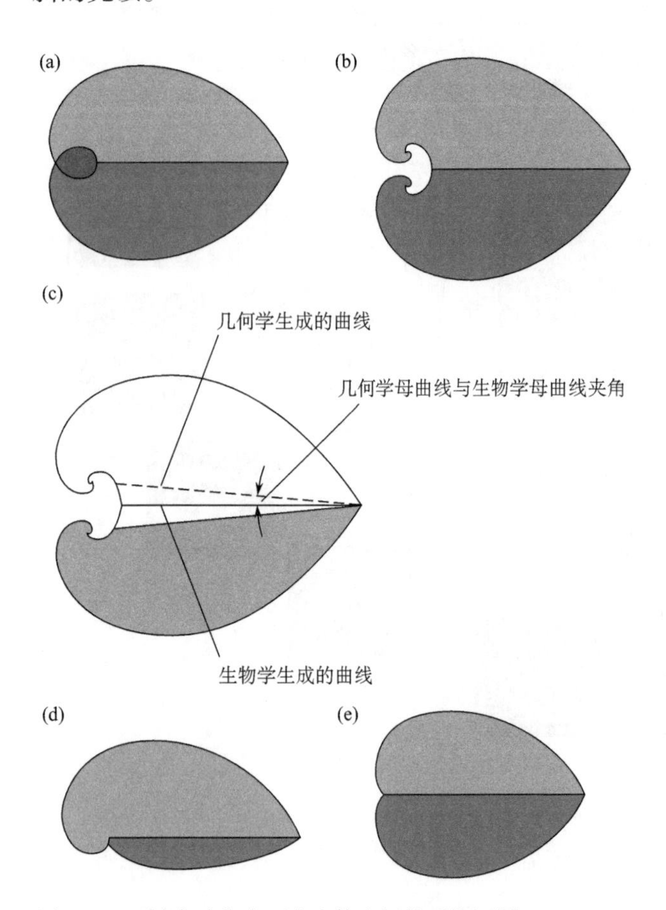

图 5.24 双瓣壳动物中两个壳体之间的干扰问题

(a) 如果根据理想的几何旋卷模型，壳顶区域将产生重叠。(b) 如果在壳顶充填其他的壳体物质，两个壳之间的干扰问题就得以避免。(c) 如果严格按照几何学的模式，这对应着一个生物学的母曲线或者是和几何学的母曲线不一致的真实壳体生长边界。生物学母曲线和几何学母曲线之间的交角越大，两个壳体之间的干扰越小。如果两个壳体大小相差悬殊 (d) 或者是旋转扩展速率在生长过程中不断增加 (e) 的话，也可以避免两个壳体之间的干扰。

资料来源：a、b、d、e 据 Ubukata（2000）；c 据 Raup（1966）。

双瓣壳类动物具有的大型口部对于像蜗牛这样的单瓣壳动物来说是不适应的，因为这样大的开口容易遭受捕食者的攻击 [见 9.4 节]。因此单瓣壳动物多具有较小的 W 值（图 5.22）。一般来说，只有像鲍鱼和帽贝这些完全附着在基底上以得到保护的单瓣壳动物才能具有较高的扩展速率。

此外，螺旋环叠加越多的壳体越坚硬。单瓣壳动物大多处在图 5.22 虚线的上部。这就意味着如同我们在双壳类动物的讨论中所见到的，它们的螺旋环是叠加的。

这些壳体表面在 W-D 平面上的投影，当 T=0 时就成了一条 $W = 1/D$ 的曲线。图 5.25a 图示了这条曲线同时还包括了一系列计算机产生的壳体形态，它们在曲线之上是密旋的（上），而在其下则是松旋的（下）。为了便于对比，大约 400 个属的头足类的壳体形态描绘到了图 5.25b 中。测量壳体的图画和照片可以估计 W 和 D 的值（见知识点 5.2）。等值线描绘了 W-D 空间的侵占密度，向着中心等值线方向点的密度越大。因此等值线图实际就是个概率曲线的平面图 [见知识点 3.1]。

几乎所有的壳体都落到了紧旋区域。通过对实际壳体的观察发现，即使那些落到曲线其他一侧的壳体在实际中都是紧旋的。对于模型与现实中产生的偏差，有两种可能的原理来解释这些不一致。或是由于资料有问题，即测量产生错误；也可能是模型有问题，例如，对于旋卷参数，没有考虑个体发育的变化。在这个实例中，两个方面的原因都可能存在。

总之，通过三个简单的几何参数该旋卷模型就能够模拟出大量壳体的主要特征。对于在参数空间中随机出现的那些类型，通过对旋卷生物不同生活方式和功能学上的不同需求的讨论就可以得到部分解决。

权衡取舍以及局限的最优化使用

苔藓虫分枝以及螺旋式生长的模型 另外一个生物结构大类就是分枝生长系统，这包括循环系统、菌丝、树木、鹿角、海百合触腕以及某些群居无脊椎动物的骨骼。

悬浮取食的苔藓虫重复进化出一种形态，该形态是虫体呈螺旋式沿着苔藓虫群体主轴生长、同时又进行侧向的分枝增生的综合结果，这些分枝体中具有取食幼虫（图 5.26）。这样的群体可用一些简单的参数来进行模型化（图 5.27）：盘绕轴和群体内边缘（RAD）之间的辐射距

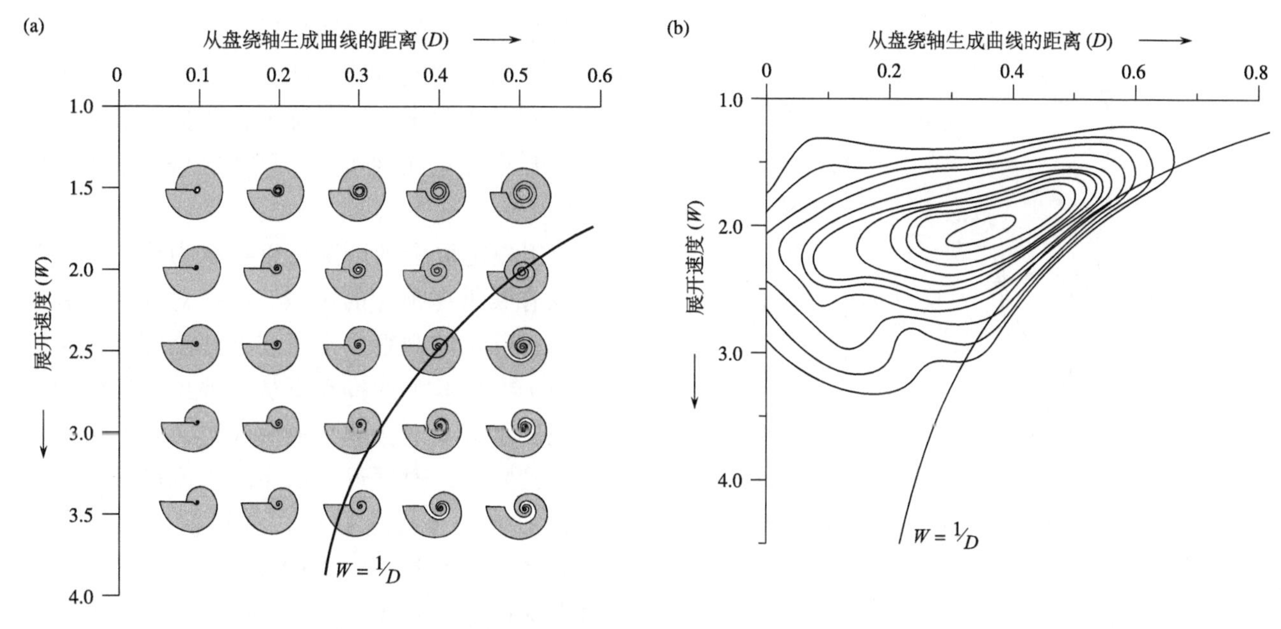

图 5.25 理论平旋壳以及菊石在 *W-D* 盘绕空间中的分布

(a) 理论壳体。在平面内旋转的壳体，$T = 0$。(b) 真实测量的壳体。等值线表示的是大约 400 个菊石属样品的盘绕空间展布密度。曲线“$W = 1/D$”是松旋的壳体形态（下）与螺旋环叠加的壳体形态（上）的分界线。据 Raup（1967）。

离；最内部分枝体间的交角（ANG）；侧枝之间的最小距离（XMIN）；在 2π 弧度内旋转的侧枝之间的升高差异（ELEV）；侧枝和盘绕轴之间的交角（BWANG）。通过改变最后两个参数可以产生一系列可能的群体形态理论模型（图 5.28）。

群体形态的数学模型可用来计算与各参数组合相对应的侧枝系统的表面积。图 5.28 中的等值

图 5.26 螺旋式盘绕以及分枝的苔藓虫例子

(a) 石炭纪的 *Archimedes*。(b) 始新世的 *Crisidmonea*。(c) 现代的 *Retiflustra*。(d) 现代的 *Bugula*。比例尺：a—c 为 10 mm；d 为 1 mm。c 是轴视图，其他的是侧视图。据 McGhee 和 McKinney（2003）。

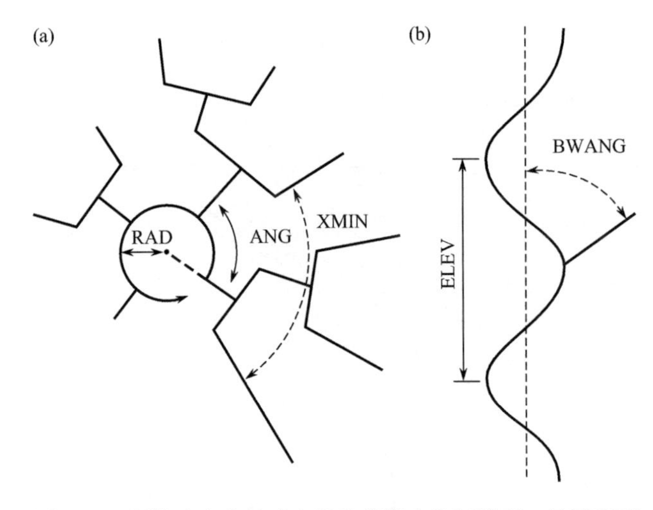

图 5.27 螺旋式和分枝式生长的苔藓虫几何模型，显示了五个生长参数

(a) 沿着盘绕轴向往下的视图；(b) 侧视图。据 McGhee 和 McKinney（2000）。

线代表了表面区域的值，它们向左下方有增加趋势。最大表面积对应着低的 ELEV 和 BWANG 值。因为具游动孢子的分枝表面区域越大越能够取得更多的食物，这就可能意味着有更多的苔藓虫聚集在图左下方的区域。实际上，通过实际测量后发现苔藓虫聚集在远离这一可能区域的地方（图 5.29）。

利用权衡取舍理论则可以理解为什么那些苔藓虫没有聚集在预计的区域。根据对现生螺旋式生长的苔藓虫的观察，水流在苔藓虫纤毛环（取食触须）上的纤毛的推动下从苔藓虫群体的上面往下流。水流穿过苔藓虫的分枝时，它不可避免地会受到阻挡，速度逐渐减小。水流最终会停止流动，形成一个静水区域，这样就无法取食了（图 5.30）。低 ELEV 和 BWANG 值的苔藓虫，它具有深陷的分枝（图 5.28）以及一个很大的静水区域。因此，通过增加静水带的大小，最大化表面区域使得取食效率降低。一个普通的苔藓虫群体代表了取食区域需求与各个分枝之间水流需

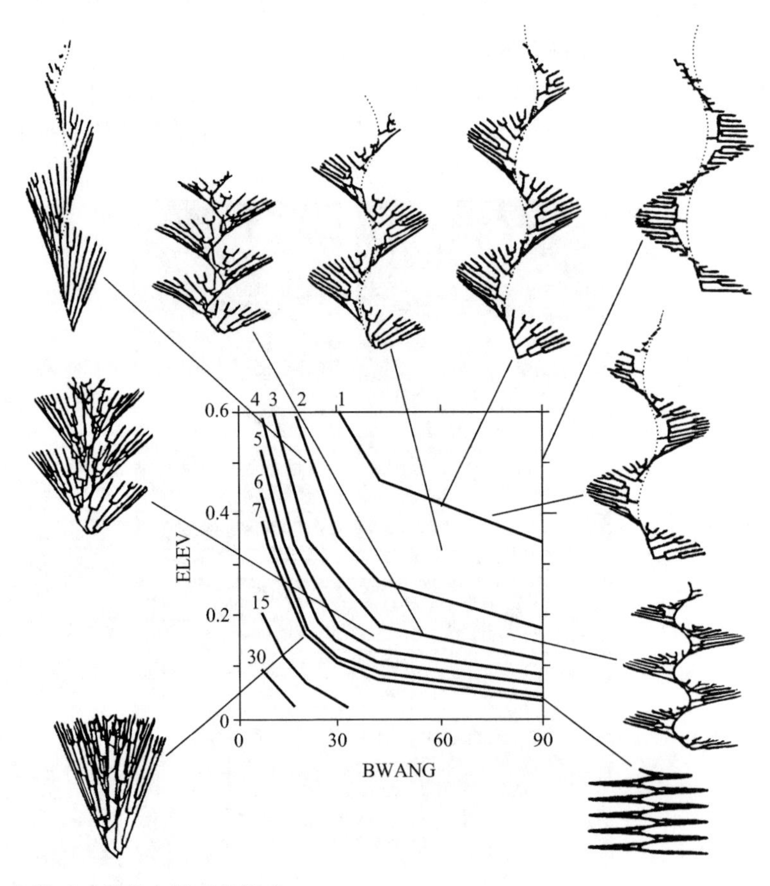

图 5.28 改变两个参数时对苔藓虫模型的影响

特别参数综合处理后，由计算机合成的形态。框中的线条代表的是分枝体表面区域轮廓，其分枝数量和表面积朝左下方增加。据 McGhee 和 McKinney（2000）。

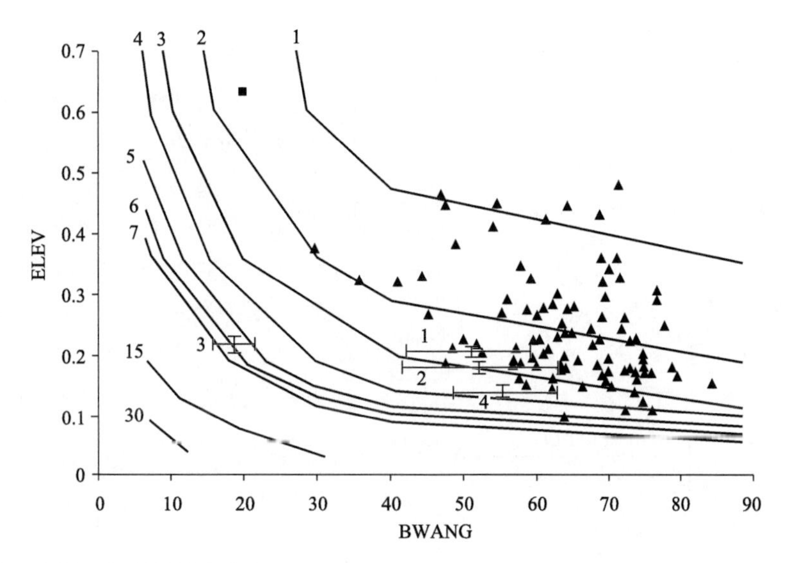

图 5.29 苔藓虫模型空间观察到的形态分布

轴和等值线与图 5.28 中的一样。黑方块展示的是泥盆纪 *Helicopora* 属单个标本的数据。三角形显示的是 *Archimedes* 的多个标本数据。带有误差棒的点显示的是 *Bugula*（1—3）和 *Crisidmonea*（4）的平均误差和它自身的标准误差。据 McGhee 和 McKinney（2000）。

求平衡的相互妥协。

在前面的例子里，权衡取舍的结果实际上是来自单一的功能学要求——取食。而这一要求实际上是两难的，因为某一形态对于表面积来说是最优化的，但是对于水流的流动来说则并不是最优化的。

通过考虑同时满足多个功能学要求，我们可以得到更多的关于权衡取舍的结果（见知识点 5.3）。正如知识点 5.3 中所展示的，不一致的多个功能学之间的权衡取舍对于每个方面的同时最优化来说是一种限制。但是它们也导致了形态的多样化，因为演化产生了一系列不同的妥协方案。

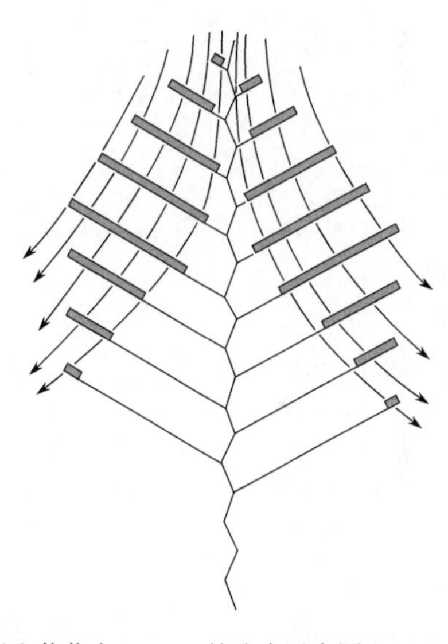

图 5.30 现生苔藓虫 *Bugula* 的取食示意图

中央的线条是苔藓虫群体的轴，放射状细线代表的是分枝。粗线段代表的是游动孢子。箭头指示水流方向。内部区域是一个相对静水的带。据 McGhee 和 McKinney（2000）。

知识点 5.3

权衡取舍作为一种多适应模型的来源

图 5.31 描绘了陆生植物分枝生长的简单模型。主要有三个参数：P 是每一个分枝单元长度内产生分枝的概率。ϕ 是双分叉处长出的两个分枝之间的夹角。γ 是新、老分枝之间的旋转夹角。高 P 值产生更多的分叉于是产生分枝更为茂密的植物模型。高 ϕ 值表明分枝角更大。高 γ 值表示新产生的分枝与母枝之间的旋转夹角更大。当特例 $\gamma = 0$ 时植物的生长限制在一个竖直的平面内。

因此分枝的植物的三维空间变量对这三个

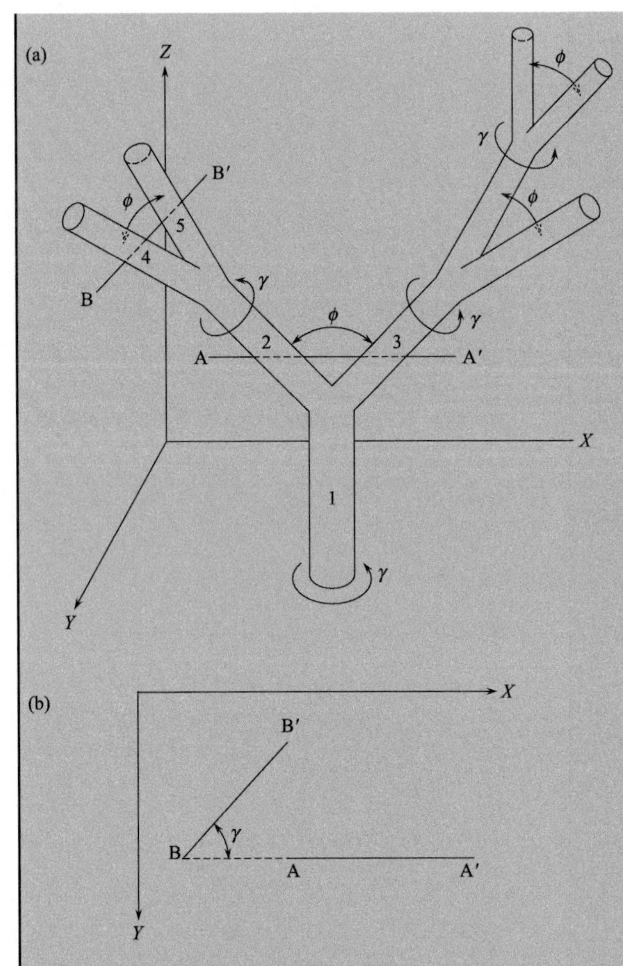

图 5.31 植物生长中的分枝几何模型

P 是每一个分枝单元长度内产生分枝的概率。ϕ 是从同一个双分叉处长出的两个分枝之间的夹角。γ 是新、老分枝之间的旋转夹角。(a) 三维分枝形态。(b) 参数 γ 示意图。分枝 2 和分枝 3 之间的直线 AA′ 以及分枝 4 和分枝 5 之间的直线 BB′ 投影到 xy 平面上的投影之间的夹角就是 γ。据 Niklas 和 Kerchner（1984）。

参数的取值范围就有一定的理论范围限制：P 从 0 到 1；ϕ 和 γ 从 0° 到 360°。这个取值范围的每一个点都会对应着一个不同的形态。一个很大却有限制的样品的所有形态都可通过在其取值范围内逐步改变这三个参数来实现。

对于特殊的功能学要求，理论模型需要量化。因此，可对所有的形态进行对比，找出最优化的那个。在本文中，一个优化的模型是那种在能够首先满足功能学要求的前提下比参数空间内相邻所有其他的形态更合适的模型。可能会产生多个最优化的模型，而这些最优化的模型对功能学要求的满足并不是都一样。我们把这一话题锁定在对最早期维管植物的讨论上。

首先考虑繁殖这一单一的功能学要求。如果植物很高的话，孢子可以掉落或者被吹到离母体很远的地方。因此如果植物越高的话，对孢子的扩散迁移就会越有利。同时孢子长在植物的尖端，拥有更多的枝条对产生更多的孢子有利。这两个参数结合在一起就会得到一个单一优化表型，即那种很高而且具有非常密集的枝条聚集在它的顶端（图 5.32a）。

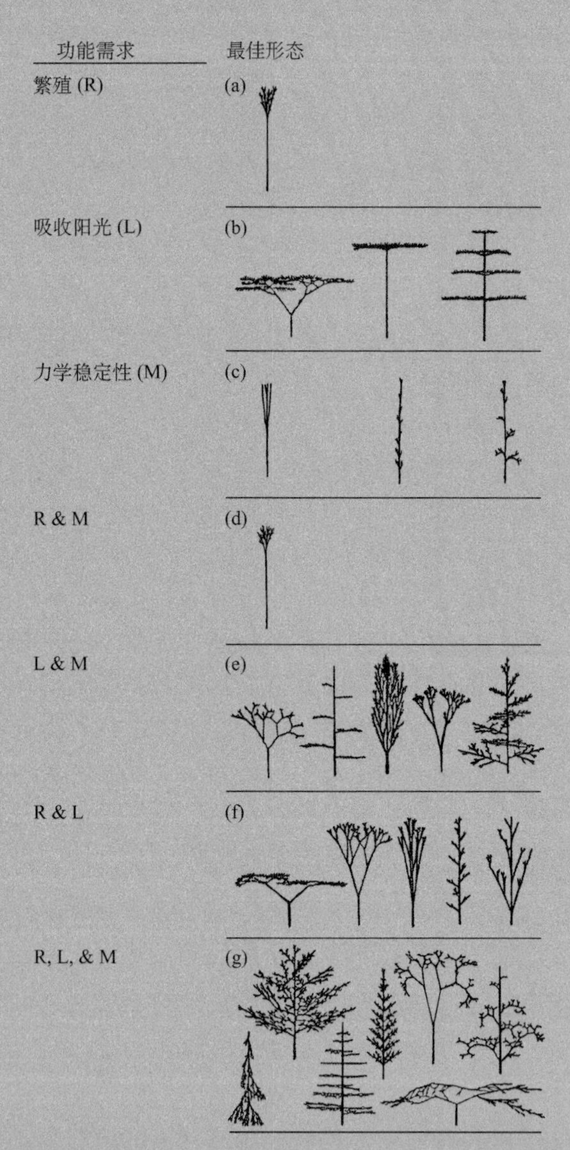

图 5.32 能够满足各种功能学和综合功能学要求的现代植物的最佳形态

当面临互相冲突的需求时，植物有多种途径以达成妥协。因此，当很多需求同时得到满足时，植物会呈现非常独特的最优形态。据 Niklas（1994b）。

第二个很重要的功能就是截获阳光进行光合作用。如果只考虑功能学，就可能产生三种最优化的、能够加强光线吸收的模型，它们虽然细节上有差异，但是却具有共同的特性：尽量多的、水平状强烈扩散的分枝类型，以利于光线吸收（图 5.32b）。

最后考虑树木的机械稳定性。这很大程度上取决于它们对弯曲的抵抗力。当植物竖直时，换句话说就是 ϕ 接近 0 时（图 5.31），对弯曲的抵抗力最强。如果只考虑稳定性，可以产生三种最优化的模型（图 5.32c）。

当然，实际中的植物是不能只满足一个单一的功能学需求的。让我们来看看如果同时考虑这些功能学的需求将会是什么样的结果。图 5.32d 描绘了同时满足繁殖和机械稳定性要求时所产生的形态。在这样的情况下，不产生太多的权衡取舍，因为两个功能都要求植物具有高大、竖直的结构。同时满足这两个功能学的模型几乎和只满足繁殖功能学的模型本质上没有什么两样（图 5.32a）。

然而满足其他的功能学需求的模型则不是那么的一致了。吸收阳光需要水平方向的分枝，这和力学稳定性所要求的竖直模型产生了冲突。因此这两个功能学需求之间的互相妥协将产生几种优化的模型（图 5.32e）。光线吸收和植物繁殖之间也存在相同的冲突，它们妥协的结果在图 5.32f 可以得到清楚的展示。

很明显，各种要素冲突的结果是当多个功能学要求同时出现时所产生的优化模型比只满足一个功能学要求或满足两个互相妥协的功能学要求时所产生的优化模型要更为独特。当多个功能对形态的要求不可避免地产生冲突时，有多种方法来达成妥协。当其中三个功能需求结合在一起时，这一特点更为明显（图 5.32g）。功能之间不同的相互平衡方法将产生更多的优化模型。图 5.32 中的植物模型在现实生物中是存在的，这说明这样的权衡取舍对于植物的演化是很重要的，而这三个主要的功能学要求是真实植物中最重要的。

表型变化及其背后的遗传因素

壳体旋卷的另外一种模型 一定程度上形态模型符合生长过程，我们有可能把遗传改变所导致的形态大小与表型改变所导致的个体大小变化进行对比。成年个体的眼睛差异可以很大，这一现象似乎在某些例子中说明了遗传或表型变化起到的作用很小，反之亦然。可以通过稍微改变旋卷模型来阐述这个原理。

在这个壳体模型变体中，生长边缘是用口部的矢量区域来表征的（图 5.33）。矢量的方位和长度对应着每个生长点的生长方向和生长速度。矢量定义了壳体的“口部图”并将壳体的最终形态像编码录入一样记录下来。一些壳体的口部图和对应的形态见图 5.34。图 5.34a 中的壳体是许多蜗牛式的螺旋式盘绕。图 5.34c 是一个盘绕似帽贝的壳体，和现生的 *Crepidula* 相似。图 5.34b 介于 5.34a 与 5.34c 之间。一个很有意思的特点是，从 a 到 c 的口部图都具有相同的相对矢量长度，它们的差异仅在绝对矢量长度不同而已。

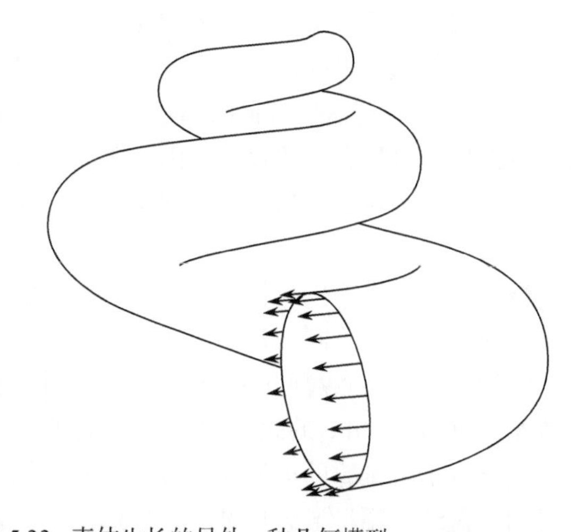

图 5.33 壳体生长的另外一种几何模型

边缘的每一个点具有一个生长方向和生长速度，速度的快慢用矢量的长短代表（对比图 5.19）。据 Rice（1998）。

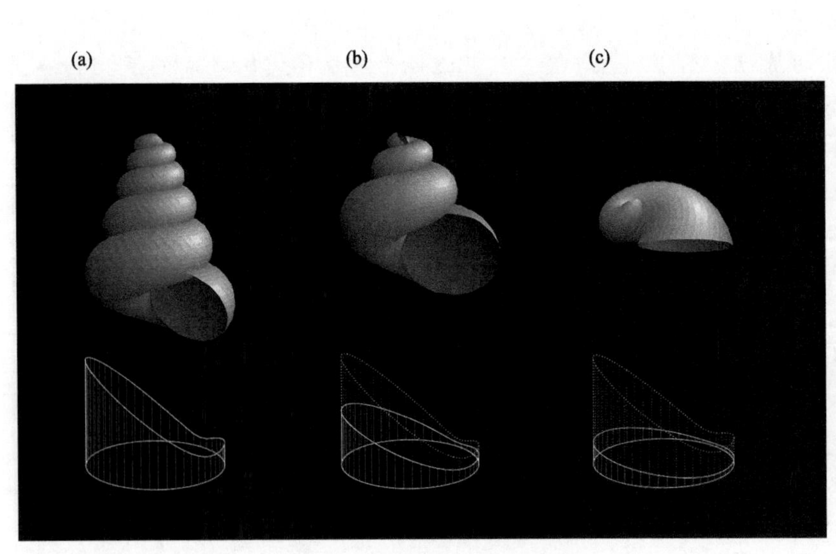

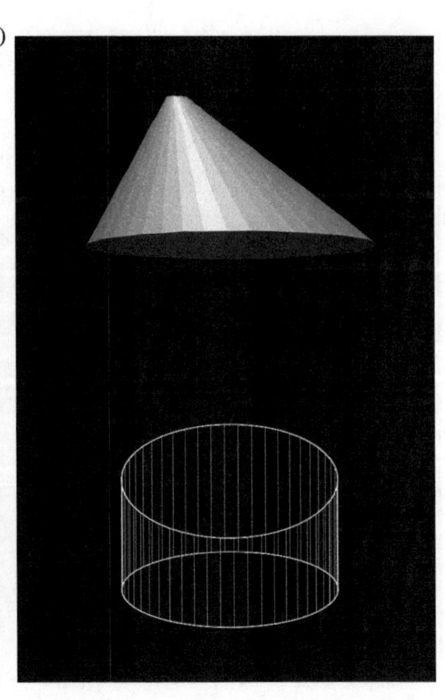

图 5.34 三个盘绕壳体和一个锥形壳体之间的对比

(a) 高度螺旋盘绕的形态。(b) 介于 a 和 c 之间的形态。(c) 盘绕的帽贝。(d) 锥形帽贝。每个计算机模型下方的口部图形都很像图 5.33 中的矢量区域。每条线的长度和边缘某一点的生长速度成比例。b、c 中带有点的线条显示了 b 和 c 其他的放大口部图。这些放大的图大致和 a 相匹配。因此，通过均匀地减小生长速度，有可能从 a 衍生出 b 和 c。d 和 a 则不相同。因此要从 a 衍生出 d 则需要在相对生长矢量规模上做出更大的改变。据 Rice（1998）。

图 5.34c 和实际的帽贝壳体不一样，例如 *Patella* 属，它与 5.34d 中的壳体模型相像。帽状的壳体是一个平直的锥，没有盘绕。它的口部图和其他那些盘绕似帽贝的壳体大不一样。

因此，对于帽贝的形态来说有两种生长途径，于是也就有至少两种途径从一个盘绕的先祖类型变到一个帽贝的形态（5.34a）。一种演化途径是通过减小所有生长矢量，将壳体 a 逐步变化为似帽贝的壳体 c，因为它们仅仅是口部图的比例不一样。相反的，向锥形帽贝形态 d 的过渡，由于其具有特殊的口部形态，需要通过生长矢量不同比例的变化来完成。

一般认为对于多个生长特征容易发生均匀的演化过渡，而不易发生不同数量的生长变化。如果这是正确的话，那么向似帽贝形态（5.34c）的过渡相对向锥形帽贝（5.34d）的过渡要求较小的遗传变化。这就导致了可试验的（但并没有得到完全证实的）预判：盘绕似帽贝形态比锥形帽贝形态在腹足类动物演化中出现的频率更高。在这篇文章中，有一个有趣的地方就是：具锥形帽贝形态的属种多于盘绕的似帽贝形态。然而但这并不是说其中的某个形态独自演化的次数更多。

5.4 结束语

虽然理论形态学成功了，但是形态模型能够实际应用的生物类群范围还是很小的。显然需要对特殊的生物类群采取新的方法。一个更重要、更难的目标在于必须产生可能的理论形态来包含更多的生物类群，例如同时包括动物界和植物界。知识点 5.3 中的关于植物生长的模型就是向这一方向迈进的重要一步。

本章中所介绍的问题和方法在生物学和古生物学中的应用一样的广泛，形态功能学的确是生物学中一个活跃的研究领域。同时，理论形态学受到了古生物学者更多的关注。对于这个有趣的情景，至少有两个原因。首先，古生物学者同时研究化石和现生生物，因此他们需要考虑更大范围内多样化的形态。其次，在 20 世纪 50 年代到 60 年代初使用刚出现的计算机最早开始形态模型研究的恰恰是古生物学家，他们的工作影响了后面工作的发展。

在这一章中，我们主要讨论了个体形态适应性的话题。但这只是图 5.1 中描绘的形态的三大主要决定因素中的一部分。实际上这些因素的相对重要性，即生物界中形态的变化究竟多少可以归功于其中的某一因素作用的结果实际上仍然是未知的。从更宽泛的意义上来说，我们对形态整体分布的考虑主要集中在功能学的考虑上。在第七章中，我们考虑将物种形成和灭绝速率来作为某一物种特殊形态学特征积累的主要因素，这些因素是不影响适应性的。

补充阅读

Fisher, D. C. (1985) Evolutionary morphology: Beyond the analogous, the anecdotal, and the ad hoc. *Paleobiology* 11: 120–138. [讨论演化形态学的基本原理]

McGhee, G. R. (1999) *Theoretical Morphology: The Concept and Its Applications*. New York, Columbia University Press, 316 pp. [理论形态学的理论，特别强调古生物学的实例]

Plotnick, R. E., and Baumiller, T. K. (2000) Invention by evolution: Functional analysis in paleobiology. *Paleobiology* 26 (Suppl. to No. 4): 305–323. [对功能形态学在古生物学中应用的综述]

Prusinkiewicz, P., and Lindenmayer, A. (1990) *The Algorithmic Beauty of Plants*. Berlin, Springer, 228 pp. [根据简单原则复制基本元素从而形成形态个体，藉此探索理论形态的丛书之一]

Radinsky, L. (1987) *The Evolution of Vertebrate Design*. Chicago, University of Chicago Press, 188 pp. [对脊椎动物功能的力学描述]

Rudwick, M. J. S. (1964) The inference of function from structure in fossils. *British Journal for the Philosophy of Science* 15: 27–40. [将机械原理用于古生物学的功能形态学研究的里程碑式论文]

Savazzi, E. (ed.) (1999) *Functional Morphology of the Invertebrate Skeleton*. Chichester, U. K., Wiley, 706 pp. [现生和化石无脊椎动物的功能形态学的研究实例]

Thompson, D'A. W. (1942) *On Growth and Form*. Cambridge, U.K., Cambridge University Press, 1116 pp. [论及对生物形态有利的结构因素]

Thompson, J. J. (ed.) (1995) *Functional Morphology in Vertebrate Paleontology*. Cambridge, U.K., Cambridge University Press, 293 pp. [化石脊椎动物的功能形态学的研究实例]

Vogel, S. (1981) *Life in Moving Fluids*. Princeton, N.J., Princeton University Press, 352 pp. [将流体力学用于生物体内的液体流动研究以及生物体在水中及空中的活动分析的原理介绍]

Wainwright, S. A., Biggs, W. D., Currey, J. D., and Gosline, J. M. (1976) *Mechanical Design in Organisms*. Princeton, N. J., Princeton University Press, 423 pp. [可用于生物体的工程学原理，特别强调生物材料的结构特性]

第六章　生物地层学

由于是一门历史科学，古生物学的核心任务就是确定任何已知事件的相对时间，即便这些事件发生在相距遥远的不同地方。比如，如果我们想知道某一时期是否发生全球性生物大灭绝 [见 8.6 和 10.3 节]，我们就必须首先明确在世界不同地方辨别出来的一系列灭绝事件确实是同时发生的。对诸如此类之年代关系的评估就是**生物地层学**（biostratigraphy，对含化石岩层的几何、生物组成及时间关系的研究）的主要目标。

自创立以来，生物地层学依赖于一套基于赋存于化石记录中的生物的地层延限的基本原理，并进而促成了全球地质年代表的诞生。然而，近年来随着数值方法的采用，地层学家开始寻求对若干个产地的生物地层延限的信息进行合并，以提供比传统生物地层学手段精细得多的对比。

近年来，由于**层序地层学**（sequence stratigraphy，着重研究地层的形成过程）的进展，生物地层学还发生了转型。层序地层学旨在识别地层格架的最基本的、相关的单元——**准层序**（parasequence）和**层序**（sequence），它们自身可用作对比的依据。业已明确，化石的分布通常易被形成层序的同一沉积过程所影响。假如古生物学家要将岩层内化石内容的地区性变化充分利用起来以研究生物的起源和灭绝的话，应对这些地层模型有准确的判断和全面的了解。

在本章中，我们首先对生物地层学的若干基本原理及其在创建全球地质年代表方面的应用进行述评。然后，我们转到定量技术方面，它们已经极大地增强了生物地层学家对含化石岩层进行高分辨率对比的能力。最后，我们审视新一代地层模型，它们帮助判别化石记录的基本格架，及其在时空方面对地区性生物格局的影响。

6.1 生物地层学数据与对比的性质

所有的生物地层学方法都需要生物类群在一套研究地层中的产出层位和（在某些情况下）丰度的详细描述。在任何具体的露头上，一个工作人员可寻求确定存在的任何化石单元的地层范围和分布。我们称这一间隔为该化石单元的**地层延限**（stratigraphic range），其底界由该单元的**首现层位**（first appearance datum，简称 FAD，也译作首现）限定，顶界则由该单元的**末现层位**（last appearance datum，简称 LAD，也译作末现）限定。首现和末现是许多生物地层学研究方法的基本数据。当然，这一地方性的地层延限涵盖该分类单元的整个全球地层延限是极不可能的。在大多数情况下，我们所认识的分类单元的全球地层延限是根据若干地点的信息综合起来的。再者，保存下来的分类单元的全球地层延限不大可能是其完整的真实时限。由于任何物种的大多数个体都不大可能在化石记录中保存下来，因此任何分类单元的真实起源时间几乎肯定早于化石记录所记载的首次出现，而真实的灭绝时间几乎肯定晚于该单元记载的末次出现。

如果撇开影响地层位置之生物死后埋藏过程的干扰，同一分类单元在两个任意地点的产出可让古生物学家对这两个地点的地层进行简单而重要的**对比**（correlation）：这两套地层一定是在该分类单元的演化时限内沉积形成的。当然，这一表述只有在该分类单元的全球地层延限较短的情况下才真有价值。通常情况下，要用该方式进行对比，生物地层学者尽量使用具有以下性质的分类单元（通常是种）：（1）它们具有较小的地层跨度；（2）它们在地理和环境上是广布的，最好出现于全球各种各样的岩层中。

图 6.1 显生宙常见标准化石示例

这些化石的大小和性质差异很大，但它们都与具有广布能力的生物有关。(a) 笔石群体 *Nemagraptus gracilis*，产自亚拉巴马州奥陶纪 Athens 页岩（图的水平宽度为 12 cm）。(b) 牙形刺分子 *Ozarkodina remscheidensis eosteinhornensis*（图的水平宽度为 1200 μm）。(c) 菊石（头足类）*Uptonia jamesoni*，法国侏罗纪（化石直径约 9.6 cm）。(d) 浮游有孔虫 *Gansserina gansseri*，晚白垩世（注意底部 100 μm 比例尺）。

资料来源：(a) 来自 Prem Subrahmanyam's online fossil gallery, *www. premdesign.com/fossil.html*; (b) 伦敦自然历史博物馆 ; (c) 由法国 Hervé Châtelier 的侏罗纪和白垩纪菊石数据库提供，*http://perso.wanadoo.fr/herve.chatelier/*; (d) 史密森尼自然历史国家博物馆。

具有这些性质的分类单元，通常称作**标准化石**（index fossil）、**指导化石**（guide fossil）或**带化石**（zone fossil），已被广泛用于显生宙地层的对比，全球生物地层层段经常根据一个或多个常见的、具有判定意义的化石种来识别。这一层段被正式称为**带**（zone）或**生物带**（biozone）。一般来说，在水体中漂浮或游泳的海洋生物，以及具有随风传播之成分的陆地生物，都最适合作为带化石，因为它们具有较大的广布的可能性（图 6.1）。

在有些情况下，化石单元的地层延限太长以致单独无法发挥对比作用，但若与其他分类单元组合起来，它们仍然是很有用的。在最简单的层面上，这涉及分类单元之间的**重叠延限**（overlapping range，也做**共存延限** concurrent range）的判定和使用（图 6.2）。即使两个或更多的分类单元显示长的地层延限，它们同时共存的地质时间间隔也可能是十分局限的。在这类情况下，这些分类单元的共同产出使得不同地点的地层之间可以进行对比，这比只有一个分类单元存在的情况要精确得多。

初步通过这些生物地层手段的应用，全球地质年代表已浮现（见本书前环衬）。根据单个化石种或有限种组合的地层产出状况划定化石带界线，而根据大量分类单元的消亡或被其他单元的替代，可以标定更大的**阶**（stage）和**统**（series）之间的界线（这些阶和统多半是地方性或地区性的范畴），及**系**（system）和**界**（erathem）之间的界线（这些系和界是全球性的范畴）。事实上，正如我们将看到的，当我们探讨全球生物多样性的历史时（第八章），在系（尤其是界）界线上的生物变革是特别巨大的。

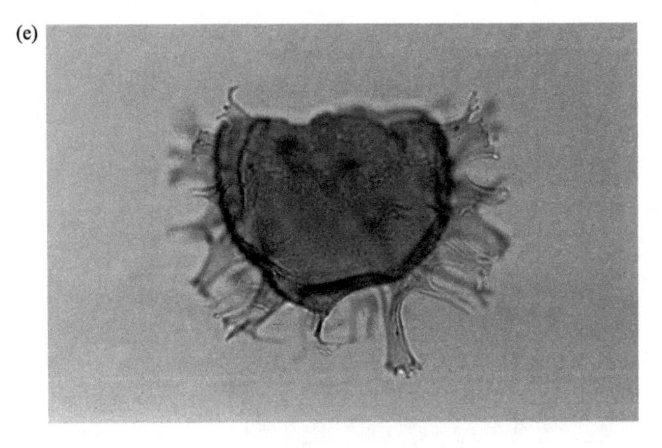

图 6.1（续）

(e) 沟鞭藻 *Chiropteridium galea* 的带壁囊，来自塔斯马尼亚海岸外深海钻井的渐新世沉积物（深色的主体部分从左到右长约 60 μm）。据 William 等（2003）。

重要界线的绝对年龄通过采用放射性测年技术已得以确定，达到实现对前述地层层段的地质时间标定。适合做放射性测年分析的样品，具有典型的火山成因，对许多重要界线而言难以获得，因此无法直接标定这些界线的年代。随着研究人员从关键层位发现适合做绝对年龄测定的材料，并继续完善确定绝对年龄的方法，我们可望对以往的绝对年龄估算进行明显的改善，以及给那些尚未定年的界线标上年龄。

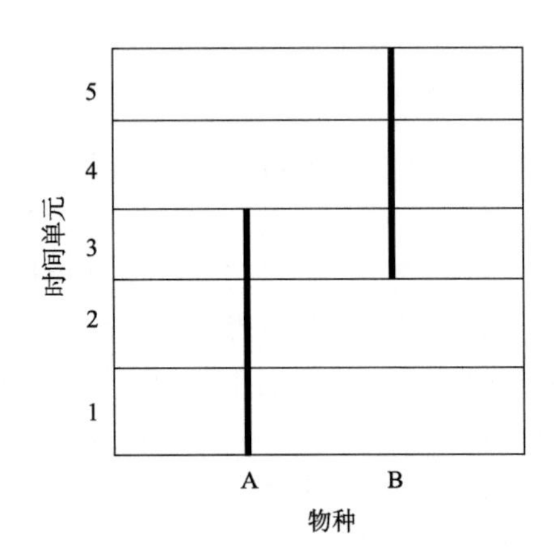

图 6.2　简化的假想例子，显示使用重叠的延限作为精确确定相对年龄的手段

在该**延限图**（range chart）中，根据它们在全世界地层中以往出现层位，详细表述了两种化石（A 和 B）的已知地层延限。如果古生物学家在地层中只发现属于物种 A 的个体，那他就可以推测这段地层是在时间单元 1—3 之间沉积形成的（撇开对相对化石生前位置有影响的死后埋藏过程）。如果她在该地层中只发现物种 B，那就意味着该地层是在时间单元 3—5 之间沉积形成的。然而，如果她发现物种 A 和 B 都出现，那么沉积时间就可以缩小到时间单元 3，因为这是已知物种 A 和 B 共存的唯一时间段（即这两个物种只在时间单元 3 有地层延限的重叠）。

例如，Samuel Bowring 和同事们（1993）在过去 15 年中对西伯利亚东北部寒武系底部获得的一整套样品的分析，已经把元古宇 / 寒武系的界线重新卡在 544 百万年。这比过去通常估计的该界线年龄要新 30 百万年，有明显差异。对这种情况而言，这一精确估算的理由有两点：（1）用来测年的样品比以往样品更加紧靠界线；（2）用来测年的方法，即根据铀的两种不同的同位素的衰变进行相互验证，比过去依靠其他同位素的方法更加可靠。

使用带化石或重叠延限来进行对比存在两点操作上的局限。首先，只有正面使用生物地层标志物才是稳妥的。如果一套地层中不含有指示某独特地层层段的那种化石，这不一定就表明这套地层不是在这段时间内沉积形成的。即使是最随处可见的带化石，也可能在其生存期间沉积形成的大部分地层中缺失，这要么由于该生物类群并未在这套地层所代表的地方生活，要么它在死后埋藏过程中被移位了。在一些重要的地层层段中（如奥陶系的一些层段），就难以确定可靠的、全球广布的生物地层标志物，因此全球年表还有部分仍处于不断变化中。

其次，由于化石种往往延续数百万年 [见 7.2 节] 这一简单事实，用这些方法所能达到的时间精度也存在一些局限。对许多涉及评判形态学型式和生态学格局之时空分布的化石生物学问题，地层框架应该会有帮助，它至少可以从区域的角度提供更高的时间精度。

6.2 复合对比方法

意识到有必要发展更高分辨率的年代表，生物地层学者采用更新的、更复杂的方法，把若干露头上的首现和末现数据综合成一个“复合”的剖面。然后这些复合剖面可以作为年代表，不仅描述其中所含事件（即那些首现和末现）的顺序，而且可以作为日后确定需评估的添加露头最可能的地层位置时的参照。在这一方面，我们这里探讨的这些方法有很多共同点，不过它们在汇集和处理数据以构建复合剖面的方式上各不相同。它们值得评述，不仅因为越来越有用，而且因为它们很好地显示了类似拼图的挑战，把许多地点的零散信息拼合起来。

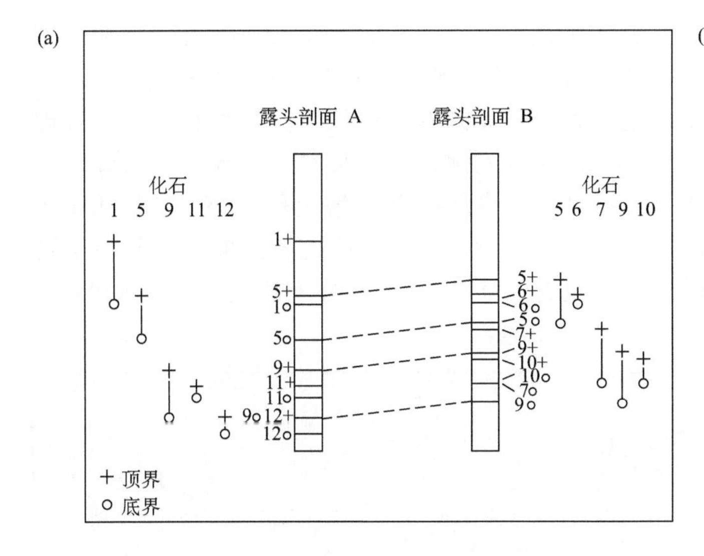

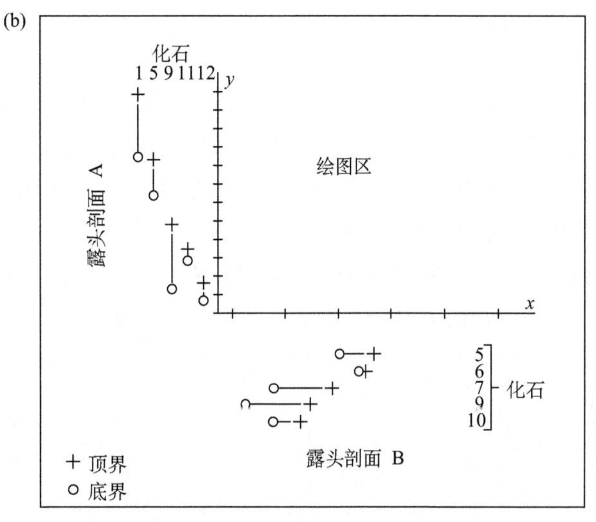

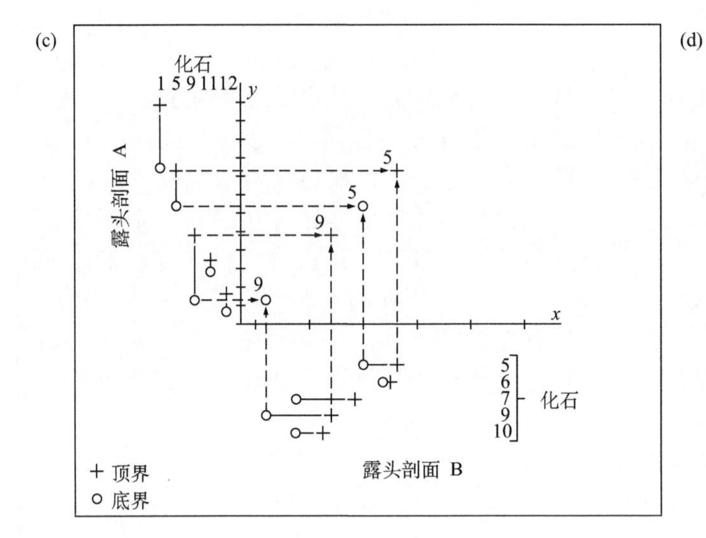

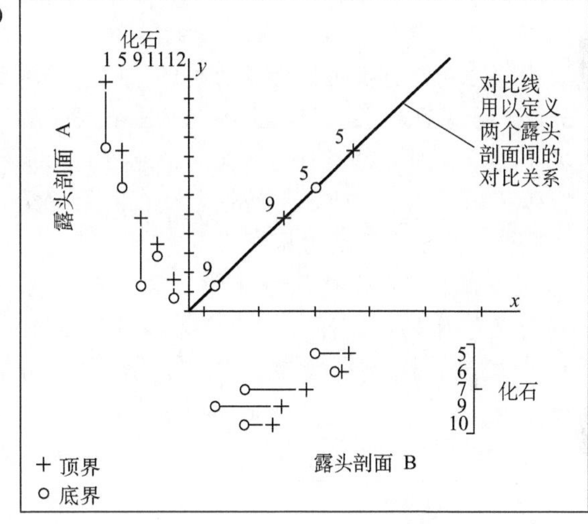

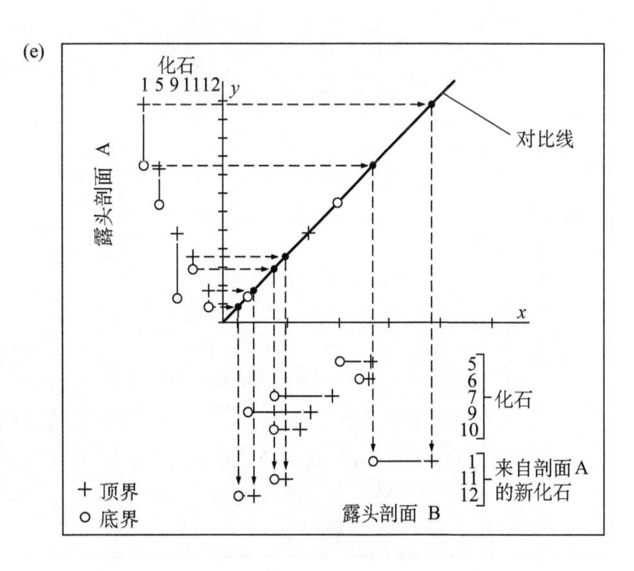

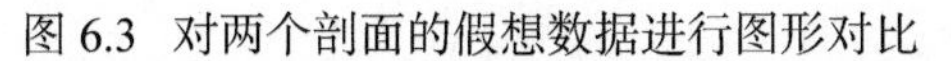

图 6.3 对两个剖面的假想数据进行图形对比

(a) 利用两个剖面共有化石的首现和末现进行常规的对比。(b) 图形对比第一步：在二维方格纸上沿轴投放两个露头剖面的延限数据。(c) 图形对比第二步：把共有事件投到图的中央。(d) 图形对比第三步：画出对比线。(e) 图形对比第四步：把露头剖面 A 独有的事件投到对比线上，然后进一步投到露头剖面 B 上，这样就把两个剖面的所有化石延限的信息复合在一起。

图形对比

该方法最先由 Alan B. Shaw（例如 1964）提出，其基本原理可通过考查两段作为例子的露头 A 和 B 的情况（见图 6.3）来加以表述。如果使用常规的生物地层学方法，古生物学家会寻求对在两段露头上均存在的分类单元的首现和末现进行直接对比（图 6.3a 的分类单元 5 和 9）。然而，在两段露头上还各有若干个独特的分类单元，把两段露头上所有的地层延限信息合并起来显然是可取的，这样我们就知道在这两段露头上保存的所有首现和末现的相对顺序。图形对比完成这一目标首先根据共有的事件在两段露头间划出**对比线**（line of correlation，LOC），然后把各剖面上的其他生物事件叠加到对比线上。确定对比线的方法在知识点 6.1 中有描述。

知识点 6.1

图形对比

在图形对比中，每个剖面的地层延限数据互成直角排列在二维方格纸的轴上，沿每个轴的长度对应离剖面底部的距离。按惯例，具有较多事件的剖面作为 x 轴（图 6.3b）——虽然在本例中露头剖面 A 和 B 含有相等数量的分类单元。第二步，把两个剖面上均常见的事件（即分类单元 5 和 9 的首现和末现）投上去，对 x 轴剖面的情况垂直地、对 y 轴剖面的情况水平地投到图形的中心（图 6.3c）。两轴上的投影线在图上的交点决定两个露头剖面的对比线（图 6.3d）。

在图 6.3 的理想化例子中，注意两个露头剖面是等厚的；这样，对比线对各轴均呈 45° 角。然而，情况一般不是这样。如果在同等地层间隔内，一个剖面的厚度比另一个大，那么对比线的斜率就会更靠近较厚剖面的那个轴（图 6.4a）。再者，在现实情况下，两个剖面间对比的所有首现和末现事件都准确落在一条直线上是极不可能的。例如，当一个剖面地层厚度出现的断续变化并不与其他剖面的相应层段对应，把代表交汇的首现和末现的点连起来就不可能得出一条直线，而是一条带弯的线（图 6.4b）。最后，因为保存问题，在两个剖面上相同化石（即共享事件）首现和末现的序列并不总是一致的。得出的对比线可能因此不得不包含产地之间在共享事件排序上的矛盾。对这种复杂的事件，已提出许多协议来数字性地估算对比线，其中一些协议我们在后面进行讨论。

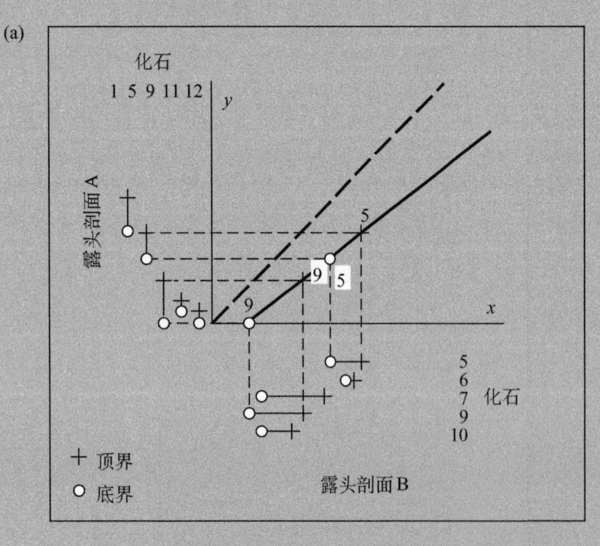

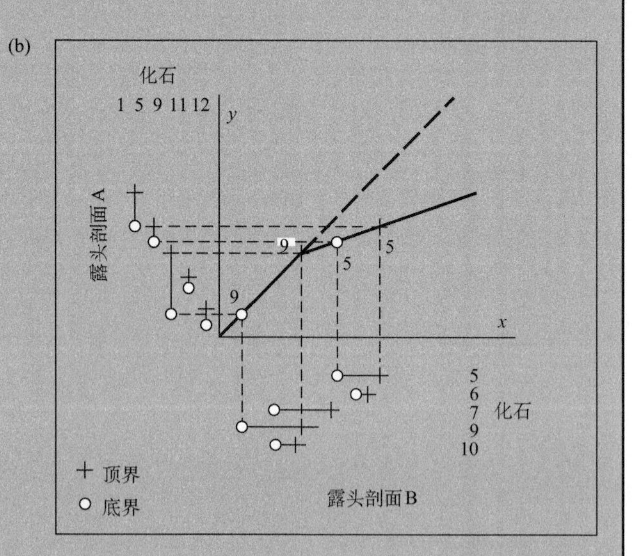

图 6.4 直线式对比线的偏差，斜率为 1（如图 6.3 所示）

(a) 相对于图 6.3，剖面 A 的地层厚度和所含化石物种的延限被缩减。剖面 B 未变。相对原始的对比线（虚线），得出的对比线（实线）向下移动，斜率变小。(b) 剖面 A 的下部保持与图 6.3 相同，但沉积速率的地方性的下降（与物种 5 的首现一致），导致此后厚度的缩减。剖面 B 未变。在本例中，“真实的”对比线（实线）在物种 9 的末现之上偏离了原始对比线的轨迹。

一旦对比线确定，露头A上独有的事件就可投到露头B上（图6.3e），从而获得两个地点所有生物事件的综合，形成**复合标准参考剖面**（composite standard reference section），或者更简单地称为**复合标准**（composite standard，简称CS）。在这一点上，图形对比的强大功能彰显无遗，因为其程序并不限于起始的两个剖面。它可以通过把附加的露头对比到复合标准上而无限重复下去，只要那些以往未识别的分类单元持续整合到复合标准上，复合标准就可继续完善。

这一过程显示如图6.5。在二维的卡氏方格图上，复合标准一般放在x轴，其他要对比到复合标准上的露头放在y轴。注意在本例x轴上的刻度单位不是距离该露头之底的距离，而是称为**复合标准单位**（composite standard unit，简写为CSU）。本例中的复合标准单位的值来自Amoco石油公司为古新世到上新世（Oligocene）的浮游**有孔虫**（Foraminiferida）建立的年代表。在复合标准上的这些种的全球延限已根据以往的生物地层分析按CSUs牢固建立起来。

如前所述，对比线（LOC）是根据在露头和复合标准上共同出现的分类单元的首现和末现划出来的（分类单元1和9，见图6.5a）。然后，只在露头上出现的两个分类单元（单元2和4）的延限就投到LOC上（图6.5b）。在此基础上，露头被对比到复合标准上，同时，通过两个分类单元之首现和末现的添加，复合标准进一步完善。因此，随着一个研究地区复合标准的不断完善，它不仅使得地区内露头对比的分辨率不断提高，而且建立了一个区域年代表，记录了由分类单元的首现和末现所代表的生物事件的顺序。在实践中，图形对比的事件不必是生物事件，它也可以包括离散的物理事件。例如，火山灰的沉落有时在地层记录中保存为**斑脱岩**（bentonite）和可在大量地点识别的黏土层，它们有时地理分布相当广。

出现事件排序

图形对比中把一个产地一次添加到复合标准上的程序，必然给先前添加的信息更大的权重。如果在不同产地获得的地层延限信息没有矛盾的话，这不会是个问题。然而，由于地点之间保存和岩性的差异，这种矛盾事实上是不可避免的。随着越来越多产地的添加，对复合标准的限定也越来越多，所以对较早添加到复合标准的信息较为有利。相反，我们下面将考察的一些方法涉及对多个产地的同时评估。

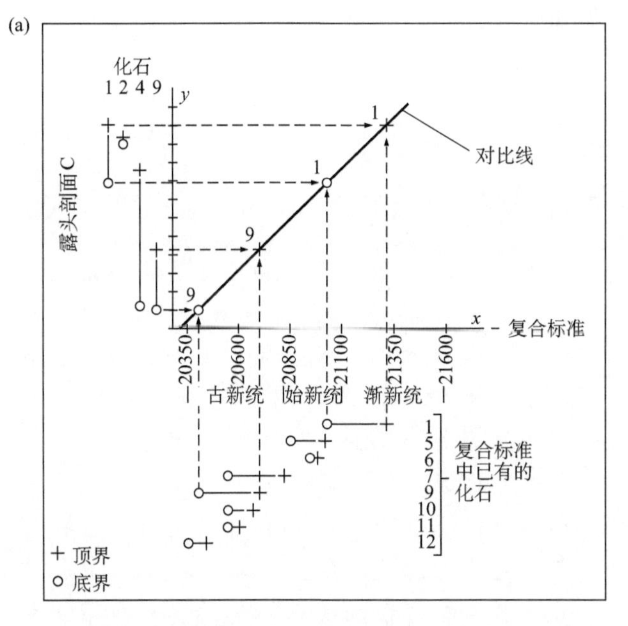

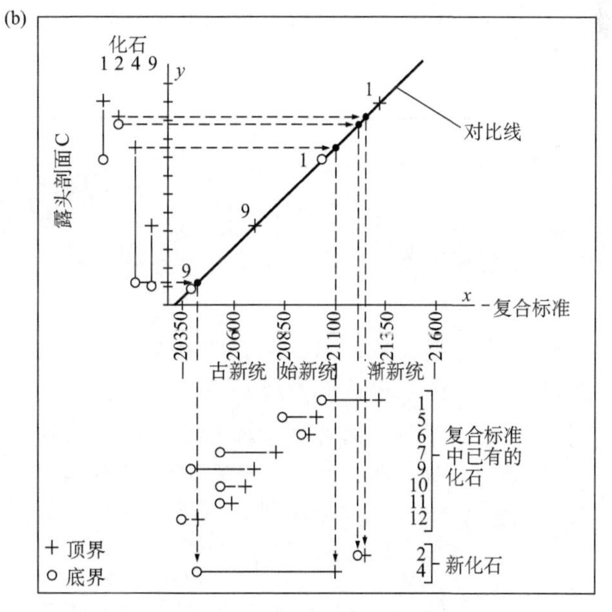

图6.5 把添加的露头剖面地层资料投到复合标准上

(a) 建立新剖面（露头剖面C）与复合标准之间的对比线。(b) 把露头剖面C上独有分类单元（2和4）的首现和末现投到复合标准上。据Carney和Pierce（1995）。

即便在一批产地之间的共有分类单元首现和末现没有矛盾的情况下，在复合剖面上显示出来的其中部分事件的地层排序仍然可能是不正确的。举一个简单的的例子，如果多少有点极端的话，在某种情况下较为广布的分类单元 A 的演化起源早于另一个广布的分类单元 B，但是贯穿整个研究地区的沉积和埋藏过程偶然地抹去了单元 A 在单元 B 的首现之下的证据。在这种情况下，所有产地的数据会因此无一例外地把单元 B 的首现显示在单元 A 之下，所以复合剖面会错误地显示单元 B 的首次出现发生在单元 A 之前。

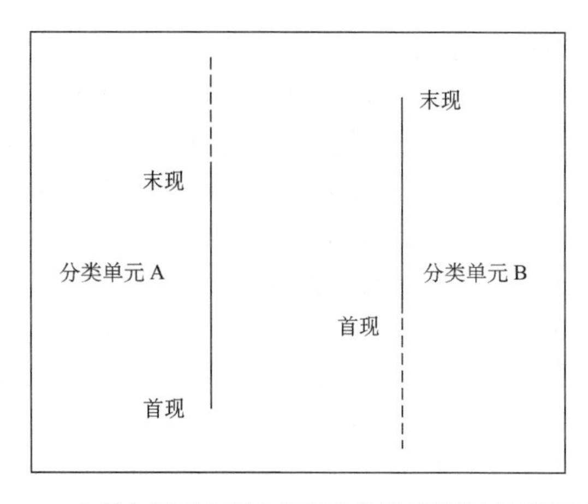

图 6.6 一个露头剖面上两个假想分类单元的地层延限示意图

实线表示每个分类单元已知的地层延限。根据这些延限，我们可以说分类单元 A 的首现早于分类单元 B 的首现，分类单元 A 的末现早于分类单元 B 的末现。然而，如果随着进一步的采集，我们延伸每个分类单元的所见地层延限到包含各自的虚线部分，上述命题就会倒过来。相反，不论在该产地或任何其他产地进一步采集多少量，都无法推翻我们可做出的另外两个命题：分类单元 A 的首现早于分类单元 B 的末现，分类单元 B 的首现早于分类单元 A 的末现。

在通常情况下，如果我们考察保存在露头上的任意一对分类单元的首现和末现的相对排序，添加取样总是有可能逆转其中一对事件的排序（图 6.6）。然而，如果在某段露头，我们发现分类单元 A 在地层中位于分类单元 B 之下，或与之重叠，那么无论我们在该露头或世界其他任何地方进行再多的采样（撇开分类单元的死后埋藏），总是存在一种无法反驳的表述：分类单元 A 的首现（而且确实是其首次出现）必须早于分类单元 B 的末现和灭亡（图 6.5）。这必须如此，当进一步的样品采集有可能将分类单元 A 的首现下移，或分类单元 B 的末现上移时，它无法否定已观察到的两个单元的延限重叠。同样地，如果分类单元 A 与 B 有地层重叠，那么分类单元 B 的首现也必须早于分类单元 A 的末现。

John Alroy（1994a）的**出现事件排序**（appearance event ordination，简称 AEO）就专门使用这些无法反驳的观察，称为 **F/L 表述**（F/L statements）。不是所有的 F/L 表述都可以在一个研究地区的所有地点保存下来，AEO 就是根据所有产地保存下来的信息综合拼合成一个复合标准。AEO 的基本原理描述见知识点 6.2。

知识点 6.2

出现事件排序（AEO）

出现事件排序的第一步是，考察图 6.7a 中的 3 个假想的产地，其中详述了 5 个种的地层产出。不是所有物种都在所有产地有保存，这些物种可以在一些特定产地的多个层位出现。图 6.7b 给出了根据每个产地的信息得出的 F/L 表述名单。按惯例，这些表述用 $X<Y$ 的句法表示，意思是分类单元 X 的首现早于分类单元 Y 的末现。

例如，在剖面 1，我们知道分类单元 1 和 2 同时出现在产地 1 的相同层位，因此下列表述必定是真实的：1<1 和 2<1。类似地，在产地 1 中分类单元 3 在地层序列上的出现高于分类单元 1，因此我们还知道 1<3。我们可以用矩阵型式把图 6.7a 和图 6.7b 的信息总结在图 6.7c 中：首现（行）早于末现（列）的例子用 < 符号表示。虽然任何分类单元的首现必须早于它自身的末现，这是不可避免的，但是我们还是把这些表述包括在矩阵中，因为我们要在我们的复合标准上详细描述这些事件。

根据F/L矩阵的信息，我们建起一个复合事件序列（composite event sequence，事实上即复合标准），如图6.7d所示。首先我们开始找出首现早于第一个末现的所有分类单元；在本例中，我们在图6.7c上识别出首现1和2早于末现1，所以我们在图6.7d中按顺序描述这些事件（即：首现1和首现2在一起，随后是末现1）。然后我们重复这一过程，确定哪些首现早于下一个末现，直到我们确定整个事件顺序。

末现1早于首现3，因为在分类单元1和3之间没有地层重叠的证据，而且分类单元1的地层延限全部位于分类单元3之下。相反，分类单元2和3之间有地层重叠，因此首现3早于末现2（即3<2）。注意末现2和末现3在序列上是一起并排的，因为根据现有证据无法区分这两个事件的相对时间（首现1和首现2也是如此）。因此，这一归并不应当被看作这两次事件同时发生的绝对性表示。

在创建复合标准时，一开始我们可能并不清楚如何肯定所获得的序列是正确的。例如，我们怎么“知道”首现4晚于末现3呢？答案是我们永远无法完全肯定这一点，因为日后我们总是有可能发现（例如）分类单元3和4地层分布上有重叠的证据。然而，目前所有现有的事件均指示分类单元4的地层延限全部晚于分类单元3的，所以首现4表达为出现在末现3之后。如前所提到的，单个F/L表述是不可反驳的，但一组分类单元的首现和末现序列可以随着新数据的添加而继续演变，所以我们或许应在将来认真添加F/L表述。

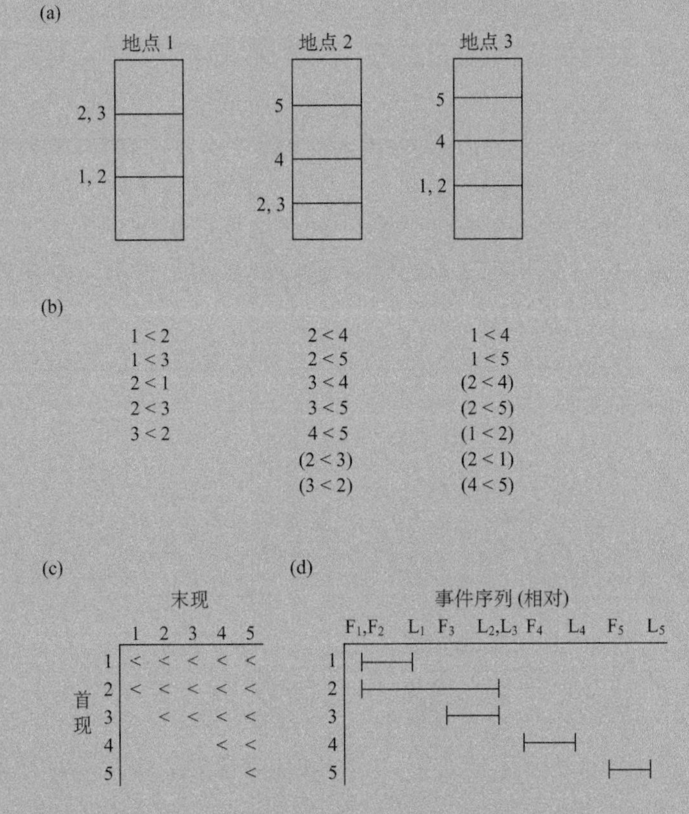

图6.7 出现事件排序原理的图示

(a) 5个假想的分类单元（标号1到5）在3个假想产地上各自的出现事件数据。水平线表示在各个产地上标本样的地层位置，左侧的数字代表这些标本样中的分类单元。(b) 得出每个露头剖面F/L表述的名单。括号内的表述是前面产地已有表述的重复。(c) 用矩阵形式总结(b)部分提供的信息。(d) 这些分类单元的事件复合序列（F_y＝首现；L_y＝末现）。［根据Alroy（1994a）的一个例子］。

注意，在知识点 6.2 的例子中，复合标准上事件的定位是相对的；没有绝对的指示物来指示这些事件的发生时间。然而，用图形对比和其他方法，我们将考虑到，基于将其中的一些事件与已采获绝对年龄的层位进行对比，通过 AEO 建立的复合标准可以由绝对年代表来标定。

限定最优化法和排序与校准法

在 F/L 表述不可反驳的情况下，当然并不意味着观察到的事件之间的其他关系就一定是不正确的；把这些其他事件（假定我们可以相信它们）包括进来，显然有助于进一步完善复合标准。**限定最优化法**（constrained optimazation，简称 CONOP）是一道程序，它对根据一组产地共同识别出来的地层事件的利用比 AEO 更广。作为 CONOP 程序的一部分，不可能的解决方案首先被排除掉（限定），而所有可能的解决方案中的最佳者被定量地识别。

在一开始的时候，在限定可能的解决方案候选名单中，任何解决方案假如违背了不可反驳的观察事实的话，它都可以被看成是不可能的。例如，建立一个任意物种的首次出现位于末次出现之后的序列是不恰当的。同样的，如果两个物种（A 和 B）的延限观察到在任何露头剖面上重叠，我们从上一节的讨论中知道，物种 A 的首现必须早于物种 B 的末现，物种 B 的首现必须早于物种 A 的末现。很明显，表明其他结果的解决方案都是不正确的。

为产生一个优化方案，在所有产地一同保存的事件之上建立一个复合标准。当一个人研究大量分类单元和产地时，在单个产地出现一些与复合标准排序不同的事件是几乎不可避免的，因为（正如我们前面所提到的）在产地之间，共有分类单元的首现和末现的相对排序可能存在一些冲突。所以，一个增加的目标就是对每一个产地的事件进行优化排序（或再排序），以维持在建立复合标准第一步时确立的排序。关于这一过程如何实现的概略性描述见知识点 6.3。

为详细描述对事件的优化排序，确定一个分类单元在其所发现的延限内的丰度是有帮助的。如果其他情况均等，当该分类单元在其延限内随处可见时，其地层延限将更加接近它的真实延限 [见 6.5 节]。在这类例子中，研究者可以相信，日后发现的更多标本不太可能落到该分类单元的已发现延限之外。考察极端的反面例子，这也许

知识点 6.3

限定最优化法（CONOP）

在使用 CONOP 时，确定某一地点事件以及复合标准本身最优化的定向，涉及使用加权系数，即根据对观察到的一些分类单元的首现和末现比其他分类单元更可靠的可能性进行定量化。特别重要的是，要考虑地层延限的截切，它们与不整合及岩性变化有关，是不可避免的。

相反，也存在可预见的倾向，就是分类单元的保存延限超越了它们起初的（真实的）保存延限。例如，钻井的化石标本经常容易被与钻井和取芯有关的物理过程混染到下面去。这会导致任何分类单元首现的向下混染，该分类单元在地层上的最低出现层位就以这样的方式受到影响。相反，常见分类单元的末现相对不容易被这一过程影响，因为当部分标本在钻井内被向下运移的时候，其他标本会留在它们原来在钻井中的地层位置，这样就保存了末现。当然，如果分类单元是罕见分子，这会增加所有标本被向下混染的可能性，从而也改变末现。在任何情况下，当一个地点的数据资料具有特征性的不整合和急剧的岩相转折时，或当数据资料来自钻井时，这些因子将导致某些级别数据资料的减权（downweighting），或甚至剔除。

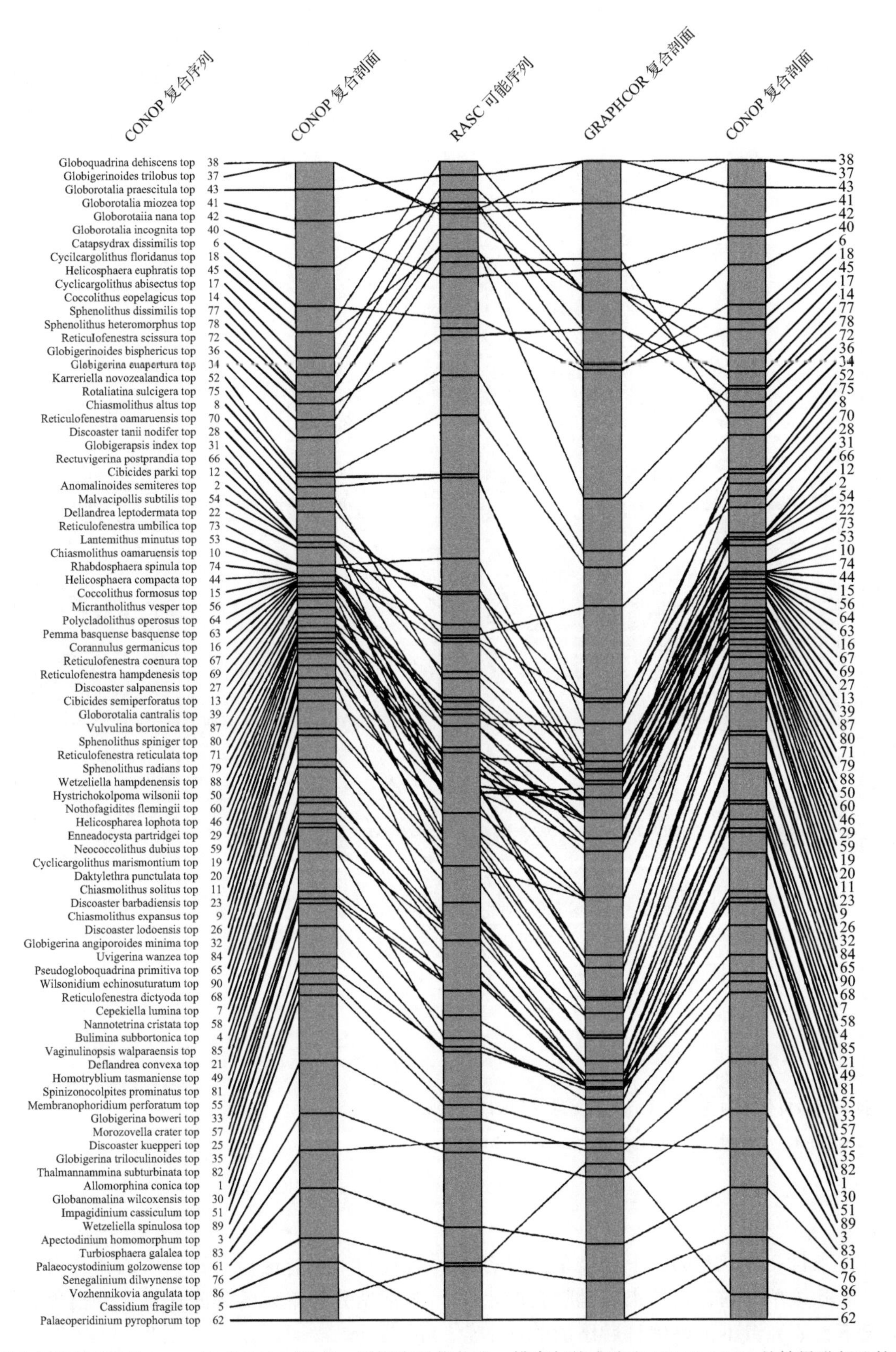

图 6.8 通过应用到新西兰 Taranaki 盆地 8 口钻井，对限定最优化法、排序与校准法和 GRAPHCOR 的结果进行比较

事件复合序列［物种末现或“顶”（tops）的序列，位于左侧］和它们的间距（相邻的栏，标有“CONOP 复合剖面”）是根据遴选过的数据确定的，其中剔除了包括所有首现在内的“有问题”的事件，主要出于对这些事件在钻井中容易被向下混染的考虑。线条的交叉表示一种技术与另一种技术间出现矛盾的例子；注意这些交叉高度集中在层段的中间部分，那里的事件是最密集的。据 Cooper 等（2001）。

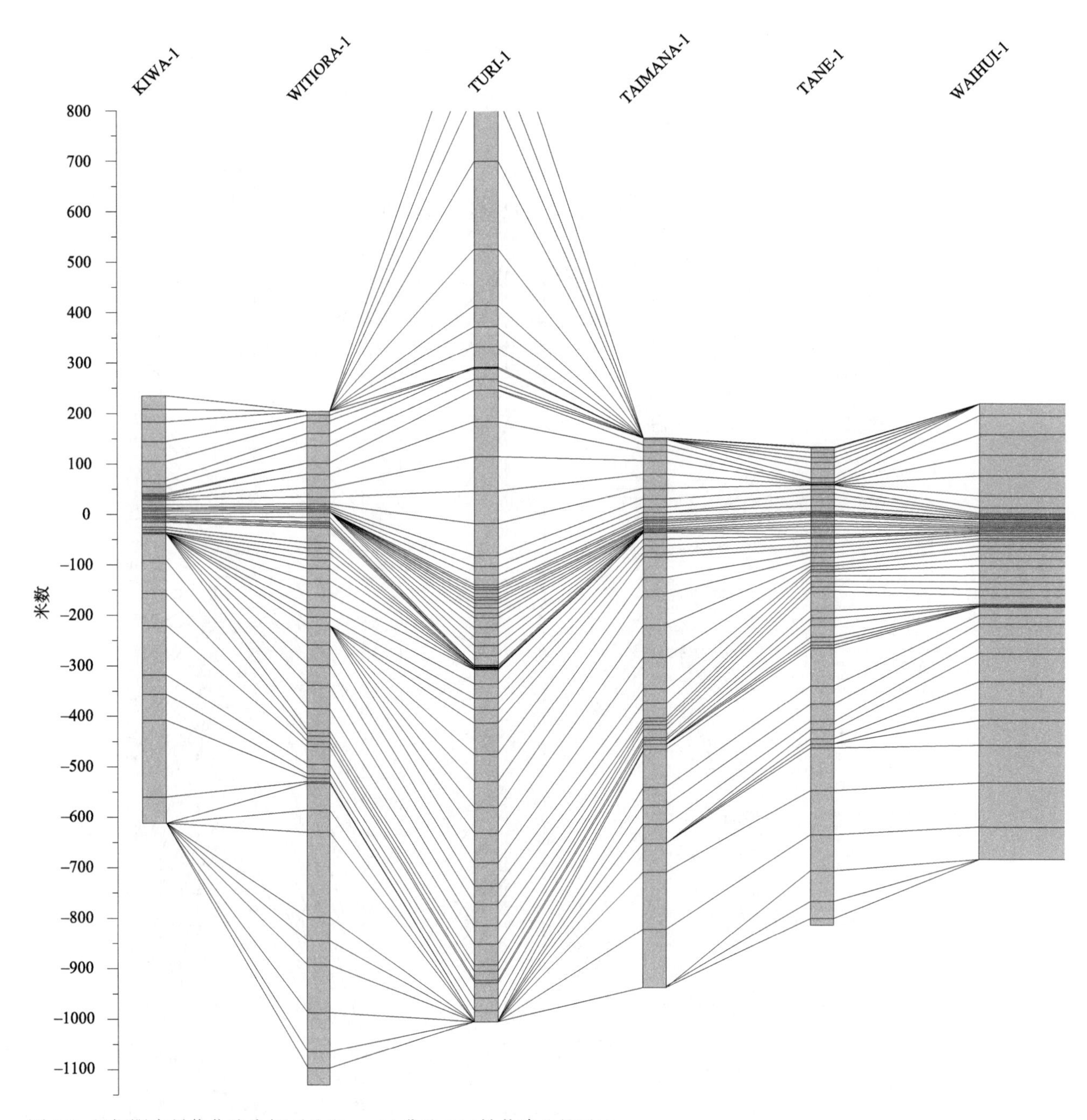

图 6.9 根据限定最优化法为新西兰 Taranaki 盆地 8 口钻井建立的对比

根据程序的结果，对每口井上的事件层位作了调整（与其实际层位相比）。

最好理解：来自一个产地的一个分类单元只有一块标本，因此该单元的首现和末现是吻合的。在这种情况下，研究者不可坚信日后添加的标本会来自与第一块标本相同的层位。事实上，第二块标本来自不同层位是极其可能的，并根据该标本是见于第一块标本层位之下或之上，而更改它的首现和末现。这样，我们应该在建立优化方案时对常见分类单元的延限比罕见分类单元给予更大的权重。

据此，一个称为**排序与校准法**（ranking and scaling，简称 RASC）的程序也可应用于地层数据。排序与校准法的目标是估算分类单元

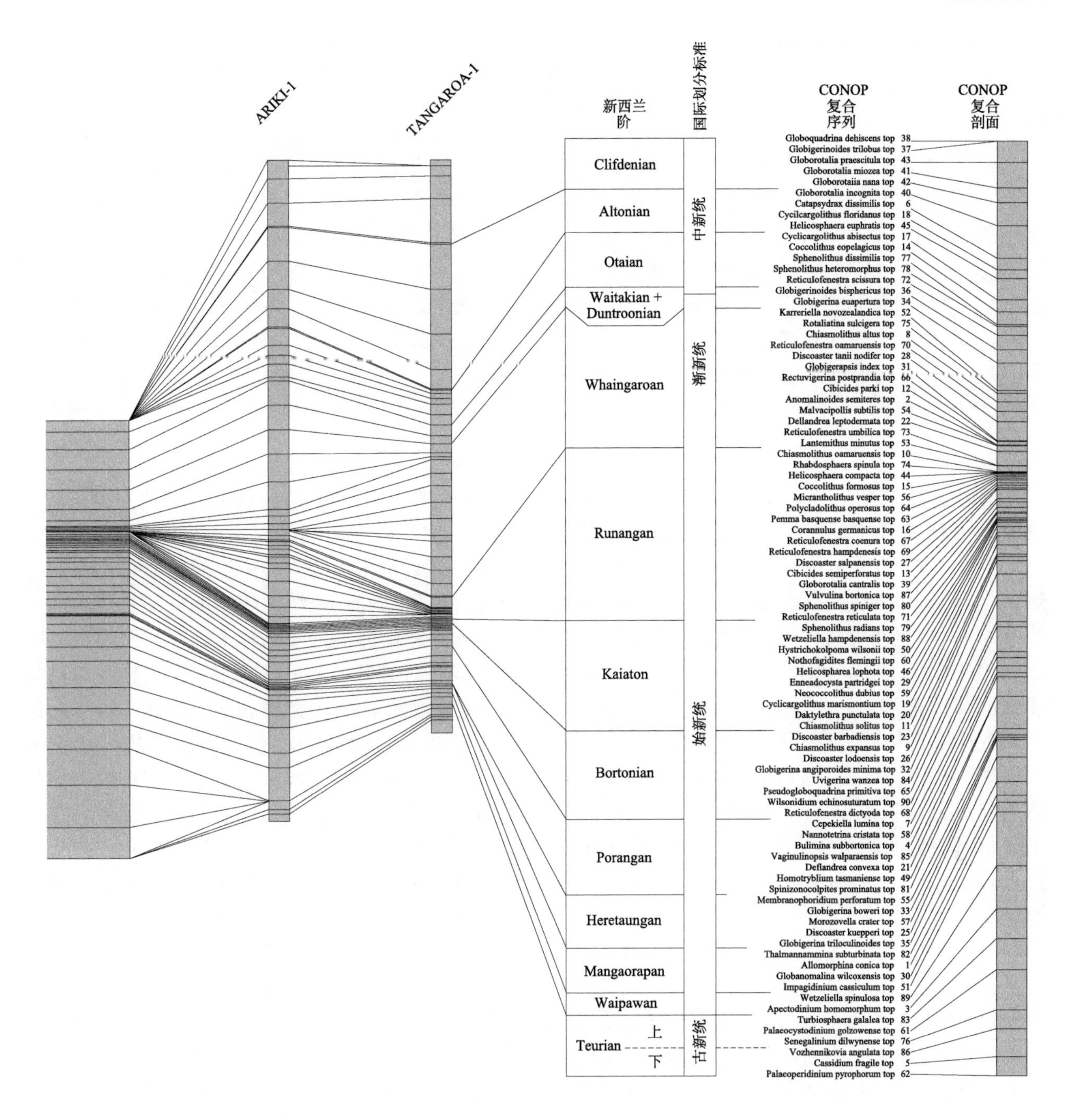

最可能的延限。其前提是假设不同产地间首现和末现顺序的不一致性源于过程的随机组合，比如前文所强调的那些潜在地影响到分类单元在任何单个产地所观察到的延限的因素。在最简单的情况下，任何给定的一对事件（A 和 B）的相对顺序，可在所有产地进行比较，而且最经常出现的顺序——要么 A 在 B 之上，或者 B 在 A 之上，注定是最可能的序列。然而，有时是这种情况：在确定 3 个或更多事件的两两排序时，矛盾开始出现；在这些情况下，就用排序与校准法来确定这些事件最可能的序列（见知识点 6.4 的讨论）。

知识点 6.4

排序与校准法（RASC）

在3个或更多事件明确定向时可能产生冲突，作为在这种情况下使用排序和校准的一个例子，考虑若干产地的事件A,B,C的定向。可能会发现，事件A极其经常出现在事件B之下，而事件B极其经常出现在事件C之下。所以，这应表明事件A出现在事件C之下。尽管如此，在某些地点，有可能发现事件C出现在事件A之下。当这种冲突发生时，两两事件顺序的概率就进行等级排列，较大的权重赋予那些在研究地点之间最经常发生的两两事件。在我们3-事件的两两事例中，如果在取样产地内发现事件A在B之上和B在C之上比发现C在A之上更经常，那么在建立最可能的序列时C在A之上就被视为相对不重要。

虽然上述这些方法间存在着差异，但我们没有理由认为其中任一方法在应用到相同数据时，会产生极其矛盾的结果。Roger Cooper 和他的同事们（2001）根据新西兰 Taranaki 盆地井下的一套复杂的古新世—中新世化石数据，对 GRAPHCOR（图形对比法*）、限定最优化法和排序与校准法进行了对比分析（见图 6.8）。由于数据来自钻井，他们决定在分析中把所有的首现排除在外，因为它们有可能向下变得模糊不清（理由见知识点 6.3）。用几种方法获得的结果显示出明显的相似性，大多数差别主要集中在包含许多密集事件的层段中部，这一点并不令人惊讶。

通过限定最优化法建立的序列很容易直接对比到已有的地区性地质年表中。图 6.9 的实例表明，由于其中所描述的大多数事件在 Taranaki 盆地以外都很常见，它们对整个新西兰地区的地层意义已经确定。根据这些事件，就有可能把各产地单个地对比到区域性年代表，也可以两两互相对比。

6.3 利用梯度分析进行区域对比

在第九章中，我们讨论化石数据如何用于远古生态群落的空间解析。由于我们即将描述的分析途径证实对高分辨率对比也是有价值的，因此我们现在先简单地介绍这些方法，在后文“古生态”部分会再次涉及。

古生物学家们现在意识到，远古生物群落与现在的生物群落一样，并不是由那些被独立的界线分隔的一套紧密相连的物种所组成的[见 9.3 节]。相反，正如沿着一个海洋切面的环境过渡，或从上而下穿越山麓的过渡那样，这些空间中所含生物群落之间的界线也是过渡的，因为物种总是与支撑它们生存的环境紧密相连。因此，对生物组成的空间变异的分析就称为**梯度分析**（gradient analysis），它典型地涉及对沿着假定梯度方向的不同地点所采集的古生物样品的统计比较。在许多不同的数字技术用于梯度分析时，它们在根据所含分类单元的产出层位及常用的相对丰度对样品进行比较方面是相似的。如在第三章所讨论的那些数据削减技术就用于在多维空间对样品进行定向，以反映它们在组成上的相似。在该空间中处在相似位置或具有相似刻度（scores）的样品具有相似的生物组成。

同样的分析技术还可用于评估动物群沿时间（而非空间）的变化。样品采自某一地点的按地层顺序排列的系列层位，根据梯度分析得出的样品刻度可按地层顺序投在图上。这就描绘出一个地点之生物组成在时间上的变异图，这一变异可能与古环境过渡直接相关。知识点 6.5（第 145 页）给出了这些变异如何用于实现高分辨率区域对比的一个例证，是关于俄亥俄州辛辛那提地区富含化石的上奥陶统的一段地层。

---

* GRAPHCOR 仅是可用于图形对比的程序之一。——译者

知识点 6.5

基于梯度分析的高精度对比

图 6.10 和图 6.11 显示如何使用梯度分析作为一种对比方法。在图 6.10 中，利用一种称为去趋势对应分析（detrended correspondence analysis，DCA）的数据削减技术，对来自辛辛那提附近研究区的样本进行了比较。这里，采自肯塔基州北部产地的每一个含化石层位的动物群普查样品的分数，按地层顺序用图表示为简单的 x-y 线并投在中间一栏上。右边的一栏是这些数据光滑后的版本，是同一数据的移动平均线，由集中在研究层位的几个相邻层位（在此情况下，21 层）的每层得分平均得出的。

在得出移动平均线的过程中，决定多少相邻层位进行平均并没有绝对的标准。在和谐分析（harmonic analysis）判定周期性方面（知识点 2.2），目标是通过剔除那些阻碍研究人员识别更宽泛型式能力的高频波动，以便更容易看到曲线上的长周期的轨迹。典型情况是，在确定进行平均的点数时，需要反复测试。在移动平均线上，左侧（较低分值）和右侧（较高分值）有几个宽缓的蛇形波曲，它们与样品中动物群组成的显著变化相关联。

高分值的样品以那些大型、粗壮的腕足类和分枝型苔藓虫为主。基于以往对这些生物自然历史的研究，得知它们与研究区的浅水的、相对动荡的水体环境有关，在这里细颗粒的沉积物一般不会永久停留在海底。低分值的样本以小型的、更易碎的腕足类，以及与更静水和泥泞的（即更细颗粒的）海底有关的三叶虫等为主。

因此，光滑曲线上的曲折变化记录了该地点从水体加深到变浅（或反过来）的转折事件。由于这些宽缓的转折事件至少在范围上是区域性的，这些折点可在该地区内的产地之间进行对比。图 6.11 显示了这一方法用于辛辛那提地区的若干产地的实例。在这里，由图

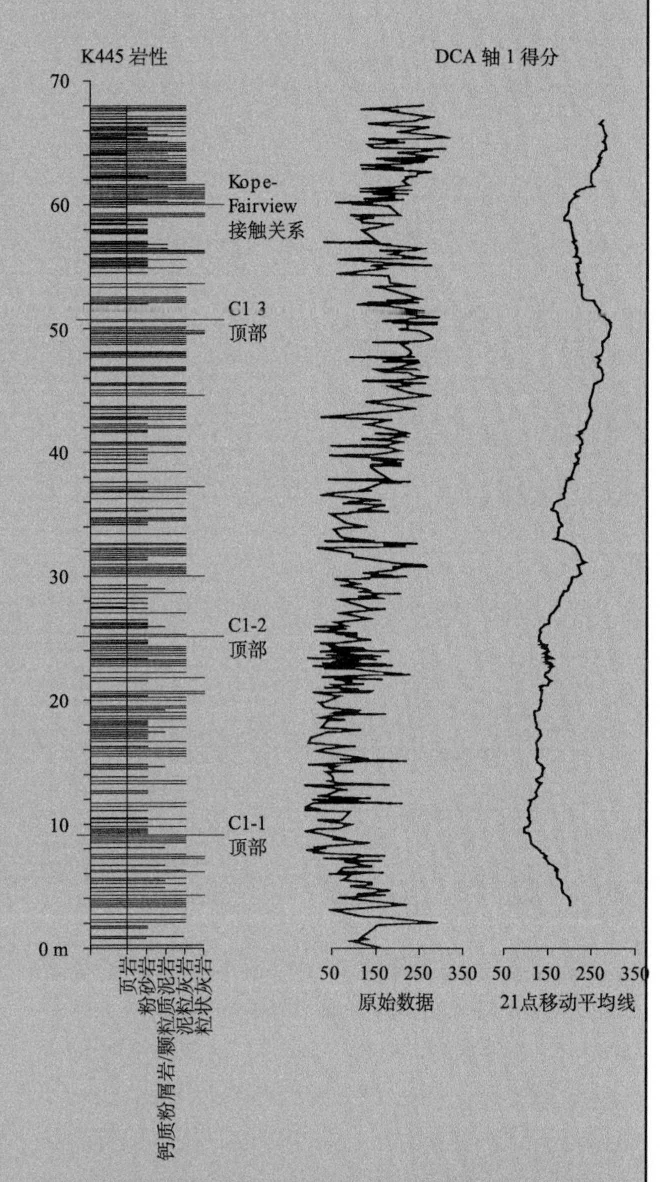

图 6.10 动物群普查性数据的“去趋势对应分析”结果，这些数据是通过对位于肯塔基州北部（K445）的一条晚奥陶世 Kope 组到 Fairview 组下部剖面逐层采集获得的

左侧的柱子总结了贯穿剖面的岩性变化；中间的柱子表示 DCA 轴 1 上的统计分值；最右侧的柱子是对中间柱子进行 21 点移动平均的光滑版。光滑曲线上每个点的数值是该层位实际数值加上紧挨其下和其上各 10 个层位样品的平均值。据 Miller 等（2001）。

6.10 上的产地得出的光滑曲线放在中间，在其他几个产地的曲线上识别出来的折点层位被直

接对比到该曲线上。与若干特别层位和界面的对应关系支持这一对比，根据在整个地区具有可比性的独立证据知道，这些层位和界面已事先知道。

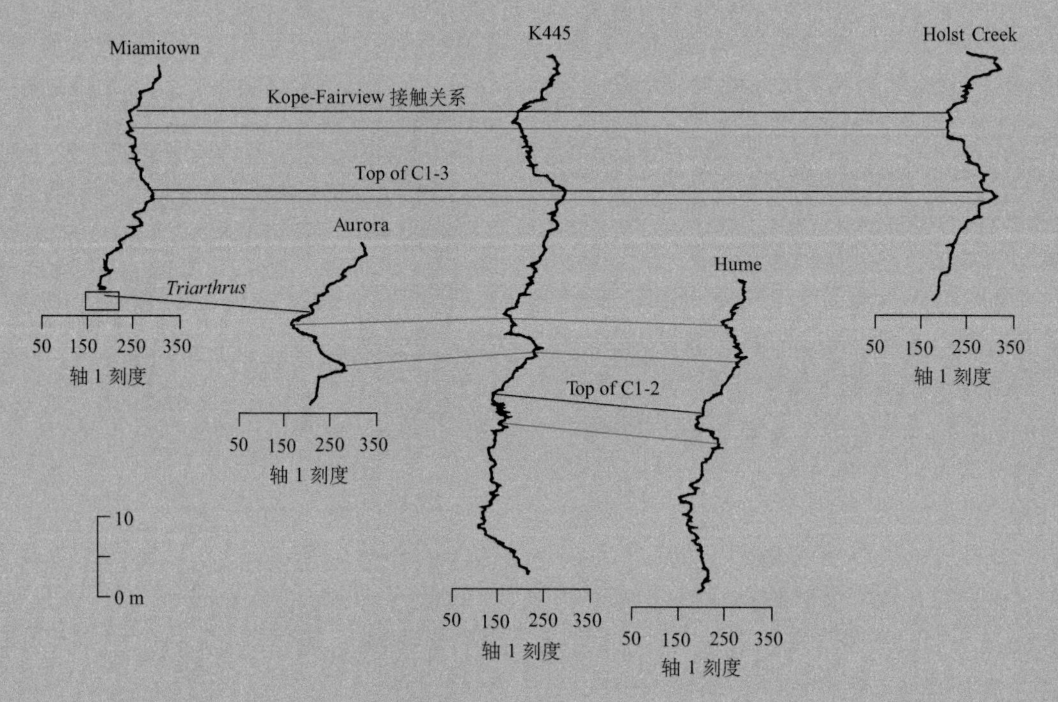

图 6.11 对俄亥俄州辛辛那提地区上奥陶统若干产地根据轴 1（光滑曲线）上 DCA 得分值进行的高分辨率对比

灰色线表示根据多个产地（K445 位于中间）的主要折曲变化进行的对比。深灰色是根据识别出来的地层旋回的顶（标为“Tops of C1-2, C1-3”）、Kope 组与 Fairview 组的接触关系及独一无二的三叶虫 *Triarthrus* 地层产出等做出的独立对比，供比较用。据 Miller 等（2001）。

因为水深的变化在某些情况下（当然不是所有）与全球海平面变化相关，人们可能期望梯度分析可用于全球范围的对比。然而，虽然地方性和区域性的地层样式受到全球海平面差异的部分影响，但这绝不意味着这些差异与水深的区域性趋势或其他区域性的、具有生物学意义的环境变量存在一对一的对比。单个区域是以导致独特的生物过渡性的环境因子（如，陆源沉积物源区的存在与否，或盆地地形的演化）为特征。这样，在区域尺度上，梯度分析是高分辨率对比的强大工具，但它对全球对比并无多大潜力。

6.4 层序地层学与化石的分布

早些时候，我们注意到由于死后埋藏过程，或简单地说生物类群倾向于生活在一些特定（而非其他）的环境，不同地点的任意两个对比层段几乎不可能含有地层顺序和单元组成完全相同的生物类群。在某种程度上，这些因子在时空上随机表达：无法准确说出在什么地方某一分类单元会在化石记录中该单元的古地理、古环境或地层范围内出现。然而，也存在非随机的因子导致化石产出层位（特别是首现和末现）在那些横向延伸的特定层位上的高度集中。事实上，首次和末次出现的地层模式（区域的及或许全球性的），完全可预料是与实际地层记录相关的。对这些关系的详细解析可通过层序地层学直接获取。

层序地层学的根本目标是确立地层单元的等级划分，及单元之间的界线。由于形成这些型式的过程是区域性的，或（在一些情况下）全球性的，那些单元或至少那些单元之间的界线应可在广大区域内进行对比。如果这是事实，那么它就向古生物学家们提出了一对难题：（1）首现和末现集中在这些界线吗？（2）如果是，这些界线是否可作为快速演化转折的证据？我们会看到，对第一个问题的肯定答复并不一定意味着对第二个问题的肯定答复。

一个沉积序列可定义为顶底界由**层序界线**限定的旋回单元，这些界线以海洋或陆地的暴露剥蚀面（即间断面），或可对比到其他地点的间断面的非剥蚀间隔为标志（图 6.12a）。这些层序界线由海平面相对下降所致。层序的内部结构依次受若干因子控制，包括全球性海平面升降、升降速率、水深的区域性变化、沉积盆地几何形态的构造控制、沉积物的有无。在所有这些因子中，全球性海平面至少在那些几十米到几千米厚的大尺度层序中具有压倒性的影响；控制小尺度层序的因子则更容易受到质疑。知识点 6.6 描述了一个理想化层序的结构。

此处对我们而言，层序地层学的基本信息是地层记录保存了一套不同等级的古环境变量，在这一等级框架内有可能识别出一些标志沉积物和化石的显著沉积间断的特殊层位。在一个特殊地点的未保存的沉积间隔内发生的任何分类单元的首次和末次出现，都不可能在该地点的化石记录中保存下来。因此，可推理认为，那些末次出现落在该类间隔内的任何分类单元的末现应当见于该间隔之下某处，而那些首次出现发生在该类间隔内的任何分类单元的首现应当见于该间隔之上某处。再者，当已存在的分类单元追寻它们喜好的环境并迁入或迁出该剖面所堆积的那个地区，其首现和末现会集中在某个剖面的快速环境变化时期内。

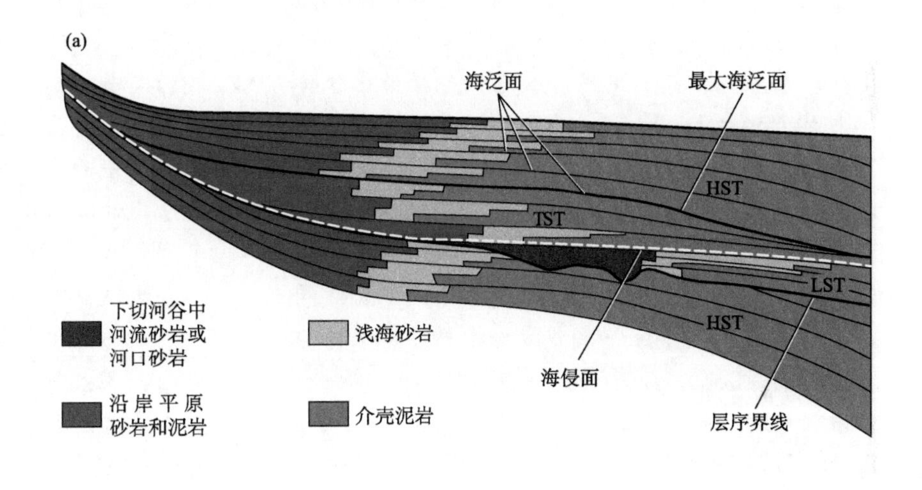

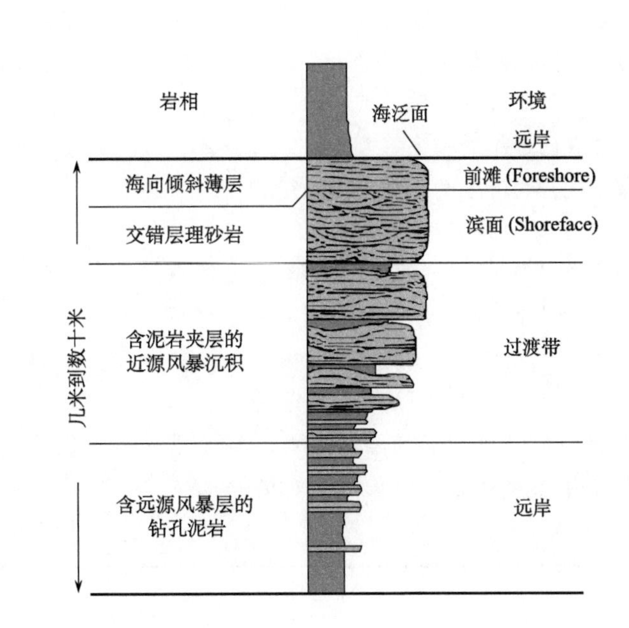

图 6.12 地层层序和准层序的主要特征示意图

(a) 层序结构，包括低水位体系域（LST）、海进体系域（TST）和高水位体系域（HST）。(b) 陆源碎屑的理想化准层序，由向上变浅的地层序列组成，顶部由海泛面限定。据 Van Wagoner 等（1990）修改，引自 Steven Holland 关于层序地层学的在线指南，www.uga.edu/~strata/sequence/seqStrat.html。

带着这点认识，Steven Holland 一直在考察层序的沉积作用与化石的地层分布之间的关系。Holland（1995）建立了一套模拟重要沉积作用和埋藏过程的模型，并模拟它们如何与单个分类单元的古生态特性相互作用，从而产生化石记录中可观察到的各种型式。Holland 的模型有两个方面：第一，一个环境梯度[见 9.3 节]根据以下进行模拟，即随机地赋予其中的虚拟分类单元以可界定其丰度和在地表上对环境偏好的属性。在所有特征中，三个数值特征被用来表示每个分类单元沿所模拟的环境梯度的丰度，其中该单元的个体分布接近一条正态（即钟形）曲线（图 6.13）：**最适深度**（preferred depth），即具有最大采集概率的分类单元分布中心；**峰值丰度**（peak abundance），即在最适深度所获得的最大丰度；**深度忍耐性**（depth tolerance），即分类单元在分布区内的展布程度。最后一个变量与下列认识一致：一些分类单元能高度忍受环境的差异，可生存在广大的环境区域，而其他分类单元则不能。

知识点 6.6

层序的解剖

由于控制沉积作用因子的相互交错，一个层序的性质在其地层范围内有差异变化，地层学家们已经确定出三种主要的层序组分。按地层学向上工作的顺序，它们包括**低水位体系域** (lowstand systems tract，LST)、**海进体系域** (transgressive systems tract，TST) 和**高水位体系域** (highstand systems tract，HST)。所有这三个单元均依次由**准层序**（parasequence，图 6.12b）所组成。一个准层序是一个向上变浅的沉积旋回，顶界由一次突然加深事件（保存为**海泛面**，flooding surface，也同时定义了下一个准层序的底界）界定。

低水位体系域由位于层序界线之上的进积（即向海方向堆积）的准层序或层序所组成。由于在该转折事件初期的相对海平面上升速率较缓慢，在浅水条件下沉积的陆源沉积物，以及由这些沉积物形成的连续的较高级别层序或准层序，会背离海岸线，向海方向推进（图 6.12a）。

相反，在随后的海进体系域阶段的沉积过程中，海平面上升速率的提高将导致连续的准层序或高级别层序向陆地方向迁移——这种型式称为退积（图 6.12a）。在高水位体系域阶段的早期，海平面上升会以较缓的速率持续。由于速度减缓，高水位期间的堆积型式逆转为进积。高水位体系域的后期阶段以相对海平面下降为特征。

海进体系域与高水位体系域之间的界线被恰当地称为**最大海泛面**（maximum flooding surface），它记录了这段层序上的最大水深，并标志着从退积到进积的转变。我们在高水位体系域的讨论中已经表明，最大海泛面并不标志着海平面上升的停止，它有时是由海平面上升速率的减缓造成的，如当这一速率与沉积速率达成平衡的时候。

要理解这一机制，重要的是要记住水深并不是与海平面等同的。虽然这似乎可能是矛盾的，但在进积期间，如果大量沉积物流入一个地区，尽管海平面在上升，水深却实际在变浅。而且，事实上大多数沉积记录是在区域性海平面上升的情况下形成的。随着进积的持续，海平面最终将在高水位的后期阶段开始回落，该地区可能暴露出水面，形成指示下一个层序界线的沉积间断。

应该记住，图 6.12 显示的型式描述的是一个理想化的情况。任何层序的确切性质可与该模式有较大差异，这取决于观察这些变化所采用的时间尺度、全球海平面变化的性质、水深的区域性变化及其范围（如果存在暴露出水面）、沉积盆地的形状、构造沉降的速率、各种沉积物来源的有无等诸如此类的因素。例如，在缺少陆源沉积物时，型式就可能与这里所显示的有很大不同。

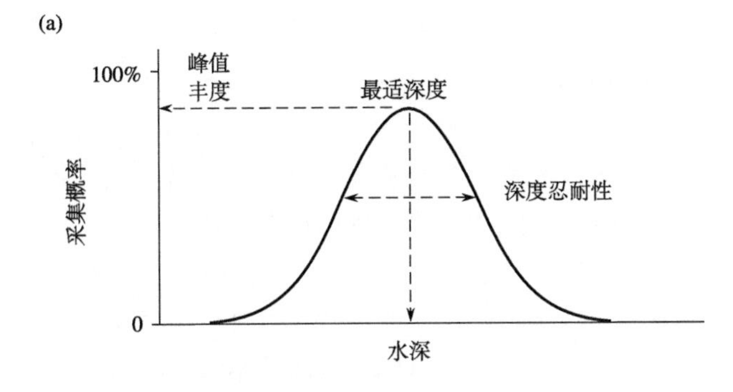

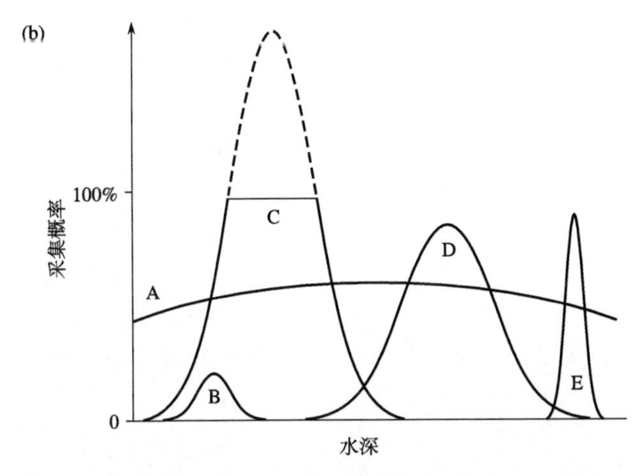

图 6.13 用来确定分类单元的层位和采集概率的 Holland 的模型，这些分类单元来自他对层序地层框架下的首现和末现保存记录的模拟

(a) 每个分类单元做成丰度沿模拟的水深梯度呈钟形分布。每个分类单元设定 3 个特征：最适深度、峰值丰度、深度忍耐性。(b) 根据这些参数的差异，图示不同分类单元间潜在的差异性。据 Holland（1995）。

模型的第二个方面是，根据前面步骤所定义的分类单元属性，模拟了虚拟分类单元在一个层序地层体中的产出情况。在 Holland 的模型中，模拟了两个浅水层序，每一个具有 3.5 Ma 的延限跨度，即一个典型的地区性层序的规模，并进一步分解成若干个时间段，每段 50000 年。时间段与野外研究中识别的地层旋回大致相当；它们约 1 m 厚，并组成大尺度的层序。关于该模式的更多详细内容见知识点 6.7。

在直观地思考该模式如何运作时，对任何分类单元在地层中保存下来的水深范围内的深度（即环境）喜好加以考虑是有益的。一个特定分类单元要在一段地层中保存下来，前提是根据模式参数该地层要代表这个分类单元应该出现的古深度。然而，这绝非保证在该地层中可以找到该分类单元。如果该分类单元是相对罕见的类型，会显示即便在其喜好的深度其采集概率也实际上低于 10%。如果该分类单元是常见类型，仍然会遇到在代表其可忍受深度范围的边缘深度地层中不太常见的情况。

正如 Holland 指出的，即使是相当常见的、广布的分类单元未必会在有潜力赋存它们的每段地层中出现；罕见的分类单元不可避免地会在其整个地层范围内呈斑点状分布。而且如其他地方所显示的，这种斑点状分布的结果是，相对其真实的首次和末次出现区间而言，分类单元所保存下来的首现和末现几乎肯定会被截切。对罕见分类单元而言，这种截切平均起来会尤为严重，事实上对所有分类单元都可能有一定程度的延限截切。

在这方面，层序结构变得特别密切相关。如果一个分类单元的时限的最下部或最上部与沉积间断一致的话，如前所提到的，一个不可避免的结局是其首现或末现被沉积间断直接截切。重要的是，Holland 的模式显示，我们会期望那些首现和末现与紧接在该沉积间断面之下（对末现而言）或之上（对首现而言）的层位吻合。这样，即使在一个生物多样性保持稳定、而且分类单元的真实时限并不显著集中在任何层位的层段内，我们仍可期望看到首现和末现集中位于层序界线上或界线附近。这即是 Holland 根据他的模式所观察到的结果。

在图 6.14，注意所观察到的首次出现显著集中在贯穿每个海进体系域的最初三个海泛面（快速加深的层位）。这标志着海泛面位于准层序的底部（图 6.12）。集中出现的分类单元有两种基本类型：（1）在之前低水位期间起源的、但在剖面上首次发现于海进期间形成的沉积的一些浅水型生物；或（2）在之前低水位期间或更早在高水位体系域上部的浅水段起源的深水型生物，由于在该地点深水相岩性未得到保存，这些生物未被保存下来。

与此相似，观察到的末现在每个层序的顶部（每个高水位体系域的顶部）有显著集中现象。这是由于那些分类单元的真实灭绝时间与层序界线或随后未保存的低水位一致，它们的观察到的延限在界线上被截切了。此外，末现集中在海进体系域的海泛面下方。这代表具有较窄之深度忍耐性的浅水生物类型，在水体加深之后、环境重现但水体尚不足以浅到适合它们生存之前，必定已在一些地点灭绝。

知识点 6.7

Holland 模式的附加要点

由于离海岸线较近，浅水层序经常缺失低水位体系域。如果板块构造的沉降速率较低的话，浅水地区将在低水位期间暴露出水面。如果沉降速率较高，就不会暴露出水面，低水位体系域将得以保存下来。

因为大多数化石记录来自缓慢沉降的地区，所以 Holland 的模式把低水位体系域（图 6.14）阶段的沉积作用排除在外。在两个模型层序中，海进体系域均由两个准层序组成，高水位体系域由六个准层序组成。在海进体系域的情况下，水体加深（向左）和由两个准层序所展示的锯齿状型式显示其海进的性质；这与图 6.12 显示的海进体系域的退积模式是一致的。在高水位体系域的情况下，由于海平面上升的减速和逆转，以及盆地被沉积物的不断充填，显示为变浅（向右）型式；这与图 6.12 显示的高水位体系域的进积型式是一致的。

每一个模型层序的保存记录区段所代表的整个深度范围是 65 m。在此背景下，总体的生物多样性恒定控制在 1000 个分类单元，在每个 50000 年时间段内的随机生物灭绝概率都是 0.0125。这与根据经验标定的平均物种时限（400 万年，见 7.2 节）是对应的。要保持多样性固定不变，每个灭绝事件匹配一个新分类单元在随后一个时间段的起源。一旦起源，每个分类单元被随机地赋予一个 0—65 m 范围内的最适深度，峰值丰度包括 25%—100% 的被采集概率，深度忍耐性在 1—21 m 范围内。这一模式参数的组合得出了首次和末次出现的型式（如图 6.14 所示）。

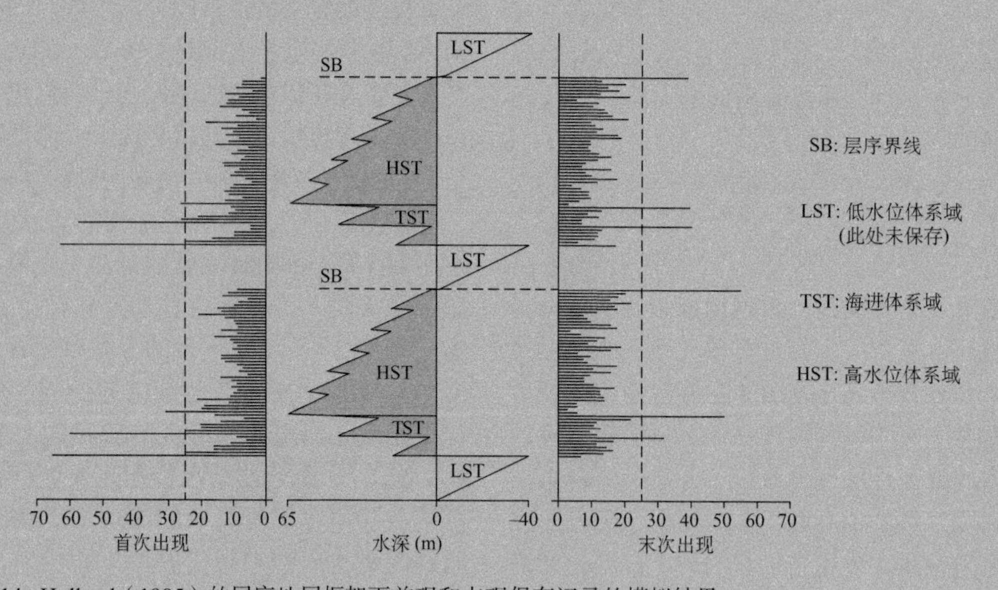

图 6.14　Holland（1995）的层序地层框架下首现和末现保存记录的模拟结果

每一个海进体系域由两个准层序组成，每个高水位体系域由 6 个准层序组成。垂直的虚线用来设定首次和末次出现峰值的具有统计意义的限定值。（更多关于统计意义的内容见图 6.16）。据 Holland,1995 修改。

假定不同尺度的层序结构在地层记录中普遍存在，就急需对所观察到的地区性的、区域性的或全球性的分类单元起源或灭绝的峰值，是否因其与层序界线相关或关键古环境缺失而被人为放大的可能性，进行评估。譬如，Dan Goldman 与他的同事们（1999）对纽约州中奥陶统地层的笔石分带进行了重新评估。他们的分析涉及到对这套地层比前人更为广泛的取样，因此能够将他们的生物数据投到由独立利用系列火山成因之斑脱岩（富钾型）而建立起来的地层框架上。

与K型斑脱岩的比较显示，笔石带的界线是相当等时的。同时，许多常见的笔石种局限于特定的古环境，一些种偏好浅水，而其他则偏好深水。从叠加潜在的层序地层的角度，这一发现特别重要，因为正如我们考察Holland的模式时所见到的，物种受特定环境的限制增强了它们的延限被人为地集中在层序或体系域界线上或附近的可能性。

确实，这就是Goldman和他的同事所发现的情况（如图6.15所示）。所研究的首现层段与体系域的界线存在明确的关联。再者，在一些物种所示延限中的地层间断与相应古环境的缺失及随后的再现相关。实际上，在一些例子中，由于更广泛的取样，Goldman和他的同事发现一些关键分类单元数次出现在明显低于或高于他们以往所知之地层延限的岩层中。尽管最终传统的分带保持不变，但上述现象表明其中存在较之以往认识更多的岩相依赖性和层序地层的影响。

层序地层学对古生物学的帮助比这些警示内容所提出的要正面得多。当首现和末现聚集在那些根据层序位置不被作为人为的层面上时，它们就代表着强烈的可能或真实的生物学转折事件。图6.16显示印第安纳州的一个上奥陶统（Cincinnatian）剖面的例子。图中C1到C6表示层序。几次聚集事件均位于层序C1和C4的高水位体系域的末尾，如根据Holland的模式这些位置应是末现的高峰区。而其他的聚集事件则出现于模式未预见的层位，因此更可能标志着生物转折事件——例如在层序C5的高水位体系域内的首现高峰。

除了首现和末现的聚集以外，其他古生物学型式也与层序地层结构有密切关联。例如，由于沉积速率、扰动、地化条件及其他参数的差异，化石保存的性质可以在一个地层层序中，甚至在一个准层序内发生显著变化。在对比方面，这些变化可能颇有价值：由独特保存类型所标志的岩层，或甚至由非正常沉积条件所产生的独特生物组成，可在一个地区内进行追溯，从而为高分辨率的区域对比提供了一种附加手段。

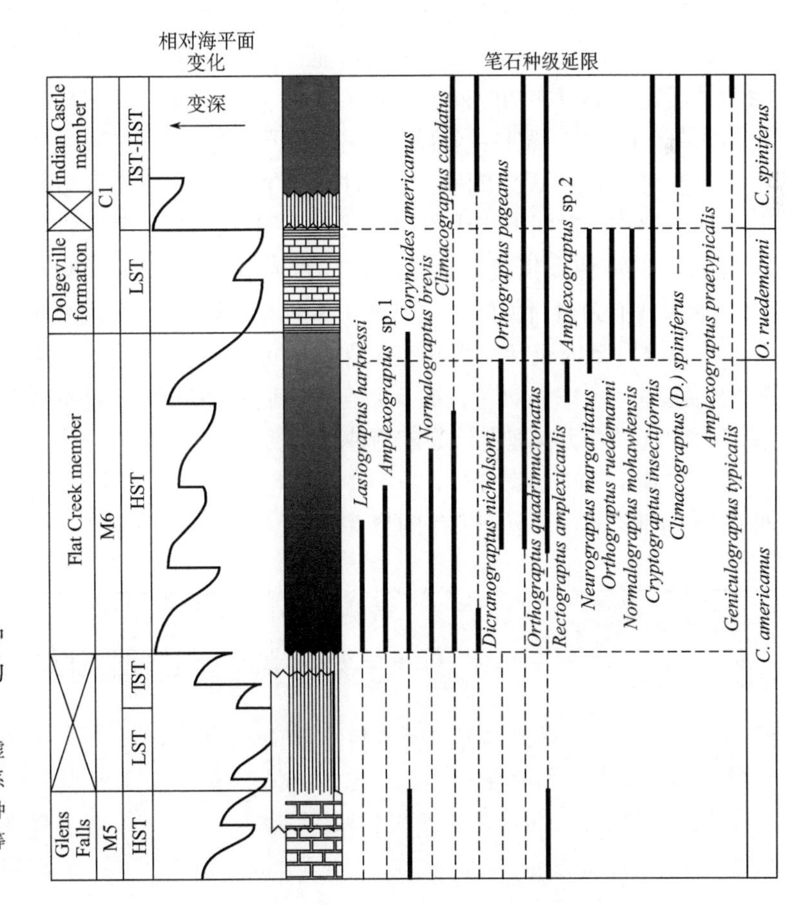

图6.15 纽约州中奥陶世Utica页岩中笔石种的地层延限与相对海平面曲线、层序地层结构的比较

（层序阶段的缩写见图6.14）实线表示已知的延限，虚线表示推测的出现事件。值得注意的是首现集中在体系域的界线上，以及部分物种在分布上的间断与这些种所要求的岩性和古环境是否存在有关。据Goldman等（1999）。

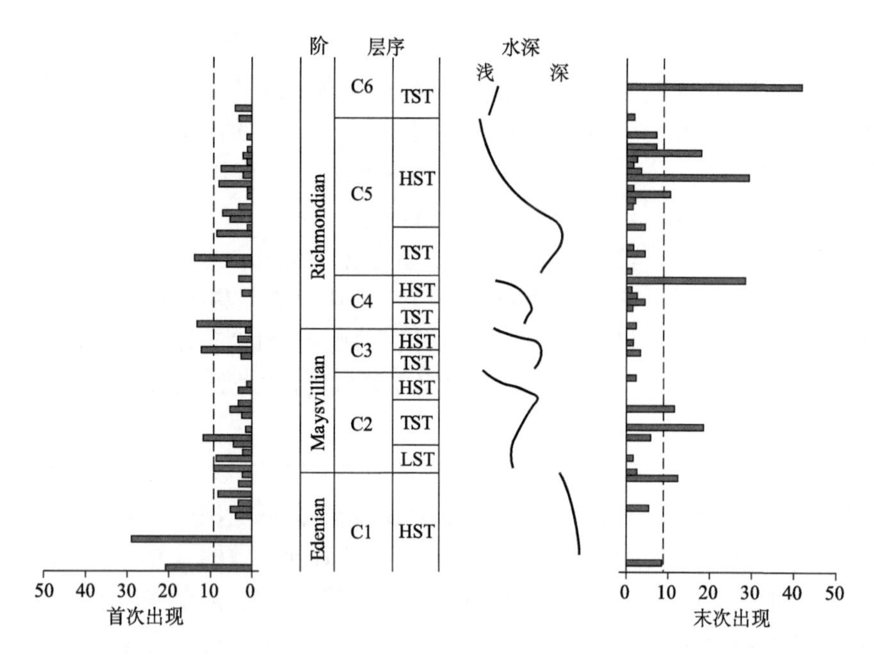

图 6.16 印第安纳州某上奥陶统剖面内的层序地层及物种的首次、末次出现

C1 到 C6 表示 Cincinnatian 统的层序。垂直的虚线指示在首现和末现事实上不集中时，它们可表现为强烈集中的统计学限定值。如果首次和末次出现在整个剖面上随机分布，那么峰值超过该线的概率低于 0.001。在一些层序地层所预见的位置存在某些生物事件的聚集（如，在高水位体系域末尾出现的末现事件）。但其他一些生物事件的聚集现象无法简单地用该模式解释，或许更可能反映的是生物事件自身。据 Holland（1995）。

6.5 地层延限的置信限度

对沉积环境及其相关的沉积相的认识是不断变化的，某一物种化石的采集概率也随沉积相而不断变化，这也可以转变成优点来估算位于所见末现和真实灭绝时间之间、或所见首现与真实起源时间之间的间隔大小。要了解这如何成为可能，首先来考虑那种假定取样概率随时间而稳定不变的、极其简化的情况。图 6.17 描述一个假想物种的地层延限。在其首次和末次出现之间有 50 个时间增量，事实上在其中的 5 个时间增量中有化石代表。因此，估算出来的该物种采集概率为 5/50，或每时间增量 0.1。如果我们跨过所见的末次出现 1 个时间增量，并问：该物种此时仍活着但只是未保存的可能性有多大？概率是（1—0.1），或 0.9——这是一个足够高的数值，表明有理由认为该物种仍然活着。

如果我们跨过末次出现 2 个时间增量，该物种此时仍活着但只是未保存的概率等于 0.9^2，或 0.81。换句话说，该种仍然活着的机会有 81%，而它已经灭绝的概率只有 19%。在这个特殊的例子中，一个物种在末次出现后第 7 个时间增量未被保存的概率是 0.9^7，或 0.48。在这点上，该物种仍然活着与它业已灭绝的概率大体对等。这个概率均等的时间点称为 50% 的置信限度；这实质上是对灭绝真实时间的最佳推测。置信区间的大小多种多样，当采样概率较高时它就较小。如果要更加确定真实的灭绝落在末次出现和该限度之间的什么地方，更宽的置信限度，比方说 95%，也可建立起来。置信限度也可以同样的方式用于首次出现。

只有当我们可以假定平均采集概率未发生显著变化时（如果物种的末次出现与相变界线一致时，它有可能发生变化），图 6.17 描画的置信限度途径才是有效的。如果我们知道采集概率如何随相而发生变化，我们就可以轻易地把这些变量的概率替换入图 6.17。知识点 6.8 显示该操作如何进行的一种方式。

知识点 6.8

基于可变采集概率的地层延限置信限度分析

图 6.18 左侧的曲线显示上奥陶统从 Kope 组到 Fairview 组下部的估测水深；它与图 6.10 的曲线是相同的，x 轴反转以便深水相位于右侧。

图 6.18 上方的钟形曲线显示了三叶虫 *Cryptolithus* 和腕足类 *Sowerbyella* 的估算采样概率，与推测水深相对。这些与图 6.13 的假想采样曲线可以类比，但它们是基于真实的频率，即每个属在每一环境中出现的频率。

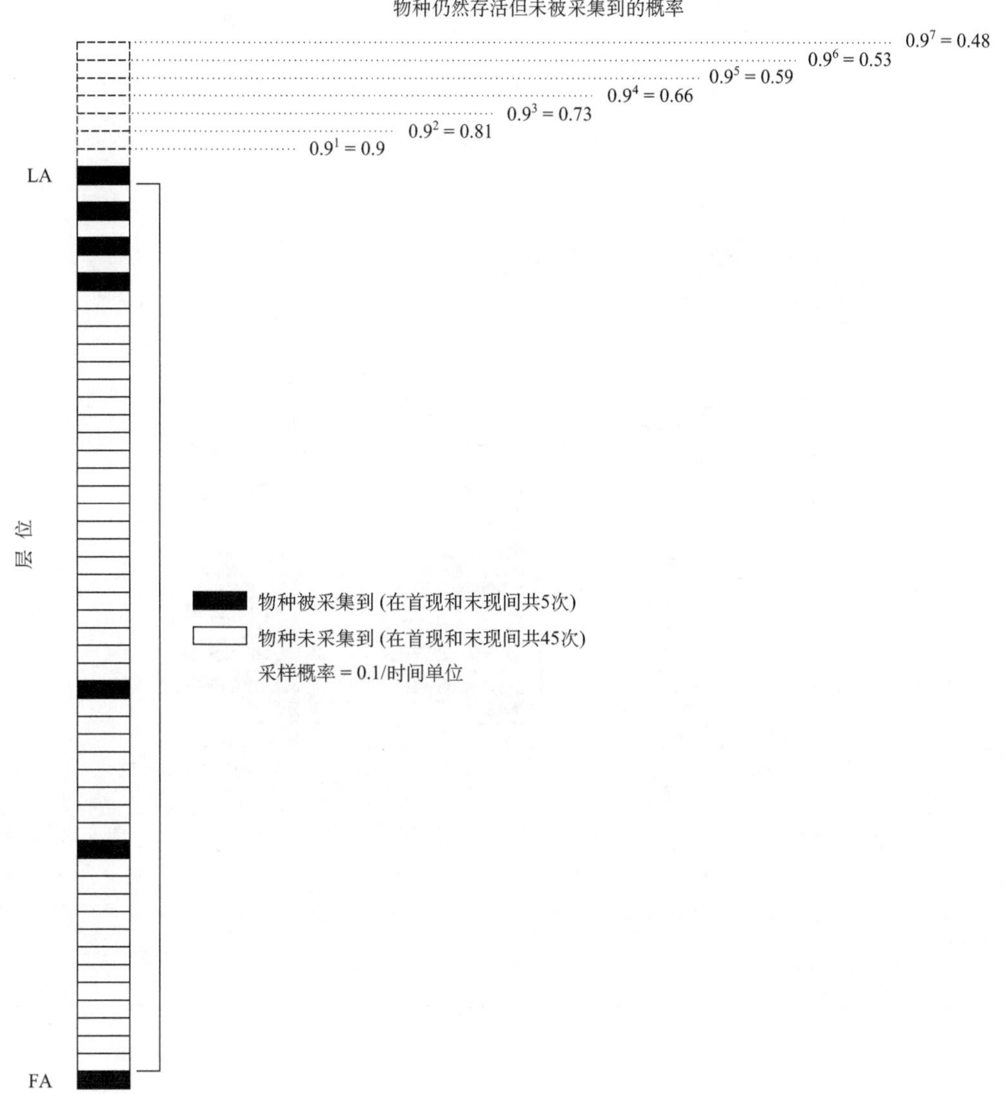

图 6.17 在假设采集概率恒定的情况下关于物种灭绝时间置信限度的假想例子

FA 和 LA 表示首次和末次出现。填色的框子表示采集到物种的时间段；空白的框子表示未采集到物种的时间段。离末次出现之上越远，该种仍然活着但只是未被采集到的概率就越小。

Cryptolithus 比 *Sowerbyella* 略微偏好较深的水，而且总体而言其采样概率只有后者的大约一半。在知道水深如何变化、及采样概率如何随水深变化之后，可直截了当地确定采样概率贯穿剖面的变化；这由黑条表示。例如，*Sowerbyella* 在相对深水环境具有它的最高采样概率，不到 50%，相当于"去趋势对应分析"（DCA）的 100。这样，不论何时左边的曲线达到 100，*Sowerbyella* 的采样曲线就达到它的峰值。

图 6.18 的点显示 *Cryptolithus* 和 *Sowerbyella* 真实采样的地层层位。*Cryptolithus* 的末次出现位于剖面的大约 59 m，而 *Sowerbyella* 在大约 32 m。*Cryptolithus* 的消失处在低采样概率的时期，对应于并不利于它生存的水深环境。因此，它的消失很可能并不是真实的灭绝。如果如图 6.17 那样应用可变采样概率，95% 的置信限度明显高出剖面顶部。相反，*Sowerbyella* 从地层记录中消失，尽管沉积相稳定，它如果还活着的话会具有相当高的被采集概率。因此，它的真实灭绝可能就在它的末次出现附近。据此，95% 的置信限度就在末次出现之上不远处。

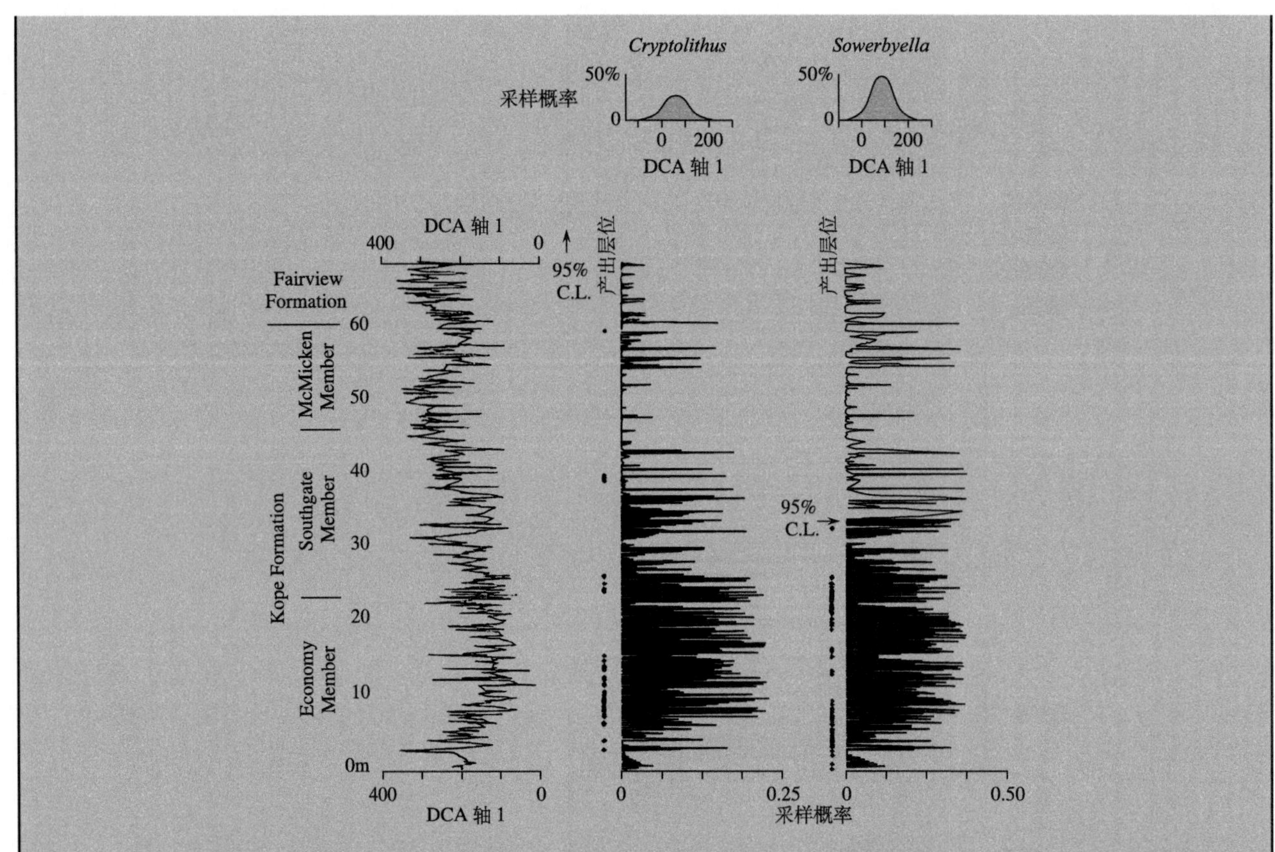

图 6.18 关于物种灭绝时间的置信限度，通过推测的相变及在不同相中所见的产出频率来评估采集概率如何随时间变化

右侧栏的黑粗线显示根据属在样本中出现的频率估算得到的 *Cryptolithus* 和 *Sowerbyella* 两属的采集概率；本图顶部的钟形曲线也显示了这些概率。*Cryptolithus* 的真实灭绝时间的 95% 置信限度明显高于它的末次出现记录，超出了本图的比例。而 *Sowerbyella* 的真实灭绝时间的 95% 置信限度则接近它的末次出现。

6.6 结束语

古生物学家们开始理解为何在地层记录中一种特定的化石可能出现在特定的地点，而非原封不动地接受化石出现层位的原始地层记录。而且同样重要的是，他们正在开发一些方法，以帮助协调分类单元在不同地点的地层分布上的差异。这不仅产生更复杂的手段，以解决高分辨率对比问题；它也是理解本书中所描述的许多古生物型式缘由的一个前提条件。

例如，决定层序结构和层序界线的物理因素，有可能也会诱发真正的灭绝和显著的生物转折事件。然而，正如 Holland 的模式为我们所展示的，我们所见到的这些转折事件在地层记录中发生的速率可以显著地夸大生物转折的真实速率。意识到这些关系，研究人员目前正在开发方法，来把保存的标准直接结合到生物类群的起源和灭绝速率之中。

补充阅读

Brett, C. E. (1995) Sequence stratigraphy, and taphonomy in shallow marine environments. *Palaios* **10**: 597–616. [对层序地层学与生物地层学和埋藏学的关系的综述]

Brett, C. E. (1998) Sequence stratigraphy, paleoecology, and evolution: Biotic clues and responses to sea-level fluctuations. *Palaios* **13**: 241–262. [对 Brett（1995）一文的进一步深入探索，分析层序地层学的古生态学和演化学的分支]

Gradstein, F. M., Ogg, J. G., and Smith, A. G. (eds.) (2004) *A Geologic Time Scale* 2004. New York, Cambridge University Press, 589pp. [对最新全球地质年代表的全面综述与展示]

Holland, S.M. (2000) The quality of the fossil record: A sequence stratigraphic perspective. *Paleobiology* **26**（Supplement to No.4）: 148–168. [对于层序建造与化石地层分布关系的广泛讨论]

Mann, K. O., and Lane, H. R. (eds.) (1995) Graphic Correlation. *SEPM Special Publication* **53**, 263pp. [对图形对比及相关技术的综述；包括 Kemple 等、Carney 和 Pierce 这两篇本书中引用的论文]

软　件

Holland, S. M. (1999) Biostrat 1.7. [对沉积序列中的地层分布进行建模的程序 [见 6.4 节]. 程序与文档可从下列网址下载：http://strata.uga.edu/software/Software.html]

Sadler, P. M. (2003) CONOP9, version 6.5. [该程序可基于用户定义的数据集运行限制最优化法分析 [见 6.2 节]. 程序和文档可从如下网址下载：http://www.geobiodiversity.com/Main.aspx?RightPage=Download.aspx

第七章 演化速率与演化趋势

如果自然选择能如达尔文所说的，“每天每小时持续作用着”，为何许多物种在地质历史中仅积累了极少的演化变化（evolutionary change）？

为何有的物种延续的时间长于其他物种？例如，为何幼虫食浮游生物的蜗牛，其种级地质历程长于幼虫不食浮游生物的蜗牛？

为何有的高级别分类单元显示出强烈的演化趋向？例如，为何现今的许多哺乳动物的外形尺寸大于几千万年前刚起源的时候？

上述问题以及其他一些基本的古生物学问题，来自于演化速率与演化趋势的研究。或者说，我们想知道，演化将向何处去？需要多久才能完成？其原因为何？在本章中，我们将通过一些研究实例及部分初步的结论，重点介绍研究演化速率与演化趋势的常用方法。在这些实例中，许多问题还远未解决，但这些工具与方法对于研究这些问题而言，是必须的。

7.1 形态速率

形态演化速率（morphological rate evolution）指的是一个或多个解剖学性状（anatomical trait）的改变速率，通常表现为一些具体的测量数据。我们通常将形态速率和形态趋向分别对应于**种系**（phyletic）和**系统发育**（phylogenetic）（图7.1）。种系变化，也被称为**累变变化**（anagenetic change），通常发生于单个种级世系内。系统发育变化（phylogenetic change）则发生在更大的分支内：不考虑世系内的演化关系，平均形态变化的速率有多高，方向朝向哪里？种系变化或累变变化也可以与**分支演化作用**（cladogenesis）对比［见3.3节］，两者代表了系统发育模式的两个基本要素［见7.3节和7.4节］。

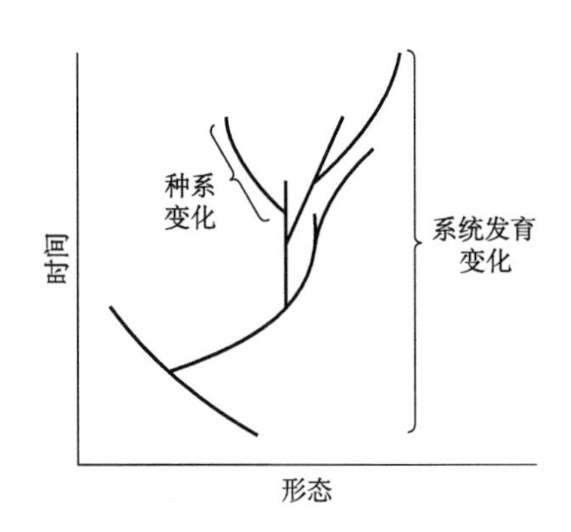

图7.1 种系变化与系统发育变化

每一线段代表较大分支中的一个种级世系。

形态速率的定义与测量

从数学的角度而言，如果将解剖学性状作为一个时间的函数，那么解剖学性状的变化速率等于这一函数曲线的斜率，或者说，是这一基于时间的函数的一阶导数（图7.2a）。这就相当于我们通过汽车的里程计粗略估计出的行驶速度。古生物样品在时间上是不连续的。这既包括化石记录的间断，也包括采集样品的离散性。通常而言，我们很难观测某个时刻的演化改变。作为替代，对某个性状而言，我们观测在某段逝去的时间Δt里，性状的总体变化Δx（图7.2b）。因此，测量演化速率，并非是通过查看汽车的里程计来了解行驶速度，而更像是在不了解加速度、不知道中间因为喝咖啡而停留的时间、不了解路途的细节、不了解在公路修建地区或减速带花费的时间等的情况下，仅通过行驶的时间和行驶距离来估计汽车的行驶速度。

如果已知变化总量和消耗的时间，那么如何估算演化变化速率则主要取决于该时间段内演化的型式。例如，对于世系的体型大小（body size）存在两种不同的演化模式。第一种模式中假设演化的**绝对速率**（absotute rate）为常量，如每百万年体型

改变了 g 克；该世系在时间 Δt 里体型从 x_1 演化到 x_2，则体型的演化公式为 $x_2 = x_1 + g\Delta t$ (图 7.3a)。显然这是一个线性的公式，由此可以推导出计算演化速率的计算公式为 $g = (x_2 - x_1)\ /\Delta t$ 或者 $g = \Delta x\ /\ \Delta t$。

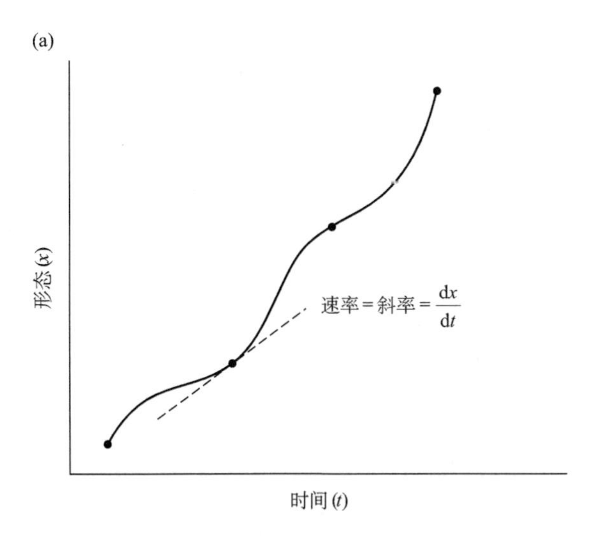

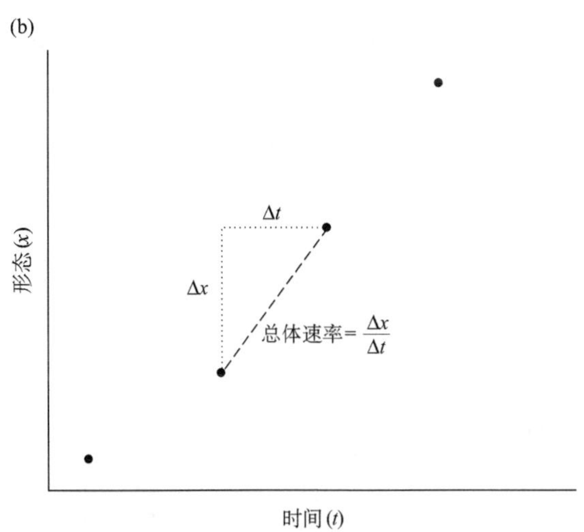

图 7.2 演化速率的计算

(a) 如果性状改变可以被连续采样，那么演化速率就可以通过任意点的曲线斜率获得，或者通过求取单位时间内特征的一阶导数 dx/dt 来获得。(b) 但事实上，演化速率只能通过计算某段逝去的时间段 (Δt) 里特征的总体变化 (Δx) 来获得。

第二种模式中假设演化的**相对速率**（relative rate）或**比例速率**（proportional rate）为常量 r，例如每百万年改变 10%。在这一模式中，演化增量随着时间而不断增大，因此呈现的是指数函数的演化特征。假设在时间 Δt 里体型从 x_1 演化到 x_2，则体型的演化公式为 $x_2 = x_1 \times e^{r\Delta t}$，其中 e 代表自然对数（图 7.3b）。由此可以推导出演化速率的计算公式为 $r = \ln (x_2 / x_1)/\Delta t$。

2.3 节和 8.3 节的实例表明，生物的演化通常以比例速率而非绝对速率的方式呈现。因此，某个世系在一百万年里从 10 g 演化到 15 g，或者从 100 kg 演化到 150 kg，其演化速率均为 50%。由于 $\ln (x_2 / x_1) = \ln (x_2) - \ln (x_1)$，因此演化速率的计算公式可推导为 $= [\ln (x_2) - \ln (x_1)]\ /\Delta t$。与绝对速率的计算公式 $g = (x_2 - x_1) / \Delta t$ 相比，可以看出，如果将体型数据首先取对数，那么两者的计算公式是完全一致的。也就是说，如果体型数据取对数，并且比例速率为常量，那么该世系的演化也呈现线性函数的特征（图 7.3c）。

图 7.3 中的例子，由于仅仅是两个时间点的数据，很难据此判定哪种模式更为可信。只有基于一组连续时间点的观测数据，我们才能评估这两种演化模式。图 7.4 显示的是始新世灵长类 *Cantius* 的臼齿大小在 1.5 Ma 里的变化数据 [见 3.3 节]。这一数据序列包括了 5 个连续的年代种（chronospecies），并构成了一个单一演化世系。如图 7.4a 所示，如果臼齿长度取对数，那么演化的比例速率显示为比较好的线性模式。但事实上，由于该例中观测数据（臼齿长度）的总改变量还不够大，因此，即使未取对数，臼齿大小的演化也可以显示相似的线性模式（图 7.4b）。

图 7.4 是一个很典型的例子。当演化的比例速率小并且观测时长较短时，自然对数坐标与算术坐标很难显示出明显的差异。只有当我们分析较长时间段内、体型改变明显的世系演化时，这两者之间才会显示出截然不同的数据特征。

生物学家 J. B. S. Haldane (1949) 提出了一个测量比例速率的标准化单位达尔文（darwin，简写为 d）。1 darwin 代表 1 Ma 的 1 个自然对数的改变量。例如，如果某个世系在 2 Ma 里体型加倍，则该世系的演化比例速率为 ln (2)/2，即 0.346 darwin。图 7.5 为美国怀俄明州始新世哺乳动物的右下第一颗臼齿的演化图。图中由于采用了达尔文单位图示演化速率与方向，因此非常形象直观。从中可以看出，即使在这样一个很小的演化类群中，演化速率与方向的改变也是相当多的。这种实例在化石记录中随处可见。

此外，还有第三种演化速率的测量方法。这种

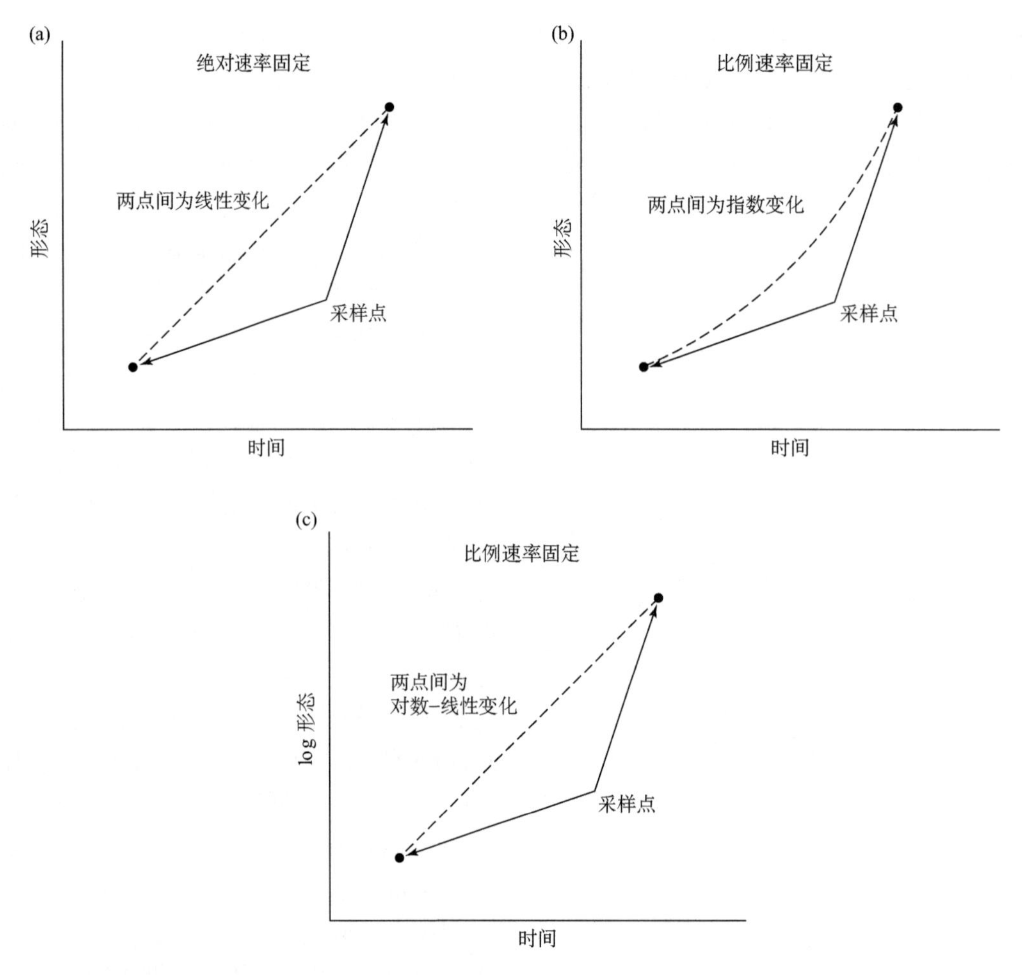

图 7.3 不同演化模式的示意图

(a) 演化的绝对速率为常量；(b) 演化的相对速率或比例速率为常量；(c) 在第二种模式中，如果世系的体型以对数方式表示，则世系的演化也呈现线性模式。图中虚线代表两个观测时间点之间的世系演化模式。

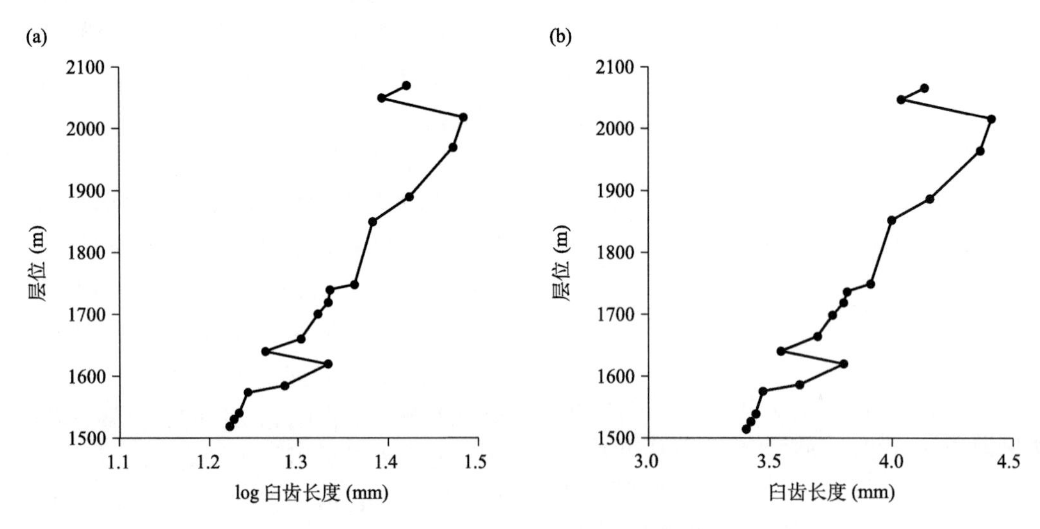

图 7.4 美国怀俄明州始新世灵长类 *Cantius* 的右上第一颗臼齿长度的演化图

层位以距底的米数表示；总的演化时长为 1.5 Ma；图中的数据点均为样品均值。分别对臼齿长度数据取对数 (a) 或自然值 (b)。由于总的改变量较小，因此两种不同坐标系统下数据点的分布特征差别很小。据 Clyde 和 Gingerich（1994）。

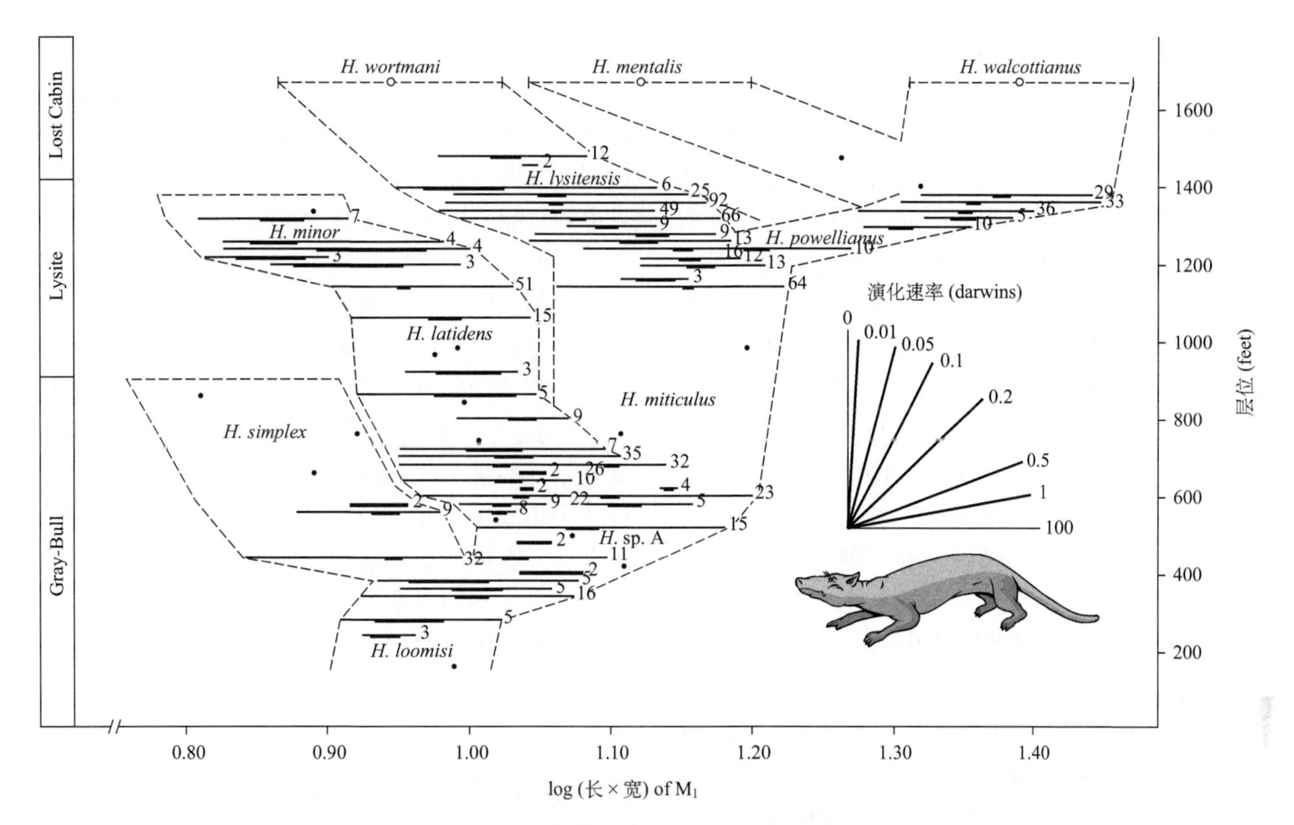

图 7.5 美国怀俄明州哺乳动物 *Hyopsodus* 的右下第一颗臼齿大小的演化图

图中横坐标为以毫米计的臼齿长和宽乘积的对数（非自然对数）。纵坐标为化石出现的层位，以距底的英尺数为单位。总的时间跨度大约为 5 Ma。每一样方中，细线代表值的范围，粗线代表标准方差。细线右侧的数字为标本数量。实心点代表仅有一个标本的样方。顶部的空心圆及虚线代表该剖面未产出但在其他地区有报道的物种的估计均值和范围。演化速率可通过比较连接两个样本均值的达尔文米尺的斜率获得。据 Gingerich（1974）。

方法源于两个思考。首先，演化的基本素材是居群内的可遗传的变异 [见 3.1 节]，变异越大，演化的潜力就越大。假设有两个居群经过自然选择，获得了同样的体型改变，设为 Δx。如果其中一个居群的变异是另一个的两倍，则该居群只需要一半的选择压力就可以获得 Δx 的体型改变。其次，由于遗传变异和遗传组合主要源自受精卵（gamete）的形成和复制，因此，对于居群而言，世代是时间的自然度量。古生物学家 P. D. Gingerich (1993) 据此提出演化速率可通过每世代的标准偏差来获得，即 $(\Delta x/s)/(\Delta t/t_g)$，其中 s 是化石居群的某个特征值的标准偏差［见 3.2 节］，Δt 是以年表示的总的时间跨度，t_g 是以年表示的每一世代的时间跨度（generation time）。

对于现生生物而言，世代的时间跨度可以有很多计算方法，例如计算一个生物体从出生到繁殖出下一代所经历的时间。但对于已经灭绝的物种而言，世代的时间跨度是无法直接计算的，仅能通过其现生的亲缘种估计得到。

上文中我们讨论了三种主要的形态演化速率的计算方法，包括基于时间的算术测量方法，基于时间的对数测量方法，以及基于世代的标准形态偏差方法。但在这些不同的计算方法之中有一个隐含的假设前提。由于这些方法均是通过计算某段时间内总的形态变化来获得演化速率（图 7.2），因此，仅当该时间段的内演化速率和方向一直保持稳定（不变或连续变化，无突变），这些方法才更为有效。如果某个世系的体型演化序列是 10 g、15 g、10 g、15 g 和 20 g，其中包含了几次演化方向的逆转，因此如果仅考虑整个时间段的起、止两个时间点，体型是倍增的，但这并不能体现出其内部的多次快速变化。

形态演化速率的时间标尺

上文的例子表明，某个时间段内出现演化方向的逆转，将会导致对整个时间段的演化速率的低估。目前已经有大量数据支持这一点，即统计的时间段的时间跨度越大，则计算得到的形态演化速率相对越低。图 7.6a 显示了数百个形态演化速率的计算实例，这些例子，短的只有数天，长的有几千万年。从图中可以明显看出，时间段跨度越大，形态演化速率越小。如果演化速率与演化方向均恒定，则不会出现图示的分布模式。将图 7.6a 的数据投影到对数坐标系统中，演化速率与时间段跨度将显示线性关系，斜率为 –1（图 7.6b）。图 7.6 中使用了演化速率的达尔文表示方法，事实上，采用其他几种速率表示方法，依然会获得类似的结果。

图 7.6 中最高的形态演化速率达到了上千达尔文，来自实验室的人工选择实验。理论上来说，这些演化速率如此之高，如果保持不变，那么在不到 1 Ma 内就可以让一只老鼠演化到大象的体积。当然，迄今为止，这么高的速率尚未在实际中发现。

此外，从图 7.6 中可以看出，在短的时间段里很少记录非常小的演化速率，其原因可能在于由此带来的变化总量太小，因而很难被识别出来。

导致图 7.6 中演化速率与时间段长度呈反比的原因主要有两个。首先是生物学因素，正如我们之前讨论过的（图 7.4），时间段越长，其中包含演化方向反转的概率就越高。其次是数学的必然，在计算演化速率时，其分母中总是包含 Δt，也就说，演化速率总是与 $1/(\Delta t)$ 成正比。因此，除非世系的体型改变大小总是与 Δt 成正比这一特例，否则图 7.6 显示的只能是 $1/(\Delta t)$ 与 Δt 的比较，也即反比函数。

因此，认识到演化速率与时间段长度的反比关系，我们就需要在相关工作中小心处理，例如，如果我们想知道某些物种是否比别的物种演化更快，或者某些特征比别的特征演化更快，就必须确保研究工作是基于相同的时间值进行的。否则，将以百万年计的某个化石种的形态演化速率与某个现生种从去年到今天发生的形态改变相比较，只会发现化石种具有低的演化速率。相反，如果比较同一沉积序列中的不同世系的演化速率，或者同一世系的不同形态的演化速率，那么时间尺度对结果的影响也就荡然无存。

7.2 分类单元演化速率

分类单元演化速率（taxonomic rates of evolution）指的是新生率与灭绝率，即新世系的新生速率以及已有世系的灭绝速率。与第三章中我们提到的成

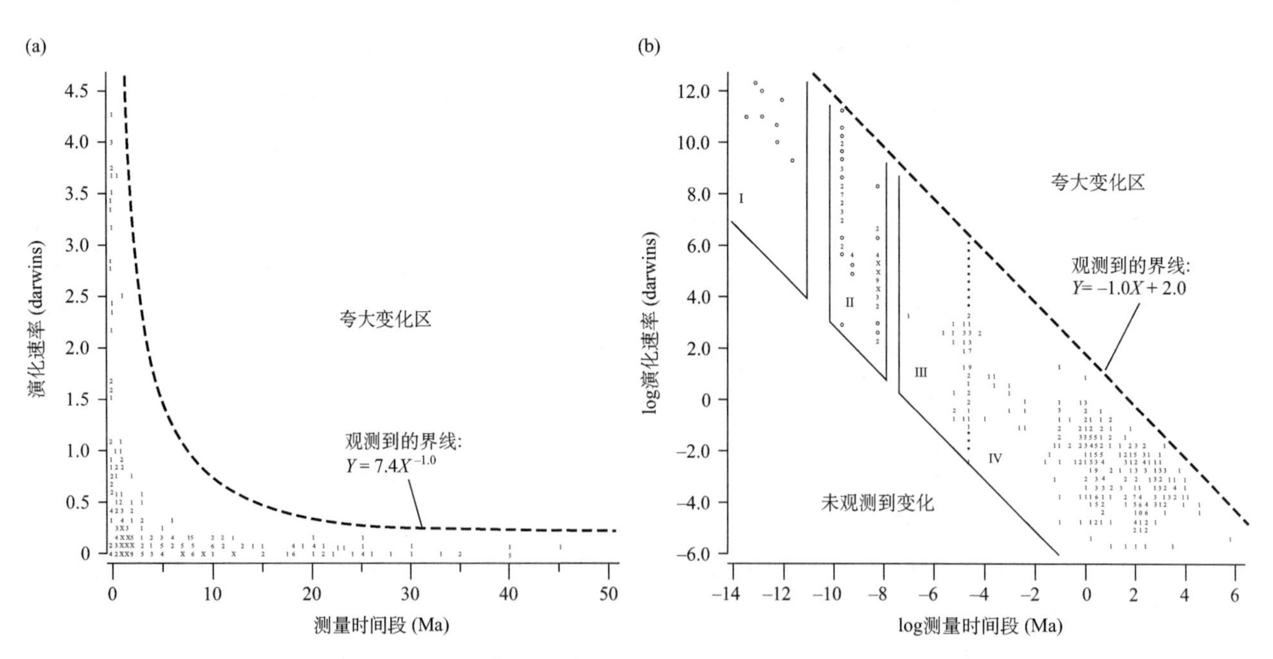

图 7.6 演化速率（以达尔文表示）与时间段跨度的关系图

图中统计了超过 500 个数据点。数字代表落在该点的数据点数目，X 代表该点有至少 10 个以上的数据。(a) 显示了线性坐标系下落在中部的大多数数据点，(b) 则是将所有的数据点投影在对数坐标系中。(b) 中区域 I 显示的是实验室观测数据，区域 II 显示的是人类历史中发生的演化事件，区域 III 显示的是更新世冰期后的演化事件，区域 IV 显示的则是更早的古生物数据。据 Gingerich（1983）。

种作用（speciation）一词的用法类似，此处，我们用新生（origination）表示世系的分裂，用灭绝（extinction）表示世系的消失。在本文中，我们讨论的主要是种级的分类单元演化速率，但这些方法同样也适用于更高级别的分类单元。

灭绝率，用符号 q 表示，通常用“每单位”（per-capita）来计算，即将灭绝单元总数与涉及的分类单元总数以及它们所经历的时间相比而得。一种常用的表示方法为，每世系百万年（per lineage-million-years, 简写为 per Lmy）的灭绝单元数目。这种计算方法类似于“每工时”（per person-hours），假设有 5 个物种，每个物种持续 2 Ma，与一个物种持续 10 Ma 一样，均为 10 Lmy。

图 7.7 可以帮助我们了解如何基于每世系百万年的概念计算灭绝率和新生率。图中是一组设计得到的世系序列，总的时间段长度为 10 Ma。实线代表 14 个世系位于时间段内的部分，虚线代表世系位于时间段之外的部分。通过简单的累加可以知道，这一时间段总的世系百万年为 43，其中共有 14 次灭绝事件，因此灭绝率为 14/43，即 0.33 per Lmy。新生率 p 的计算方法与之类似，可定义为每世系百万年的新生事件数目。在本例中，共有 13 个新生事件，因此新生率 p = 13/43=0.30 per Lmy。

从图 7.7 可以很容易计算出世系的平均时限

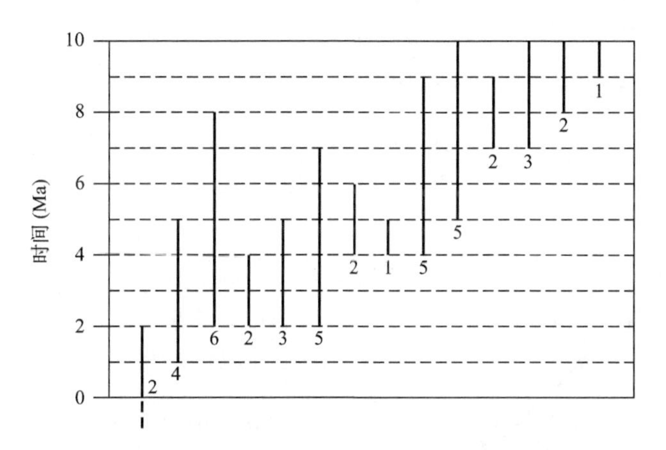

图 7.7 一组设计得到的处于 10 Ma 时间段内的世系序列

图中每一世系下方的数字为该世系经历的时长，总的世系百万年为 43 Lmy。左下方第一个世系下的虚线代表该世系在此时间段之前即已存在，但这一部分不计算在总的世系百万年里。该时间段内共计 13 个新生事件和 14 个灭绝事件，因此新生率和灭绝率分别为 13/43 和 14/43，即 0.30 per Lmy 和 0.33 per Lmy。

（mean duration）或平均地质历程（总的时限除以世系数目）为 43/14，即 3.1 Ma。很显然，这一数字是灭绝率的倒数。一般来说，如果一个类群里所有的世系都灭绝了，那么它们的平均时限等于灭绝率的倒数，即 $1/q$；反过来说，灭绝率可简单地通过平均时限的倒数来获得。

古生物物种的时限通常在 10 万年到 2000 万年之间，其中多数物种落在 1 到 10 Ma 之间。由此可推导出多数物种的灭绝率（平均时限的倒数），应当处于 0.1 per Lmy 和 1.0 per Lmy 之间。属级的时限通常在 5 到 50 Ma 之间，个别长延限的分子可超过 100 Ma。

假定在某段地质历程里任何时段所有物种的**每单位灭绝率**（per-capita extinction rate）是一致的，并且随时间保持恒定，那么，在该历程的任一时段内均有一固定比例（而非固定数目）的物种灭绝，并且，在某个时间段 T 内幸存的物种的比例应当等于 e^{-qT}。图 7.8a 图示了这一**指数幸存曲线**（exponential survivorship），其中横轴为时长，纵轴为时限大于等于该时长的物种的比例。如果将纵轴转换为对数坐标（图 7.8b），则这一指数幸存曲线显示为一线性关系，并且其斜率等于灭绝率。这一现象与放射性同位素衰变的过程类似。如果将衰变过程中母体元素的残留量以半对数方式投影到坐标系中，横轴为时间值，则将同样显示一线性关系，并且线性的斜率等于衰变常数。

由于物种时限的分布是不均衡的，也即较短时限的分子远多于长时限分子，因此，除了采用平均时限（mean duration）外，也可采用时限中值（median duration，见 3.2 节的定义）进行计算。指数幸存曲线表明，时限中值，或者说**半衰期**（half-life），等于 $\ln(0.5)/q$。因此，估算灭绝率的另一个公式是 $q = \ln(0.5)/T_{1/2}$，其中 $T_{1/2}$ 为时限中值。这一公式与后文我们将讨论到的诸多公式，均是基于图 7.8 所示的指数幸存曲线。

生物类群的长期特征速率

所有计算分类单元演化速率的方法均依赖于**分类单元幸存分析**（taxonomic survivorship analysis）的相关内容，即分类单元时限的统计学研究。目前已

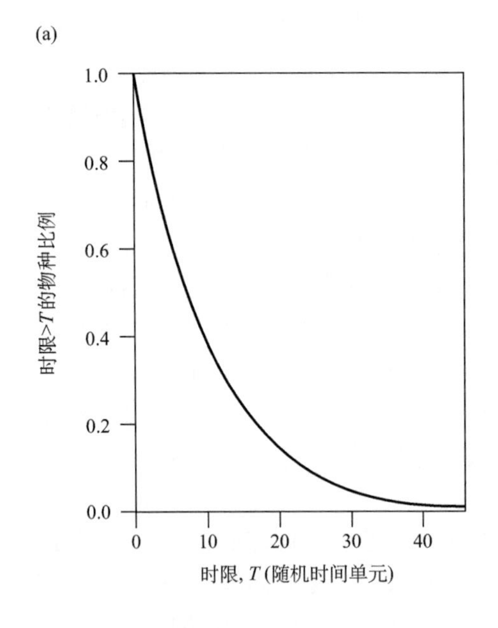

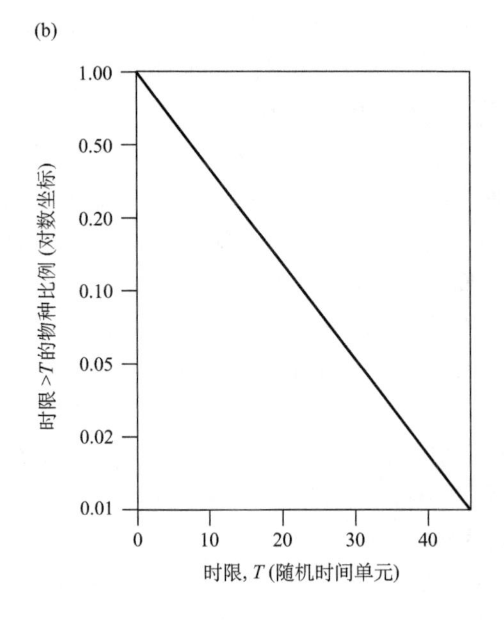

图 7.8 指数幸存曲线

图中表明，时限大于等于 T 的物种比例随 T 而呈现指数衰减。在线性坐标系中，这一关系呈内凹的曲线关系；在半对数坐标系中，这一关系呈线性关系，并且斜率等于灭绝率。

经发展出了很多方法分析分类单元的幸存规律，此处我们仅介绍其中较为简单和常见的方法及相关实例。

与图 7.7 所显示的时间序列不同，我们通常仅知道包含了世系的首现层位和末现层位*的两个较长时间段，而并不清楚在这些时间段中这些生物事件发生的准确时间。因此，我们所知道的仅仅是一个包含了世系的实际延限的时间段。幸运的是，部分幸存分析方法可以将世系的延限精确化。

动态幸存分析 正如我们之前所见，一个物种在时限 T 内出现的概率为 e^{-qT}（图 7.8）。这也被称为累积概率分布（cumulative probability distribution），即在大于等于 T 的时长中出现的物种的比例。

在使用这一关系估算各类演化速率之前，我们首先需要将物种的延限统计到一**幸存表格或存活率表格**（survivorship table）中，并且从中提取出不同时长下的物种的概率分布。表 7.1 是一个来自北美新生代哺乳动物的实例，其中数据的时间精度很高，以百万年计；我们通常能获得的数据的时间精度要比之粗糙得多。最终，数据以两种方式展示出来：具有给定时限的物种数目，以及时限大于等于该给定时限的累积物种数目（cumulative number）。我们将数据投影到半对数坐标系中，并绘制出相应的拟合直线（图 7.9a）。可以算出拟合线的斜率为 –0.458，也就是说，灭绝率是 –0.458 per Lmy，相应地可以算出物种的平

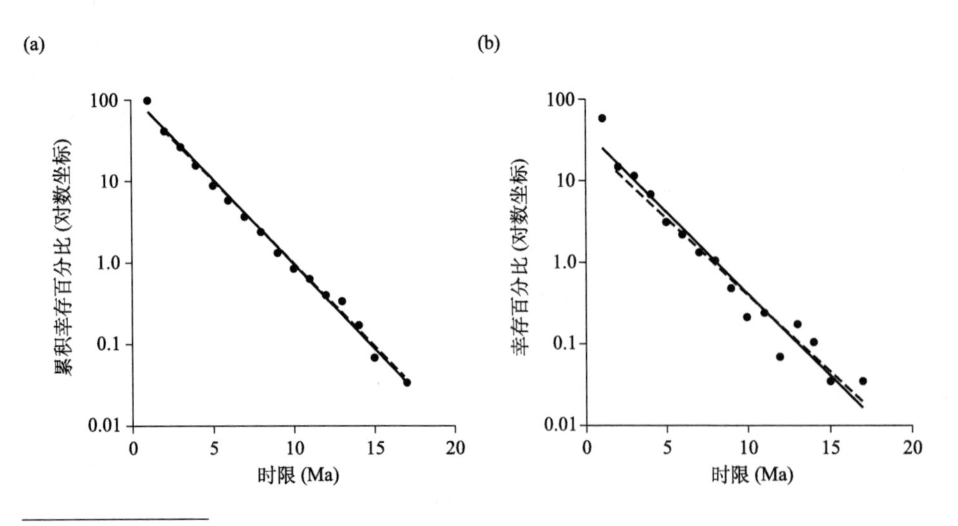

图 7.9 北美新生代哺乳动物的种级动态幸存分析

数据来自表7.1，均转换为百分比。（a）实心点代表时限大于等于给定时限的物种比例。（b）具有给定时限的物种比例。实线为所有数据点的拟合线，其斜率等于灭绝率。虚线代表最左边点之外的其他数据点的拟合线，对此的说明参见知识点 7.1。据 Alroy（1994b）。

* 即生物的首现事件和末现事件。——译者

均时限为 2.18 Ma。

由于时限大于等于给定时限 T 的物种比例为 e^{-qT}，因此，时限位于 T_1 和 T_2 之间的物种比例为 $e^{qT_1}-e^{qT_2}$，这一公式也被称为差别比例（differential proportion）、原始比例（raw proportion）或仅仅是比例（proportion），据此可以与累积比例（cumulative proportion）区别。图 7.8 的幸存曲线展现的一个重要内容就是，无论是差别比例还是累积比例，投影到半对数坐标系统内都将显示线性的对比关系，并且拟合线的斜率等于灭绝率。将表 7.1 中原始比例数据投影到半对数坐标系统中，可以算出拟合线斜率为 –0.476，这一数据与来自累积曲线的 –0.458 相差甚小。

图 7.10 显示的是另一个动态幸存分析的实例，数据来自古生代海百合属级记录。这些海百合属被分为两个类群，其中所有发育了羽枝（pinnules）这一腕部延展结构的属均归入 Camerata 亚目，其他属则归入另一类。这一分类反映了一个重要的功能学上的差异。海百合是一类滤食者（filterfeeder）[见 5.2 节]，其中，具羽枝的海百合类，由于具备更好的过滤扇，因此依赖于较高的水流速度以获得更多的食物来源；不具备羽枝的海百合类，无论水流速度高或低，对其滤食的影响并不大。因此，从生态学的角度来看，具羽枝的海百合类属于更为特化的分子。图 7.10 的幸存曲线表明，不具羽枝的海百合类属的平均时限为具羽枝的 Camerata 分子的两倍，这表明了两者在生境特化上的差异——后者对环境的要求要比前者更为严格，从而更容易由于其适宜的生境消失而趋于灭绝。

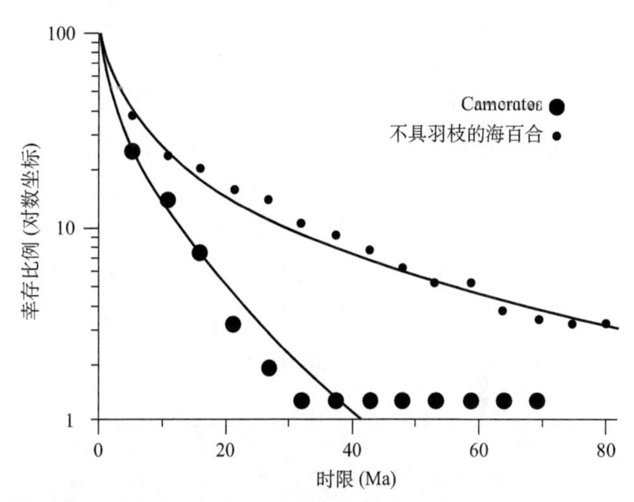

图 7.10 古生代海百合属的动态幸存分析

图中共包含具羽枝的 245 个海百合属与 324 个不具备羽枝结构的海百合属的数据。图中拟合线为曲线，表明属级灭绝率并非稳定不变。据 Baumiller（1993）。

表 7.1 北美新生代哺乳动物种的幸存分析数据表（数据源自 Alroy，1994b）

时限 /Ma	种的数目	比例	累积数目	累积比例
0—1	1718	0.584	2941	1.000
1—2	429	0.146	1223	0.416
2—3	331	0.113	794	0.270
3—4	200	0.068	463	0.157
4—5	91	0.031	263	0.089
5—6	64	0.022	172	0.058
6—7	38	0.013	108	0.037
7—8	31	0.011	70	0.024
8—9	14	0.0048	39	0.013
9—10	6	0.0020	25	0.0085
10—11	7	0.0024	19	0.0065
11—12	2	0.0007	12	0.0041
12—13	5	0.0017	10	0.0034
13—14	3	0.0010	5	0.0017
14—15	1	0.0003	2	0.0007
16—17	1	0.0003	1	0.0003

在属甚至更高级别分类单元的幸存分析中常见图 7.10 中的曲线，而非线性关系，表明随着某个属越来越“老”，其灭绝概率也越来越低。或者说，一个属存活越久，它在下一个时间段中幸存的概率越高。从生物学的角度分析，这一规律反映了如下的事实，即属越老，普遍来说其中所包含的种就越多，因而灭绝的概率就越低。

动态幸存分析的一个重要基础就是分类单元的时限能被完整地记录下来。由此就带来一个问题，当所研究的类群比较年轻的时候，部分世系的时限未必是完整的。例如，某个类群新生于 10 Ma 前，因此，其下属世系的时限只能位于 0 和 10 Ma 之间。此外，正如我们在第八章所讨论的，有些特殊的地质时期，其特点就是具有很高的灭绝率。这样一些特殊的灭绝时期，以及其后的高新生率阶段，其幸存曲线（或灭绝率）很难稳定于某个值。

同期组群幸存分析 从之前的分析可以看出，动态幸存分析的一个重要前提是分类单元时限的分布需要符合一定的分布特点；并且为了便于分析，所有具有相同时限的分类单元组合在一起，而不考虑它们是否共生在一起。因此，为了解决这些问题，部分学者提出了**同期组群幸存分析**（cohort survivorship analysis，简称同期幸存分析）。在该方法中，并不将不同期的分类单元组合在一起。每一个同期组群（cohort），指的是在同一个时间段内新生的分类单元。随着时间的流逝，这一同期组群的残留分子就构成了一个时间的函数。根据指数幸存曲线可以算出，某个同期组群在时间 T 的预期比例为 e^{-qT}；并且，在半对数坐标系中，拟合直线的斜率等于灭绝率。种级以上级别分类单元的幸存曲线略有差别，具体可参见知识点 7.1。

知识点 7.1

属级幸存曲线

属级幸存曲线，如图 7.10 和 7.12 所示，即使在半对数坐标系中也都显示了非线性的关系。对此的分析可参见 Raup（1985）。假设每个属在时间 $t = 0$ 新生，并包含 1 个种；种级的灭绝率 q 和属内的种级新生率 p 均为常量。在新生率中我们暂不考虑导致新属的新种形成这一情况。那么某个属直到时间 $t = T$ 时依然幸存的概率为

$$P_{s,T}\begin{cases}\dfrac{1}{1+pT} & 若\ p=q\\[2ex] \dfrac{(p-q)e^{(p-q)T}}{pe^{(p-q)T}-q} & 若\ p\neq q\end{cases}$$

实际上，如图 7.10 和 7.12 所示的属级幸存曲线，通过特殊的曲线拟合技术从而生成新生率 p 和灭绝率 q 的最佳拟合曲线（见 Footed，1988）。假设所有属都是单系群（monophyletic）或并系群（paraphyletic），并且种级演化速率均为常量，那么即使只有属级数据，我们也可以推断出种级的演化速率。

表 7.2 显示的是北美新生代哺乳动物的同期幸存分析数据表的前五行数据，这些数据的来源与表 7.1 一致。从中可以看出，41 种新生于距今 62—63 Ma 之间，其中，19 种在 62 Ma 前灭绝，3 种在 61—62 Ma 之间灭绝，4 种在 60—61 Ma 之间灭绝，等等。从累积幸存分析的观点来看，22 种（54%）存活了至少 1 Ma，19 种（46%）存活了至少 2 Ma，15 种（37%）存活了至少 3 Ma，等等。将这一数据投影到半对数坐标系中就可以得到图 7.11 的同期幸存分析曲线。如果用直线拟合这些曲线，可以算出这些拟合线的斜率在 –0.2 和 –1.3 之间，中位数为 –0.5。这一数据与我们在图 7.9 中通过动态幸存分析获得的 0.46—0.48 per Lmy 的灭绝率吻合度相当高。

图 7.12 显示的为一属级同期幸存分析曲线的样例。与图 7.10 的曲线类似，随着时间的流逝，曲线

表 7.2 北美新生代哺乳动物种级的同期幸存分析数据表（部分）（数据源自 Alroy，1994b）

同期新生组群的形成时限	同期组群大小	各时段灭绝数目										时段末幸存数目									
		65	64	63	62	61	60	59	58	57	56	65	64	63	62	61	60	59	58	57	56
65	54	24	26	4								30	4	0							
64	31		19	11	1								12	1	0						
63	41			19	3	4	11	2	2					22	19	15	4	2	0		
62	49				20	13	7	7	1	1					29	16	9	2	1	0	
61	71					38	12	6	13	1	1					33	21	15	2	1	0

注：时限 65 表示距今 64—65 Ma 之间。

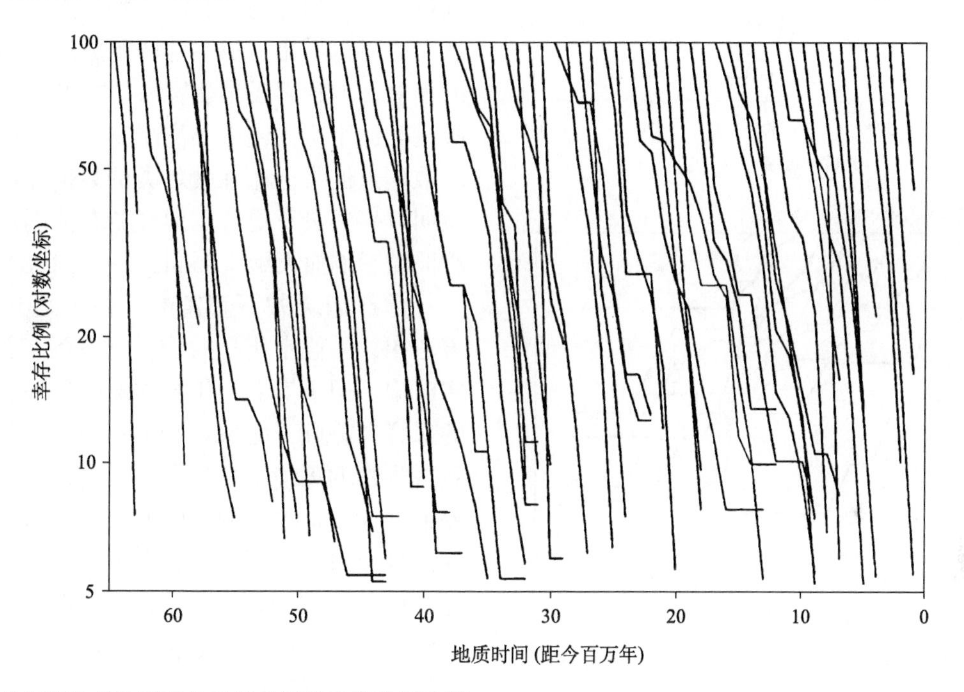

图 7.11 北美新生代哺乳动物种级的同期幸存分析曲线

整个时间段被划分为多个时限为 1 Ma 的时间间隔，每一间隔中所有新生的物种构成该时间间隔的同期组群。逐个统计该组群在之后的各个时间间隔剩余的存活分子比例，就可以得到一条幸存分析曲线。如果将这一曲线投影在半对数坐标系中，通过曲线的斜率就可以得到相应的灭绝率。多数曲线在 5% 幸存率截止，但仍有少数组群可延续到更低的幸存率。数据与图 7.9 分析的为同一数据，均据 Alroy（1994b）。

逐渐展现出内凹的特点。利用知识点 7.1 提到的方法，我们可以通过属级的幸存曲线推测出种级的新生率与灭绝率：寒武纪起源的三叶虫属的种级新生率大约为 0.40 per Lmy，种级灭绝率大约为 0.46 per Lmy；奥陶纪起源的三叶虫属的种级新生率和灭绝率分别为 0.13 per Lmy 和 0.15 per Lmy。从这些曲线可以推测得知，奥陶纪三叶虫种的延限大约是寒武纪三叶虫种的三倍。

此外，从同期幸存分析曲线还可以识别出重要的灭绝事件。图 7.12 中，在箭头标示的位置，所有曲线都显示了一个突然向下的发展过程，指示了奥陶纪末大灭绝的影响 [见 8.6 节]。显然，如果采用动态幸存分析方法将时限相同的属归并到一起，而不考虑其共生关系，那么是不可能识别出这一时间模式的。

莱尔比例 Charles Lyell（1833）在其名著《地质学原理》一书中，统计了新生代各时期软体动物种的数目，以及多少种现今仍然存活。我们

将这一比例，即过去某个时期存活的所有分类单元中，现今仍存活的比例称为**莱尔比例**（Lyellian proportion；通常以百分比表示）。根据幸存指数曲线可以获知，距今 T 时间的某个类群的莱尔比例 $L_T = e^{-qT}$，平均灭绝率 $q = -\ln(L_T) / T$。

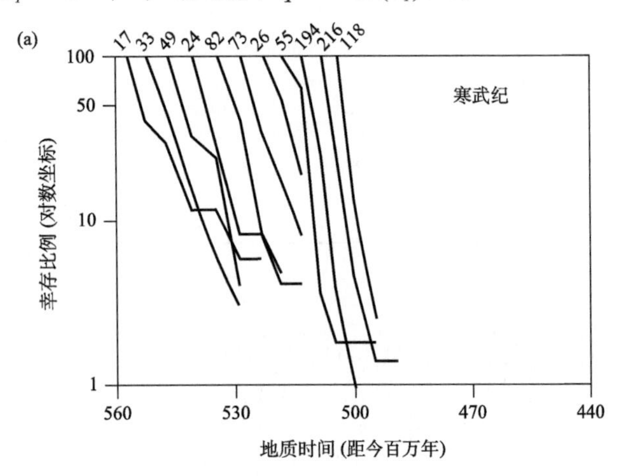

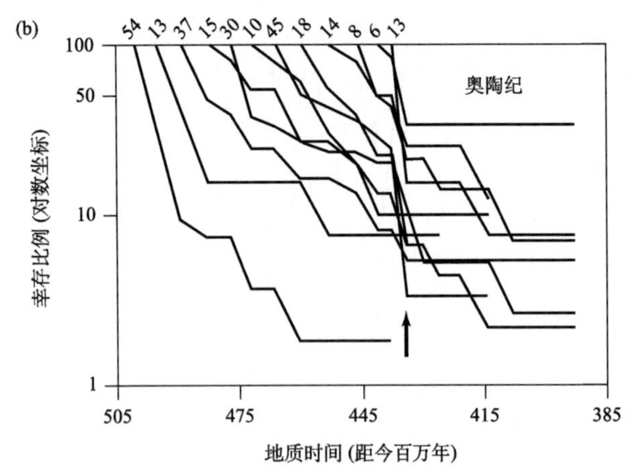

图 7.12 三叶虫属的同期幸存分析曲线

(a) 寒武纪起源的三叶虫属；(b) 奥陶纪起源的三叶虫属。寒武纪的曲线相对更为陡峭，表明该时期属的延限相对要短一些。底部的箭头指示了奥陶纪末生物大灭绝事件。据 Foote（1988）。

动态幸存分析与同期幸存分析两种方法均分析的是连续时间序列上的数据。在单个点上，由于采样偏差（sampling error）的原因可能存在某些不准确性，但由于是通过对整个时间序列求取均值或拟合值，因此个别点的偏差会被自然消除。与之相反，每一个莱尔比例都是针对单个观测点的，因此一组莱尔比例数据，可以是同一时限的不同地点的动物群数据，也可以是同一地点的不同时限的动物群数据，等等。

图 7.13 显示了日本和美国加州新近纪软体动物的莱尔比例数据，原始数据可参见表 7.3，这些数据进一步被划分为双壳类和腹足类两个不同类群。从图中可以看出，虽然这两组数据显示了一定程度的偏差，但我们还是能容易判断出在过去 20 Ma 里腹足类的平均灭绝率要高于双壳类。此外，双壳类的数据点通常分布在腹足类的数据点之上，这可能表明双壳类具有更广的地理分布范围从而较少受环境波动影响而灭绝（Stanley *et al*., 1980）。

化石记录的不完整性 在上述几种幸存分析方法中，均假定化石的地层延限能完美地代表其真实时限。但事实上，化石的地层延限总是被不完整的采样所截断[见 1.3 节和 6.1 节的分析]。这就导致古生物的灭绝率总是人为偏高，并且随着采样偏差的增大，这种影响相应增加。莱尔比例方法由于使用现今数据作对比，从而可以很好地规避这一问题。此外，在知识点 7.2 中还介绍了另一种基于不完整化石记录估算演化速率的方法。

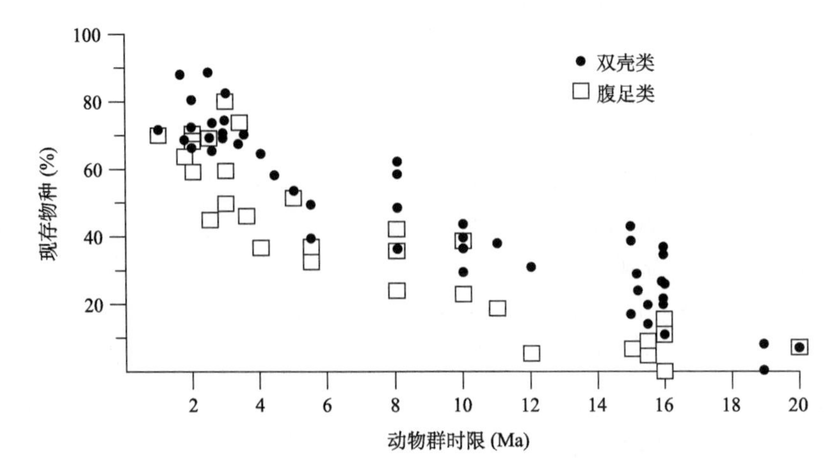

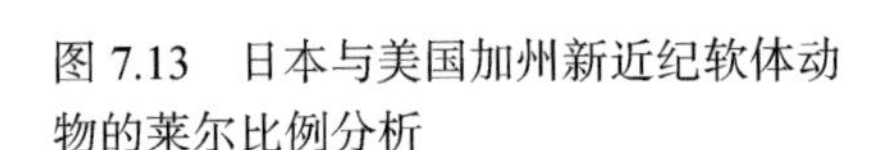
图 7.13 日本与美国加州新近纪软体动物的莱尔比例分析

每一数据点代表给定动物群中幸存至现今的种所占的比例，相应的灭绝率数据参见表 7.3。据 Stanley 等 (1980)。

表 7.3 新近纪软体动物的莱尔比例数据与灭绝率（数据源自 Stanley 等，1980）

动物群时限（Ma）	莱尔比例		灭绝率 (per Lmy)	
	双壳类	腹足类	双壳类	腹足类
2	0.67	0.60	0.20	0.26
4	0.65	0.35	0.11	0.26
8	0.38	0.42	0.12	0.11
10	0.46	0.25	0.08	0.14
12	0.30	0.05	0.10	0.25
16	0.38	0.15	0.06	0.12
20	0.08	0.08	0.13	0.13

知识点 7.2

基于不完整的化石采样（incomplete sampling）估算分类单元演化速率

图 7.14 使用了与第一章的知识点 1.3 和图 1.19 一致的简单数据模型，从中我们可以看到一组化石地层延限的概率分布图。其中的灭绝率均设为不变的常量，也就是说，幸存曲线符合指数函数特征；在某个给定时间段对应的地层中找到某个分类单元的概率假设小于 100%，但在所研究的时段内保持不变。图 7.14 的概率分布图与我们之前在本章中分析的半对数坐标系下的线性函数模式非常相似——后者代表的是 100% 的采样概率，仅有一点不同之处，即前者在第一个数据点——时限为单个时间段的分类单元分布概率明显偏高，不符合线性规律。

我们可以将此类**单延限分子**（singleton）的比例作为采样不完整性的判断标准；一个类群的化石记录越不完整，其中的单延限分子的比例越高 [见 1.3 节]。从图 7.14 的数据模型可以判断，如果不考虑单延限分子，剩余的概率分布图是一个完美的半对数坐标系下的线性分布模式，其拟合线的斜率等于灭绝率。因此，在实际工作中，在理想状态下，我们可以忽略所有的单延限分子，对其余的分布概率（理论上较少受采样偏差影响）做一条拟合线，根据拟合线的斜率求取灭绝率。

在表 7.1 和图 7.9 所示的哺乳动物动态幸存曲线中，虚线为忽略了单延限分子所获得的拟合线。根据原始比例数据和累积比例数据获得的灭绝率分别为 0.434 和 0.437 per Lmy，这两个数值均小于之前我们基于所有数据获得的两个灭绝率数据——0.458 和 0.476 per Lmy。这一事实与我们的预计相符，即采样偏差会导致灭绝率增大。需指出的是，表 7.1 和图 7.9 所示的实例中，化石记录的完整性是非常高的，因此采样偏差对灭绝率的影响并不明显。

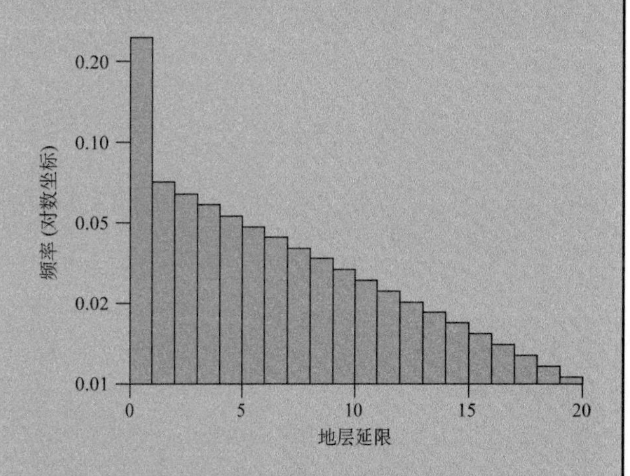

图 7.14 化石地层延限的概率分布图

图中假定采样概率小于 100%（即不完整的化石采样概率），但在所研究的时段内采样概率保持不变。如果忽略单延限分子（singleton 或 single-interval taxa），其余数据的分布概率在半对数坐标系中符合线性分布模式，其斜率等于灭绝率。据 Foote 和 Raup（1996）。

长期新生率 一个物种自其形成开始，能够生存多久，取决于该物种的灭绝率的大小；与此类似，一个物种自其灭绝之时开始，能往回追溯多久，则取决于其新生率的大小。因此，之前我们讨论的同期幸存曲线分析方法也可同样用于同期新生曲线分析。某个在给定时限内灭绝的生物类群，在之前的连续时间序列中新生的比例就组成了一条同期新生曲线。假设在这一连续时间序列中新生率总是保持恒定，则这一"反向的幸存曲线"也应当是在半对数坐标系中呈线性分布，并且其斜率等于新生率。

在本章的之前部分中我们一直关注于生物类群的长期灭绝率的分析，而忽略了新生率的度量与分析，主要原因在于，在长期时间尺度上，同一生物类群的新生率与灭绝率是近于相等的。一个已经完全灭绝的类群，它的历史平均新生率与灭绝率必然是对等的。一个包含了很多物种的高分异度类群，通常是经历了较长时间的新生率略高于灭绝率的地质历程而来。

时间段的演化速率测量

之前我们讨论的是如何估算一个分类群在某个较长时段内的平均演化速率，在本节我们将讨论如何估算单个时间段的新生率和灭绝率，这种估算在方法上与之前的有明显差别。在知识点 7.3 中介绍了如何测定某个离散的时间段的演化速率。

知识点 7.3

时间段的分类单元演化速率的测量

在讨论如何测量单个时间段的演化速率之前，我们首先需要了解如何统计单个时间段的分类单元。图 7.15 显示的是一个设计得到的单个时间段的样例，其中发育了多个不同分类单元。这些分类单元根据其首现层位和末现层位的不同，可以分为四个类别：（1）首现层位在时间段之下，末现层位在时间段内；（2）首现层位在时间段内，末现层位在时间段之上；（3）首现层位和末现层位均在时间段内；（4）首现层位和末现层位分别在时间段之下和之上。

使用 b 或 t 作为下标，代表那些穿越了时间段底界或顶界的分类单元，使用 F 或 L 作为下标，代表那些首现或末现落在时间段内部的分类单元，最终我们可以得到四个数据，N_{bL}、N_{Ft}、N_{FL} 和 N_{bt}。进而我们可以得到以下几个数据，首现落在时间段内的分类单元数目 $N_F = N_{Ft} + N_{FL}$，末现落在时间段内部的分类单元数目 $N_L = N_{bL} + N_{FL}$，在时间段底部存活的分子 $N_b = N_{bL} + N_{bt}$，在时间段顶部存活的分子 $N_t = N_{Ft} + N_{bt}$，以及该时间段的总多样性（total diversity）的计算公式 $N_{tot} = N_{bL} + N_{Ft} + N_{FL} + N_{bt}$。在最后一个公式中，我们需要考虑的不仅仅是在该时间段中确知出现的分子，还应包括那些虽然在该时段中未被采集到、但在之前和之后层位中出现的分类单元。

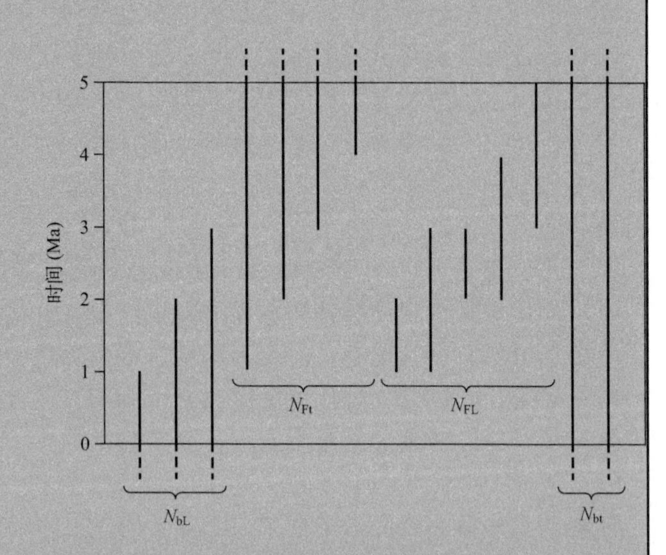

图 7.15 单个时间段的化石延限分布示意图

图中数据为设计所得，并非真实数据。虚线表明该段延限落在时间段之外。根据化石是否穿越时间段的底界（bottom，简写为 b）或顶界（top，简写为 t），以及化石的首现层位（first appearance，简写为 F）或末现层位（last appearance，简写为 L）是否落在时间段内，可将所有分类单元分为四组。

正如我们在第六章所讨论的，首现与末现次数通常并不等于真实的新生单元与灭绝单元数目。但我们是否能将前者作为后者的近似值并据此对我们所能掌握的数据进行分析？

灭绝的强度可以简单地通过末现数目 N_L 来获知（表 7.4）。但当我们比较不同时间段的灭绝强度时，由于总多样性相对较高的时间段中应当有更多的分类单元经历灭绝的风险，因此末现数目或灭绝单元数目应当相对更高，从而导致这一方法的不适用。因此，我们通常并不使用灭绝单元数目，而是使用灭绝比例（proportional extinction）$P_E = N_L / N_{tot}$，或者灭绝百分比（percent extinction）$100 \times N_L / N_{tot}$。在图 7.15 所示的样例中，灭绝单元数目为 8，灭绝百分比为 $100 \times 8/14=57$；与之对应，新生单元数目与新生百分比为 9 和 64。

灭绝比例的优势在于这一公式清晰地表示出处于灭绝风险之下的分类单元数目。但是，如果灭绝单元均匀而连续地分布在一个时间段内，那么上述几种方法都将获得较高的灭绝单元数目和灭绝比例。为了解决这一问题，我们可以采用每百万年灭绝比例 $P_{Em.y.}=N_L / N_{tot} / \Delta t$，这一方法也被称为每分类单元灭绝率（per-taxon rate of extinction）。在图 7.15 中，这一数据为 57/5，即 11.4/Ma；与之对应，新生比例为 12.9/Ma。

虽然灭绝比例和每分类单元灭绝率被广泛使用，但这些方法中仍然存在不足之处。在某个时间段中出现一组分类单元，并不代表它们在整个时段中均存在，因此该时段的总多样性事实上是一个高估了的数值。

N_b 代表在时间段底部即存在的分类单元数目，这些分类单元经历了整个时间段的灭绝风险，并且，灭绝风险越高，N_b 中越少分子能幸存到时间段顶部。如果这一类群的分布符合之前我们提到的指数关系，我们可以推测出 N_b 中能幸存到时间段顶部的分子比例为 $e^{-q\Delta t}$，而这一比例同时也等于 N_{bt} / N_b，由此可推导出**每单位灭绝率**（per-capita extinction rate）$q = -\ln(N_{bt}/N_b)/\Delta t$。这一公式有点类似于基于莱尔比例估算灭绝率。公式中的 N_{bt}/N_b 代表在某个统计点发现的类群在后继的某个统计点仍然存活的比例，这与莱尔比例的含义有些类似。

采用反向的幸存曲线分析，取时间段的顶部作为统计的起始点，我们可以估算出每单位新生率的计算公式。在时间段顶部依然存活的分子中，在时间段底部即已存在的比例为 N_{bt}/N_t，如果该时段的类群分布符合之前我们提

表 7.4 分类单元统计及分类单元演化速率计算公式（与图 7.15 对应）

测量方法	代号	计算公式
在时间段底部存活的分子（Taxa at beginning of interval）	N_b	$N_{bL} + N_{bt}$
在时间段顶部存活的分子（Taxa at end of interval）	N_t	$N_{Ft} + N_{bt}$
时间段的总多样性（Total diversity in interval）	N_{tot}	$N_{bL} + N_{Ft} + N_{FL} + N_{bt}$
首现数目（Number of first appearances）	N_F	$N_{Ft} + N_{FL}$
末现数目（Number of last appearances）	N_L	$N_{bL} + N_{FL}$
新生比例（Proportional origination）	P_O	N_F/N_{tot}
灭绝比例（Proportional extinction）	P_E	N_L/N_{tot}
每百万年新生比例（Proportional origination per my）	$P_{Om.y.}$	$P_O/\Delta t$
每百万年灭绝比例（Proportional extinction per my）	$P_{Em.y.}$	$P_E/\Delta t$
每单位新生率（Per-capita origination rate per Lmy）	P	$-\ln(N_{bt}/N_t)/\Delta t$
每单位灭绝率（Per-capita extinction rate per Lmy）	Q	$-\ln(N_{bt}/N_b)/\Delta t$

到的指数关系，那么这一比例也等于 $e^{-p\Delta t}$，由此可推导出**每单位新生率**（per-capita origination rate）$p = -\ln(N_{bt}/N_t)/\Delta t$。

在图 7.15 中，N_{bt}/N_b 等于 2/5，即 0.4。因此，每单位灭绝率等于 –ln (0.4)/(5Ma)，即 0.18 per Lmy；每单位新生率等于 –ln (2/6)/(5Ma)，即 0.22 per Lmy。

大部分的分类单元演化速率均基于一个认识，即时间段越长，首现和末现单元的数目越多，并且时间段的时长可以较为准确地数字化。如果时间段的时长尚未确知，那么用一个较差的时间值来标准化演化速率，不仅不能解决问题，反而会引入更多的误差。出于这种考虑，在实际研究中，我们通常会使用每时间段（per interval）演化速率，而不是每百万年演化速率；并且，当需要比较不同时间段的演化速率时，我们应当尽可能比较时长大致相当的时间段。此外，用时间段的时长标准化演化速率，其中隐含着一个重要的假设，即新生事件与灭绝事件均匀地分布在整个时间段之中，这也是我们在实际应用中需要谨记的一点。

分类单元演化速率的影响因素

在图 7.10 的海百合属幸存曲线的实例中，部分类群被认为在生态上较为特化，更易受环境波动影响，因而时限较短。这也是我们常用以解释不同类群生物的演化速率差异的因素之一。

另一个影响演化速率的因素是地理范围。地理分布范围较小的物种相对易受环境波动影响。这一因素被用以解释图 7.13 的双壳类和腹足类的幸存曲线上的差异。地理范围的意义在于，它可以影响类群的散布能力（dispersal ability）。例如，某个物种在其个体发育阶段无法散布到更远的地方，那么该种将会具备较差的地理分布范围。散布能力较差的物种，更容易生成地理隔离的新居群以及具备较高的成种速率。在本章的后继内容里，我们将会看到此类实例。一般来说，导致地理分布和居群结构碎片化的因素，会同时作用于成种事件和灭绝事件，这也许是为何许多高新生率的类群同时也具有较高的灭绝率。

尽管在上述实例中我们可以较好地解释演化速率差异的影响因素，但在更多的实例中，我们还无法判断究竟是什么因素、什么机制在起决定作用。例如，为何头足类的演化速率高于双壳类和腹足类？为何三叶虫的演化速率高于甲壳类动物？这也许与物种的特化、散布能力、居群结构等相关，但具体的机制目前尚不明了。

7.3 形态演化与分类单元演化的关系

形态演化的一个显著特点是它在演化速率和演化方向上可以发生剧烈的变化，这一现象的内在机制是什么，这也正是古生物学研究的一个重要内容。演化究竟是稳定、缓慢而持续的，还是说在多数时间内都是稳定的但在个别短暂时间内快速演化？另一个重要的研究内容就是两种不同的演化模式的比较：一个世系演化为另一个世系的渐变成种作用与一个世系分裂成为两个世系的分支成种作用。

图 7.16 显示的是四种可能的成种作用组合。演化可以是平缓而渐变的，从一个世系演化到另一个世系（图 7.16a），我们称之为**种系渐变作用**（phyletic gradualism）；从一个世系缓慢渐变，逐个演化到多个世系（图 7.16b），我们称之为分支演化模式（cladogenetic pattern）；在短时间内快速演化，但不存在分支作用（图 7.16c），我们称之为**点断前进演化**（punctuated anagenesis）；如果世系长期停滞，但在个别很短的时段内快速演化分支成种（图 7.16d），我们称之为**点断平衡**（punctuated equilibrium）。

古生物学中的宏演化及演化速度与模式的重要性

几乎从古生物学做为一门学科诞生以来，世系中存在明显的演化停滞以及突然的形态改变就已不

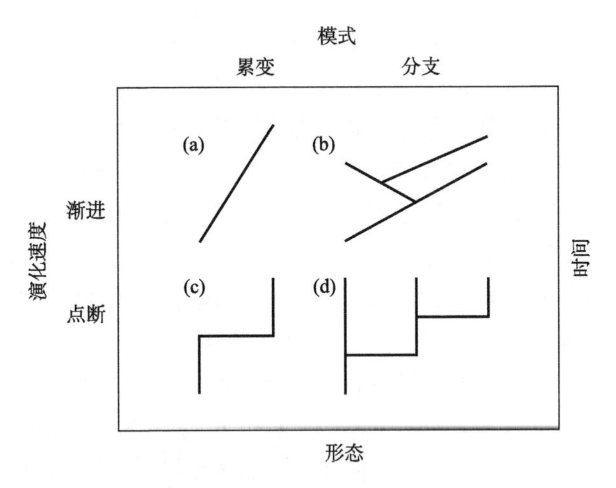

图 7.16 演化速度与模式的四种组合

横轴为形态演化，纵轴为时间。图中显示的是世系演化的理想模式，在时间上是连续的；但需重视的一点是，实际工作中我们样品的采集是断续的。图件源自 David Jablonski。

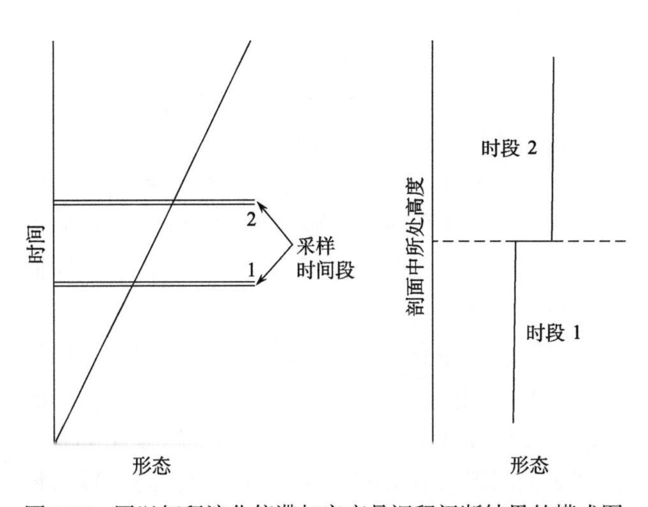

图 7.17 用以解释演化停滞与突变是沉积间断结果的模式图

左图图示了真实的演化模式；右图图示了地层记录中的演化模式。世系在较长时间内逐渐演化，但仅在其中的两个很短的时间片段中（图中以箭头标出）被采集得到。如右图所示，这两个时间段在某个地层剖面叠加在一起。在左图和右图中，每个被采样的时间片段中的演化改变都是相同的，但这种改变如此之小，因而看起来世系在每一时间片段中几乎是演化停滞的；两个被采样的时间片段之间的时间段所积累的演化改变则呈现出点断的模式。

断发现于化石记录之中。这些模式通常都被归因于地质记录的不完美。事实上，Charles Darwin（1859，280—293 页）即认为化石记录中物种的时间跨度通常都是其实际延限的一个小片段，并且，在物种被记录的历史中存在着广泛的间断。Darwin 的观点暗示，停滞与点断的形成或许是地层记录的人为结果（图 7.17）。在物种延限的保存部分中积累了很少的变化，而在保存部分之间的间断中积累了较多的改变，但仅能在沉积层之间的间断面上被观察到*。

自 Darwin 发表《物种起源》一书之后的一个世纪里，点断变化的概念经常被提到。但由于认为点断概念是人为结果的观点占统治地位，以及提出的点断变化的机制被认为还不足，因此这种点断变化的概念并未成为主流。演化停滞在化石记录中较为常见，其时长甚至可达到几十到几百万年，而这与一个典型物种的完整时限大体相当。但是，由于自然选择已经被认为是演化的一个重要因素，那么通常认为如果化石世系记录足够详细，种内的多数演化改变通常都能被发现。因此发现演化停滞通常被认为是令人扫兴或者失望、甚至阻碍之事。

在上世纪 60 年代后期和 70 年代早期，一些古生物学家开始相信化石记录是支持点断平衡理论的（Eldredge 和 Gould, 1972）。这种观点基于几个理由。首先，演化停滞在足够长的地质时间中被观测到，从而可以排除图 7.17 的解释。其次，部分渐变演化的经典例子经不起进一步的详细研究。第三点也是最重要的一点是，如果从化石记录的视角去观察成种作用，那么点断变化与分支演化作用会是最容易接受的解释。在生态学尺度上来看，成种作用或许是一个缓慢的过程，但相对于物种延限通常以百万年计而言，即使是上千年的成种过程，也不过是一瞬间。考虑到物种间的形态差异通常在它们彼此生殖隔离时或之后快速演化 [见 3.3 节]，因此在化石记录中成种作用会显示为相对快速的变化过程，并伴随分支作用。在本章稍后的章节中，我们将回头讨论为何形态演化会关联分支演化。

在古生物学的发展过程中很难夸大点断平衡假说的重要性。其原因在部分程度上是因为该假说推动了对生命历史的最重要特征——演化速率和模式组合的理论和经验上的重新评估。而且，对于种内的长期演化改变机制和长期演化改变与短期演化间关系的机制而言，点断平衡假说促进了对于这些机制的思考。长期以来，演化生物学家和演化古生物学家区分**微演化**（microevolution，居群内和种内变化）和**宏演化**（macroevolution，种级或更高级别的

* 在间断中积累了较多的改变，但由于地层缺失，导致这些改变在某个间断面上突然大量出现。——译者

变化）。宏演化还包括系统发育的速率和趋向（图7.1），以及地质历史中不同世系的相对多样性的变化。古生物学一直以来都是编制宏演化模式的重要基础。自点断平衡理论提出后产生的各种讨论，聚焦在涉及古生物学研究的演化机制（mechanism）上，因而不可能仅仅通过对现生居群演化的研究而被充分认识到。

例如，在演化趋向这一节，我们讨论了长期演化模式或可归因于成种速率和灭绝速率上的差异的可能性，以及为何演化树的某些分支的多样性聚集速度大大高于其他分支。这些模式被共同地称为**物种遴选**（species sorting，Gould, 2002）。这是描述物种净产量差异的描述性术语。**物种选择**（species selection，Stanley, 1975）则是一个更偏向于解释性的术语，是一个与生物间的自然选择作用相平行的术语（表7.5）。正如自然选择描述了生物属性与其在生殖上的成功的因果关系，物种选择描述了物种属性与其产生下来还是走向灭绝的趋向之间的因果关系。因此，我们有必要重视一个种级属级所代表的意义。事实上，这一问题要比下文所进行的讨论以及本章结尾所列出的文献要复杂得多（Stanley, 1979; Jablonski, 2000; Gould, 2002）。

如果一个物种由于其个体能较好地适应生存环境从而能相对较好地抵抗灭绝作用的影响，那么这就被认为是生物水平的选择作用。我们称之为物种遴选，而非物种选择作用。如果两个物种间的分类单元速率的差异源自物种的而非生物个体的某个特征上的差异，那么这通常被认为是物种选择作用。后文讨论的即此类实例，即腹足类具备较高的成种速率但扩散较差，而其幼虫则扩散很广。尽管幼虫的扩散能力是生物水平的特征，但较差的扩散可导致物种地理分布较窄以及居群结构更为细化。地理分布范围与居群结构均为物种特征，而非个体特征。因此，如果这些特征上的差异导致成种速率上的差异，那么这就是物种遴选的一个实例。在本章的之前内容中我们可以看到，地理分布范围与居群结构上的差异同样可能导致灭绝速率上的差异。

点断平衡并非物种遴选导致的宏演化模式的必备条件。由逐渐演化世系构成的分支内的演化趋向可由分支内不同支脉的差异性多样性而形成。但是，如果点断平衡占据主导地位，那么系统发育趋向很可能源自物种遴选而非种内演化趋向。由于点断平衡假说在宏演化研究中如此重要，因此我们首先必须讨论检验点断平衡假说所涉及的一些问题。

检验点断平衡假说

可用来检验点断平衡假说的实例从理论上来说需要满足几个原则（Jackson and Cheetham, 1999）：

1. 相对连续的形态记录。显然，地层记录在某种程度上总是不完整的。但是，地层中不能包含较大的间断，从而导致点断的假象。假如地层跨越了物种的大部分延限，那么停滞模式受本问题的影响要小得多。
2. 足够高的地层精度。形态改变持续的时间越

表 7.5 自然选择与物种选择的平行关系（数据源自 Gould，2002）

特　征	生物水平	物种水平
研究个体是什么	生物个体	物种
什么是个体的集合	居群、物种	世系
个体产量	出生	成种作用
个体消失	死亡	灭绝作用
不同的生产方向	变异压力（部分变异比别的变异出现更多）	定向成种作用（子代物种与父本物种呈现非随机的差异）
不同的繁殖能力	自然选择	物种选择
较高的产量	较高的繁殖能力	较高的成种速率
较低的消失率	优先的幸存概率	较低的灭绝速率

短，记录这一改变的地层精度就越精细。但我们并不需要获得这些中间值以确认这些改变确实发生很快。如果地层记录相当完整，并且停滞占据绝对统治地位，那就表明形态改变确实在很短的时间内快速发生。如果形态改变的发生相对缓慢，那么我们就需要了解更多的中间过程。

3. 对系统发育历史的较全面认识。在点断平衡假说中，点断对应于世系分化。对谱系的认知具有特别重要的意义，可以帮助我们了解祖先和后裔是否在形态改变发生后共存，从而获知这一形态改变究竟是分支演化变化，抑或是前进演化变化。
4. 足够的地理控制。由于在单个剖面出现、看起来似乎是点断的形态改变可能代表的只是一个种级的迁移事件，因此仅仅在单个地层剖面中研究演化是不够的。出于这一考虑，我们有必要广泛地研究化石记录。在研究地区之外存在延长的演化事件的概率永远不可能排除，但随着研究地区的增加，这种概率就越来越小。
5. 对生态表型变异的估计。急剧的环境变化也可导致形态的点断，但这并非演化的产物，因此不能代表父系和子系之间的过渡转换。因此我们需要在研究中排除生态表型改变（ecophenotypic change）[见 3.3 节] 的可能。

在上述基本原则之外，有时我们还需要其他特征以检验某些特殊的例子中的点断平衡假说。例如，如果某些世系在相同的地层剖面中经历了持续而缓慢的变化，与此同时其他的一些世系在同一层位显示了点断的变化，那么很难相信这些点断的变化仅仅是地层间断的产物，因为这种间断同样也会导致在前述的渐变演化世系中发生跳跃现象（Fortey, 1985b）。

研究实例：新近纪加勒比海苔藓动物

古生物学家 Alan Cheetham（1986）对于苔藓动物属 *Metrarabdotos* 的研究是一个可作为典范的研究实例，他详细描述了检验点断平衡模式的具体步骤。其中值得注意的一点是，在他的研究中虽然还有一些不太有利的细节，但确实可以识别出点断平衡的模式。

形态学和系统发育学 形态种是基于多个度量特征、利用第三章描述的多变量方法定义的，其系统发育关系通过**地层表型分类法**（stratophenetics）推断得到。这种方法可用于地层采样密集并且相当连续的情况，首先是基于地层时间段构建样品数组；从一个时间段到另一个时间段，形态上相似的样品彼此关联。这一步骤可参见图 7.18。与所有的系统发育的分析方法相似，地层表型分类法既有优点也有缺点。对于此处的讨论而言，重要的是地层表型分类法有时偏离点断平衡模式。其原因在于，地层表型分类法将祖先与后裔之间的变化最小化，从而也使这一变化序列所隐含的演化速率最小化。

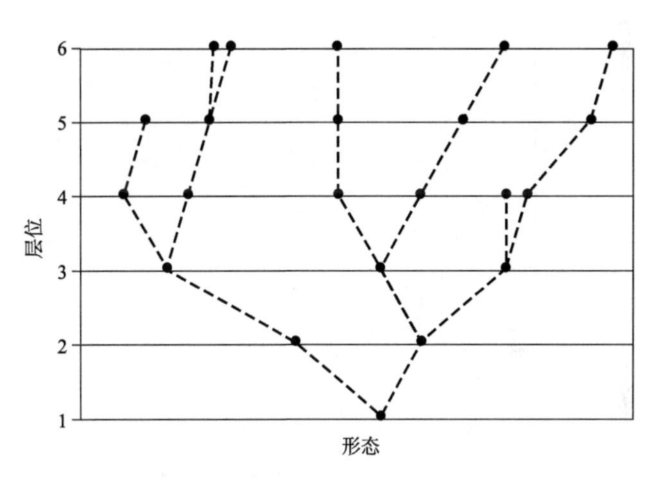

图 7.18 对假设数据的系统发育关系的地层表型分类重建

每一点代表一个居群均值。在每一层位上，每一居群与相邻层位上与其最为相似的居群相连。

图 7.19 显示的是 *Metrarabdotos* 的重建演化树，其中 x 轴代表形态相异度的多变量测度 [见 3.2 节]。除非新种是从其他地方迁移而来，否则演化的模式就应当是分支演化模式。图 7.19 的演化模式看起来符合点断平衡模式。知识点 7.4 中所示的统计测试也支持这一推论。

完整性与精度 此项研究侧重于较高的地层采样密度——大约在距今 10 Ma 以来（图 7.19）。样品间的时间跨度在 2 万年和 100 万年之间，平均值大致为 16 万年。

在第一章中，我们讨论了估算化石记录中物种

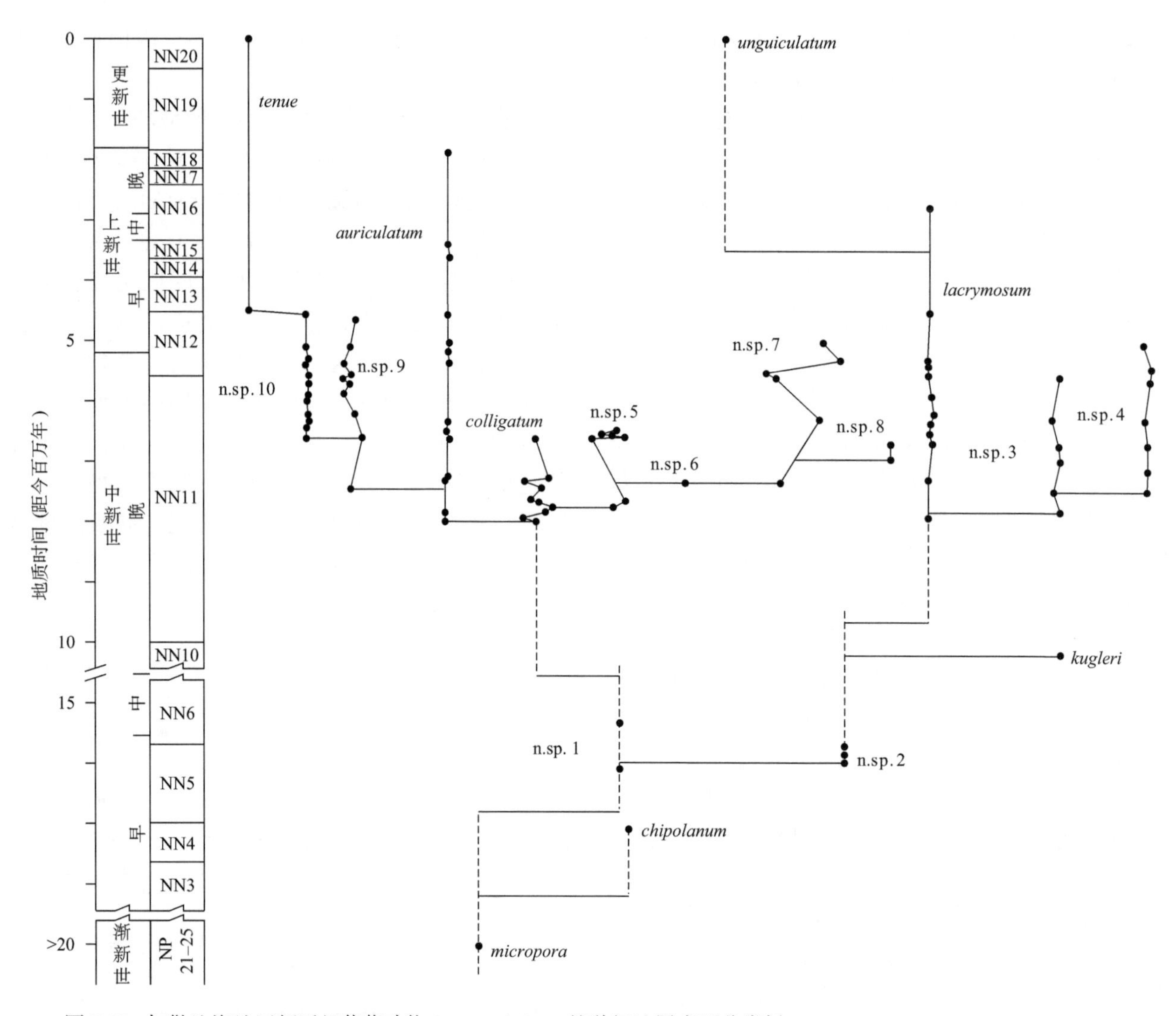

图 7.19 加勒比海地区新近纪苔藓动物 *Metrarabdotos* 的种级地层表型分类树

x 轴整合了形态的多变量信息，其整合原理是使得相近物种的形态距离保持最小失真。每一点均代表样方的均值。左侧时间标尺上以 NP 和 NN 作为前缀的时间段均为根据微体化石建立的生物地层带 [见 6.1 节]。据 Cheetham（1986b）。

比例的方法。与之类似，我们可以采用相似方法估算保存的沉积物所代表的地质时间的实际比例。在本例中，类似方法被用来确定一点，即在样品的时间精度上地层记录的完整性大于 60%。这一结论的意义在于，对于本例研究所涉及的所有的 16 万年时间段而言，超过 60% 的时间段均有相应的沉积物对应。但是，采样在时间上是不均衡的。在图中部分例子中，采样层位通常相隔较近，因此或许可以排除在数十万年时间内祖先与后裔间延长的分异模式。在其他一些例子中，采样层位较为稀疏，并且祖先 - 后裔过渡序列所代表的时间段也很难直接推断得到，例如，图 7.19 中从 *M. lacrymosum* 到 *M. unguiculatum* 的连续序列。知识点 7.4 中描述的统计测试方法也考虑到这一事实。

地理控制 虽然本例中大多数的数据都来自多米尼加共和国，但数据整体上分布在广泛的加勒比海地区，包括海地、牙买加、特立尼达、墨西哥湾和大西洋沿岸。部分长延限物种在整个加勒比海地区都有分布，但主要见于多米尼加。没有证据表明物种在多米尼加之外起源并演化了很长的时间然后迁入多米尼加，并且基于加勒比海之外的化石记录的研究也未显示出，加勒比海之外的物种与加勒比海发现的物种有很近的亲缘关系。

地理采样经常导致非对称的检验。我们或可证明某个看起来似乎是点断平衡的实例事实上代表的不过是一个迁移事件，但我们永远不可能确切地排除这种可能。在此类研究中需要有多广泛的采样仍存在争议。但是，在本例中，地理采样的广度使我们可以较为确信一点，即多米尼加的样品中观察到的快速形态变化代表的是演化事件，而非迁移事件。

生态表型分异　两种证据表明，我们所观察到的形态点断特征来自遗传而非生态表型的。首先，如果这些变化来自环境的变化，那么我们预期应当能看到许多甚至大多数物种由于这一环境变化而在同一时间发生形态上的变化。但本例并非如此（图7.19）。通常是，部分世系处于停滞阶段，而其他部分世系正在发生变化。特别的一点是，有的祖先处于停滞阶段而其后裔正快速演化。其次，此例在唇口类苔藓动物的形态变化与遗传变异之间存在很强的对比关系，仅有极少的生态表型分异[见 3.3 节]。

一般来说，根据形态定义的物种被认为在遗传上也是独特的。定义模糊的物种*或许常见，但缺少形态的独特性并不意味着居群间不存在遗传上的差异[见 3.3 节]。对于检验点断平衡理论而言，定义模糊的物种通常不是什么问题；其原因在于，点断平衡假说认为，当变化发生后，这些变化倾向于与分支演化作用相伴。未伴随形态变化的分支演化作用与点断平衡假说兼容，但与分支演化无关的重要形态变化不可能与点断平衡假说相容。

如果认真考虑在本例关于 *Metrarabdotos* 的研究中包含的实际内容，我们会发现其中只有很少的可完全确认的证据表明点断平衡是否存在。停滞过程很容易被记录下来，并可在化石记录中被广泛观察到。尽管点断平衡假说的整体优势地位在很大程度还处于未知，但此处关于 *Metrarabdotos* 的研究实例并非唯一。在下文中我们将简要地介绍几种对点断平衡有利的机制。

停滞机制

古生物学家和生物学家已经提出了多个看起来颇有道理的关于停滞作用的解释。这些解释机制可能确实参与作用，但它们的重要程度仍不清楚。

根据**生境追踪**（habitat tracking）机制，居群不会在单个地点保持停滞状态；而是当环境条件随时间发生变化时，居群和物种的地理分布不断变化，以追踪它们已经适应的区域环境的变化。生境追踪基于物种对岩相的依赖性[见 6.4 节]。详细的证据来自晚新生代的化石记录，其中的时间精度较高，从而可以记录下在短如1000年时间里发生的变化。图 7.21 显示了一个包含许多昆虫种的实例。这一过程明显地发生了，在单个地理范围内有多个停滞作用的实例，并需要某些机制来解释它们。通常被使用的一种解释是**稳化选择**（stabilizing selection）。对许多现生物种的观测表明，在稳定的环境里，通常倾向于有一比其他的更适应的首选形态表型。如果环境在长时间内均保持稳定，那么这一形态表型就会持续。虽然在原理上我们还找不到理由质疑这一稳化选择作用，但是在化石记录中很难识别出导致某个表型优于其他表型的选择压力。更为重要的是，在许多被记录下来的实例中可以看到，虽然气候或其他环境因素发生了重大变化，但物种却处于稳定状态。因此很显然，我们还需要其他的解释机制。

许多关于停滞的潜在机制都可识别出充足的种内演化变化，但是由于各种各样的原因，这些机制都假定这一种内演化变化不会通过长时间的积累而形成可观的总变化量。首先，由于有关的环境因素围绕着一个稳定的长期均值在波动，因此物种会显示很少的总变化量。由于气候或其他因素的变化而导致的环境突变，或许会改变自然选择作用所偏爱的特性，从而有效地消除已积累的演化变化总量。

将物种细分为不同的地理居群提供了另一种在伴生大量种内演化变化时发生停滞作用的解释机制。对于地理居群而言，基因流动可通过阻碍单个地理居群中的演化变化的积累以利于停滞作用。环境的波动，通过造成地理范围的转移以及因此产生的较多基因流动，从而增强物种的稳定性。

最后，还有一组被称为发育限制[见 5.1 节]的相关机制。发育限制被认为可通过让某个物种显示出极度有限的表型变异而产生停滞现象，这种有限的表型变异可归因于遗传变异的缺乏或者是物种

---

* 指与其他物种的形态区别不够明显的形态种。——译者

知识点 7.4

点断平衡的操作检验

我们可以通过假设成种事件始于祖先种的首现并止于后裔种的首现来定义成种事件的时限（图 7.20）。如果假设祖先和后裔同时新生，那么可推断出祖先和后裔之间的演化速率为最小。显然，上述约定是偏离点断模式的。

对于每一个祖先种来说，如图 7.20 所示，种内演化速率的均值系基于物种在整个时间段内的长期总变化计算而来。其次，每一物种的任意两个连续采样点间的变化速率可用以确定种内演化速率的方差。随后，祖先 - 后裔速率可通过种内速率的方差重置大小，然后与平均种内速率对比。

这一统计比较基于如下的假设，即种间速率与种内速率可基于相同的地层分布数据获得。这一假设，或称为零假设（null hypothesis），必须能被明确地排除后，我们才能作为替代地接受点断平衡假说*。渐进主义被作为首选的假说，其检验偏离点断模式。

分析结果表明，祖先种与后裔种之间的改变速率非常之高，因此不可能与种内演化速率源自同一分布数据（表 7.6）。因此，我们最终可否决渐变假说，而选择点断平衡假说。

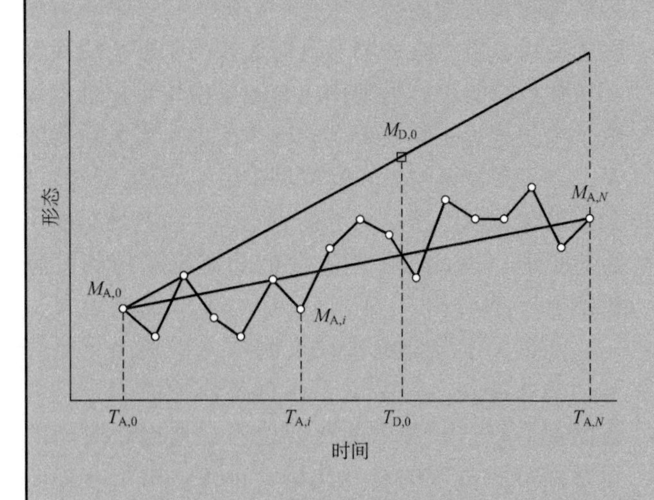

图 7.20 种内与种间演化速率的计算

图中代表时间和形态的两个坐标轴均未采用精确的数字标注。时间 $T_{A,i}$（从 $T_{A,0}$ 到 $T_{A,N}$）代表所有可采集到祖先种的时间点，其中 $T_{A,0}$ 代表第一个点位；后裔种的首现点位为 $T_{D,0}$。圆点代表祖先种，正方形代表处于其化石记录中的首现层位的后裔种。祖先种的平均种内变化为点 $(T_{A,0}, M_{A,0})$ 到点 $(T_{A,N}, M_{A,N})$ 的直线斜率，换句话说，也就是 $(M_{A,N} - M_{A,0})/(T_{A,N} - T_{A,0})$。种内速率的方差的计算基于所有相邻点构成的线段的斜率。种间变化等于点 $(T_{A,0}, M_{A,0})$ 到点 $(T_{D,0}, M_{D,0})$ 的直线斜率，也即 $(M_{D,0} - M_{A,0})/(T_{D,0} - T_{A,0})$。这也假定后裔种自祖先种首现后即逐渐演化，从而给出对种间变化速率的最小估算。据 Cheetham（1986b）。

表 7.6 苔藓动物 *Metrarabdotos* 的成对祖先种 - 后裔种的演化速率（数据源自 Cheetham, 1986）

祖先种	后裔种	种内速率	种间速率
M. auriculatum	*M.* n. sp. 9	0.002	30.20
M. n. sp. 9	*M.* n. sp. 10	0.083	9.34
M. n. sp. 10	*M. tenue*	–0.031	5.38
M. colligatum	*M.* n. sp. 5	0.169	50.37
M. n. sp. 5	*M.* n. sp. 6	–0.158	27.96
M. n. sp. 7	*M.* n. sp. 8	1.065	51.74
M. lacrymosum	*M.* n. sp. 3	0.014	118.9
M. n. sp. 3	*M.* n. sp. 4	–0.009	69.13
M. lacrymosum	*M. unguiculatum*	–0.021	7.56

注：演化速率的计算方法可参见图 7.20 的图例说明部分。速率值以每百万年的综合形态单位表示。

* 统计检验的一种，首先设定一个被称为“零假设”的假设条件，如果实际数据可否定这一假设，那么就可以选择与零假设相悖的另一替代假设。——译者

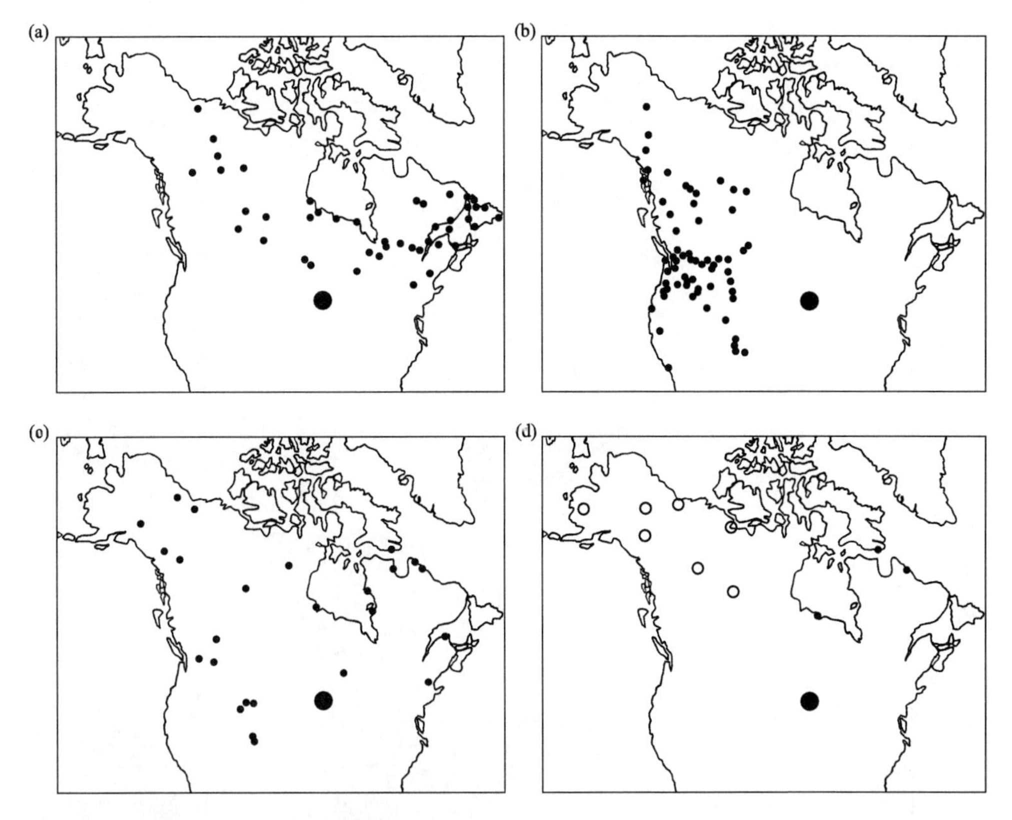

图 7.21 北美北部部分昆虫种分布范围的转移

图中共给出了五个物种的现今分布。图 a、b 和 c 分别显示了单个物种的分布（小实心圆），图 d 显示了两个物种（小实心圆与小空心圆）的分布。图中的大实心圆指示了 12000 年前明尼苏达州某个地点的湖相沉积物，上述五个物种在这一沉积物中同时产出。但在现今，只有一个种在此地点出现，并且在上述五个物种中，没有任何两个物种在别处共生。据 Bennett（1997）。

对某种发育过程的偏向从而产生有限的表型。虽然关于发育限制的解释在理论上确实说得通，并且在现生物种中也能找到实例，但在化石居群中却是很难检验的。

点断变化机制

在点断平衡模式中有两个因素可导致突然的变化。点断平衡模式发生在相对于物种延限而言较短的时间内，并伴生分支演化作用。传统的生物学观点假设成种过程通常很快，从而在化石记录中显示为近于瞬时发生。由此带来的一个重要问题是，形态变化为何会浓缩在分支演化过程中。与其回顾这一问题的长远而复杂的历史，不如在此处介绍由演化生物学家 Douglas Futuyma（1987）提出的一个令人信服的解释。这一解释符合已知的居群演化和物种的居群结构，并且与前面描述过的某个停滞作用机制有关。

一个物种由多个地理居群构成，并伴随着彼此间的大量基因流动 [见 3.1 节]。由于这些居群位于不同的地方，它们可能适应于各自的区域环境。因此，演化变化可能在该物种历史中的任何时间和任何地点发生。但是，地区性的居群通常不会变得很独特，它们或者经历灭绝，或者与其他居群保持基因流动。在地区性居群中那个积累的任何演化变化，都倾向于是短暂的。只有在极个别的例子里，地区性居群一直存活并获得了生殖隔离，其中在适应地区性环境的过程中积累下来的演化变化才可能保持下来。在物种历史中或许有足够多的演化变化，但只有当这一演化变化产生自一个形成了新物种的居群时，这一变化才能被固定下来。因此，在化石记录中观察到的总演化变化总是伴随着分支演化作用。

很重要的一点是要牢记，许多的停滞和点断变

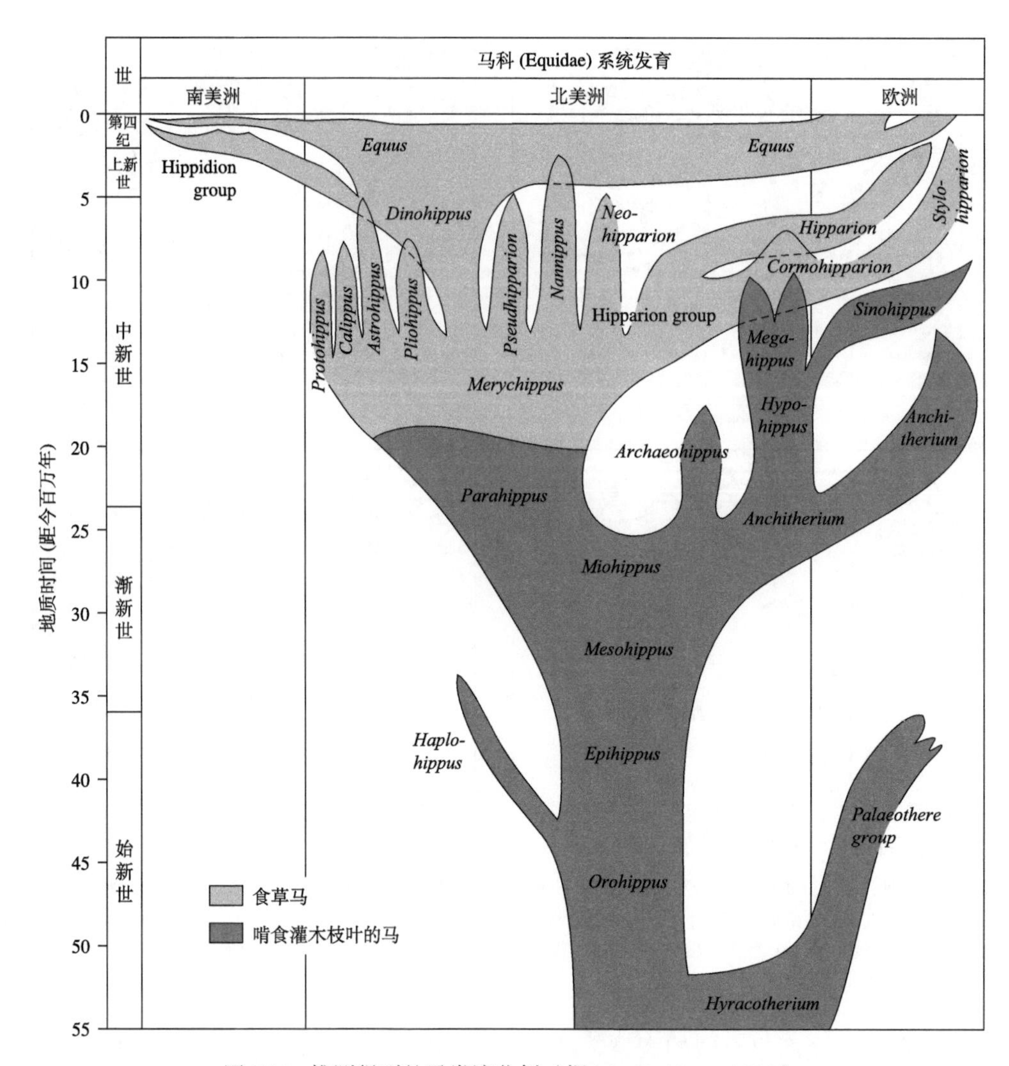

图 7.22 推测得到的马类演化树（据 MacFadden，1985）

化都是独立于其起因的。点断平衡模式促进了我们对演化变化的趋向及其他诸多方面的了解。

7.4 演化趋向

点断平衡假说导致了对宏演化机制的再评估。但是，许多古生物学家很久以来已经认识到生物历史的长期趋向可能是由机制导致的，而非由沿同一方向演化的个别物种的趋向所导致。下面关于宏演化模式的复杂性的文字据 George Gaylord Simpson（1953）的《演化的主要特征》一书，在该书中分析了马类的系统发育（图 7.22），体型大小、四肢以及骨骼与牙齿解剖特征的演化趋向：

> 甚至在部分新近的研究工作中……这一系统发育 [不正确] 呈现于从 *Hyracotherium* 到 *Equus* [该科中唯一现生属*] 的逐渐变化的单一序列中。已经被至少两代学者深刻认识的一点是，这一系统发育包括了相当多的分支，并且在过去的 10—15 年里，越来越明显的一点是，这一发育模式中真正富有吸引力的、最具特色的部分是，它反复而复杂地扩散式的分裂。与之类似的植物或许是一丛灌木而非一棵树。即使使用树来描述这一模式，*Equus* 也并非代表树干的顶端，而仅仅是从树干突然分支出的一个主枝的旁枝上的某个细枝的最后一束而已。（见原书 260 页）

马科（Equidae）的演化趋向中没有任何一个趋向显示了如下特征：（1）贯穿于整个马科

* 即现生的马属。——译者

> 历史的任一分支，（2）同时影响所有的分支，（3）在所有分支中都出现，（4）在任何长于15—20 Ma的时间尺度上基本保持演化方向和速率的稳定不变……与迄今为止仍然教授给学生的关于马科历史的定向进化过程（orthogenetic progression）相比，上述的整体描绘更为复杂，也更具意义。这是对在自然中生存的一组真实动物的描绘，而非对走在独木桥上、正通向其注定终点的机器人的描绘。（见原书264页）

与马类的历史（图7.22）类似，广阔的生命历史也充满了演化变化。在某些例子中，演化保持方向的稳定，朝着更大的体型或者更有效的捕食能力前进。我们将之分离开来，称之为**演化趋势**或**演化趋向**（evolutionary trend）。对于某个特定演化趋向的认识，通常开始于对这一趋向的持续性的统计学分析。

检验持续方向性

目前已经发展出许多可用于持续性检验的统计方法，此处我们仅介绍其中最简单的两种。

为了了解这些检验方法背后的基本原理，首先需要了解一个非常简单的演化变化模型，我们称之为**随机行走**（random walk）。根据这一模型，性状值在每一个时间步骤中都有一确定的增加或减少的概率，而究竟是增加还是减少则完全是随机的，与之前的变化无关。如果随机行走增加的概率远少于或远高于50%，那么就会倾向于产生向下或向上的趋向。而在一个对称随机行走（symmetric random walk）中，增加的概率是50%，因此就不会有内在的方向性。

图7.23显示了通过计算机程序生成对称的随机行走，从而模拟得到的部分演化模式的实例。在第一个例子中，随机行走看起来倾向于保持在其初始值附近（“停滞”）。在第二个例子中，数据相对稳定，然后在较短的时间内发生转移（“点断”），然后逐渐稳定在一个新值附近。在第三个例子中，显示了一个强烈的方向性。这一实验表明，那些显示了醒目的演化模式的序列，或许是通过没有内在方向性或稳定性的过程而产生的。因此，由这些模式带给我们的印象或感想，其本身不能被作为常见演化方向的重要证据。

图7.23，尤其是其中的第三组数据，也阐明了为何当数据中某个变量是时间时解释对比系数[见3.2节]通常是不合适的。时间序列的数据通常由彼此依赖的连续数值构成，每一数值都是由前一数值加上某个增量而来。与之相比，关于对比系数的标准统计分析方法则假定数据点都是彼此独立的。

检验方向性的一种方法则是分析连续的时间点之间演化步伐*的平均大小。如果演化变化倾向于沿着某个特定的方向，那么平均演化步伐就应当明显不等于零。例如，如果分析侏罗纪菊石*Zugokosmoceras*的壳体直径，图7.24显示了在一14 m厚的剖面中该世系的概况。从总体上来看，菊石的体积在增加，但其中也有个别反转。因此，但就体积增长这一趋势的强度而言，并不是很清楚。图7.24中的每个点代表的是100 cm厚的层段中所有标本的均值。事实上，与之相比，这一剖面的实际采样精度要精细得多，其中共采集了大约300个不同的产*Zugokosmoceras*的层位。

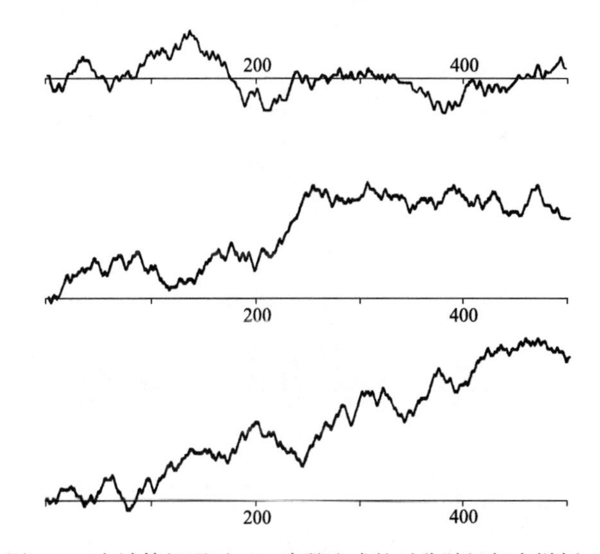

图7.23 由计算机通过500步骤生成的对称随机行走样例

在每一样例中，x轴代表时间，y轴代表形态。在每一时间步骤中，形态都有着相同的机会增加或减少，而与之前的变化历史无关。尽管在过程中并无内在的方向性或稳定性，但数据依然可以呈现出醒目的模式。据Raup（1977）。

---

* 演化步伐不同于演化步骤，前者指的是两个连续时间点之间某个性状值的变化量。如果这一数值总为正值或负值，则该性状沿增加或减少的方向演化。如果某时间段内演化步伐平均值近于零，则表明起、止时间点之间变量总量近于零。——译者

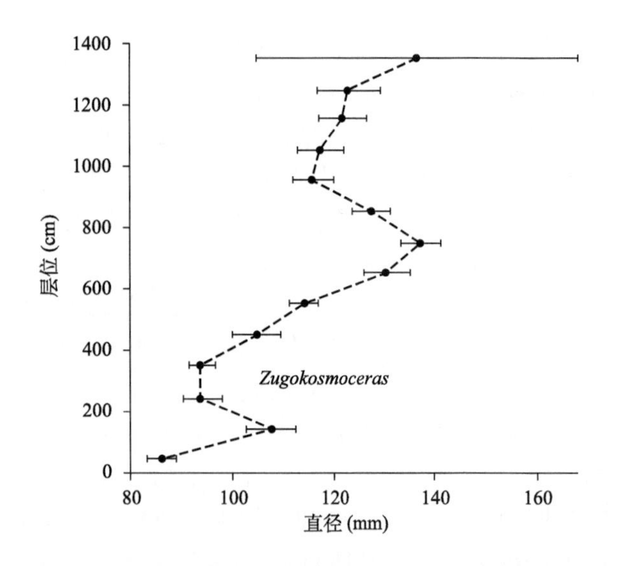

图 7.24 某 14 m 厚剖面中侏罗纪菊石 *Zugokosmoceras* 的壳体直径变化曲线

每个点代表一个 100 cm 厚层段中菊石样品的均值及 ±2 的标准误差。据 Raup 和 Crick（1981）。

图 7.25 显示了最细分辨率下相邻层段的壳体直径变化的频率分布。图中虽然显示了轻微的增长倾向，但其中也包含了许多相反方向性，并且平均步伐大小近于零。因此，本例演化并未显示明显的方向性。

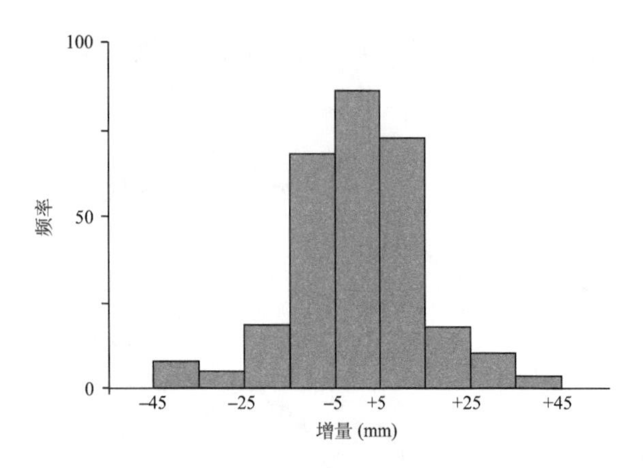

图 7.25 相邻的含 *Zugokosmoceras* 层位壳体大小的演化步伐的频率分布

数据来自图 7.24 的同一剖面。图中数据的均值近于零，表明其中并无明显的方向性。据 Raup 和 Crick（1981）。

关于方向性的第二种检验方法忽略变化的幅度，仅仅是列出正向变化与负向变化的数目。这一检验方法求出一个对称随机行走可产生至少与实际数据中观测到的一样多的同向变化的概率（见知识点 7.5）。在图 7.4 所示的臼齿大小的数据组中，共有 17 个演化步骤，其中 15 个都是增长的。如果增加或减少的概率是相同的，那么获得 15 个或更多同向变化的概率只有 0.0023，因此在本例中我们可以否决随机行走模式，而选择持续性变化假说。

对于单个演化序列中持续倾向性的检验，需要我们观察多个演化步骤。有时我们仅有前后比较（before-and-after comparisons）数据，但同时有多个世系的这一数据，此时我们可以采用相同的持续性统计检验方法。

正如学者们已经提出的，在生物演化中有一普遍性倾向，即生物体型大小倾向于增加。这一概念有时被称为“柯帕法则”（Cope's Rule）。图 7.26 显示了对化石马类的种级体型大小的估算，其中马类的体型大小随时间而逐渐增加。为了确认在世系水平上是否存在这一演化趋向，我们可以开展祖先 - 后裔比较研究。图 7.27 中显示了推测的祖先与后裔之间的演化速率，其中增加和减少分别以实心圆和空心圆代表。在体型大小的 24 个观测变化中，19 个都是增加的。如果增加和减少的概率相同，那么可以算出在 24 个变化中有 19 个增加的概率是 0.0033。因此我们有理由排除基于对称随机行走模式的零假设，而选择相信体型大小的增加是有方向性的。

系统发育倾向的机制

如果一个分支中多个世系都沿着一个方向演化，那么该分支的平均形态特征也会随时间而沿着某个方向变化；也就是说，一个系统发育的倾向可以在原理上简化为一系列的世系倾向。当演化停滞占据绝对优势时，逻辑上来说这一概率就几乎被排除了。因此值得重视的一点是，如果某个分支中的世系都处于演化停滞，分支的演化趋向会呈现怎样的特征（图 7.28）。图中显示的多数模式仅仅是简单的理论概率，而非实例。确认某些特殊实例中演化趋向的起因，依然是古生物学中的一项重要研究任务。下面我们要讨论的机制，并不预先假设点断平衡模式占据优势；即使绝大多数的演化变化都是渐变的，通过这些机制也可产生演化趋势。但由于我们讨论的是分支水平的演化趋向，因此分支演化作用是被预先假定的。

定向成种作用 这一机制认为演化变化集中在成种事件中，并且后裔物种倾向于沿着某个偏离其

知识点 7.5

检验演化序列的方向性

此处我们将介绍如何采用统计方法估算给定方向变化的数目，并给出检验演化趋向的部分要点。

假设演化步骤共计 n，其中 m_i 代表增加步骤的数目，m_d 代表减少步骤的数目。在对称随机行走模式中，检验的零假设是，增加和减少的概率相同，均为 0.5。那么增加步骤的数目为 m_i 的概率可由下面公式获得：

$$P(m_i,n)=\frac{n!}{m_i!(n-m_i)!}0.5^n$$

其中 $n!$（“n 的阶乘”）等于 $n\times(n-1)\times(n-2)\times\cdots\times1$，并且根据约定 $0!=1$。这一二项式公式的推导可见于任一概率论或统计学的入门教科书。在图 7.4 所示的哺乳动物 *Cantius* 臼齿大小的例子中，在 17 个步骤中获得 15 个增加步骤的概率为

$$P(15,17)=\frac{17!}{15!(17-15)!}0.5^{17}$$

运算结果大致等于 0.00103。

对于一个有 n 步骤的序列而言，增加步骤的数目可以是从 0 到 n 之间的任意数字，排列组合的可能则是一个巨大的数字。因此，任一特定的步骤序列的概率都是一个很小的数字。在统计分析中，我们通常对此类的孤立概率不感兴趣；此类概率并无特别的价值，除非是作为共有某些重要特性的一组数据的一部分。在本例中，在随机步行模式下一个给定的增加步骤的数目可能高于期望值；如果确是如此，那么所有高于观测值的增加步骤的数目也都高于期望值。因此我们感兴趣的是所有等于或大于观测值的组合的概率总和。

至此，我们取 m_i 和 m_d 中较大的一个数字，并简化为 m，用下列公式计算大于或等于观测值的变化的数目：

$$P_{\geqslant m(n)}=\sum_{k=m}^{n}P(k,n)$$

如果该值较小，按照惯例如果小于 0.5，那么我们可以排除零假设而可选择另一替代假设，即演化变化偏向于沿某个方向进行。我们再次回到之前的哺乳动物实例，17 个演化步骤中至少 15 个步骤呈现增加趋势的概率应当为

$$P_{\geqslant15(17)}=\frac{17!}{15!(17-15)!}0.5^{17}+\frac{17!}{16!(17-16)!}0.5^{17}+\frac{17!}{17!(17-17)!}0.5^{17}$$

通过计算，该值等于 0.00103 + 0.00013 + 0.000008，最终结果大约为 0.00116。

与许多统计检验方法相似，很重要的一点是确认检验方法是单侧的（one-sided）还是双侧的（two-sided）。如果没有任何理由进行正向或负向作为首选的检验，那么我们就应当采用双侧检验。例如，假设正向步骤多于负向步骤，令 m 等于 m_i，然后计算正向步骤至少为 m 的概率 $P_{\geqslant m(n)}$。然而，在相反方向上演化步骤大于或等于极值的情况也存在，并且，由于我们没有任何理由首选正向步骤而非负向步骤，因此两个情况的概率我们都需要考虑。所以，我们需要计算的就应当是 $2P_{\geqslant m(n)}$。当这一数值足够小时，我们就可以排除零假设。

我们采用双侧检验方法评估了图 7.4 所示的哺乳动物牙齿大小实例中演化序列以及图 7.24 所示的菊石壳体大小实例中的平均演化步伐大小，因为我们只是想简单地检验演化变化是否沿着某个优选方向，无论这是两个方向中的哪一个。例如在哺乳动物的例子中，如我们前面所示，在 17 个演化步骤中包含至少 15 个增加步骤的概率等于 0.0016。由于在 17 个演化步骤中包含至少 15 个某个方向的演化步骤的概率是上述概率的两倍，因此其值大致等于 0.0023。这是一个非常小的概率，因此我们可

以排除零假设，即这一演化序列中无方向性的观点，而可以选择另一对立观点，即该演化序列中有一演化的首选方向。

此外，如果我们检验某个认为演化沿着特定方向的演化假说，那么我们需要采用单侧检验。我们首先列出沿该方向的演化变化的数目，然后计算沿该方向、至少等于该数目的演化步骤的概率，并且不考虑在零假设下这一观测数目是否大于或少于预测值。由于假设认为马类的体型大小在演化上倾向于不断增加，因此我们采用单侧检验方法检验马类体型大小的增加（图 7.27）；检验的结果证实了这一假说。如果少于一半的观察变化是增加的，我们就可以简单地认为关于体型大小增加的假说并不被实际数据支持。

在上述的统计检验以及其他一些统计检验中都存在一个重要的非对称性。如果我们可以否定零假设，那么我们就可以相信在演化序列中存在某种方向性。但如果我们不能排除零假设，那么这并非就简单地意味着这一演化序列就是对称的随机行走的结果。这一演化序列中或许还存在演化变化的优选方向，但是由于所用的检验方法缺少足够的能力从而未能在统计上检测到这一方向性。如果所观察的演化序列过短，或者种内变异导致对连续性状值的估算过于不确定，那么这一现象就可能存在。

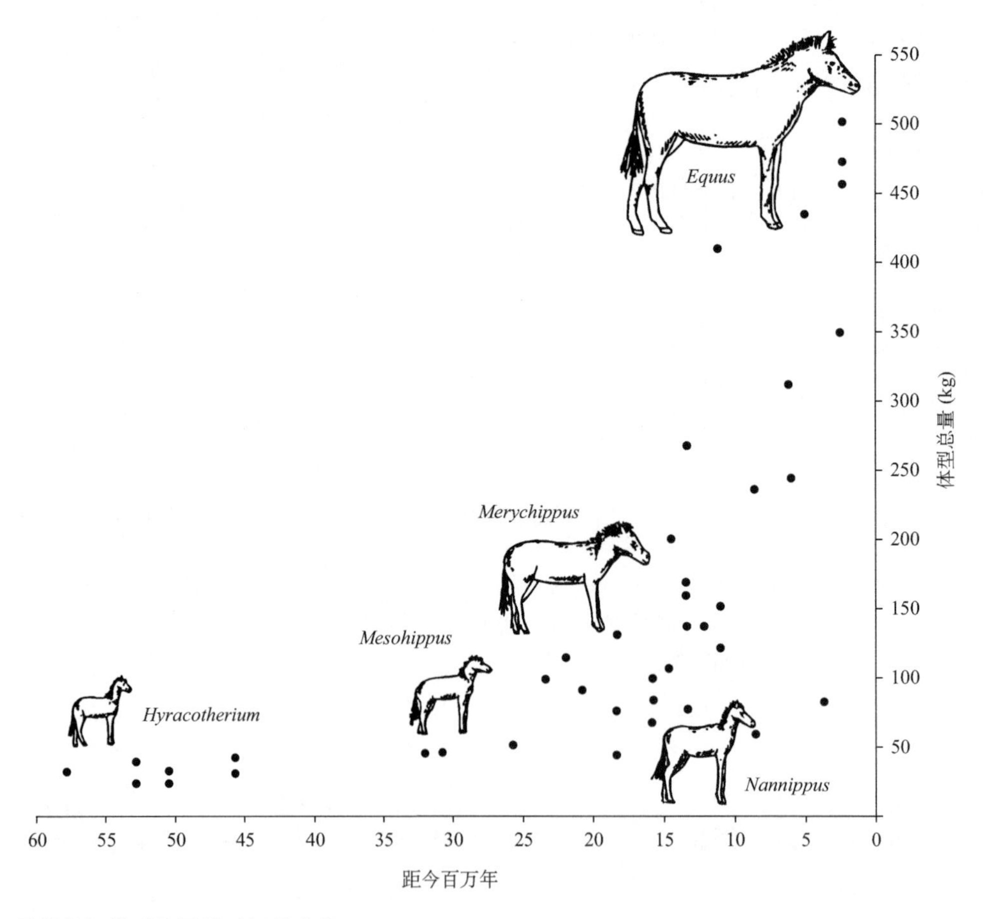

图 7.26 马类种级体型总量随时间的变化

体型总量采用 3.2 节介绍的方法对骨骼度量后估算而得。图中示意图系属级复原图。图中变化可与图 7.22 的演化树比较。据 MacFadden（1986）。

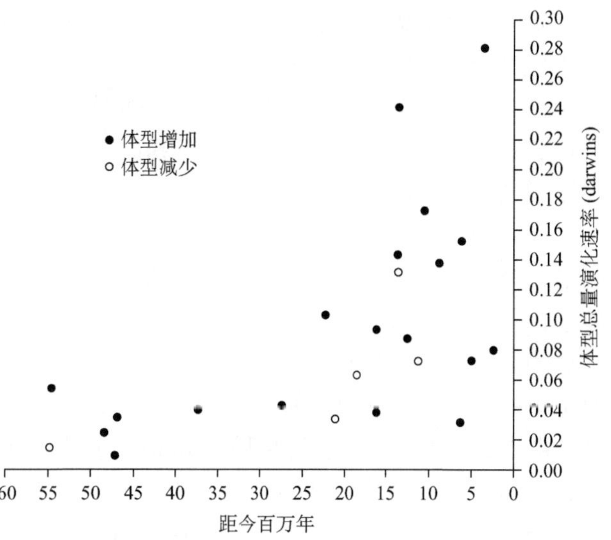

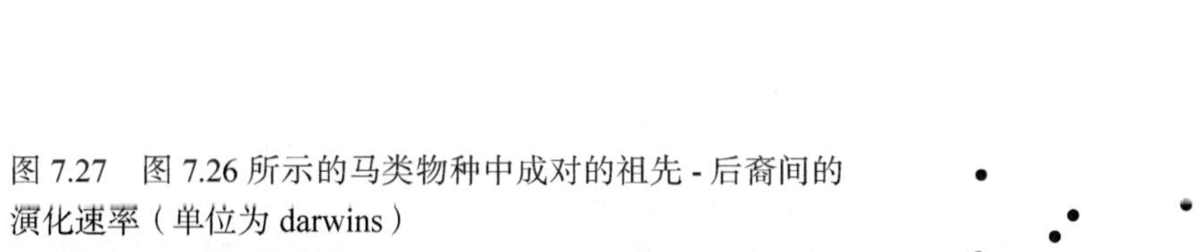

图 7.27 图 7.26 所示的马类物种中成对的祖先 - 后裔间的演化速率（单位为 darwins）

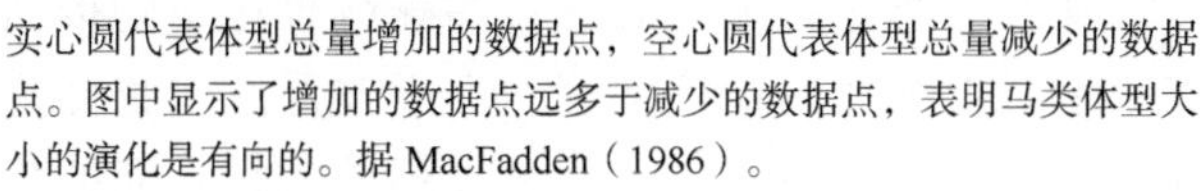

实心圆代表体型总量增加的数据点，空心圆代表体型总量减少的数据点。图中显示了增加的数据点远多于减少的数据点，表明马类体型大小的演化是有向的。据 MacFadden（1986）。

祖先的方向演化（图 7.28a）。

一个可能的实例是某些腹足类的幼虫模式。海洋腹足类的幼虫可粗略地分为两类，即以浮游生物为食（planktotrophic）和不以浮游生物为食（nonplanktotrophic）*。浮游生物捕食者可自游并以浮游生物为食。部分非浮游生物捕食者也能游泳，但多数营底栖生活并依赖于壳中的蛋黄和其他营养物质存活。浮游生物捕食者的生活方式通常涉及复杂的游泳和捕食器官，而这些器官均未见于非浮游生物捕食者中。对古生物学家而言幸运的是，对现生物种的观察表明，其幼虫壳体的某些特征，包括壳体大小、螺纹数量等，可以相当精确地将两类幼虫区别开来（图 7.29）[见 8.6 节]。

早第三纪的许多腹足科都显示了非浮游生物捕食者比例逐渐增长的趋势（图 7.30），也就是说，朝向非浮游生物捕食者发展的系统发育趋向。浮游生物捕食者被认为是这些科中较为原始的生活方式。虽然根据推测非浮游生物捕食者的幼虫生活方式在演化世系中稍后出现，但并无明显证据表明哪一种生活方式相对于另一个而言更为有益。

浮游生物捕食者所采用的复杂的游泳和捕食器官在其与非浮游生物捕食者之间的演化序列中倾向于消失。复杂器官一旦消失，就很难再次演化获得，所以通常认为从浮游生物捕食者向非浮游生物捕食者的生活方式演化的可能性要比相反顺序的可能性更高。事实上，部分系统发育分析也支持这一点。因此，在部分腹足类的演化过程中存在演化变化的偏向性，并且非浮游生物捕食者的比例增长这一系统发育趋势看来是被定向成种作用所影响。

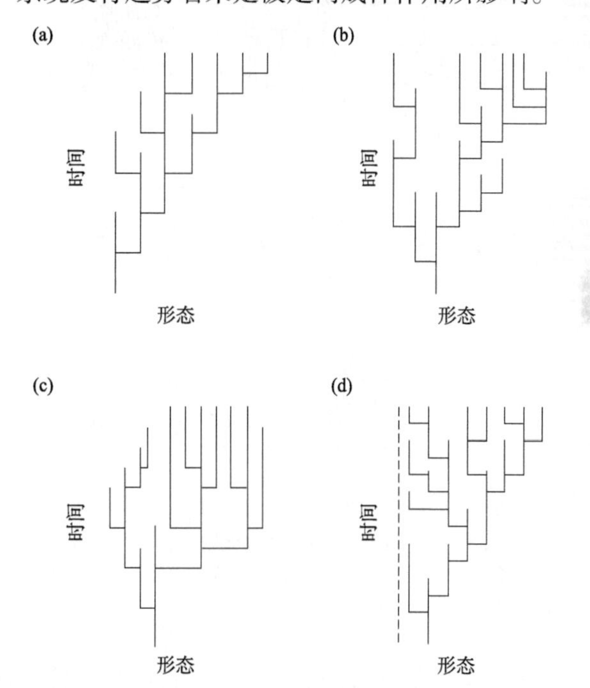

图 7.28 用以显示当物种处于停滞过程时系统发育趋向形成过程的虚拟演化树

图中虚拟演化树同样适用于当物种缓慢演化时。(a) 定向成种作用。通过分支演化作用产生位于祖先物种右侧的后裔物种。(b) 成种速率偏离。产生新物种的速率右侧高于左侧，从而导致多样性的聚集和分支的平均形态特征的演化趋向。(c) 灭绝速率偏离。右侧的灭绝速率较低，从而导致多样性在右侧的聚集。(d) 变异的不对称增长。分支沿虚线所示、在较低的范围内新生。由于起始点右侧有更多的空间，因此演化变化更多的发生在右侧，并导致最大形态特征与平均形态特征的增加。图 a—c 据 Gould（1982），图 d 据 Stanley（1973）。

* 为了译文通畅，下文以“浮游生物捕食者”代替“幼虫阶段以浮游生物为食的腹足类”；同理，以“非浮游生物捕食者”代替“幼虫阶段不以浮游生物为食的腹足类”。——译者

成种速率偏离 如果发育了某个形态的物种相比于发育其他形态的物种有着相对较高的子系物种生产率，那么前者的数量将倾向于随时间而不断增长，从而使分支的平均状况朝着该方向偏离（图 7.28b）。

这一机制可能在腹足类的非浮游生物捕食者的增长模式中也起作用。此类幼虫有着较低的扩展能力，因此我们可以猜测到此类腹足类更容易形成隔离的居群，从而拥有较高的成种速率。这种成种速率上的差异可以通过一种非常简单的方式表现出来。图 7.31a 和 b 显示了腹足科 Volutidae 中营上述两种不同生活方式的物种的时限。非浮游生物捕食者的物种的延限大约是浮游生物捕食者的平均延限的一半，表明前者的灭绝率大约是后者的两倍。

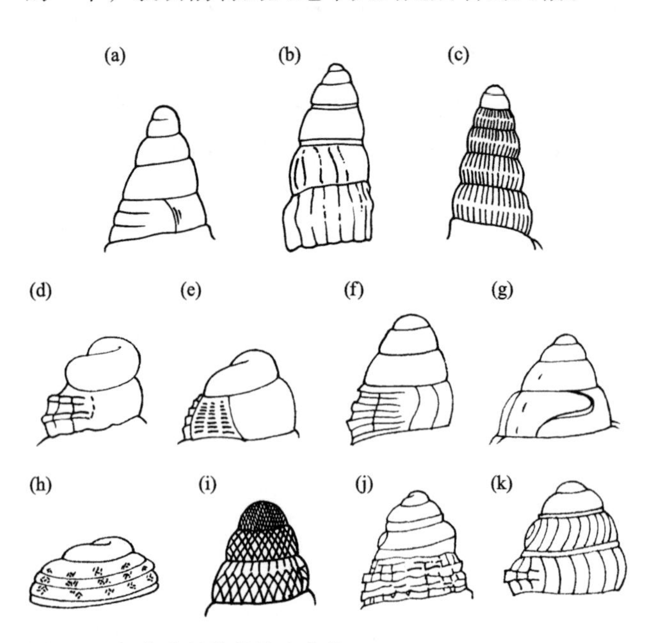

图 7.29 部分腹足类的幼虫壳体

图 a—c、f、g、i—k 为浮游生物捕食者的幼虫壳体。d、e 和 h 为非浮游生物捕食者的幼虫壳体。与后者相比，前一类幼虫倾向于发育更多的螺纹和较高的锥形。据 Shuto（1974）。

非浮游生物捕食者的高灭绝率可能是其较小地理分布范围的结果（图 7.31c 和 d），较小的地理分布使其更容易受环境波动的影响。暂且不论非浮游生物捕食者更倾向于灭绝的原因是什么，我们可以发现，虽然其灭绝率较高，但其多样性增长速率也相对较高。从逻辑上来说，此类腹足类应当同时拥有相对较高的成种速率。如果腹足类 Volutidae 的实例是典型的，就可以帮助我们解释非浮游生物捕食者中为何显示了不断增长的系统发育趋势。

在上述实例中有两个潜在的复杂问题。首先，为了以成种速率差异的方式解释演化趋向，我们隐含地假设了一点，即相似物种产生新的相似物种，如浮游生物捕食者产生浮游生物捕食者，而非浮游生物捕食者仅产生非浮游生物捕食者。虽然如我们之前看到的，在幼虫的两种生活方式之间确实存在转换现象，但许多系统发育方面的研究表明，这种转换是很有限的。但不管怎样，我们还有许多的工作需要深入开展。

其次，非浮游生物捕食者的高成种速率的推断依赖于对灭绝率的精确估算。由于非浮游生物捕食者物种分布范围较窄，因此可以想象的是它们的化石记录的完整性相对于浮游生物捕食者而言也要低一些，从而会显示出非自然的短延限和高灭绝率现象。这是古生物学中一个经典的难题。我们观察一个非常吸引人的演化模式——在本实例中，是物种地理分布范围与其寿命的比较，但这一模式表面上看起来，既可以是真实的生物学效果，也可以是某种非自然因素的结果。幸运的是，我们可以解决这一问题。

在较早的章节中我们显示了化石记录不完整性对灭绝率统计带来的影响可通过剔除单延限分子以减轻（知识点 7.2）。如果我们忽略图 7.31a 和 b 中最左边的数据条，那么我们可以发现浮游生物捕食者物种的平均时限为 5.3 Ma，灭绝率为 0.19 per Lmy；非浮游生物捕食者的平均时限为 3.5 Ma，灭绝率为 0.28 per Lmy。时限的中位数与之类似。因此，非浮游生物捕食者的高灭绝率并非是化石记录不完整所带来的假象。而且，两类物种显示的灭绝率差异的幅度——非浮游生物捕食者的灭绝率大约高 50%——在生物学上具有重要意义。例如，这一幅度可与我们在本章较早部分讨论过的海百合类群内的差异、腹足类与双壳类间的差异等进行比较。

灭绝速率偏差 我们刚刚看到，某类物种相对于另一类物种在相对数目上的增加可导致两者在成种作用上存在差异性，由此可产生一定的系统发育趋向。与之类似，灭绝率上的差异性同样也可产生某种系统发育趋向（图 7.28c）。一个合适的实例来自浮游有孔虫（Norris, 1991）。从晚白垩世至新生代，浮游有孔虫多次经历了从多样性增加到多样

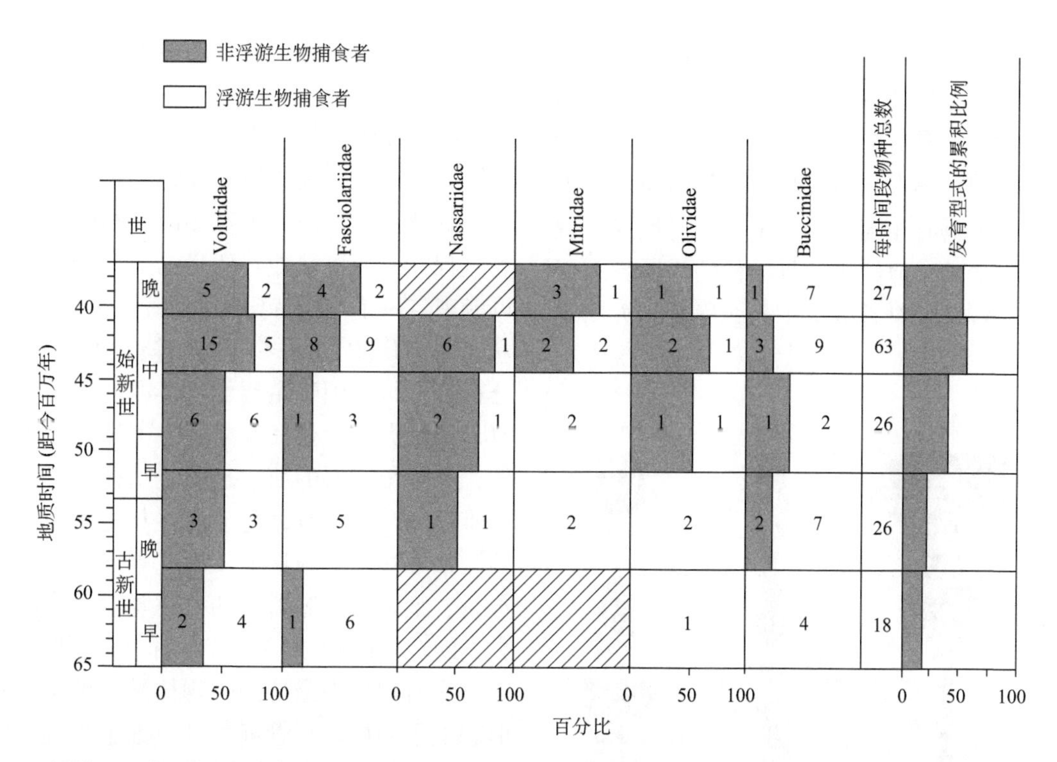

图 7.30 早第三纪美国墨西哥湾和大西洋沿岸部分腹足科的浮游生物捕食者和非浮游生物捕食者的物种数目

数字为各种幼虫生活方式所涉及的物种数目。斜线框代表物种已知但由于无胎壳被保存因此无法推测幼虫生活方式的分类单元。从图中可看出，非浮游生物捕食者的物种所占百分比随时间而增长。据 Hansen（1982）。

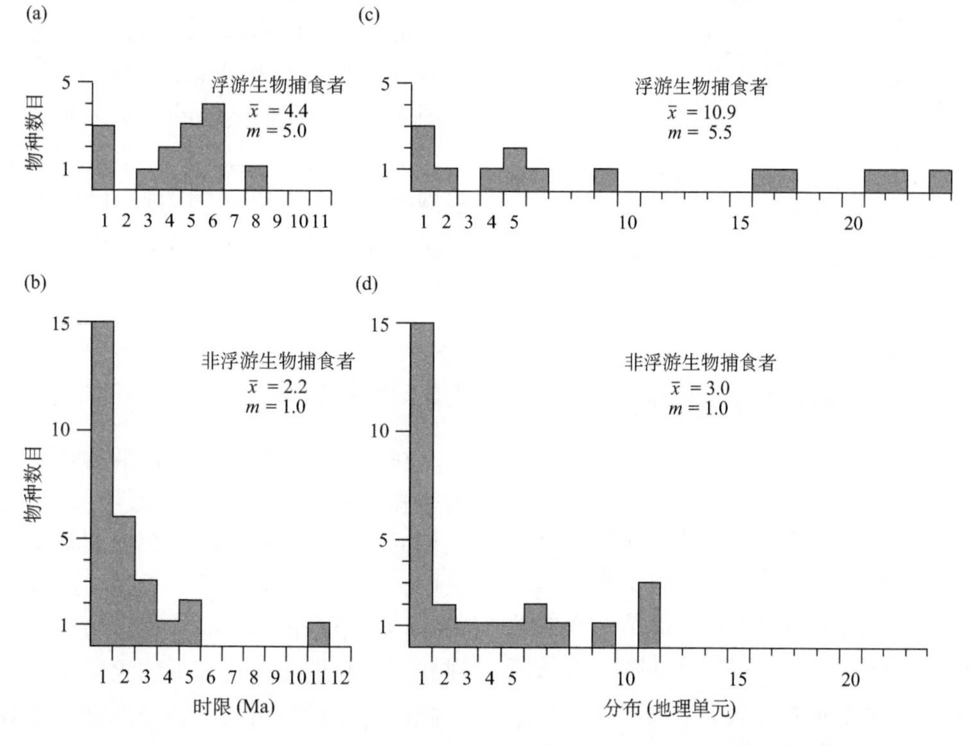

图 7.31 美国早第三纪腹足科 Volutidae 中浮游生物捕食者与非浮游生物捕食者两种不同生活方式的物种的时限与地理分布

墨西哥湾和大西洋沿岸的化石出露带大致细分为 75 km 宽的地理单元。统计各物种跨越的地理单元数目，就可以获得该物种的地理分布范围。物种的平均时限或寿命及其平均地理分布范围分别用 $\bar{x}$ 和 m 表示。平均来看，非浮游生物捕食者显示出较小的地理分布和较短的时限。据 Hansen（1980）。

性减少的循环。在古近纪和新近纪的多样性增长阶段，缺少明显的龙骨结构的分子相对于具备该结构的分子更占优势（图 7.32）。如图 7.33 所示，缺少龙骨结构的物种其延限相对较长；换句话说，缺少龙骨结构的物种具有相当低的灭绝率。虽然这一现象的原因尚不清楚，但缺少龙骨结构的物种具有低的灭绝率这一特征，对其分类单元多样化的方向有明显影响。

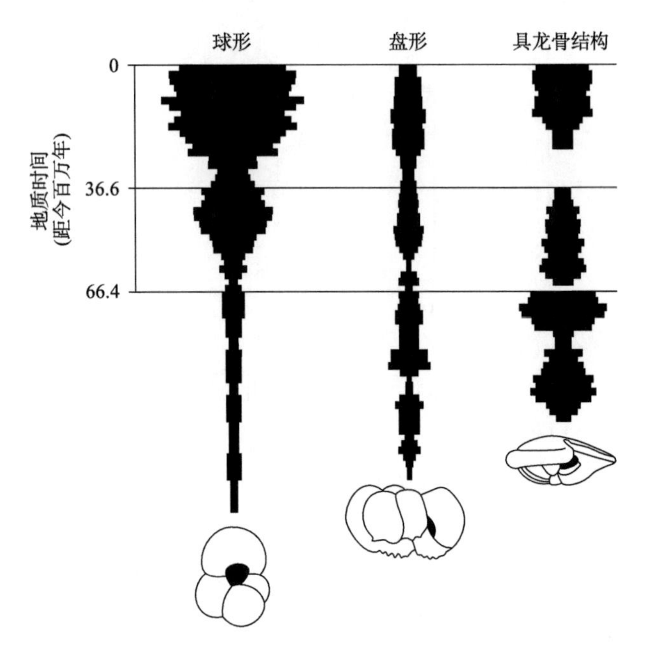

图 7.32 晚白垩世至新生代具龙骨结构和缺少龙骨结构（球形和盘形）的浮游有孔虫的种级多样性

每一样条的宽度代表物种数目的比例。缺少龙骨结构的浮游有孔虫的比例在新生代保持增长的趋势。据 Norris（1991）。

变异的不对称增长 分支演化趋向并非由分支演化中发生了什么，而是由其奠基分子拥有的形态来解释的。换句话说，分支演化趋向不是由正朝什么方向演化决定，而是由演化开始于哪里决定的（图 7.28d）。作为对柯帕法则的一种解释，Steven Stanley（1973）注意到哺乳动物目倾向于起源之初发育较小的体型，然后随着物种数目的增加而逐渐达到较大的体型（图 7.34）。对哺乳动物而言其体型大小有一保持其功能完整的最小限度——如果低于这一限度，过小的哺乳动物个体就不能在体内存储足够的食物供其较高的新陈代谢之需。其他生物类群也面临类似的限制。对于一个分支而言，自底限往上，有更多的机会带来体型（或其他特征）的增长而非减少。分支特征的最大值和均值都会倾向于随时间而增长。

哺乳动物目级分类单元起源时总是体型很小的原因或许在于，大的体型通常会带来许多结构和生态上的特殊性。而一种重要的、新的生物方式的出现过程——或可伴随着新目的形成，通常被认为不可能来自一个非常特化的世系。

生命历史中许多重要的演化趋向，至少在部分程度上可归因于主要生物类群的起源，并且起源时其体型大小接近其底限。除了体型大小的增长之外，另一个重要的演化趋向是结构的复杂化。尽管很难定义什么是复杂化，许多与之相关、可供使用的测量方法已经被逐渐发展起来，包括细胞类型的数量、细胞内细胞器官的种类与生物体内器官的种类、DNA 数量，以及串行结构如脊椎骨的差异性等。化石记录中最早的生物体是单细胞生物，并且形态上很简单。尽管细菌等单细胞在现今的地球生态系统中仍然占据优势地位，生物所能达到的最大复杂性看起来一直在随地质历史而增长。

分支从其结构底限处起源的事实并不代表这就是系统发育趋向的起因。回到之前的马科的实例，马科起源时体型较小，之后以非对称的方式演化（图 7.26）。我们之前的分析表明，在该化石类群中，从祖先到后裔显示了一个体型大小逐渐增长的强烈趋势（图 7.27）。因此，以较小的体型起源对马科的演化趋向是有贡献的，但这并非是唯一可能的解释。

7.5 结束语

在本章的最后部分我们准备强调一下位于演化速率和趋向之下的演化复杂性。出于便利和需要，我们通常比较二选一的、简单的模型。但在实际情况中，几乎可以确认的一点是，通常是多种机制混合作用。单个世系有时呈现定向演化，有时处于停滞状态。我们准备估算平均灭绝率的分类群事实上可能由多个世系组成，其中部分世系对灭绝事件高度敏感，部分世系近乎永生不死。演化趋向的多个起因可能同时作用——例如腹足类幼虫生活方式例子中的定向成种与成种速率偏离——并且这些起因在理论上可能彼此对立。但是，模型的简易性没必

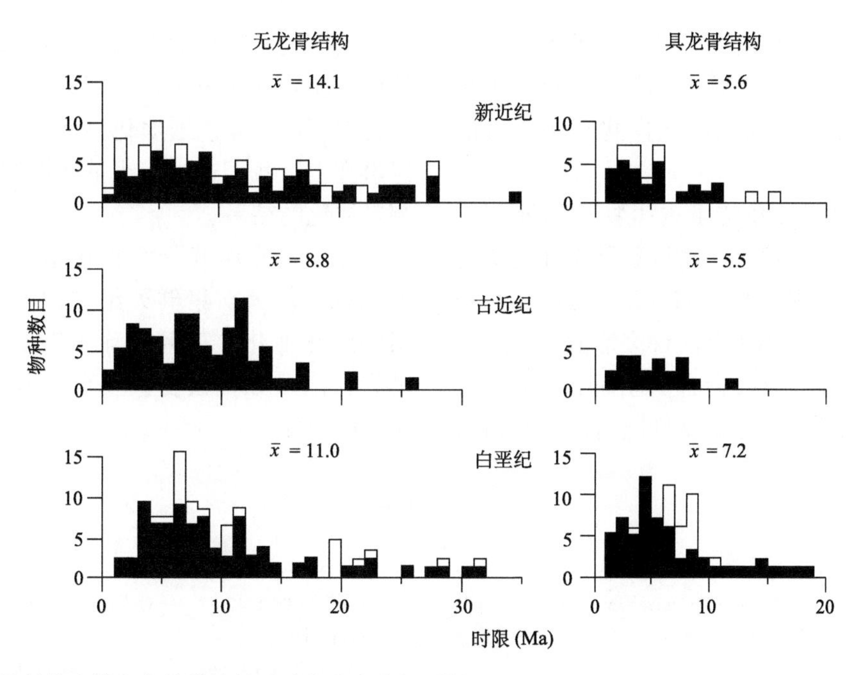

图 7.33 具龙骨结构和缺少龙骨结构的浮游有孔虫种级延限

空心样条代表被白垩纪末灭绝事件或现今截断的物种延限。平均延限为 $\bar{x}$。从图中可看出，缺少龙骨结构的物种的平均延限长于具龙骨结构的物种。据 Norris（1991）。

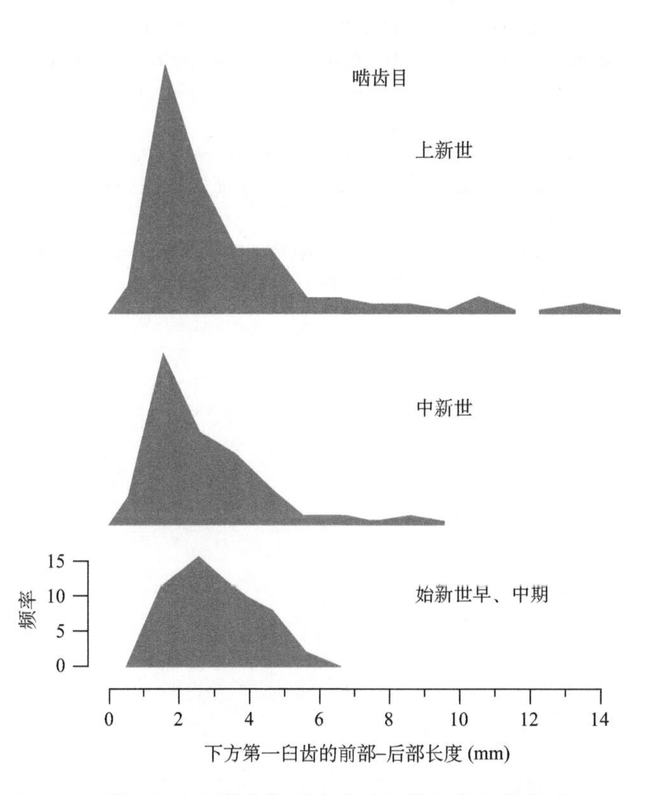

图 7.34 第三纪啮齿类的体型大小（根据臼齿长度估计）

每一物种均采用其化石记录中的最大尺寸为代表。不同时段内物种的频率分布显示了当形态大小和最小尺寸保持稳定时尺寸均值和最大尺寸均保持增长的趋势。据 Stanley（1973）。

要看做是一种缺陷。如果没有这些简化的模型，我们或许会拥有丰富的形态数据和地层产出数据，但当我们试图解释这些数据时我们或许会陷于其中寸步难行。

在本章中我们明显忽视了适应作用在系统发育趋向中所扮演的角色。在第五章中当我们讨论理论形态学时，我们认为适应作用是物种拥有不同形态特征的主要原因。在某些实例中，系统发育趋向明显是自然界中适应作用的结果——当世系沿着同一趋向演化时更为明显。但在其他一些实例中，这一特征看起来又不是如此明显。我们或许认为较好的适应作用可导致灭绝率的下降，有时甚至可通过孤立居群（有潜力成为新种）的灭绝率下降导致新生率的增长 [见 3.3 节]。在上述解释中存在的一个问题是，它假定新生率与灭绝率之间是负向对比关系，而事实上这两者通常为正相关。此外，许多记录下来的新生率和灭绝率的差异似乎源自地理分布范围及其他居群结构等方面的差异，后者代表的是非生物水平的适应作用。

综上所述，适应作用在系统发育趋向中通常起到一定的作用。但是，对部分实例的精细研究所显示的不足表明，我们现在仍不清楚适应作用所扮演的角色究竟有多重要。此处我们所讨论的不过是在微演化的时间标度（其中适应作用的意义更大）与宏演化的时间标度之间的间隙上搭建一座连接的桥梁。

在本章中我们简要介绍了古生物学为演化提供独特视角的一些基本途径，特别是基于地质历史尺度。我们的实例展现了数据和研究方法的丰富程度，这些数据和方法可用于解决许多宏演化问题，例如形态、地质时限、地理分布范围和系统发育等。我们对于长期演化作用的认知随着诸如物种遴选等机制的引入而大大增强。基于化石记录的研究帮助古生物学家及生物学家更好地认识微演化与宏演化之间的关系。宏演化显然是与微演化一致的，但事实上，我们通常很难单凭微演化的观测数据预测宏演化的结果。

在下一章中我们将讨论更多宏演化方面的起因问题，例如，集群灭绝如何消灭世系中已经积累的演化变化，如何剔除生态上已经建立的分类单元，以及如何改变演化成功与失败对其他时段演化的影响。

补充阅读

Erwin, D. H., and Anstey, R. L. (eds.) (1995) *New Approaches to Speciation in the Fossil Record*. New York, Columbia University Press, 342 pp. [一系列论文介绍了利用化石记录研究成种作用的多种方法，并特别强调了点断平衡]

Gould, S. J. (2002) *The Structure of Evolutionary Theory*. Cambridge, Mass., Harvard University Press, 1433 pp. [对宏演化中点断平衡和其他相关主题的全面性综述]

Jablonski, D. (2000) Micro- and macroevolution: Scale and hierarchy in evolutionary biology and paleobiology. *Paleobiology* **26** (Suppl. to No. 4): 15–52. [对宏演化中的一些主要主题，如物种遴选和分类单元寿命的决定因素等的全面性综述]

Levinton, J. (2001) *Genetics, Paleontology, and Macroevolution*, 2nd ed. New York, Cambridge University Press, 617 pp. [从生物学的角度分析化石记录中的宏演化问题]

McNamara, K. J. (ed.) (1990) *Evolutionary Trends*. Tucson, Ariz., University of Arizona Press, 368 pp. [系列论文介绍了演化趋势研究的理论问题以及基于化石记录的实例分析]

McShea, D. W. (1994) Mechanisms of large-scale evolutionary trends. *Evolution* **48**: 1747–1763. [对于各种用以解释系统发育趋向的模型的批判性评价]

Raup, D. M. (1985) Mathematical models of cladogenesis. *Paleobiology* **11**: 42–52. [对新生和灭绝模型的实用性总结，其中在详细的附录中给出了幸存曲线及物种和分支的其他重要特征的公式]

Roopnarine, P. D. (2003) Analysis of rates of morphological evolution. *Annual Review of Ecology, Evolution and Systematics* **34**: 605–632. [对演化速率的测量方法与相关解释所涉及的技术问题的综述]

Simpson, G. G. (1953) *The Major Features of Evolution*. New York, Columbia University Press, 434 pp. [演化速率与趋向的定量研究的里程碑式论著]

Stanley, S. M. (1979) *Macroevolution: Pattern and Process*. San Francisco, W. H. Freeman and Company, 332 pp. [对于形成宏演化模式的诸多因素的重要分析]

Van Valen, L. M. (1973) A new evolutionary law. *Evolutionary Theory* **1**: 1–30. [将指数幸存曲线模型应用于古生物学数据的开拓性工作]

第八章　全球分异与灭绝

过去25年里，关于全球多样性的研究在古生物学领域非常活跃，一定程度上，这可看作是几个世纪来努力将化石记录内涵进行归类的最终体现。但是，毫无疑问，多样性的研究同时还受到其他一些因素的影响，如（1）计算机的出现，使大量数据资料的汇总与分析成为可能；（2）人们对于穿越地史时期全球多样性历史的兴趣与日俱增，并将环境变化与生物演化型式和过程联系起来，这也是本书通篇都在强调的；（3）人们对于现今多样性（或者，我们通常所说的**“生物多样性”**- biodiversity）危机的关注。在这个意义上，化石记录提供了超越人类历史的时间尺度的历史的借鉴。

在本章中，我们主要考虑全球分异与灭绝的主要特征，包括分类组成方面大尺度的转换；灭绝率有重大提高的时间段（**集群灭绝** - mass extinction）；全球多样性趋势中的区域差异；以及对**形态多样性**（morphological diversity）的分析，以作为对传统的分类单元多样性的一个补充。

8.1 生物多样性的属性

“多样性”（diversity）这个词在生物学和古生物学研究中被赋予了多种内涵，例如，生物学家通常赋予一些特定分类单元的多样性以这样的格律，即一方面计算单一样品中独特分类单元的数量（**分类单元丰富度** - taxonomic richness），同时还考虑每一个分类单元的丰富程度。最近，古生物学家也提出一个形态多样性的概念，从而为研究宏演化的动态和趋势提供了一种基于分类单元组成的准确评估手段。

针对全球多样性，重点在于计算和解释全球分类单元丰富度随时间的趋势。我们将会看到，对于以富含多细胞生物记录为特征的显生宙，这些努力还考虑了地方性和区域性的多样性趋势，以及怎样将这些资料综合以形成我们所观察到的全球趋势。但多数地方性和区域性研究的起因还缘于一系列在全球层面上识别出来的型式。因此，本章首先着眼于那些进行全球分析的工具，包括全球分类学数据库的建立以及对这些资料的使用以勾画全球多样性曲线。在第七章我们已经考虑到计算新生率与灭绝率的方法，这些方法对本章的讨论依然重要。

8.2 全球分类学数据库

在描绘地史时期全球多样性变化曲线之前，首先应为化石记录建立一个数据库，记录每一个分类单元的全球已知首现与末现之间的时间段。虽然有多种方法来表示多样性曲线（见下文），但基本目的就是为了从这些资料中确定从一个时间段到另一个时间段存活的分类单元的数量。

因此，为了建设这些数据库付出了巨大努力，以准确记录全世界化石产出的信息。这项工作，一个多世纪以来都得益于对大区域或全世界已知化石资料的汇编，即《古无脊椎动物学论丛》的编辑出版。历史地看，区域或全球多样性曲线的绘制与这些资料的汇编密切相关，最早期的例子就是John Philips根据John Morris于1854年发表的《英国化石汇编》在1860年完成了一对图件（图8.1），尽管Philips所依据的资料有一定的地理局限，但还是清楚地显示出具全球意义的型式，确实，这些图件与一个多世纪以后全球资料所显示的具有相同的主要特征。

目前，用于绘制显生宙全球海洋生物多样性曲线的最著名的数据库就是Jack Sepkoski完成的科和属级数据库。许多其他的数据库也同样精彩，得出了与Jack Sepkoski数据库相似的多样性曲线。图8.2

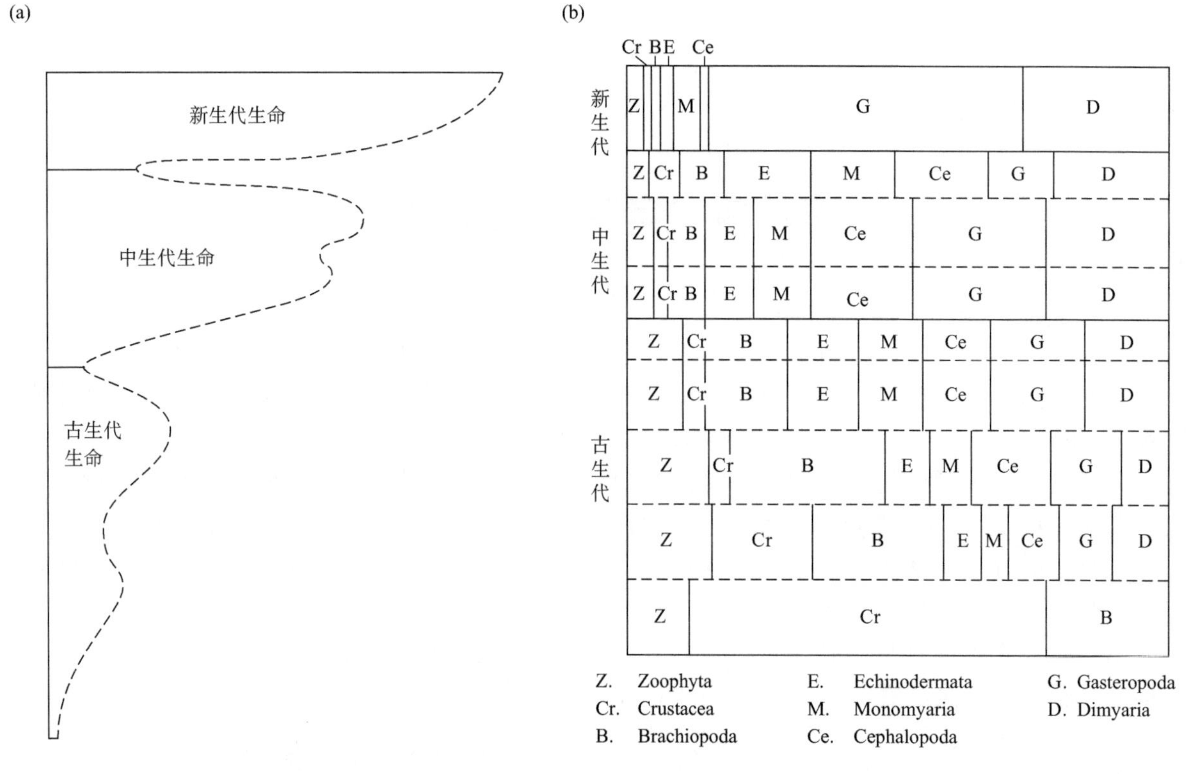

图 8.1　Philips（1860）依据英国海相化石记录描绘的显生宙海洋多样性历史

(a) 显生宙以来种的数量变化曲线。(b) 各地史时期相对于海洋生物群全体组成而言主要分类单元及其演变。虽然有些名称已经过时（如“甲壳类”（Crustacea）最早是指三叶虫，“双柱类”（Dimyaria）是指双壳类软体动物），但 Philips 描绘的这些过程与一个多世纪以后其他研究者所描绘的大体相似。据 Philips（1860）。

显示了 Sepkoski 属级资料概要的一部分，其中可看出该数据库的两个重要特征。首先，全球首现和末现的地层分辨率变化很大，但是，Sepkoski 寻求解决这些首、末现问题的办法是将地质年代表尽可能地精确划分，如亚世。其次，当 Sepkoski 从《古无脊椎动物学论丛》中收集他所需要的信息资料时，他所做的努力远远超出了《论丛》。化石记录中新资料的收集以及分类学厘定是一个不断发展的过程，即便是对那些著名的分类单元，而且，《论丛》的任何一卷在其出版之后不久甚至还在出版过程中就已经变得过时了。因此，Sepkoski 依靠最原始的文献持续不断地对他的资料概要进行扩展和更新。

这第二点可作为一个一般性的警示语：在研究化石生物多样性时，资料永远都不会完全，因为影响资料来源的新发现和新分析在文献中层出不穷。然而，正如第一章中所讨论的，有足够证据显示，对显生宙全球多样性的总体趋势而言，像 Sepkoski 的这样概要的数据库已经足够准确地揭示化石记录中保存的主要生命过程 [见 1.5 节]。

Rugosowerbyella	O (Ashg-I) - O (Ashg-u)
Rurambonites	O (Cara-u)?- O (Ashg-u)
Rutrumella	O (LIvi)
Sampo	O (Cara-u) - O (Ashg-u)
Sanjuanella	O
Schedophyla	O (Aren-I) - O (LIvi)?
Sentolunia	O (Ashg-I)
Sericoidea	O (LIde-u) - O (Ashg-u)
Shlyginia	O (m)
Sowerbyella	O (LIvi-u)?- S (Ldov-I)
Sowerbyites	O (LIde-u) - O (Cara-u)
Spanodonta	O (Trem-u) - O (m)?
Strophomena	O (Llvi-I) - S (Ldov-I)
Syndielasma	O (Llvi-I)
Taffia	O (Aren-I) - O (LIvi)
Taphrodonta	O (LIvi-u)
Teratelasma	O (Cara-I)
Tetraodontella	O (Llvi-I)?- O (Cara-m)
Tetraphalerella	O (LIde) - O (Ashg-m)

图 8.2　Sepkoski（2002）全球属资料概要的一小部分，显示的是生活在奥陶纪的许多扭月贝类腕足动物的全球地层延限，在“概要”中奥陶纪用字母“O”表示

全球首现和末现的间隔也表示出来，除非该属仅限于一个单一的时间段内，在这种情况下就标出一个时间段的名称（如 *Rutrumella* 属）。需要注意的是，不同属的地层分辨率是变化的，括号内缩写的名称是地质年代表中统或阶的缩写，有些名称在新的年代表中已经更新了。多数情况下，这些时间间隔更细的划分用如下三种方法表示：-l（下），-m（中），-u（上）。

8.3 全球多样性曲线的构建

构建全球多样性曲线的方法在概念上是非常简单明了的，但正如知识点 8.1 所描绘的，在过去的几年里已有专家提出了多种方法上的改动。多样性曲线的构建，其目的是获得存在于连续地层间隔中的分类单元的数量，并进而将这些值图示在一个具 *x-y* 轴的空间内。正如知识点 8.1 中所解释的，有多种方法来统计分类单元的数量，但都要依赖于一个约定，即每一个分类单元都穿越在其首现与末现之间所有的地层间隔，正如数据库中所显示的那样。

显生宙多样性曲线的一个潜在问题就是，越接近现今，多样性值越可能被夸大了，即所谓“**现今影响**”（Pull of the Recent）。针对这种现象，我们担心两个独立的方面。首先，正如第一章中所讨论的，是沉积岩石量的增加，尤其是在新生代，从而

知识点 8.1

构建多样性曲线

本知识点中显示了用文中讨论到的方法对全球多样性曲线进行构建，这些曲线的数据提供在表 8.1 中，包括 40 个假定的属，它们的首现和末现正好落在新生代的时间段内，其中有 21 个具现生代表或现今记录（即它们的“末现”为现今）。这些资料被用于构建一组值（见表 8.2），为图 8.3 的曲线提供了基础。

在构建所有多样性曲线过程中有一个重要

表 8.1 一组假定属的全球地层分布表

属	首现层位	末现层位	属	首现层位	末现层位
a	古新世	现今	u	上新世	现今
b	中新世	中新世	v	渐新世	更新世
c	古新世	始新世	w	始新世	始新世
d	始新世	始新世	x	更新世	现今
e	渐新世	现今	y	古新世	古新世
f	更新世	现今	z	中新世	上新世
g	渐新世	中新世	aa	古新世	中新世
h	古新世	始新世	bb	始新世	现今
i	上新世	现今	cc	上新世	现今
j	始新世	始新世	dd	更新世	更新世
k	渐新世	更新世	ee	更新世	现今
l	更新世	现今	ff	古新世	始新世
m	更新世	更新世	gg	中新世	现今
n	上新世	现今	hh	渐新世	现今
o	中新世	现今	ii	古新世	始新世
p	古新世	渐新世	jj	更新世	现今
q	始新世	现今	kk	上新世	现今
r	中新世	现今	ll	中新世	现今
s	古新世	始新世	mm	更新世	现今
t	更新世	现今	nn	更新世	更新世

表 8.2 为表 8.1 中假想数据计算多样性曲线的值和公式

时间段	Ma	N. $orig_t$	N. ext_t	N_{st}	d_t	N. $orig_t - N_{st}$	N. $ext_t - N_{st}$	$d_t - N_{st}$	剔除现今记录			时间段界线（用于穿界分类单元法）
									N. $orig_t$	N. ext_t	d_t	
古新世	60	9	1	1	9	8	0	8	9	2	9	古新世 / 始新世
始新世	45	5	8	3	13	2	5	10	5	10	12	始新世 / 渐新世
渐新世	28	5	1	0	10	5	1	10	5	3	7	渐新世 / 中新世
中新世	14	6	3	1	15	5	2	14	6	7	10	中新世 / 更新世
更新世	4	5	1	0	17	5	1	17	5	6	8	更新世 / 全新世
全新世	1	10	5	3	26	7	2	23	10	12	12	全新世 / 现今

注释：d_t =时间段 t 内的多样性
d_{t-1} =时间段（t-1）内的多样性
$d_{t/t+1}$ =跨越时间段（t+1）和 t 界线的多样性
N. $orig_t$ =时间段 t 内的新生单元数目
N. ext_t =时间段 t 内的灭绝单元数目
N. ext_{t-1} =时间段（t−1）内的灭绝单元数目
N_{st} =时间段 t 内的单延限单元数目

计算多样性的标准方法：

$d_t = d_{t-1}$ + N. $orig_t$ − N. ext_{t-1}

例：当所有单元都包括在内时

$d_{渐新世} = d_{始新世}$ + N. $orig_{渐新世}$ − N. $ext_{始新世}$

则，$d_{渐新世}$ = 13 + 5 − 8= 10

计算多样性的穿界分类单元法：

$d_{t/t+1} = d_t$ − N. ext_t

例：

$d_{渐新世/中新世} = d_{渐新世}$ −N. $ext_{渐新世}$

则，$d_{渐新世/中新世}$ = 10 −1 = 9

的假设，即所谓“**全延限**”（range-through）假设，也就是说，一个分类单元在它的已知化石记录的首现和末现之间始终是存在的。有一点很重要，如果化石记录中的一个分类单元还有现生代表，那么，就假设它从其化石记录的首现一直延续到现今，即使其首现是它的唯一已知化石记录（即，是单延限分子）。

用这里介绍的方法计算多样性，我们必须确定每一个间隔内新生分类单元的数量（用 N. $orig_t$ 表示）和灭绝的数量（N. ext_t），例如，仔细考察表 8.1，我们可以发现古新世有 9 个首现分类单元和 1 个末现分子，因此，在表 8.2 中，古新世的 N. $orig_t$ 就是 9，而 N. ext_t 就是 1。当所有时间间隔的值都确定之后，就可以通过标准和穿越界线的方法利用表中提供的公式计算多样性了（图 8.3a 和图 8.3b）。另外，表中提供了基于标准方法变异的值，即排除了单延限分子（图 8.3c）和具现生代表（图 8.3d）的情况。由一些研究者倡导的去除具现生代表的情况自动将所有延续至今的属归为单延限分子。在实践中，忽略这些产出的决定必须伴以尝试寻找这些分类单元的末现化石记录，进而避免人为夸大单延限分子的数量（见文中的详细讨论）。

还应当指出的是，这里所描述的和表 8.2 中显示的许多值同样也与第七章中我们对演化速率的讨论相关，尽管术语稍有差别（见知识点 7.2 中提供的不同术语比较）。

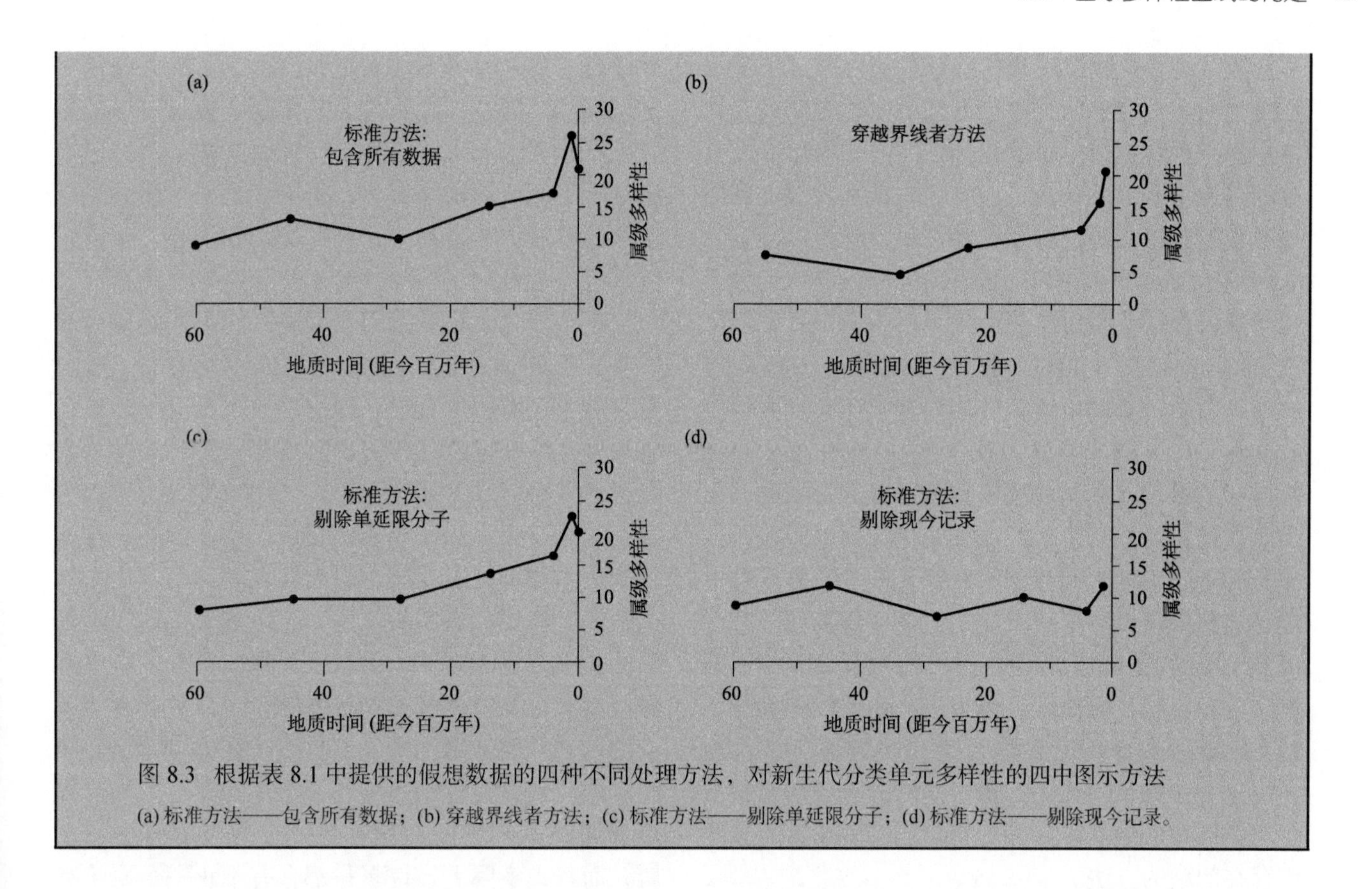

图 8.3 根据表 8.1 中提供的假想数据的四种不同处理方法，对新生代分类单元多样性的四中图示方法

(a) 标准方法——包含所有数据；(b) 穿越界线者方法；(c) 标准方法——剔除单延限分子；(d) 标准方法——剔除现今记录。

大大增加了可以采样的化石的数量。其次，全延限假设的直接后果很可能就是现今的情况比保存很好的化石记录的任何部分都要好许多（图 8.4）。因为“现今”被引入，很可能会出现这样的情况，即某个分类单元只出现在一个地层间隔内或局限在某一个很小的地层间隔内，却有一个现今的代表。任何时候，只要这种情况出现，这个有疑问的分类单元就会被当作在它的首现（也许是唯一产出层位）与现今之间的全部时间段中都有产出，这样就大大夸大了多样性值的水平，如果没有取得合适的现今的资料。这种情况对古生代的分类单元只有很小影响或没有影响，因为绝大多数古生代的分类单元没有现今的代表；而对中生代，特别是新生代的分类单元则经常出现这样的问题。

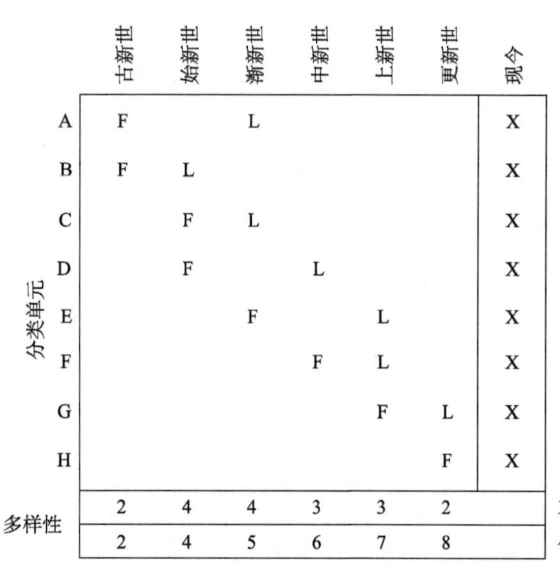

图 8.4 “现今影响”现象的图示

“F”和“L”分别表示八个假想分类单元的已知首现和末现化石记录，且这八个分类单元全部现生，使用“标准”方法（见知识点 8.1 的介绍）计算多样性，从渐新世开始，相对于剔除现生记录的情况而言，将现生记录包括在内大大夸大了实际的多样性。

由“现今影响”现象所引起的实际夸大值是很难量化的。对这种问题进行评估的一种方法就是建立这样一种数据库，不仅仅包括一个分类单元在全球的首现与现今的信息，而且还包括其首现之后所有已知的产出信息。有了这些资料，就可以确定一个给定的分类单元在其化石记录的末现层位与现今之间是否存在重要间隔。

Jablonski 等（2003）率先将这种方法运用于双壳类软体动物的研究，他们调查了还有现生代表的 958 个化石属和亚属，发现 906 个（95%）在上新世和（或）更新世地层中有化石代表，表明，至少对这个重要的新生代类群而言，“现今影响”现象是微不足道的。问题依然存在，即是否有这种可能，这些上新世和更新世化石记录本身如此之好，以致它们自身也造成了一种“脱离上新世 - 更新世”现象。这种可能性还有待进一步评估，而且，Jablonski 等提出的型式是否适用于其他分类群也还需进一步确认。无论如何，这种分析，尽管很费时，仍向我们展示了一种很有希望的解决古生物学中存在问题的方法。

“现今影响”现象并不是唯一的可以引起全球多样性趋势偏离真实生物信号的现象。即使在远离现今的时间间隔内，不同间隔内可用化石资料的差异性、取样强度的差异以及间隔的长短差异均可导致进一步的误差。Sepkoski 提出，解决这些问题的方法之一就是将单一化石记录的情况去除，他认为不同间隔之间单一化石记录数量的变化与取样的差异直接相关。如果某一特定间隔内的单一化石记录比其上下间隔内的多得多，很可能是由于该间隔的取样规模被人为地夸大了，这样，在描绘显生宙属级多样性曲线时，Sepkoski 并没有把单一化石记录包括进来。这种抑制间隔与间隔之间多样性变异的方法（见知识点 8.1）被许多其他作者采用，反映了一种不同增强的共识，即这种方法可以帮助减小因取样密度差异造成的影响。

任何分类级别都可以构建多样性曲线，图 8.5 显示的是显生宙以来科级和属级多样性曲线，相互之间大致相似，但在两个方面存有差异，且均与分类学的等级属性有关。首先，显生宙大多数间隔内属的数量要远远多于科的数量，这似乎也不应该奇怪。其次，属级曲线不如科级的稳定，常被更加夸大的增加和减少所点断。这是因为在一个特定时间间隔内科级多样性的净变化一定伴随着至少同等规模的属级多样性的变化：每一个科包含至少一个属，而且，实际上，许多科都含有不止一个属（有时甚至许多属），故伴随的属级变化一定更加明显。

相反，属级多样性的净变化不一定伴有科级的变化。在最极端的情况下，属级多样性的增加可完全发生在已经存在的科内，而且属级多样性的减少

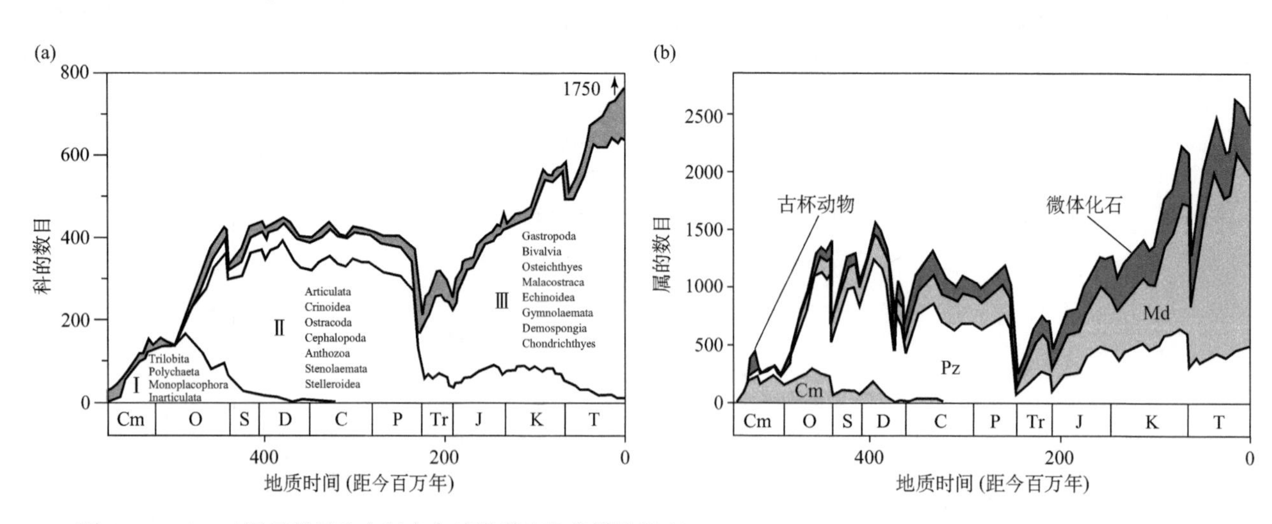

图 8.5 Sepkoski 图示的显生宙以来全球海洋生物多样性演变

在该图及以下的一些图件中，在表示多个类群时，曲线被“叠置”了，表明它们是累积的。(a) 科级多样性（Sepkoski, 1981）：灰色的部分是指那些被 Sepkoski 作为保存很差的分类单元。用罗马字“I”到“III”表示的子集指的是 Sepkoski 的三个演化动物群（见正文和图 8.8）。(b) 属级多样性（Sepkoski, 1997）：演化动物群被用缩写表示，“Cm”表示寒武纪演化动物群，“Pz”表示古生代演化动物群，“Md”表示现代演化动物群。深灰色表示寒武纪时的古杯类多样性以及后来的微体化石多样性。

则可发生在其所属科没有任何灭绝的情况下。重要的灭绝期以属和科级同时出现显著下降为标志，但，从百分比看，属级的下降幅度毫无疑问要更加明显。

为了进一步减小取样和间隔长短差异造成的影响（见知识点 7.3），Richard Bambach 和其他研究者主张在统计显生宙多样性时只使用那些**穿界分类单元**（boundary-crossing taxa）（图 8.6），这与 Sepkoski 及许多其他研究人员使用的“标准方法”（知识点 8.1）正好相反。Bambach 将多样性值标示在两个间隔的界线点上，其计算多样性的方法是先确定较老间隔内存在的属的总数，然后再从这个值中去除那些延限在较老间隔内结束的属的数量。按次序对每一个界线点都如此操作，就可获知每一个间隔内进入和离开的属的数量（见第 7.2 节和知识点 8.1 对这一方法的介绍）。毫无疑问，随着研究者不断从化石记录原始资料中获取有意义的生物学信息，再现显生宙全球多样性历史的方法将进一步发展。

因此，本章的焦点就是为海洋动物及原生生物构建能够反映其显生宙多样性的图形。相应的，也为陆相动物和植物进行了资料总结和图示。图 8.7 显示的是显生宙海相和陆相脊椎动物及陆相植物的多样性型式。在这些图件以及我们先前看过的海相多样性曲线中，整个显生宙有一些重要的分类组成转换以及多样性总量的显著增加，尽管“现今影响”现象及其他取样问题可夸大中生代－新生代的多样性增长，但这些图件中显示的在那些时间点上发生的分类组成转换是没有疑问的。古生物学家所面临的一个重要挑战就是必须要设法解释这些转换，并确定宏演化主旋律是否适用于与之有关的所有区域和分类单元。我们把这个问题留到下一节中。

8.4 显生宙以来的分类组成转换

海洋生态域

建筑在 Karl Flessa 和 John Imbrie（1973）先驱性工作的基础上，Jack Sepkoski（1981）提出了一种显生宙以来海洋生物转换的定量描述方法，他

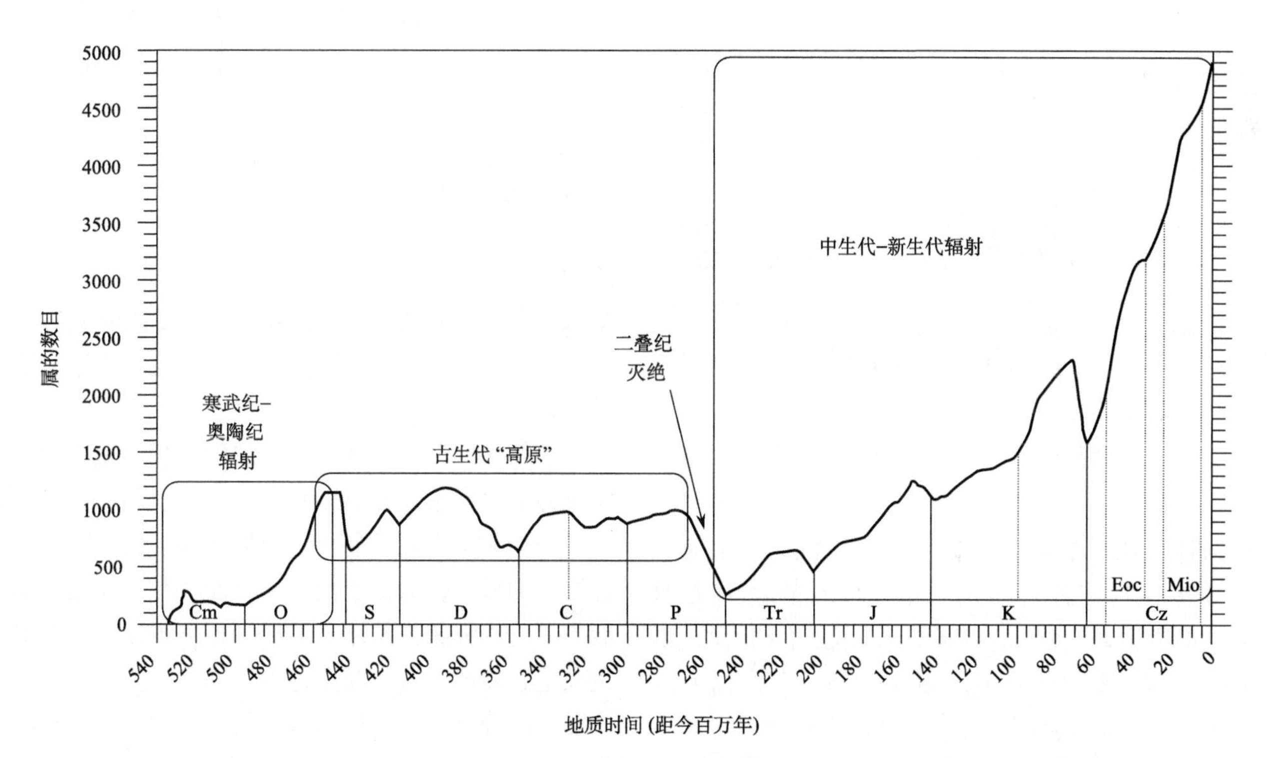

图 8.6 Bambach（1999）所图示的显生宙全球海洋生物属级多样性演变，仅利用那些穿越界线的属

Eoc 指始新世，Mio 指中新世。

(a)

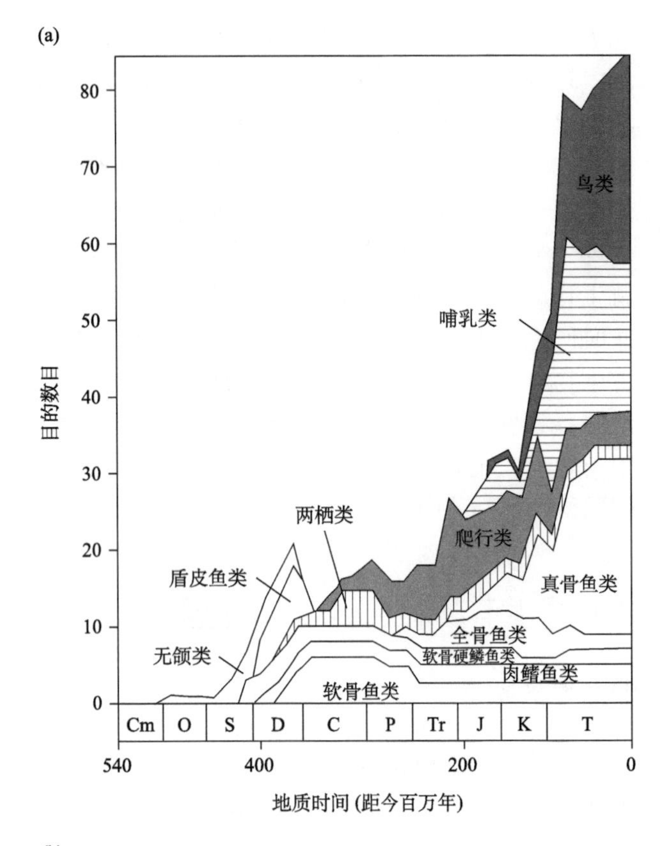

(b)

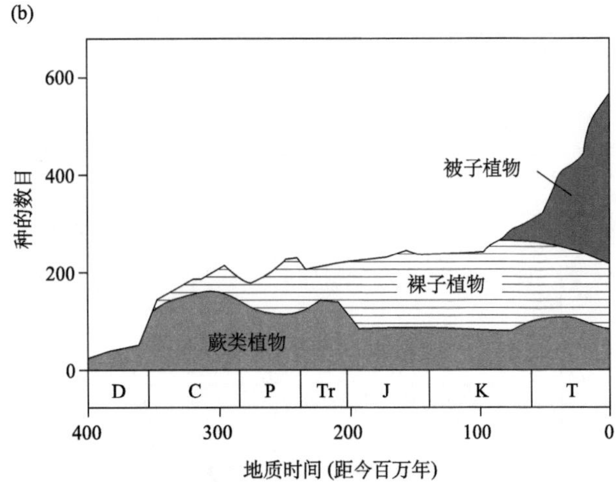

图 8.7 显生宙全球多样性的其他例子

(a) 脊椎动物目（Padian and Clemens, 1985）；(b) 陆相植物种（Niklas, 1997）。

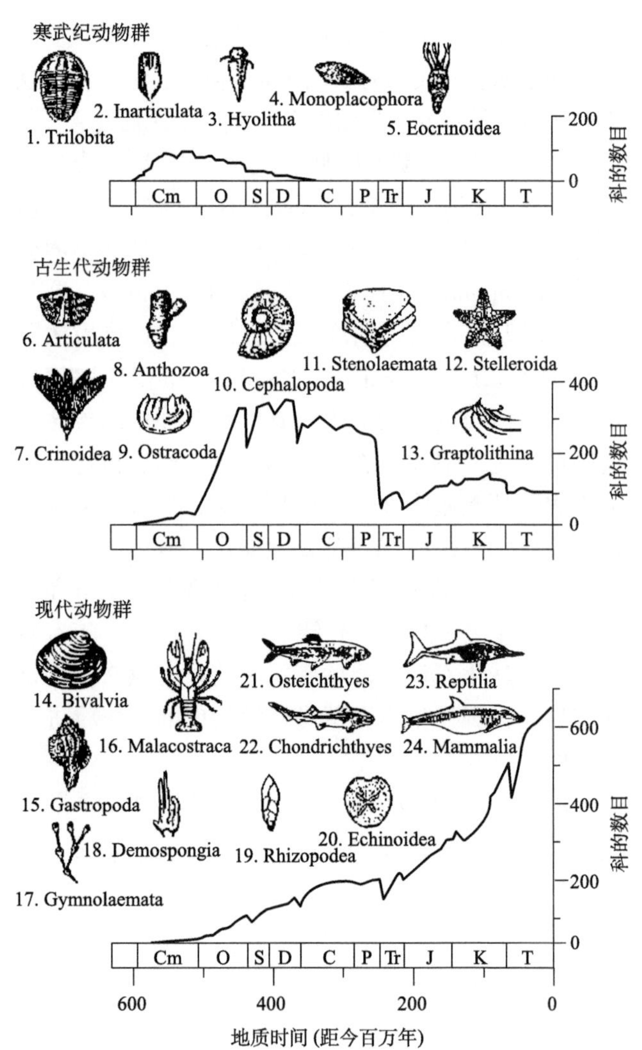

图 8.8 Sepkoski（1984）图示的显生宙三个海洋演化动物群各自的主要生物类群

创造性地用“**演化动物群**”（evolutionary fauna）来描述在特定地史间隔内全球广布的系列分类群，识别出显生宙以来三个演化动物群（图 8.5 和 8.8）。**寒武纪动物群**（Cambrian Fauna）占据了整个寒武纪的海洋环境，源于显生宙刚开始时的多样性爆发，即**寒武纪大爆发**（Cambrian Explosion）[见 10.2 节]。**古生代动物群**（Paleozoic Fauna）在**奥陶纪大辐射**（Ordovician Radiation）期间发生了重大分异，当时全球多样性达到了史无前例的水平，并在古生代大部分时间里保持了这一水平。**现代动物群**（Modern Fauna）在整个古生代期间都保持有限的多样性，但在古生代之后出现了重要分异而成为中生代 和新生代的优势生物群。

Sepkoski 认为三个演化动物群远不仅仅是分类群组合的巧合，他把它们看作是能够相互作用的功能单元，这种相互作用就造成了显生宙以来的全球重大生物转换。这一观点遭到了许多古生物学家的质疑，部分原因是，目前普遍认识到这些演化动物群内部并非紧密联合的，而且相互之间也不是如 Sepkoski 曾经设想的那样严格界定的 [见 9.4 节]。

然而，Sepkoski 定量化地考虑演化动物群之间的转换是非常重要的，因为其在研究生物多样性大规模、综合趋势方面起着核心作用。

Sepkoski 的目标就是寻找一种描述显生宙海洋生物科级分异重要特征的数学方法。为了这一目的，他在其模式的核心提出了**逻辑斯谛方程**（logistic equation），该方程图示为一“S”形的曲线，可用来描述物种丰度的变化，即初始阶段近乎指数式的增长，然后是增长速率的持续下降，最后达到平衡状态（知识点 8.2 中给出了对这一方程的详细解释）。基于 R. H. MacArthur 和 E. O. Wilson（1967）对新出现岛屿的生物占据过程的早期研究，Sepkoski 将平衡的概念扩展到全球海洋多样性，他认为地球上的海洋包含一个有限的空间和有限的资源，因此，海洋多样性不可能无限地增长。

Sepkoski 先提出了一个简单逻辑斯谛方程（见知识点 8.2）以恰当地描述显生宙目级多样性的演变（图 8.11）。在寒武纪 - 奥陶纪交界期，目级多样性有急剧增长，然后达到一个平台并在其后保持长期稳定。然而，正如我们已经看到的（图 8.5），这明显偏离了我们所观察到的显生宙科和属级分异的型式，后二者在古生代之后都有重要的增

知识点 8.2

二维逻辑斯谛模型的建立

Sepkoski 及其他一些研究者将二维逻辑斯谛模型用于模拟显生宙多样性型式，其用法可解释为三个步骤。首先，考虑在一次指数分异过程中表现出来的多样性轨迹的简单情况。为了模拟一次指数分异，我们可使用这样的公式：

$$d_t = d_{t-1} + rd_{t-1}$$

其中 d_t 代表在间隔 t 内的多样性（即分类单元数量），d_{t-1} 代表间隔 t–1 中的多样性，r 则表示增长的恒定速率（有时指增长的内在速率）。在模拟显生宙分异时，Sepkoski 将每一个模拟时间单元设定为 100 万年。

图 8.9 显示的是使用该公式的一个实例，这里，将时间间隔 0 的起始多样性设为统一，而内在增长速率 r 设为 2。例如，我们可以计算间隔 1 的多样性：

$$d_1 = d_0 + rd_0$$

$$d_1 = 1 + (2 \times 1)$$

$$d_1 = 3$$

在图 8.9 中，采用直线的和半对数的两种方法标示了间隔 1 到 7 的模拟结果。半对数的图显示出一次指数分异的一个重要特性，这里用直线表示，即每个分类单元的恒定分化速率。对此，我们的意思是，单个分类单元展示出的分化速率在整个模拟过程中保持不变。在这个例子中，多样性总是三倍于下一个时间段。例如，从时间段 6 到时间段 7，在时间段 6 存在的 729 个分类单元中的每一个都平均增加了两倍的数量，因而导致时间段 7 中有 2187 个分类单元。

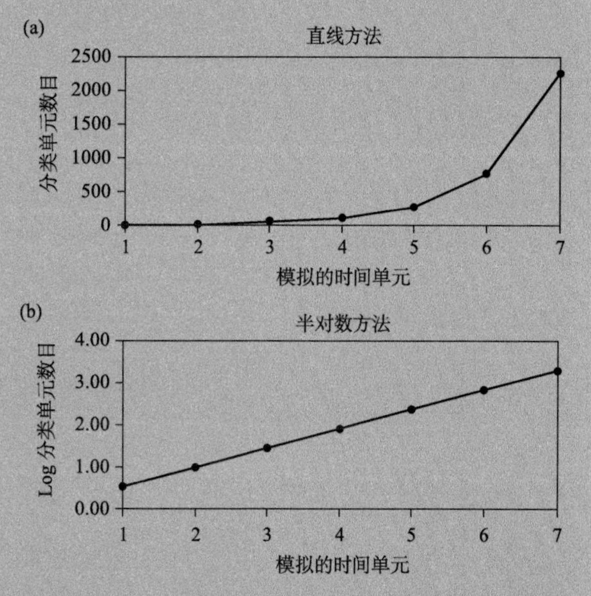

图 8.9 知识点 8.2 中讨论的指数型多样性分异的轨迹

(a) 多样性的直线轴；(b) 多样性的对数轴。需要注意的是，在按对数方式标示多样性时，轨迹是一条直线。

下一步，我们考虑简单逻辑斯谛型多样性分异（Sepkoski，1978）。简单逻辑斯谛分异的公式可通过对指数分异公式作少量改动来完

成，即

$$d_t = d_{t-1} + (k_s - k_e)\, d_{t-1}$$

其中，k_s 代表新生率，k_e 是灭绝率。这里尊重了这样一个事实，即分异（前面已将其标示为恒定 r 值）是分类单元新生与灭绝之间平衡的产物：$r = k_s - k_e$，如果 $k_s - k_e > 0$ 则多样性增加，如果 $k_s - k_e < 0$ 则多样性降低。

简单逻辑斯谛公式的前提是，新生率和灭绝率都受到已存在分类单元数量的影响，因为可供分类单元生存的空间是有限的，所以，当多样性增加时，新生率被认为是下降的而灭绝率是上升的。最简单的情况是，演化速率与多样性之间的关系可以用这样的线性关系表示：

$$k_s = k_{s0} - ad \text{ 和 } k_e = k_{e0} + bd$$

其中，k_{s0} 和 k_{e0} 是模拟起点处原始的新生率和灭绝率，a 和 b 是常量，用来表示导致多样性增加的新生率下降和灭绝率上升的幅度。这些公式的右侧可由我们先前公式中的 k_s 和 k_e 直接替换，即

$$d_t = d_{t-1} + [(k_{s0} - ad_{t-1}) - (k_{e0} + bd_{t-1})]\, d_{t-1}$$

这个公式描述了简单逻辑斯谛分异。尽管它或许有点吓人，但实际上它是非常直截了当的，它与指数分异公式的首要区别就是它不再需要整个模拟过程都稳定不变，而是将新生率和灭绝率汇聚为多样性增加，正因为这种汇聚，在模拟起点处几乎是指数增长的分异速率在达到恒定多样性时开始下降，也就是新生率等于灭绝率的那个点，从那以后，多样性就保持不变。

图 8.10a 给出了用简单逻辑斯谛公式计算出的一个曲线，这一结果是用图中提供的参数计算出的，并将间隔“0 (d_0)”的多样性设为 4。需要注意的是，曲线是“S”形的，反映出总分化速率的下降同时伴有对恒定多样性的接近。所有简单逻辑斯谛法的曲线都是“S”形的，但这种曲线的许多方面还是一个与另一个不一样，包括多样性最初增加时的速率，当达到平衡，分化开始下降时的速率，以及平衡时的实际值。曲线的这些特性都要视那些参数值而定，就像那些用来构建图 8.10a 的参数。一般说来，一个较大的初始分化速率总伴有初始新生率（k_{s0}）和灭绝率（k_{e0}）较大的差异。达到平衡状态，分化开始下降时的速率就比这两种情况要大：出现转折时新生率 a 更大或灭绝率 b 更大。

最后，我们再来考虑二维逻辑斯谛分异

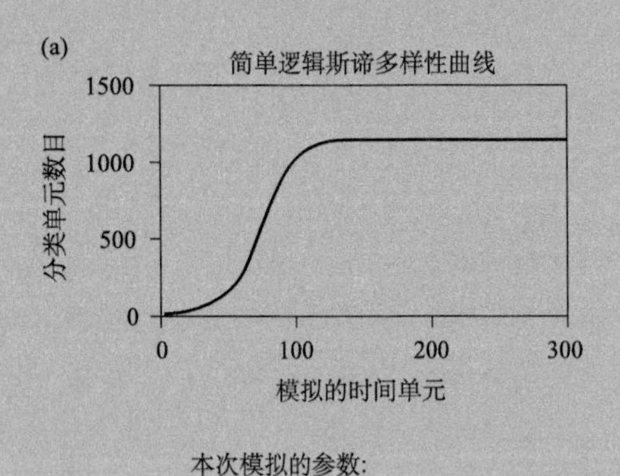

本次模拟的参数:
$d_0 = 4$
$k_{s0} = 0.083$
$k_{e0} = 0.003$
$a = 0.000035$
$b = 0.000035$

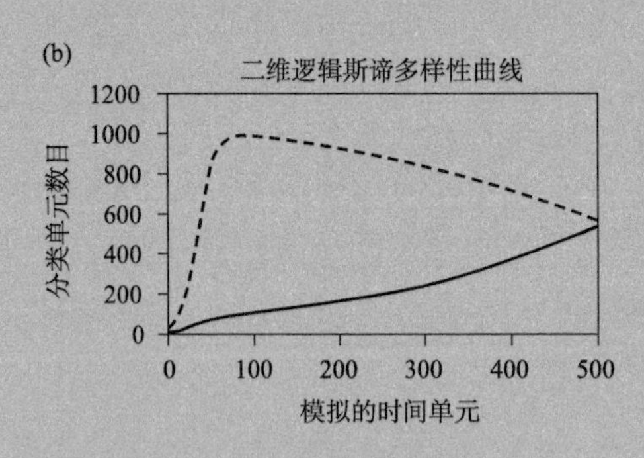

本次模拟的参数:

阶段 1 (下曲线):	阶段 2 (上曲线):
$d_0 = 4$	$d_0 = 20$
$k_{s0} = 0.083$	$k_{s0} = 0.20$
$k_{e0} = 0.003$	$k_{e0} = 0.09$
$a = 0.000035$	$a = 0.0000515$
$b = 0.000035$	$b = 0.0000515$

图 8.10 用简单和二维模型计算的分化轨迹

(a) 简单逻辑斯谛模型的曲线，基于图形下方给出的参数；(b) 具两种状态（即双曲线）的二维逻辑斯谛模型的曲线，基于图形下方给出的每一个状态的参数，需要注意的是，较下方曲线的参数与简单逻辑斯谛方法中所使用的完全一致。

（Sepkoski，1979, 1984），这种方法包括了两个或更多类群的同步分异。模型的前提是，一个特定类群的新生率和灭绝率不仅受该类群已经存在的分类单元数量的影响，而且要受同期分化的其他类群分类单元数量的影响，因此，该模型被认为是相互作用的，或“二维的”，因为一个类群的分化总是要对其他类群产生影响。

在一个二维逻辑斯谛模型中，每一个模拟类群都被作为一种状态，而每一种状态的分化是由二维逻辑斯谛公式确定的参数控制的：

$$d_{x,t} = d_{x,t-1} + [(k_{s0} - a\mathrm{DTOT}_{t-1}) - (k_{e0} + b\mathrm{DTOT}_{t-1})]\, d_{x,t-1}$$

其中，$d_{x,t}$ 代表间隔 t 中状态 x 的多样性，$d_{x,t-1}$ 是间隔 t–1 中状态 x 的多样性，而 DTOT_{t-1} 是间隔 t–1 中所有状态多样性的总和，其他参数都与简单逻辑斯谛公式的一致，但四个常量，即 k_{s0}，k_{e0}，a 和 b，经常在不同的状态下变化。

与简单逻辑斯谛公式相比，发现简单与二维公式之间只有两个差别：（1）在二维公式中用 DTOT_{t-1} 代替了 d_{t-1} 以描述新生率的下降和灭绝率的上升；（2）随着模拟的进行，灭绝率有可能超过新生率。在与二维模型的前提条件一致时，这就导致了一种状态的分化被另一种状态的分化所阻碍。同样重要地，正如以下例子所要反映的，它向我们揭示了这样的可能性，即在灭绝率确实超过新生率的事件中一种状态将经历其总体多样性的下降。

图 8.10b 展示了用二维逻辑斯谛公式计算出的两个同期分化的曲线，状态 1 的参数与简单逻辑斯谛分化例子中所使用的是一致的，但需要注意，状态 1 的轨迹与简单逻辑斯谛例子中的有很大不同。状态 1 的分化在模拟早期就遭受阻挡，因此其随后的增长就比简单例子中的要慢很多，这是它与状态 2 之间数值化相互作用的一种后果，而状态 2 的最初分化就比状态 1 要快许多，因此其 DTOT 值就高很多。包含在 DTOT 中的增加了的多样性加速了与简单模型有关的状态 1 新生率中下降的速率以及灭绝率中增长的速率。

尽管状态 1 有起始滞后，但其分化的缓慢加速确确实实是以状态 2 为代价的，最终，如果模拟超过 500 个时间单元，它甚至可以超过状态 2，为什么呢？这是两种状态参数相对值的直接后果。比较两种状态的初始新生率和灭绝率显示，状态 2 的初始分化速率（$k_s - k_e$）要高于状态 1 的（0.11 对 0.08），因此，在模拟的早期，状态 2 就以远远超过状态 1 的速率进行分化。然而，状态 1 的新生率下降的速率和灭绝率加快的速率（a 和 b）也比状态 2 的要低（0.000035 对 0.0000515），因此，随着两种状态总体多样性（DTOT）的增长，状态 2 所需要耗费的代价就远大于状态 1 的：状态 2 经历了新生率更加快速的下降和灭绝率更加快速的加大，越过了灭绝率超过新生率的临界点，从而导致多样性的持续下降（Miller and Sepkoski, 1988）。

借用民间传说来形容，状态 1 就是“乌龟”，而状态 2 就是“野兔”。非常相似的关系也存在于 Sepkoski（1984）二维逻辑斯谛模型的三个阶段，即他用来描述显生宙多样性轨迹的三个演化动物群：与模式化的古生代动物群相比，模式化的寒武纪动物群具更大的初始分化速率，但其分化水平下降的速率也更大。同样地，模式化的现代动物群最初分化的速率比模式化的古生代动物群要慢，但其分化水平下降的速率也比古生代动物群要慢许多。

长。这一差异表明，大多数目和更高级别的分类单元都在晚前寒武纪至古生代期间起源，与之相反，科、属和种的数量则在整个显生宙都有增长。

为了调节古生代以后科级多样性的增长，Sepkoski 提出了三对计算方程（见知识点 8.2），分别适用于显生宙三个演化动物群。二维的首要前提是由任何一个演化动物群在任何时间点上获得的多样性水平不仅仅依赖于其现实多样性，而且还取决于全部三个动物群的多样性总和。利用这种二维的方法，Sepkoski 绘制了一条模拟的科级曲线（图

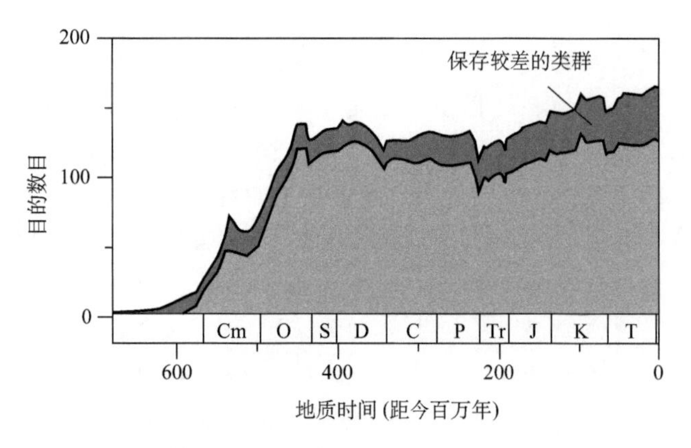

图 8.11 Sepkoski（1978）描绘的显生宙海洋生物目级多样性
深色部分表示 Sepkoski 认为保存很差的那些目。

8.12），与实际型式非常相似，特别是在重要灭绝事件也被加入到模拟曲线的情况下 [见 8.6 节，并将图 8.12b 与图 8.5a 比较]。图 8.12 中模拟多样性曲线的细节取决于是否将集群灭绝事件考虑在内，但必须注意，不论是否有集群灭绝，每个阶段的最终命运是一样的。

该模式描绘三个动物群多样性轨迹的能力取决于这样的假设，即古生代动物群可比寒武纪动物群达到一个更高的多样性水平，现代动物群又比古生代动物群的更高。这个还必须伴随为三个曲线中的每一个选择模型参数，以便与观察到的寒武纪、古生代和现代动物群的相对特征相一致：如从一个动物群到下一个初始分化速率的平均下降水平，平均新生率和灭绝率中相似的下降，以及均衡多样性的增长（见知识点 8.2）。

虽然显生宙以来地球海洋的体量是变化的，但还是没有理由去认为其总体或者是可供生物生存的海底面积存在一个重要的净增长，因此，后一个动物群均衡多样性的增加，如果是真实的话，并不是缘于生存空间的简单增加，相反，生态空间的增加，或生物生存方式的多样化，或许是演化动物群之间差异的原因。我们将在第九章再次讨论这一话题。

上述模型在描述所观察到的海洋生物转换型式方面的成功揭示了这样的可能性，即三个演化动物群成员之间生物学的相互作用导致了这些转换（例如，通过对资源或生存空间的竞争），然而，“终场比赛”肯定没有证明就是这种情况。为了进一步论证相互作用在长期变化中的关键作用，阐述相互作用的精确属性以及这些相互作用在地质历史中持

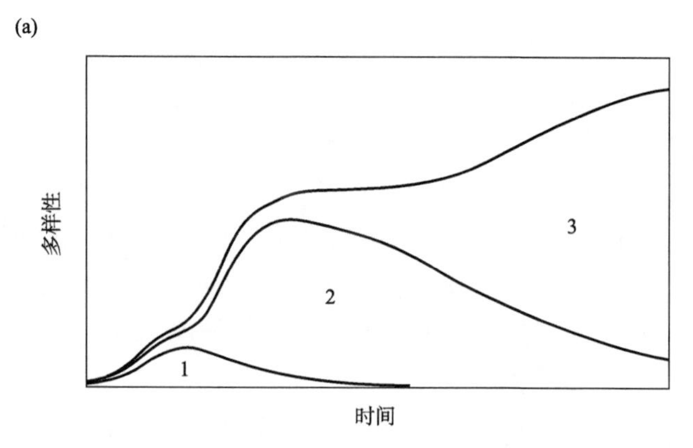

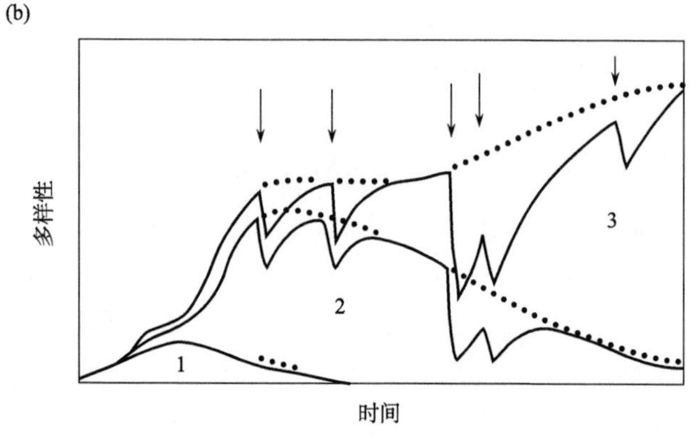

图 8.12 基于三个阶段二维逻辑斯谛模型，Sepkoski（1984）对显生宙全球海洋生物科级多样性演变的模拟
(a) 不存在集群灭绝的情况；(b) 模拟中考虑了显生宙五次大规模集群灭绝事件，如图中箭头所示。点状曲线表示不考虑集群灭绝的轨迹（即 a 图中的轨迹），作为比较；实线表示考虑了集群灭绝后的曲线。

续延伸的可能性是重要的。几乎不可能在演化动物群的宽泛的水平上来做这件事，但是，如果我们将分析的资料限定到可以理解其相互作用属性的较小规模，我们就可以做得更好。

带着这样的想法，Sepkoski 与他的同事们提出了一种二维逻辑斯谛模型，来描述白垩纪到新生代圆口类苔藓虫（Cyclostomata）到唇口类苔藓虫（Cheilostomata）的全球转换（图 8.13a 和 8.13b）。在这种情况下，该模型不仅成功描述了这两个类群的全球多样性轨迹，而且还发现了唇口类苔藓虫在大多数情况下蔓延在圆口类苔藓虫之上的化石记录证据（图 8.13c），揭示了这样一种可能性，即经过一个长时期，唇口类在竞争中优于圆口类苔藓虫。

正如我们前面所建议的，二维逻辑斯谛模型并没有被古生物学家广泛接受，而且，最近几年还涌现了其他几种不同的方案。例如，有建议提出整个

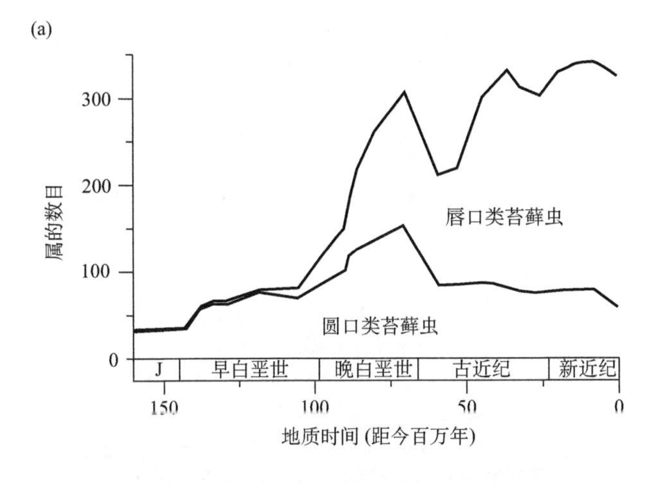

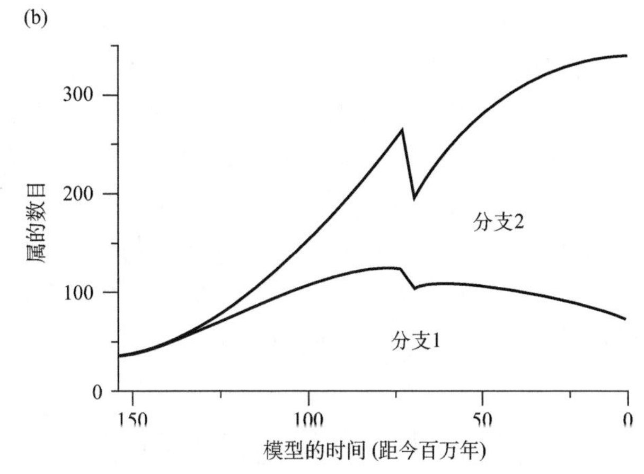

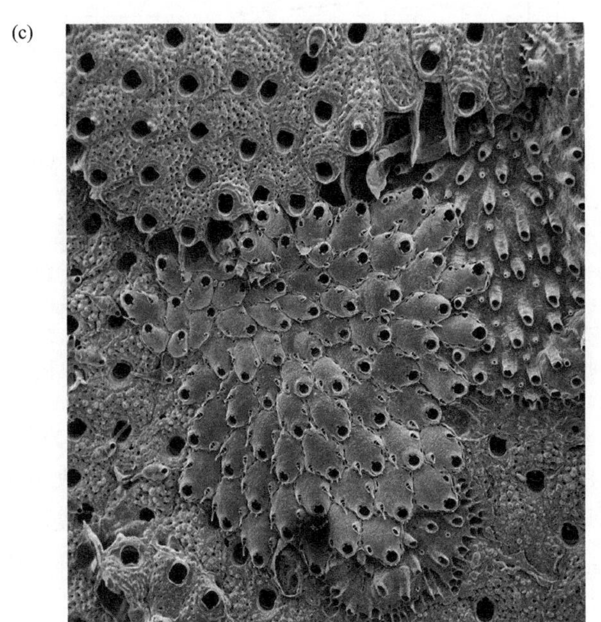

图 8.13　将二维逻辑斯谛模型运用于唇口类和圆口类苔藓虫的分化历史研究

(a) 实际属级多样性曲线；(b) 利用二维模型后的结果；(c) 亚得里亚海北部现生的一种唇口类苔藓虫（图片中部，*Escharina vulgaris*）生长在圆口类苔藓虫群体（*Diplosolen obelia*）之上。唇口类生长在圆口类苔藓虫群体之上且多数情况下是相互作用的，这种能力贯穿在它们整个演化历史中，被认为是与其游动孢子沿丛体边缘生长更快有关（a, b 据 Sepkoski 等，2000；c 图的照片及解释据 McKinney, 1992）。

显生宙海洋生物多样性轨迹最好可描述为一种指数分化（知识点 8.2; Benton, 1995），被重大灭绝事件所点断，有时甚至是被阻断（Stanley, 1999）；也有人假设显生宙海洋生物多样性轨迹最好是由一系列简单逻辑斯谛分化间隔来代表（知识点 8.2），以一些重大灭绝事件划界和重组（Courtillot and Gaudemer, 1996）。

另外，已经得到证实，现代动物群中分类单元的转换速率在中生代和新生代发生过重要增加，而 Sepkoski 的二维逻辑斯谛模型的方案并没有显示这一点（Alroy, 2004）。然而，最后可能证明 Sepkoski 的二维模型可能并不合适用于解释显生宙海洋分异，但该模型已经成为几乎所有观点的一个理性的起点，而且，它还继续为古生物学的学生提供一个独特的了解怎样定量地评价多样性趋势的机会。

陆地生态域

图 8.7 展示了脊椎动物和植物的一系列转换，可与 Sepkoski 演化动物群的转换相比，然而，从一个动物群到下一个动物群不断下降的转换速率这种有次序的型式是海洋生态域的特征，而且还构成了 Sepkoski 为海洋生物群提出的二维逻辑斯谛模型，但是在陆地生态域的主要生物群中显示得并不清楚。例如，尽管所有主要植物类群在经历一次爆发式成种之后都有一次成种速率的快速下降，但是，并没有证据显示图 8.7b 中展示的“演化植物群”存在持续走低的转换速率。

事实上，有证据显示，反过来的情况倒是存在的，正如 James Valentine 和他的同事（1991）所证实的。尽管不排除这样的可能性，即也可以为描述陆相植物而提出一种二维逻辑斯谛或是其他什么模型，但是其量化机制与海洋动物的明显有别。这些区别是否反映了海洋和陆地系统演化机制之间任何有意义的差别还有待进一步研究，因为古生物学家只是最近才开始尝试这方面的比较。

8.5 显生宙以来新生率和灭绝率的下降

假定显生宙期间海洋生物多样性是增加的，接着就可推论新生的数量必定超过灭绝的数量，尤其是在多样性快速增加那些时间段（见知识点 8.2）。同样地，在多样性下降的时间段里，灭绝的数量应该超过新生的数量。然而，关于新生与灭绝更长期的型式是什么呢？尽管存在一个多样性的长期增加，也不一定意味着新生率一定与多样性并行增长。多样性的增长也可由灭绝率的一次长期下降而形成。事实上，只要灭绝率以更大速率下降，整个显生宙的新生率也可能是下降的。

David Raup 和 Jack Sepkoski 在 1982 年就为海洋生物科提出了平均灭绝率曲线（图 8.14）。虽然分析的主要目的是为描绘重要集群灭绝提供统计依据（见下一节），但是灭绝的另一个重要方面也得到了阐述：显生宙以来灭绝率存在一个重要的长期的下降。这一下降在属级也存在，而且显生宙以来新生率也存在一个类似的长期的下降（图 8.15）。在中生代刚开始的时候，新生率有一个短暂的反弹，那是在地球生命史中最广泛的一次灭绝事件之后 [见 8.6 节]，但很快新生率就再一次下跌。

新生率的长期下降还可以在许多陆相动物和植物类群中识别出来（图 8.16），所以，对新生率或灭绝率下降的任何解释都必须超越单个较高级分类单元之间基本的生物学差异或者它们生活的地点。有些研究者认为，速率的下降表明分类单元之间相互作用的属性随时间而发生变化。例如，就像我们将在第九章中见到的，地球生命史是由海相和陆相环境中捕食和被捕食者之间意义深远的“军备竞赛”所标志的，这些长期的军备竞赛的一个可能的后果就是不断增长的抵御灭绝的能力，但这并不能解释为什么新生率也遭受下降。

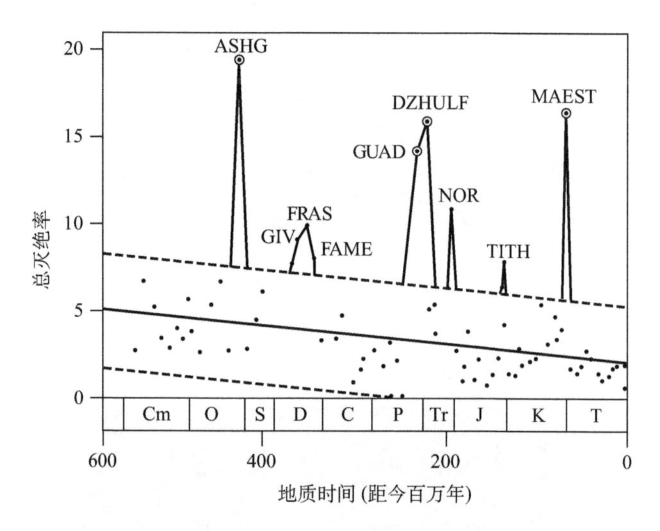

图 8.14 Raup 和 Sepkoski（1982）对海洋生物科灭绝率的描绘，显生宙以阶为单位，每百万年灭绝的数量

实线是满足实际资料的线性回归，点线表示的是沿回归所确定的一个 95% 的置信区间。当某一个阶内的灭绝率超出 95% 置信区间上限时就在图中给出了阶名的缩写（即，根据该分析的标准，它们具有统计上的意义）。圆点（如奥陶纪的 Ashgillian 时间段）表示超出了 99% 置信区间的上限（即它们非常有意义）。需要注意的是灭绝率的长期的下降。

在海相环境中，新生率和灭绝率的下降反映了生物群的总体转换，前面已经讨论过，从反映高转换速率的分类单元（寒武纪和古生代动物的成员）到反映较低转换速率的分类单元（现代动物群的成员）。当然，这就引起了这样一个问题：为什么不同的较高级分类单元可表现出相互之间差异极大的转换速率，而每个类群的科、属及谱系之间却保持相当一致的转换速率？（更多的讨论见第七章）这一点依然是演化方面的一个悬而未决的谜团，非常值得将来进行更加深入的古生物学研究。

8.6 集群灭绝

集群灭绝的特征

在过去 25 年间，或许还没有哪一个领域比集群灭绝更引起古生物学家的注意。人们对于这方面的兴趣因受到一个发现的刺激而升温，该发现是由一位曾获得诺贝尔奖的物理学家 Luis Alvarez 和他儿子 Walter——一位地球化学家报道的。该发现的

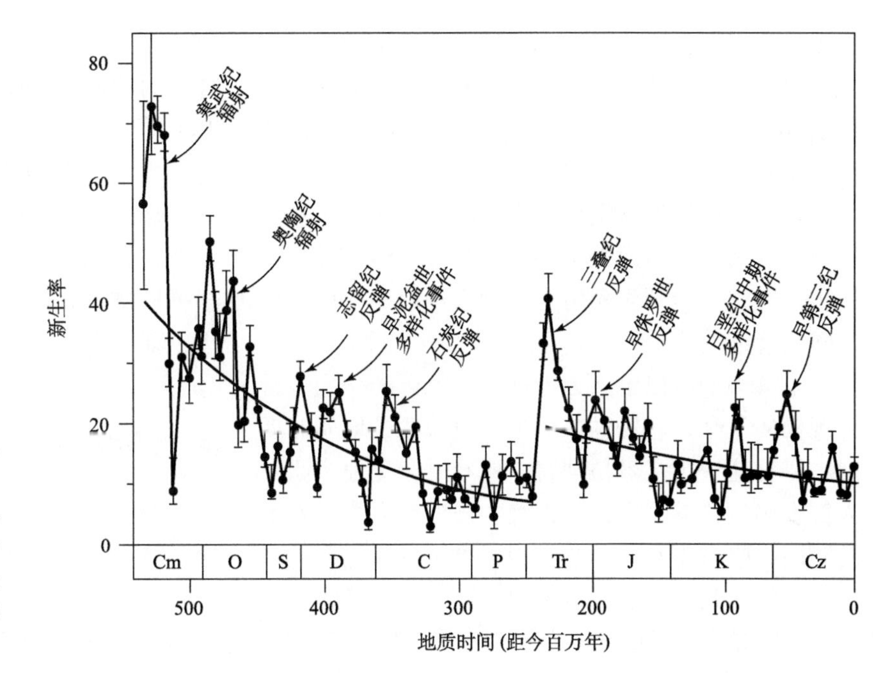

图 8.15 Sepkoski（1998）图示的显生宙以来属级新生率的持续下降

在这种情况下，新生率是用在一个给定亚阶内存在的属的百分含量来衡量，这些属的首现必须在该亚阶内。新生的百分数就是新生比例的 100 倍（见表 7.4）。注意晚二叠世集群灭绝之后的新生率的一次短暂反弹。

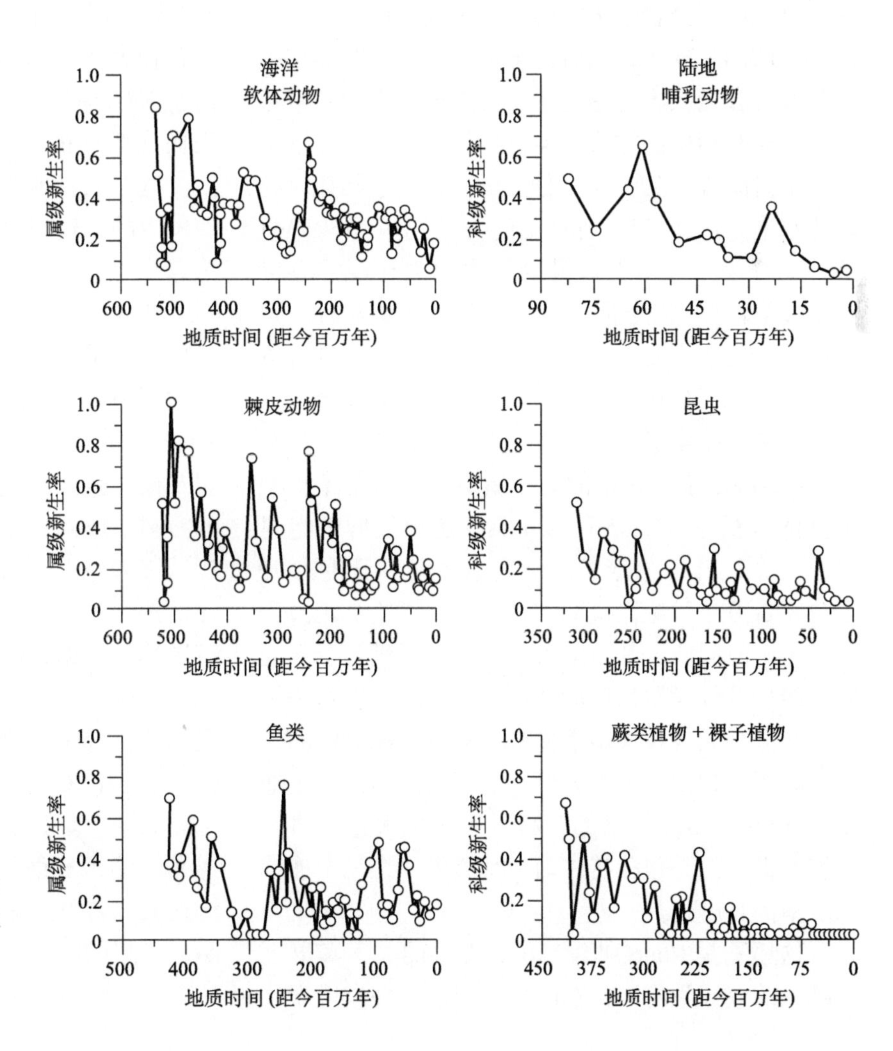

图 8.16 Eble（1999）描绘的显生宙以来多个海相和陆相类群属级新生率的持续下降

按新生比例进行度量（见表 7.4）。

要点，我们将在后面讨论，就是白垩纪末的全球大规模灭绝事件可能是由一个大个的小行星或彗星撞击引起的。由 Alvarez 的研究而引起的科学争论帮助古生物学家认识到，灾难性事件，不论它们的诱因是什么，都对地球生命产生了深刻影响，更宽泛地说，这些争论激发古生物学家和其他地质学家进一步研究整个地球生命历史中物理过程与生命过程之间的复杂关系。

集群灭绝可以定义为地球上生物群的一次非常大规模的灭绝，它发生在一个相对短暂的地质时期内。尽管这一定义容易理解，但不可避免地会激发人们发出这样的疑问，即灭绝的规模有多大？发生的时间间隔有多短？确实，为了给集群灭绝提供一个朴实的定义付出了大量努力，以使人们能将一个灭绝率明显提升的时间段标识为一次集群灭绝。

也许，诊断一个集群灭绝最直接的方法就是在整个显生宙中一个时间段一个时间段地评价灭绝分类单元的百分含量（或者，更精确地说，考察它们在全球的末现），然后再确定是否有些时间段中这些百分含量大大地提高了。虽然这或许看起来不是一种非常精确的方法，但古生物学家还是标示出了五个时间段，其中的百分含量远远高于其他时间段的水平，这就是显生宙的五次大规模集群灭绝事件。迄今为止，最大规模的一次发生在晚二叠世 [见 10.3 节]，当时超过 40% 的科和超过 60% 的属灭绝了；其他主要集群灭绝事件，灭绝的百分含量为 20% 的科和 50% 的属，分别发生在（或接近）奥陶纪末、泥盆纪末、三叠纪末和白垩纪末。

在第 8.5 节中讨论的关于新生率和灭绝率长期下降的分析中，Raup 和 Sepkoski 还为集群灭绝建议了一个统计学的定义，依据是他们对显生宙 70 个阶每百万年灭绝数量的评估。集群灭绝被定义为任何一个时间段，其内的灭绝率超出了满足资料的回归线的统计学置信区间（图 8.14）。根据这一标准，在五个大规模灭绝事件中，只有晚泥盆世的灭绝没有明显超出“场景灭绝”的水平。然而，正如 Raup 和 Sepkoski 指出的，相对于其他灭绝而言，晚泥盆世的似乎很独特，因为其灭绝率在三个连续的阶中都有提高。

这还不是 Raup 和 Sepkoski 提供的关于集群灭绝唯一的统计学定义，在随后关于晚二叠世至现代灭绝记录的一系列分析中，他们将集群灭绝定义为任何时间段，期间科或属灭绝的百分含量大大高于其上下或前后时间段的百分含量（图 8.17）。依据这一基础，许多其他的集群灭绝被识别出来，特别是在属一级，古生代之后远不是五个中的两个。非常有趣，几乎所有这些灭绝都落在古生物学家先前根据区域动物群变化型式的经验识别出的有意义的灭绝期间内。

集群灭绝的诱因

Alvarez 的团队在 1980 年发表了一篇论文，报道了在意大利的一个地点穿越白垩纪 - 第三纪（K/T）界线有一次铱元素（Ir）含量的升高（图 8.18a），因为铱在地球表面很稀少但在陨星中较常见，Alvarez 团队认为铱的来源是一个大个的彗星或小行星在白垩纪末撞击了地球，而且，根据在 K/T 界线附近发现的铱的数量，他们还推测撞击物的直径大约有 10 km。他们设想了一种机制，把撞击与 K/T 集群灭绝事件联系起来：因为到达地球表面太阳光的量严重降低而导致全球食物链的崩溃。这个或其他相关机制的后果就是集群灭绝是快速发生的，这正是古生物学家在争论和详细分析的焦点。

在 K/T 界线上随后的一些发现强有力地支持了白垩纪末有一次重要撞击事件的假说，包括铱元素含量在全球的增高，微球粒（撞击散落物；图 8.18b）和具受过冲击特征的石英（图 8.18c）。由粗及棱角状碎屑组成的沉积物似乎是由与撞击有关的海啸形成的，这些沉积物在现今墨西哥湾沿岸附近的许多地点晚白垩世地层中发现。另外，在大西洋西部 K/T 界线上所取的深海岩芯揭示了大量水下熔岩流的证据，这很可能是由撞击引起的。然而，真正确凿无疑的证据是发现了撞击的可能地点，在墨西哥尤卡坦半岛的远岸。那里，海底地球物理探测显示，有一个直径大约为 200 km 的环形结构（图 8.19）。关于这一地点的详细取样获得的熔岩样品，测得放射性年龄为 6500 万年，其组成还与海地 K/T 界线上采到的微球粒相似。这种相似性表明，设想的陨星坑地区的基岩就是海地微球粒的源头，因此，尽管关于 K/T 撞击的假说还存有很大争

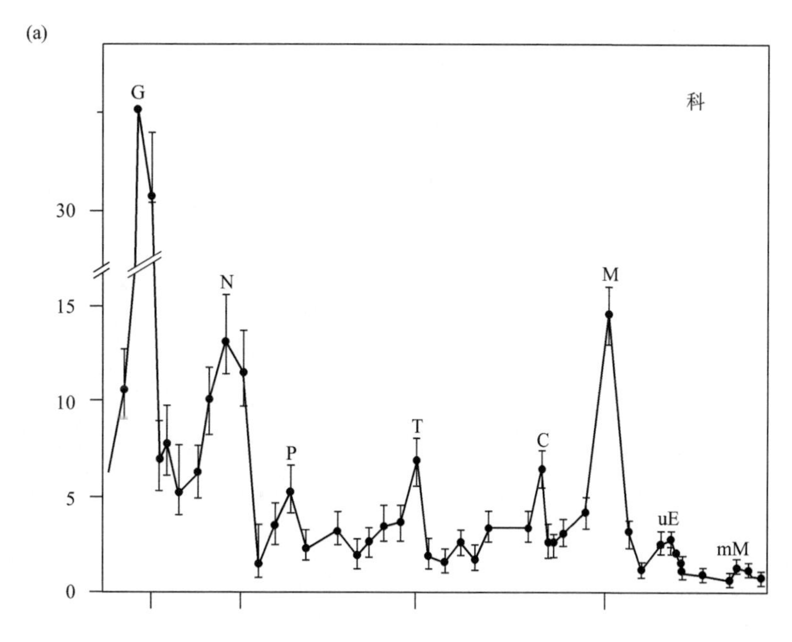

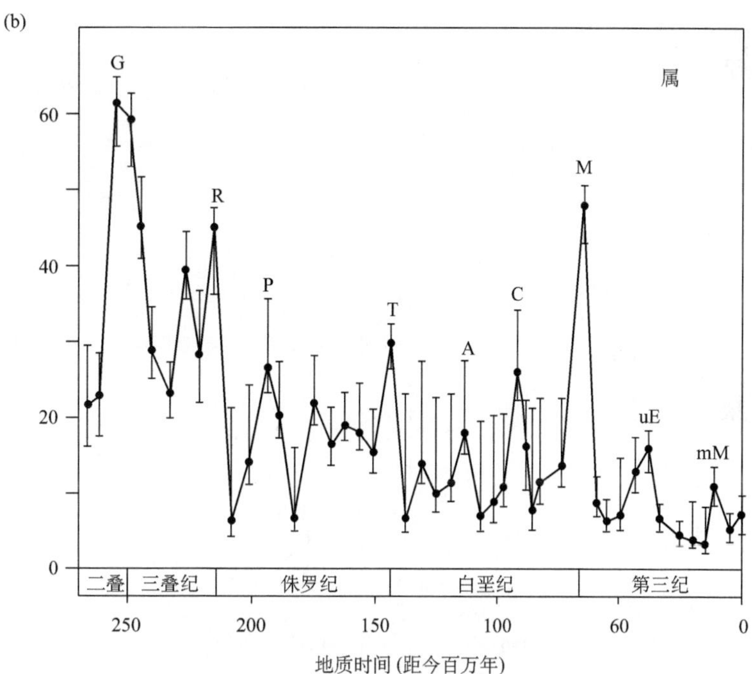

图 8.17 Raup 和 Sepkoski（1986）描绘的晚二叠世集群灭绝及其后的情况

(a) 科；(b) 属。误差线段给出了所观察的灭绝百分含量的任一侧的标准误差。由它们发生的那些阶名缩写所标示出来的集群灭绝被确定为一些时间段（“顶峰”），期间灭绝的百分含量要远远高于其上下或前后的时间段。

议，但其证据现在被认为是确凿的，确实发生过这样一次撞击。

在大多数证据都具有地球物理的、地球化学的和沉积学的支持的情况下，古生物学家在收集证据以验证白垩纪末发生过撞击事件这一假说方面只起到了一些边缘作用。然而，古生物学家正在努力评价撞击和灭绝之间可能存在的联系。最初，许多古生物学家并不接受这样一个联系，部分原因就是种的灭绝是逐渐的而非灾难性的，其时间先于 K/T 界线，另一个原因就是有一些不会飞的恐龙甚至延续到了第三纪。这些观点在过去 20 年里变化很大，动因就是对我们在界线上所期望看到的型式的思考，如果灭绝是迅速的而不是逐渐的。

因为保存和取样的关系，化石记录中分类单元的末现很可能比它们实际灭绝的时间要早［见 6.1 节］，换句话说，很多分类单元在它们实际灭绝的层位之下就从化石记录中消失了。这样一种化石记录消失期，不同的分类单元还存有差异，部分原因

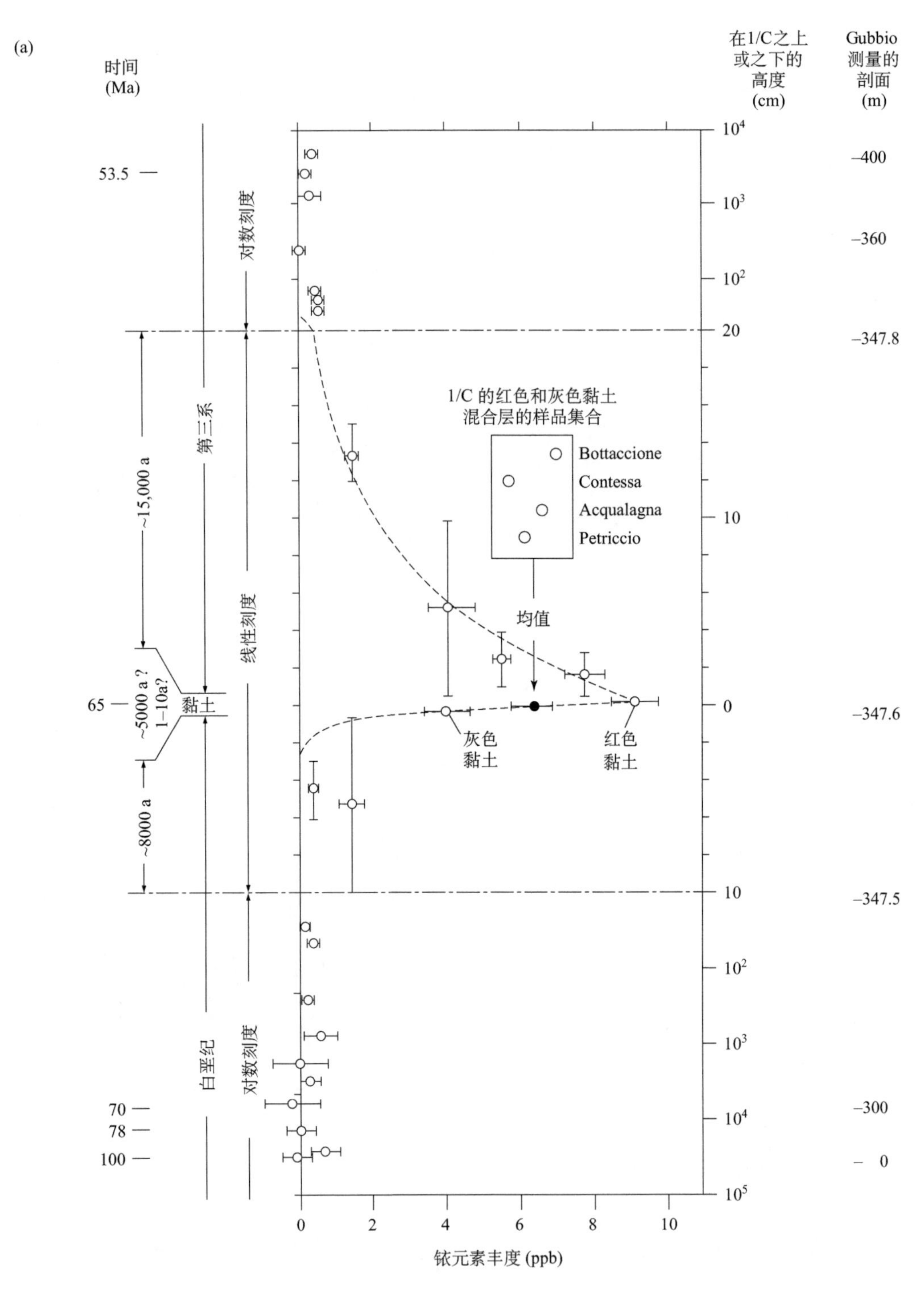

图 8.18 K/T 界线上一个大型陨石撞击的证据

(a) 意大利 Gubbio 附近 K/T 界线上铱元素含量的快速增加。铱在地球表面很稀少但在陨石中更加常见（据 Alvarez 等，1980）。

可能是分类单元之间丰度或罕见度的变化 [见 6.5 节]，这会导致任何一个重要的灭绝事件比它的实际情况还要缓慢。Philip Signor 和 Jere Lipps（1982）是最早阐述这一观点的古生物学家，他们推测化石保存的状况可使一次快速灭绝看上去像是一次渐进的事件 [即所谓 **Signor-Lipps 效应**（Signor-Lipps Effect）]。

一些研究者开始尝试把 K/T 界线上的这种地方性和区域性的人为截切进行量化的可能性，并与其他集群灭绝事件联系起来，但是，在全球范围内为

(b)

(c)

图 8.18（续）

(b) 墨西哥西北部 K/T 界线中的玻璃质微球粒和其他玻璃质物质（直径为 2—3 mm），是在撞击期间从熔融的散落物中形成的（由月球与行星实验室的 David Kring 友情提供）。(c) 美国科罗拉多南部一条 K/T 界线剖面中冲击石英的显微照片（观察的区域大约为 0.2 mm）；由剧烈爆炸而留在石英颗粒上的平行条纹与撞击是相伴随的。据 Kerr（1987）。

这些事件中任何一个的相对瞬时性给出确切的陈述还为时尚早。当然，对一个给定集群灭绝是否是快速发生的知识有助我们确定它的诱发因素。与 K/T 撞击假说支持为一次十分迅速的灭绝相反，许多传统的机制（例如，海平面变化或全球变冷）更倾向于认为灭绝是逐渐的，或许发生在超过 100 万年的时间里。

我们将在第十章进一步讨论该问题，届时我们将更加详细地考虑晚二叠世的灭绝。K/T 灭绝为思考撞击与灭绝之间可能联系提供了一个焦点，同样地，晚二叠世的事件也成为研究传统灭绝机制的一个焦点［见 10.3 节］。接着 Alvarez 团队的研究之后，地球科学家开始寻找与许多灭绝层位有关的重要撞击的证据，迄今为止，这方面的努力仅获得很有限的收获，而且，在诸如晚二叠世的情况，仍在

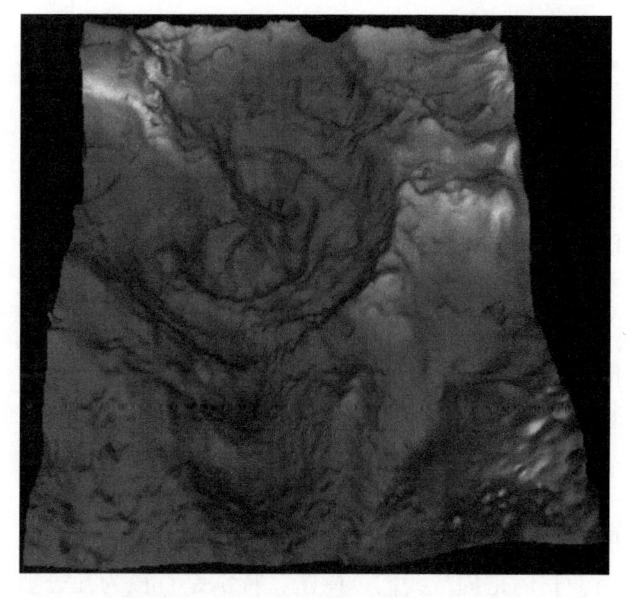

图 8.19　墨西哥尤卡坦半岛远岸特征的引力异常图，这里被认为是白垩纪末一次大型撞击的地点

据 http://solarsystem.nasa.gov/multimedia/display.cfm?IM_ID=791；由得克萨斯休斯顿的月球与行星研究所友情提供。

积极寻找撞击的证据，对原始数据的质量以及对它们的解释争论很大。

然而，集群灭绝与撞击之间存在宽泛联系的可能性在 20 世纪 80 年代中期获得了新的证据，当时 David Raup 和 Jack Sepkoski 运用简约分析及其他一些方法对显生宙的灭绝记录进行了统计分析（见知识点 2.2），他们认为，古生代之后灭绝的峰值（图 8.17）间隔大约在 2600 万年（例如，Raup and Sepkoski, 1984, 1986），这一判断立即就刺激了相关研究的爆发，以及科学家之间对可能诱因和结果的种种猜测。紧接着，正如最初提出 K/T 撞击的研究那样，研究者自然而然地开始猜测，究竟什么样的天文学机制，可以每 2600 万年一次，在很短的时间内令大型物体撞击地球的可能性大大增加。

这些设想的机制中最为著名的就是“天罚理论”（Nemesis theory），该理论的核心是一个假想的、从未见过的太阳伴侣。该太阳伴侣的轨道围绕着太阳每 2600 万年就接近奥尔特星云一次，严重干扰了一些彗星的运行轨道而导致它们进入太阳系内部，因此，增加了至少一个彗星撞击地球的可能性（Davis *et al.*, 1984）。

虽然完全处于假想，天罚理论带有一定准确性

地预测了那个未曾见过的太阳伴侣的特征。有了这个信息，研究者们开始在整个星系中寻找，希望能发现具大体相似特征的目标。迄今为止，尚未发现这样的目标。不仅如此，周期性的实际特征也遭受到统计学理由以及一些灭绝事件绝对年龄可能存在的问题等的挑战。

不管灭绝周期性是否事实存在，整个过程提高了古生物学家对于大型物体撞击影响地球生命历史的可能性的意识。从这方面，Raup（1991, 1992）提出了一个量化曲线来描绘各种大小撞击之间的平均间隔时间，结果表明，与反映各种规模灭绝之间平均期望间隔的曲线非常相似。尽管这肯定不能证明大型物体撞击就是显生宙期间多数灭绝事件的诱因，它还是提醒我们，撞击，特别是直径为几公里的物体的撞击在地球历史中是很常见的，因而，它们在调节地球生命历史中的作用需要深入探讨。

集群灭绝的选择性

各种灭绝机制表明灭绝有选择地影响生活在特定环境或气候条件下的或具有特定生活方式的分类单元，因此，了解集群灭绝是否具有选择性能够帮助研究者确定绝灭是什么因素导致的。例如，全球变冷期可能对热带分类单元产生特别严重的影响，因为在变冷的时期它们不可能迁移到较暖气候地区。相反，一个超过特定大小限度的大型撞击，就像K/T事件中涉及的那种，很可能会触及到全球各地，而不会出现期望的那样有一个灭绝率的纬向梯度。然而，在一个撞击的情况下，研究者认为会伴随很长时间的光照减少，因而导致初级生产量的崩溃，伴随有初级生产者以及以它们为食的分类单元的灭绝。

与度量全球灭绝率的方法相同，全世界不同地区的速率也可以度量和比较，通过分别积累和分析各个地区所保存化石的数据库。在K/T灭绝这个案例中，David Raup 和 Jack Sepkoski（1993）通过将全世界分隔成不同的块体来对先前认为灭绝集中在热带的建议进行评估，每一个块体纬向和经向分别占10°，然后分析不同块体中双壳类属灭绝率的变异（图8.20）。

当固着蛤类——一种仅限于热带地区的已经灭绝的造礁双壳类——被排除在分析之外，灭绝率就不存在任何纬向选择性的证据。另外，Raup 和 Sepkoski 也没有发现双壳类在K/T灭绝中有任何选择性的证据，不论是个体大小、沿近岸 - 远岸深度梯度的位置，还是在沉积物 - 水界面之上或之下的生活位置。他们确实发现食沉积物生物的灭绝率要远低于悬浮捕食者，然而，有证据显示，这是一种分类学的而非生态的效应：有一些食沉积物的分类群就表现出比其他类群高得多的灭绝率，并可与悬浮捕食者的灭绝率进行比较。Raup 和 Sepkoski 还发现具较宽地理分布的属的灭绝率要比那些更加局部的属低得多，说明，至少是在属一级，宽的地理分布范围提供了抵御灭绝的一种缓冲。

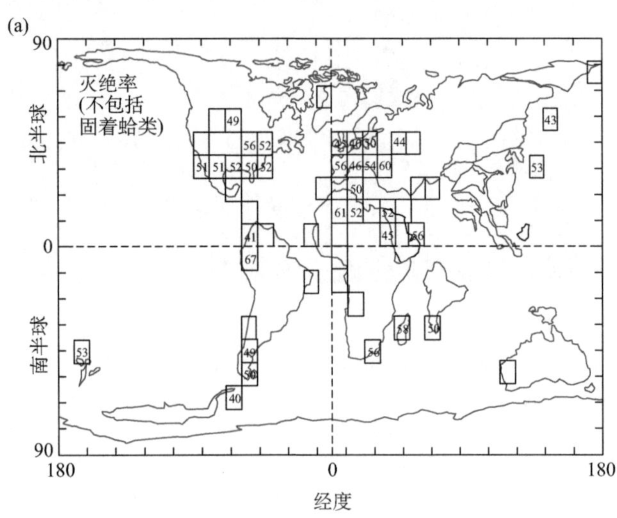

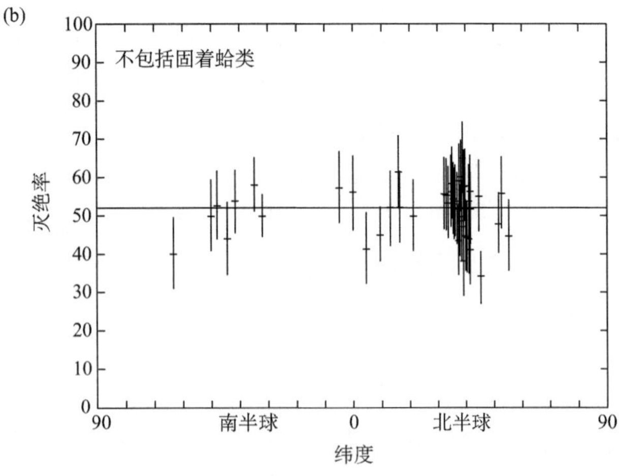

图8.20 K/T灭绝期间双壳类灭绝（不包括固着蛤类）的地理型式评价

(a) 在以10°为单位的坐标格中的灭绝率（用百分含量表示），每一格都有足够的可用资料。(b) 针对纬度表示出的灭绝率。不论是哪一种方法，灭绝率都不存在地理选择性。据 Raup 和 Jablonski（1993）。

Peter Sheehan 和他的同事（Sheehan *et al.*, 1996; Sheehan, 2001）描述了晚奥陶世集群灭绝过程中腕足动物两期灭绝的型式，与 K/T 事件具有一定的相似性，但也有显著差异。晚奥陶世期间，有一次重要的南半球冰川凝聚以及与之相伴的海平面下降，从某种程度上使陆表海干涸，这些宽广的浅水团原先覆盖了许多大陆的广大地区，这就导致了局限于这些干涸地区的属有很大比例的灭绝。相反，地理上广泛分布的属就有选择地躲过了这场灾难，这一型式与 K/T 事件中双壳类的型式可以对比。

然而，紧接在奥陶纪事件的首幕之后，一个广泛分布的生物群（即所谓的赫南特期动物群）伴随着全球气候变凉而在全世界扎下根来，嗣后，随着冰川消融、海平面上升和气候变暖，这一生物群的主要分子又纷纷灭绝。这样看来，宽的地理分布并没有提供抵御灭绝的缓冲，灭绝很显然是由全球气候转暖而触发的。

古生物学家已知的关于选择性灭绝最迷惑人的例子就是晚更新世灭绝，期间大型哺乳类特别遭受了重创。这次灭绝在地质记录中非常独特，因为这或许代表了首例现代人（*Homo spiens*）作为灭绝事件重要经历者而直接参与其中。因为它与当今灭绝问题的特殊相关性，我们在第十章针对晚更新世灭绝提供了一个详细的评述。

集群灭绝的演化意义 关于灭绝选择性的研究可为灭绝机制提供信息，但此外还有一个重要理由促使我们开展此项工作。在整个显生宙，集群灭绝在导致生物群转换方面有着重要作用，它瞬间导致一些分类单元的灭绝而其他分类单元未受任何伤害。事实上，Stephen Jay Gould（1985）和其他一些研究者认为，集群灭绝能够破坏在灭绝间隙期积累起来的演化变化。但与之相反，正如我们先前提到的 [见 8.4 节]，在构建其三个阶段的二维逻辑斯谛模型（图 8.12）时，Jack Sepkoski 提出，发生在演化动物群之间的全球性生物群转换是由分类单元的相互作用引起的，他还认为集群灭绝并未根本性地改变三个演化动物群中较高级分类单元主要类群的分化型式。

这两种观点之间有个中间立场或许可以更好地解释集群灭绝的演化意义，这些事件以及那些较小规模的区域性灭绝导致了生物群转换，主要是因为它们去除了“现任”分类单元（即已经存在的分类单元），从而为其他分类单元的分化腾出了**生态空间**（ecospace）。在深究这种可能性时，考虑选举政治中现任的作用是有帮助的。被广泛认可的一点是，在一场政治选举中，即使不带偏见的观望者可能会觉得挑战者如果当选或许会做得更好、更有效，现任的候选人相对他们的对手仍然拥有很大的优势。因此，即使是一个极具竞争力的挑战者也很难战胜一位现任者，除非发生一些意想不到的事件，如政治丑闻的干预严重削弱了现任者获胜的概率，或者，稍好一点，使现任者在选举前被迫短暂离开其岗位！

类似地，在生物演化竞技场，当一个发育很好的现生分类单元，特别是既丰富又广布的分类单元，面对一个不太稳定的分类单元时，即使后者拥有某些特征使之对现生分类单元具明显的竞争优势，依然不可能竞争过现生分类单元。与此相关的一个实例是关于乌龟演化转换的案例，Michael Rosenzweig 和 Robert McCord（1991）研究了具可变颈以使头能缩回壳内的乌龟对不能将头缩回壳内乌龟的替代（图 8.21）。

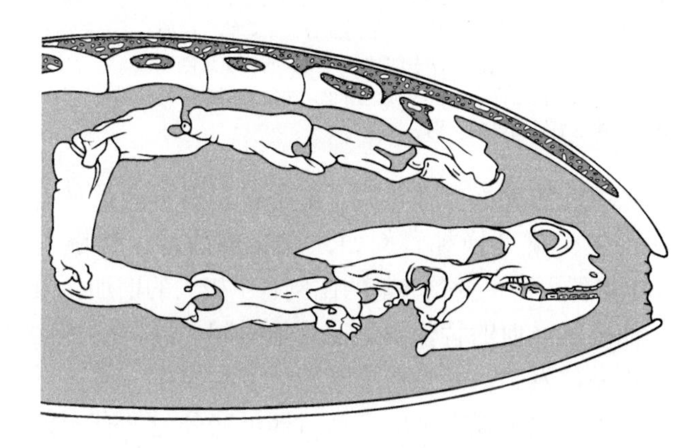

图 8.21 乌龟 *Trionyx* 的草图，显示作为缩头前提条件的韧性颈

Rosenzweig 和 McCord（1991）认为直颈龟（两栖龟亚目）在全世界许多地方被具缩颈能力的乌龟（侧颈龟亚目和曲颈龟亚目）所取代，但取代的时间在不同古大陆之间是变化的，取决于首先消灭当时存活的直颈龟的那些事件。

Rosenzweig 和 McCord 认为，可变颈的出现是个重要进步，它直接导致了具这一特征类群的辐射。然而，他们还注意到，世界上不同地区两种乌龟的实际替代发生在不同的时间，但每一种情况都

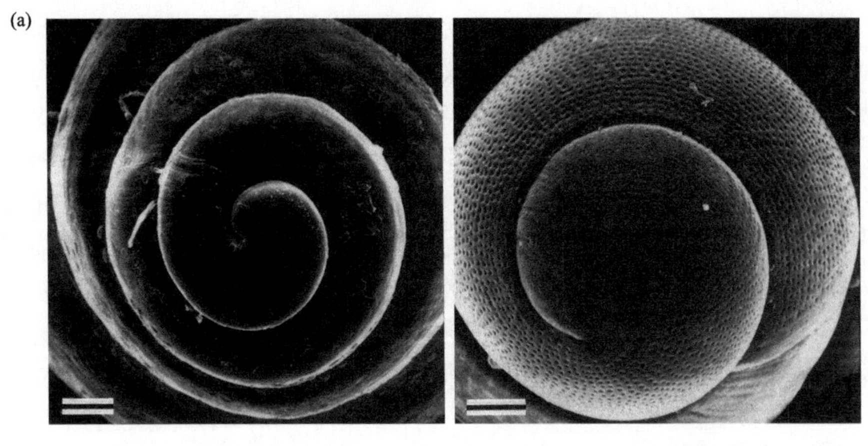

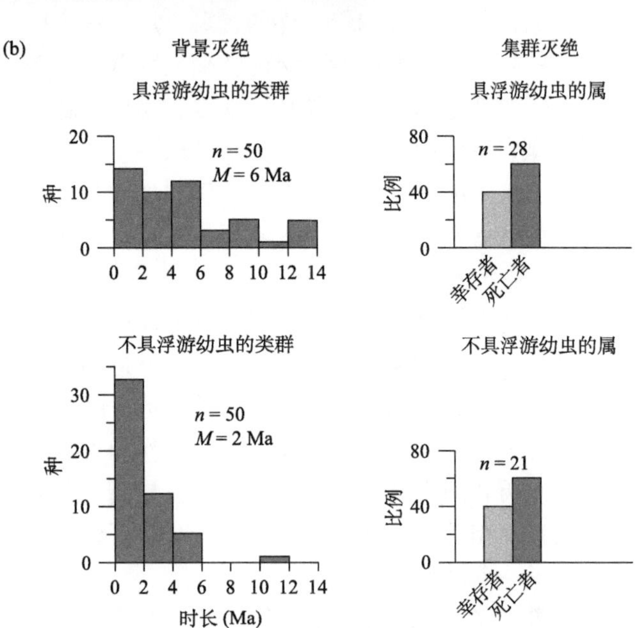

图 8.22 腹足类的幼虫型式和灭绝

(a) 腹足类准欧螺科两个种初房形态比较，显示幼虫阶段的差异（Jablonski and Lutz, 1980）。每个图中的比例尺为 100 μm。右边的种，初房 I（最初的壳，包括最初的两圈或更少）比左边种的要膨大许多，表明右边的种的卵富含卵黄素并有一个非浮游的幼虫阶段，而左边的种则具贫卵黄素的卵且有一个浮游幼虫阶段。(b) Jablonski 所做的白垩纪腹足类种时长（持续时间）和灭绝率的比较（Jablonski, 1986），显示具浮游幼虫的类群与不具浮游幼虫的类群在幼虫阶段的比较：n = 分类单元数量，M = 中等长度（以百万年为单位）。平均而言，正如第一栏的直方图所显示的，具浮游幼虫的种具有更长的地质延限和较低的灭绝率。然而，在 K/T 灭绝期间，两种类型在灭绝率方面并不显示明显的差别。

与区域性的灭绝事件有关，都是首先将不变颈乌龟的现生类群替换掉。例如，在北美西部，伴随着 K/T 集群灭绝可变颈乌龟的比例有了极大的增加，但其他地区类似的替代发生在其他时间。同样的替代不止一次发生，而是在不同地区多次发生，为这样的观点提供了强有力的支持，即可变颈包含有一种竞争优势，最终导致具不可变颈乌龟在全球的灭亡。

乌龟的例子提醒我们，与灭绝率的定量评估相比，关于灭绝事件还有更多需要研究的。在考虑它们作为演化变化动力的可能作用时，发出这样的疑问也很重要，即集群灭绝是否与其他时间发生的灭绝在定性方面也有差别？例如，我们可以问是否集群灭绝消灭了一些分类单元先前就享有的优势。

作为一个例子，David Jablonski 研究了腹足类在 K/T 集群灭绝之前和期间的灭绝和幸存。保存在腹足类壳中的早期生长阶段使古生物学家能够确定一个种的幼虫阶段是浮游的还是非浮游的 [见 7.4 节]（图 8.22a）。在研究了大量白垩纪腹足类壳之后，Jablonski 将那些种分成了两个类群。他还确定了每个种的地质延限，并证实具浮游幼虫的类群比非浮游幼虫的类群要持续更长时间（图 8.22b）。这样，一般说来，浮游幼虫阶段是与低灭绝率相关联的，因为浮游阶段的缺失降低了广布的机会，从而导致同种的居群间产生基因不连续的可能性相应增加，而这些因素，对成种作用和灭绝作用均有增强的影响 [见 7.4 节]。反之，浮游阶段的出现降低了居群被孤立的可能性。

然而，在 K/T 灭绝期间，就幼虫类型而言灭绝率没有本质的差别（图 8.22b），所以，在背景时期影响灭绝率的重要因素在集群灭绝期间并不起作用，这种无差异性或许可以反映 K/T 事件的全球性，即便是广布的种在那个时候也会受到影响，这一推断得到了 Jablonski 另一些发现的支持，即不论一个属的种丰富度还是其组成种的地理范围都不会对其在 K/T 事件中幸存的概率产生影响。

8.7 下一代古生物数据库

正如 Rosenzweig 和 McCord 的例子中所强调的，区域性还是全球性转换的问题是刺激建设新的古生物学数据库的许多因素之一，这些数据库包括了先前全球总结中没有的资料。尽管那些较老的数据库也能够用来描绘全球多样性曲线（例如图 8.2），但是它们不能用来确定任一个时间段的分化型式在古地理、古环境或构造特征方面是区域性变化的。为了研究这些可能性，更新的古生物学数据库在两个重要方面超过了先前的努力：

1. 取代了仅包含化石分类单元已知首现和末现的信息，新型数据库记录了分类单元的多个产出信息，无论它们是全球产出或仅在数据库局限的地区产出。

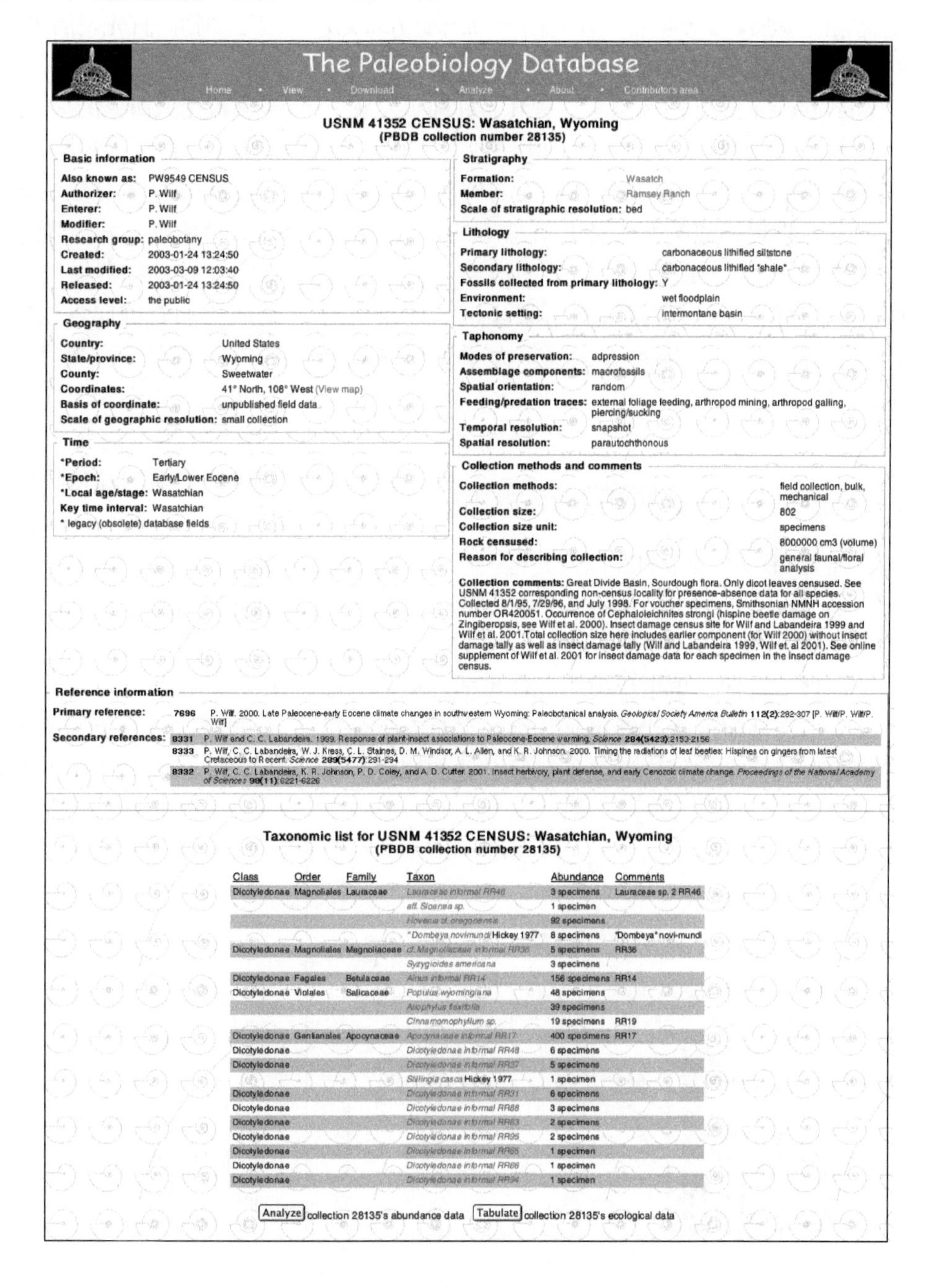

The Paleobiology Database

Home • View • Download • Analyze • About • Contributors area

USNM 41352 CENSUS: Wasatchian, Wyoming
(PBDB collection number 28135)

Basic information

Also known as: PW9549 CENSUS
Authorizer: P. Wilf
Enterer: P. Wilf
Modifier: P. Wilf
Research group: paleobotany
Created: 2003-01-24 13:24:50
Last modified: 2003-03-09 12:03:40
Released: 2003-01-24 13:24:50
Access level: the public

Geography

Country: United States
State/province: Wyoming
County: Sweetwater
Coordinates: 41° North, 108° West (View map)
Basis of coordinate: unpublished field data
Scale of geographic resolution: small collection

Time

***Period:** Tertiary
***Epoch:** Early/Lower Eocene
***Local age/stage:** Wasatchian
Key time interval: Wasatchian
* legacy (obsolete) database fields

Stratigraphy

Formation: Wasatch
Member: Ramsey Ranch
Scale of stratigraphic resolution: bed

Lithology

Primary lithology: carbonaceous lithified siltstone
Secondary lithology: carbonaceous lithified "shale"
Fossils collected from primary lithology: Y
Environment: wet floodplain
Tectonic setting: intermontane basin

Taphonomy

Modes of preservation: adpression
Assemblage components: macrofossils
Spatial orientation: random
Feeding/predation traces: external foliage feeding, arthropod mining, arthropod galling, piercing/sucking
Temporal resolution: snapshot
Spatial resolution: parautochthonous

Collection methods and comments

Collection methods: field collection, bulk, mechanical
Collection size: 802
Collection size unit: specimens
Rock censused: 8000000 cm3 (volume)
Reason for describing collection: general faunal/floral analysis

Collection comments: Great Divide Basin, Sourdough flora. Only dicot leaves censused. See USNM 41352 corresponding non-census locality for presence-absence data for all species. Collected 8/1/95, 7/29/96, and July 1998. For voucher specimens, Smithsonian NMNH accession number OR420051. Occurrence of Cephaloleichnites strongi (hispine beetle damage on Zingiberopsis, see Wilf et al. 2000). Insect damage census site for Wilf and Labandeira 1999 and Wilf et al. 2001.Total collection size here includes earlier component (for Wilf 2000) without insect damage tally as well as insect damage tally (Wilf and Labandeira 1999, Wilf et. al 2001). See online supplement of Wilf et al. 2001 for insect damage data for each specimen in the insect damage census.

Reference information

Primary reference: **7696** P. Wilf. 2000. Late Paleocene-early Eocene climate changes in southwestern Wyoming: Paleobotanical analysis. *Geological Society America Bulletin* **112(2)**:292-307 [P. Wilf/P. Wilf/P. Wilf]

Secondary references:
8331 P. Wilf and C. C. Labandeira. 1999. Response of plant-insect associations to Paleocene-Eocene warming. *Science* **284(5423)**:2153-2156
8333 P. Wilf, C. C. Labandeira, W. J. Kress, C. L. Staines, D. M. Windsor, A. L. Allen, and K. R. Johnson. 2000. Timing the radiations of leaf beetles: Hispines on gingers from latest Cretaceous to Recent. *Science* **289(5477)**:291-294
8332 P. Wilf, C. C. Labandeira, K. R. Johnson, P. D. Coley, and A. D. Cutter. 2001. Insect herbivory, plant defense, and early Cenozoic climate change. *Proceedings of the National Academy of Sciences* **98(11)**:6221-6226

Taxonomic list for USNM 41352 CENSUS: Wasatchian, Wyoming
(PBDB collection number 28135)

Class	Order	Family	Taxon	Abundance	Comments
Dicotyledonae	Magnoliales	Lauraceae	*Lauraceae informal RR46*	3 specimens	Lauraceae sp. 2 RR46
			aff. Sloanea sp.	1 specimen	
			Hovenia cf. oregonensis	92 specimens	
			"*Dombeya novimundi* Hickey 1977	8 specimens	"Dombeya" novi-mundi
Dicotyledonae	Magnoliales	Magnoliaceae	*cf. Magnoliaceae informal RR36*	5 specimens	RR36
			Syzygioides americana	3 specimens	
Dicotyledonae	Fagales	Betulaceae	*Alnus informal RR14*	156 specimens	RR14
Dicotyledonae	Violales	Salicaceae	*Populus wyomingiana*	48 specimens	
			Allophylus flexifolia	39 specimens	
			Cinnamomophyllum sp.	19 specimens	RR19
Dicotyledonae	Gentianales	Apocynaceae	*Apocynaceae informal RR17*	400 specimens	RR17
Dicotyledonae			*Dicotyledonae informal RR48*	6 specimens	
Dicotyledonae			*Dicotyledonae informal RR37*	5 specimens	
			Stillingia casca Hickey 1977	1 specimen	
Dicotyledonae			*Dicotyledonae informal RR31*	6 specimens	
Dicotyledonae			*Dicotyledonae informal RR88*	3 specimens	
Dicotyledonae			*Dicotyledonae informal RR63*	2 specimens	
Dicotyledonae			*Dicotyledonae informal RR95*	2 specimens	
Dicotyledonae			*Dicotyledonae informal RR65*	1 specimen	
Dicotyledonae			*Dicotyledonae informal RR66*	1 specimen	
Dicotyledonae			*Dicotyledonae informal RR94*	1 specimen	

Analyze collection 28135's abundance data Tabulate collection 28135's ecological data

图 8.23　以古生物数据库中收录的一组数据为例子（PBDB: http://paleodb.org）

这是美国怀俄明州早始新世地层中古植物的资料。每一组数据中的任何信息都可以查询和下载。

2. 在可能的情况下，对每一条录入数据库的产出记录，与之相关的许多其他信息，也被收集并录入数据库。通常来说，包括产出地点、地层层位、产出地层特征，以及推测的古环境和构造背景。

图 8.23 和图 8.24 显示了古生物学重要数据库程序的两个例子。“古生物数据库”（*The Paleobiology Database*, PBDB, http://paleodb.org; 图 8.23）的目的就是为全球显生宙海相和非海相的古动物群和古植物群建立一个详尽的化石记录数据库。正如其题目所建议的，“热带美洲新近纪海相生物群”数据库（*Neogene Marine Biota of Tropical America Database*, NMITA, http://porites.geology,uiowa.edu/; 图 8.24），从其名称即可发现，它的范围较为局限，重点就是研究过去 2500 万年中与热带美洲海洋演化历史有关的问题。两个项目都努力收集相似类型的补充信息。PBDB 强调从文献中收集已经存在的分类学和地质学信息，而 NMITA 则着重收集直接来自所聚焦地区地层中的新资料，因此，NMITA 大大地扩大了先前在这个地区相对稀少的资料。

8.8 剖析集群灭绝后的分化和复苏

随着 PBDB、NMITA 以及其他一些大型数据库的持续增长，它们将不可避免地包括较早期总结中关于分类单元首现和末现的信息（图 8.2），然而，关于地理、岩性、单个分类单元产出的环境等方面的补充信息使研究者能够更加详细地评价在生命历史的重要转换期地区内以及地区间分化的属性。本节中阐述了几个例子，而且这也是本书其余部分一个不变的主题。

奥陶纪辐射

正如我们已经看到的，在寒武纪和奥陶纪期间海洋生物有一次重要的全球多样化事件。虽然过去通常把这整个时间段看作是单一事件，现在人们认识到寒武纪大爆发的生物学属性与其后发生的奥陶纪辐射存在非常大的差异。寒武纪大爆发代表了多细胞动物最初的一次重大分异，期间化石记录中观察到的大多数现生动物门首先发展出了它们独特的解剖特征并开始分化，尽管它们可能在更早以前就起源了。因为这是多学科深入研究的一个焦点，我们在第十章提供了一个关于寒武纪大爆发广泛的讨论。

从分类学上看，奥陶纪辐射在目及其更低级别的分类阶元上最为显著（图 8.5 和 8.11），它以一次重要的动物群转换为特征，即海相环境中的寒武纪演化动物群向古生代演化动物群转换（图 8.5 和 8.8），而且，到奥陶纪末，在属和科级别上统计，其实际多样性相对于寒武纪的水平而言增加了 3—4 倍。正因为这些深刻的变化，加之世界许多地方的奥陶纪地层和化石保存极好，奥陶纪成了在局部和区域甚至是全球规模下评价生物型式的关键时间段。在研究这个问题时，古生物学家找到了下面两个重要问题的答案：

1. 我们在全球范围内观察到的分异型式与区域规模的型式呈简单的镜相效应吗？或者，全球与区域以及区域与区域之间存在任何有意义的区别吗？

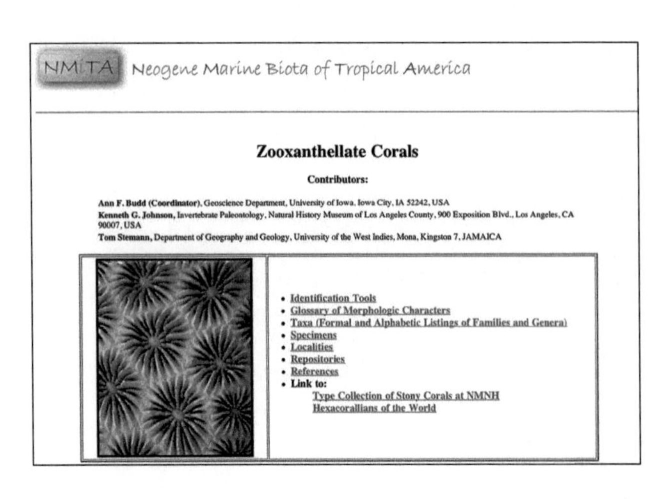

图 8.24 NMITA 数据库（热带美洲新近纪生物群：http://porites.geology.uiowa.edu）主页的一部分，显示了可供查询资料的部分区段

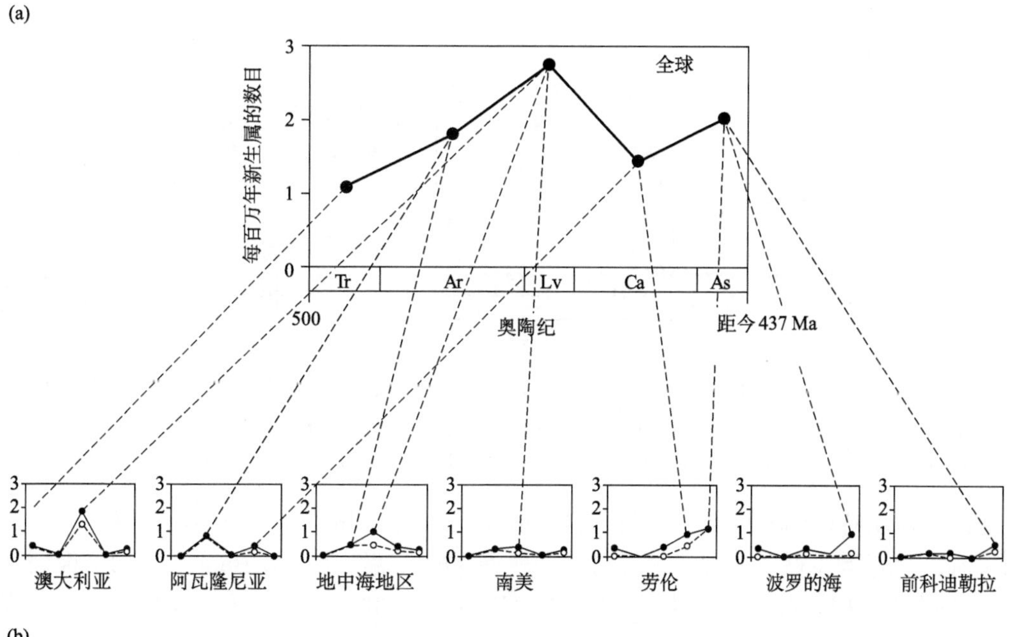

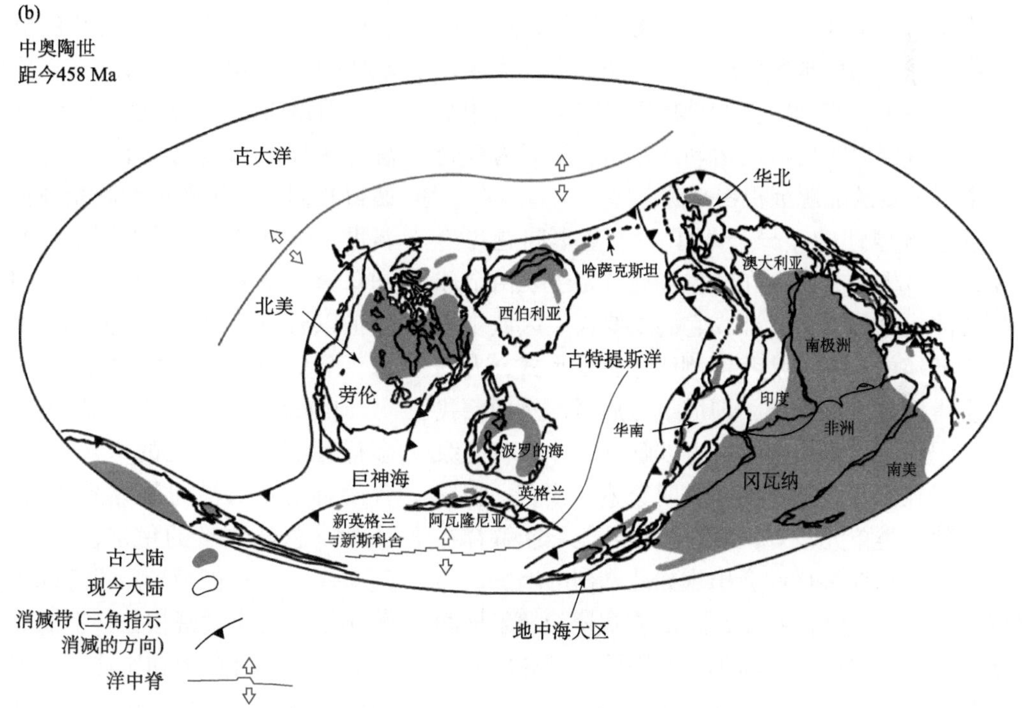

图 8.25 奥陶纪期间不同古陆双壳类新生率的变化

(a) 几个奥陶纪古板块新生率的曲线，对应于综合的全球型式（Miller, 2001）。虚线是将在奥陶纪每一个统（英国传统划分）中对全球新生率做出最重要贡献的板块的新生率的峰值与全球曲线联系起来。例如，在劳伦板块（现今北美的大部分）一直到奥陶纪后期才出现重要的双壳类分化。在每一个古板块的曲线中，用虚线描绘的曲线是指真实新生的数量；实线曲线包括在其他地方起源的属但是该古板块上的首现时段。(b) 中奥陶世的古地理重建图，反映了各个古板块的位置，包括在图 8.25a 中提到的那些。Tr 指特马豆克期，Ar 指阿伦尼格期，Lv 指兰维恩期，Ca 指卡拉道克期，As 指阿什极期（图件来自 Christopher Scotese 的网站：www.scotese.com/newpage1.htm）。

2. 如果区域与区域之间的分异型式存在重要差异，我们能解释造成这些差异的原因吗？

在一系列分析中，Arnie Miller 比较了全世界不同地区重要的较高级分类单元的分化。图 8.25 中给出的双壳类软体动物的例子显示了与全球信号相比的区域性新生率。确定区域性演化速率的方法与确定全球速率的方法是一样的 [见 7.2 节]，除了首现和末现资料是有疑问地限于特定地区。在这个图的基础上，我们可以发现在整个奥陶纪双壳类的分异变化很大，不同地区在不同时期贡献于全球分异。

在奥陶纪早期对多样性有所贡献的地区主要位于南半球高纬度地区，而处在低纬度的劳伦大陆（现今的北美）一直到后来才出现一次双壳类的分异。对双壳类的全球产出层位的岩性分析表明，这

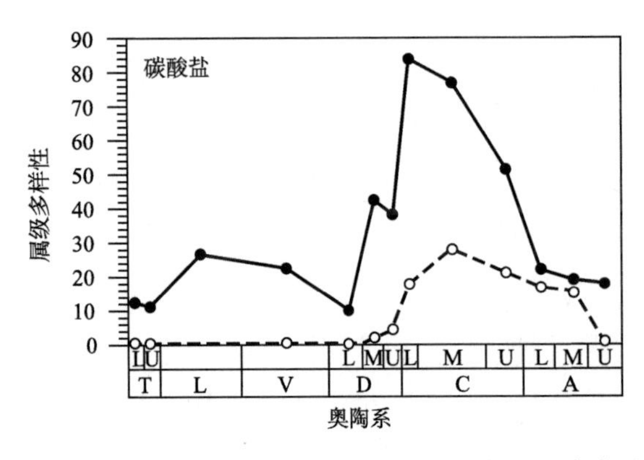

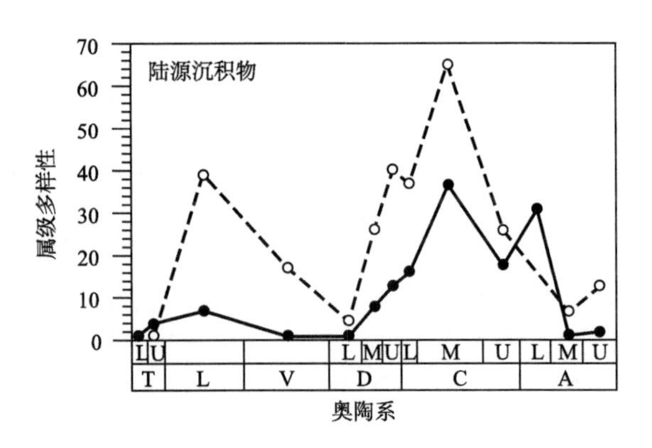

图 8.26 奥陶纪全世界陆相和碳酸盐相背景下双壳类（虚线）和腹足类（实线）的多样性轨迹

需要注意的是，在奥陶纪大部分时间里，陆相沉积物中的双壳类要比碳酸盐相中的丰富得多；而腹足类正好相反（Novack-Gottshall and Miller, 2003）。横轴下行为奥陶系的传统阶名；上行中，L、M 和 U 分别代表下、中和上。

些地区的地质特征的差异似乎控制了这一型式。总的来看，双壳类在整个奥陶纪表现出了一种重要的底质倾向性，即在陆源沉积物（剥蚀了附近的陆地）中丰富（图 8.26）。在早奥陶世期间，这些底质在南半球高纬度地区已经具备，如地中海大区，但在劳伦海中一直到中奥陶世特别是晚奥陶世才变得广布，并伴以重要造山运动的开始，从而为双壳类提供了重要的陆源沉积物来源。

这些区域性的差异产生了一个基本问题：一般说来，显生宙全球多样性趋势究竟是主要由全球规模的演化过程引起，抑或它们主要代表区域规模的环境转换的总和？从我们刚刚考虑的型式，人们或许会得到这样的印象，即应该是后者。然而，我们必须记住，尽管这些观察可以解释为什么较高级分类单元在满足合适环境条件时繁盛，或者，相反地，其他分类单元没有，但它们很可能不能解释在那时为什么总体多样性会出现如此剧烈的增加。与寒武纪大爆发相似 [见 10.2 节]，在奥陶纪辐射期间似乎全世界的多样性都增加了，因此，对这次增加的最终解释很可能也是全球范围的。

热带美洲新生代的区域性海相生物转换

因为与现今高多样性的热带地区的珊瑚礁的安全具有一定的相关性，人们有一种特别的紧迫感想要了解整个新生代礁生态系统的区域性演化历史。我们先前讨论的 NMITA 数据库是这些努力的一个结果。它使古生物学家能够理解化石礁相珊瑚对于环境波动的反应，这些珊瑚与现生种紧密相关，某些情况下甚至包括现生种。在将这些资料汇合之后，Nancy Budd（2000）根据区域性的环境变化研究了加勒比地区从始新世早期到更新世晚期珊瑚的多样性演变。用于这项分析的资料来自从始新世到现代的 57 个组合，包括 294 个珊瑚种 66 属的资料。

对地层延限的汇总（图 8.27a 反映的是属）以及总体多样性和演化速率的描绘（图 8.27b 和 8.27c）使得我们在中始新世到晚始新世、晚渐新世至早中新世，以及晚上新世识别出一系列的多样性稳定期和峰值。新生率和灭绝率，特别是种一级的，在始新世以后似乎很大程度上相互独立。有证据显示在每一个多样性平稳期快结束时灭绝率都有升高。

Budd 发现，尽管在整个研究时段中物种的总多样性有一个宽泛的增长，但每一个组合中所包含的种的最大数量在始新世晚期达到极限。Budd 认为，总体数量的稳定，而非组成上的稳定（图 8.27a），很可能与渐新世期间来自地中海地区的扩散作用的终止紧密相关。下面的发现也支持了这一观点，即当时在加勒比地区发现的属仅限于加勒比地区，表明它们就起源于那里而非其他地区。

另外，Budd 将上新世至更新世属级的强烈灭绝归因于气候恶化。在种一级，中至晚始新世、晚渐新世至早中新世以及上新世至更新世灭绝率的提高与第一和第三个时间段的变冷期正好吻合，并与区域性上升洋流的开始以及第二个时间段的混乱一致。非常有趣，有证据显示在各种陆相和水体背景下的更新世种可以通过改变它们的地理分布来逃过重大的气候变化 [见 9.6 节]，而且，关于现今佛罗里达沿岸珊瑚种的资料表明，为应对现今的气候变

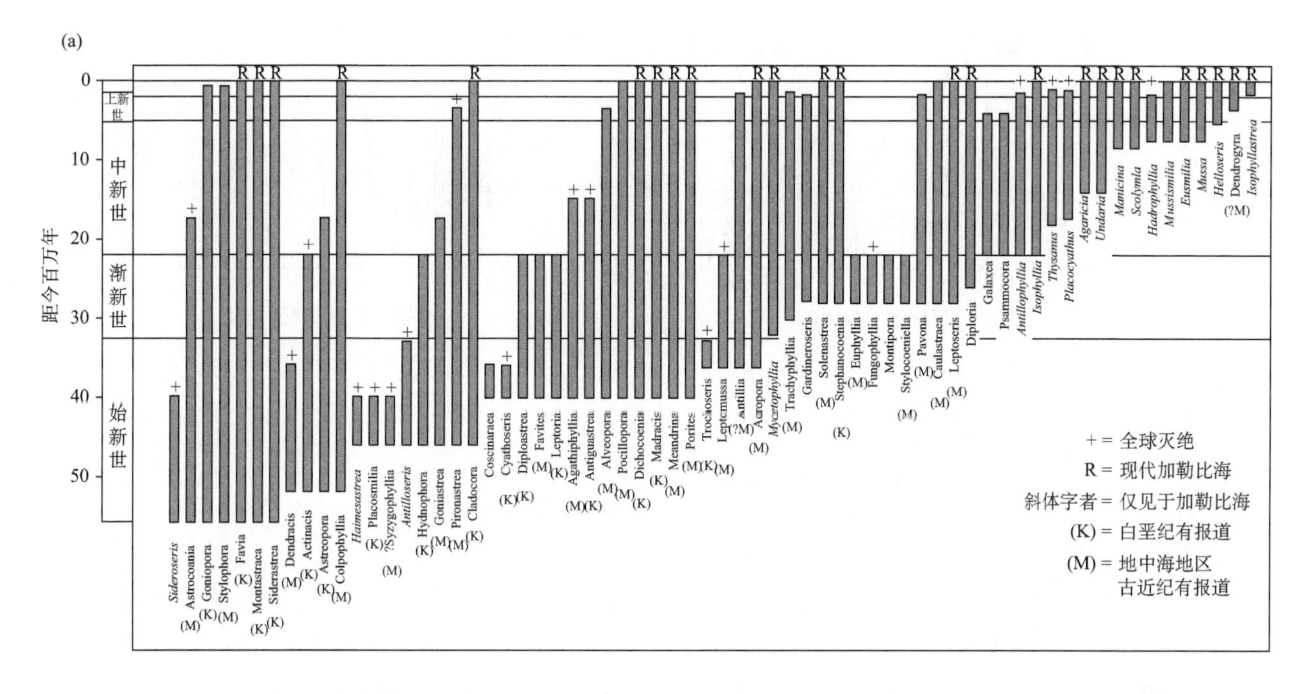

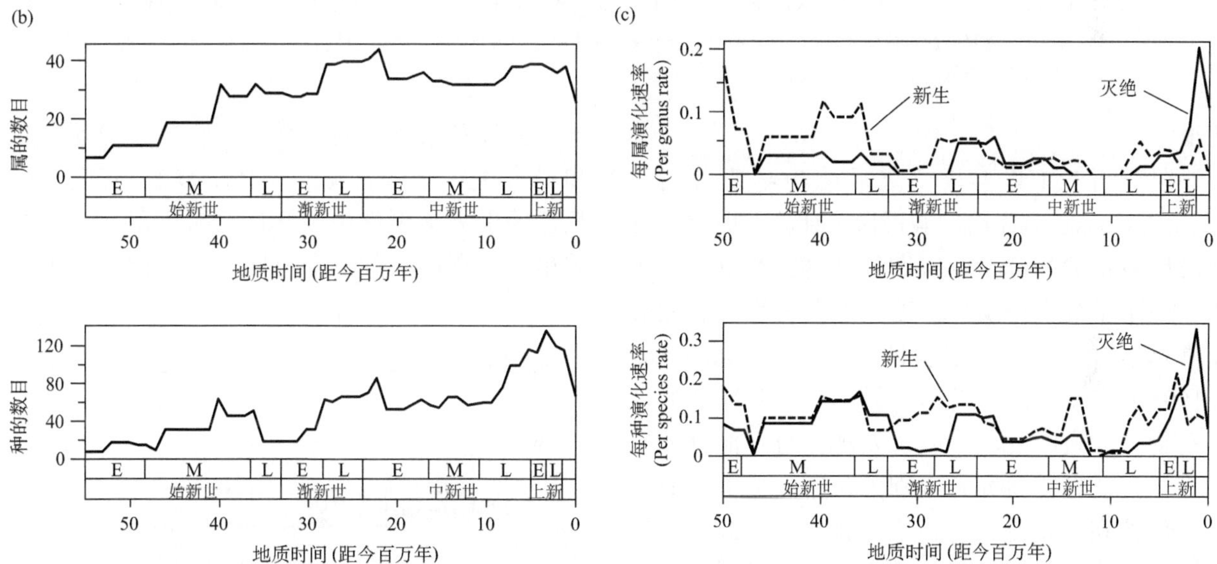

图 8.27 Budd 对新生代期间加勒比地区珊瑚演化速率的分析

(a) 从始新世到现代加勒比地区珊瑚属地层延限的综合图。(b) 从始新世到上新世珊瑚属（上）和种（下）的多样性。(c) 从始新世到上新世珊瑚属（上）和种（下）的新生率和灭绝率。新生和灭绝都是以百万年为单元的变化百分率（见表 7.4）（Budd, 2000）。图中 E、M 和 L 代表早、中和晚。

化，它们正在经历地理范围的转移 [见 10.6 节]。因此，还有许多需要我们去了解，以解决为什么有些种非常能适应气候变化，而另一些则明显不能。

集群灭绝后的复苏

显生宙几次重大灭绝事件之后全球多样性都出现了快速反弹（图 8.5）。因为重大集群灭绝是全球规模的，故在全球范围内考察复苏应该是合理的。然而，并没有铁定的理由来期望利于特定分类单元分化的因素也应该是全球性的。正如我们在奥陶纪辐射中所看到的，不同地区或不同环境的物理特征可产生不同的分化途径，因此，生物复苏的属性与轨迹在地区与地区之间可能变

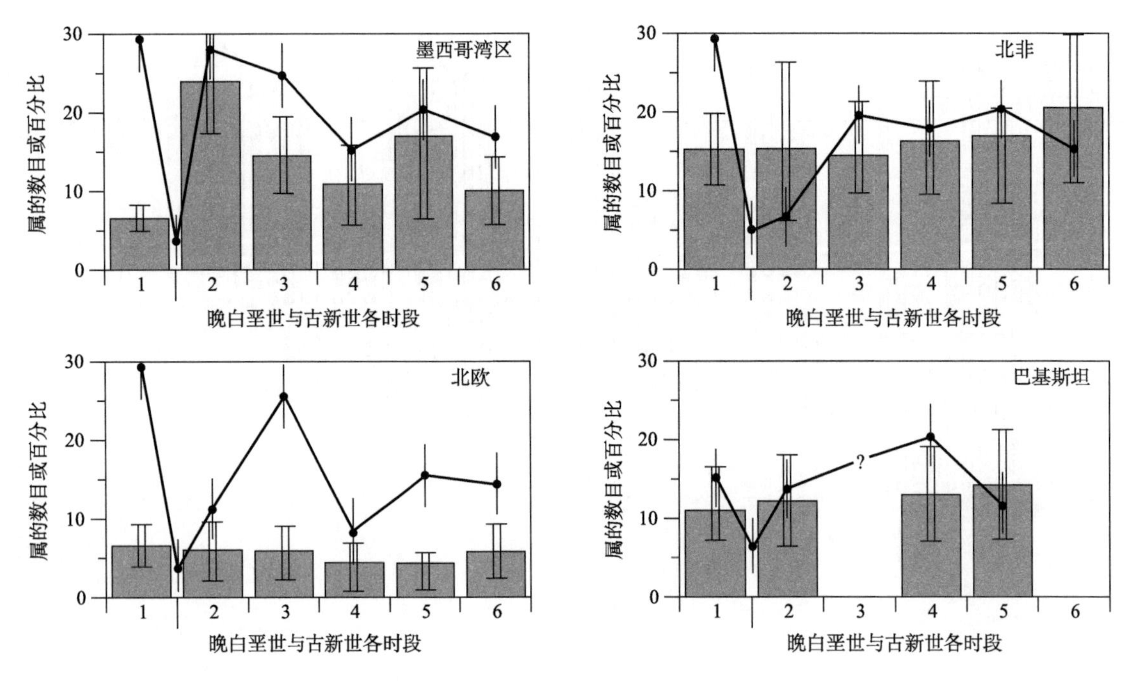

图 8.28 Jablonski（1998）所描绘的穿越 K/T 界线并进入古新世的鼎盛分类单元的多样性在不同地区间的差异

直方图显示所有种的多样性的百分含量，而点显示种的实际数量。在所研究的四个地区，被作为鼎盛分类单元的比例在集群灭绝之后增加了，但只在北美海湾的沿岸。

化很大。

在分析 K/T 集群灭绝之后的生物复苏时，David Jablonski 对先前的假设做了评价，即北美海湾沿岸最初的复苏是以所谓的鼎盛分类单元占优势——即非常广布的种，被认为在灭绝之后能够非常迅速地分化。为了验证这个假设，Jablonski（1998）将北美海湾沿岸与另三个主要地区的软体动物分化进行比较，结果发现，与其他分类单元相比，被先前研究者识别为鼎盛分类单元的种的多样性在其他地区并没有增加（图 8.28）。这不仅对鼎盛分类单元的全球意义提出了质疑，而且还表明 K/T 灭绝之后的复苏远远不是一个全球统一的过程。

由于晚二叠世集群灭绝之后全球多样性增加的大规模（图 8.5），这次分化得到了古生物学家的极大关注。就新分类单元数量而言，这一中生代辐射似乎可与寒武纪大爆发和奥陶纪辐射之和匹敌。然而，也有争论认为，从演化立场看，中生代辐射并不如古生代的那些辐射深刻。在中生代，海洋分类群中新起源的门和纲比较少（图 8.29）。关于这一点，有两种主要的解释。首先，到古生代末，遗传通道可能被引向了不利于“实验”的那种状态，而这种“实验”在晚前寒武纪和早古生代十分常见［见 10.2 节］。其次，尽管晚二叠世灭绝事件中多样性严重下降，由遗留分类单元占据的实际生态空间与灭绝前的水平相比

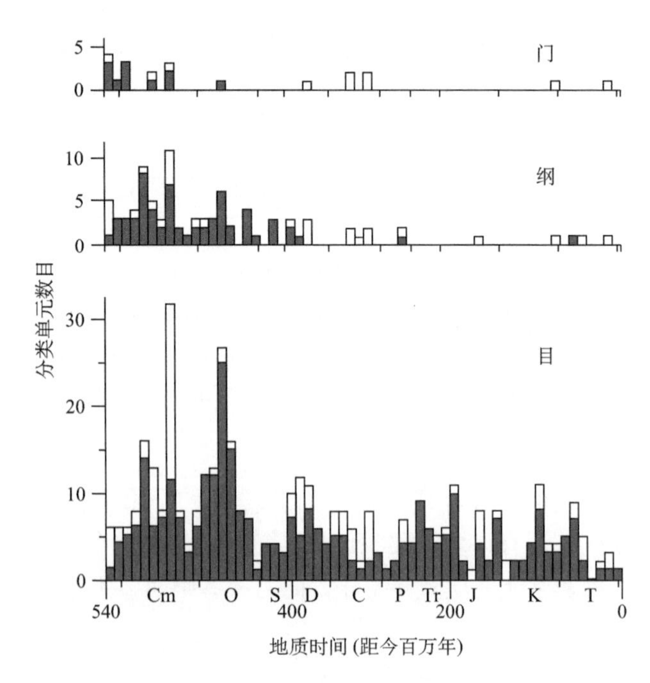

图 8.29 Erwin 等（1987）所描绘的海洋分类单元完全骨骼化和轻微骨骼化或非骨骼化的起源时间

需要注意的是，绝大多数门和纲都在古生代起源。

并没有大幅缩减。

所以，与早古生代分化（当时伴随生物的出现在海底之下、之中和之上都有一系列新的生活方式，见第 9.4 节）形成鲜明对照的是，中生代早期可供新生活方式发展的未被占领的生态空间更加有限。很明显，这两种解释并不相互排斥，或许还共同作用在生命历史中最广泛的集群灭绝之后抑制新门和新纲的出现。

8.9 生物转换的简要回顾

正如本章所建议的，古生物学家为显生宙以来所观察到的全球分类组成的重大转换设想了许多解释。有代表性的，就地质历史中使一个类群优于另一个类群的生物学特性而言，这些涉及两个或更多类群的分类。在一些情况下，就像圆口类和唇口类苔藓虫的特征 [见 8.4 节]，竞争被用来解释后一类群明显以前一类群为代价的长期分异。然而，就像我们已经注意到的，这种方法并不是特别有效，因为很难确切地证实一个较高级分类单元享有一种长期的竞争优势足以引起地质历史中的生物替换。

关于生物转换的话题在第九章古生态学部分进行了更深入的讨论。这里，为了帮助总结解释地质历史中一个类群被另一个类群取代的各种思想，有必要考虑图 8.30 中显示的由 Michael Benton 提出的概略图。这些解释包括长时间里一个类群优于另一个类群的相互作用而引起的逐渐取代（图 8.30 中的类型 1），以及由紧接在集群灭绝之后的意外的幸存者的促进而发生的快速替代，这些幸存者的快速辐射占领了灭绝生物所腾出来的生态空间（图 8.30 中的类型 5）。比较折中的方案涉及到类群 B 中形态或功能革新（即“关键适应”）的引入，使它对类群 A 而言具有了一种竞争优势，但是，对类型 2, 3, 4 中变化的幅度而言，集群灭绝或干扰在赶走现生类群的转换中起到了一个有意义的作用。

在本章我们所考虑的那些例子中，Sepkoski 的二维逻辑斯谛模型以及将它用于解释从圆口目到唇口目苔藓虫的转换将被作为类型 1 的替代。Gould

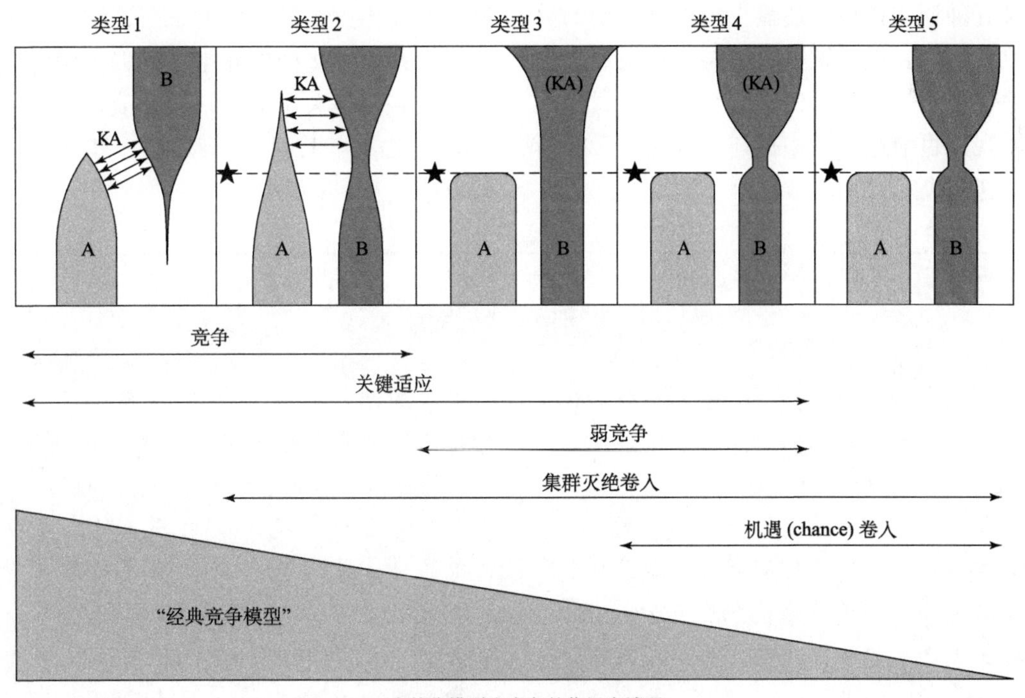

图 8.30 反映一个分支被另一个分支替代可能型式的一系列简略模型

从左至右，竞争的作用不断削弱，并且物理的干扰不断增强。其中四个图中的星号代表集群灭绝，“KA”指“关键适应”。据 Benton（1996）。

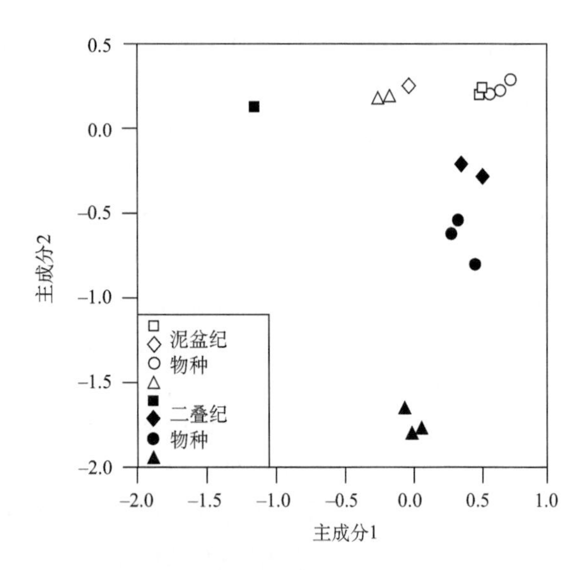

图 8.31 泥盆纪和二叠纪海蕾类一个样品的主成分记录

每一个纪都由分属于四个种的许多标本代表，这样，两个纪中种的丰富度就是一样的。二叠纪的类型更加广布，它们具有更大的形态歧异度。资料源自 Foote（1991）。

（1985）将集群灭绝作为凌驾于生物群长期转换之上的裁决者的观点是类型 5，而 Rosenzweig 和 McCord 关于不可变颈乌龟到可变颈转换的解释则介于二者之间。虽然 Benton 及其他研究者致力于寻找确定这五种型式各自描述显生宙生物转换的恰当程度，但离我们真正了解哪一个型式在生命历史中占统治地位还有一个很长的过程。然而，我们有理由保持乐观，目前这本书中描述的方法将最终帮助我们作出这些决定。

8.10 形态多样性

迄今为止，我们关于多样性的讨论还严格地局限在分类单元多样性或丰度。不过，本章中提出的许多问题都涉及到种间的形态差异，这些区别，又叫**歧异度**（disparity），代表了生物多样性的另一个重要方面。

因为化石记录中的种是依据它们的形态来识别的，因此，很自然地就会问对古生物种而言分类单元多样性与形态多样性真的不同吗？为了描绘多样性这两个方面的差异，图 8.31 显示了许多海蕾类棘皮动物标本的形态资料，度量包括萼上选择的同源界标的 x、y 和 z 坐标，就像图 2.8b 中所显示的。由于度量过多导致我们不可能用简单的方法图示这些数据，因此，数据被转换到了综合的主成分轴上 [见 3.3 节]。在图 8.31 中，每一个种的标本都聚在一起且与其他种分离。这不是一种循环练习，因为种的识别并不是依据这里显示的度量资料。

图 8.31 显示了泥盆纪和二叠纪的许多种，每一个种有 1—3 枚标本，每一个纪有四个种代表，但二叠纪的类型更加广布——它们具有更大的形态歧异度。就像这个简单的例子所证实的，丰度和形态歧异度衡量了多样性非常不同的方面。二者之间是怎么关联的是关于形态歧异度演化研究需要解决的首要问题。知识点 8.3 描述了一些度量形态歧异度的方法。

知识点 8.3

度量形态歧异度

对形态歧异度的研究是从度量一个时间段内相关种之间差异开始的。为了表达这个意思，图 8.32 勾画了图 8.31 中每一个种的平均值。度量样品种形态歧异度的一个明显的方法就是度量该图中点所覆盖的区域，或者是体积或“超体积”，当存在三维甚至更多时。由晕线显示的区域代表的是二叠纪样品。在具有清晰的直觉的要求的情况下，这种方法就会产生一个问题，特别是对古生物学研究而言：点所覆盖的区域依赖于采集的种数的多少。因此，明显的形态歧异度可能反映了采样的完全程度。如果图 8.32 中只有一半的种被采集，那么点的分布区域将会大大缩小。

度量形态歧异度的另一种方法就是我们在第三章中考虑的延伸变异的单变量度量。图 8.32 中显示了二叠纪的种。对一个单一性状，回归这样一些因素：在 n 个种中度量的 x 以及平均值 $\bar{x}$，样品的变异就可确定为 $s^2 = \sum (x - \bar{x})^2/(n - 1)$。当有两个或更多的性状时，我们首先计算每一个变量的平均值，

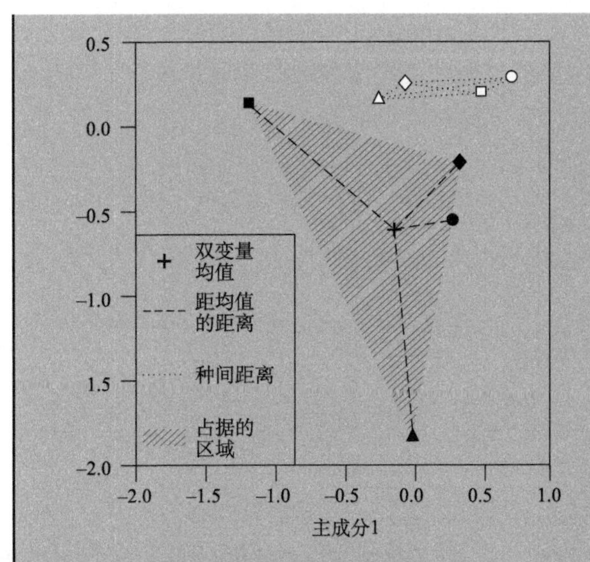

图 8.32 度量形态歧异度的三种方法

几个不同形状的黑色点代表图 8.31 中种的平均数。（1）晕线标示的区域表示二叠纪种占据的地区。（2）虚线表示同种至二叠纪平均数的距离；直线距离的平均值就是形态歧异度。（3）点线表示泥盆纪种之间的距离；直线距离的平均值同样也反映形态歧异度。资料来自 Foote（1991）。

然后再标出双变量或者多变量平均值的位置，在图 8.32 中以十字表示。这样，自这个平均值，每个种的直线距离 d 就可以计算了 [见 3.2 节]。双变量或多变量变异就是自平均值直线距离的平均：$\sum d^2/(n-1)$。就像单变量变异一样，这种形态歧异度度量方法一般不受样品大小的影响。

另外，度量形态歧异度的另一个方法就是计算所有成对物种之间的直线距离，如图 8.32 中所示的泥盆纪类型，并取这些距离的平均值（平均直线距离实际上是直接与变异成比例的）。这种方法必须在性状是可归类或可编目而不是连续的情况下使用 [见 3.2 节]，这是因为均值和变异只有在连续变量的情况下才有意义。利用不连续特征有很多方法计算两个种间的距离，其中一个方法就是，将两个种共有、但分别具不同性状值的所有性状制表。

形态歧异度分析的实例

演化辐射期间的形态变化 多年来，许多古生物学家都认识到这样一种普遍趋势，即一个生物类群在它分化的早期阶段其形态变化相对较大，而当演化辐射进行的时候反而变得较小了。这种型式通常被认为反映了主要形态变化总是与获得新生活方式联系在一起的。然而，这种趋势遭到了质疑，部分是因为该趋势有时是从分类单元之间形态差异的主观推测中得出的。对形态资料的分析使我们能够对早期辐射的型式进行更加明确的评估。

棘皮动物被认为是在其演化历史的早期阶段形态经历过重大演化转换的类群之一。作为一个例子，图 8.33 显示了对棘皮动物海蕾亚门研究的结果，依据了大约 65 个不连续的形态特征。全部都独立进行的许多种系分析被合成而形成了一个亲缘

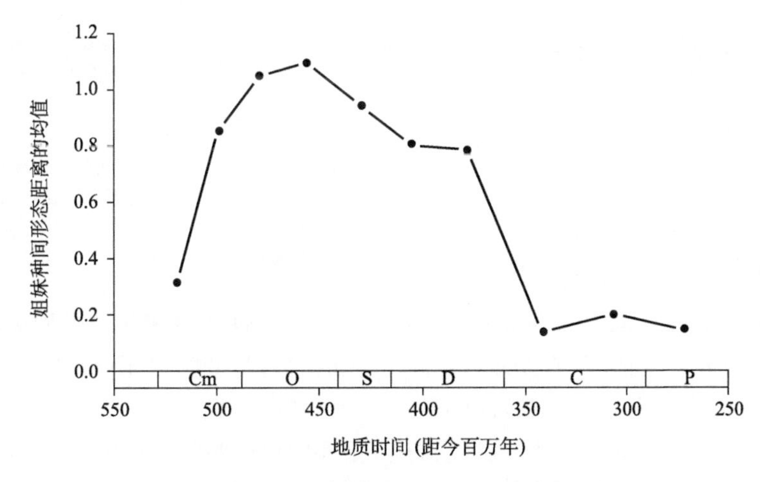

图 8.33 海蕾类棘皮动物姐妹种之间平均形态距离

距离越大就暗示演化转换也越大。资料源自 Wagner（1995）。

关系图[见4.2节]，形态变化的大小是通过计算分支图中成对姐妹种之间的形态距离来进行估计的。在所有取样的种中，姐妹种最紧密相关，因而它们之间的形态距离应该反映了演化变化。与传统的观点一致，海蕾类棘皮动物形态转换的大小在寒武纪和奥陶纪较高，而在古生代的其他时间里下降了。

在许多情况下，一个类群内部的种系关系是不清楚的，因此，演化变化的直接度量是不可能的，就像海蕾亚门的情况一样。然而，不论种系关系如何，种间的形态歧异都可被用作是转换大小的间接向导。为了在没有种系关系信息的情况下推测转换的属性，有必要依赖于以演化型式的方式作一些额外的假设。

图8.34比较了两个分化过程的高度理想化模型。第一个（图8.34a），祖裔之间形态梯度的平均大小随时间没有改变，结果，演化树持续扩大，不断分支和积累新分类单元，即形态歧异和丰富度同时增长。在第二种模型中，辐射早期阶段的形态梯度要远远大于其后期的（图8.34b），演化树先是快速扩大，然后就更加缓慢，因此，形态歧异最初的增长速度要远大于丰度。

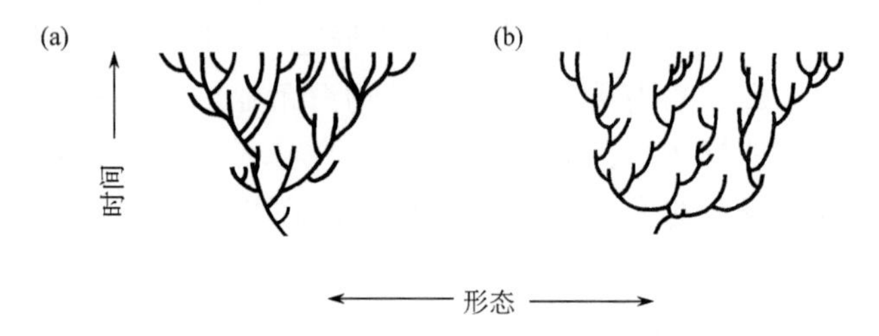

图8.34 在一次演化辐射期间丰度和形态歧异度的型式

(a) 祖先与后裔之间演化转换的平均大小在地史中是一致的，因此，形态歧异度和丰富度共同增长。(b) 转换的规模在早期较大，后期较小，结果，形态歧异度在一开始要比丰富度增加得更快。据Foote（1993）。

记住这些模型，我们再回到海蕾亚门的资料。在图8.35a中用另一种方式进行描绘，因为考虑了一个时间段内所有存在物种之间的平均距离而不仅仅是姐妹种之间的距离。与姐妹种之间的距离相似，这些距离在寒武纪和奥陶纪增长然后就下降了。另外，表现这些资料的另一种方法就是将它们按不同的时间段标示为一系列的散点（图8.35b），每一个散点代表了与主成分相似的综合变量。就像图8.35a所建议的，在寒武纪和奥陶纪期间点的扩散增加了，但在志留纪和泥盆纪降低了，而在石炭纪和二叠纪是总体稳定的。

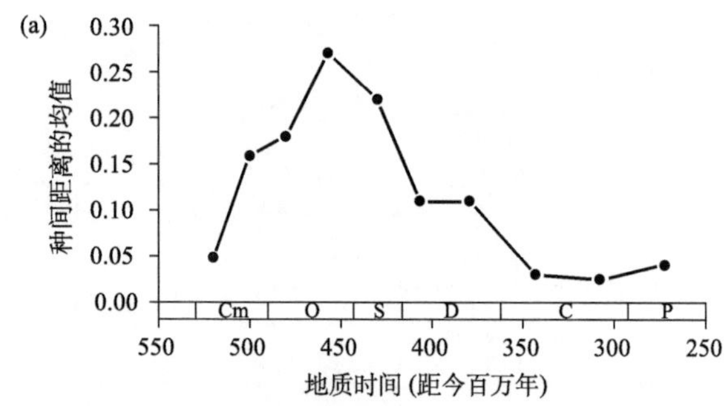

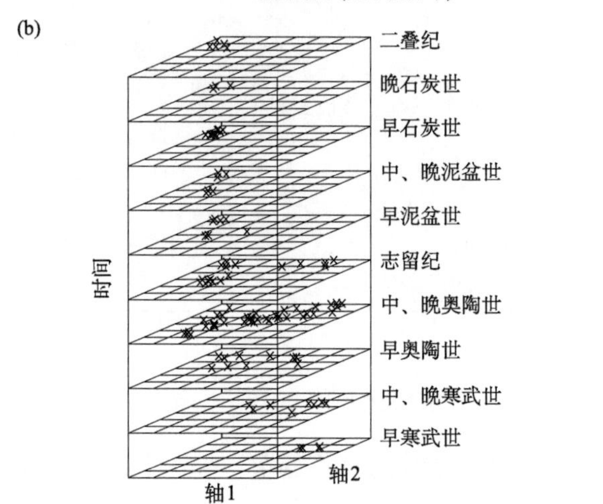

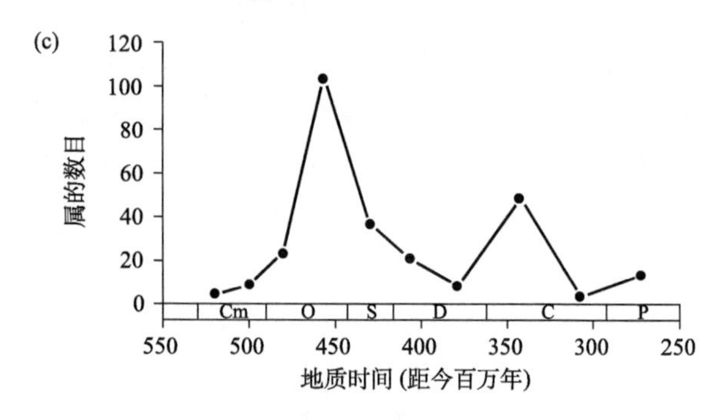

图8.35 海蕾类棘皮动物的形态歧异度和丰富度

(a) 形态歧异度，即种与种之间的平均直线距离。(b) 地史中种的散点图，显示在高形态歧异度时期点就很分散。(c) 丰富度，即属的数量。需要注意的是，形态歧异度和丰富度在地史中并不以同样的方式在变化。资料源自Foote（1992）。

图8.34中理想化的模型建议，将对形态歧异演化的解释与分类单元丰富度联系起来是有帮助的。为了比较海蕾亚门的形态歧异，图8.35c描绘了海蕾亚门属的数量。很明显，在寒武纪和奥陶纪早期形态歧异增长速度要大大高于丰度。根据图8.34a中的模型，表明海蕾亚门在演化早期形态转换的规

模更大，这正好与直接在分支图上（图 8.33）度量转换所发现的完全一致。因此，在这个例子中，间接的和直接的方法是基本一致的。

灭绝事件中的形态选择性 海蕾亚门丰度和形态歧异度的演变历史体现出一个很有趣的特征：从奥陶纪到志留纪其丰度有一次很明显的下降，而形态歧异度几乎没有变化。我们可以通过另一些理想化的模型对这种不一致性作一些判断（图 8.36）。在丰度下降期间，就形态而言如果谱系随机消失，那么与采样种数量相对应的所观察到的类型的范围就将下降（图 8.36a）。然而，演化树的分支将变得稀少而非被修剪（删减），分支间的平均距离总体保持。因此，被作为变异的形态歧异度就不会像丰度那样大幅下降。另一方面，如果灭绝选择性地去除了演化树上某一些主干，如图 8.36b 所示，那么形态歧异度或许会随丰度下降。

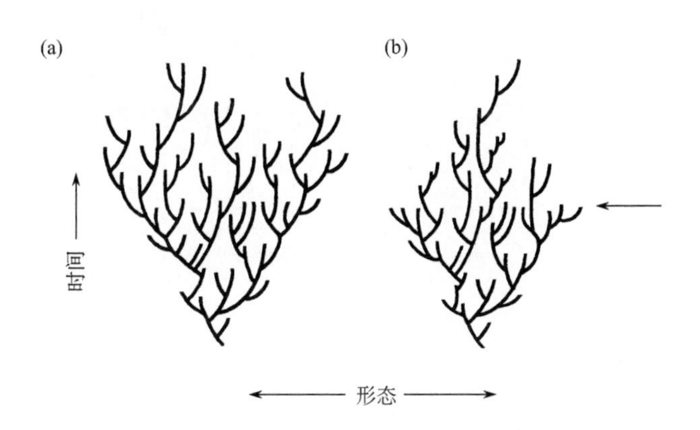

图 8.36 丰度下降期间的丰度和形态歧异度型式，从箭头所示的时间点开始

(a) 就形态而言谱系随机消失，结果，形态歧异度在很大程度上得到了保持。(b) 形态上看极端谱系被选择性地丢失，结果，形态歧异度和丰度共同下降。据 Foote（1993）。

带着这些模型再回到海蕾亚门的资料，从奥陶纪到志留纪的转换表明谱系丢失很大程度上是非选择性的。另一方面，从志留纪到泥盆纪，丰度的下降伴随有形态歧异度的大幅降低，表明演化树的某些分支被选择性地去除了。事实上，到石炭纪，除海蕾类外海蕾亚门的所有纲都灭绝了，因而，石炭纪的形态歧异度就比泥盆纪的要低，尽管事实上在石炭纪属的丰富度有一次重要增长（图 8.35c）。

所以，形态歧异度与丰度是否共同下降为灭绝事件中形态选择性提供了一个间接的验证。牢记这样的事实很重要，即选择性在一定程度上取决于分析的尺度。当我们说从奥陶纪到志留纪的灭绝似乎不具有选择性，我们并不意味着不存在与它们形态的特定细节相关的好的理由来解释为什么有些种幸存了而另一些没有。相反，我们指的是，在幸存与形态之间并不存在一种简单的、凌驾于之上的关系，所以我们可以根据如图 8.35b 中散点显示的资料来推测幸存者。

8.11 结束语

从本章所覆盖的话题我们可明显地看到，全球生物多样性的古生物学研究仍处在其发展阶段，尽管它作为大规模古生物学研究的一个焦点已经超过 25 年了。我们确信，本章中考虑的许多话题，如全球分类单元转换和集群灭绝的原因，仍将是争论的。与此同时，这些问题，或许比古生物学其他任何主题都更加攫取地质科学家、生物学家甚至天文学家的兴趣和想象力。

在这方面，过去几年里最有前景的进展之一就是感兴趣的不同学科研究者之间的合作以理解地球历史中生物转换的原因。诸如 NMITA 和 PBDB 等数据库就是这种兴趣的产物，因为古生物学家已经认识到重要的一点，即我们有必要了解地方性和区域性的多样性趋势是如何结合起来以形成在全球尺度上我们能观察到的多样性型式。然而，多样性的评价并非这项研究的终点。高精度的区域性的和分类学数据可以与形态学、岩石学以及地球化学的信息结合以构建一个关于地球历史中生物转换与环境转换之间关系的更加精细的画面。显然，这是古生物学的主要生长点之一，在第九和第十章中还有许多例子以强调这一点。

补充阅读

Foote, M. (1997). The evolution of morphological diversity. *Annual Review of Ecology and Systematics* **28**: 129–152.［关于形态多样性的综述研究，强调古生物学实例］

Hallam, A., and Wignall, P. B. (1997). *Mass Extinctions and Their Aftermath.*

Oxford, U.K., Oxford University Press, 320 pp. [对生命历史中每一个集群灭绝事件分章节进行了总结]

Jablonski, D., Erwin, D. H., and Lipps, J. H. (eds). (1996). *Evolutionary Paleobiology*. Chicago, University of Chicago Press, 484 pp. [收集了一系列论文，强调宏演化型式研究的主要方法]

Rosenzweig, M. L. (1995). *Species Diversity in Space and Time*. Cambridge, U.K., Cambridge University Press, 436 pp. [物种多样性大尺度型式及其控制因素的全面总结，特别强调现今的情况]

Ryder, G., Fastovsky, D., and Gartner, S. (eds). (1996). *The Cretaceous–Tertiary Event and Other Catastrophes in Earth History. Geological Society of America Special Paper* 307, 569 pp. [一部关于集群灭绝的综合论文集，是 Silver 和 Schulz 1982 专著的后续篇]

Silver, L. T., and Schulz, P. H. (eds). (1982). *Geological Implications of Impacts of Large Asteroids and Comets on the Earth. Geological Society of America Special Paper* 190, 528 pp. [论文集，主要是受 Alvarez 等为 K/T 灭绝提出的撞击假说影响而进行的早期研究]

Valentine, J. W. (ed.). (1985). *Phanerozoic Diversity Patterns: Profiles in Macroevolution*. Princeton, N.J., Princeton University Press, 441 pp. [论文集，考察了显生宙以来海相和陆相背景下分异的各种特征]

Wills, M. A. (2004). Morphological disparity—A primer. *In* J. M. Adrain, G. D. Edgecombe, and B. S. Lieberman (eds). *Fossils, Phylogeny and Form: An Analytical Approach*. New York, Kluwer Academic/Plenum Publishers, p. 55–144. [对形态歧异度分析的方法和应用进行了详细的回顾]

第九章　古生态学和古生物地理学

生态学（ecology）研究现生生物体与其生存环境之间的相互关系，因此可认为**古生态学**（paleoecology）是研究古生物体与其生存的古环境之间的相互关系。除了现今和地质历史的区别外，还应该认识到生态模式不仅是现在的动因作用结果，而且是数百万年的进化作用的结果。在这方面，古生物学家现在认识到，结合生态学观点对漫长地质时期中的进化转变（或在某些情况下的稳定性）进行研究，将提供一个现代生态学家无法涉及的范围。对这些长期模式和过程的研究属于**演化古生态学**（evolutionary paleoecology）的范畴。

与此同时，一些新的分析技术，如骨骼组成的地球化学分析等，显著提高了基于化石材料重建的古环境和古气候的精度。这些技术还使研究者能够对漫长地质时间中环境条件的变化进行高分辨率估计。因此，从实际应用的角度来说，古生态学为广义的地球科学研究提供了重要数据。

在这一章中，我们将着眼于不断变化的古生态学分支中的几个方面，重点在：（1）对演化古生态学而言，地质时间尺度与日剧增的重要性，以及（2）重建古环境和古气候的新方法。但在这之前，有必要回顾一下与**群落古生态学**（community paleoecology）发展相关的基本操作原理和原则，它是古生态学研究早期的重要焦点。将群落概念灌输到古生态学中，提供了演化古生态学的发展所依赖的科学和方法论基础。

古生物地理学（paleobiogeography）研究远古的生物地理分布，也着眼于空间尺度。当古生物学家识别古生态学强调的环境空间与古生物地理学强调的地理空间之间的根本差别时，这些差别并非总是很明显的。我们将通过思考环境和地理的分布之间的关系，以及探讨古生物地理学在区域和全球尺度上评估生物分布的作用来总结这一章。

9.1 古生态数据的特性

在第一章中，我们讨论了化石记录采样的普遍原理，包括需要估计化石样本质或量的不同是否影响我们从中分辨生物差异。由于很多古生态分析包含对一系列样本生物构成的直接对比，古生物学家通常寻求在所有特定的研究中应用标准化的数据采集方法，来保证采样方式的不同本身不会造成样本组成中的可测量偏差。假如化石材料的保存状况和易获得性在化石记录中普遍变化很大，采集、鉴定和统计化石的方法在不同的研究中也会略有不同。

采样方法的选择有时取决于保存的状况，如研究者遇到化石在结晶灰岩或砂岩中以至于需要手钻或爆破来移动它（这并不一定会使一个雄心勃勃的古生物学家望而却步！），或者化石处在公有土地上，任何材料的移动都是非法的。这些情形要求对化石材料进行原位普查。此外，即使在化石可以采集的地方，如果能够确认化石在露头上的空间分布反映的是真实的生物分布而不是死后搬运的结果，那么原位普查的方法也值得使用（图 9.1a）。最后，若地层未在露头上暴露，可通过钻取岩芯来取样（图 9.1b）。这种方法对从保存在湖底或洋底的地层中取样非常有用。

在取出样本做化石鉴定和统计时，为了减少因采集材料的体积不同而直接造成样本中化石丰度差异的可能性，通常会从每块样本中取出近乎同样体积的材料［称为**大样**（ bulk sample）］。另一种在化石丰度高时使采样大小标准化的方法是在每块样本中清点相同数目的个体。

虽然原位普查最易于在层面上操作（图 9.1a），但当无法找到层面时，它也可以应用到露头呈墙状的地层的侧面上。在前一种情况中，可直接将一个长方形或正方形的模板［也被称为**样方**

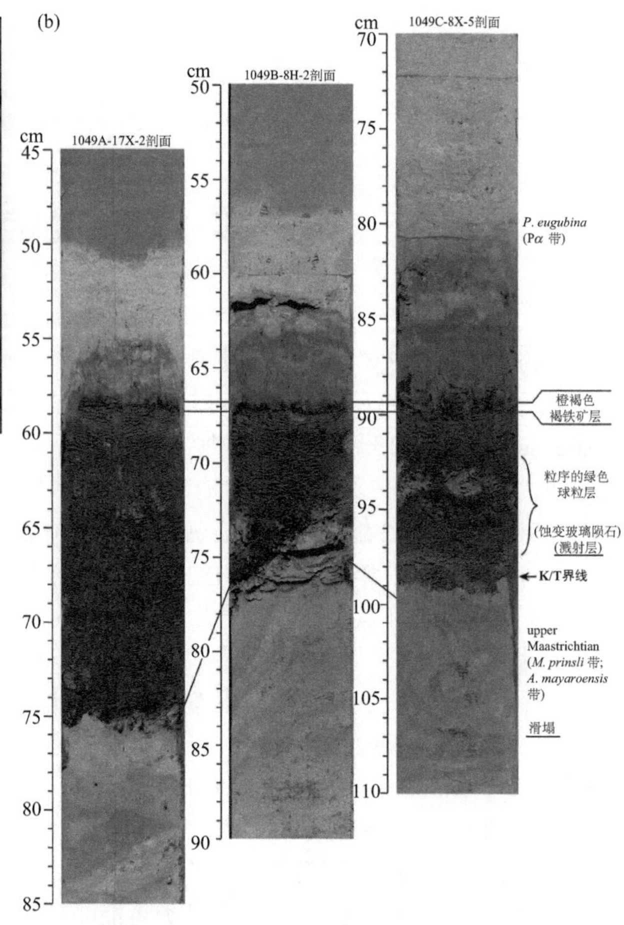

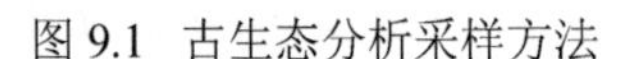

图 9.1 古生态分析采样方法

(a) 一位研究者在纽约的一处泥盆纪地层中用样方法对保存在层面上的化石的空间分布进行估计。(b) 由大洋钻探计划赞助的，在 Black Nose 地区取的可对比的一组岩芯样，此地区位于大西洋西部，在北佛罗里达东部约 500 km。岩芯穿过了白垩纪、第三纪（K/T）界线并展示了天体撞击的影响和残留。图 a 源自 D. L. Meyer; 图 b 据 Norris 等（1998）。

（quadrat）］置于层面之上，鉴定和统计其中的化石个体。如果研究者认为样方之内的化石空间分布保留有具生物学意义的模式，可能也会制作一张包括样方内所有化石的分布图。

除了上述方法之外，还有一种样方统计方法，不仅可用于层面分析，也可用于在地层侧面进行普查，即拉线法，也称作**横切面法**（transect）。沿横切面的分类群的丰度可以通过计数横切面所覆盖的个体数量之和，或直接测量覆盖每个标本的横切面所经过的每个标本的长度来估算。后一种方法可估算出被各种化石类群所覆盖的横切面多大。这种方法非常适合无性繁殖的生物体，如珊瑚，对这些生物个体的划分和计数存有疑问，所以以计算覆盖面积或体积来取代更合适。

通常古生物学家必须确定一个样本中有多少个体包含脱落的骨骼碎片，如壳的碎片、骨头或叶子，这些可能来自于同一个个体。确定的方法在知识点 9.1 中有讨论。

我们对古生态数据的讨论着重基于野外工作的分类群的出现率和丰度的估计，这一直是许多古生态研究的中心。然而，我们注意到近年来古生态学已经发展到涵盖需要其他数据和分析方法的研究，如确定同一样本中化石分类群的骨骼分子生物化学组成，以及生活习性和觅食取向的解释。我们将在本章讨论这些附加的数据来源。

9.2 群落

作为以生物为基础的分支学科，古生态学的发展依赖于生物学家独立于古生物之外的早期研究。因此，考虑这项工作引发的科学论题及其对古生物学的可能影响是很重要的。

丹麦古生物学家 C. G. J. Petersen 是首先对海洋环境使用**群落**（community）概念的科学家之一，尽管在他之前有很多研究者都已关注过环境因子影响现生生物分布的方式。Petersen 的观点源于他对

知识点 9.1

确定碎片和无性繁殖系骨骼分子的样本中个体数量

在处理包含脱落骨骼的样本时，有必要考虑多个分子来源于同一个个体，然后根据可能产生这些疑问分子的个体数最小值来减少估算的丰度值。例如，在考虑双壳动物的保存壳体时，确定代表特定种的左壳和右壳的数量是很恰当的。可以假定的样本中生物种的生物个体数量至少等于左右壳中丰度较大的那一个的数量。

然而，一些研究者认为这种最小化的估计太过保守，于是提出了一种相反的方法，假定所有的可识别的骨骼分子起源于不同的个体。于是，一个给定的分类单元中的个体数量等于该分类单元出现在样本中的所有可识别的分子的数量之和。在我们双壳动物的例子中，个体的最大估计值因此为左壳和右壳数量之和。虽然很明显在某些情况下这是不恰当的估计，如当双壳动物的左壳和右壳铰合成对，或很明显是组成一只恐龙骨骼的骨头被发现相互毗邻时，但在很多实例中这种估算实际上非常合理。

事实上，有数据表明，在组成一个分类单元骨骼的各分子未保持相连的地方，一块有限样本中的所有或大多数分子很可能都来源于不同的个体。虽然这似乎出人意料，但试想一下，事实上很直观，例如，一个典型大样中出现的双壳类分子可能来源于一个大面积散布于海底的生物组合。鉴于我们在第一章讨论的埋藏学过程，一旦两个壳体分散开来，即使没有出现遗体的大幅度搬运，它们一直相近到保存在同一块只有两到三升大小的大样中的可能性微乎其微。

当处理成岩化大样中无性繁殖生物体或者高度分离的非无性繁殖生物体时，还有一种估计个体数量的方法，通过一种称作“**点数计算**”（point counting）的技术来估计每个分类单元所占的面积或体积。一种应用点数计算的方式是在透明纸上画具有固定点的长方形或正方形的笛卡尔直角坐标网格，它可以直接覆盖在大样的表面上。假设其下的分类单元相对密度的估计值至少为一个格点，可对覆盖于每个化石分子上的格点进行计数。因为相同的坐标网格可应用于同一研究中的所有样本，点数计算法有助于使不同样本的信息采集标准化。

斯堪的纳维亚水域的海洋底栖动物进行研究时采集的实验观察数据，他在那里沿自海岸线伸至数百米深水下的横切面建立了一个动物样本采集和洋底物性测量的系统项目。Peterson 使用从船上降下的机械装置从海底采取大样。他的生物数据包括每个样本鉴定出的物种列表，以及以个体数量和这些个体总重量方式记录的丰度。

Petersen 认识到，在他的研究区域中，物种并不是以任何可能的组合随机出现。更确切地说，他发现它们出现在以有限几种重复出现的组合中，而且相似的这些组合的序列在几个地点建立的横切面中可以自近岸向远岸识别出来（图 9.2）。基于自己的观测，Petersen 将群落视为一个规则重复出现的数个常见物种的组合。他对研究区群落的描绘主要基于特定一组样本中的典型物种。在这点上，Petersen 区分开真正代表一个组合的丰富种与也很丰富但分布太广而不能用来识别一个特定群落的参与种。

Peterson 认为，控制底栖群落按深度梯级分布的主要因素并不是深度本身，而是与向深水转变相关变化的温度。Petersen 证实这解释了为什么某一群落的限深随横切面变化：在不同横切面的相近深度，水温并不相同。他提出在他的研究区中，其他物理因素也有可能对控制物种分布很重要，而且他承认生物互动也有可能起一定作用。然而，显然 Petersen 更倾向于用物理因素而不是生物互动来解释他所描绘的群落模式。

尽管 Petersen 当时可能已经从简单并且可操作的角度评述了怎样识别一个群落，但显然在很多与他同时代的人中，群落的特性存在争议——至今仍是如此。特别是，生物学家长期争论的一点就是，

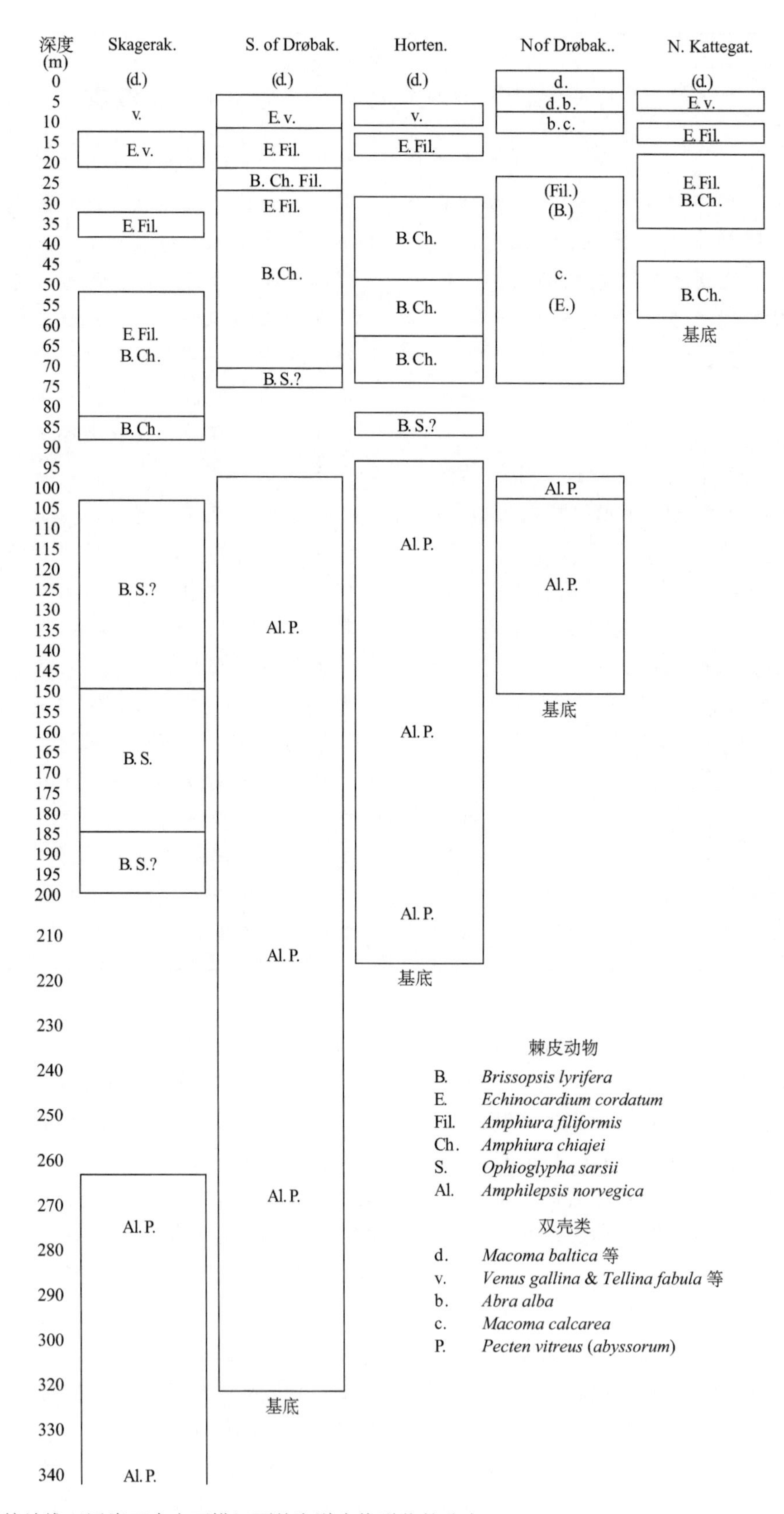

图 9.2 斯堪的纳维亚近岸五个水下横切面的海洋生物群落的分布

居群根据优势双壳类种和棘皮动物种来命名；对应的缩写在右下角。请注意几个横切面表现出相似但并不相同的模式。据 Petersen（1915）。

将物种彼此关联的交互网络（如图 9.3）是否就是导致一个群落在某种程度上呈现为一个内在黏合的单元的因素。基于对陆生植物的研究产生的两种对立观点，反映了这种争论。

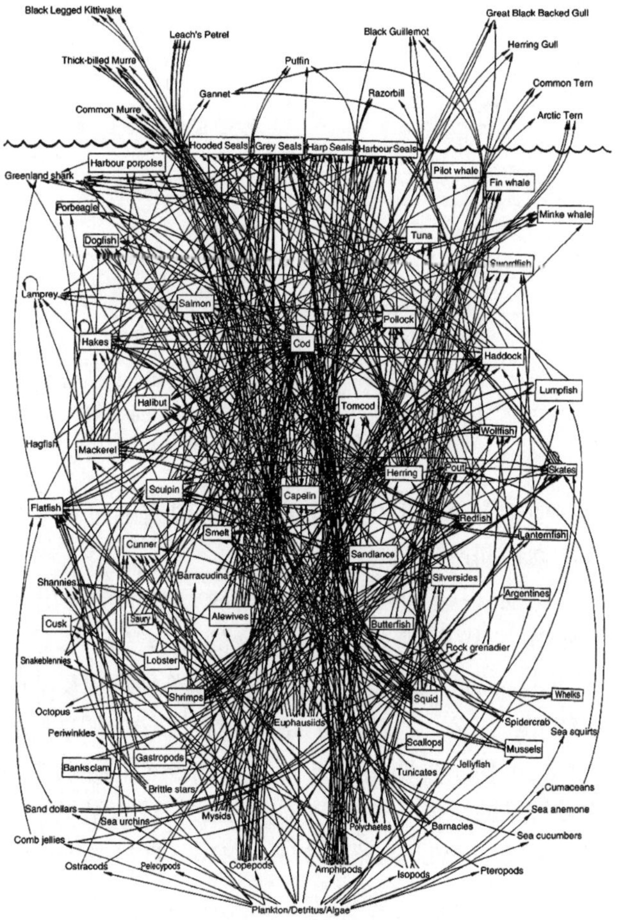

图 9.3　一个大西洋西北食物网的实例，显示了将物种链接在一起的一系列复杂路径

在本图和图 9.4 中，箭头连接食物来源和摄取它们的生物，箭头指向消费者。据国际海洋哺乳动物协会，www.imma.org/codvideo/foodwebpic.html。

一种是由 H. A. Gleason（如 1926）支持的**个性化概念**（individualistic concept），他认为植物物种的分布受两个主要因素控制：（1）种子和其他繁殖体的迁移；（2）地方环境条件。Gleason 注意到两种因素都易发生很大波动，因此提出机会对联合（群落）的集合起重要作用。就 Gleason 看来，因为没有物理条件完全相同的两个地点，所以即使讨论的物种代表相同的组合，任何两地的物种组成都不同是很正常的。Gleason 并不重视生物的相互作用对物种分布的影响，而且质疑他认为使不同地区生物组合之间的区别趋于模糊的群落分类方案的发展。

F. E. Clement（1916）支持一个截然不同的观点。Clement 提出了**演替**（succession）的理论。演替是一个用来指某一特定地点的连续群落的生物组成随时间变化的通用术语。在一定程度上，演替中任何阶段的代表物种组成是环境变化的结果，这种变化是演替群落中包含更早阶段的生物引起的（图 9.4）。但是，群落第一阶段的开始则可能依靠去除该地区大部分现生生物群的物理事件，如火或飓风，或是通过地质演化形成的新栖息地，如新出现的洋岛。

Clement 将演替的最后一个阶段看做是一种超级生物体发展的成熟阶段，他将这种发展称为**演替系列**（sere）。因此 Clement 将演替系列视为一个实体，是伴随在某个空间被清空并被重新移民之

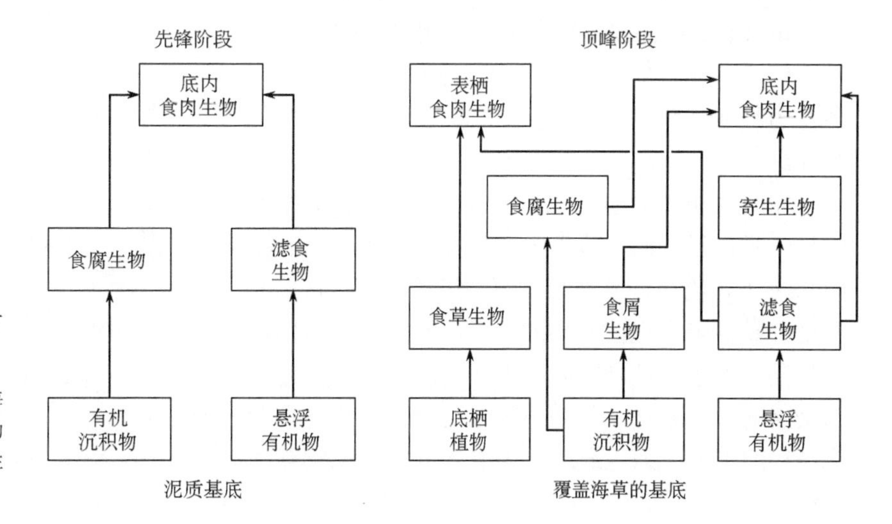

图 9.4　从波兰的中新世中期保存的古代群落中识别出来的演替的两个阶段

海底最初覆盖着泥（先锋阶段），然后成为海草的移殖地（顶峰阶段）。伴随移殖发生了动物分异、食物网复杂化和能量传递途径多样性的增加。基于 Hoffman（1977, 1979）绘制。

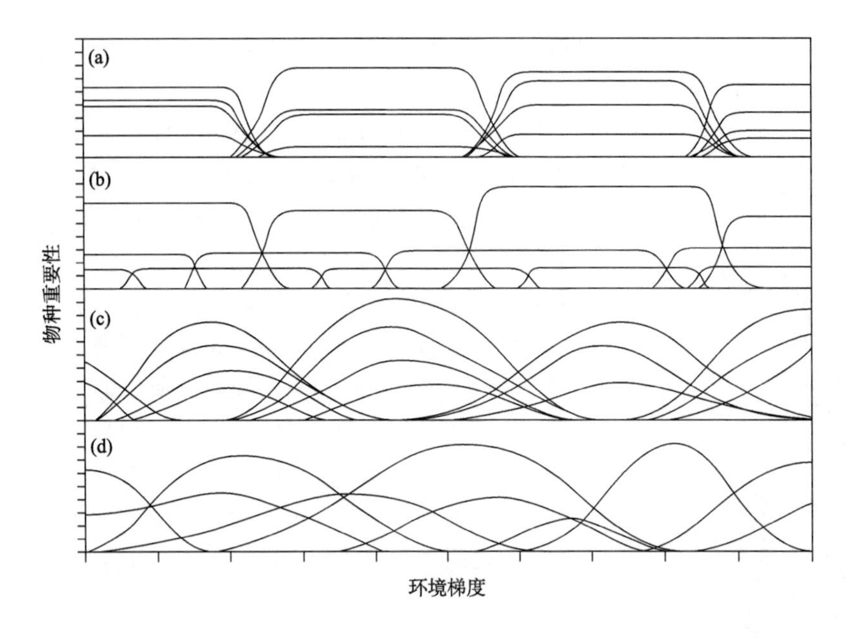

图 9.5　物种丰度按假想环境梯度分布的示意图

模型对应的情况自物种的分布相互高度关联（顶部）至物种之间相互独立（底部）。见文中 (a) 部分至 (d) 部分的描述。据 Whittaker（1975）。

后，展现出的一种由多个高度可预测阶段组成的个体发育。Clement 认为个体之间的相互作用在这种个体发育中起重要的作用，他甚至提出发展历程相近的不同演替系列被某种类似系统发生关系的东西连接在一起。

在这个背景下，植物生态学家搜集了大量的物种空间分布的数据，以检验有关群落中物种关系紧密程度的各种观点。图 9.5 展示了能说明这个问题的几种物种分布方式。几个假想物种的丰度（“重要性”）分布沿假想的**环境梯度**（environmental gradient，指环境变化渐进、连续而不突然的横切面）图示出来。在图 9.5a 中，除了环境的渐变外，沿梯度物种的分带也很明显，群落界线明确、截然，其中的物种彼此紧密相连演化，这由它们平行的丰度模式显示出来。群落的界线因**竞争排斥**（competitive exclusion）作用变得明显，这种作用导致联系紧密、具潜在相互作用的物种为避免资源竞争而彼此隔离、在同一生态空间的不同部位生存。

在图 9.5b 中，竞争相斥造成了物种个体分布的明显分界，但在此群落中的物种并无紧密联系。在图 9.5c 中，物种间几乎没有竞争相斥，因此它们的丰度分布并未表现出明显的分界，而且丰度沿横切面从假定的顶点缓缓下降，顶点处的环境条件是生物繁盛的理想条件。但是生物互动会使某些物种形成平行的丰度关系。最后，在图 9.5d 中，生物互动没有使物种分布形成平行关系，也没有通过竞争相斥使物种间产生明显的分界。

图 9.5 中的四张图展示了一系列可能出现的情况，从受生物互动主导的系统 [(a) 部分，“Clementsian”观点] 至物种对梯度单独作出反映的系统 [(d) 部分，“Gleasonian”观点]。植物群落的经验数据似乎表明图 9.5d 是目前在自然中所观测到的最常见的情形（图 9.6）。基于这些观察结果，生物学家 R. H. Whittaker（1975，p.116—117）总结道：

> 识别生命带（life-zones）是很有帮助的……但生命带彼此间是连续的……这些带是人们识别出来的某种群落……，主要根据其中的优势植物，在居群和群落沿海拔梯度的持续变化中识别的。这种分带可与人们识别的色彩相比较……色彩在光波长的频谱中是连续的。

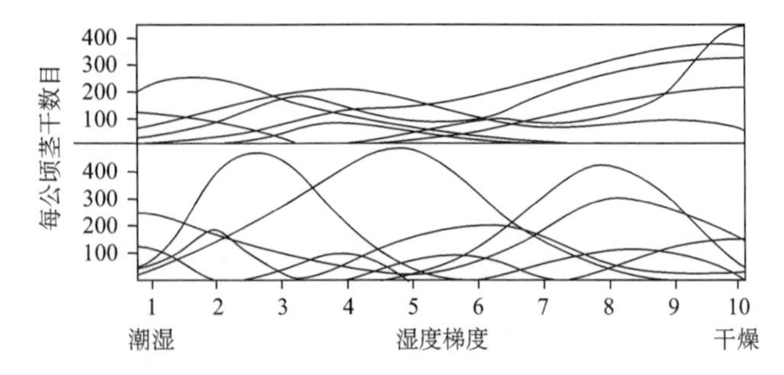

图 9.6　俄勒冈（顶部）和亚利桑那（底部）两个地区植物物种丰度沿湿度梯度的真实分布

这些图形与图 9.5d 中的假想情况极为类似。据 Whittaker（1975）。

将生物分带比作连续的色彩光谱不能应用到所有的情况，但可以较肯定的说并没有任何证据说明现今有图 9.5a 中所示的生物单元存在。

9.3 古生物群落

化石类群在古群落中的分布

我们已讨论过，古生态研究的中心先决条件是对出现在特定时空地点的生物体的鉴别和数量统计。为此，古生物学家很早就对是否可能在化石记录中有意义地识别出古群落产生了兴趣。当然，多数情况下关于出现在古群落中的软躯体类群的直接信息不是可用的，因此要排除分类群的完整名单出现在绝大多数保存的古环境中的认识。不管怎样，即使只限于研究生物群中有骨骼的那部分生物，古生物学家发现鉴定和描述古环境中生活的生物类群是可能并值得的。而当我们不能够明确识别古群落中的软躯体动物时，我们通常可以推测并未保存的某些类群的广泛存在，如整个显生宙都存在的海洋古群落中的浮游植物。

在 19 世纪 60 年代，Alfred Ziegler 发现了保存在威尔士和其他地区志留纪地层中的古生物群落。开始他在威尔士边境区分出从近岸向深水排列的五个腕足类富集的古群落（表 9.1；图 9.7），区分出特征（如丰富的）种和伴生（如常见但丰度较低的）种。这与早先 Petersen 在对现生生物的研究中提倡的方案的相似是很清楚的。实际上，Ziegler 曾指出“很显然生态学家研究动物群落的方法可以应用到化石组合上”。

接着以上的工作，Ziegler 证实在斯堪的纳维亚和北美也可识别出一批与威尔士记录非常相似的群落。这为古群落不仅能可靠地识别出来，而且它们是有机体的相联系、可重复出现的单元的观点提供了进一步的证据。

现在古生物学家常常对古群落中或群落间古生物的空间分布进行定量分析。因此，他们已经观察到化石记录中的模式，与沿现生环境梯度中识别出的模式非常相似。在第六章中，我们介绍了应用于古生态数据分析的多元方法，作为建立不同地点间的高分辨率区域对比的手段。这种方法基于下述认识，即相邻古群落的界线倾向于逐渐变化而非离散的，而且我们知道，对群落间分类单元的分布模式的评判称为**梯度分析**（gradient analysis）。关于化石记录中的梯度变化的描述和解释方面的讨论见知识点 9.2。

表 9.1 威尔士边境志留纪地层中识别出的五个群落各自包含的主要分类单元列表

居群名	特征种	伴生种
Lingula	*Lingula pseudoparallela* “*Camarotoechia*” *decemplicata* “*Nucula*” *eastnori*	“*Hormotoma*” sp. “*Pterinia*” sp. *Cornulites* sp.
Eocoelia	*Eocoelia* spp. “*Leptostrophia*” *compressa* *Dalmanites weaveri*	*Howellella crispa* *Salopina* sp. “*Pterinia*” sp.
Pentamerus	*Pentamerus* spp. *Atrypa reticularis* *Dalejina* sp.	*Eocoelia* spp. *Howellella crispa*
Stricklandia	*Stricklandia* spp. *Eospirifer radiatus* *Atrypa reticularis*	*Resserella* sp.
Clorinda	*Clorinda* spp. *Diocoelosia biloba* *Cyrtia exporrecta* *Skenidioides lewisi*	*Plectodonta millinensis* *Coolinia applanata* *Plectatrypa marginalis*

改自 Ziegler (1965) 的表 1。

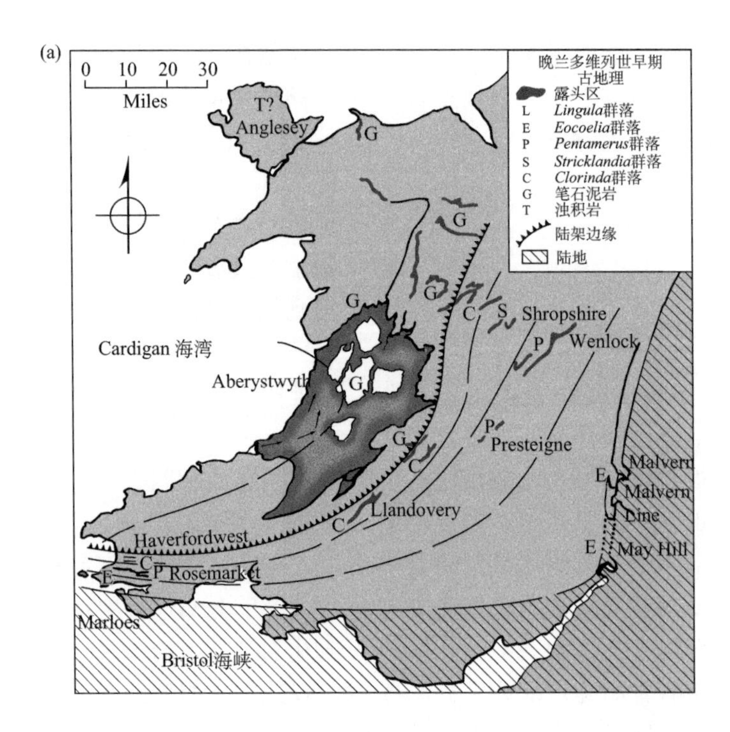

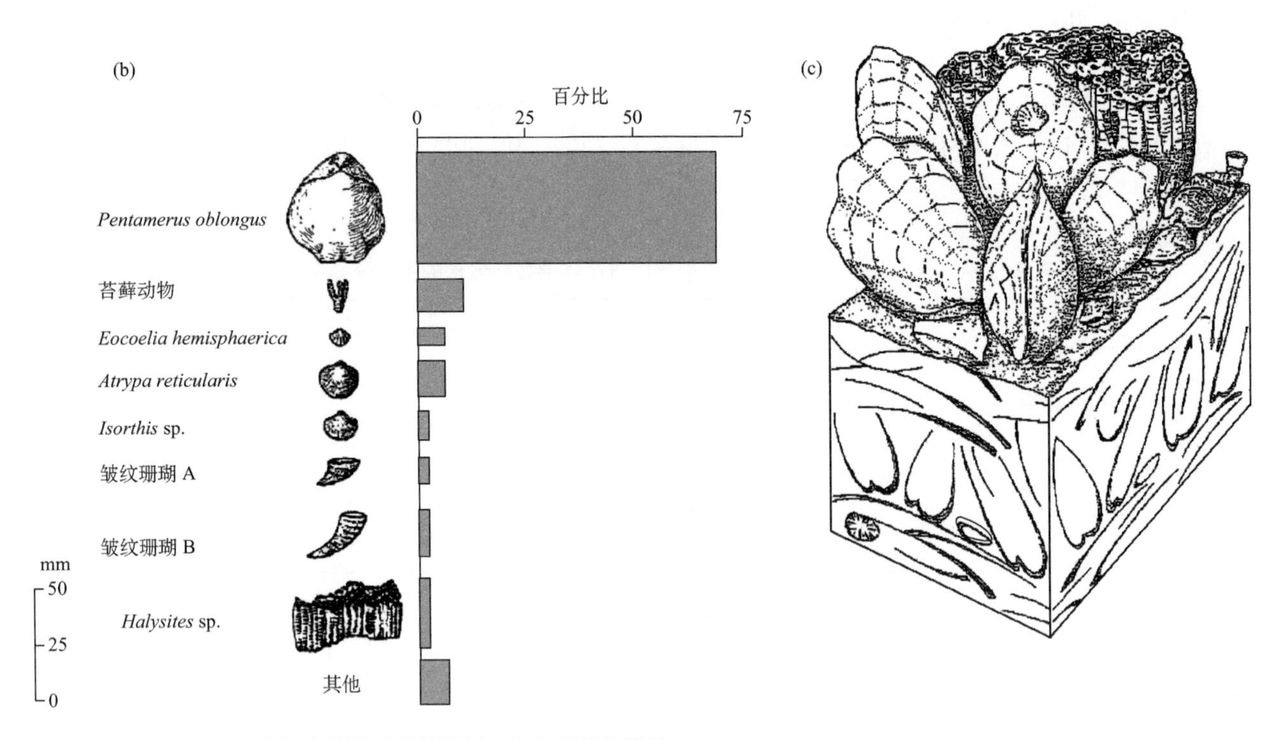

图 9.7 Ziegler 对威尔士边境及其他地区志留纪群落的描绘

(a) 显示群落自近岸（右下）至深水（中部）分布的古地理图。(b) 说明在威尔士一个地点中的、保存 *Pentamerus* 群落的一个化石组合中的主要分类单元相对丰度的柱形图。(c) *Pentamerus* 群落的素描，基于保存于北美地层中生物组合的数据。图 a 据 Ziegler（1965）；图 b 和 c 据 Ziegler 等（1968）。

在单个层位内（即在一段有限的时间区间内）的空间变异，在知识点 9.2 中图解的研究中并没有评估，它已在别处评估过。图 9.9 展示了对新泽西上白垩统 Navesink 组一个层位里的数个空间尺度采集的牡蛎化石大样的组成变化的研究。两个地点相距约 10 km，而且，在每个点的露头都延伸数十米。每个露头采集了四个样本，相邻样本采集的距离不超过几米（图 9.9a）。每个样本中搜集的分类数据表明，相邻样本中包含的分类群丰度变化很大（表 9.2）。这显示出一种称为**斑块分布**（patchiness）的模式，这种模式是小尺度上群落和古群落中常见的空间分布特征。它反映了多种因素的相互作用，包括某些物种聚集成团的趋势，以及区域环境因素的随机空间变异（如适合幼虫、种子、孢子或生物的其他早期发育阶段形态固着的底质的可得性）。

生态学家已对认识在不同的板块或亚居群中彼此半隔离的同一物种的成员间相互作用和基因交流产生了兴趣。他们现在了解了一个集合居群（一系列亚居群的集合）（见 3.1 节）的生态持续性和物种本身的进化持续性可能视亚居群间遗传交互作用的性质和范围而定。

古生态学家已开始接受集合居群理论，特别是联系到物种的进化稳定性时，但将集合居群动力理论应用于古生态学仍处在初期阶段。某种程度上，这是因为古生态学家仍在尝试发展一些方法，能够确证大部分化石组合中保存的斑块性反映了曾经生存物种群落的真实生物斑块性，而不是简单的均时和遗体运移综合作用的结果。有少数研究表明，在海洋生物群中，即使碰到剧烈的风暴，生物斑块性仍可以在洋底持续几个世代硬体骨骼堆积的时间。但这是否也是化石记录的常见特征有待确定。

知识点 9.2

化石记录中的梯度分析

图 9.8 强调了对化石记录生物梯度的分析，展示了对诸多方法的选择在我们对分类单元表现出的分布模式的认识上不时会有的微妙影响。在图 9.8a 中，对从弗吉尼亚西南部奥陶纪 Martinsburg 组地层区间采集大样获得的古生态数据使用了聚类分析（见框 3.2）。聚类分析在古生态学上已得到了广泛应用，用来估计样本在生物组成上的变化（所谓的 Q 模式分析），以及分类单元在样本中出现率的变化（R 模式分析）。

计算方面，方法步骤与第三章里 *Stegoceras* 的例子中对形态学数据使用的类似，除了在这个例子里，起点为所包含的分类单元丰度已知的一组样本，而不是多种形态特征已被测量的一组标本（见框 3.2）。最主要的聚类分析输出为树状图，一种关系近的样本或分类单元比关系相对较远的样本或分类单元具更相似分布的树形图。图 9.8a 中两个呈直角排列的树形图展示了某些分类单元群组在某些样本中反复出现的趋势。事实上，正如样本群组的编码及它们之间的连线所展示的，假设每个聚类的样本间显示出很高的分类单元组成相容性，将每个编码的群组看作是独立的古群落是合理的。

但是，古生物学家开始意识到，由于树状图具有产生样本的分组离散化的固有趋势，而且会使样本间的复杂关系简化为单维度的树状图，聚类分析可能会掩盖在样本组成方面和构成每个群落的分类单元的分布更平缓的变化趋势。这在图 9.8b 和 9.8c 中作了说明。在 9.8b 中，对树形图中例举的样本使用极点排序（polar ordination，PO）进行比较，这是一种与去趋势对应分析（detrended correspondence analysis，DCA）目标相似的排序方法。

在这个例子中，样本作为点排列在二维空间中，通过同时考虑样本中出现的所有分类单元的丰度来决定其分布。正如 DCA 一样，PO 基于所有类群而不是单个分类单元的数组，寻求从样本中识别出变化主轴线。因此，样本沿坐标轴排列的方式反映的不仅是单个分类单元，还有样本间出现率和丰度变化相似的几个分类单元的丰度变化。再者，不同的轴线突出了数据变化的不同方面。尽管这里只图示了两条轴线，但是当使用包含更大数量的样本和分类单元的数据集时通常会得到更多的轴线。

我们可以在图 9.8b 中观察到，聚类分析识别的样本并没有如图 9.8a 的样本树状图那样发散排列。此外，当几个重要分类单元的丰度按类取样区间绘图（图 9.8c）时，可以观察到一种似早期所描述过的沿现今环境梯度的植物空间分布的模式（图 9.6）。在两个例子中，分类单元的分布和丰度出现大量的重叠而不是离散的界线。虽然图 9.8c 是按地层而不是空间描绘的，但这些分类单元的广泛分布说明这种模式在研究的任何时间区间并存的群落的空间分布上也会反映出来。

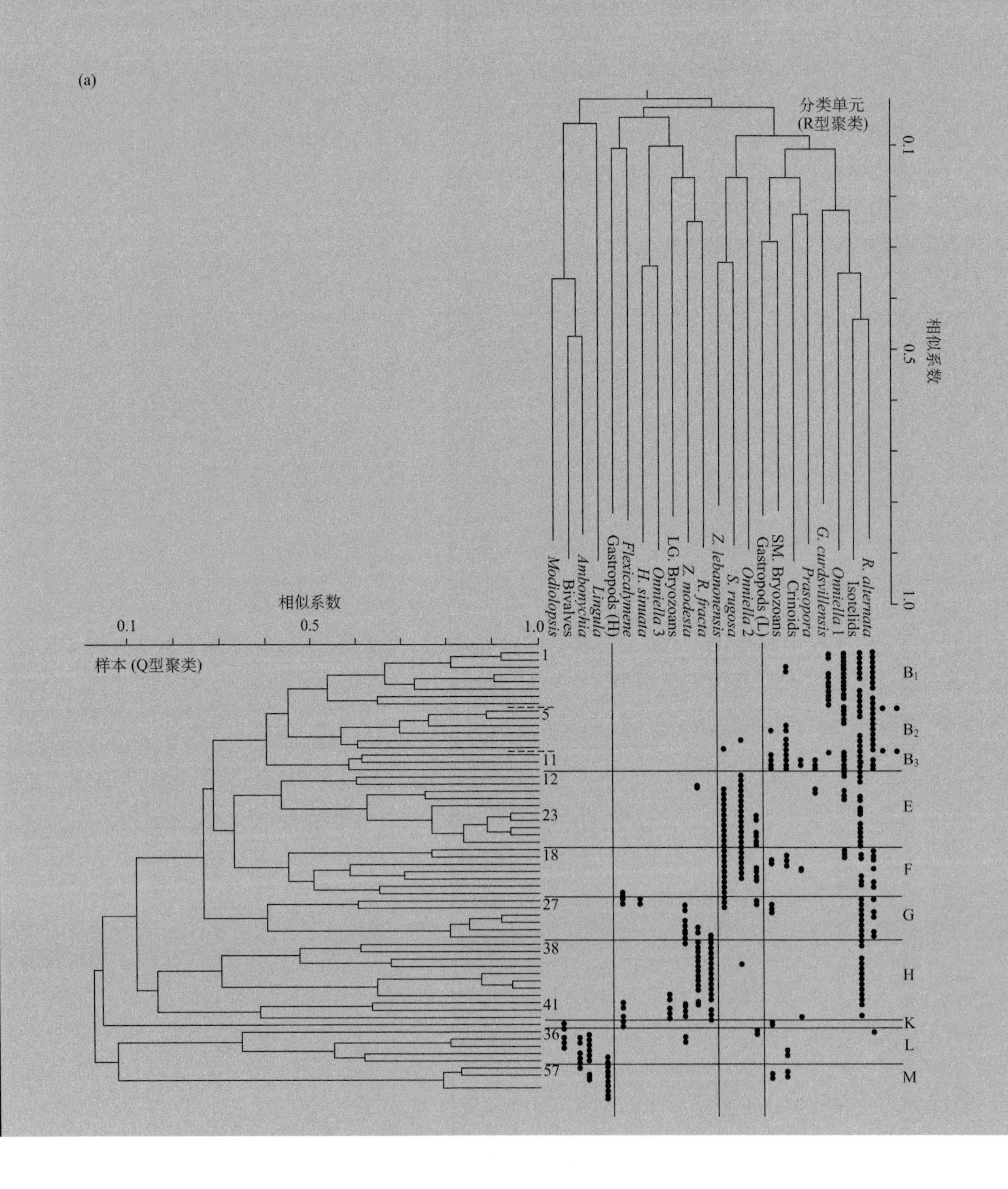

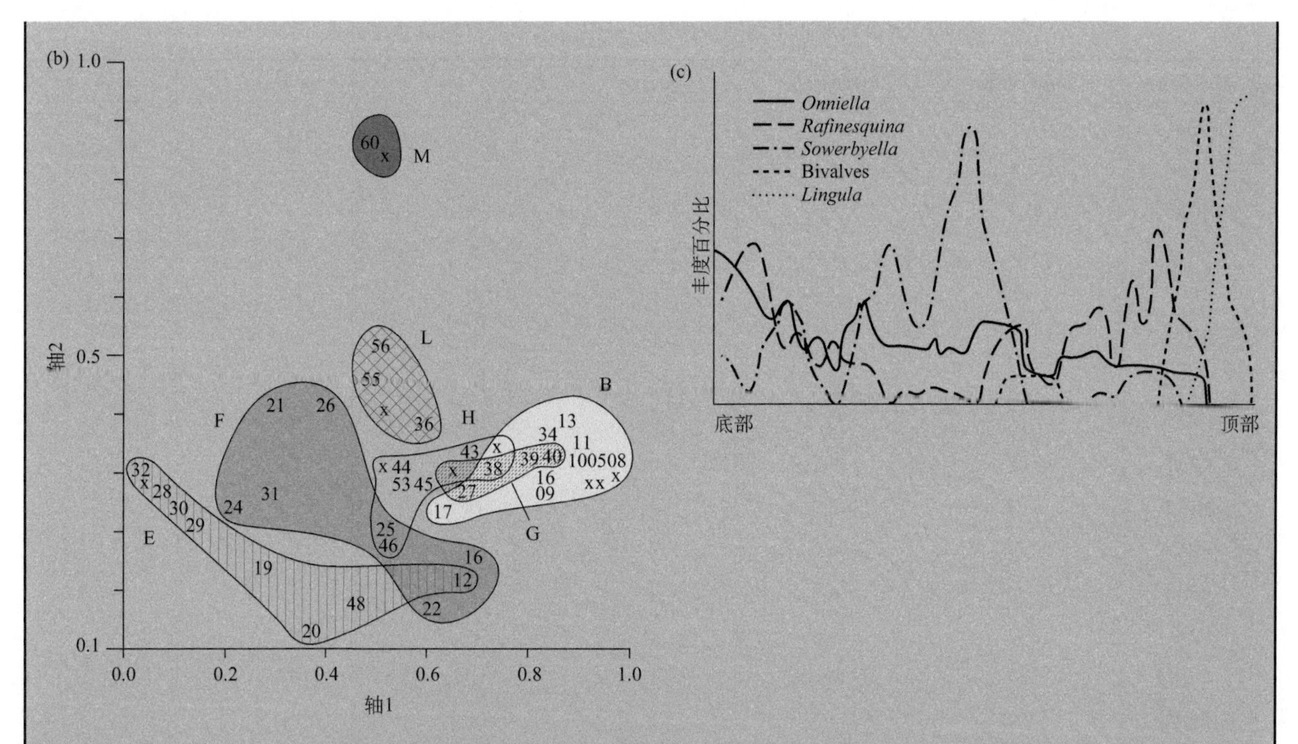

图 9.8 弗吉尼亚西南部一个地点的上奥陶统 Martinsburg 组化石组合的梯度分析

(a) 双向聚类分析，反映了在某个地点采集的样本中一定分类单元以特定群组出现的趋势。左边的树状图基于其分类单元组成将样本进行对比。顶端的树状图根据分类单元在样本中的出现概率将其进行对比。在中间的网格里，点表示一个分类单元在样本中出现。边缘的字母表示样本的主要的样品群组（见图 9.8b）。(b) (a) 部分中同样样本的序列分析。独个样本用数字来标注；x 标记了两个或两个以上样本的重叠。字母标记的样本群与标记的图 9.8a 中的群组相对应。注意树状图中显示的样本群之间广泛重叠。(c) 该地点主要分类单元丰度在地层中的变化情况。注意五个分类单元的变化趋势相互独立。图 a 中，SM 指小型多枝苔藓虫，LG 指大型多枝苔藓虫，L 指低锥形腹足类，H 指高锥形腹足类。据 Springer 和 Bambach（1985）。

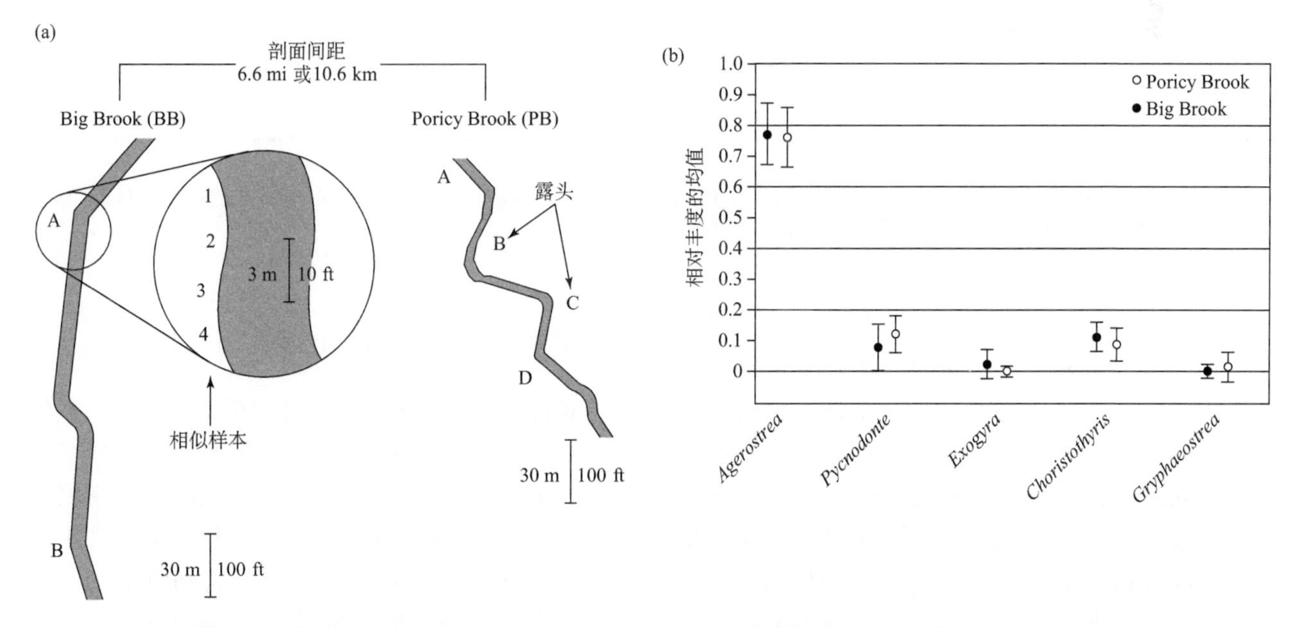

图 9.9 新泽西上白垩统地层中数个不同空间尺度采集的样本中动物群组分差异的估算

(a) 两个区域的距离有 10 km，样本在距离 10 km 的两个区域延伸数十米的露头上以数米间距平行采集。(b) 尽管相邻平行样本的组成有时高度不一致，但研究中两个地区发现的五个主要物种的综合丰度可以进行对比。据 Bennington（2003）

表 9.2 采自新泽西上白垩统地层的一组样本中的动物群数据列表

样品编号	*Agerostrea*	*Pycnodonte*	*Exogyra*	*Choristothyris*	*Gryphaeostrea*	总计
BBA1	35	7	4	9	1	56
BBA2	5	6	0	1	0	12
BBA3	3	7	0	0	0	10
BBA4	27	5	5	2	0	39
BBB1	46	4	1	8	0	59
BBB2	77	3	1	6	0	87
BBB3	65	1	0	11	0	77
BBB7	75	2	0	12	0	89
PBA1	46	5	0	7	0	59
PBA2	22	13	0	0	1	35
PBA3	21	5	0	1	0	27
PBA4	59	14	0	10	0	83
PBB1	42	10	1	0	0	53
PBB2	69	10	1	11	0	91
PBB3	124	6	1	10	0	141
PBB4	25	6	1	13	0	45
PBC1	57	20	1	24	0	102
PBC2	45	6	0	9	0	60
PBC3	121	4	0	6	0	131
PBC4	106	5	0	6	0	117
PBD1	15	9	0	0	0	24
PBD2	63	6	0	0	0	69
PBD3	21	9	0	0	0	30
PBD4	22	12	0	2	0	54
总计	1191	175	16	148	18	1550

数据引自 Bennington (2003) 的表 3。

注：这些数据用来推算采自不同空间尺度的样本间明显存在的组成分异等级。样品编号中字母代表的含义：BB（Big Brook）和 PB（Poricy Brook）代表剖面，A、B、C 和 D 代表剖面的各露头点；1、2、3 和 4 代表采样编号。

不管成因如何，生物斑块分布现象的普遍存在表明需要在局部尺度上采集多个样本，因为单个样本有可能提供误导的区域内全部生物组成信息。例如，在举例的研究中（表 9.2）计数的 20 个 *Gryphaeostrea* 个体里，有 18 个来自于同一个样本！如果这是这个地点采集的唯一样本，显然会提供 *Gryphaeostrea* 在该地点相对重要的错误信息。那么，当每个地点的样本全部平均起来确定区域丰度时（图 9.9b），两个地点的集合生物组成就非常相似，尽管它们之间有 10 km 的距离。

化石类群在区域地层上的分布

对古群落的研究为作为分支学科的古生态学的进一步发展提供了以生物学为依据的基础。研究中先进的采集数据和分析的方法已成为古生态学家的应用标准，而且它们的重要性在与区域分异和灭绝模式相关的生态动力学研究中变得特别明显。

在众多区域生物群的地层界线研究中，出现了一个共同的问题：分类群的大部分出现和消失集中在一段狭小的时间区间中，这些区间隔断了更宽的组成相对稳定的区间。例如，Calton Brett 和 Gordon Baird（1995）研究了纽约州内大部分区域志留纪和泥盆纪区域生物变化的地层模式。Brett 和 Baird 编撰了种一级的动物列表，并发现在数个在地层上连续、局域性的区间内的生物区系表现出高度的种一级的组成稳定性，有 60% 至 80% 的种延续了一段特定的时间区间（表 9.3a）。

这些区间每个延续三至八百万年，看似在整个盆地物种组成发生突然转变（两个区间的组成更替有 80% 的目之多，表 9.3b）的更短的时间区间被打断。伴随更替事件的岩性变化说明更替的广布模式由重大的、区域性的环境转变所控制。这些转变的细节，包括确定它们中的部分或全部是否能与全球尺度的变化进行对比，尚在研究当中。

为了突出这些区间的潜在重要性，Brett 和 Baird 将它们称作**生态演化亚单元**［ecological evolutionary（e-e） subunit］，这个名称衍生自意义更广泛的**“生态演化单元”**（ecological evolutionary unit），后者是某些研究者先前在划分全球尺度的显生宙生物多样性时使用的。虽然生态演化亚单元中测量的物种形态特征是有限的，还是有提议称物种形态从每个生态演化亚单元的底部到顶部保持较稳定的状态，形成一种称为**协同停滞**（coordinated stasis）的模式，即群落的生物组成和其组成物种的形态在整个生态演化亚单元中维持较稳定的状态。

协同停滞的论断并不是主张任何给定区域的生物组成在整个 e-e 亚单元的跨度中都保持不变。例

表 9.3 纽约 Appalachian 盆地志留纪和泥盆纪生态演化（e-e）亚单元标准化生物类群更替列表

(a) 志留纪至中泥盆世四个特征明显的动物群的延续率（persistence）与灭绝率

动物群	e-e 亚单元	时限 (Ma)	延续率 (%)	灭绝率 (%)
Hamilton	10	5—6	80	5
Onondaga	9	6—7	78	<10
Helderberg	6	7—8	70	<10
Up. Clinton–Lockport	3	7—8	66	32

引自 Brett 和 Baird (1995) 的表 9.2。

注：四个特征明显的 e-e 亚单元内生物延续率和灭绝率。延续率为从 e-e 亚单元的底部延续至顶部的物种百分比。灭绝率为亚单元结束前消失的物种百分比。值得注意的一点是，多数物种都延续并穿越了各个亚单元。

(b) Appalachian 盆地志留纪和泥盆纪动物群的遗留率（carryover）和延续率（holdover）数据表

e-e 亚单元	动物群	时代	时限 (Ma)	遗留率	延续率
10	Hamilton–Tully	吉维特期	6—7	30/335 (9%)	32/335 (10%)
9	Onondaga	艾菲尔期	5	32/200 (16%)	37/200 (18%)
8	Schoharie	埃姆斯期	5	37/125 (30%)	10/125 (8%)
7	Oriskany	布拉格期	2	10/94 (11%)	25/94 (26%)
6	Helderberg	吉丁尼期	6	25/130 (19%)	7/130 (5%)
5	Keyser–Bertie	普里道利世	2	7/54 (13%)	14/54 (26%)
4	Salina	罗德洛世晚期	3—4	14/48 (16%)	7/48 (15%)
3	Up. Clinton–Lockport	兰多维列世晚期—温洛克世	7—8	7/146 (5%)	30/149 (20%)
2	Lo. Clinton	兰多维列世中期	4	30/87 (34%)	48/87 (55%)
1	Medina	兰多维列世早期	5	48/139 (34%)	?

改自 Brett 和 Baird (1995) 的表 9.5。

注：Appalachian 盆地 e-e 亚单元间遗留率和延续率。延续率通过测量在一个亚单元中出现且延续到下一个亚单元的物种比例得到。遗留率通过测量自一个亚单元中出现且在其之前的亚单元也出现的物种比例得到。注意，基本上这些数值都超过 25%，说明从一个 e-e 亚单元到下一个有明显的生物更替。

如，Brett 和 Baird 细致地指出，在大多数 e-e 亚单元代表的区间发生过几幕海平面升降，以及古群落栖息的环境梯度的范围在空间和时间上都发生过变化。然而，重点却是在给定的 e-e 亚单元区间中，生物群的组成和古群落梯度始终保持稳定。因此，当给定区域的环境条件恢复到早期的状态时，在同一地点再次出现的某个古群落会呈现与之前的出现几乎无法区分的特点，由此我们可将之归入同一个 e-e 亚单元中。

协同停滞理论自提出以来已被仔细查验，被发现有几个有关该模式生物学意义的问题。从采样的角度来说，由于层序地层结构对化石地层分布的影响［见 6.4 节］，穿过 e-e 亚单元界线上的组成变化速率可能被人为扩大。可能许多 e-e 亚单元间的界线与沉积层序的界线一致，这可能会夸大伴随这些界线的生物首现和末现数量。另外，当物种组成保持稳定时，在 e-e 亚单元界线范围内物种的相对丰度有时会有显著的改变。

最后，与在其他地区延续的广布种的区域性出现和消失相反，Appalachian 盆地中的生物出现和消失构成真实的**地方性**（endemic）种的起源和灭绝的程度有待确定。当然，这项信息对了解协同停滞的演化意义至关重要。然而，这类数据并不容易获得，因为它们必须以准确的种一级的鉴定为基础。

古生物学家还试图确定由 Brett 和 Baird 识别出的纽约志留纪和泥盆纪以腕足动物为主的动物区系的模式是否在其他情况也适用。即使是针对以类似生物类群为主的古生代海洋环境，得出的结果也是很混乱的。在许多研究中，在略微延长的区间识别出广泛的组成相对稳定性的模式，这与限制区间中变化明显更迅速相对。不管怎样，e-e 亚单元中稳定性的真实程度、e-e 亚单元的时间跨度，以及在何种分类单元级别上 e-e 亚单元才能呈现稳定性等，呈现了广泛的差异性。

由于目前在对一系列环境背景和分类群进行区域分异度模式的研究，可以预料古生物学家即将展开确定特殊环境、生物群或时间间隔是否具有它们自身独特的稳定度和更替率特征的研究。这种编目式的研究也有助于确定演化速率是否在环境作用下以一种可预言的方式变化。例如，有提议称海洋 e-e 亚单元在浅水环境比深水环境表现出更高的稳定性。如果这被普遍证明是事实，那么就表明生物类群的起源和灭绝速率在深水环境中更高。

9.4 演化古生态学

协同停滞的问题和更广泛的区域生物模式分析，反映了地质时期古生态变化的研究逐渐成为古生物学研究的焦点。古生物学家近年已经接受了这个观点，在进行演化古生态学研究时将进化和古生态的方法相结合。演化古生态学的蓬勃发展和显生宙生物多样性研究逐渐成为焦点同时发生并非巧合，这在第八章中已着重强调。事实上，这项研究的主要的目的之一是解释从全球生物多样性记录中识别出生物演替事件。

时间中的生态空间利用

正如我们前面所指出的，我们不清楚是否能在多数情况下重建小尺度的古群落类群空间分布。但是，如果我们能基于第五章中讨论的原理建立这些类群的生活习性，那么就有可能确定一个古群落中可能被该生物类群中利用的局部生境内的生态空间。

在本文里，一个生态空间是一个生态条件适合某个特定的分类单元或分类群生存的生境。例如，在考虑保持一个沙盖洋底的地层中的化石时，在多数情况下，主要基于其形态特征就可以确定该类群是否占据了底质表面之上、之中或之下的位置。因为它们提供了个体运动方式的直接证据，遗迹化石对进行这些推论也很有帮助，特别是涉及底质表面或之下的活动时。

显生宙海洋生物多样性的显著特征是三个演化生物群间的生物演替［见 8.4 节］，每个生物群都相继明显达到总体多样性的更高水平。鉴于三个生物群具有大不相同的动物组成，我们可以猜测，在广义上，它们以不同的方式生活。了解这一点后，我们可以提问，连续演化生物群达到了比它们的祖先更高的多样性，是否因为它们的组成总体获得了更多的生态空间。这个问题可以通过尝试将所有时间点的生物分类群所代表的不同生活方式归类，然后确定这些方式的数量和多样性在不同时间是否有变化。为了这个目的，可以使用一些合适的分类单位如**生态种群**（guild），它指不考虑分类位置、以相似的方式利用同一类环境资源的一组分类单元。

Richard Bambach（1983，1985）曾通过识别并列举出来自奥陶纪、志留纪、泥盆纪、石炭纪和新近纪的大约 193 个化石点的种群数量，尝试测定显生宙群落中的功能群数量。他对种群的确定基于：(1) 它的基本生理学和形态学特征（即它的生物构型）；(2) 它的食物来源；(3) 它的空间利用（图 9.10）。

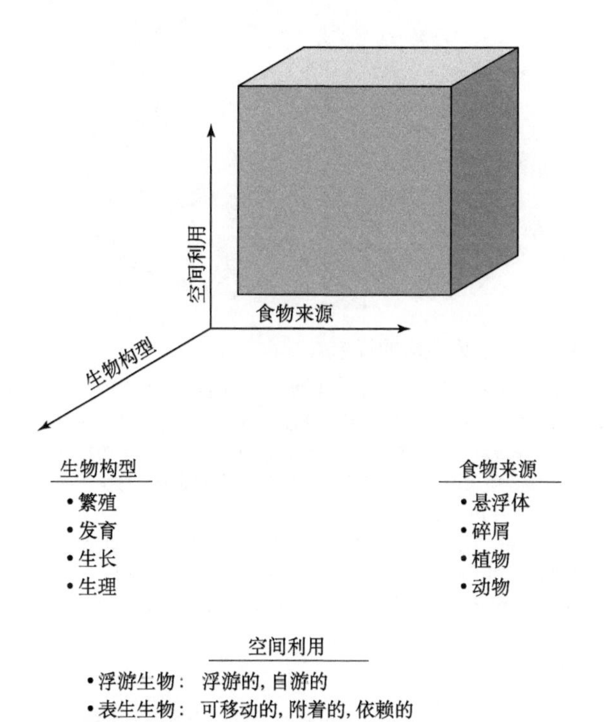

图 9.10 Bambach 的三维图示及其用来将显生宙分类群生态特征分类的相关标准

他描述生态种群集中在有限空间内，因为它们具有基于图中列举标准的相似特征。据 Bambach（1983）。

Bambach 的结论概括为图 9.11 和 9.12。图 9.11 表明生态空间利用率在显生宙中增加：种群的平均值从他的古生代组合的 11 个增长到新近纪组合的 18 个。图 9.12 表明，这伴随着连续演化动物群表现出的适应策略的增加。因此，多样性的增加确实在生态上基于可获得的生态空间数的增长似乎是可能的。

一个相关的分层型模式在显生宙生活于软质

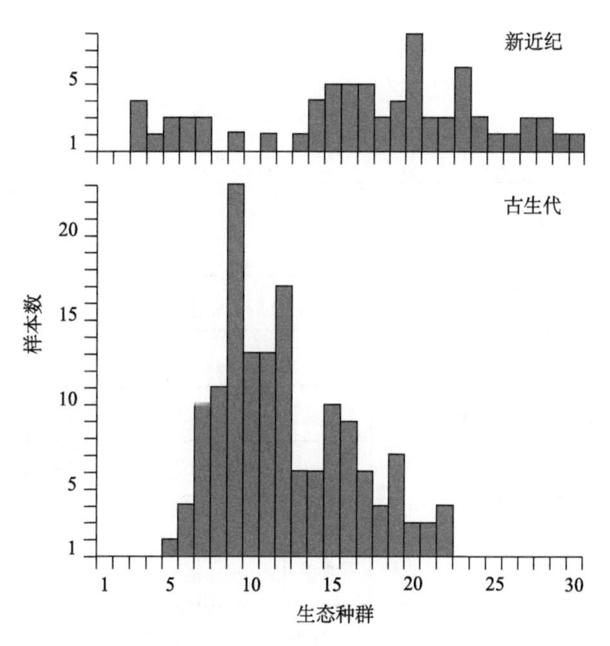

图 9.11 古生代样本和新近纪样本出现的种群数量对比柱状图

据 Bambach（1983）。

基底（如泥质、粉砂质或砂质基底）的海洋生物中识别出来。一个层（tier）是指在洋底之上、之中和之下富集生物的较分离的层面。对于生活于洋底之下的底内动物，可以分辨出深和浅的底质潜穴生物，它们占据了或浅或深的底内动物层。这些推论可以根据遗迹化石显示的潜穴方式和范围（图 9.13a）以及保存生物的形态特征（图 9.13b）来得出。对于底上动物，它们占据了洋底表面，如海百合茎的长度等骨骼特征可以指示出底上动物层的占有空间。整个显生宙底内动物和底上动物间的分层范围有过几次变化，在某些情况下似乎与海洋分类学多样性的变化平行（图 9.14）［见 8.3 节和 8.4 节］。

一些古生物学家曾怀疑海洋生物是否真的曾经或正分布在分离的层中。尽管如此，很显然底上动物占据洋底之上的最大距离和底内动物穿入洋底内的最大深度从寒武纪到古生代中期在增加。潜穴的最大深度在中生代进一步增加也很明显。有意思的是，生活于洋底之上的底栖生物似乎在新生代减少了，这可能与捕食强度的增加有关。这些生物在一系列不同的活动捕食者的攻击下特别脆弱，其重要性我们将在下面全面讨论。

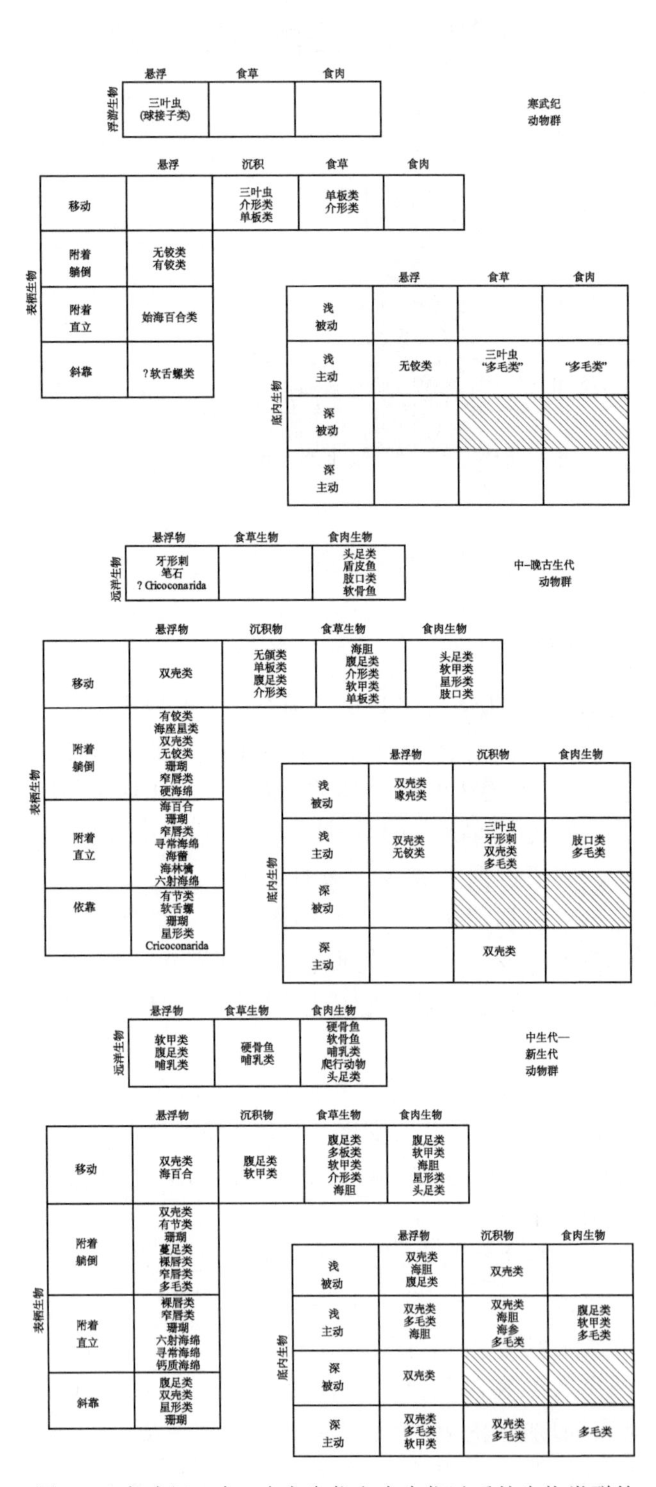

图 9.12　寒武纪、中 - 晚古生代和古生代以后的生物类群的适应策略概图

请注意从一个时间段至另一个时间段适应策略的多样性不断增加。据 Bambach（1983）。

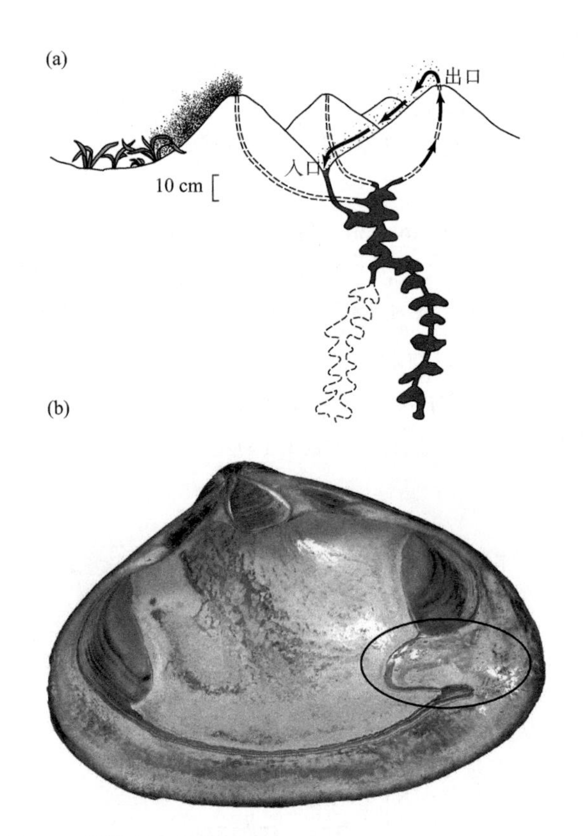

图 9.13　营潜穴生活的标志

(a) *Callianassa rathbunae* 的潜穴结构，*C. rathbunae* 是一种生活于加勒比海洋底活跃的扰动虾类。沉积物进入小丘之间的生物摄食管的活动腔室。*C. rathbunae* 从这些沉积物颗粒中摄取食物并将小的颗粒沉积物吐回底质表面。这些被排出的沉积物形成了如图所示的显著的、火山状的小丘。(b) 双壳类 *Spisula* 的壳体内部构造，指示了外套窦（pallial sinus）（圈中）的位置，此处是水管缩回的位置。具有水管和其他壳体特征，说明了此物种生活于底质 - 水体接触面之下。图 a 据 Suchanek（1983），图 b 据自然科学研究院（the Academy of Natural Sciences）。

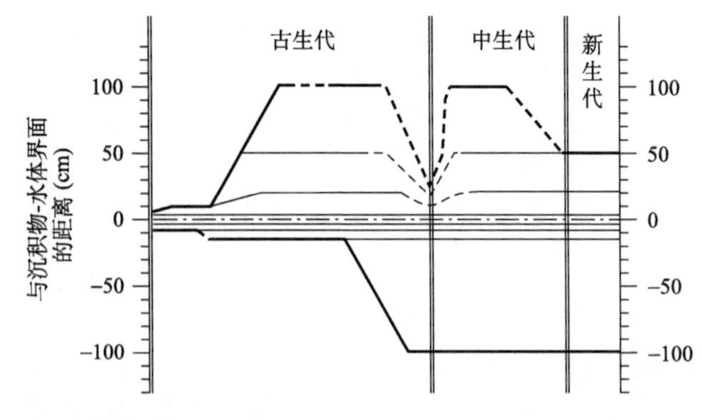

图 9.14　整个显生宙底上动物和底内动物在软基底分层的历史图示

注意模式在某些方面表现为与显生宙全球海洋分异度变化的历史平行（图 8.5）。实线根据对化石生物的直接观察和测量；虚线为根据实线用插值法推断的模式。据 Bottjer 和 Ausich（1986）。

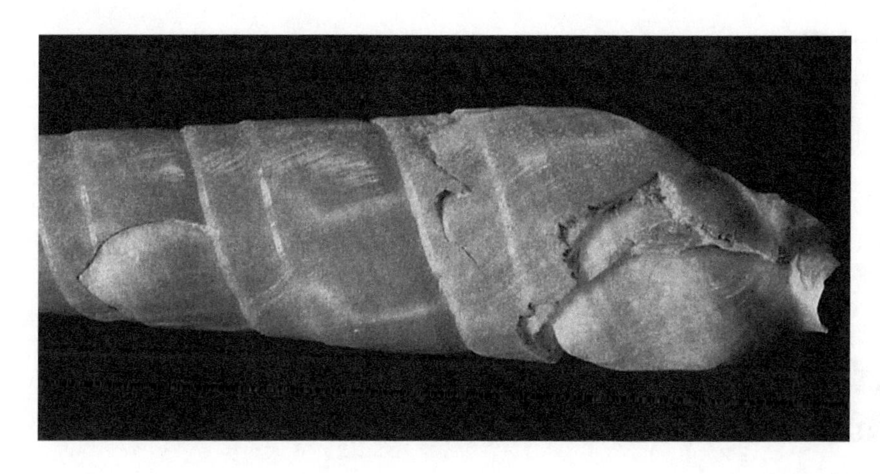

图 9.15 关岛腹足类 *Terebra dimidiata* 的一个标本

该标本的螺纹上保存了多个被捕食者啃咬其壳体留下的伤痕，这些伤疤后来再度愈合。据 Vermeij（1987）。

与生态互动相伴的演化转变

生态学家已经认识到现生生物之间的相互作用在决定它们分布和丰度的时候起重要作用。特别是捕食 - 被捕食的关系，通常由捕食者和它们捕食对象丰度的繁盛和衰落的复杂周期控制。这些关系以及控制这些关系的捕食者和被捕食者错综复杂的关系无疑是长期进化作用的结果，而且古生物学家因此设想在有捕食生物存在以来类似类型的相互作用就是生态系统中普遍存在的部分。对古生物学家来说，这同时引出了一个普遍的问题：现在调节生物的分布和丰度生态关系，是否也在我们在地质时期中观察到的进化趋势的调节中扮演重要角色呢？

在捕食者 - 被捕食者关系的案例中，一个直接的预期是如果有捕食者分类群捕食一类特定的生物群的变化，那么在进化的过程中，被捕食类群的形态特征会向增加它们逃过捕食者攻击的方向进化。Geerat Vermeij（1977，1987）广泛研究了这种可能性并搜集了证据证明这些捕食者和被捕食者**世系**（lineage）之间的“军备竞赛”是进化中的普遍特征。最突出的例子包括 Vermeij 追踪的从中生代到新生代的腹足类和敲碎它们壳体取食的捕食者。他将伴随这些军备竞赛的集体转变称作**中生代海洋生物革命**（Mesozoic Marine Revolution）。

以腹足类壳体的受损和（或）修复特征形式存在的充足证据说明，许多腹足生物在它们一生中遭受了反复的捕食（图 9.15）。这是否是经常出现的情况？远在泥盆纪，能破坏壳体的海洋生物类群分异度有了显著增加，但是，从早白垩世到新近纪，这些能破坏壳体的生物的多样化似乎特别显著，科一级的增长系数在 2.5 左右（图 9.16）。这个增长比率超过了海洋动物科的总增长系数（见图 8.4a）。对于保存完好的生物，在相同区间内总增长率为 1.3。因此，即使这个明显的增长速率被所谓的“现今影响”［见 8.3 节］所夸大，由可破坏壳的生物组成海洋生物群的比例从晚中生代至新生代也有了实质的增长。

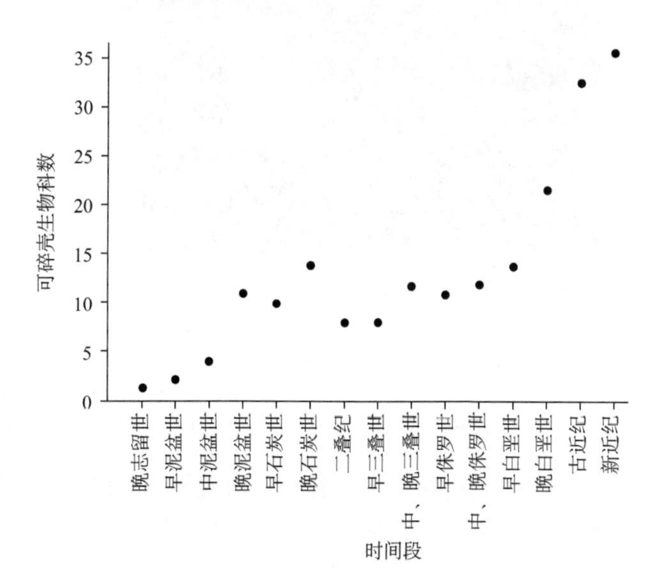

图 9.16 显生宙海洋可打碎壳的生物科一级的分异度示意图

注意在中古生代有一个稳定的增加，随后在中生代晚期急剧上升。这些分异度的增加超过了同时代整个生物群的分异度增加。据 Vermeij（1987）。

当腹足类那时显然在经历重大的多样化时，具某些形态特征的腹足动物类群却出现了衰退。例如 Vermeij 提到，具脐（随螺旋形成的空腔）的腹足类（图 9.17a）从中生代至新生代在整个腹足类分异度中降至百分之一（图 9.17b）。Vermeij 还研究了腹足类壳口（腹足类壳体边缘的开口）的形态变化。

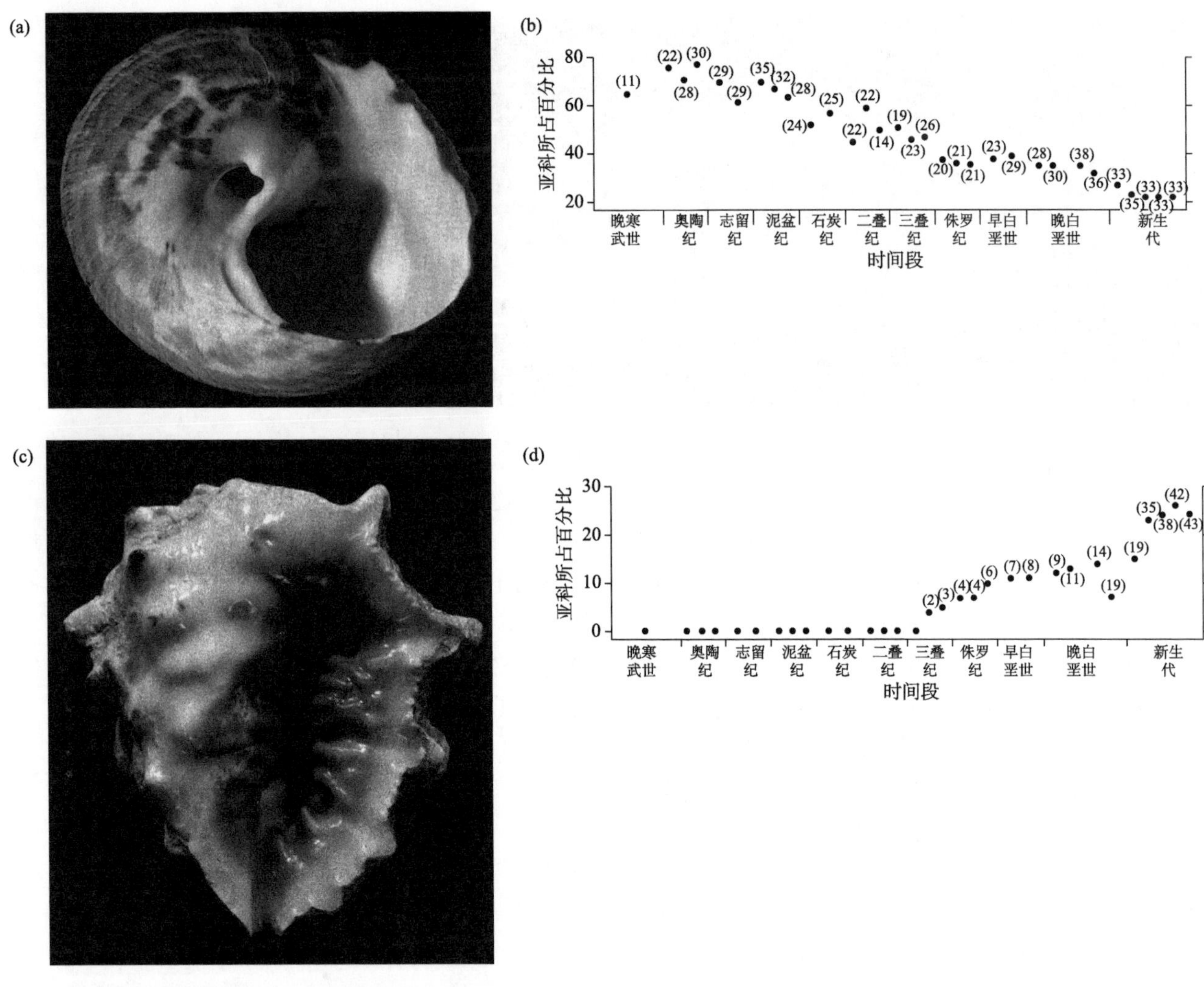

图 9.17 显生宙腹足类形态的变化

(a) 来自巴拿马的 *Cittarium pica*，该种具脐，壳口宽且周缘的壳壁较薄。这些特征致使该种在打碎壳体和剥开壳体的捕食者面前很脆弱。(b) 暖水环境组合中，具脐腹足动物的比例随地质时间的变化。(c) 来自马里亚纳群岛北部的 *Drupa morum*，该种具窄壳口且壳口周缘具厚壳壁。这些特征致使这些物种较少受打碎壳体和剥开壳体的捕食者的威胁。(d) 具厚而窄的壳口的物种比例随时间的变化。在 (b) 和 (d) 中，圆括号里的数字表示采集的组合样品数量。据 Vermeij（1987）。

他记录了中生代和新生代具窄壳口或壳口周缘明显加厚的腹足类百分比的增加（图 9.17c 和 9.17d）。

Vermeij 将所有这些转变归因于捕食生物，特别是具能敲碎壳的锤状附肢或具能剥离壳的强壮爪的甲壳类的多样化。具有脐导致腹足类容易被压碎（见 5.3 节），而具宽壳口且壳体较薄使这类腹足动物容易被剥开。因此，图 9.17 中展示的腹足类正好是容易被猎食的对象。

形态的变化并不是唯一可能的对捕食增加产生的宏演化反应。生物的另一个可能的反应是局限于捕食者所不能到达的物理环境中。中生代和新生代硬骨鱼和其他捕食者发生分异的同时，具茎的海百合局限于深水环境中恰好表现出这种反应。在古生代，具茎的海百合是浅海群落中最丰富的生物之一。然而现在，生存于生物礁和其他硬基底缝隙中的可移动海百合逐渐在浅水环境成为主导，特别是在礁体环境中。此外，底上动物层占据的底质表面之上高度的减少（见图 9.14）可能与浅海环境中具长茎的海百合（在对抗捕食者时特别脆弱）的消失有关。

近岸 - 远岸分异模式

很明显的，任何类群的分异度随时间的变化

与它们所存在的环境的转变有密切联系。例如，我们会预计高级分类单元的多样化伴随着它的成员所处环境范围的扩大，而环境的衰退将导致分异度减少。但是我们不应该认为这种关联是理所当然的。一个经历大辐射的类群的确可能向更多的个体提供它所占据的环境，特别是在其他类群在此环境发生灭绝时。

Jack Sepkoski 和 Peter Sheehan（1983）基于已发表的数据资料建立的包含 102 个种、属级动物群列表的数据库，研究了寒武纪大爆发和奥陶纪辐射（这些事件在第八章已做过整体介绍）的环境指标。这些列表都代表了来自北美寒武纪和奥陶纪岩层中的动物群组合，并且提供了可以进行对这些组合所生存古环境进一步研究的沉积学数据。另外，还可以确定每个组合在寒武纪和奥陶纪的地层年代。基于这些信息，Sepkoski 和 Sheehan 将这些组合置入一个被称为**时间 - 环境图**（time-environment diagram）的二维网格中，网格的纵轴表示时间，横轴表示从潮间带至深水环境的很广泛、简化的梯度环境定位（图 9.18）。

从动物群数据中，Sepkoski 和 Sheehan 通过列举每个组合的每个目中种的丰度建立了目一级分类的矩阵。组合的组成通过聚类分析进行对比，其结果显示大多数组合可以在合成的树状图归入两大群组，其他的数量很少的组合包含在其他两个群组中（图 9.19）。每个群组组合间组成的差异明显，两个主要的群组分别以寒武纪（上部的大群组）和古生代（下部的大群组）进化生物群的分子占优势。树状图底部的小群组以独特的早寒武世生物群占优势，而图顶部聚类中的四个样本富含双壳类（也就是现代进化生物群的分子）。

当各组合按其在四个群组的成员数在时间 - 环境图表中划分出界线（图 9.18）时，出现了一种近岸 - 远岸模式：当古生代动物群最初发展于滨岸环境且随后扩张至远岸环境时，寒武纪动物群在整个奥陶纪局限于远岸。假设寒武纪和古生代进化动物群在古生代海底明显彼此隔离，这说明了它们之间的一种古生态相关性。对北美化石组合的进一步研究将这些发现扩充至古生代的其余部分（Sepkoski and Miller，1985）。在晚些的研究中，有证据表明，在中—晚古生代，当古生代动物群变得主要局限于远岸环境中时，现代动物群缓慢而无规律地向远岸扩张。

David Jablonski 和 David Bottjer（1983）进行的一系列的时间 - 环境研究将高级分类群多样化的近岸 - 远岸指向延伸至中生代和新生代。Jablonski 和 Bottjer 发现生活于软沉积基底表面的“古生代型”生物（包括叠瓦蛤双壳类、牡蛎和其他非双壳的分子）局限于远岸，而一个以在沉积面下营潜穴生活的双壳类为主的更“现代”的生物群扩张至滨岸。随后，Jablonski 和 Bottjer（1991）开展了针对几个类群的实例研究，在各种双壳类、苔藓虫、海百合和遗迹化石的各种组合中都表现了近岸 - 远岸的分异模式。另外，可能最有意思的是，Jablonski 和 Bottjer 对古生代之后的目进行了团聚体分析（aggregate analysis），并在最近由 Jablonski（2005）做了进一步的修订。他们发现，目的首现，即被认为是演化新征（novelty）起源的某种分类单元标志，大多发生于中陆架环境的滨岸，而在外陆架和深水环境少见（图 9.20）。有趣的是，在更低的分类单元层面并没有这种环境偏向的指示，这说明目的起源是一个与更低分类单元不同的现象。

总的来说，这些研究讨论了一种超出单个分类群并同时促进滨岸环境背景下新的分类群起源和高级分类群开始多样化的古生态协调机制的存在。如上所述，对近岸 - 远岸的探讨激发了许多想要详细评估上述模式的研究，以及进一步探求是否需要一种独特的机制来解释观察的结果。至于我们早些时候介绍的古生代模式，不管是进化动物群间的环境隔离还是单个进化动物群的联合都已被证实不如前面的研究中说明的那样明确。绝大部分情况下，寒武纪进化动物群主要组成部分三叶虫在奥陶纪并没有局限于深水环境；更确切地说，它们的数量在滨岸环境被多样化的古生代动物群中的分子所“稀释”（Westrop and Adrain，1998）。类似的，双壳类在奥陶纪的分布也没有局限于浅海环境，而是主要被陆源沉积的分布所控制［见 8.8 节］，有时延伸至远岸环境。

除了这些注意事项，显然环境背景下的多样性研究通过将空间位置看做分类群的一个与形态一样的可进化的自然发生的特征，为古生物学提供了重要的概念上的进展。更为普遍的，这类研究促使古

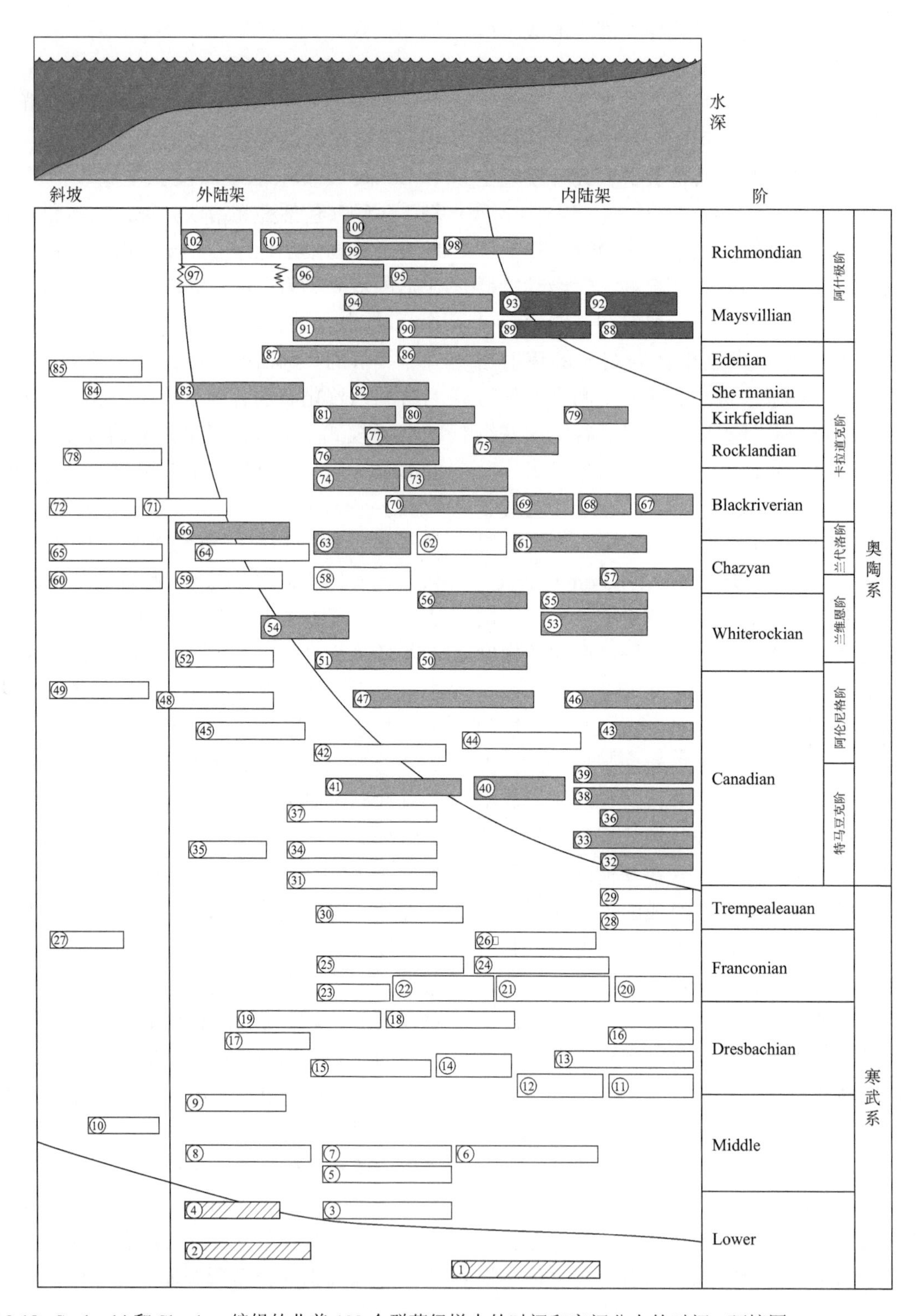

图 9.18 Sepkoski 和 Sheehan 编辑的北美 102 个群落级样本的时间和空间分布的时间 - 环境图

注意环境尺度为简单的近岸 - 远岸系统。矩形的宽度由所描绘样品的环境广度决定，在某些情况下不确定。关于图 9.19 中的聚类成员信息在矩形上用不同的花纹表示。特别注意三叶虫分异度特别高的样品群，在奥陶纪时样品富含在近岸环境中占主导的有铰腕足类和其他古生代进化动物群的分子，主要限于深水环境。据 Sepkoski 和 Sheehan（1983）。

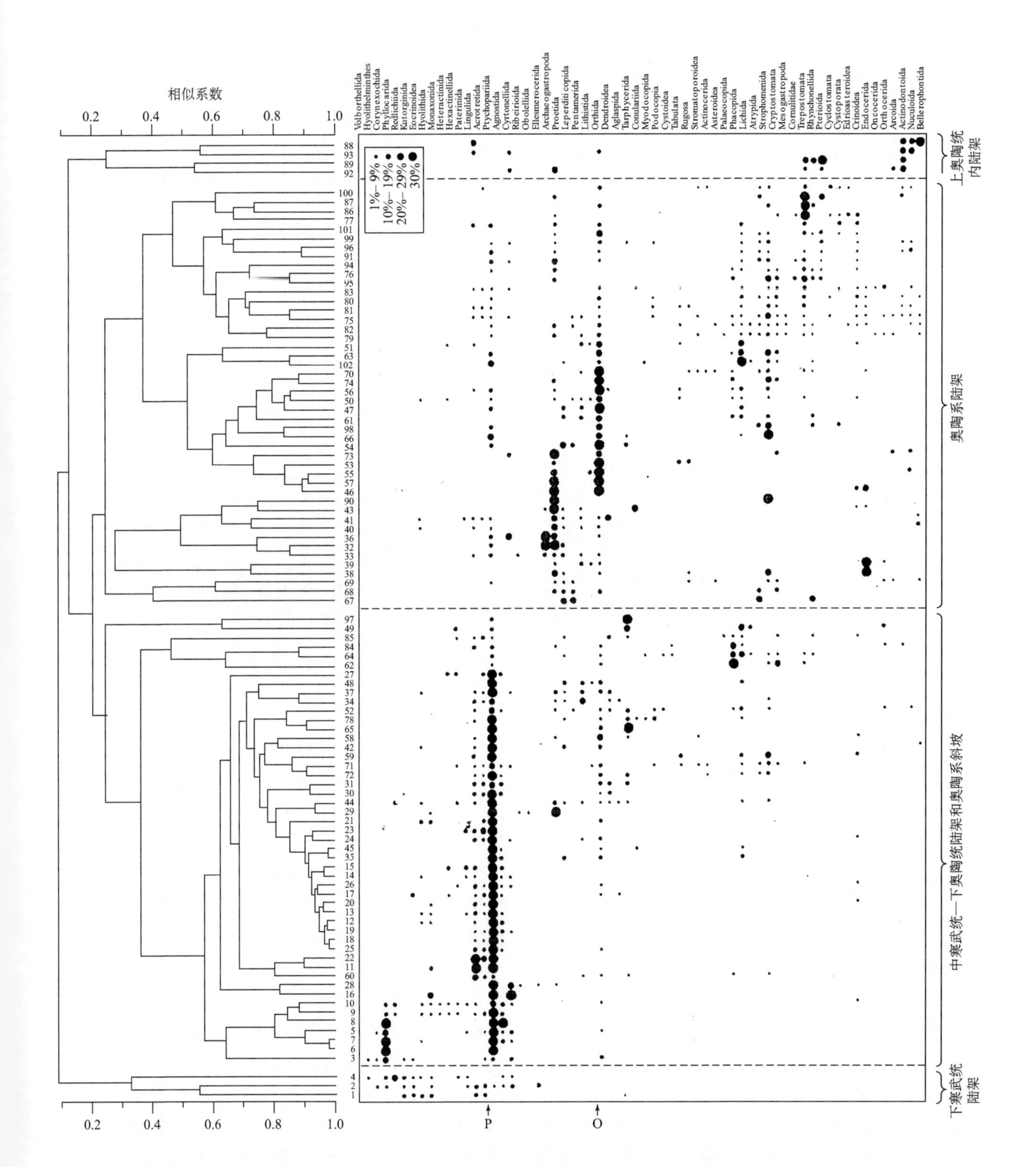

图 9.19 Sepkoski 和 Sheehan 收集 102 个群落样本并利用聚类分析和数据分类矩阵比较各样本的生物组成

点的大小反映每个样本中出现分类群的相对分布。基于它们非常独特的生物组成，大多数样本在树状图中组成两个大群组，其他少量样本组成树状图顶部和底部的两个小群组。注意下部大群组由寒武纪动物群的重要成员 ptychopariid 三叶虫类占主导。上部的大群组由古生代动物群的重要分子 orthid 腕足类和其他几个类群占主导。ptychopariids（P）和 orthids（O）的位置在底部做了标注。

(a)

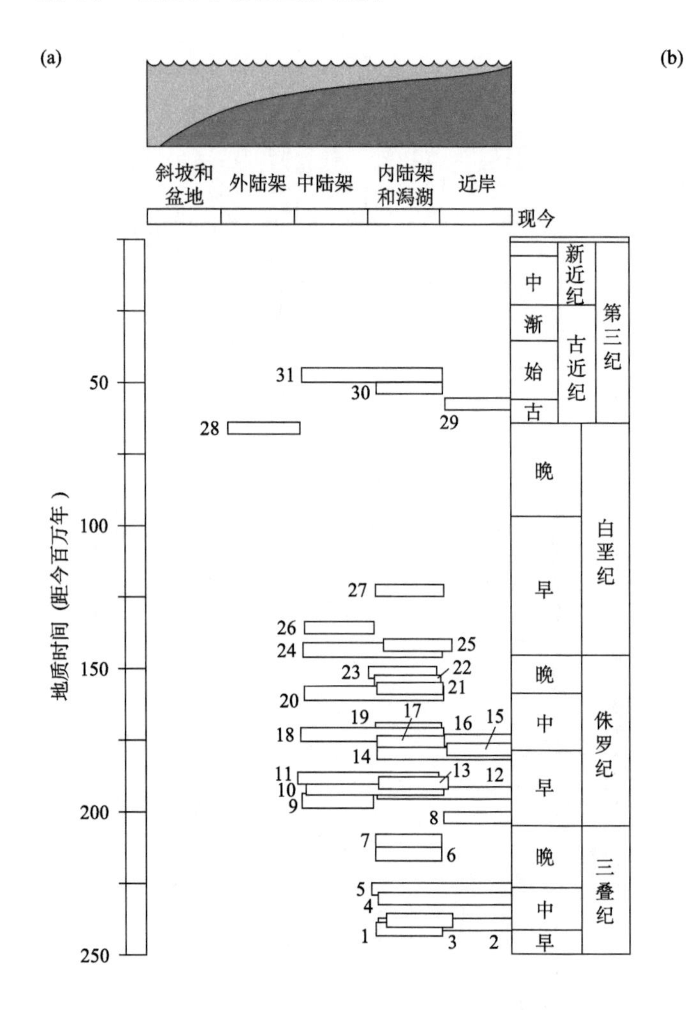

(b)

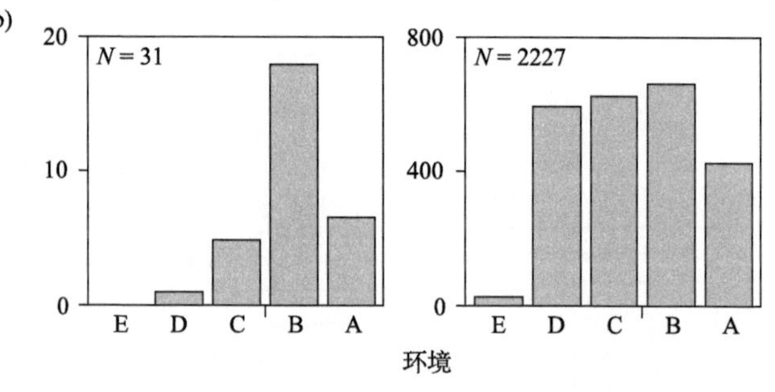

图 9.20 古生代之后海洋无脊椎动物目的环境模式

(a) 时间 - 环境图指示了保存良好的目的首现所处的环境位置。从中可以看出，绝大多数的目都起源于近岸地区并向中陆架区扩展。 [1, Encrinida; 2, Millericrinida; 3, Scleractinia; 4, Isocrinida; 5, Thecidida; 6, Pedinoida; 7, Tetralithistida; 8, Phymosomatoida; 9, Pygasteroida; 10, Cyrtocrinida; 11, Orthopsida; 12, Cephalaspidea; 13, Holectypoida; 14, Cassiduloida sensu *lato*; 15, Calycina (Salenioida); 16, Lithonida; 17, Disasteroida; 18, Arbacioida; 19, Lychniscosida; 20, Echinoneina; 21, Sphaerocoelida; 22, Cheilostomata; 23, Milleporina; 24, Spatangoida; 25, Holasteroida; 26, Temnopleuroida; 27, Coenothecalia (Helioporacea); 28, Stylasterina; 29, Clypeasteroida; 30, Echinoida; 31, Oligopygoida]。(b) 海百合、海胆、唇口类苔藓虫等 31 个保存良好的目与 2227 个种的起源环境直方图对比。保存良好的目倾向起源于近岸 / 内陆架环境，而在种一级的层面并未显示这一明显模式。(A, 近岸 ; B, 内陆架与潟湖 ; C, 中陆架 ; D, 外陆架 ; E, 斜坡与盆地)。据 Jablonski（2005）。

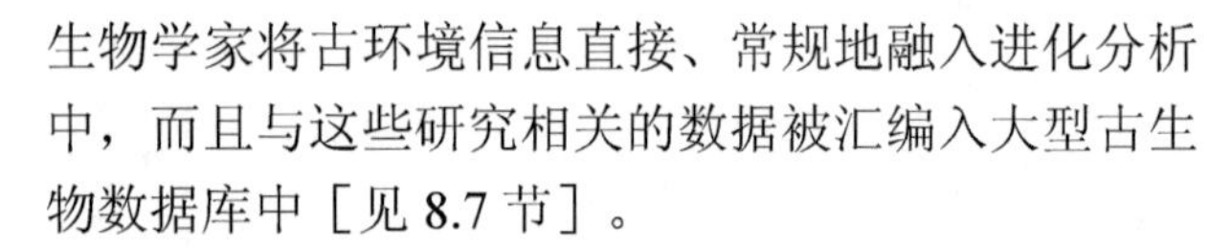

生物学家将古环境信息直接、常规地融入进化分析中，而且与这些研究相关的数据被汇编入大型古生物数据库中［见 8.7 节］。

生态互动和集群灭绝

在第八章里，我们认识到集群灭绝通过清除和替换已衰落的分类群使生物类群组成发生重大变化的作用［见 8.6 节］。根据这些变化，我们还可以推测出生态互动性质的重大转变。为了评估这种可能性，Conrad Labandeira 和他的同事们（2002）研究了穿过晚白垩世和古近纪（K/T）集群灭绝界线的昆虫 - 植物相互作用的转变。虽然昆虫的实体化石记录在整个研究区间内有限，但是有丰富的关于昆虫存在和活动的证据保存在古植物群组合中发现的木本植物叶化石里。Labandeira 和同事们集中研究了北达科他西南部保存的组合，他们从 13000 多个叶化石标本中检测虫害的痕迹。

在上述和其他的研究中，Labandeira 和他的同事们成功识别出超过 50 个独特的昆虫造成的损伤类型，可分为八类，其中几个在图 9.21 中展示。另外，通过对现代同样损伤类型的观察确定了植物寄主的特化程度后，Labanderia 和同事们将这些损伤类型分为三类：常见型，中间型和特异型的，反映昆虫对食物的选择性。

当他们将数据分开进行叶片损伤随地层变化（图 9.22）的分析时，Labandeira 和同事们发现在 K/T 界线上的叶片损伤和损伤类型的百分比大幅下降。此外在被划分为居中或特殊的类型中叶片损伤比常见类型的下降更大。

重要的是，Labandeira 和同事们在接近他们研究区间的顶部，观察到一个真实存在于某一表现出某些破坏形式的特定组合中的损伤类型数量和叶片百分比的古近纪复苏。然而，复苏在常见损伤类型中远比在居中和罕见类型中明显。这说明：(1) 取食特定植物寄主的昆虫在 K/T 集群灭

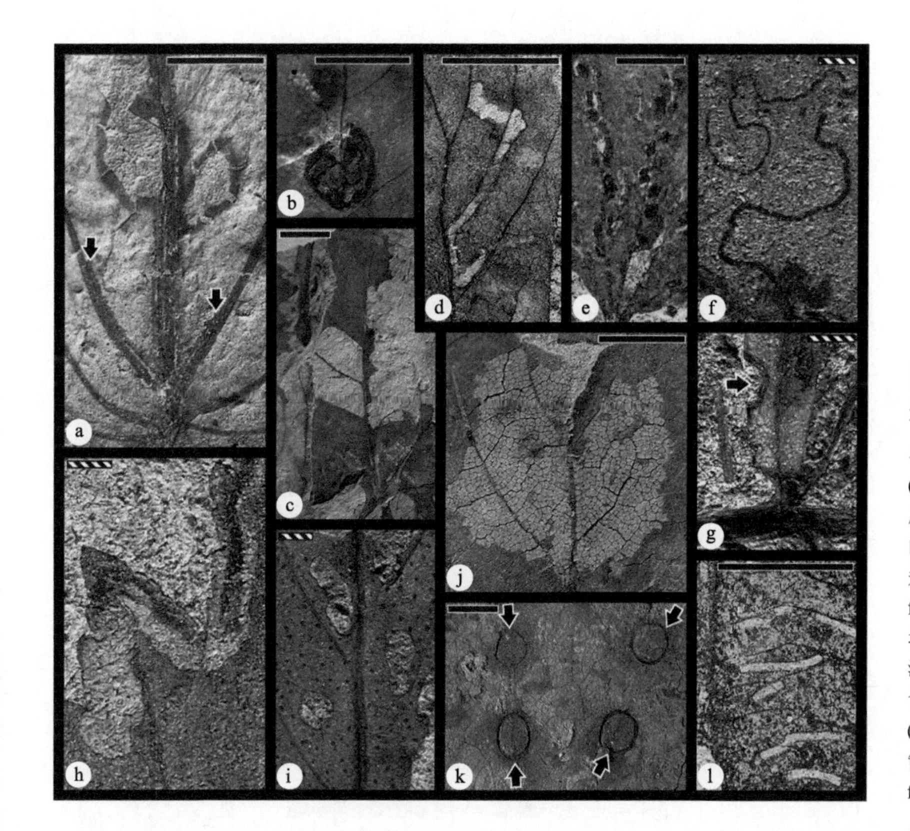

图 9.21 来自北达科他州西南部 K/T 界线附近由昆虫造成的叶片受损的实例

黑色比例尺：1 cm；条纹比例尺：0.1 cm。(a) 两条直线型的潜道（leaf mine）且在箭头所示处具昆虫卵痕（oviposition；egg laying）的痕迹。(b) 虫瘿（gall；被昆虫破坏后组织不规则增生形成的突起物）。(c) 自由取食（free feeding）。(d) 骨架化 (skeletonization；咀嚼破坏)。(e) 多重虫瘿（multiple galls）。(f) 蛇形潜道（serpentine leaf mine）。(g) 尖形边缘取食（cuspate margin feeding）。(h) 蛇形潜道。(i) 钻洞取食（hole feeding）。(j) 骨架化。(k) 箭头指示处的虫印。(l) 槽孔取食（slot hole feeding）。据 Labandeira 等（2002）。

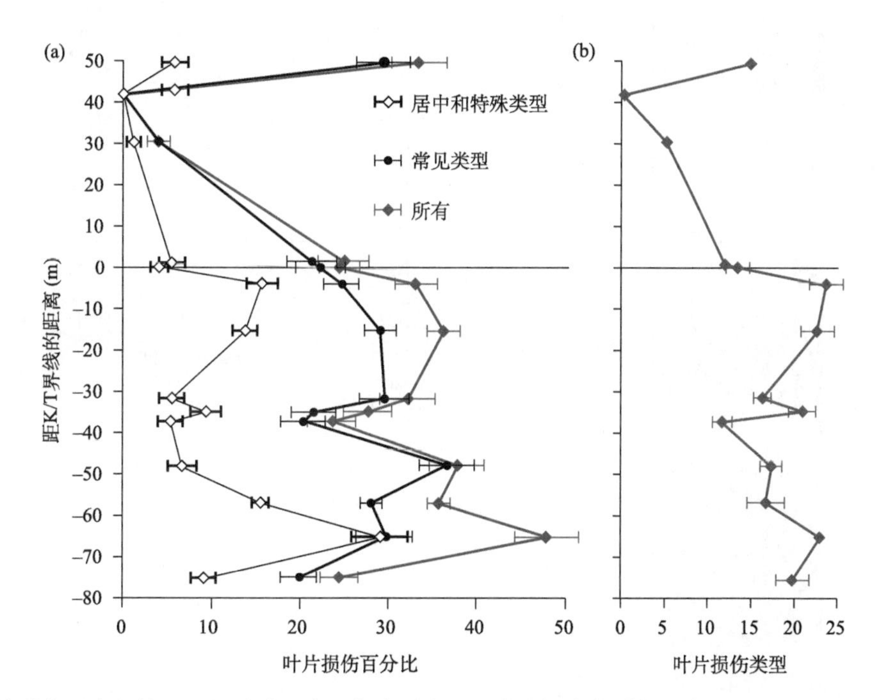

图 9.22 北达科他西南部的 K/T 界线地层中，包含至少 200 个叶标本的采集层中，昆虫造成的叶片破坏的范围和分异度在界线处下降

(a) 显示昆虫破坏证据的叶片百分比下降。注意由居中和特殊取食者形成的破坏下降幅度更大。(b) 不同破坏类型总数量在 K/T 界线减少。为了使不同地层能平衡对比，所有的样本稀疏化为 200 个标本。据 Labandeira 等（2002）。

绝期间比广食性类型受的影响更大；(2) 与特殊食性的昆虫相联的植物寄主在灭绝中受重大影响；(3) 两者兼有。这些发现与集群灭绝的生物选择性（在第八章中讨论过）的讨论有显著的联系［见 8.6 节］。

除了说明伴随 K/T 集群灭绝的生态互动特性的重大转变外，Labandeira 和同事们的研究还表明了叶化石作为保存整个显生宙古生代植食动物进化和行为信息的珍贵材料的重要性。我们在第十章讨论另外一个使用叶片受损数据的例子［见 10.4 节］。

9.5 古环境和古气候重建的新方法

一个贯穿本章的根本主题是古环境解释的问题。除围岩的沉积物特征可以帮助我们确定在沉积物沉降那段时间里的环境条件外，还有许多化石可直接作为数据用于古环境重建的方法。

在基础层面上，识别一个化石组合成员所代表的种群范围能帮助我们局限化石所在地层的古环境特征。例如，如果已确定大部分包括在化石生物组合中的生物类群是具能连接基底的结构或骨骼特征的营固着生活的生物，这意味着不管是

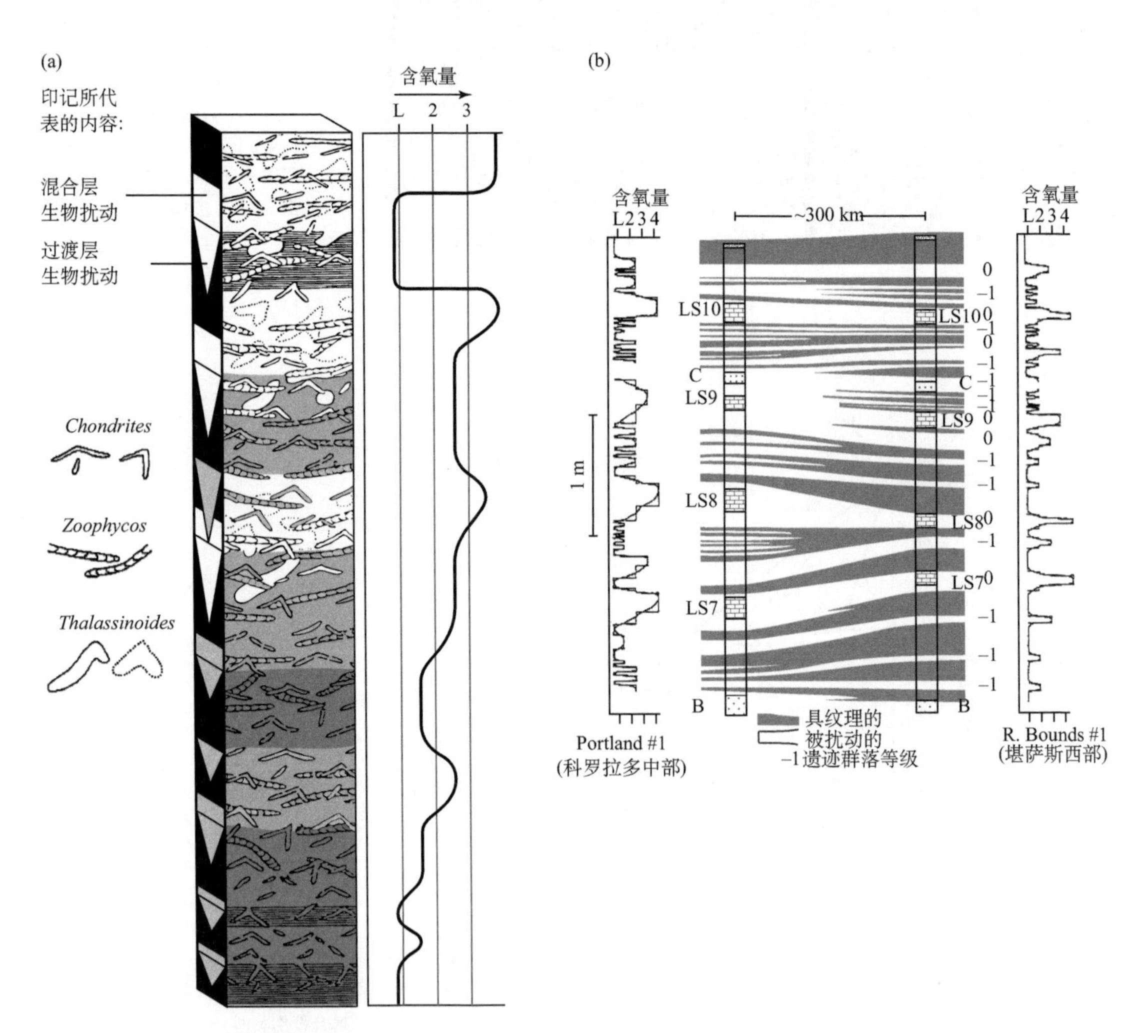

图 9.23 利用遗迹化石来判断海底的含氧水平

(a) 假想的地层柱显示了遗迹化石组合的集中和性质的变化与海底含氧量的关系。含氧量水平低时（简图中的 L），纹理被保存下来，而且只有遗迹化石 *Chondrites* 的制造者生活。当含氧量增加时，遗迹化石的数量和复杂程度也增加。(b) 堪萨斯西部 Bridge Creek 灰岩（白垩系）下部两个地点的氧含量变化曲线。两个地点基于两套斑脱岩（保存火山灰）、标记层（B 和 C），以及一系列的灰岩层进行对比。总体上，生物扰动的程度和相关的氧含量变化向东（即向右）降低。纹层的厚度和频率向东增加的现象也可观察到。据 Savrda（1995）。

在洋底还是林地上，支持这种生活方式的基底足够稳固。

相邻地层中化石组合的性质有差异可能是重要古环境转变的特征，如古洋底的氧化程度。这种方法首先被 Charles Savrda 用于研究遗迹化石，如图 9.23 所示。Savrda 建立了一个框架，将特殊遗迹化石的出现和生物扰动的一般范围与海底沉积物中的含氧量联系起来（图 9.23a）。

含氧量极少或不含氧的沉积物以原生层理［被称作纹理（lamination）］的细小水平特征的保存为特征。随着含氧量的增加，更复杂的底栖动物群在洋底潜穴（见图 1.20），破坏了纹层并形成各种各样的遗迹化石。这个框架被证明广泛适用于地质记录（例如图 9.23b），而且有助于在地层和古地理上识别小尺度的含氧水平的变化。

δ^{18}O 和 Mg/Ca 值

除了保存于化石组合中生物类群的生态特性特征外，古生物学家现在还使用一套复杂的地球化学方法，直接从许多生物硬体保存的生长线（increment）或生长带（band）测定同位素特征。当然，虽然这些分析仅限于所保存的硬体在生物死后并未被化学交代的群体，但使用这些手段研究古环境变化的时间分辨率是其他古生物方法不能匹敌的。

在很多情况下，可以使用微型取芯来分析采自一个生物的年生长线内或穿过年生长线的样本。许多生物体内每年组成的年增长线的“浅”和“深”带的位置，在同一个种的不同个体间有环境上和地理上的变化（图 9.24a）。但从这些带中测定的地球化学的变化是准确无误的。

我们已经在第二章见过氧同位素方法应用于侏罗纪的牡蛎 *Gryphaea* 异时发育分析的示例［见 2.3 节］。这项分析要求古生物学家根据用质谱仪测定出的自然界可见的两种氧同位素（^{18}O 和 ^{16}O）的相对浓度的变化，识别出季节和每年的生长线。尽管这两种同位素在骨骼中的含量受多种因素的影响，

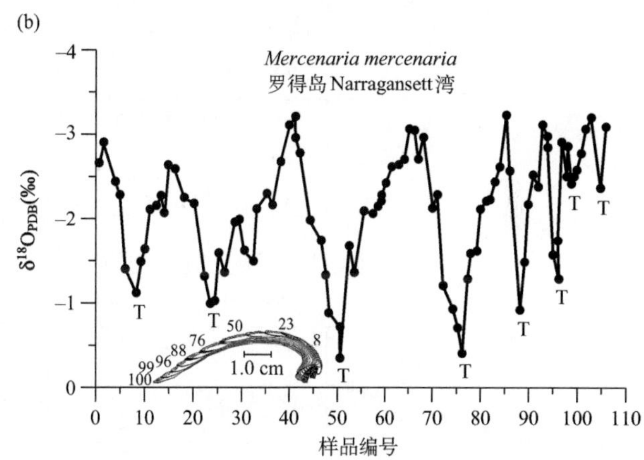

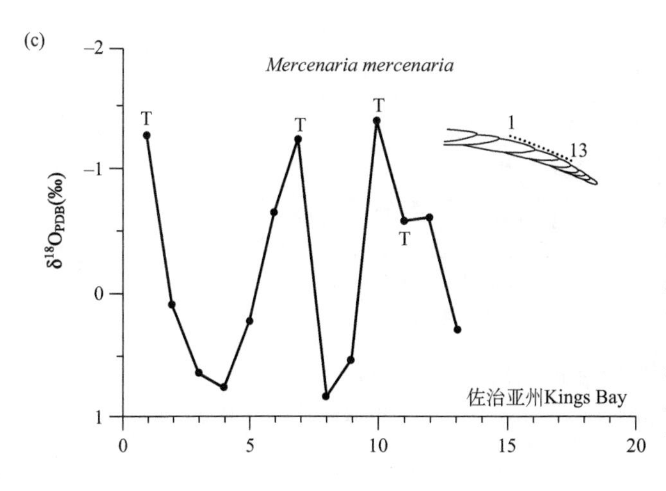

图 9.24 保存在双壳类生长带中的季节性的地球化学研究

(a) 双壳类 *Mercenaria mercenaria* 的壳体断面素描。每一个年生长纹都由半透明和不透明的条带组成。(b) 罗得岛 Narragansett 湾 *M. mercenaria* 壳的 δ^{18}O 曲线，其中半透明的部分与 δ^{18}O 的极大值（这个例子中指负偏程度最小的值）相对应，这说明半透明层与壳体所采地区一年中最冷的时期相一致。样本编号所对应其在壳体上的位置已在插图中指明。(c) 采自佐治亚州 Kings Bay 的壳体样品得出的更局限的 δ^{18}O 曲线，壳体的半透明部分与 δ^{18}O 的极小值相对应，说明在这个例子中透明层代表了一年中最温暖的时期。据 Jones 和 Quitmyer（1996）。

但在骨骼形成时周围与水体温度变化相关的这两种同位素的比值是可测的。

同位素比值通常以它们相对标准物质的偏移量，以千分比的形式记录，并按如下方程计算：

$$\delta X=[(R_{\text{sample}}/R_{\text{standard}})-1]\times 10^3$$

此处 δX 指任何质量数较高的同位素（如 ^{18}O，与 ^{16}O 相比）的富集（如果为正）度或亏损（如果为负）度，R 是高质量数同位素与低质量数同位素浓度的比值。在氧同位素评估中，与样本对比的标准物包括采自美国东部上白垩统 Peedee 组的箭石（PDB）和现在的标准平均海水（SMOW）。

方程在对方解石和文石材料的研究上已有富经验的发展，使得研究者能够基于样本的 $\delta^{18}O$ 值估计海洋环境温度的变化。相对意义上，$\delta^{18}O$ 值越高（如 ^{18}O 相对 ^{16}O 富集）对应骨骼生长时期的温度越低。举个例子，氧同位素变化每年的记录可以从采自罗得岛的 Narragansett 湾的一种现生的双壳类 *Mercenaria mercenaria* 标本中观察到，如图 9.24b 所示。这里半透明的生长线对应一年中的寒冷时期，正如这些生长线中 ^{18}O 的

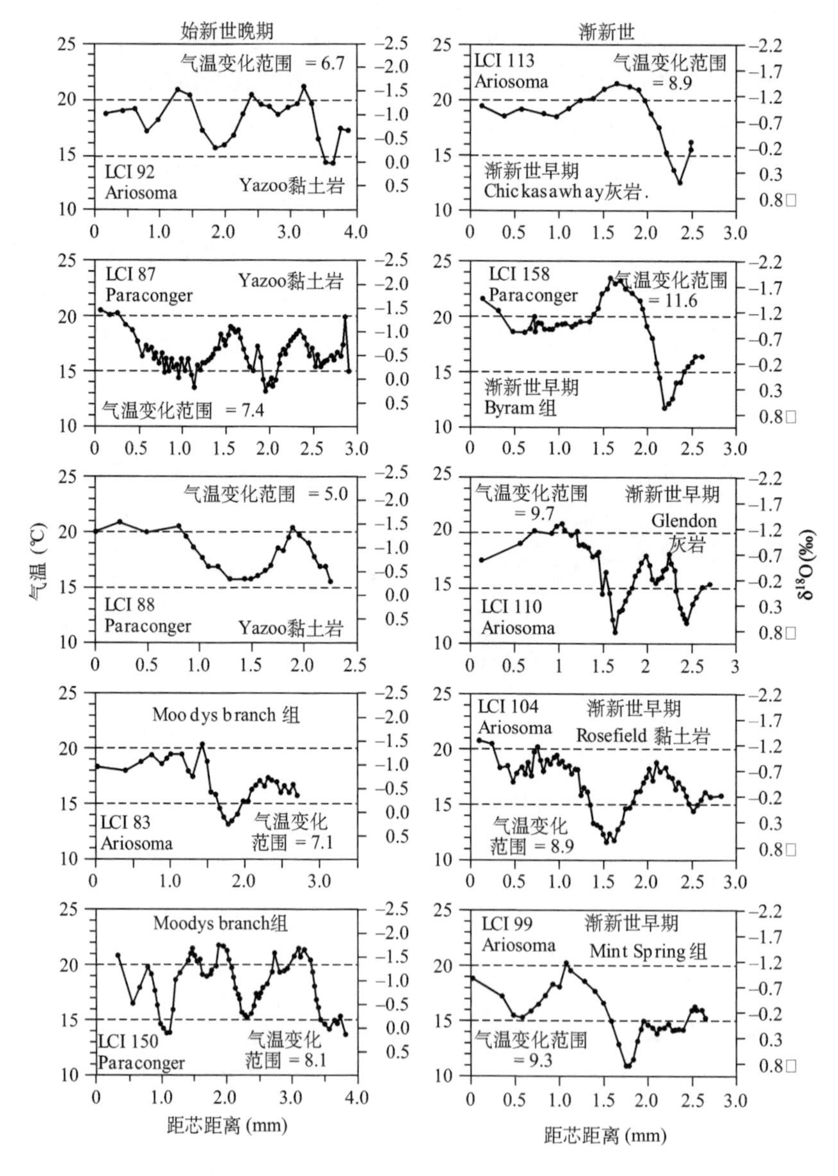

图 9.25 基于数个始新世晚期和渐新世鱼耳石微量取样的 $\delta^{18}O$ 的温度记录

注意渐新世的变化曲线趋势表现出更大的振幅，这主要是因为冬天温度更低。夏天温度从晚始新世到渐新世保持了较稳定的状态。据 Ivany 等（2000）。

富集所证明的。然而，在其他地方，半透明的生长纹却显示对应一年中最温暖的时期（见图9.24c），这说明古生物学家在研究浅色和暗色条带的意义时应谨慎。尽管如此，氧同位素模式真实记录了年度温度的曲线，不管浅色和暗色生长纹形成的时间如何。

氧同位素曲线应用于估计季节性变化的例子展示在图9.25中。基于对采自美国Gulf Coast地区，跨越始新世 渐新世界线的数个地点的鱼耳石（otolith，ear stone）连续生长带中的微量取样得出 $\delta^{18}O$ 和温度曲线的记录。Linda Ivany与同事们（2000）将始新世和渐新世标本的耳石曲线进行比较，发现穿过界线夏季温度变化很小，而冬天的温度却有大幅度的降低，说明了季节性的总体增强。这种明显的气候变化是否与那时发生的大灭绝有关，这还有待解决，但这种巧合非常微妙。

现在地质学家常常使用同位素分析来研究古代环境。在其他对古生物学家来说有重要意义的同位素系列中，$^{13}C/^{12}C$ 系列用于断定光合作用活动的存在，$^{34}S/^{32}S$ 系列指示氧化程度。

$\delta^{18}O$ 作为古温度计的使用并不仅限于测定个体骨骼或骨骼元素生长带记录的温度变化。它还可以根据种内骨骼元素样本平均同位素组成随地层的变化，判断整个区域温度变化的广泛记录。研究者代表性地利用多个种来估计 $\delta^{18}O$ 的变化趋势，因为不同种在同个区间有时表现出不同的地层 $\delta^{18}O$ 变化趋势。正如我们将在第十章中看到的［见10.4节］，多个种表现出类似的地层模式提供了该模式超越分类学偏差的强有力的证据。

还有其他的原因包括在地球上发生的冰的体积随时间的变化，可使 $\delta^{18}O$ 趋势分析出现复杂的情况。因为 ^{16}O 比 ^{18}O 轻，包含 ^{16}O 的水分子比包含 ^{18}O 的水分子更易蒸发，于是 ^{16}O 更容易出现在蒸发水形成的降雨中。鉴于冰川的增长依赖于这种富含 ^{16}O 的降水的供给，显然 ^{16}O 更易储存在冰川中，从而造成冰川作用增强期间全球海水的 ^{18}O 富集（即 $\delta^{18}O$ 的增加）。当然，我们也可以认为在冰川发育的时候全球变冷，而这种变冷会在特定区域表现为 $\delta^{18}O$ 的正漂移。但是，冰体积变化造成漂移可能会覆盖其他反映地方或区域性的与冰川的进或退不相应的温度变化的模式。

目前使用保存在化石骨骼中的其他元素估计古温度的另外的方法已经展开。这些应被看做是基于 $\delta^{18}O$ 的补充。这些方法中比较看好的一个是使用保存在有孔虫骨骼中的镁钙比值（Mg/Ca）。尽管尚未完全解决自身的复杂问题，温度与几种现生底栖有孔虫壳体的Mg/Ca值呈现显著关联已得到公认。通常，保存在底栖有孔虫中的Mg/Ca值随温度升高呈指数增长（图9.26）。因此可以用这个替代方法来判断温度随时间的变化。

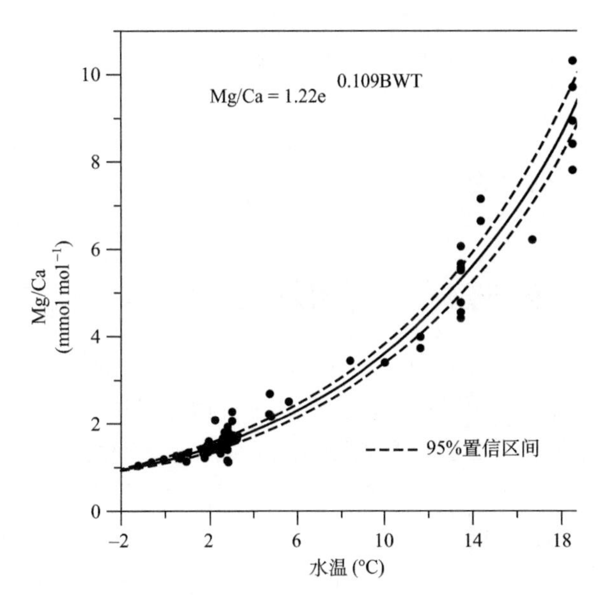

图9.26 对数个深海地区钻探取得的岩芯顶部样品的分析指示了底栖有孔虫属 *Cibicidoides* 的Mg/Ca值与现代水温的经验关系

通过数学方法分析数据得出的方程（如图中所示），可以用于根据更老的样品中此有孔虫属的Mg/Ca值推算底水温度（bottom-water temperature，BWT）。据Martin等（2002）。

Pamela Martin和同事们（2002）证明了用这个方法推断的底水温度的变化和过去35万年间冰期-间冰期旋回之间的明显关系。有意思的是，在热带大西洋的一个深海区域，Martin和她的同事们可以判断出两个不同水体相互作用与冰期-间冰期旋回的相关性。变冷的时间段通常与北大西洋深水（North Atlantic deep water，NADW）相对于南极底部水（Antarctic bottom water，AABW）的比例的降低相吻合（图9.27）。

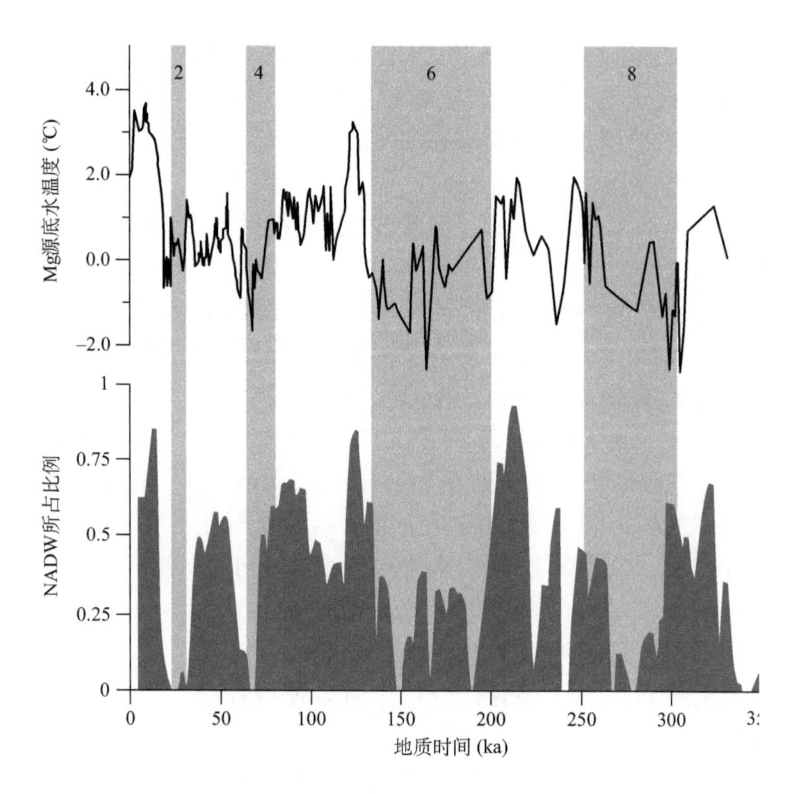

图 9.27 热带大西洋东部深海根据 Mg/Ca 值得出的底水温度，以及与北大西洋深水（NADW）相对于南极底部水（AABW）的比例的比较

时间的单位为千年（ka）。鉴于 NADW 和 AABW 以不同的 $\delta^{13}C$ 值为特征，NADW 中起作用的部分从 $\delta^{13}C$ 的地层变化来评估［见 10.4 节］。垂直的阴影指示了过去 350000 年来冰期（灰色）和间冰期（白色）的时间跨度。注意温度的降低与 NADW 的比例变化相关。据 Martin 等（2002）。

通过化石植物推测古气候和古大气

叶片的解剖学特征对环境气候和大气条件极为敏感。利用其中几项特征，古生物学家建立了一套提供关于古代环境独特信息的新方法。总体上，这些方法展示了经过对化石标本周密分析能获得的一系列特别的信息。

叶缘分析（leaf margin analysis，LMA）和叶面分析（leaf area analysis，LAA）涉及对显著的现生叶片形态变化与气候之间的关系的观测。叶缘分析基于识别一个特定区域平均年温度（mean annual temperature，MAT）与具光滑、无锯齿边缘的叶片（即所谓的**全缘叶** - entire-margined leave；图 9.28）在该区域植物群中的比例之间的一致、正相关关系。相反，当平均年温度下降时，植物群中出现的带齿边缘叶片比例会增加。

当为进行古气候重建工作发展利用更多叶片特征的更复杂方法时，Peter Wilf（1997）介绍了一个引人瞩目的事实：简单的叶缘分析至少能够和使用更多叶片特征的方法一样有效。类似的，根据在全球采集的一组 50 个样本（图 9.29），Wilf 和同事们（1998）说明了平均叶面面积（mean leaf area）和年平均降雨量（MAP）之间有密切正相关的关系，表明叶面分析可以应用于化石叶片估算古降雨量。将叶缘分析和叶面分析应用于化石记录将在第十章讨论［见 10.4 节］。

最后，通过经验观察和实验，植物学家发现了叶片背面的气孔（stoma，指进行气体交换的小孔）密度对大气 CO_2 浓度非常敏感：单位面积气孔的数量随 CO_2 含量升高而降低。认识到现在的全球变暖与大气 CO_2 含量升高有关，研究者研究了历史时期气孔密度（stomatal density，SD）的变化并发现气孔密度确实在过去的 200 年中明显下降（图 9.30）。

鉴于气孔密度和 CO_2 之间的联系，古植物学家又用与气孔密度相关的气孔指数（stomatal index，SI）来测定在显生宙的重要时期古 CO_2 含量的变化。气孔指数测量值为 SD/(SD + 表皮细胞密度 [epidermal cell density])×100，且它比简单的气孔密度对可能的与 CO_2 无关的外来因素敏感度低。通常，古植物学家两个值都记录，因为气孔指数直接来源于气孔密度。

在对瑞典南部和格陵兰东部跨越三叠纪 - 侏罗纪界线的地层中采集的样本进行分析时，Jennifer McElwain 和同行发现在晚三叠世至早侏罗世时期气孔密度和气孔指数显著降低（图 9.31）。根据降低的幅度，McElwain 和她的同事们假设 CO_2 作为

(a)

(b)

(c)

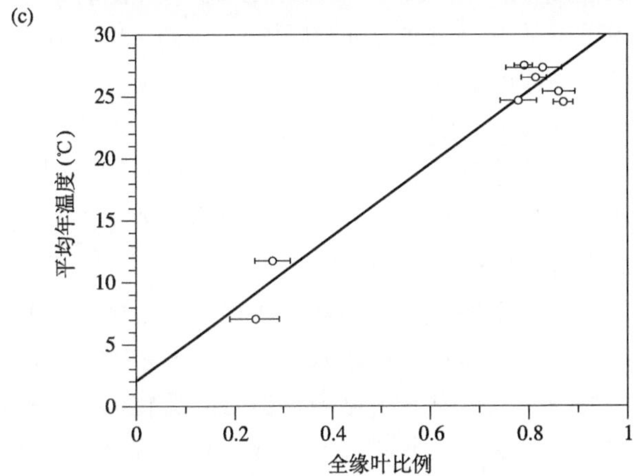

图 9.28 叶片边缘和平均年温度（MAT）的关系

(a) 具全缘（即光滑）叶的例子。(b) 具齿状边缘的叶片例子。两个标本均采于怀俄明早始新世具暖温特征的地层中［见 10.4 节］。在 (a) 和 (b) 中，比例尺为 5cm。(c) 从 9 个现代地区采集的具全缘叶的样本比例与这些地区平均年温度的关系图。图 a 和 b 据 Scott Wing，图 c 据 Wilf（1997）。

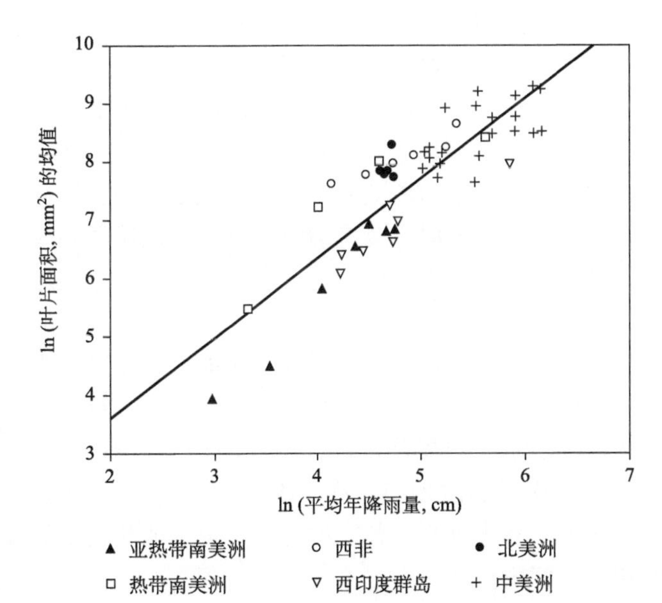

图 9.29 全世界几个地区的平均年温度与这些地区 50 个样本中所含叶片平均面积的关系图

据 Wilf 等（1998）。

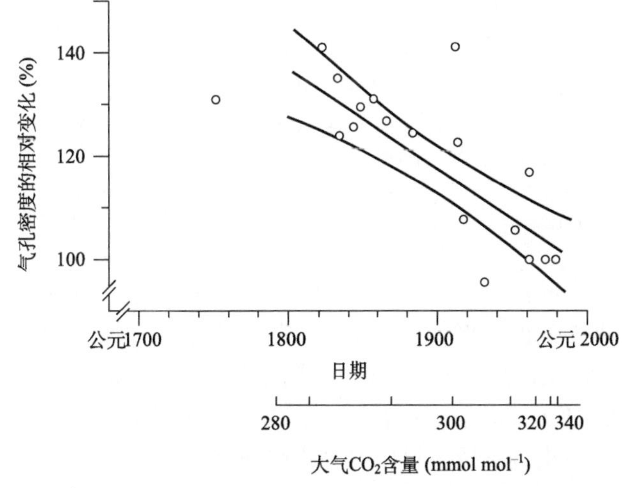

图 9.30 历史时期中五个植物物种叶片单个标本的气孔密度变化图

图中显示的测量值来自在标本室储存和干燥超过 200 年的样本。这些值以现在密度的百分比记录。两条外部的线为中间线的 95% 置信区间，这与数据相一致。大气中 CO_2 的变化估算基于冰芯的研究，并平行于横坐标列出以展示其与气孔密度降低的关系。据 Woodward（1987）。

温室气体（greenhouse gas）的效应，推算 CO_2 的增加导致温度上升了 3℃到 4℃。这表明全球变暖在已识别出的三叠纪 - 侏罗纪界线上植物群物种的大灭绝和更替中起到一定作用。

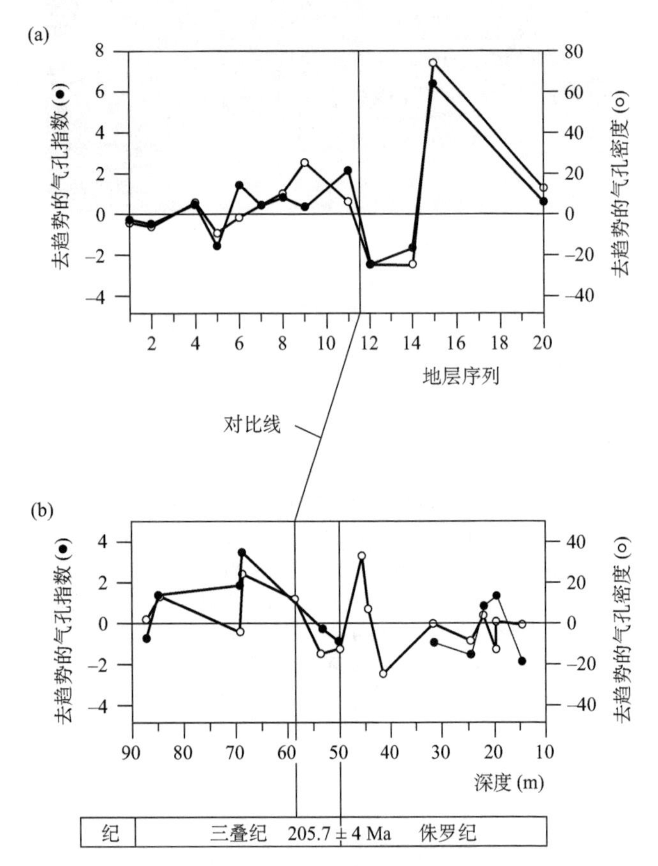

图 9.31 采自瑞典南部 (a) 和格陵兰东部 (b) 三叠系 - 侏罗系界线的叶化石样本气孔密度（SD）和气孔指数（SI）变化

根据两个地区中都发现的一个新植物群的首现画出一条对比线。对两地的测量，使用了去趋势值（反映一给定样品中分析的某个属总平均值的偏差），以避免分析的分类群在层与层间的偏差。据 McElwain 等（1999）。

叶缘分析、叶面分析和气孔分析的应用中也存在问题。例如，当叶缘分析用于生活在河边和湖边的植物时，MAT 可能被低估（Burnham *et al.*，2001）。但是，随着对这些偏差的逐渐认识，对分析结果进行校正可以解决这些问题。

9.6 古生物地理学

当我们考虑一个生物生活的环境时，应知道我们主要指的是特定空间的物理和生物条件，而不是几何轮廓或空间的位置。通常生态学家或古生态学家提到如泥质覆盖的海底或岩石悬崖的表面，我们会想到这些以及其他的环境都以一些适应或曾经适应在这些环境中生活的群落为特征。当然，任何环境都不是以单一的物理或生物变量为特征，而是具有多种变量协同作用。因此，从环境的角度来说，一个洋底没有两个泥质覆盖的完全相同的地区，因为，即使它们被粒径和矿物完全一致的泥所覆盖，其他限定这些环境的变量如温度、水深或盐度至少在某种程度上会不同。据我们早些时候讨论的 H. A. Gleason 的逻辑，我们不应该认为在任何两地的群落分类群组成会完全一样。

同样的，我们不应该认为任何群落的物种有完全相同的地理分布。显而易见的，每个物种的内在特性会指示环境需求，因此每个物种的地理分布至少都有一定程度上的不同。

相对于环境，判断保存在化石记录中的生物类群的地理分布使我们进入了古生物地理学的领域。从物理角度出发，根据地球随时间变化的动态性，我们可以认为任何物种的地理分布在进化历程中具有均等的动态性。在地层记录能提供以很高的地层 - 时间分辨率（stratigraphic-temporal resolution）观测其随时间发生变化的机会时，这种动力性事实上是很明显的。

例如，古植物学家研究了全世界晚第四纪保存于湖相沉积中的植物花粉的地层记录。图 9.32 展示了在 160 m 厚层序中几个物种的丰度记录。这些模式似乎与我们之前所观测的奥陶纪腕足类的地层关系（图 9.8c）类似，覆盖第四纪资料的地层间隔时间延限要短很多，且时间分辨率更高。事实上，这些第四纪沉积物的时间分辨率足够识别出小尺度的生态转变。例如，注意到以乔木（如松、栎等）为主导的时期，也趋向于以草（如禾本科）、草本植物以及灌木（如藜科和蒿属）丰度减少为特征。其中一个这样的时期出现在 245000 年前之后。在其他时期，乔木则在其他类群之下，至少如其花粉的相对丰度所指示的。

在希腊的采集地丰度随时间显著变化暗示那里所保存物种间的重要的地理推动力。这在根据整个欧洲全新世沉积物保存的花粉数据绘制植物分布图

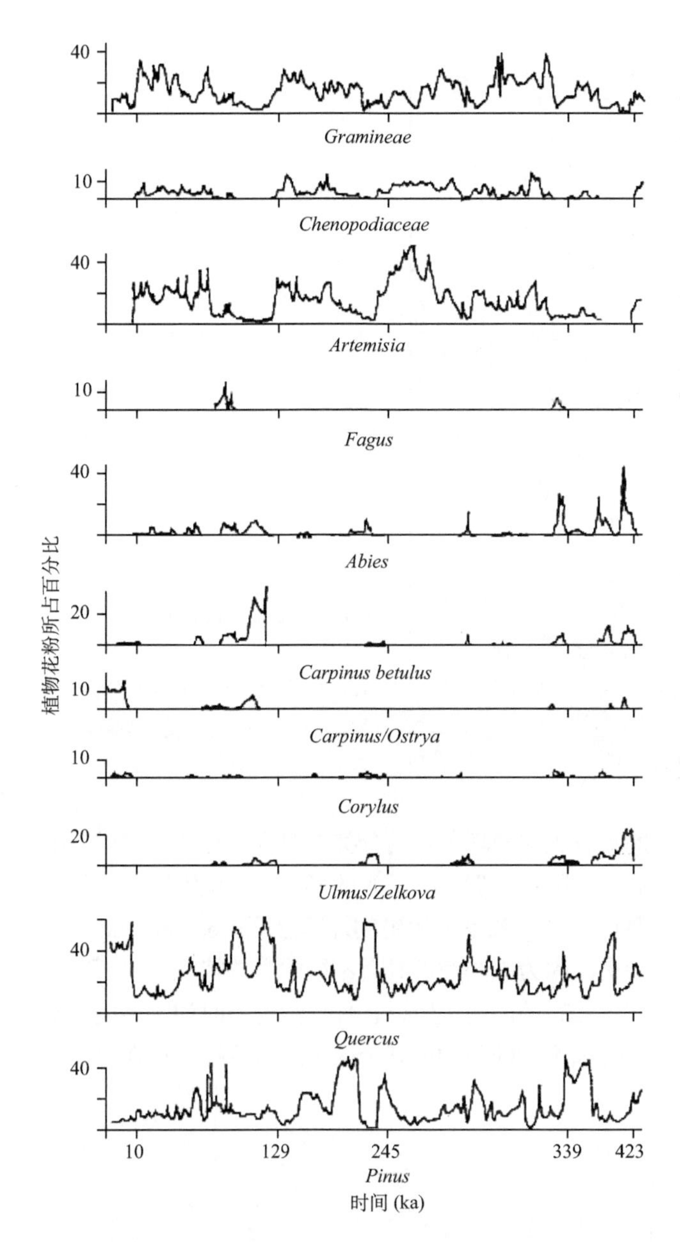

图 9.32 160 m 厚的第四纪湖相沉积序列中几个不同花粉类型的丰度记录

时间跨度为 40 万年，采自希腊西北部。时间单位为千年（ka）。值得注意的是，*Quercus*（栎）和 *Pinus*（松）具有几乎相反的丰度走向。据 Bennett（1997）。

时特别突出，其中一个栎树的例子在图 9.33 中展示。通常，化石记录能提供在小于几千年的分辨率下研究物种地理范围变化的机会，这些范围被证明是动态的，以致被曾广泛研究过这些模式的 Keith Bennett 比喻成揉面。对此，Bennett 是指物种对重大气候转变的反应并非简单地丰度下降直至灭绝，而是展现出对气候带地理转变作出迅速反应的一种地理范围上的塑性。对其他生物群的分析，包括陆地脊椎动物和海洋软体动物，表明不但这是一种物种间常见的现象，而且物种的分布范围趋向独立变化。

鉴于物种地理范围的这种动态性和独立性，我们可以试着推断不同物种的地理范围在任何地理尺度都不与另一个的相似。然而，很容易证明事实并非如此。把巴拿马地峡（Isthmus of Panama）看做连接南北美洲的狭窄的陆桥。因为它是一个完全自然形成的特征（或者至少是在巴拿马运河建成以前），成为阻止海洋物种在地峡的大西洋侧和太平洋侧间迁移的有效地理阻隔。因此，毗邻大西洋面地峡相临的许多物种的地理范围最西边的界线与太平洋侧的物种的最东边的界线像有密切的联系，这显然是一种巧合。

地质学家研究了巴拿马地峡的历史，了解到它直到四至五百万年之前才完全出现。尽管它的出现不像开开关一样迅速——此前海洋生物群间有自由交替，而此后两侧间有一个完全隔断迁移的地理阻隔——事实是，当地理阻隔出现时，物种的居群和亚居群就被隔离开来，导致地峡两对边均发生了充分的分异，造成姊妹物种的进化。

巴拿马地峡是一个同时影响大量物种迁移和扩散的地理阻隔的例子。这种地理阻隔在自然界中很常见，而且并不仅限于阻止海洋生物移动的陆桥。事实上，缺乏陆桥或其他的陆块连接有效地隔离了陆地生物，特别是如果它们不能通过飞行进行空气传播，或它们没有处在可能通过风进行传播的发育阶段，如花粉或孢子阶段。

在生命历史中，有许多陆生生物的地理阻隔形成和消失的详细实例，例如通过构造活动或海平面变化造成的水路的适当发展和丧失。众所周知的例子包括在巴拿马陆桥形成之前存在于南北美洲之间的水路，或现在把东南亚海岸线外在更新世海平面较低时属于同一个地块的几个岛屿隔离开的水体。

但是，其他地理阻隔的形成和消失则是地质时期中大陆漂移的直接结果。当陆块分裂时（正如它们在地球历史中重复的），它们各自带着的陆生生物群相互隔离。虽不太明显但却依然正确的是，包围这些同样陆块的浅海环境中包含的生物，也因为

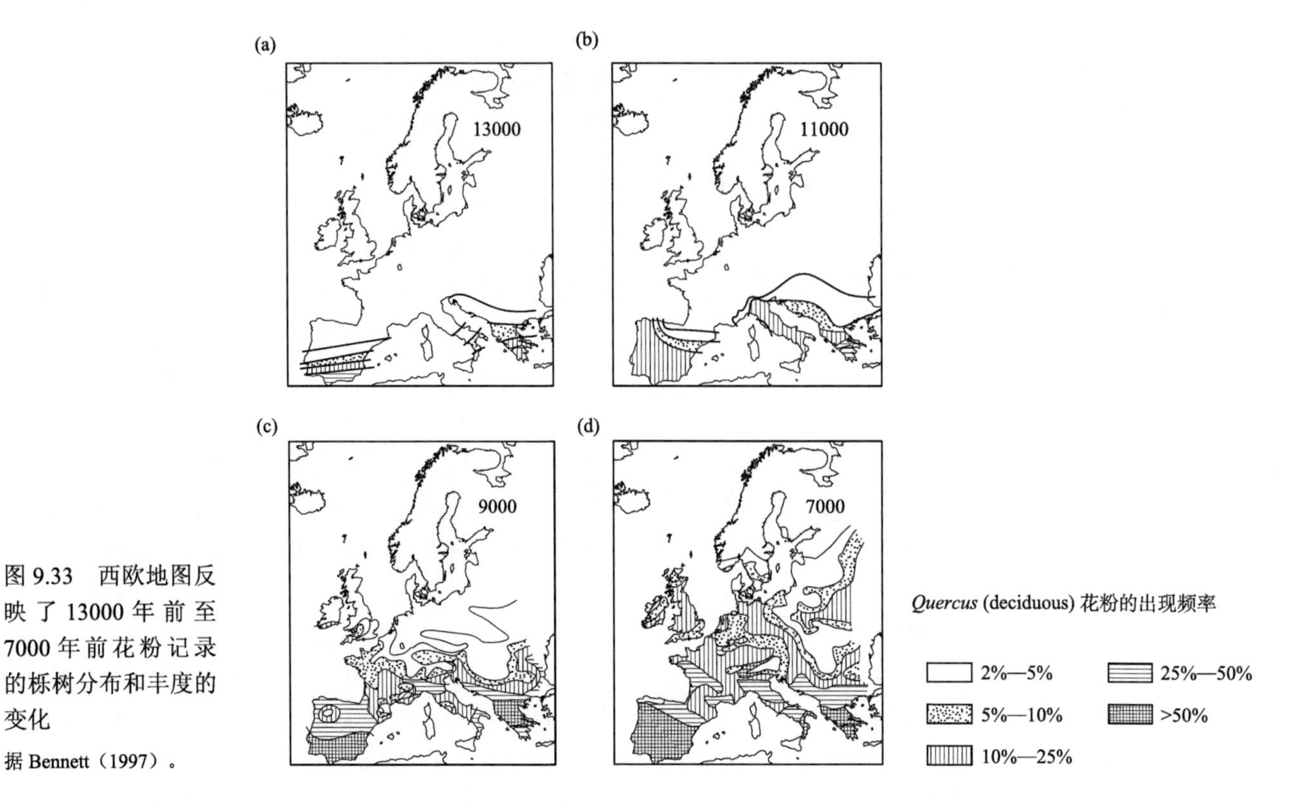

图 9.33 西欧地图反映了 13000 年前至 7000 年前花粉记录的栎树分布和丰度的变化

据 Bennett（1997）。

地理上分开的地区间形成的远离而隔离。这在因深海盆地隔离的海洋生物中尤其真实，特别是如果它们是没有经历可被洋流携带很远距离的浮游幼虫阶段的底栖生物。

不管它们的规模或成因如何，地理阻隔的发展导致了**生物区**（province，指因地理阻隔的存在而形成的具有类似地理范围的分类群组合，与其他同样界限的生物区在地理上隔离）的形成。古生物地理学的重要目的之一就是了解**生物地理分区**（provinciality）的历史。因为不同类群具有不同的生态特征，包括它们广泛散布的能力，所以在任何给定的时期，不同的类群会以不同的生物地理分区等级为特征；这在绘制动

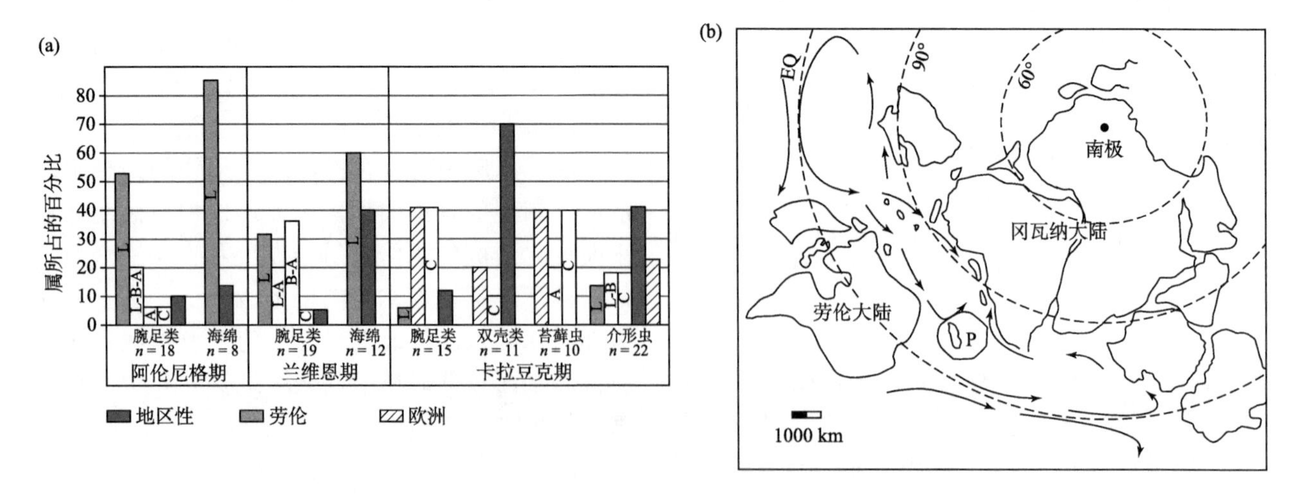

图 9.34 南美前科迪勒拉地区古生物地理的推测

(a) 保存于南美前科迪勒拉地区的分类群的生物地理亲缘度（affinity）从阿伦尼格期（早奥陶世）至卡拉豆克期（中晚奥陶世）发生变化。特别值得注意的是，伴随劳伦大陆的形成，亲缘度开始降低。古板块名的简写说明如下（更为详细的说明见图 8.25）：L，劳伦；L-A，劳伦和阿瓦隆尼亚；L-B，劳伦和波罗斯堪迪亚；L-B-A，劳伦、波罗斯堪迪亚和阿瓦隆尼亚；C，世界性分子。(b) 早奥陶世的古生物地理图，显示前科迪勒拉的位置大致在劳伦大陆和包含现在南美的那部分冈瓦纳大陆之间。据 Benedetto 等（1999）。

物地理分区图的时候应予以重视。

不过，从现实的角度来看，描绘古生物区被证明是确定古大陆和小地块（被称作**地体** - terrane）相对古地理位置的重要手段。例如，在现在的阿根廷前科迪勒拉地区，包含一套独立于邻区地层的奥陶系地层和化石。有意思的是，在这段地层最老的部分含有一个生物群，与现在北美部分同时代地层中所保存的生物群在分类学上相似。但是，前科迪勒拉更年轻的地层所含的生物群却逐渐表现出与现在南美相邻地层的相似性（图 9.34a）。这些数据支持了仍存有争议的观点：前科迪勒拉地区曾经是一个地体，从劳伦古大陆（现在北美洲的一部分）分离，随后向南移动，与包括南美洲的古冈瓦纳超大陆相撞（图 9.34b）。

9.7 结束语

无可否认的是，本章涉及了古生态学诸多方面的问题，但是对此的一个简单的解释是：古生态学的分支学科正在以极快的速度扩展。在 20 世纪 60 年代，古生态学中最主要的概念上的课题是对古群落的研究，但在 70 和 80 年代，结合地质时间尺度的演化古生态学研究使其得到了扩充。在 80 年代和 90 年代，古生态学又随着不断发展的一套为高分辨率古环境重建（high-resolution paleoenvironment reconstruction）提供复杂方法的技术的注入再次延伸。由于这些新方法的持续发展产生的刺激，早期的课题似乎被轻视了。但是，除了说明这些分支学科知识基础的要求外，还有另一个重新考虑古群落和相关主题的理由：这些在古生物学中依然是重要的概念性课题。

例如，我们在本章简单讨论过的对集合种群的研究，要求我们了解生物在化石记录中保存的小尺度空间分布反映出其生物信息而不是死后运移过程的程度。正如我们在本章提到的，有理由相信生物群落斑块分布的证据可以保存在化石记录中，但是在判断这种模式在生活于各种海洋和陆地环境中的分类群中的事实范围之前，我们仍然有很长的路要走。

正如我们将在第十章所看到的，另一个独特的古生态学研究主题伴随着对人类导致的现代环境改变的研究而逐渐涌现。

补充阅读

Brown, J. H. (1995) *Macroecology*. Chicago, University of Chicago Press, 269 pp. [对于现代生态分布和特征的一种新出现的分析方法的综述，并介绍了其中的重要分支—古生态学研究]

DiMichele, W. A., Behrensmeyer, A. K., Olszewski, T. D., Labandeira, C. C., Pandolfi, J. M., Wing, S. L., and Bobe, R. (2004) Long-term stasis in ecological assemblages: Evidence from the fossil record. *Annual Review of Ecology, Evolution, and Systematics* **35**: 285–322. [对局群概念的生物学意义，包括协同停滞等进行全面回顾]

Fortey, R. A., and Cocks, L. R. M. (2003) Paleontological evidence bearing on global Ordovician–Silurian continental reconstruction. *Earth-Science Reviews* **61**: 245–307. [利用古生物地理数据估计古板块位置的实例]

Jackson, J. B. C., Budd, A. F., and Coates, A. G. (eds.) (1996) *Evolution and Environment in Tropical America*. Chicago, University of Chicago Press, 425 pp. [论文集，从古生物学和地球化学，尤其是古生物地理学的角度，对巴拿马地峡的形成进行了全面分析]

Koch, P. L. (1998) Isotopic reconstruction of past continental environments. *Annual Review of Earth and Planetary Sciences* **26**: 573–613. [利用碳、氧和氮同位素进行环境重建的研究方法的全面回顾]

第十章 古生物学领域的多学科综合研究案例

10.1 古生物学的综合性

首先需要说明一点，本书所强调的方法无疑还会在将来进一步得到发展完善，而过去半个世纪所出现的许多古生物学基本原理也将继续发挥作用。系统发育重建原理和方法的发展历程就是一例。我们注意到，古生物学家一直在探讨各种系统发育分析程序的优缺点，而与此同时，一些古生物学课题已明确被系统发育重建研究所重视，包括分类 [见4.3 节]、演化速率与模式 [见 7.3 节] 以及形态多样性 [见 8.10 节] 等方面的研究。

尽管这些基本方法可能是永存的，但应用它们所探讨的科学问题并非如此。现代古生物学已经越来越焕发出勃勃生机。人们更加注重对大科学问题的多学科综合探讨，前沿学术刊物上几乎每周所报道的科学发现都不断推动着这方面的进展。毫无疑问，当本书正式出版时，对这些论题的评述将多少有点过时。然而，它对说明古生物学原理和方法的应用是有益的。 这些应用涉及的问题是多方面的，包括对地球（或地外）生命最原始形态的调查，以及对人类所引起的生态压力的评估。这种压力是现生生物所必须面对的。

10.2 海洋生命的寒武纪大爆发

通常情况下，演化辐射和灭绝（见第八章）简单地反映在生物于种、属、科等不同分类级别上交替率的增长。与此相对的是，生命史中某些绝无仅有的演化事件导致了生物圈重塑，因而影响更为深远。在动物界，**寒武纪大爆发**（Cambrian Explosion）就是这类事件中最重要的一幕。当时发生了形态和功能大幅度的多样化，大部分的生物基本构型（门）在仅仅几千万年间都出现了（图10.1）。这当然主要涉及那些具有骨骼或硬壳的生物，许多软体动物在更晚的时间出现，则很可能是由于实际上更早出现的并未被保存下来。

围绕寒武纪大爆发，我们在这里考虑以下几个方面的问题：

1. 化石记录为事件的基本序列提供了什么证据？
2. 这种证据如何从演化的角度进行解释？
3. 为何动物门类的辐射发生在那时，为何自那以后再未发生类似的对生物构型影响深远的辐射？

化石记录

原核生物和藻类在元古宙的大部分时间都比较丰富且种类繁多，不过被确认的最古老的动物实体化石是来自于大约五亿七千万年前的新元古界磷酸盐化胚胎（图 1.15）。此后不久，各种各样的生命形式在化石记录中出现了，虽然其中许多系统亲缘关系无法确定（图 10.2）。它们被非正式地统称为埃迪卡拉动物群，名称源于澳大利亚埃迪卡拉山，那里发现了这类生物群一个经典的化石点。同时，不断有其他地方元古宙地层中许多疑难化石被描述（见知识点 4.3）。另外，已确认的最古老遗迹化石来自大约五亿六千万年前的新元古界 [见 1.2节]。一些存疑的遗迹和动物实体化石可能距今六亿年就有了。

图 10.1 显示了化石记录中动物门类首次出现的大概时间。可以看出，在寒武纪首次出现各个生物门，许多是软体生物，例如蠕虫动物、似节肢动物和脊索动物门，其他的如节肢动物，包括很大程度上未矿化保存的形态。值得庆幸的是，几个特异保存的化石宝库为我们提供了这些门类的寒武纪化石

元古代	古生代						中生代			新生代
	Cm	O	S	D	C	P	Tr	Jr	K	
● 刺丝胞动物门										
● 海绵动物门										
软体动物门	●									
腕足动物门	●									
栉水母动物门	●									
曳鳃动物门	●									
有爪动物门	●									
节肢动物门	●									
帚虫动物门	●									
环节动物门	●									
棘皮动物门	●									
脊索动物门	●									
半索动物门	●									
缓步动物门	●									
苔藓动物门		●								
线虫动物门					●					
纽形动物门					●					
内肛动物门								●		
轮虫动物门										●
线形动物门										●

图 10.1 化石记录中动物门级首现

多数骨骼化的动物门首现于寒武纪和奥陶纪。稍后的首现，很可能反映的是采样偏差，而非起源较晚。据 Valentine 等（1999）。

记录。其中，最著名的有加拿大不列颠哥伦比亚的中寒武世布尔吉斯页岩。我们在第一章已经提及，布尔吉斯页岩中绝大多数物种是软体的，而矿化种类似乎在寒武纪壳相沉积中相当典型。布尔吉斯页岩的某些形态类型与现生门类具有明显的亲缘性，其中节肢动物尤为常见。

不过，面对众多疑难类群，学者们总能发现自己中意的例子：*Opabinia* 是最有趣的一种生物（图 10.3）。它的身体分若干段，具有五个眼睛，像水管一样的嘴，末端看起来像一个抓食器官。其他比较特别的布尔吉斯页岩动物还有 *Odontogriphus*。它是一种扁平的，有环纹的动物。嘴巴周围具有一圈像牙齿似的结构，可能对摄取食物的触手有支撑作用（图 10.4）。*Hallucigenia* 是一种细长的动物，背部有两排明显的防御型刺（图 10.5）。该属第一次被描述时，背部的刺被认为是腿。现在看来，更多来自世界其他产地完整的化石和相关标本表明它们应该是背部的刺。*Hallucigenia* 实际上是叶足动物的一种，具有特色的叶足。

Anomalocaris 动物很好地说明了对布尔吉斯页岩化石进行解释的难度。1892 年，Walcott 基于一块分节的化石标本描述了 *Anomalocaris* 属，并且认为是节肢动物的躯体（图 10.6a）。1911 年，他报道了一种大致像水母似的化石，镶有一个圆盘，命名为 *Peytoia*（图 10.6b）。同年，他又描述了 *Laggania* 属下一个不完整的、分节的躯体化石。直到 20 世纪 70 年代末，通过对标本进行细致入微的修理工作，终于揭示了 *Anomalocaris* 化石实际上是一种个体较大动物的肢体部分，而 *Laggania* 是其躯体部分，*Peytoia* 是它的嘴（图 10.6c）。根据命名优先率 [见 4.1 节]，整个动物被称作 *Anomalocaris*。图 10.6d 是这种动物的复原图。它有抓食的肢体，盘状的嘴，流线型的身体，显然是一种食肉动物。

从最初发现布尔吉斯页岩之后，其他寒武纪特异保存的实例也陆续被报道。最著名的如中国云南澄江动物群和格陵兰西里斯帕西特动物群。尽管这些早寒武世的沉积比布尔吉斯页岩更早些，但是它们具有一系列相似的生物构型。一些属地层时代跨度较长，如 *Anomalocaris* 见于下、中寒武统的大部分地层。

布尔吉斯页岩化石多被保存为碳质薄膜或黏土质薄片，推测是在低氧条件下沉积形成。内部器官通常被发现是通过早期成岩矿化作用得以保存的。为了揭示布尔吉斯页岩及类似精美化石得以保存的成因 [见 1.2 节]，人们对虾和其他带有蛋白质外骨骼的生物开展了实验埋藏学研究。研究表明低氧

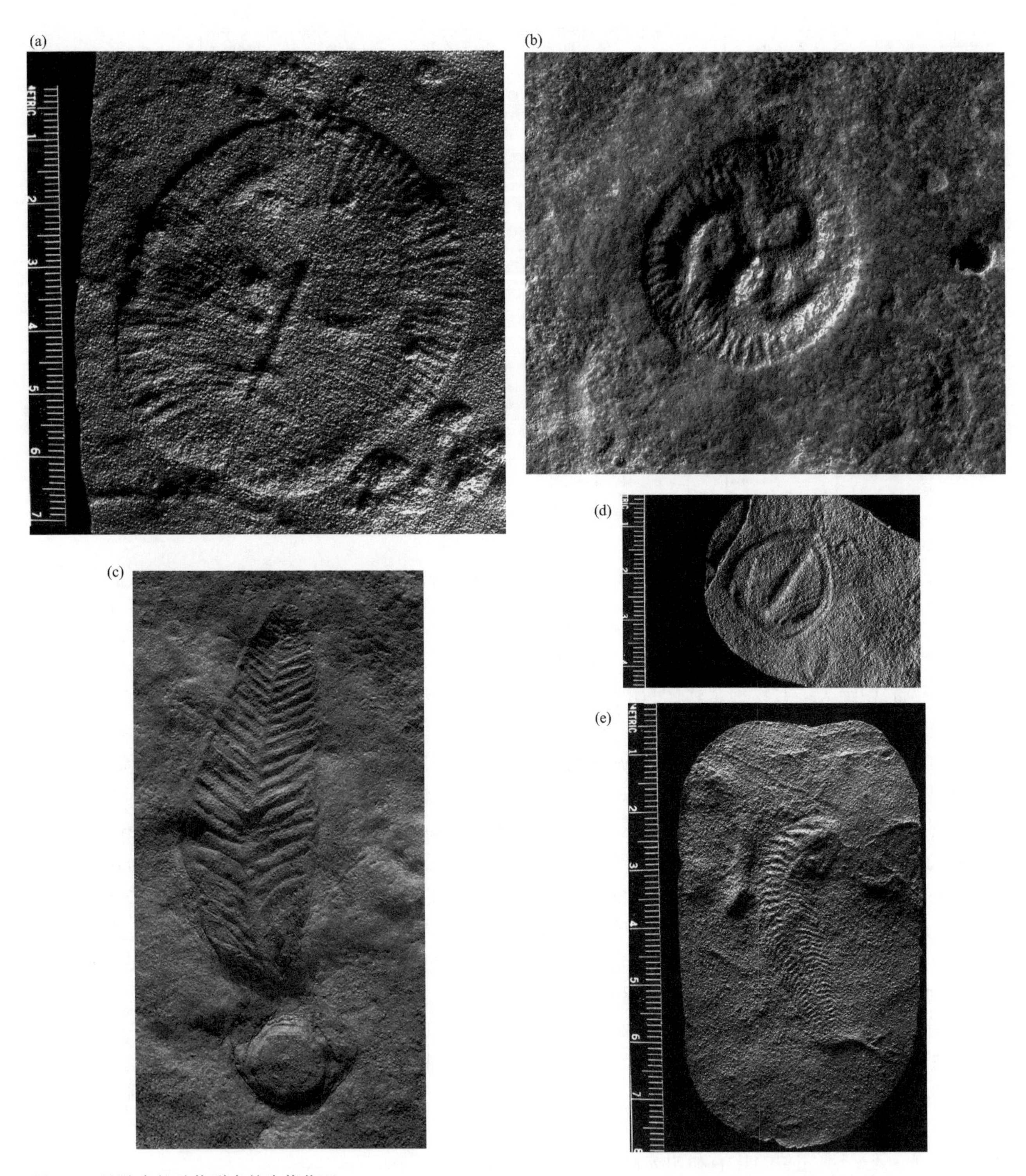

图 10.2 埃迪卡拉动物群中的生物化石

(a) *Dickinsonia*；(b) *Tribrachidium*，标本直径大约 2 cm；(c) *Charniodiscus*，标本长度多为数十厘米；(d) *Parvancorina*；(e) *Spriggina*。图 a 和 e 来自耶鲁大学的 Peabody 自然历史博物馆；图 b 来自挪威奥斯陆大学的古生物博物馆；图 c 来自南澳大利亚博物馆；图 d 来自 Peabody 自然历史博物馆的 W. K. Sacco。

条件可以促进软体部分和微骨骼化硬体部分的化石化作用。实验还有助于揭示出现这种保存状况的机制。实验表明，低氧条件并不抑制软体部分腐烂，但却能够促进矿化作用，包括早期在软体空隙内形成黄铁矿 [见 1.2 节]。因此，正是早期矿化作用过程很大程度上造就了布尔吉斯页岩的精美化石。软

(a)

(b)

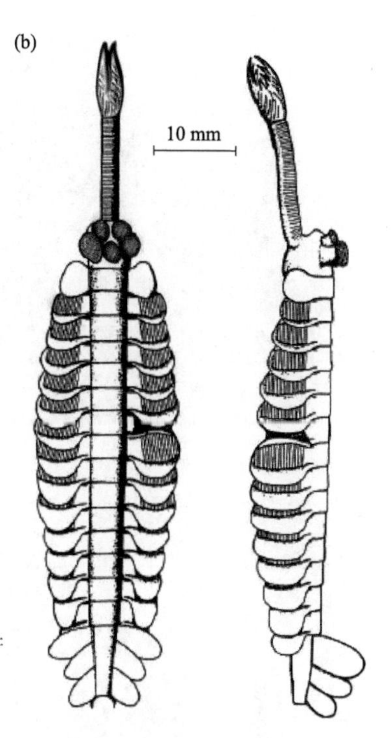

图 10.3 布尔吉斯页岩中的动物化石 *Opabinia*

(a) 标本为侧压保存；(b) 背视和侧视的重建图。据 Whittington（1985），经加拿大公共事务部允许复制。

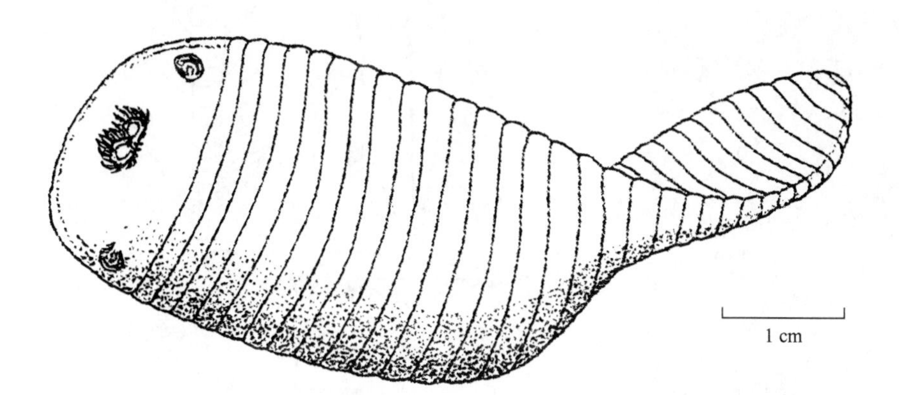

图 10.4 布尔吉斯页岩中的动物化石 *Odontogriphus* 的重建图

据 Conway Morris（1976）。

(a)

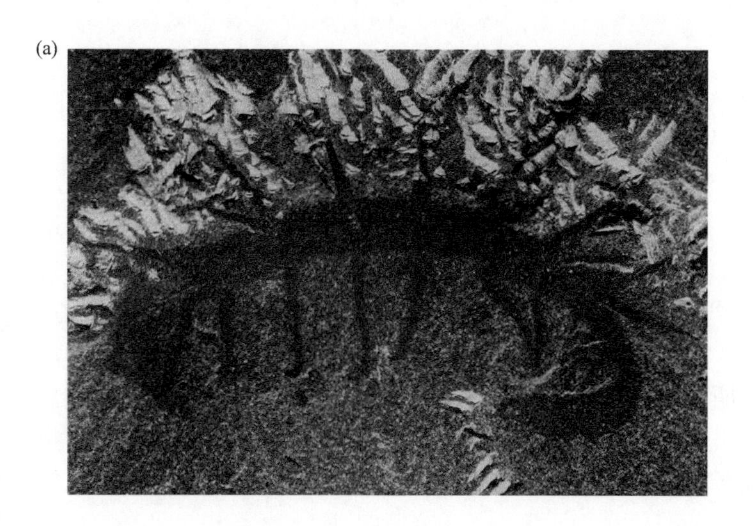

(b)

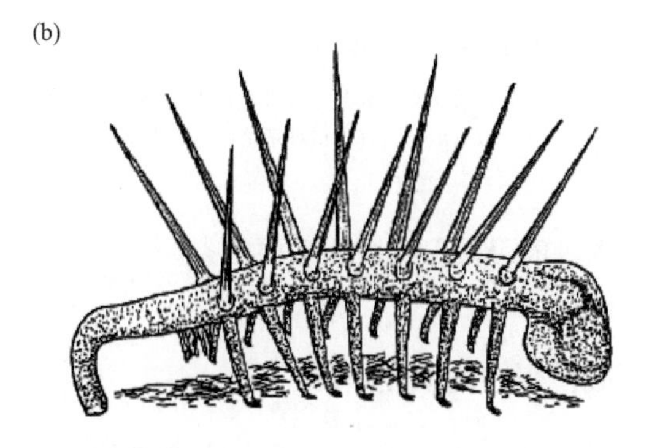

图 10.5 布尔吉斯页岩中的动物化石 *Hallucigenia*

(a) 标本为侧压保存。照片宽约 1.4 cm；(b) 复原图。据 Conway Morris（1998）。

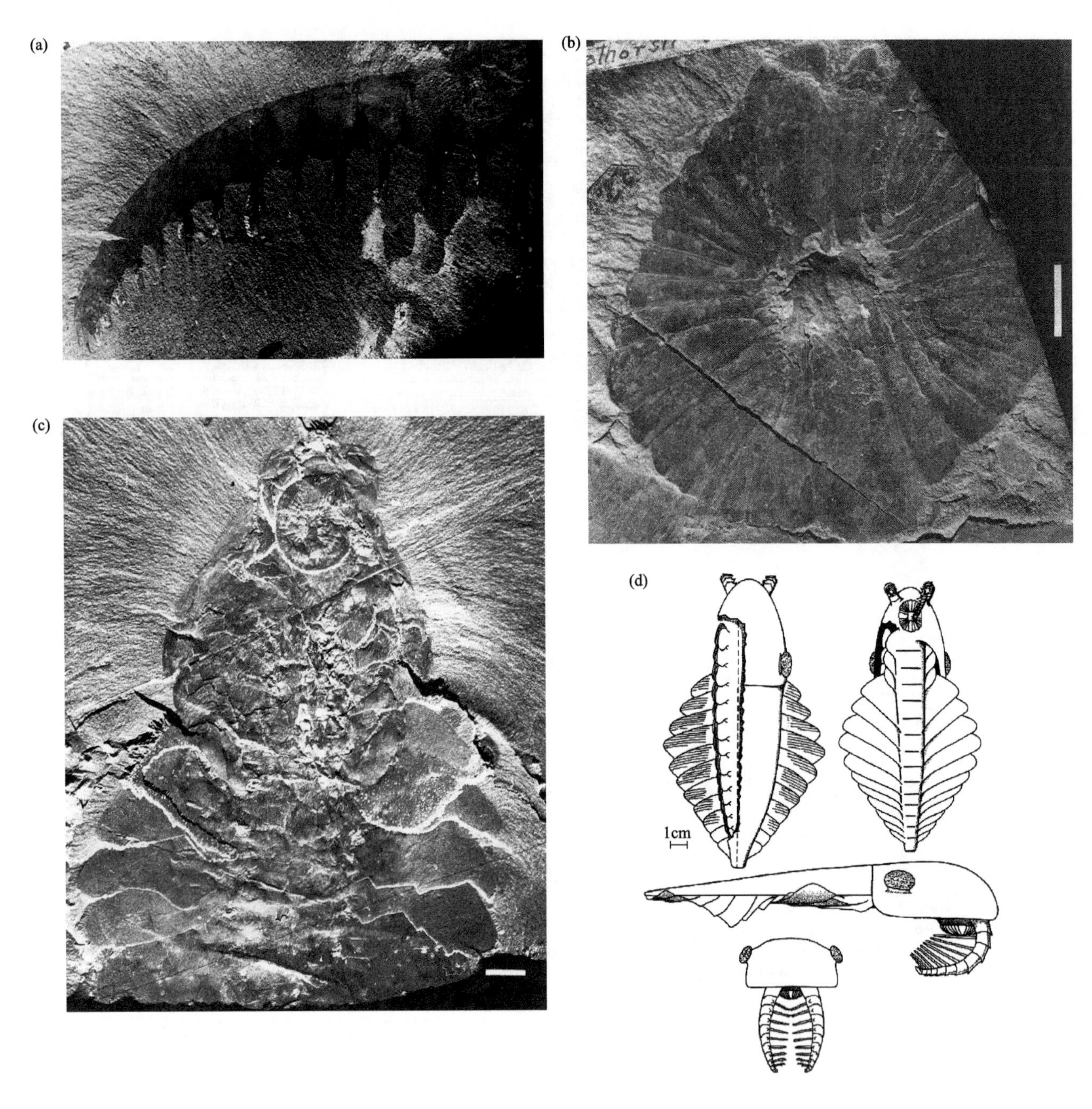

图 10.6　寒武纪动物化石 *Anomalocaris*

(a) 附肢，最初被认为是某节肢动物的身体，并将之命名为“*Anomalocaris*”；(b) 口盘，最初被认为是某种独立生活的动物，并将之命名为“*Peytoia*”；(c) 相对完整标本的腹视图，前部向上；(d) 重建图，比例尺为 1 cm。据 Whittington（1985），经加拿大公共事务部允许复制。

体本身能否被保存并非主要因素。

寒武纪事件的演化解释

寒武纪化石记录显示了动物界的一段早期简史以及随后门类的快速辐射。达尔文时代元古宙动物虽然是未知的，但门类的突然出现已经有所认识。达尔文及其之后的许多科学家把这个归结于地层记录的不连续，期间已知各类生物演化应该是持续的，只是未能保存和记录下来。这个简单的观点现在看来有问题。一方面，大量遗迹化石在元古宙通常幅度小、水平状，显示出一些简单的行为，到了寒武纪幅度增大并且也变得复杂起来。在寒武纪留下复杂遗迹的这种动物在元古宙并没有留下这些遗迹。另一方面，人们对元古界的研究已经相当深入，并且有很多躯体化石的发现（图 10.2），但是没有腕足类、三叶虫、棘皮动物等等保存的迹象。由此可以推测，元古宙躯体化石的保存条件是存在的，如果上述门类大量存在的话，它们应该能够被保存下来。故此，那些寒武纪出现的动物门类未被保存记录的历史不太可能向前延伸到元古宙很久。

然而，得出上述认识又或多或少与对生物门类的定义相关。众所周知，分类单元之间是通过彼此特有的某些特征来区分的。然而，我们所熟悉的这些特征也许在该类群演化早期谱系分支时并未发育成形。以最早的鸟——始祖鸟为例 [见 4.2 节]，虽然发育有羽毛，但就骨骼特征而言，它很大程度上类似于非鸟类兽脚亚目的恐龙而不同于现代鸟类。它缺乏强壮的胸骨，表明翼部肌肉不发达。它的骨骼比现代鸟类更稠密，牙齿也很发育。类似地，从系统发育角度来看，腕足类、棘皮动物、软体动物等等的谱系发生有可能在元古宙已经出现，但是直到寒武纪才演化出与众不同的特征。换句话说，干系与冠系的演化可能存在滞后现象［见 4.3 节］。干系类群某物种究竟具有哪些特征，很大程度上是推测的。缺乏角质层或分节肢体的节肢动物祖先可能与分节的蠕虫相似。软体动物的祖先可能与扁形虫总体相似。同时，很难想象腕足动物没有纤毛环、壳和用于开关壳的肌肉组织。

分子生物学为典型解剖学特征形成相对于门类起源的滞后提供了一系列佐证。当一个谱系出现分支之后，两个分支在各自独立的演化进程中，基因的差异越来越多。总体上，自谱系发生分歧开始，时间越长，谱系间的基因差异越大。如果分歧演化速率已知，则两个现存谱系间的基因差异总量即可用于求算谱系独立演化的总时间。由于分歧演化速率随基因、谱系、时间有变化，对这些所谓**分子钟**（molecular clock）的校准有很大的不确定性。因此，对现生门类分歧演化速率的估测范围很大，从不足 6 亿年到 10 亿多年前。纵然如此，即使以估测的最慢分歧演化率来计算也是在元古宙，表明有数千万历史未保存化石记录。

因此，导致许多动物门类在寒武纪首现的主要因素不能归咎于谱系分歧，而是由于一系列的演化事件。正是通过这些事件，各门类在仅仅一两千万年内获得了各自独特的骨骼及其他解剖学特征。这还进一步暗示了较快的形态演化率。形态演化率的估算方法是：把寒武纪期间演化形成的解剖学特征之多样性或不一致性变化范围，与显生宙其他时段所累积的特征范围进行对比。

节肢动物是寒武纪期间多样性快速增长的几个类群之一。图 10.7 用类似于主要组分分析法 [见 3.2 节]，在三维坐标上概要地显示了寒武纪和现生节肢动物的多元形态数据。图中分别选取了 24 个寒武纪及现代的分类单元。所选的寒武纪分类单元都具有保存良好和可供观察的形态特征；所选的现代分类单元则是若干纲和亚纲的典型代表。寒武纪和现代的分类单元分别以斜体和正体表示。图 10.7 最显著的特征是，寒武纪和现代的分类单元几乎呈同等分散。就分类单元之间的形态学差异而言［见 8.10 节］，寒武纪节肢动物与现代类型是难以区分的。寒武纪节肢动物演化形成了一定的解剖形态特征变异范围，在随后 5 亿年间都没有被超越。类似的结论业已从对三部虫（priapulid worm）类和一些其他动物群的类似研究中得到证实。

对节肢动物的形态学研究表明，寒武纪的形态演化率比后来的任何时候都大，并且形态学多样性从寒武纪大爆发以来就没有实质性的增长。事实上，相关问题还没有很好地解决，而且至少有三方面原因导致争论还将持续。第一，寒武纪及其之后的差异性只是通过相关的少数几个动物门类进行了对比研究。尽管我们选择性地对几个纲开展了研究，但仍然没有提出与软体动物、棘皮动物、腕足动物、海绵动物、刺细胞动物等等可比的现生门类进行图 10.7 那样的类比分析。

第二，一些形态学多样性的研究仅仅对比了寒武纪和现代，很少注意到寒武纪与现代相隔的这段时间。试想，我们现在看到的节肢动物与寒武纪具有相似的差异性，但这也有可能是，它们先在过去的 5 亿年间充分地增长，然后下降到目前的与寒武纪相近的水平。也就是说，这意味着后寒武纪的演化不一定像图 10.7 所显示的那样局限。

第三，相关研究所关注的特征仅代表了生物整体解剖学特征有限的一部分，因而所能反映的总体差异程度是有限的。例如，就那些用于对比寒武纪和现代节肢动物之间差异性的特征而言，虾

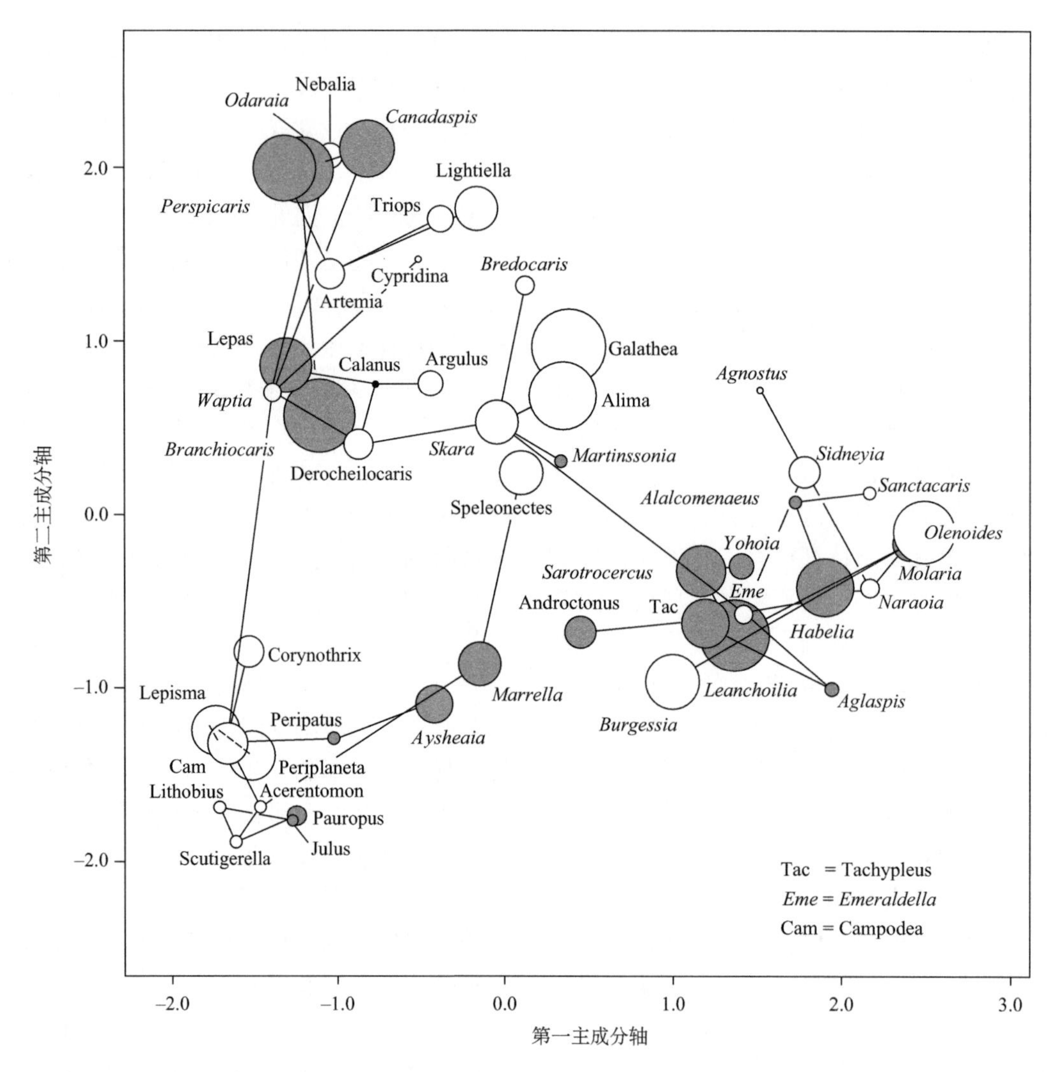

图 10.7　基于多变量形态数据和一种类似于主成分分析的方法对寒武纪和现代节肢动物进行的分类排序 [见 3.2 节]

寒武纪属种以斜体表示，现生属种以正体表示。组成坐标轴的原始数据来自约 120 个形态特征，每一特征包含两个或更多特征状态。图中的第三维由圆圈的面积和阴影表示，黑色为正值，空心为负值；圆圈的直径越大，则正值或负值的值越大。此外，基于我们所研究的特征数据集，可以将相似属种用直线相连。该图表明，寒武纪海洋节肢动物的形态多样性与现生分子相当。据 Wills 等（1994）。

（shrimp）和龙虾（lobster）基本上相同。面对如此宽泛的生物类群，这个粗略的分辨率显然是不可避免的 [见 2.2 节和 5.3 节]。分辨率较低导致许多科学家怀疑人们对生物类群差异性演化的真实历史是否给予了充分调查。在下文中，为方便进一步讨论，我们认可寒武纪生物在演化上的显著变革。但是，这一点仍然存在争议。我们决不能忽视这个现实。

寒武纪大爆发的原因

为了正确认识寒武纪大爆发，理清事件的基本顺序，对谱系分歧和新奇形态演化的辨识十分关键。关于谱系，如图 8.29 和 10.1 所显示的那样，为什么门和纲的起源集中发生在动物历史的早期？

基于对演化树形态的数学模拟，古生物学家 David Raup 提出了一种简单的可能性。图 10.8a 是演化树的一部分，由计算机程序进行模拟而成，设定每个种的起源率和灭绝率不随时间变化 [见 7.2 节]。模拟结果所产生的许多物种当中，有 28 个在“今天”仍然存在。每对物种可以向后追溯到某一时间点，在这个点上谱系首次分歧产生两个种。例如，在 A 组内的最左侧的两个物种的分歧时间只

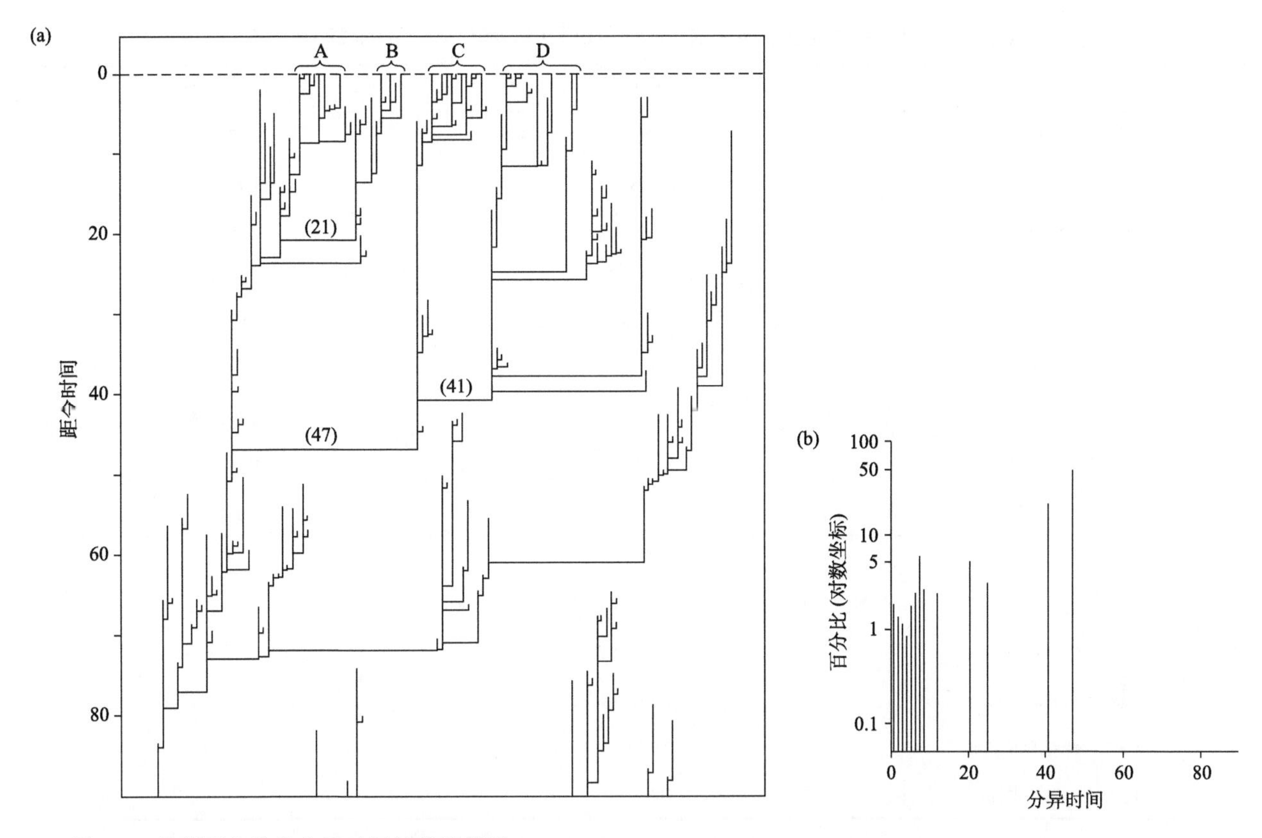

图 10.8 估算现生物种分异时间的数学模型

图中假定新生率和灭绝率随时间保持恒定。(a) 假定的演化树，其中现生物种分为四个类群。类群 A 中的任一物种与类群 B 中的任一物种在时间段 21 共享一个最近的共同祖先，这一时间也是这些成对物种的分异时间；据此可以获得其他物种对之间的分异时间。(b) 分异时间的概率分布，图中显示约三分之二的现生物种对在时间段 41 或 47 时分异。据 Raup（1983）。

是距今一个时间单位。同样，由分别来自 A 组和 B 组的物种组成的任何一副物种可以被追溯到距今 21 个时间单位的一次分歧。而 A 组或 B 组的任何物种相对于 C 组或 D 组的任何物种的分歧时间发生在距今 47 个时间单位，以此类推。

在 28 个现生种中，可能有 28 × 27 / 2 = 378 对物种。[一般地，如果一个组里有 N 个物种，那么在这个组内有 $N \times (N-1)/2$ 对物种。对于分别有 N_1 和 N_2 个物种的两个组，则存在 $N_1 \times N_2$ 个组间物种对。] 如果我们计算分歧时间的频率分布，正如图 10.8b 所示，我们发现它们中的大多数（超过三分之二）的分歧时间是在距今 41 或者 47 个时间单位。

只要设定起源率和灭绝率，分歧时间的分布都能够被准确计算。结果表明，图 10.8a 所示的演化树反映了灭绝率和起源率过分高的情况 [见 7.2 节]。采用经验的合理速率所得出的演化树，即物种持续时间为一百万至一千万年，则现生物种的分歧时间比图 10.8a 所显示的距今更久远。事实上，对于一个宽泛的起源率和灭绝率来说，相信超过 90% 的现生物种对的分歧时间都将超过 5 亿年前。分歧时间的分布由演化树的几何形状所控制。数据显示，很多已灭绝物种和少数现生物种，其共同祖先能够追溯到过去久远的分歧事件。

对于一些现生物种，数学模拟结果与物种实际分歧时间的对比研究已得到充分重视。尽管有关细节还不太清楚，但它们清楚地包括同一门、和不同门间的物种对。不同门之间的物种对一定分歧在它们各自所属门的分歧时刻或更早；而同一门内物种对的分歧则随后发生。现今仍然存在的古生物学上的一些重要的门类，除了苔藓动物门外的其他门都在寒武纪末（距今大约 5 亿年）起源。苔藓动物门出现在四亿八千万年前的早志留世。如果今天大部分的物种对是门之间的类群，那么大部分物种的分歧要早于四亿八千万年前。据此，我们有理由认为，门的早期起源大体上可以被演化树的几何形状所解释。

表 10.1 给出了主要化石群现生代表的种级多

表 10.1 重要的古生物类群中现生物种的数目以及门内和门间分异的物种对的数目

门	物种数	门内物种对
环节动物门	11600	6.72×10^{8}
节肢动物门	50000	1.25×10^{9}
腕足动物门	325	5.26×10^{4}
苔藓动物门	5000	1.25×10^{7}
脊索动物门	45000	1.01×10^{9}
刺胞动物门	9000	4.05×10^{7}
棘皮动物门	6000	1.80×10^{7}
软体动物门	50000	1.25×10^{9}
多孔动物门	5000	1.25×10^{7}
物种总数:	181925	
物种对的总数:	1.65×10^{10}	
门内的物种对数目:	3.66×10^{9}	
门间的物种对数目:	1.29×10^{10}	
门内物种对所占比例:	22%	
门间物种对所占比例:	78%	

据 Valentine (2004)；Barnes, Calow & Olive (1993)。节肢动物的物种统计中不包含陆生蛛形纲和昆虫。

样性和物种对数量，它们包含了超过 18 万的现存物种和近 170 亿物种对。在这些物种对中，近 80% 是门间的，因而代表了早于四亿八千万年的分歧。因此，我们看到简单的数学模型所预见的，和实际分歧时间的分布比较一致。这说明分支的几何形态可以在很大程度上解释门一级类群的早期起源。如图 8.29 所示，类似的推理也适用于纲的早期起源。

现在我们来讨论演化形态学方面的问题，为什么寒武纪发生了实质性的解剖学革新？影响身体结构及其他一些重要解剖学特征的基本基因通道为许多动物门所共有。*Hox* 基因就是一组这样的基因，这在第四章已有深入讨论 [见 4.2 节]。图 10.9 显示了根据除 *Hox* 基因以外的基因序列建立的一些动物门的系统关系。在这个系统发育分析中，各个门的现生代表中出现的 *Hox* 基因数量是设定的。最简约分支分析 [见 4.2 节] 可帮助推测两个姊妹群共同祖先的性状。在两侧对称动物门中，即除海绵动物、刺细胞动物、栉水母动物和一些分类不明的类群外，所有动物 *Hox* 基因的最少数量是 4。考虑到线虫类谱系存在二次简化现象，两侧对称动物的共同祖先可能至少有 6 个 *Hox* 基因。如果拥有共同对应遗传途径的现生动物门谱系分歧发生在元古宙，则说明 *Hox* 基因和其他主要遗传途径在寒武纪大爆发之前已经存在。这进一步暗示着也有可能是这些遗传途径之外的其他因素导致了寒武纪大爆发。

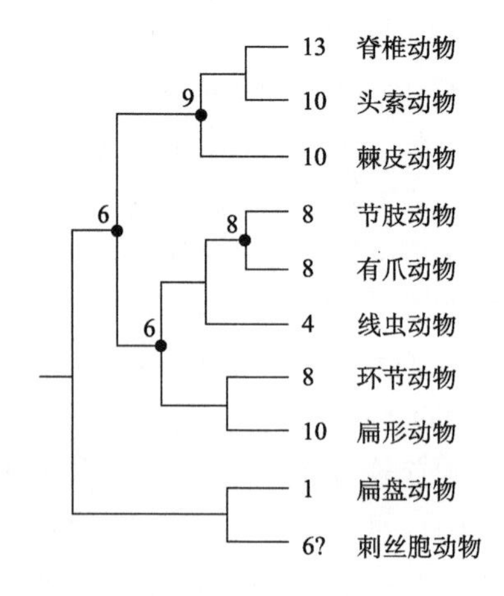

图 10.9 对选定的动物门和亚门彼此间分支关系的估计

在各门或亚门名字的左侧标注的是 *Hox* 基因的数目。左侧各节点上的数字代表节点右侧的姐妹类群共有祖先所包含的最小 *Hox* 基因数。据 Valentine 等（1999）。

关于寒武纪爆发式演化革新主要有两种解释：一是自然环境存在某种诱因，或者某些限制得到了释放；二是某些谱系的革新引起环境生态变化，引发其他谱系的演化响应。这两种解释在一些具体细节上都还存在相当大的不确定性，彼此也并不排斥。

从外部环境来看，新元古代之前氧含量水平较低可能限制了气体交换，进而存在一个动物大小的上限 [见 2.3 节]。地球化学研究证明，曾经有一次持续了元古宙大部分时间的氧含量增长过程。海相沉积的碳同位素记录表明，在新元古代有一个突然上升，可能影响了动物的演化。碳有 ^{12}C 和 ^{13}C 两个稳定同位素。较轻的 ^{12}C 在光合作用过程中优先进入有机体的组织。浅海产生的轻有机碳迁移到深水，或者下沉（往往作为粪球粒的组成部分）进入沉积物中。有机碳被埋藏，^{12}C 被移离，海洋自然富含 ^{13}C。这样，有机碳和沉积的碳酸盐矿物中的碳将会显示重碳的迹象。因此，地质记录中观察到的 ^{13}C 升高可能表明有机碳埋藏量的增长。反过来，这意味着碳在氧化过程消耗的氧更少。因此，^{13}C 增长指示着可利用氧的增加。在元古宙末期可以观察到完全相同的这种碳同位素变化。

生态学方面，尚无可靠的元古宙捕食行为证据。然而，一些咬伤标志、消化道内含物以及显然是适应于捕食的形态学特征，揭示在中寒武世捕食行为已经完全确立了（图 10.6）。许多寒武纪动物具有防护性骨骼特征，很可能是适应捕食行为演化而来的。显然，寒武纪已经存在复杂的生态关系，生物间的相互作用提供了一套新的选择压力。这种选择压力可能导致解剖特征的革新。

至于后来为什么再无类似于寒武纪大爆发那样影响深远的事件发生，主要有两种解释：第一，“空”的寒武纪世界所具备的巨大的生态机遇以后再未出现（见图 8.29）。第二，动物遗传和发展体系不断特化和定向，使得能够导致新门类形成的主要革新，在寒武纪之后已经不可能再发生。

这两种解释的相对重要性尚未充分评估，因为它们有许多相似的预测——例如，随着时间的延续，形态学演化上的变化应该越来越小。在继续探索寒武纪大爆发的过程中，检验这两种解释的可能性，仍将是古生物学家最具有挑战性和诱惑力的任务之一。

10.3 晚二叠世灭绝事件

如同寒武纪大爆发永久性地改变了动物演化进程，有一次大规模的灭绝事件深刻地影响了地球生命的演变。在晚二叠世，超过 40% 科一级和超过 60% 属一级海洋动物发生了灭绝 [见 8.6 节]。很多纲和目一级动物也消失了，包括三叶虫、四射和横板珊瑚、海蕾类棘皮动物、喙壳类软体动物以及泡孔苔藓虫。少数残存下来的进化类型也仅剩下少数几个谱系。陆生脊椎动物、昆虫以及一些植物群也受到影响。这些在生物组成上的重大变化标志着古生代的结束。晚二叠世灭绝事件的研究主要关注了下面三个中心问题：

1. 灭绝的扩散过程经历了多长时间？是否具有全球等时性？
2. 发生灭绝的生物类群的地理分布能提供何种启示？
3. 灭绝的原因如何？

灭绝时间

物种总是生活于有限的地理和环境范围，这注定了全球尺度上的生物地层对比的艰巨性。比一般情况更加困难的是，晚二叠世和早三叠世的野外露头分布十分稀少。不过，所幸全球尚有若干地区保存了二叠 - 三叠纪过渡沉积，包括亚美尼亚和伊朗的交界地区、克什米尔和中国华南。研究表明，在上述区域及其他一些地区晚二叠世动物群发生了显著变化。但是，这是否意味着灭绝事件在各地是同时发生的呢？生物地层对比总是需要假设在某种程度上的同时性 [见 6.1 节]，但又明显地存在循环论证问题：首先假设世界范围内的某一组灭绝同时发生，然后基于此假设建立各地阶期的对比关系，进而基于这个对比关系推断同时性的灭绝。

通过高分辨率数字定年，我们可以理想地估测同时性，遗憾的是并非各地都能满足所需必要条件。解决这个问题的常规方法是建立一套化石对比

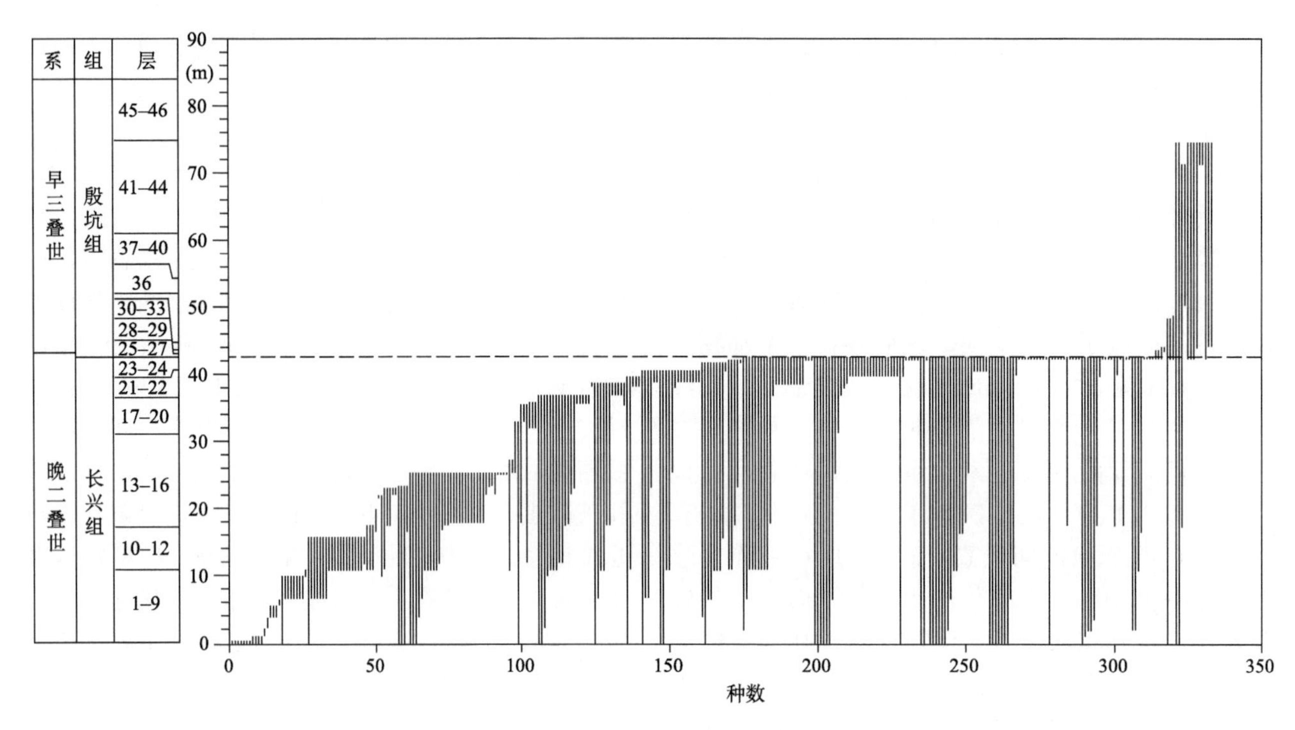

图 10.10 华南煤山地区海洋生物种级地层延限

图中数据来自多个剖面的复合。末现数据主要集中在 25 层的底。据 Jin 等（2000）。

方案，优先采用那些具有标准化石属性的属种［见 6.1 节］，并运用由此得出的对比结果去研究其他生物群的演化和灭绝。对于晚二叠世和早三叠世，人们建立起了全球深海牙形刺化石带。全球尺度的相关资料表明，在瓜德鲁普世和二叠纪最后一个期——长兴期的后期，海洋属一级的灭绝加重了。同时，有限的资料表明陆生脊椎动物也集中在长兴期发生了灭绝。

虽然对全球海洋属分析表明长兴期灭绝加重了，但相关全球范围的数据还缺乏足够的分辨率，从而准确鉴定灭绝过程在这个期中持续了多久。为了提高时间的分辨率，必须强调具体研究区域的数据。中国华南若干晚二叠世—早三叠世剖面属于研究最深入详细的。图 10.10 综合显示了煤山一系列剖面中超过 300 个海洋物种的地层分布。通过追踪一些特殊黏土层在各剖面的分布构建了综合剖面，各个剖面的化石分布都表示于该综合剖面上。该图表明物种的末现层位是不均匀地贯穿于二叠纪最后一个阶，大都相对地密集于 25 层底部附近。

在煤山的剖面中，物种末现层位的时间跨度如何呢？幸运的是煤山剖面有许多火山灰层，可以用来进行放射性定年 [见 6.1 节]。21 层之下的火山灰年龄值为 252.3 个百万年，25 层内的火山灰为 251.4 个百万年（Bowring *et al*., 1998）。因此大部分的末现层位跨度小于一百万年。如果 21—24 层的沉积速率大约相同，那么 25 层底部的灭绝一定显然代表了不到一百万年的时间。

一个突出的问题是，在全球范围内灭绝是否是集中在同样短的时间段内，并且在相同层位。大部分情况下，生物地层精度还不足以解决这个问题。希望将来在其他界限剖面开展放射性定年等类似于煤山剖面的工作能够解决这方面问题。

环境变化、生物地理和灭绝机制

如第八章所述，为探索全球生物多样性变化的主要原因，需要关注其地理背景。在古生代，我们所熟悉的现今许多大陆的分布与现在它们所处地理位置非常不同 [见 9.6 节]。事实上，现今几个主要地区如欧洲和中国，实际上在古生代是若干小古陆，后来相互碰撞聚结在一起。此外，陆表海——覆盖了大陆内部很大范围的宽阔浅海，在古生代十分常见。从古生代到后古生代的一个最显著的特点，就是这些陆表海区域的减少和几近消

失 [见 1.4 节]。

在晚古生代，特别是到了二叠纪，全球众多古陆合并形成超大陆，即所谓联合古陆（图 10.11）。伴随联合古陆的形成，世界各地许多浅水区域抬升成为陆地。古生物学界曾经有一种流行观点，认为浅水区域大量消失，至少引起了二叠纪末海洋生物的灭绝。事实上，似乎整个海洋动物地理区在晚二叠世消失了（图 10.12）。因此，也许海洋生物区的消失在瓜德鲁普世灭绝过程中扮演了重要角色。

然而，新的观点认为，如果长兴期末的灭绝过程非常迅速（图 10.10），则灭绝机制更可能是灾难性的，而不可能是经过几千万年，由浅水区域缓慢地消失所引起。关于二叠纪末大灭绝的主要原因，学术界正在形成一个比较一致的意见。越来越多的证据表明二叠 - 三叠纪之交发生了灾难性事件，包括西伯利亚大规模的火山喷发，海洋环境中广泛分布的缺氧事件，以及一个或多个彗星或行星撞击。另外，还发现了一系列显著的碳同位素比值的漂移，与那些在新元古代所观测到的规模相当。不过，这些漂移的性质和原因仍然没有完全搞清楚，尚在密切关注和研究当中。

如果进一步深入研究的结果是支持灭绝为两幕式（瓜德鲁普世和长兴阶）的，人们就可能愈来愈相信这样一个认识：显生宙几个（如果不是所有）主要的大灭绝比我们曾经所想的更加复杂。我们最终可能会发现，是在大约相同的时间发生了多方面的问题，由此产生了生物界对两个或多个机制的各种响应的重叠，大灭绝就发生了。

10.4 古新世 — 始新世极热事件

基于对大量深海岩芯的采集和分析（例如，图 9.1b），我们对新生代气候与主要生物类群演变之间的密切关系有了一定的了解。通过对岩芯内有孔虫和其他生物的骨质组分进行地球化学分析，我们获得了 $\delta^{18}O$ 的高分辨率地层变化曲线。

如第九章所述 [见 9.5 节]，深海岩芯中 $\delta^{18}O$ 变化的评估是基于微生物骨骼平均组分随层位的变化。由于不同类群的氧分馏倾向有所不同，根据标准处理程序，在这些分析当中，对物种分别进行模式估测。如果所有或大部分物种表现出相似的 $\delta^{18}O$ 地层变化，则说明这种变化对各种生物类群都一样。

许多情况下，全球相关地层中 $\delta^{18}O$ 的长期和短期的转换均可识别，表明了这种现象是全球变化的一个标志。这种变化进一步与新生代海陆生物的主

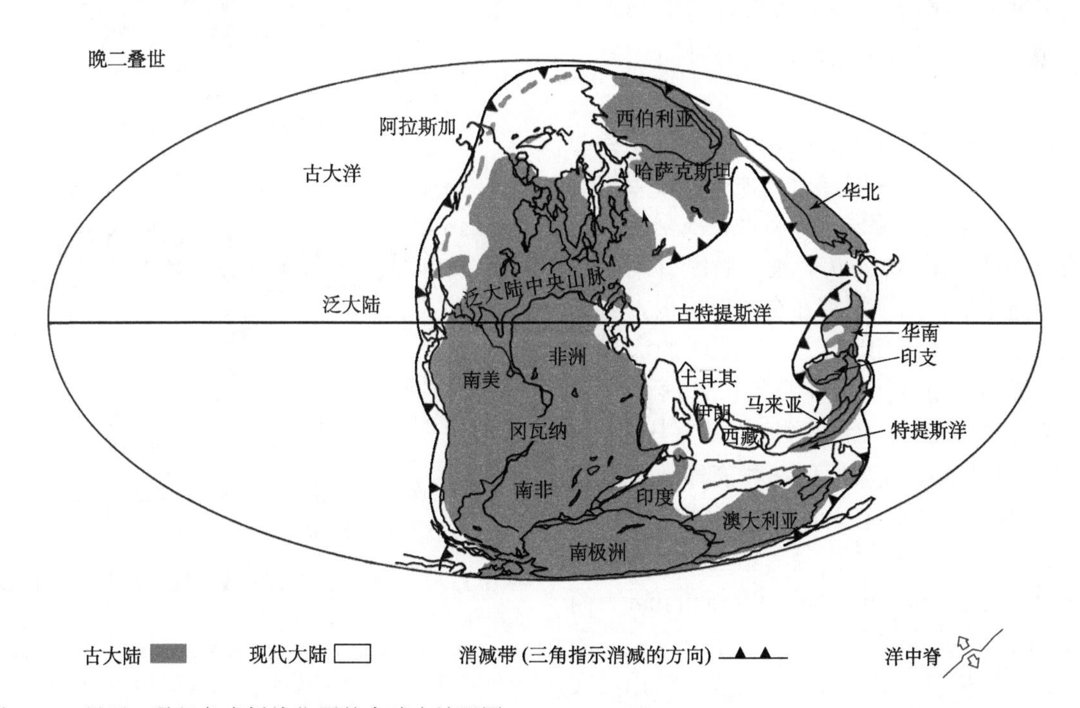

图 10.11 显示二叠纪各古板块位置的全球古地理图

与古生代的多数时段相比，二叠纪显示出陆表海总量的下降以及泛大陆的形成。引自 Paleomap 项目网站 www.scotese.com/earth.htm。

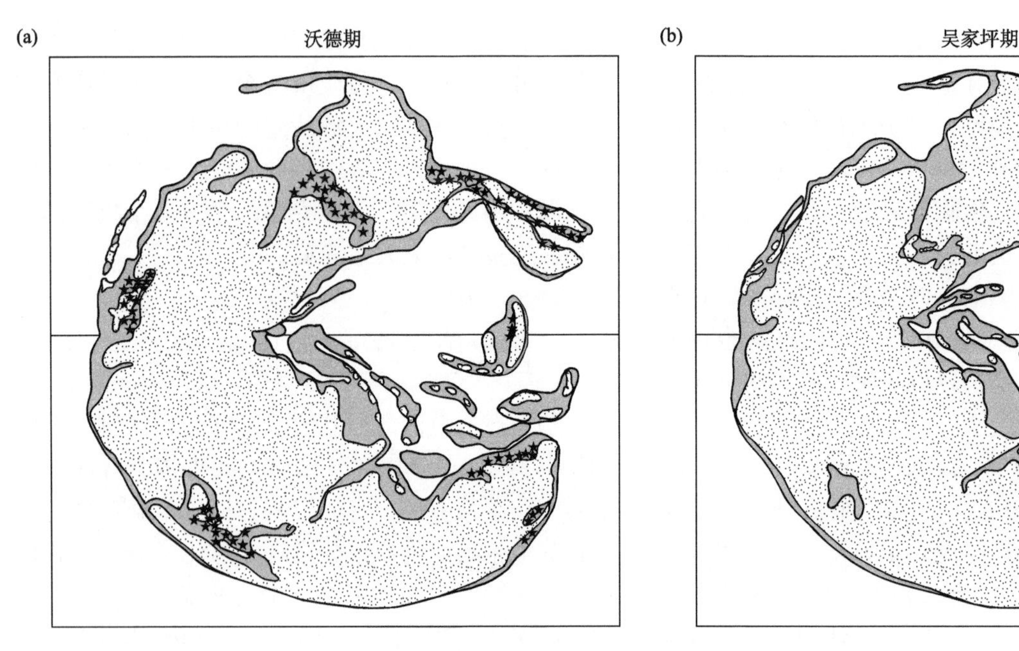

图 10.12　显示了二叠纪晚期绝大多数腕足动物群（图 a 中星号所示）消失的古地理图

古陆以点图表示，浅水区以灰度表示，深水区以白色表示。在多数情况下，腕足动物群的消失可以归因于腕足动物生活的浅水环境的消失。值得注意的是，图 a 中星号所示的区域多数与图 b 中新出现的陆地 * 吻合。据 Shen 和 Shi（2002）。

* 原著中误为“浅水区”。——译者

要变化相关联。Zachos 及其同事们（2001）已经编制了晚白垩世到新生代的全球深海 $\delta^{18}O$ 记录资料。$\delta^{18}O$ 的正漂移（寒冷）和负漂移（温暖）[见 9.5 节]，为新生代前半段主要的冷暖事件提供了证据。这些事件当中影响较大的是古新世到始新世早期的温暖期，随后是始新世剩余时间的漫长冷期。

可以看出，$\delta^{18}O$ 曲线表现出其长期变化趋势的同时，还存在一系列短期的峰值，其中最显著的是大约五千五百万年前古新世和始新世界线附近有一个急剧的负漂移（图 10.13a）。通过特别针对有孔虫的很多种的分析，这个漂移在全球范围内，包括热带和高纬度地区均有识别。基于 $\delta^{18}O$ 的漂移规模，Zachos 及其同事们估计在高纬度地区海水表面温度上升了 8—10℃，而在热带地区上升了 5—8℃，尽管其他相关研究表明低纬和高纬地区变暖的差异可能不至于如此之大。并且，$\delta^{18}O$ 漂移的形状指示这一显著增长，即所谓古新世—始新世极热事件（Paleocene–Eocene Thermal Maximum，简称 PETM），发生过程持续不到一万年。但是，随后从 PETM 中“恢复”的过程大大延长了，用了大约 20 万年，尽管整个早始新世的特点就是它显然代表了新生代最暖的一段时间。

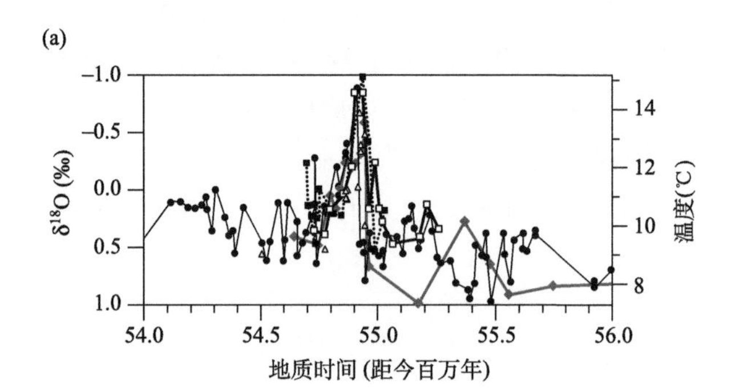

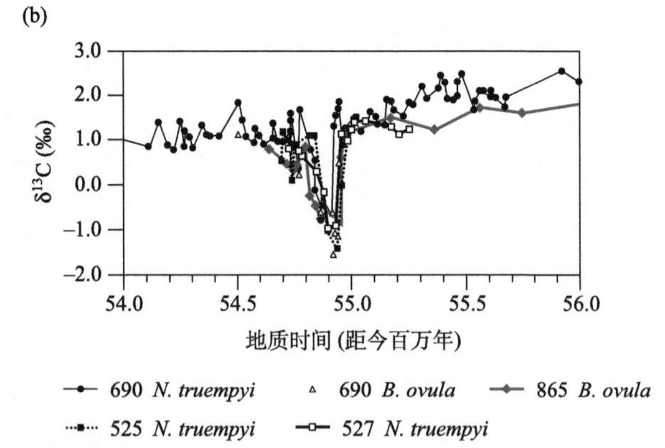

图 10.13　古新统 - 始新统界线附近 $\delta^{18}O$ 和 $\delta^{13}C$ 曲线中重要的漂移事件

数据采自大西洋南部（525、527 和 690）和太平洋西部（865）深海岩芯中的多个有孔虫物种。(a) $\delta^{18}O$。右侧的温度刻度根据 $\delta^{18}O$ 变化与伴生的温度变化间的经验关系推导而得，并且，这一推导基于一个假设（在本例中适用），即该地质时期海洋中不存在冰。(b) $\delta^{13}C$。曲线显示了真实的下降趋势。据 Zachos 等（2001）。

引发 PETM 的原因

有证据表明，PETM 与蕴藏于甲烷水合物中的甲烷（CH_4）的灾难性排放有关。甲烷水合物呈现为固态结晶质，有效地捕获了甲烷。今天，甲烷水合物主要见于北极冰冻区和寒冷海域。全球以这种形式保存的甲烷总量十分巨大，已经引起了学者们的密切关注，被视为一种主要的新能源。重要的是，保存在甲烷水合物中的甲烷富含 ^{12}C。而在本章前面我们已提到，^{12}C 对生物的起源有指示意义。这与探讨发生 PETM 密切相关，因为除了 $\delta^{18}O$ 的负漂移，PETM 也表现为 $\delta^{13}C$ 的显著负漂移——也即 ^{12}C 的富集（图 10.13b）。

当然，并不能说这证明了甲烷水合物的排放引起了 $\delta^{13}C$ 漂移或者 PETM。然而，到此为止，只有甲烷水合物可能提供大量的 ^{12}C 来源，从而导致大幅度漂移。并且，Dickens 及其同事（1995）提出了一个可行的模型来解释这个假说和它与 PETM（图 10.14）的关系。

我们可以设想以下事件顺序：（1）伴随着 PETM 之前的长期变暖，温度发生了适当上升，大陆斜坡上保存在水合物中的一些甲烷就会以气泡形式释放。（2）这种释放又会引起海底沉积颗粒间孔隙压力失衡而发生垮塌，造成沉积物灾难性崩塌而导致释放更多甲烷。其水深分布从大约 900m 到 2000m，在此深度范围上述估测的温度上升促进了甲烷释放（即：水合物的分解）；（3）通过细菌的媒介作用，释放的甲烷与氧气起反应，产生了相当数量的二氧化碳（CO_2；这个反应的方程式见图 10.14）。

大量 CO_2 注入到地球系统，必然影响海陆生态环境。对海洋，CO_2 的增加有可能促进钙质碳酸盐的溶解，溶跃层（海水某个特定深度，在此之下碳酸盐的溶解大幅度增加）变浅就能说明一定的问题。这对于相关区域中分泌碳酸盐的生物是有害的。并且，大量 CO_2 注入大气中会引起发生全球变暖，显著增强已经存在的缓慢变暖趋势。如果 CH_4 与 CO_2 相比是一种更有效能的温室气体，那么即使 CH_4 没有转变成为 CO_2，全球变暖也已经发生了。不过，似乎在假定条件下，CH_4 的确转变成了 CO_2。

理想地，任何对该假说的检验应当包括假设事件顺序的物理和生物证据。Katz 及其同事从巴哈马附近包含关键时段的深海岩芯获得了这种证据（1999）。岩芯分析发现底栖有孔虫分类数量大幅度下降，从大约 30 个下降到少于 10 个，所在层位与 $\delta^{18}O$ 和 $\delta^{13}C$ 的负漂移一致。因此，可以推测，变暖以及钙质碳酸盐溶解度的增高，共同导致了我们在这个地点所观察到的有孔虫分类单元的减少。世界其他地方也是如此。此外，在 $\delta^{13}C$ 漂移之下紧接着有层泥质碎屑岩，表明漂移开始之前存在一次比较大的扰动。这对由甲烷灾难性释放所预测的可能产生的扰动提供了有力的证据。本地区**地震剖面**（seismic profile）的相关层位，也显示了不规则反

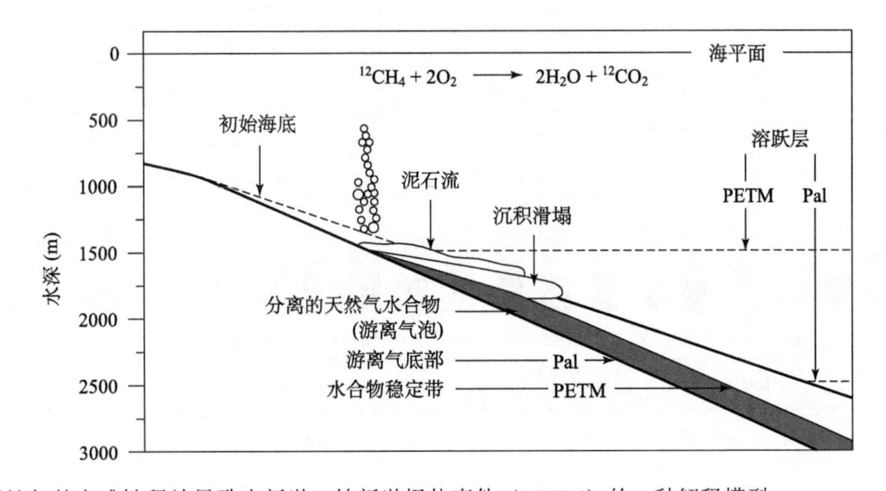

图 10.14 甲烷气的灾难性释放导致古新世—始新世极热事件（PETM）的一种解释模型

从模型来看，古新世晚期（Pal）的气候变暖导致了原本冻结的甲烷气泡的释放。这进一步造成了甲烷的更大规模的释放。这一过程，据猜测，引起了大气中 CO_2 的大增，从而导致了全球变暖和溶跃层变浅。据 Katz 等（1999）。

射，表明有一套扰动沉积层。最后，对晚古新世至早始新世陆地样品的 $\delta^{13}C$ 进行分析，例如食草哺乳动物牙齿的珐琅质和古土壤中的碳酸盐（Koch *et al.*, 1992），证明与 PETM 相关的地球化学变化在陆地和海洋区域同样地发生了。

生物效应

正如巴拿马深海岩芯有孔虫数量下降所指示的，PETM 的重要标志是有孔虫的大量灭绝。然而，PETM 的生物效应不仅仅局限于海洋区域。越来越多的陆生脊椎动物和植物群的研究，表明在这段时间发生了深刻的生物地理和古生态的转变。这是这段时间的标志性特征。这些转变至今依然可见。

在陆生脊椎动物中，Maas 及其同事对怀俄明州和蒙大拿州哺乳动物群的分析发现，PETM 标志着几个现代哺乳动物目的首次出现（图 10.15），包括灵长目和有蹄类哺乳动物（偶蹄动物和奇蹄动物）。它们随后统治了陆地生态系统。虽然这些动物在怀俄明州和蒙大拿州的出现，很可能代表了它们在北美洲的首次出现，近来的研究表明它们起源于别处——很可能在亚洲。Bowen 及其同事（2002）分析了来自中国湖南若干产地的碳同位素记录，那里也有灵长目化石、偶蹄动物和奇蹄动物。他们识别出了标志 PETM 的 $\delta^{13}C$ 负漂移。

引人注目的是，奇蹄动物的首现早于 PETM，表明它们在亚洲的出现早于北美洲。在中国，偶蹄动物和灵长目的首现似乎与 PETM 一致。这说明它们在亚洲出现的至少与北美洲同样早。这些动物，如奇蹄动物，可能起源于亚洲，而后迁移到北美。不管哪种情况，似乎可以清楚地看出，PETM 持续地影响了陆生哺乳动物的多样性和分布。

对怀俄明州中北部古植物群的分析，包括与 PETM 的相关性，表明 PETM 对陆生植物有短暂的重要影响。Wing 及其同事（2005）论证了样品的层位与 PETM 下、中、上部的对比关系。地层对比是根据 $\delta^{13}C$ 分析（包括在 PETM 底部的急剧负漂移）和哺乳动物群特征分子。

Wing 及其同事还开展了植物大化石（宏观材料，主要是叶和茎干）和孢粉植物群（微观材料，主要是花粉）研究。标本贯穿了整个剖面，除趋势对应分析 [见 6.3 节] 显示了相似模式（图 10.16a 和 10.16b）：PETM 内的植物群组成与 PETM 之上、

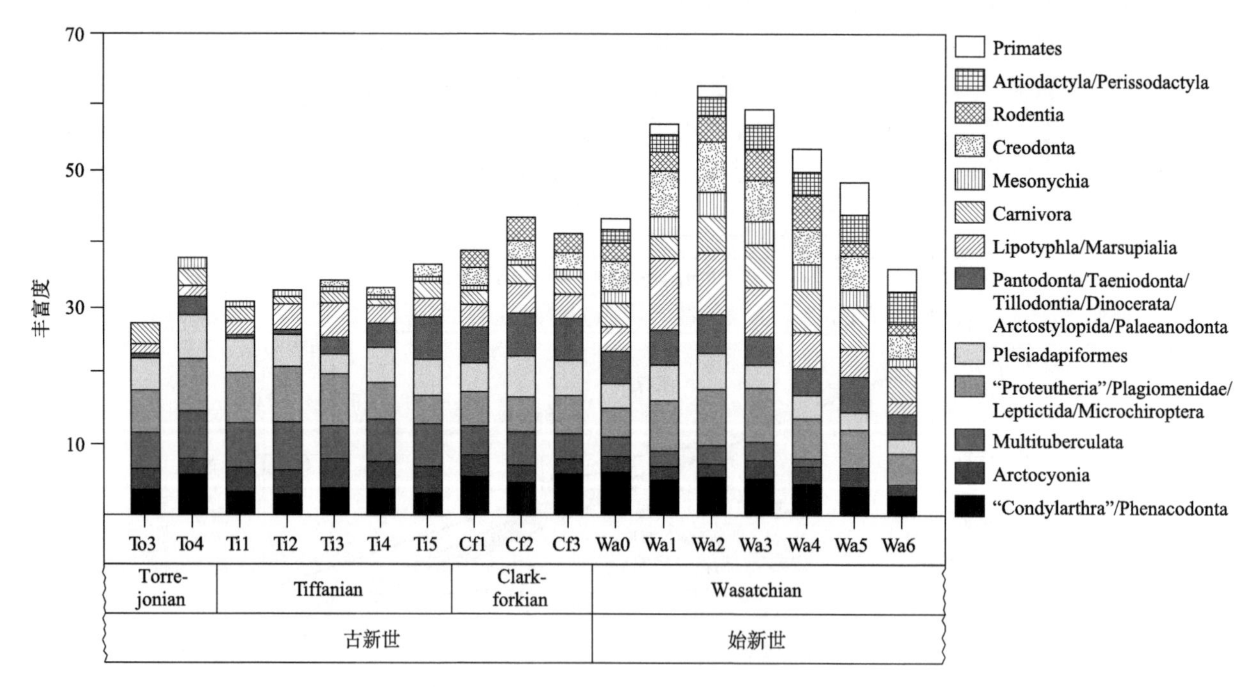

图 10.15 怀俄明和蒙大拿古新世 - 始新世界线附近主要哺乳动物目的属级丰富度

数据来自对 17 个独立的生物带的估算。值得注意的是，穿越古新世 - 始新世界线后，灵长类、偶蹄类和奇蹄类首次出现。据 Maas 等（1995）。

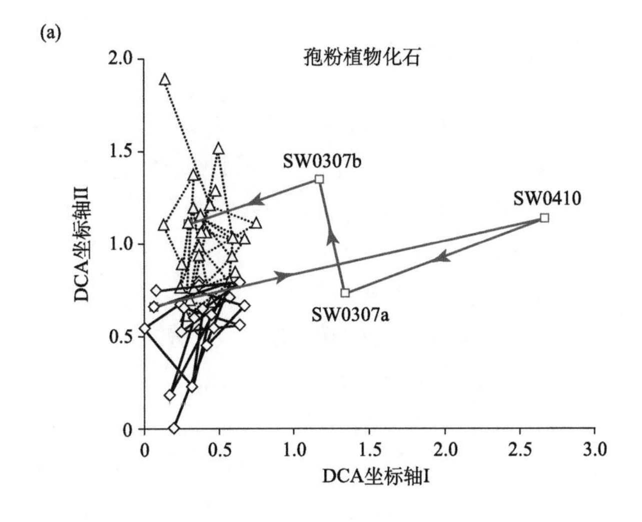

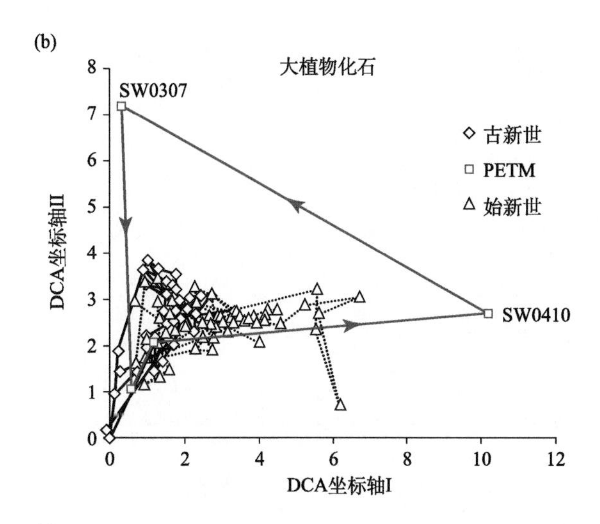

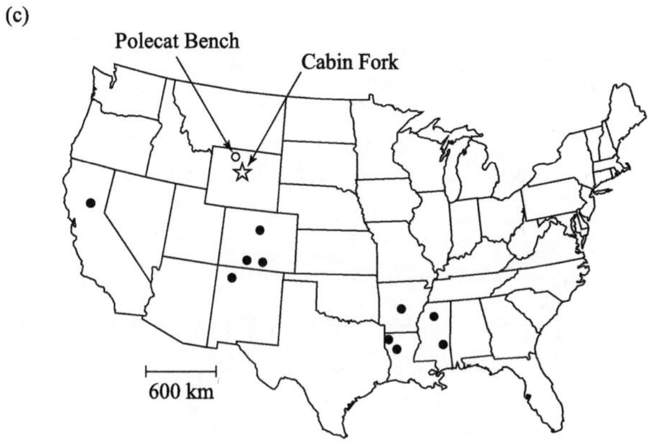

图 10.16 怀俄明北部与 PETM 相伴的古植物变化

(a, b) 记录了 PETM 事件的时间段之下、之内和之上的孢粉植物（如花粉）与大植物化石（如叶子和茎干）的除趋势对应分析（DCA）。样品在 DCA 坐标轴中的位置反映了样品在古植物组分上的差异。图中标出的样品来自记载了 PETM 事件的层位。根据地层顺序，样品被线条连接，线条上的箭头指示了地层中更高的层位。值得注意的一点是，记录了 PETM 事件的层位中的植物组成与之下和之上的层位截然不同。(c) 美国地图显示了在怀俄明以南和以西的许多地点发育了在怀俄明的两个地点（图中标出名字）仅限于 PETM 层位的古新世和始新世植物化石。据 Wing 等（2005）。

下十分不同，组分的不同是由于它具有许多在南部地区出现更早的外来物种（图 10.16c）。几乎可以肯定，它们反映了与变暖事件相关的迁移行为 [见 9.6 节]。PETM 结束时，植物群恢复了 PETM 之前的组成，与之前植物群虽然相似，但总体上并不相同。

Wing 及其同事对这个时段的树叶化石也进行了叶边缘分析（LMA）和叶面积分析（LAA），认为随着 PETM 的开始温度大约升高了 5℃，年平均降水量下降了 40%。PETM 结束时，降水量回升到正常值。对植物群用 LMA 分析得出的温度，与基于对深海岩芯有孔虫 $\delta^{18}O$ 测量所得出热带海水表面温度一致。

此外，PETM 似乎对生物类群之间的生态作用产生了重要影响。 Wilf 和 Labandeira（1999）分析了昆虫咬食树叶的化石标本，提供了这方面信息。现代生态学表明，植物叶片的捕食率向热带地区显著增长。Wilf 和 Labandeira 假定如果这种模式与热带温度渐渐升高相关（这方面实际上还不确定），那么 PETM 期间叶片的捕食性破坏必然增多。为了检验这种推测，他们检查了怀俄明州西南晚始新世到早古新世的化石材料，对比了昆虫破坏叶片的发生率。

结果表明 PETM 期间昆虫捕食叶子的行为显著增长（图 10.17）。桦木科叶片的捕食率明显增长（桦树，其叶片是昆虫可口的食物），其他植物类群也同样受到了影响。另外，Wilf 和 Labandeira 还发现了始新世植物叶片被破坏类型的多样性增长。

因此，PETM 无疑深刻地影响了海陆生命，其影响方式对我们预测当今全球变暖所可能带来的变化，具有重要的启发意义。可以确定，为了探明与 PETM 相关的复杂性演化转变，仍然有很长的路要走（例如，前文述及的哺乳动物转变的系统框架之确立）。不过，正在进行的一些研究已经表明，古生物学和地球化学的交叉研究，对理解全球气候波动和生物演变之间的关系，对建立海、陆生物群演变之间的高分辨率对比，将大有帮助。

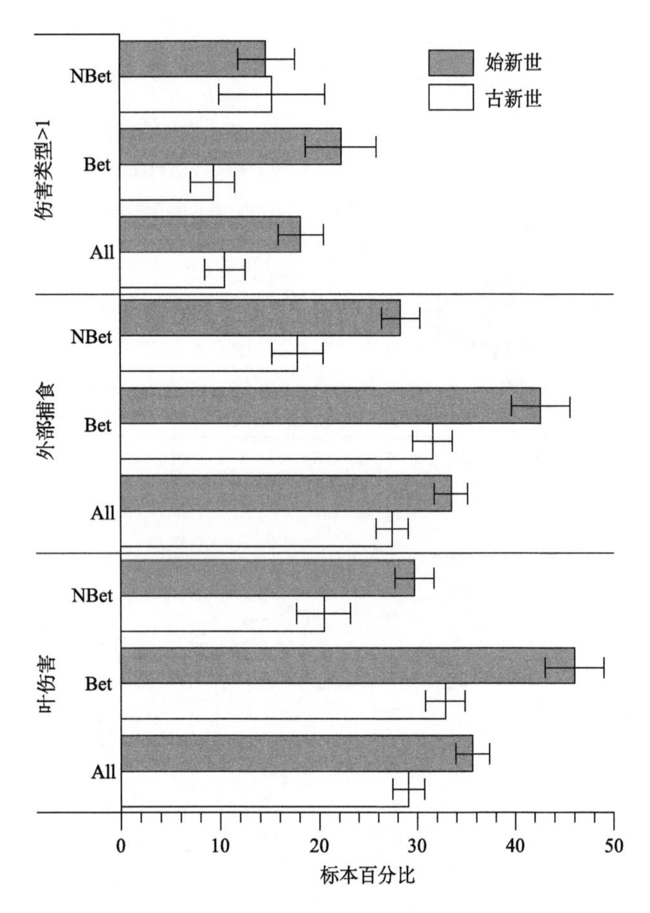

图 10.17 怀俄明西南部古新世 - 始新世界线附近植物叶片标本中保存的由昆虫导致的伤痕记录的变化

Bet 和 NBet 分别是桦木科（Betulaceae）和非桦木科的简写。如果不考虑本项研究仅限于随处可见并对昆虫而言非常美味的桦木科，那么从图中可以看出，昆虫的捕食行为在渐新世增长较多。中部的数据条表明，这种增长可归因于外部捕食作用的增长，而非内部挖掘等其他叶伤害行为。此外，上部的数据条表明，从古新世至始新世，叶片遭受多种类型叶伤害的比例也在上升。据 Wilf 和 Labandeira（1999）。

10.5 更新世大型动物群的灭绝

晚二叠世灭绝的例子说明了在研究大型演化事件时时间分辨率的重要性。在这个例子中，时间如此遥远，能够鉴定物种末现时间误差在 10 万年水平，并确定灭绝集中发生在不到 100 万年的时间，这是十分有意义的成果。对于化石记录中最近的灭绝事件，即晚更新世大型陆生脊椎动物的灭绝，具体标本或物种消失的时间往往可以精确到 1000 年。这种高精度是探求灭绝原因的必要条件。

晚更新世灭绝的性质

大约在 250 万年前，地球气候进入最近一次冰期。我们现在处于一个间冰期旋回，但总体上仍然在一个冰期中。最近一次完全冰期时段（大约一万年前的更新世末）结束时，许多陆生哺乳动物和其他脊椎动物在北美洲灭绝了。引人注目的是，本次灭绝具有其高度的选择性。所谓的**大型动物**（megafauna）（通常指估计体重超过 40 kg 的动物）发生了重大灭绝。例如，在北美洲 50 个大型动物属中只有大约 14 个在墨西哥北部地区没有灭绝，从晚更新世存活到全新世（图 10.18）。相当于超过 70% 的属发生了灭绝——这个程度比得上显生宙中最严重的大灭绝，只是该事件未影响大多数生物群。

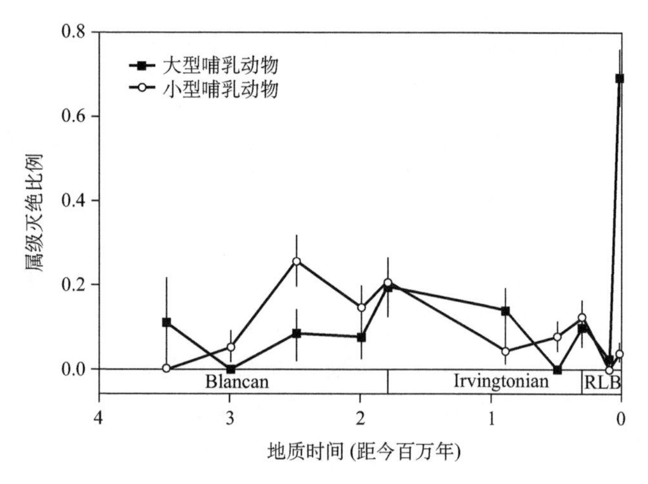

图 10.18 北美哺乳动物属级灭绝比例

横轴的地层时间段为北美根据陆生哺乳动物建立的期；RLB 代表 Rancholabrean 期。图中的 4 Ma 大致等于中新世之后的时长。误差条显示的是灭绝比例（extinction proportion，见表 7.4）两侧各一单位的标准误差。实心方块代表大型哺乳动物（体重不小于 44 kg），空心圆代表小型哺乳动物。与小型哺乳动物相比，大型哺乳动物在距今约 1 万年前的 Rancholabrean 期经历了更多的灭绝。据 Martin 和 Steadman（1999）。

发生灭绝的动物类群显然包括了猛犸象、乳齿象、地树懒、巨海狸以及剑齿虎类。相比之下，小型陆生哺乳动物和海洋生物很少受到影响（图 10.18）。此外，其他地方也有类似的灭绝发生，包括南美洲，而大洋岛上的哺乳动物和鸟类也有灭绝事件。大约 46000 年以前，澳大利亚也有一个大型动物群灭绝。

大型动物群灭绝事件中人类的角色

导致灭绝的两个主要原因包括气候变化和人类影响，尤其是过度猎杀。随着冰川的消失，气候的变化导致草食性哺乳动物所食植物发生变化，因此对食物链产生广泛影响。尽管气候变化的证据很丰富（如季节性增强），但仍存在两个问题有待解释：为什么大型陆生脊椎动物是主要受害者？为什么冰期的许多其他气候变化没有导致在严重性和选择性上相类似的灭绝事件？

许多学者认为，在晚更新世大型动物群的灭绝事件中，人类起到了一定的作用，这似乎是不可否认的。我们于此概括一下这种认识的一些主要的证据。在权衡气候假说和猎杀假说时，难题之一是如何得到可供检验的预测，使它与假说之一相符而与另一假说相悖。我们在下文将讨论如此这样的一种预测及其有关证据。但是，我们必须清楚地认识到气候因素和人类因素的影响不是相互排斥的。

所谓**过度猎杀假说**（overkill hypothesis）主要有四条证据：第一，各大陆发生灭绝的时间往往在大量人类出现之后。这是支持猎杀假说的，但并不排除气候变化是灭绝的动因。人类可能为适应气候变化而移居，因而迁移时间大体上与气候变化是一致的。

第二，很明显，北美等地的史前人类通过狩猎获得肉食并对肉食进行一定的处理。Fisher 及其合作者开展了一系列对长鼻目的埋藏学、形态学以及地球化学等方面的深入研究，特别是对乳齿象和猛犸象的研究，提供了一些强有力的证据。图 10.19 显示了一个典型的乳齿象骨骼化石原位埋藏群落，该化石群落是在密歇根州东南部一个农田挖掘池塘时发现的。这个化石群落最显著的特征之一，是组成乳齿象的完整部分的几组铰接骨骼被发现在一起（例如，图 10.19 中胸椎 T6—T10），这些动物的大块骨骼呈分散而无序状态保存。

对现代大象尸体的观察显示，在皮肤等组织分解之前，关节首先发生脱落。乳齿象的骨骼若是自然而然地发生位移，则皮肤和其他软组织必须先发生降解，但一般等到这些软组织发生降解时，骨骼彼此已经断开。换句话说，在正常埋藏条件下，不可能一组骨骼群内多块骨骼彼此之间保持着铰接，而整组之间却发生了位移。因此，上述埋藏状况说明必然存在一些其他作用过程。在这个例子中，许多关节相对一面的工具痕说明关节是被撬动或劈开的。综合观察到的各种特征说明乳齿象是被屠杀的。此外，一些骨骼具有烧烤迹象——而又只是表面有限部位被烧烤，说明骨骼受到火烤的时候，大部分仍然覆盖着肌肉。因此，部分乳齿象是被架起来烧烤的。

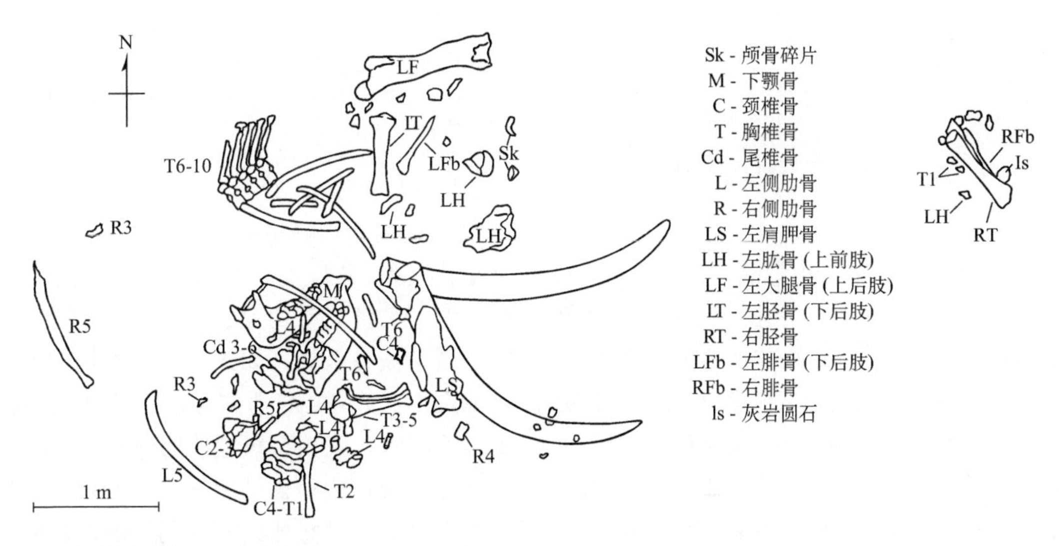

图 10.19 密歇根东南部乳齿象组合

图中显示，彼此铰合的骨骼保存在一起，但与其他骨骼分离保存，表明此处是尸体屠宰场。
字母代表不同类型的骨骼，数字代表某个骨骼系列（如肋骨和脊椎骨）中的一分子。右上方的“ls”为一灰岩圆石。据 Fisher（1984）。

类似的许多乳齿象遗址业已被开掘研究，表明这种猎杀行为很常见。也有埋藏学证据表明，有大块骨肉专门沉没于池塘进行保存，有时还带有相关的“碎屑锚”（clastic anchor）（被充填了沉积物的乳齿象的肠）。实验表明，大型哺乳动物的肉在水中浸没数月之后仍可食用——本书作者之一亲自参与过这类实验。

屠杀乳齿象的行为基本可以肯定是存在的，但它们是被人类猎杀为食，或仅仅是死后被人类取食？对乳齿象而言，猎杀假说一定程度上是依据对动物死亡季节的推测和解释。图 10.20 展示了乳齿象一个长牙的生长带。通过与许多现生哺乳动物，如大象等进行类比，发现细而暗的生长带指示冬季的缓慢生长。因此，图 10.21 的增长厚度可能粗略地代表了四年时间，冬季对应于薄层。这一推测可以通过生长量的同位素分析进行检验 [见 2.3 节和 9.5 节]。

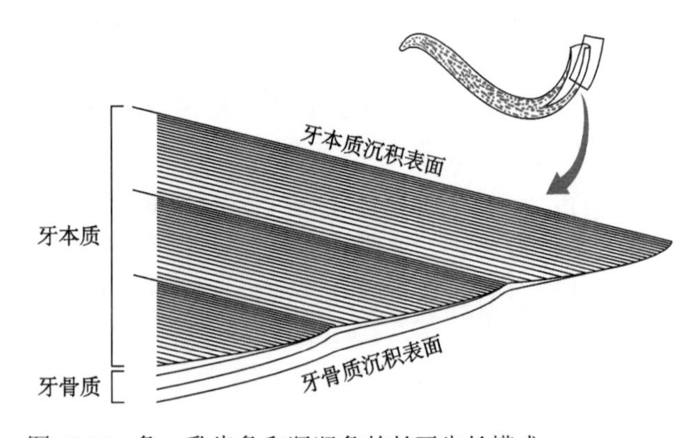

图 10.20 象、乳齿象和猛犸象的长牙生长模式

上图为长牙沿长度方向的纵切面。长牙沿锥形腔生长，因此较老的部分在长牙的顶部（图中左侧）。下图为上图中标出部分的放大。成层的牙本质层可分为三组，每一组代表了一年的增长。更精细的牙本质层也是周期性的，每一层大约相当于两个星期的增长。据 Fisher（1996）。

我们已经知道，海洋生物骨骼中 ^{18}O 与 ^{16}O 的比值受周围水温的强烈影响，冷水中比值较高（例如，^{18}O 正漂移）。长牙的生长与所吸收水的氧同位素之比值密切相关，因而与大陆降水量总体趋势一致。沉淀于长牙中的磷灰石的 ^{18}O 与 ^{16}O 比值，寒冷季节比值较低而非较高。图 10.22 显示了来自于图 10.21 中的长牙的氧同位素变化趋势。$\delta^{18}O$ 的负漂移对应于最小的生长量，从而也支持了冬季的生长量较薄这样一个论断。

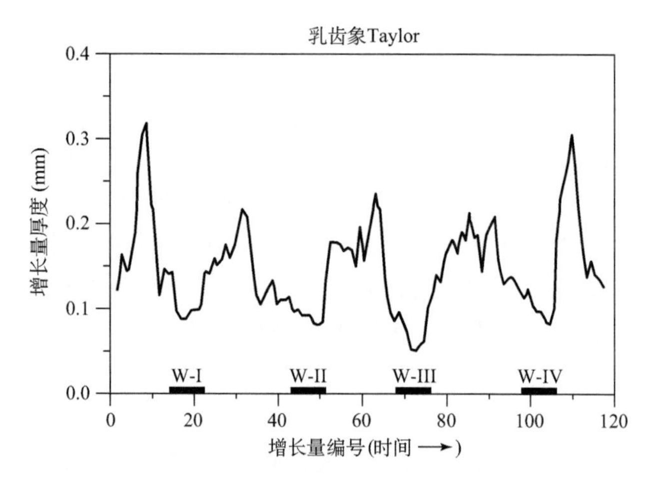

图 10.21 乳齿象长牙的增长量（见图 10.20）曲线

标记为 W-I 到 W-IV 的四段，代表四个冬季增长。据 Koch 等（1989）。

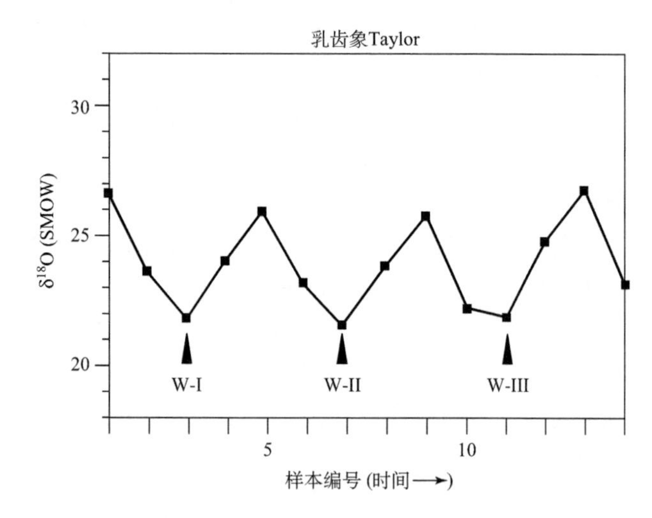

图 10.22 图 10.21 所示象长牙增长层的氧同位素比值

较轻的氧同位素对应于冬季的增长（W-I 至 W-III）。氧同位素比值由样品的氧同位素值与标准平均大洋水（SMOW）比较而得。据 Koch 等（1989）。

图 10.21 和 10.22 所述标本的生长，在生长率和 $\delta^{18}O$ 的夏天顶峰与冬天低潮之间完成，因此似乎是在秋天死亡的。这本身不能说明是猎杀或自然死亡，但是大量的动物死亡时间数据则可能有助于判断是否是被猎杀的。如果被屠杀动物的死亡季节，例如图 10.19 的，与那些无屠杀迹象的动物的死亡季节相一致，就极有可能为自然死亡。如果死亡季节的分布与自然死亡动物的季节分布不一致，那么就不太可能是自然死亡。换句话说，它们应该是被猎杀而非被腐食。在一项研究中，Fisher 和 Koch (1989) 确定了六个被屠宰和七个未被屠宰乳齿象的

死亡季节，未被屠宰的个体死于晚冬和早春，而被屠宰的个体全都死在了中 - 晚秋季。因此，被屠宰的乳齿象不可能是自然死亡，猎杀的可能非常大。

对北美洲猛犸象的死亡季节分析，正如图 10.22 中对乳齿象的分析那样采用氧同位素进行推测，也显示了与猎杀一致的模式。在人类大量出现之前，即大约 12500 年前，猛犸象大部分死亡发生在晚冬和早春；而从此之后，随着人类活动的出现，大约一半的死亡发生在中 - 晚秋季。

动物猎杀其他方面的证据还包括石器的发现，包括克洛维斯抛掷尖物与骨骼化石的伴生埋藏。至少有一个报道描述了一头猛犸象的体内有锐器嵌入，但是未被屠杀，也没有与其他被屠杀的个体伴生埋藏。显然，这头猛犸象是被袭击之后又逃生了。

因此，可以说史前人类猎杀行为是确证的，但这意味着猎杀引起了大型动物的灭绝吗？猎杀与灭绝相联系的第三方面证据，也是最引人注目的一条证据，来自人类出现之后和灭绝发生之前被捕食动物的生理反应。图 10.23 显示了北美洲两个雄性乳齿象长牙长度每年的增量。在某一个点上，每个个体的增量均存在一个下降，也就是生长率的下降。在那之后，要花上几年时间才恢复到早期的生长率。与现生大象的类比研究显示，当它们被从家族中赶走并且一定要自己谋生时，会有一段时间面临很大压力，这被认为标志着雄性动物性成熟的开始。因此，生长率剧降被用来确定雄性个体的成熟年龄。雌性动物的成熟是依据生长率的一个 3—4 年周期的开始所推测的，与产犊间隔相一致。图 10.23 的两个标本，生长率的下降发生在大约 10 岁。

对生长率和性成熟年龄的判断能力使得我们可以对猎杀假说和气候假说进行检验，因为它们对于受害动物的影响及其随时间的反应预测不同。气候变化的有害效应是通过影响大型哺乳动物所食植物的变化而产生作用。如果优选食物来源不丰富，那么生长率会下降，也有可能因为营养不良性成熟被推迟。如果食物来源未被变坏，动物群体只是因猎杀而受胁迫，那么生长率不会下降。事实上，如果动物群体由于猎杀而更加稀少，那么物种之间减少了的竞争甚至可能导致生长更快。

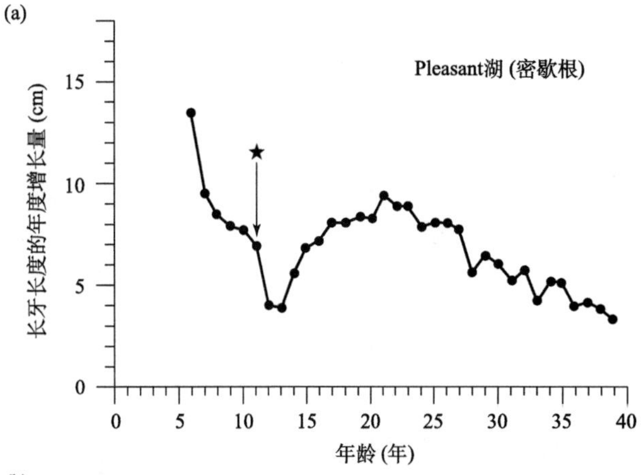

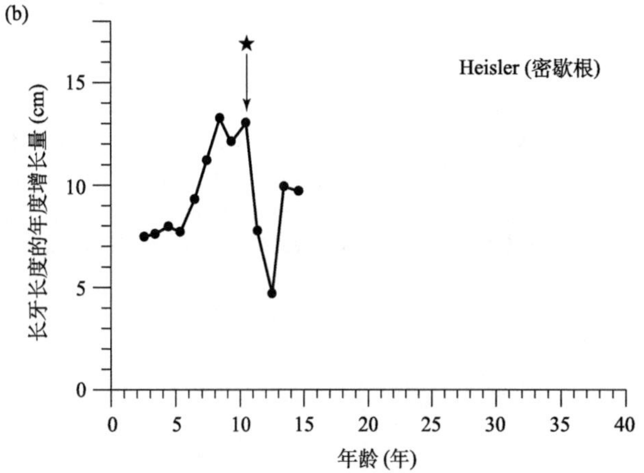

图 10.23 密歇根两个不同地点的两只雄性乳齿象长牙的年度增长量

(a) Pleasant 湖；(b) Heisler。与现生象类似，图中星号标出的生长量的快速下降，指示的是性成熟阶段的开始。据 Fisher（1996）。

现代大象有这样的现象：年轻雄象的成熟受成年雄象发情期所抑制。如果较老的雄象从动物群体中移除，那么年轻雄象会更早成熟。此外，从演化角度来看，较早成熟并在被猎杀之前进行繁殖，无疑是有利的。图 10.24 显示，猛犸象的生长率在灭绝前的最后阶段与人类猎杀活动开始前相等或更大一些。图 10.25 显示乳齿象性成熟的年龄在猎杀开始之后下降了。上述现象符合过度猎杀假说的推测而不符合气候假说的推测结果。

值得说明的是，图 10.24 和 10.25 中样品的地质年龄是用“距今多少年”表示的。严格讲，这些数值是放射性碳年龄而非历年。放射性碳年龄和历年之间的关系非常复杂，取决于多种因素如大气中随时变化着的放射性 ^{14}C 的总量，以及生物体中 ^{13}C 与 ^{12}C 的比值。不过，图 10.24 和 10.25 中地质年龄

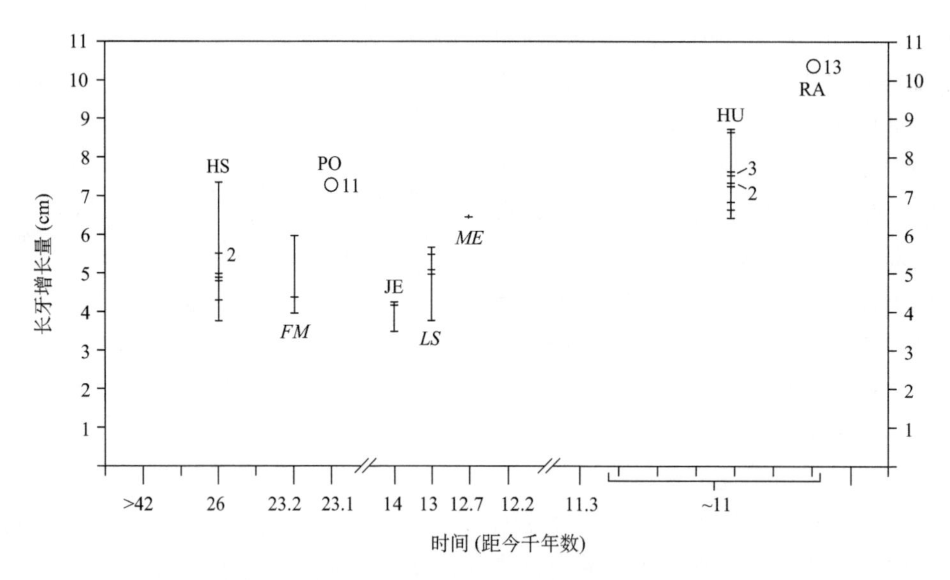

图 10.24 地质历史中北美猛犸象物种的增长率（长牙的年度增长量）

横轴为距今的千年数。每一短横线代表单个年份的生长量，短横线旁的数字表明有多少个年份拥有同一生长量；两个字母的简写为种名代码；雄性的代码为正体，雌性的代码为斜体；空心圆代表多个年份的平均生长量，旁边的数字为年份数。从图中可以看出，猛犸象长牙的生长量在猛犸象灭绝前的最后阶段略高于人类猎杀活动开始前。据 Fisher（2002）。

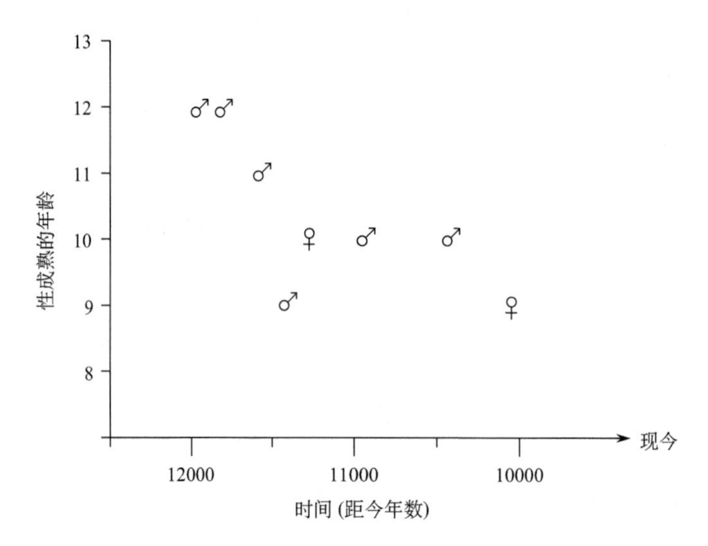

图 10.25 对地质历史中乳齿象性成熟年龄的推测

横轴为距今的年数。雄性的性成熟可根据其在长牙增长率上的急剧下跌来推断（图 10.23）。雌性的性成熟可根据其长牙增长率的 3—4 年周期的出现来推断，这一周期与其后代间的间隔期相当。从图中可以看出，人类捕猎活动开始后乳齿象的性成熟年龄在下降。蒙 Daniel C. Fisher 准许使用。

的相对排序大致是正确的。

最后一条支持过度猎杀假说的证据，涉及哺乳动物对于人类猎杀的生态响应。对不同哺乳动物类群的生态学了解，使我们可以预测哪些类群最易受猎杀影响而群体数量减少。基于这一点，Alroy（2001）构建了一个人类猎杀的计算机模型。该模型有几个关键因素：北美有少量土著人类具有适度的猎杀能力；这些人类随机地收获猎物以供营养需要；他们逐渐散播于大陆各处。作为潜在猎物的哺乳动物具有一定的地理分布和身体质量特征，这两项特征可通过化石资料进行估测。身体质量尤其重要，在很大程度上影响了对该模型其他因素的考虑，如出生率和死亡率以及种群密度。因为，要捕杀多少方能满足人类营养所需，取决于从一个动物身上能够获得的肉食总量。

基于生态学模型的模拟把北美洲划分成许多

1°×1°的分布单元。通过模拟，确定了每个单元每年由迁移、出生和死亡（包括猎杀）所引起各个物种（包括人类）数量上的变化。上述计算机模型运行了2500个虚拟年，这大约相当于从大量人类占据北美洲到大型动物灭绝这段时间。在较宽的模型假定范围内，此模拟在一定精度水平上预报了存活或灭绝的物种。特别地，其预测大体型物种更易遭受灭绝。即使人类没有选择性地猎杀它们，这种灭绝也会发生。大型哺乳动物数量少，出生率低，导致它们最易受到猎杀而发生灭绝。

10.6 保护古生物学（conservation paleobiology）

前文对更新世过度猎杀假说的讨论只说明了人类可能影响地球生命的方式之一。今天，由人类所引起的灭绝率是否与化石记录中所反映的，所谓显生宙5次大灭绝的灭绝率相当[见8.6节]，这一点是有疑问的。部分地，这是因为物种在陆地上通常分布于局限范围，如小岛，因而提供的大量现生物种的灭绝率数据明显偏高。陆地的地方性物种与大部分的海洋物种相比更易发生灭绝，因为开放的大洋环境的海洋物种，可能在地理上分布更加广泛——科学家们认为这种属性可以降低它对灭绝的敏感性[见8.6节]。由于上述海洋生物和广布性生物化石记录固有偏差的存在，我们有理由推断源于海洋记录的古代显生宙灭绝率，如第八章所报道的那些，可能并不指示地方性陆生物种的古代灭绝率。然而，目前人们正是对陆生动物灭绝率的了解最多。

不过很清楚的是，智人在过去几个世纪中已经引发了无数物种的死亡。正如人类的农业、工业和商业已经显著地影响了世界各地的生态系统。对于分析智人对环境产生重要影响时期及其之前，特定地区生态系统的长期变化，古生物学家独特地认为现代环境和生态系统恶化有一定利用价值，特别是帮助判断生态系统及其组成物种幸免于当前危机的前景。因为这一研究主题已受到广泛的社会关注，在一些情况下，已经成为研究区域人们很现实的关注内容，因此有人建议，这可以构成古生物学研究的一个新的分支，被贴切地称为**保护古生物学**（conservation paleobiology）。

如果不是已经看到的一些明显的、近来的环境恶化事件，我们可能认为生态系统是相对地未受污染的。但是长期的观测显示，生态系统已经经历了由人类引起的长期退化。如西大西洋包括加勒比海的热带珊瑚礁的例子。20世纪80年代早期，由于一种漂浮的至今性质不完全明了的病原体的扩散，突发了区域性长刺海胆 *Diadema antillarum* 的集群死亡。这是一种极度多产的食草动物，对宏体藻类在珊瑚表面过度生长起到了重要的抑制作用。大约在那个时候，西大西洋生物礁的主要造架珊瑚 *Acropora palmata*（麋鹿角珊瑚）和 *A. cervicornis*（雄鹿角珊瑚）也进入了一个急剧下降的时期，整个西大西洋的大部分生物礁现在几乎丧失了活着的鹿角珊瑚。

是否宏体藻类过度生长的幅度加大，以及 *Diadema* 死亡导致了这些珊瑚数量的减少，这一点尚不清楚。有些研究人员认为一些伴随全球变暖的疾病可能是珊瑚减少的重要原因（参见下文）。但是，毋庸置疑，失去这种主要的食藻动物对生物礁的生态系统产生了深刻影响。然而，我们所不容易察觉到的是，20世纪80年代以前，这些生物礁已经遭受过一次重大的损耗，这导致了一旦 *Diadema* 减少，它们更容易遭到藻类过度生长的侵袭。历史记录表明，许多大型的鱼和其他海洋脊椎动物，包括一些宏体藻类的重要食用者，在 *Diadema* 减少的很久之前已经被猎杀到几近消失（图10.26）。因此，*Diadema* 集群死亡之前，这些生物礁已经不处于它们的自然生活状态。

在当前情况下，大型海洋脊椎动物死亡的证据主要来自于历史记录而非古生物学资料。然而古生物学研究却又十分重要，它提供了在久远的过去整个西大西洋和加勒比海的晚新生代生物礁属性。这项工作还发现，鹿角珊瑚从晚更新世开始统治了加勒比海的生物礁，它们在如此广泛的区域内迅速衰退，在过去至少几千年间是没有先例的。Aronson 及其同事（2002）对20世纪80年代末到90年代初伯利兹的生物礁从 *Acropora cervicornis* 到 *Agaricia tenuifolia* 的转变进行了调查。*Agaricia tenuifolia* 是一种多叶状珊瑚，它的名字“莴苣珊瑚”很形象地反映了其形态特征。

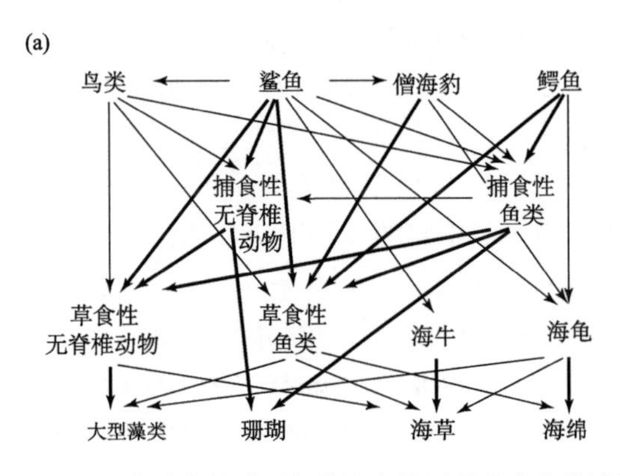

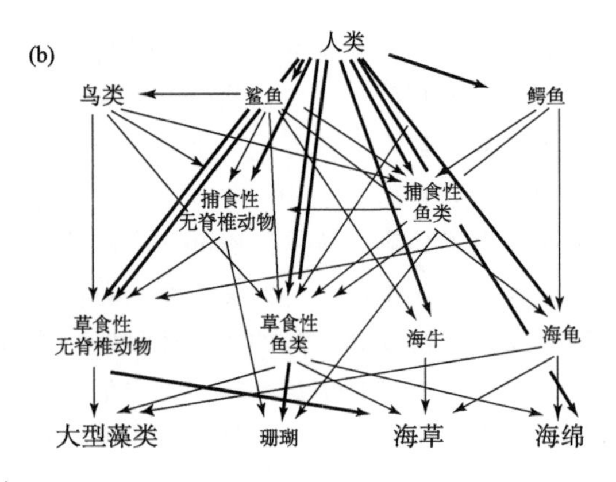

图 10.26 人类过度捕猎对加勒比海地区珊瑚礁食物链的影响

(a) 过度捕猎出现之前的食物链；(b) 过度捕猎后的食物链。丰度的变化以字体的大小表示（大字体表示丰度较大）。图中显示了僧海豹彻底灭绝。据 Jackson 等（2001）。

Agaricia tenuifolia 占统治地位本身是暂时性的，因为 1998 年在伯利兹它经历了一次严重的衰退。然而，通过研究沿伯利兹海岸线近 400km^2 区域一系列海底岩芯（图 10.27），*Aronson* 及其同事发现从 *Acropora cervicornis* 到 *Agaricia tenuifolia* 的广泛而区域性的转变在该地区是史无前例的（图 10.28）。部分岩芯用放射性定年方法测定为大约距今 3000 年。尽管有几个岩芯中显示 *Agaricia tenuifolia* 曾经暂时性居统治地位，但是它们与新近的事件相比在时空上过于分散。

一些生物学家指出，现代生物礁珊瑚衰退现象，如自发的白化事件（当地光合作用的共生生物从珊瑚排放出来，所谓虫黄藻），可能与现在的全球变暖事件相关。这又进一步与大气中温室气体含量的升高相关，特别是化石燃料的燃烧所释放的 CO_2。出于这个原因，人们越来越担心珊瑚和其他物种将长期受到全球变暖的有害影响。毕竟在新生代其他时段也有迹象表明珊瑚生物群对冷暖变化的显著响应 [见 8.8 节]。然而，有趣的是，最近的分析表明，至少某些物种能够通过地理迁移到较冷的水域，以应对全球气候变化。Precht 和 Aronson (2004) 阐述了鹿角珊瑚沿佛罗里达州海岸线现在和过去的分布状况。他们注意到在刚刚过去的几十年中，鹿角珊瑚的地理分布向北扩张了 50 km。同一地区有限的化石资料表明，大约在 6000 年前，伴随区域性海面温度的短期升高，鹿角珊瑚经历了一次相似的分布区扩张。总之，当前及类似的对珊瑚地理分布的分析，说明了地理区域在一定程度上的动态性，这与陆生植物、昆虫和其他生物对第四纪气候波动的反应是相似的 [见 7.3 节和 9.6 节]。

在一项略微另类的研究中，人们采用双壳类骨骼堆积的数据，帮助揭示了加利福尼亚海湾科罗拉多河三角洲的生物产量的损失与大约在 1930 年开始建成的系列大坝的相关性。科学家正在对软体动物壳的准化石记录进行研究，以探讨一个重要的问题：大坝的建成如何影响现存生物的种群密度，因此进一步影响到生物产量？河流筑坝以后，原来注入到三角洲的新沉积物被切断，导致了因海流和

图 10.27　伯利兹海底岩芯样品中记录的上世纪 80 年代至 90 年代发生的从 *Acropora cervicornis* 到 *Agaricia tenuifolia* 的转换（从右至左）

Agaricia tenuifolia 的外形为独特的盘状，*Acropora cervicornis* 为独特的棍状。据 Aronson 等（2002）。

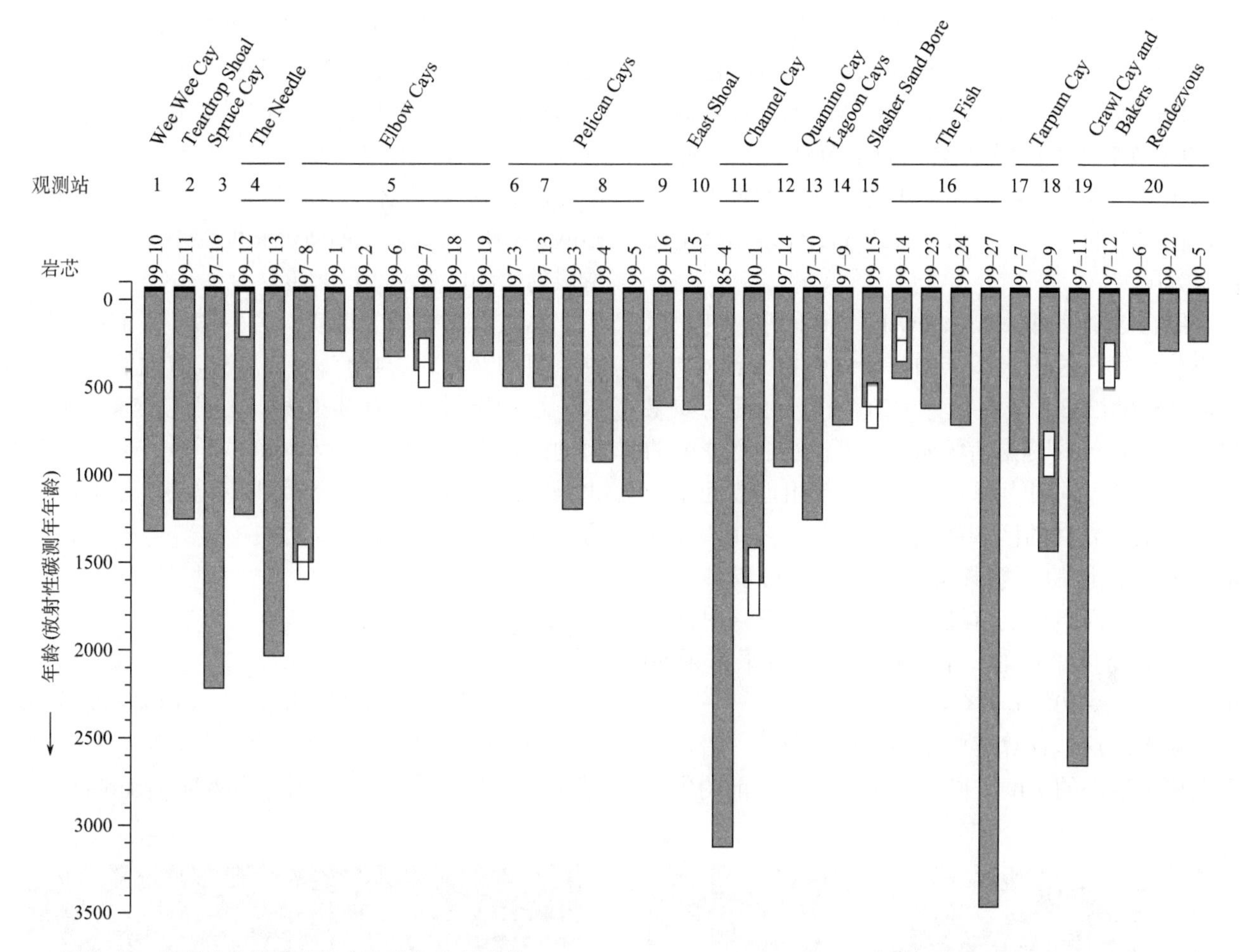

图 10.28　伯利兹生物礁岩芯中生物组成的变化

灰度充填表明该时期由 *Acropora cervicornis* 占据统治地位。岩芯顶部与岩芯内部的黑色棒条表明该时期由 *Agaricia tenuifolia* 占据统治地位（岩芯内部黑色棒条周围的白色长方形为采用放射性碳定年确定的 *Agaricia tenuifolia*“事件”年龄的 95% 置信区间）。从图中可看出，在岩芯顶部记录的大面积转换之前，*Agaricia tenuifolia* 事件是很少的。据 Aronson 等（2002）。

海浪冲刷而暴露出先前埋在潮间带泥中的壳体。随后，这些贝壳在一系列的滩脊、潮间带坝以及岛上变得富集。

一方面研究区域这些富集物的总体积可以估计，另一方面每立方米沉积物所含壳体的平均数量也能够估测，Kowalewski 及其同事（2000）推算整个研究区域至少有 2×10^{12} 个死亡个体！引人注目的是，Kowalewski 及其同事测定了分析所用的 125 个壳体的绝对年龄时，发现没有一个壳体是由生活在 1950 年之后的个体产生的。当他们把这些数据以 50 年的时间增量进行排序时（图 10.29），发现从略早于公元 1800 年开始，数量持续下降。这似乎是我们能够预料的，因为较老壳体经历了较长时间的埋藏过程。因此，极有可能，过去一千年中（大约的壳体所代表的时间段；图 10.26）研究区产生壳体的实际数量比我们今天在那里所发现的数量要大很多。

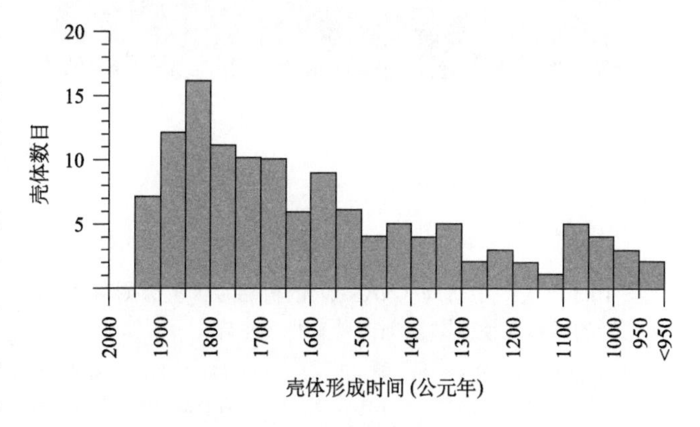

图 10.29　科罗拉多河三角洲附近 *Chione fluctifraga* 的 125 个壳体的生长年龄频率分布图

据 Kowalewski 等（2000）。

科罗拉多河三角洲附近的壳体大多数（超过85%）属于一个种，*Mulinia coloradoensis*，它们的平均长度大约 30 mm。这个种壳体的氧同位素曲线 [见 9.5 节] 可用以识别生长的季节性循环，并反映其典型个体至少需要 3 年才能达到平均大小。因此，在过去的一千年，估计大约 333 代该物种生活在研究区域。

结合这个信息，Kowalewski 及其同事估计，以最小值计算，过去一千年中，始终保持大约 6×10^9（即 $2\times10^{12}/333$）个该物种生活个体。最后，如果 *M. coloradoensis* 是生活环境受河流淡水注入影响的一个咸水种，同时考虑到处于三角洲附近潮间带的面积，生产壳体的区域面积最多约 1.2×10^8 m^2。基于先前估计的一般具有的种群数量可以估算，在科罗拉多河筑坝之前过去一千年间的任何时间点上，生活个体平均的一般密度为大约每平方米 50 个个体（$6 \times 10^9 / 1.2 \times 10^8$）。

诚然，这些计算有些粗略。可以理解，错误在于低估了过去的丰度。很有可能，1950 年前的生活个体密度（包括其他双壳类一般数量较小的种群）比 Kowalewski 及其同事所报道的数值要大很多。更重要的是，这些估计值超过了研究区现代双壳类密度至少一个数量级。过去 20 年中，间歇性河流的恢复实际上对这些生活生物体密度没有影响。Kowalewski 及其同事的研究帮助揭示了河流筑坝所造成的生物产量减少的幅度。

总之，这些例子说明，古生物学家正在通过一种重要的新方式影响有关公共决策方面的讨论。将来，这一作用可能继续扩大，尤其在全球各地的沿海地区，人类的影响尤为深刻。同时，准化石记录也是容易获得的，借助于准化石记录，古生物学家方能观察濒危区域的更长历史。

10.7 天体生物学

我们适宜地选择切实拓展了古生物学前沿领域的一个主题，即地外生命作为本书的最后章节。探寻地外生命证据原本属于**天体生物学**（astrobiology）

(a)

(b)

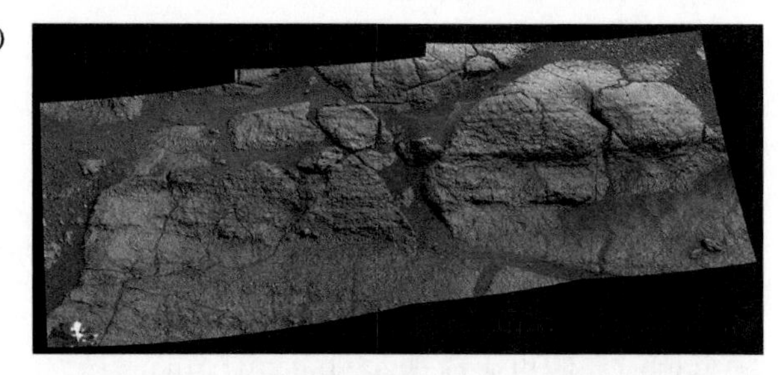

(c)

图 10.30　美国宇航局（NASA）的机遇号火星探测车 2004 年拍摄的照片表明其登陆地点曾有积水存在

(a) 显微镜下可见的凝结物（箭头所示），通常被认为是水介质中的化学沉淀作用形成的（照片大约 1.5 cm 宽）。(b) 岩石露头的全景图，显示了沉积物成层性的特点。(c) 晶簇的显微照片，显示了矿物（如硫酸盐矿物）分解后留下的空穴，表明这些地点曾经发育矿物晶体。据美国宇航局机遇号火星探测车网站：www.nasa.gov/vision/universe/solarsystem/opportunity_water.html。

范畴，似乎有点让人不可思议的是，科学家们需要寻求化石记录作为参考，不过这么做是有充分理由的。对于地外生命形式的属性，人们还只能进行推测，这当然是合理而充满乐趣的。目前，我们掌握的关于生命存在的唯一实际的数据，来自基于地球上 DNA 和 RNA 的形态。我们还仅限于在太阳系内直接地搜寻地外生命证据。

撰写这一章的时候，两颗飞行器仍然在环绕

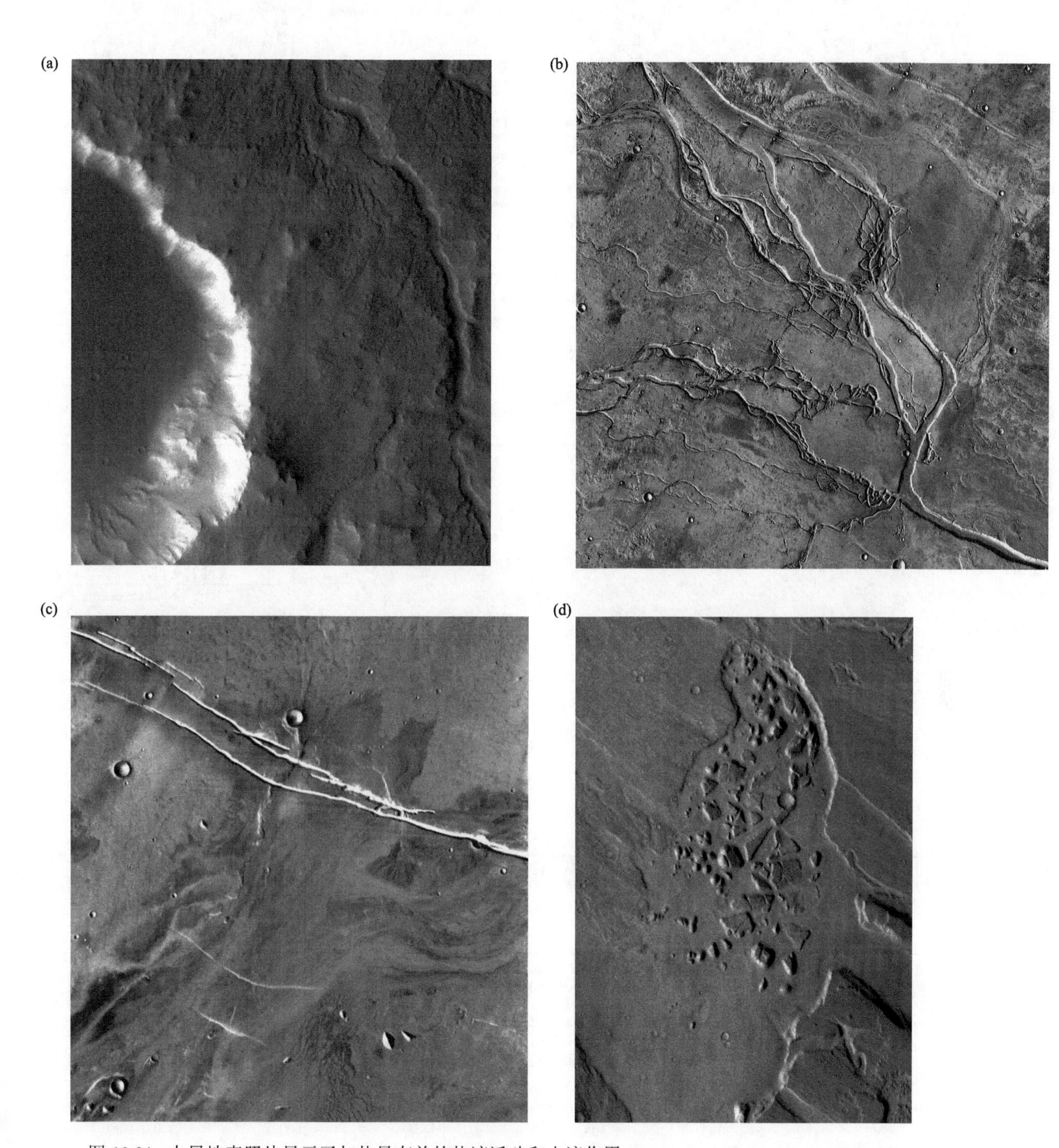

图 10.31 火星地表照片显示了与热量有关的热液活动和水流作用

(a) 与某个撞击事件（左侧）相关的水流作用（右侧）；(b) 火星第二大火山 Elysium Mons 边缘的一系列沟渠，很可能是由水流剪切而成；(c) Athabasca Valles 地区伴随着一个裂沟的发育产生的水流现象；(d) Mangala Valles 地区的混杂特征与相伴的水流作用，这些混杂特征被认为与冰川溶解或地下水迁移导致的崩塌作用有关。图片由美国宇航局的火星奥德赛任务中搭载的热辐射成像系统（Thermal Emission Imaging System，简称 THEMIS）拍摄。照片来自美国宇航局 / 喷气推进实验室 / 亚利桑那州立大学。

(a)

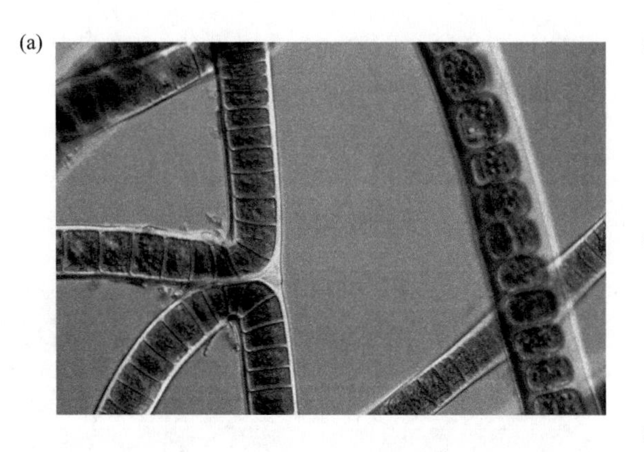

(b)
(c)
(d)

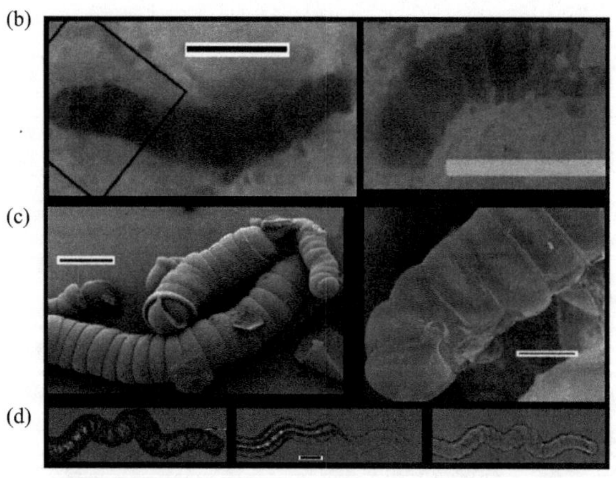

图 10.32 现生与古代蓝细菌照片集，显示为何古代岩石中蓝细菌难以鉴定

(a) 现代蓝细菌，这些丝状体的直径通常为数十微米；(b) 澳大利亚西部太古代 Warrawoona 燧石（约 35 亿年前）中被认为是蓝细菌的标本照片，曾被认为是地球生命的最老的直接化石证据；(c) 显微镜下的丝状体照片，丝状体为实验室内生成、由碳酸盐晶体组成、外表由二氧化硅覆盖，这些组成成分与形成必须的条件均是在太古代可以实现的。(d) 使用酸促使合成的丝状体分解和空腔化。左侧的照片可与图 b 比较。图 b 和 d 的比例尺均为 40 mm。图 a 来自 Biophoto Associates/Photo Researchers 公司，图 b—d 据 Garcia-Ruiz 等（2003）。

地形特征	火山口壁和基底	火山口边缘，近源热泉和通道	中部外流通道和坪池	热泉丘间地	中部至远离火山口的小型阶地与池塘	远离火山口的池塘，沼泽和池塘边缘
理想剖面图(未按实际比例绘制：比例易受火山释放时间和区域地形的影响)						
相对的流体动力学环境	高流速，爆发性释放，角砾岩化	席状流动；微型阶地后的含水池塘；数厘米深的水坑				低能水坑和浸水土壤
组构	块状至精细层状、豆状和角砾状的燧石；微晶粒状石英和宏石英交替出现	薄层燧石和燧石角砾；不规则的细粒微晶石英与细粒至中粒宏石英交替出现		栅状结构的薄层燧石。格架中含零星分布的宏石英，其中发育灌木状的微型丝状化石		红棕色、不规则至斑点层状燧石与散布的植物化石；主要由中粒至粗粒、富含包体的宏石英与零星的微晶石英组成
生物相	硅华与火山口壁以及基底沉积物	含飘带和斑点结构的高温层状叠层石	中温、栅状结构的层状叠层石	发育植物茎干铸模或硅化木的热泉丘间地	中温水坑与“假柱形叠层石”	发育植物茎干铸模和硅化木并且微生物极度繁盛的低温池塘
生物群(化石化或根据推测)	喜温生物与高温生物	喜温生物，细小丝状，有时成簇状或直立状的蓝细菌 (cf.*Phormidium*) 及其他细菌	垂直定向的蓝细菌 (cf. *Calothrix*) 形成的席状体和无规定向蓝细菌 (cf. *Phormidium*) 形成的局部透镜体	半水生的、草本的石松类和楔叶类植物	假柱形的叠层石和由粗丝状蓝细菌形成的灌木状体	草本的石松类和楔叶类植物与放射状微生物结壳
古温度	>59℃	59—30℃	<30℃	取决于环境	<30℃	取决于环境

凝灰岩　块状或略呈层状的燧石和燧石岩脉　薄层燧石　池塘沉积与土壤　池塘

图 10.33 澳大利亚泥盆纪热泉中与环境梯度相关的物理、岩性和古生物的特征

这些特征的确定来自与现代热泉的比较。据 Walter 等（1998）。

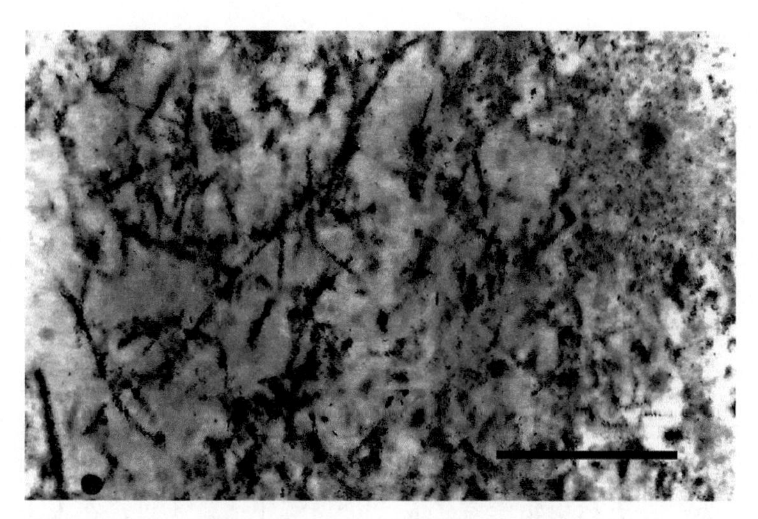

图 10.34 澳大利亚泥盆纪热泉薄片的显微照片，其中的管状体被认为是丝状微生物

图中右下方的比例尺为 100 μm。据 Walter 等（1996）。

火星表面运转。尽管已经远远超出了它们的设计服役年龄，但依然在采集岩石样品并进行地球化学分析。其结果已经引人注目地证明火星曾经有大量静止水体及蒸发岩（图 10.30）。这强有力地支持了现存的并且还在发展中的一种观点：与现在相比，火星以前明显地温暖和湿润。此外，火星表面卫星图像提供了重要证据，表明火星过去不仅有水流活动，而且有热液活动（图 10.31）。

有趣的是，现代地球上热液活动的地方，例如有间歇泉和温泉活动分布的地区，是已知地球上最原始的微生物生命形式的温床，包括被划分为真菌的原核生物以及那些属于另一个称作古细菌的一组鲜为人知的生物。它们似乎特别地适应生活在极端近似苛刻的环境中。例如，一些古细菌维持生命靠吸收二氧化碳和氢元素，同时释放甲烷。

由于这些原因，人们想知道原始生命形式是否可能在火星上起源和演化，也正是这种可能性激发了人们在火星表面探索和取样分析的兴趣。于是，古生物学研究必然充当一定角色。虽然没人能合理地预期在任何一张火星飞行器所抓拍的特写照片中看到一个腕足类或蛤，但的确有可能将来某一天，人们会发现更原始的、几乎确信的微生物等昔日生命的证据。特别地，在前寒武纪化石记录的研究中，古生物学家已经体现出一种不断提高的识别极小微体化石的能力，这些微体化石代表了这个星球上最原始的生命形式 [见 1.2 节]。

探寻地球上最早、最原始的生命形式肯定有许多意想不到的困难，这是很正常的。能够提供生命新陈代谢副产品信息的生物地球化学记录表明，地球上有原始生命存在可追溯到 37 亿年前。另外，生命存在的间接证据也发现于几乎同样古老的岩石——叠层石。叠层石为层状结构，由细丝状席垫内捕获的沉积物和钙质碳酸盐的淋滤所产生。席垫主要为前寒武纪水生环境下，由原核的蓝藻细菌、其他细菌以及随后的真核藻类所形成。今天，叠层石主要限于不利于以席垫为食的食草生物发育的环境，从而阻碍了叠层石的发育。然而，在前寒武纪，在多细胞生命的演化和分异之前，叠层石在海洋环境中是很普遍的，所以也是前寒武纪海洋记录的普遍特征。

当然，古生物学家希望发现地球早期居住者的直接化石证据。原核蓝藻细菌可能存在于 35 亿年前的岩石中，这一证据已在西澳大利亚的沉积岩中被发现（图 10.32a 和 10.32b）。然而，在某古热液活动地点，通过一系列的实验模拟当时的地球化学条件，Garcia-Ruiz 及其同事（2003）培养出一组微观物质，看起来与热液活动地点采集到的公认的原核生物非常相似（图 10.32c 和 10.32d）。澳大利亚的标本的确有可能是原始生命的化石残余，但 Garcia-Ruiz 的实验提醒我们，自然界也有可能产生看起来很像生命的无机结构 [见 1.2 节]。

然而，目前从前寒武纪和较年轻的岩石中，多次发现保存下来的原核化石有机体和简单的真核化石有机体，有时还一并获得了相关的生物地球化学数据，至少间接地说明上述存疑的微体化石实际上就是微体化石。目前，一些最有说服力的与古热泉相关的化石微生物的直接证据，不是来自前寒武纪，而是在东澳大利亚的泥盆纪地层。在那里，横向 100 m 范围内保存了微相以及与热泉活动相关的温度梯度（图 10.33）。这些微相中保存了可能代表多种蓝藻细菌和其他微生物的多种微观丝状体，尽管其准确身份还不确定（图 10.34）。基于现代热泉中古细菌和真细菌出现的情况，推测泥盆纪沉积物中所发现的一些有机体生活在超过 50℃ (122° F) 的温度下！

这些化石的保存，为一些天体生物学家（或者更合适地称为天体古生物学家）认识地外生命提供了一个基础。将来尝试在火星表面取样时，我们应该特别注意的不仅是有静水存在的地方，也应包括热液活动存在之处（Farmer and Des Marais,1999）。在未来火星科学探测任务中，对热液环境的关注可能是首当其冲的。

10.8 结束语

前述研究案例说明，古生物学是诸多科学领域的交叉学科，包括地质学、地球化学、生态学、进化生物学以及天文学。它涉及这些领域同时反过来影响这些领域。在这个意义上，古生物学似乎涉及了自然科学的所有领域，而近年来变得更加地跨学科。因此，古生物学家需要比以前接受更加广博的培训。我们可以确信这种趋势将会持续下去。不过，在未来几年将推动古生物学发展的具体研究问题是难以预测的，正如 10 年或 20 年前它们很难被预测一样。我们当然对天体生物学科的发展方向有许多思考，但现实地讲，这也许只是些简单的直觉和预感。我们能做的就是满怀憧憬地展望未来！

补充阅读

Aubry, M.-P., Lucas, S., and Berggren, W. A. (eds.) (1998) *Late Paleocene-Early Eocene Climatic and Biotic Events in the Marine and Terrestrial Records*. New York, Columbia University Press, 513 pp. [对古新世—始新世极热事件的综述；对后继研究这一事件的论文提供参考]

Briggs, D. E. G., Erwin, D. H., and Collier, F. J. (1994) *The Fossils of the Burgess Shale*. Washington D.C., Smithsonian Institution Press, 238 pp. [以丰富的图片对布尔吉斯页岩动物群进行综述]

Conway Morris, S. (1998) *The Crucible of Creation*. Oxford, U.K., Oxford University Press, 242 pp. [对早期动物的演化学解释，尤其关注于布尔吉斯页岩]

Erwin, D. H. (2006) *Extinction: How Life on Earth Nearly Ended 250 Million Years Ago*. Princeton, N. J., Princeton University Press, 296 pp. [对二叠 - 三叠纪大灭绝事件相关的生物学和地质学数据以及可能起因的综述]

Gould, S. J. (1989) *Wonderful Life*. New York, Norton, 347 pp. [对布尔吉斯页岩生物的讨论以及可能的演化学解释]

Knoll, A. H. (2003) *Life on a Young Planet: The First Three Billion Years of Evolution on Earth*. Princeton, N.J., Princeton University Press, 277 pp. [对前寒武纪研究的全面回顾及相关的天体生物学意义]

MacPhee, R. D. E. (ed.) (1999) *Extinctions in Near Time*. New York, Kluwer Academic, 394 pp. [研究过去 10 万年里发生的灭绝事件的论文合集]

Squyres, S.W., and Knoll, A. H. (eds.) (2005) *Sedimentary Geology at Meridiani Planum, Mars. Earth and Planetary Science Letters*, vol. 240, no. 1, pp. 1–190. [对部分火星沉积岩的特征和起源进行研究的论文合集]

Valentine, J. W. (2004) *On the Origin of Phyla*. Chicago, University of Chicago Press, 614 pp. [对动物门的特征及其演化进行的详细研究]

Whittington, H. B. (1985) *The Burgess Shale*. New Haven, Conn.,Yale University Press. [强调对布尔吉斯页岩生物的解剖学解释]

词汇解释

absolute rate 绝对速率 衡量生物形态演化速率的一种方法，即单位时间内一个特定性状的变化总量，这一数值与该性状的大小无关（见 **relative rate** 相对速率）。

actuopaleontology 实证古生物学 研究现今生物的死后过程，以期对埋葬学及古生物学的其他方面进行深入研究。

adaptation 适应 生物表型与环境及生活方式之间的相互适应；演化机制及在一个世系中产生适应性状的路径。

allele 等位基因 同一基因的另一对应类型。

allometry 异速发育 一种不对称生长：一种组分（Y）随另一组分（X）的指数倍（常数 a）的变化而变化，即 Y 与 X^a 成比例；当两个组分具有不同的相对生长速率时，不对称生长可以保证每一组分在生长过程中保持一致。

allopatric 异域的 描述具不连续地理分布的居群的一个术语（见 **sympatric** 同域的）。

anagenetic change 累变变化 单一的种级世系内反映演化的变化（见 **cladogenetic change** 分支演化变化）；线系变化。

analogous trait 同功性状 由两种或更多生物共同拥有的一种相似性状，被认为是由趋同产生的（见 **convergent trait** 趋同性状）。

analytical time averaging 解析性时间均化 通过复合不同层位的样品将不同时代的化石材料聚合起来（见 **time averaging** 时间均化）。

anisometric growth 异速生长 一种发育型式，即随着个体增大，形态也发生变化（见 **isometric growth** 等速生长）。

apatite 磷灰石 一种磷酸盐矿物，化学式为 $Ca_5(PO_4, CO_3)_3(F, OH, Cl)$，在脊椎动物和腕足动物等多个类群中是重要的组分。

apomorphy 衍征 谱系分析中，在某些类群里相对于原始性状而言，代表演化变化的性状（见 **plesiomorphy** 祖征）。

appearance event ordination（**AEO**） 出现事件排序 依据首现 / 末现表述（**F/L statements**），利用两个或更多露头剖面资料构建复合标准序列的定量地层学方法（见 **composite standard reference section** 复合标准参考剖面，**F/L statements** F/L 表述）。

aragonite 文石 碳酸钙（$CaCO_3$）的一种矿物学形式，在热力学上相对不太稳定（见 **calcite** 方解石）。

arithmetic mean 算术平均数 测算一组数据的中间趋势的统计方法，公式为$\sum x_i / n$，其中 n 为样本大小，x_i $(i=1, \cdots, n)$ 为观察值。

astogeny 群体发育 一种生物的生长与发育型式。

astrobiology 天体生物学 寻找并研究地外生命的科学。

autapomorphy 独有衍征 由一个分类单元所独有的获得性性状，该性状并不与其他分类单元共享。

available 有效的 对依据生物命名法则建立且被有效发表的生物分类学名称的一种表述。

average 平均数 通常指算术平均数。

background extinction 背景灭绝 与集群灭绝无关的分类单元的灭绝（见 **mass extinction** 集群灭绝）。

baseline 基线 计算生物体形态坐标值的参考轴。

bathymetric 水深的 与水体深度相关的。

begging the question 以未经证实的观点作为立论依据 见 **circular reasoning** 循环论证。

bentonite 斑脱岩 黏土层，火山灰沉积的残余物。

biodiversity 生物多样性 关于生物类型的多样化的通用性概念（见 **disparity** 歧异度，**diversity** 多样性，**morphological diversity** 形态多样性，**taxonomic richness** 分类单元丰富度）。

biological species concept 生物学物种概念 物种的一种定义，认为物种是一组能相互交配的居群，并在生殖上与其他类群隔离。

biomechanical analysis 生物力学分析 参考机械和工程原理及生物材料的物理特性来研究生物功能（见 **experimental approach** 试验法，**paradigm approach** 范例法）。

biostratigraphy 生物地层学 研究岩石中的化石内容，通常以对比为目的 [见 **correlation (biostratigraphy)** 对比 (生物地层学)]。

biostratinomy 生物层积学 生物在其死亡后、埋葬前发生的化石化过程，通常是自然作用，涉及物理、化学和生物学作用。

bioturbation 生物扰动作用 生物活动对沉积物的一种改造作用。

biozone 生物带 由所含化石所界定的岩石体；通常被认为指示了一个特定的、由其所包含的化石内容定义的时间段（见 **guide fossil** 指导化石，**index fossil** 标准化石，**overlapping range** 重叠延限，**zone** 带，**zone fossil** 带化石）。

body fossils 实体化石 生物实体部分的残留物。

boundary-crossing taxa（**boundary crossers**） 穿界分类单元 用于估算分类单元丰富度的一个统计数据，指的是那些出现于两个连续时间段的分类单元的数量，由于这些分类单元在上下两个时段均存在，因此在两个时段的界线处也应存活。

bulk sample 大样或大块样品 一大块被采集出来、富含化石的岩石或沉积物，用于化石分析。

calcite 方解石 碳酸钙（$CaCO_3$）的一种矿物学形式，在热力学上相对稳定（见 **aragonite** 文石）。

Cambrian Explosion 寒武纪大爆发 大约 5.4 亿年前发生的生物形态和功能大规模分异事件，在数千万年时间里，绝大多数基本动物构型突然出现。

Cambrian Fauna 寒武纪动物群 寒武纪海洋中占统治地位的演化动物群（见 **evolutionary fauna** 演化动物群，**Modern Fauna** 现代动物群，**Paleozoic Fauna** 古生代动物群）。

camera lucida 显像器或图像描绘仪 通过将观测者在图纸上手绘的内容即时叠加到标本图像上，从而便于描绘的一种光学装置。

carbonate 碳酸盐 含有碳酸根离子（CO_3^{2-}）的一类矿物。

carbonization 碳化作用 对有机组织进行极度蒸馏，最终获得极度富碳的残余物。

cast 铸模 当一个印模或遗迹被沉积物或其他物质填充后形成的正模。

categorical variable 分类变量 即标称变量（**nominal variable**）。
cellulose 纤维素 一种多糖，是植物和藻类细胞壁的主要成分。
centroid size 质心大小 形态测量分析中一种大小测量方法，先根据所有界标点（**landmark**）算出质心或代数平均位置，然后计算每一标志点距质心的距离。
character distribution 特征分布 在系统发育分析中，对一组物种的特征型式的描述，通常以数字编码表示。
chitin 几丁质 一种多糖，是节肢动物表皮和真菌的主要组分。
chronospecies 年代种 基于形态差异积累，将单一演化支系的不同片断确立为不同的种（见 **phyletic speciation** 种系成种）。
circular reasoning 循环论证 见 **begging the question** 以未经证实的观点作为立论依据。
clade 分支 拥有共同祖先的两个或更多物种组成的一个类群，并与该共同祖先所有后裔一起组成一个单系群。
cladogenetic change 分支演化变化 包含支系或世系分裂的演化变化（见 **anagenetic change** 前进演化变化，**speciation** 成种作用）。
cladogram 分支图 图示生物演化亲近关系但无明确时间尺度的分支图（见 **evolutionary tree** 演化树）。
classification（**multivariate analysis**）分类（多变量分析） 利用聚类方法描述生物类群。
classification（**systematics**）分类学（系统分类学） 将种和更高级分类单元有机地组织起来，编入一个已命名的等级系统中。
clonal 克隆的 某个有机体由遗传上同源的亚单元组成，通常与其他独立有机体相似，似乎它们就是独立个体。
clustering technique 聚类方法 一种多变量方法，可用来对一组标本进行分类，并确认每一类群的内部组成（见 **multivariate analysis** 多变量分析）。
cohort survivorship analysis 同期组群幸存分析 简称同期幸存分析，是分类单元幸存分析的一种方法，在该方法中，将首现于同一时间段的分类单元归为一个类群，然后统计该类群在之后的连续时间段里仍然存活的单元数量，从而构建一条描绘该类群幸存状态的曲线。
collagen 胶原蛋白 一种蛋白质，是动物结缔组织的主要组分。
community 群落 在生态学中，多个常见种的有规律的重现组合（在生物学文献中还有许多有关群落的定义）。
community paleoecology 群落古生态学 研究化石记录中的古群落的生态学（见 **ecology** 生态学，**paleoecology** 古生态学）。
competitive exclusion 竞争排斥 生物法则之一，即利用同一资源的两个物种不可能稳定共存。
composite standard reference section (composite standard, CS) 复合标准参考剖面（复合标准，**CS**） 将记录在两个甚至更多地点的生物事件顺序（通常为首现和末现），采用某种数值方法组合在一起 [见 **appearance event ordination**（**AEO**）出现事件排序，**constrained optimization**（**CONOP**）限定最优化法，**first appearance datum**（**FAD**）首现层位，**graphic correlation**（**GRAPHCOR**）图形对比，**last appearance datum**（**LAD**）末现层位，**ranking and scaling**（**RASC**）排序与校准法]。
composite standard unit (CSU) 复合标准单位 复合标准参考剖面上的一个标准时间段，该时间段的时间的确立是通过将复合标准参考剖面所含的事件与地质年代表上的年代地层单位对比而得（见 **composite standard reference section** 复合标准参考剖面）。
concurrent range 共存延限 一个生物地层学概念，指的是两个或更多分类单元的地层延限中的重叠部分。
congeneric 同属的 两个或更多的物种属于同一个属。
conservation paleobiology 保护古生物学 将古生物学资料和分析应用于保护生物学和由于人类活动导致的环境变化等相关现实问题中。
constrained optimization（**CONOP**） 限定最优化法 一种以两个或更多地点的生物序列为基础、基于分类单元的首现和末现数据构建最优化的复合标准的方法，该方法的原则之一是构建符合标准所导致的数据冲突为最低 [见 **composite standard reference section** 复合标准参考剖面，**ranking and scaling**（**RASC**）排序与标定]。
constructional morphology 建构形态学 一种形态分析方法，在这一方法中同时考虑生物形态结构怎样反映谱系遗传、功能需要以及构造局限（见 **functional factor** 功能因素，**historical factor** 历史因素，**structural factor** 结构因素）。
convergent trait 趋同性状 两个或更多世系共有同一特征，但每一世系都是通过独立演化获得这一特征的。
coordinate transformation 坐标转换 一种分析生物体的形态变异的形态测量学方法，该方法利用几何学的方法分析一种生物形态通过怎样的几何变形可以转换为另一种不同的形态（见 **thin-plate spline** 薄板样条方法）。
coordinated stasis 协同停滞 一种区域性的化石地层分布模式，指的是一段较长时间的生物分类组成相对稳定的阶段，这一阶段最终被短期的突发事件所打断（见 **ecological evolutionary subunit** 生态演化亚单元）。
correlation（**biostratigraphy**）对比（生物地层学） 确定一段地层在两个或更多地点的年代对等性。
correlation（**statistics**）对比（统计学） 两个度量变量彼此关联的强度和方向。
correlation coefficient 相关系数 相关性的一种统计学度量。
cosmopolitan 广布的 指某个分类单元分布于多个地理区（见 **endemic** 土著的）。
cross-sectional analysis 横断分析 通过多个标本的比较来研究个体发育，每一标本代表不同个体大小或出于不同的生长阶段（见 **longitudinal analysis** 纵向分析）。
crown group 冠群 一个单系类群，包括一批现生物种、其最近共同祖先以及该共祖的全部后裔（见 **plesion** 近群，**stem group** 茎群或基干类群）。
cryptic species 同形种 两似种、亲缘种或姐妹种。

death assemblage 死亡组合 化石或亚化石堆积中的一组化石物种（见 **life assemblage** 生活组合）。
deep homology 深同源现象 某结构在不同世系中独立演化而成，但该结构却在个体发育中通过同源基因的表达而形成的现象。
dendrogram 树状图 将相似的单元归为一类并与其他类群区分开来的分支图（见 **clustering techniques** 聚类方法）。
depth tolerance 深度忍耐性 建立海水深度梯度，然后将一个分类单元的分布投影到这一梯度上，该分类单元分布的深度梯度越大，就表明深度忍耐性越大。
derived character 衍生特征 谱系分析中的衍征（**apomorphy**）。
determinate growth 有限生长 一种生物体发育型式，指的是当生物体达到成熟阶段后，尽管生物体本身还继续存活，但其机体的构造生长已经停止（见 **indeterminate growth** 无限生长）。
developmental constraint 发育限制 笼统地说，指的是现有基因变异与发育过程之间的相互作用，该作用导致表型的非随机变异。
diagenesis 成岩作用 一个埋葬学概念，指的是死亡生物被埋藏后的化石化过程，通常是化学过程。
digitization 数字化 图像或资料的电子化储存。

directed speciation 定向成种 谱系演化方向的假定机制，其中，变化主要集中在成种事件，并且后裔种倾向于沿着比祖先种更加有利的形态方向演化。

discrimination 识别 对不同居群和物种的实用性判别，并研究哪些因素导致其差异。

disparity 歧异度或形态歧异度 生物多样性的一个方面，反映物种之间的形态差异。

distillation 蒸馏作用 在热和压力的作用下，将有机混合物中易挥发的成分（如氢和氧）有选择地去除，从而留下更为富碳的剩余物（见 **carbonization** 碳化作用）。

diversity 多样性 与生物多样性（**biodiversity**）同义。

DNA 脱氧核糖核酸 携带遗传信息的主要分子。

ecological evolutionary（e-e）subunit 生态演化亚单元 分类单元组成长期稳定的区域性时间单元（见 **coordinated stasis** 协同停滞）。

ecological evolutionary unit 生态演化单元 分类单元组成长期稳定的全球性时间单元。

ecology 生态学 研究生物与其生存环境的相互关系的学科。

ecophenotypic 生态表型 指那些源于环境变化而非基因变异的表型变化。

ecospace 生态空间 一个空间概念，其中的生态条件适宜某个特定分类单元的生存。

eigenvalue 特征值 一个数值，用来表达在一个多变量数据集中的某一主成分或其他综合变量内所包含的变异量。

endemic 地方性的 指的是某个分类单元局限于一个特定地理区域（见 **cosmopolitan** 广布型的）。

entire-margined leave 全缘叶 光滑、无锯齿外缘的叶子。

epicontinental sea（epeiric sea） 陆表海 由于海洋的延伸，从而覆盖了大陆或大陆架而形成的海域范围（如现今的哈德逊湾）。

erathem 界 在地质记录的分析中，介于系（**system**）和宇（**eonothem**）之间的一个单位。

evolution 演化 居群和物种随时间所发生的基因型和表型组分的遗传变化。

evolutionary fauna 演化动物群 特定地质时间间隔内，组成全球生物群主体的较高级分类单元（常为纲一级）的组合；通常应用于海洋生物群（如 **Cambrian Fauna** 寒武纪动物群，**Modern Fauna** 现代动物群，**Paleozoic Fauna** 古生代动物群）。

evolutionary morphology 演化形态学 对生命历史中多样性变化及形态类型的非随机分布进行的一般性研究（见 **constructional morphology** 建构形态学，**functional morphology** 功能形态学，**theoretical morphology** 理论形态学）。

evolutionary paleoecology 演化古生态学 研究地史中的古生态转换以及生态与重大演化转换之间的关系（见 **paleoecology** 古生态学）。

evolutionary tree 演化树或演化树状图 一种分支图，其中图示了基于时间的祖 - 裔关系，以及演化的其他方面信息，如形态变化等（见 **cladogram** 分支图）。

evolutionary trend 演化趋势或演化趋向 一种演化型式，其中，某个演变方向可持续相当长一段时间。

experimental approach 试验法 生物力学分析的一种方法，首先为所观察到的生物构造推测一种功能，并用这种构造的直接试验或者它的数学或物理模型来演示这种功能以评价这种构造的潜力（见 **paradigm approach** 范例法）。

exponential survivorship 指数幸存曲线 在每单位灭绝率稳定不变的情况下分类单元的幸存曲线。横轴为时长，纵轴为可持续相应时长的分类单元数目的自然对数，两者的关系呈线性下降，并且下降的斜率等于灭绝率。

extinction 灭绝 一个支系演化的终结；一个分类单元的末现。

extinction-rate bias 灭绝率偏差 谱系演化趋势的一个假设机制，其中物种的遴选影响着演化趋势，而遴选本身又是由物种灭绝率的差异引起的。

facies 相 沉积岩石的特征或沉积岩石所代表的环境。

first appearance datum（FAD） 首现层位或首现 某个产地某一分类单元的地层延限的底界 [见 **last appearance datum（LAD）** 末现层位]。

F/L statements 首现 / 末现表述或 F/L 表述 如果两个分类单元的地层延限相互重叠，那么其中一个分类单元的首现层位必定早于另一个分类单元的末现层位 [见 **appearance event ordination（AEO）** 出现事件排序，**first appearance datum（FAD）** 首现层位，**last appearance datum（LAD）** 末现层位]。

flooding surface 洪泛面 层序地层学中，由水体快速加深所标志的地质界面。

form taxonomy 形态分类学 一种基于形态来划分生物或其相互孤立部分的分类系统，而不需要识别出其分类单元的生物学意义。

fossil 化石 史前生物留下的任何物理的或化学的残留物或痕迹。

functional factor 功能因素 在建构形态学中，反映直接适应生物体功能需求的形态特征。

functional morphology 功能形态学 关于机体功能的生物学形态的研究。

gap（stratigraphic gap） 缺失（地层缺失）或间断 在某个分类单元的地层延限中，在其中某个时间段中没有找到此分类单元的任何残留物。

gene flow 基因流动 居群间通过迁徙和相互配育进行的基因信息交换。

gene pool 基因库 一个居群的全部基因组分。

genetic drift 遗传漂变 一个居群中不同基因型和表型的相对比例的偶然波动所造成的演化变化，而非自然选择所致。

genetic mutation 遗传突变 生物体的基因物质中发生的自然变化。

genotype 基因型 生物体的基因组成在其 DNA 序列中的编码（见 **phenotype** 表型）。

global completeness 全球完整性 全球尺度的古生物完整性；在已知留下化石记录的类群中所有分类单元所占的比例（见 **local completeness** 局部完整性）。

gradient analysis 梯度分析 沿环境梯度对分类单元的分布和丰度进行逐一评估。

graphic correlation（GRAPHCOR） 图形对比 先用两个产地的首现与末现层位构建复合标准序列，然后再分别将其他剖面的信息逐个添加到这个复合序列中去（见 **composite standard reference section** 复合标准参考剖面）。

greenhouse gas 温室气体 可吸收来自地表的红外辐射、并可导致大气变暖的气体，如二氧化碳和甲烷。

guide fossil 指导化石 与标准化石（**index fossil**）和带化石（**zone fossil**）同义。

guild 生态种群 以相似方式利用相似资源的一组分类单元。

habitat tracking 生境追踪 面对环境变化停滞提出的一种假想机制，其主要思路是认为居群和种的地理分布会不断改变以追踪它们已经适应的局部环境条件。

half-life 半衰期 物种或其他分类单元持续时间的中值。

hard part 硬体部分 生物体的矿化部分或其他的坚硬部分（见 **soft parts** 软体部分）。

heritable 可遗传的 由于基因变异而导致的表型变异，因此可遗传给下一代。

heterochrony 异时发育 在个体发育过程中发生的演化变化。

highstand system tract（**HST**） 高水位体系域 一个层序地层学概念，指的是一个理想的沉积序列的上部，位于最大海泛面之上，以准层序或更高级别层序的重新进积堆积为特征 [见 **lowstand systems tract**（**LST**） 低水位体系域，**maximum flooding surface** 最大海泛面，**parasequence** 准层序，**sequence** 层序，**transgressive** 海侵的]。

historical factor 历史因素 建构形态学中，一个支系由于源自一个共同祖先而共有的形态特征，这些特征同样可以遗传下去，但它们在支系内是否能满足自然选择的考验尚存疑问。

holophyletic group 全系群 即单系群。

holotype 正模 用以命名某个种的单一标本。

homologous trait（**homology**） 同源性状（同源） 两个或更多继承自共同祖先的共有性状（种间可能略有差异）。

homonym 异物同名 不同种或更高级分类单元使用了同一名称。

incongruence 不一致性 即部分特征指示了系统发育关系的某个特定型式，而其他特征则指示不同的型式。

indeterminate growth 无限生长 一种个体发育型式，即生物在其一生中持续生长（见 **determinate growth** 有限生长）。

index fossil 标准化石 可用于定义生物带的某个化石分类单元（通常为种）；通常以具广泛的地理分布范围和有限的地层延限为特征（见 **biozone** 生物带，**guide fossil** 指导化石，**stratigraphic range** 地层延限，**zone** 带，**zone fossil** 带化石）。

individualistic concept 个性化概念 该观点认为，群落是物种的松散联合，它们共同出现在一个特定地点是因为它们都偏爱该局部环境的特定环境因子。

ingroup 内类群 谱系分析中，可用于重建演化关系的一组分类单元（见 **outgroup** 外类群）。

internal mold 内模 石核模。

interspecific allometry 种间异速发育 （见 **allometry** 异速发育）。

isometric growth 等速生长 一种个体发育型式，即形态增长与个体增长保持一致（见 **anisometric growth** 异速生长）。

isotope 同位素 特定化学元素的其他形式，它们在原子核内具相同的质子数但中子数不同，因此原子量也不同。

keratin 角蛋白 角、爪、鸟喙及羽毛的蛋白质组分。

Lagerstätte（复数 **Lagerstätten**） 特异埋藏化石库 产有保存极佳的有机和骨骼残留物的沉积物。

landmark 界标点 形态测量分析中，标本上用来度量其形态的数据点。

last appearance datum（**LAD**） 末现层位或末现 某个地点某一分类单元的地层延限的顶界 [见 **first appearance datum**（**LAD**）首现层位]。

life assemblage 生活组合 一个现生群落中的一系列物种。

lignin 木质素 一种有机化合物，是维管植物中输导组织的主要组分。

likelihood 似然 为特定假说提供经验支持的统计学手段。根据某个假说可设定一个假定模型（如演化模型），如果该假说成立则通过该模型可观测到实际数据的概率。

line of correlation（**LOC**） 对比线 图形对比中，显示两个剖面间、或者一个剖面与复合标准序列间的首现点和末现点分布特点的一条直线 [见 **composite standard reference section** 复合标准参考剖面，**graphic correlation**（**GRAPHCOR**）图形对比]。

lineage 世系、支系或种系 由相同血统联系起来的、时间上连续的一系列居群或物种。

lineage segment 世系片段或支系片段 谱系分析中，一个正在发展的世系的样本，通常只包含了世系的部分时限，而不是该世系的整个延限。

live-dead comparison 生 - 死比较 在某个地区生活组合和死亡组合之间的比较，以评估亚化石记录的置信度。

loading 输入数据 用以表示主成分或其他综合变量与原始度量变量之间对比强度的数值；也表示初始变量对主成分的贡献。

local completeness 局部完整性 在局部尺度上度量的古生物完整性；在已知有化石记录的特定区域的一些类群中所有分类单元的比例（见 **global completeness** 全球完整性）。

logistic equation 逻辑斯谛方程 该方程为一“S”形曲线，该曲线表明，全球生物多样性不会无限地增加，而是受均衡理论约束的。

long-branch attraction 长枝吸引 在系统发育中，关系较远的一些世系因具有高的演化速率，从而增加了独立获得衍征状态的可能性，这些世系被人为地组合在一起的现象称为长枝吸引。

longitudinal analysis 纵向分析 通过跟踪单一生物的生长和发育来研究个体发育。

lowstand systems tract（**LST**） 低水位体系域 在层序地层学中指的是一个理想的沉积序列的下部，在层位上位于层序界面之上，以准层序或更高级别层序的进积堆积为特征 [见 **highstand systems tract**（**HST**） 高水位体系域，**maximum flooding surface** 最大海泛面，**parasequence** 准层序，**sequence** 层序，**transgressive systems tract**（**TST**） 海进体系域]。

Lyellian proportion 莱尔比例 地史中某个时期存活的物种组合中，现今仍然存活的物种所占的比例。

macroevolution 宏演化 种或种级以上的演化变化，包括谱系演化趋势以及地史时期不同支系的相对多样性的变化。

mass extinction 集群灭绝 在较短时间内大量物种的灭绝。

maximum flooding surface 最大海泛面 在层序地层学中指的是沉积序列中记录着最大水深的层位，这一层面标志着从退积堆积向进积堆积的转变。

maximum-likelihood estimate 最大似然估计 可参考似然（**likelihood**）一词。最大似然估计指的是某个特定假说，如果该假说成立，那么通过该假说所建立的模型应可导出与实际数据最为吻合的一组观测值。

mean 平均数 算术平均数。

median 中值 一组数据样方的中心趋势的估计值，基于这个值，可以将整个样方均分为上下两个部分。

megafauna 大型动物 体重大于 40kg 的较大型陆地动物。

meristem 分裂组织 植物中产生新细胞的环带。

meristic character 分节特征 由一组相似组分（如节）组成的生物学特征。

Mesozoic Marine Revolution 中生代海洋生物革命 中生代时，为应对破壳捕食者的重大分异，腹足类等海洋生物发生的一次大规模的形态转换。

metapopulation 超居群 同一物种的一组居群，彼此之间偶尔发生迁徙和基因交流。

microevolution 微演化 种内和居群内的演化变化。

Modern Fauna 现代动物群 中生代和新生代海洋中占据优势的海洋演化动物群（见 **Cambrian Fauna** 寒武纪动物群，**Evolutionary Fauna** 演化动物群，**Paleozoic Fauna** 古生代动物群）。

mold 印模化石 实体化石的一种，通常是生物的硬体部分的反向印痕。

molecular clock 分子钟 假设 DNA 和其他生物分子随时间的演化速率恒定，那么可根据它们累积遗传差异的数值来推测现生类群相互分离的时间。

monophyletic group 单系群 由一个共同祖先及其所有后裔组成的一个物种的集合；在早期，该术语中还包括并系群和分支（见 **paraphyletic group** 并系群，**polyphyletic group** 复系群）。

monotypic 单型的 指只有一个种的属，或者指只有一个次一级分类单元的较高级分类单元。

morphological diversity 形态多样性 生物多样性的一个方面，指的是生物形态的多样化，而不是种的数目的多少（见 **taxonomic richness** 分类单元丰富度）。

morphological parsimony debt 形态简约亏欠 一个假设的分支图谱或演化树所指示的演化步骤超过了根据衍征状态数在理论上推测出的所需最少步骤的程度（见 **stratocladistics** 地层分支系统学）。

morphological rate of evolution 形态演化速率 解剖性状的演化速率，通常以某些定量测量数据为代表。

morphological species（**morphospecies**）形态种 依据形态而不是遗传或生殖的证据而区分出的两个或更多的物种。

morphology 形态学或形态 研究生物形态和结构的学科；也可以是生物形态和结构本身。

morphospecies 形态种 种的识别依据的是形态特征而非遗传、行为、生殖或其他标准。

multivariate analysis 多变量分析 可同时分析生物形态或其他变量方面的大量度量数据，从而将大量变量的数据概括成少数维度的数据。

natural selection 自然选择 某些基因型可导致某些特殊表型性状的形成，从而可以使后代具备更高的存活能力和生殖能力，因此此类基因型优先被传递给后代。

negative allometry 负异速发育 异速发育的一种型式，其中，Y 轴的相对增长速率要低于 X 轴。

node 节点 分支图谱上分支交汇的点，该点代表一个共同祖先。

nominal variable 标称变量 仅呈现特定值的生物学变量，如雄性对雌性，其中无自然排序。

novelty 新征 系统分类学中的一个衍征。

objective synonym 客观异名 基于同一个或同一批模式标本建立的不同分类单元名称（见 **objective synonym** 主观异名）。

occupied 被占用的 已经被使用的正式分类单元名称（见 **available** 有效的）。

ontogeny 个体发育 一个生物体的生长和发育过程。

opal 蛋白石 非结晶的含水硅石，化学方程式为 $SiO_2 \cdot H_2O$，蛋白石在某些种类的化石中具有重要意义，如硅藻和硅化木。

open nomenclature 未定命名 实践中常用的一种方法，当一个新的分类单元被描述时，由于其演化关系尚不清楚因此尚不能归入较高级分类单元中，也称为保留命名。

ordinal variable 有序变量 具特定值的生物学变量，如缺失、很少、常见和丰富，它们具有一个自然的排序。

ordination 排序 基于实测变量或由之形成的综合变量，对一组标本或样品之间的相对位置进行图示或采用其他表示方式（见 **multivariate analysis** 多变量分析）。

Ordovician Radiation 奥陶纪大辐射 奥陶纪发生了一次海洋动物的重大分异，这次辐射在古生代动物群的较高级分类单元中最为显著。

organic matrix 有机基质 非矿化的有机组构，骨骼的矿物组分嵌入其中（见 **hard parts** 硬体部分，**soft parts** 软体部分）。

origination 起源或新生 从一个已有支系中演化形成一个新的支系；一个分类单元的首现。

outgroup 外类群 谱系分析中，置于内类群之外的分类单元，外类群与内类群关系紧密，常在内类群中被用来确立性状的极向。

overkill hypothesis 过度猎杀假说 一种假说，认为许多或大多数的大型陆地脊椎动物在更新世的灭绝源于人类的猎杀。

overlapping range 重叠延限 生物地层学名词，共存延限（**concurrent range**）的同义词。

paedomorphosis 幼体发育 异时发育的一种型式，指的是由于发育演变使得后裔的成体与祖先的幼体相似（见 **peramorphosis** 过型发生）。

paleobiogeography 古生物地理学 研究化石分类单元的古地理分布的学科。

paleoecology 古生态学 研究古代生物与其生活的古环境之间相互关系的学科。

paleontological completeness 古生物完整性 某个时间段内存活的分类单元被采集到的比例；生物分类单元在它们存活的整个时段内至少被采集到一次的比例。

paleontology 古生物学 研究远古生命的学科。

Paleozoic Fauna 古生代动物群 在寒武纪之后的古生代海洋中占据优势的海洋演化动物群（见 **Cambrian Fauna** 寒武纪动物群，**evolutionary fauna** 演化动物群，**Modern Fauna** 现代动物群）。

paradigm approach 范例法 生物力学分析的一种方式，即为观察到的一种构造先推测其功能，再通过比较该构造与理论上最适合此功能的假想构造，从而对这种功能的合理性进行评估（见 **experimental approach** 试验法）。

paraphyletic group 并系群 由一个共同祖先及其部分而非全部后裔所组成的物种的集合（见 **monophyletic group** 单系群，**polyphyletic group** 复系群）。

parasequence 准层序 在层序地层学中指的是一个向上变浅的旋回，顶部由洪泛面界定。

paratype 副模 在正模之外、由建种作者在描述该种时正式指定的一块标本。

parsimonious 简约的 要求用比较少的假设来解释所观测到的数据的科学假说；使用相对较少的演化步骤来解释性状数据的分支图。

patchiness 斑块分布 现生和化石组合中观察到的一种常见型式，指的是该物种的个体在空间分布上是不均衡的。

peak abundance 峰值丰度 对某个分类单元沿海洋深度梯度的分布建模，其最大丰度在其最适深度处。

peramorphosis 过型发生 异时发育的一种型式，即后裔的发育比其祖先的发育延续更长，从而使后裔的早期发育阶段与祖先的成年阶段相似（见 **paedomorphosis** 幼型发生）。

per-capita extinction rate 每单位灭绝率 某个时间段内灭绝的分类单元在该时段的分类单元总数中的比例。

per-capita origination rate 每单位新生率 某个时间段新生的分类单元在该时间段的分类单元总数中的比例。

periodic extinction 周期性灭绝 一种假说，认为自二叠纪以来，集群灭绝以大约 2600 万年的间隔不断重复发生。

permineralization 完全矿化作用 一种化石化过程，即在骨骼物质的空间中，矿物从溶液中沉淀出来的过程（见 **petrifaction** 石化作用）。

petrifaction 石化作用 一种化石化过程，即有机质被转变成矿物质的过程（见 **permineralization** 完全矿化作用）。

pH 溶液酸碱度的度量标准，通常等于以 10 为底的氢离子浓度的负对数值，pH 越低则酸性越强。

phenogram 表型图 基于表型数据的分支图。

phenotype 表型 生物可观察的性状；生物体的形态、结构、生理、生物化学以及行为（见 **genotype** 基因型）。

phenotypic plasticity 表型可塑性 一个基因型在不同环境下产生不同表型的倾向。

phosphates 磷酸盐 含有磷酸根离子（PO_4^{3-}）的一类矿物。

phyletic 种系的或线系的 在单一种级支系中与演化有关的。

phyletic gradualism 种系渐变作用 一种演化模式，这种模式认为绝大多数演化都是渐变发生并贯穿始终的，并且不伴随支系分裂。

phyletic speciation 种系成种 某个新种的起源，通过单一支系内演化变化的不断累积而来，而不是支系的分裂。

phylogenetic 系统发育学（谱系发生学） 在某个完整分支中与演化变化有关的学说。

phylogenetic classification 系统发育分类或谱系发生分类 一种系统分类方法，其中仅单系的较高级分类单元可被正式命名。

phylogenetic code 系统发育编码 为现有的命名法编码提出的一种替代方案，该替代方案遵循系统发育分类的原理。

phylogenetic factor 系统发育因素 见 **historical factor** 历史因素。

phylogenetic species concept 系统发育物种概念或谱系种概念 将物种定义为共享同一演化历史的一组居群的集合，两个物种间的演化历史彼此独立。

phylogenetics 系统发育学（谱系发生学） 系统学的一个分支，其目的是探寻种及更高级分类单元之间的演化关系。

plesiomorphy 祖征 在谱系分析中，代表某些类群中原始的性状（见 **apomorphy** 衍征）。

plesion 近群 某个基干类群中的单系类群（见 **crown group** 冠群，**stem group** 茎群）。

point counting 点数计算 估算某个分类单元的丰度的方法，通过计算该分类单元在给定表面上预先确定的点数中出现的频率以获得对其丰度的估计。

polarity 极向 在谱系分析中指的是某个性状是祖征还是衍征（见 **apomorphy** 衍征，**plesiomorphy** 祖征）。

polymorph 多型 虽然属于同一物种，但在形态上相对独特的生物类型。

polyphyletic group 复系群 组成分子并非源自类群中单一共同祖先的物种的集合（见 **monophyletic group** 单系群，**paraphyletitc group** 并系群）。

polysaccharide 多糖 聚合有机化合物，其分子式通常为 $C_n(H_2O)_{n-1}$。

population 居群 在营有性生殖的同一物种内，共同居住在一定的范围内、有充分的机会进行相互配育的个体的集合（见 **metapopulation** 超居群）。

pore water 孔隙水 出现在沉积颗粒之间或沉积岩石颗粒之间的水。

positive allometry 正异速发育 异速发育的一种型式，其中，Y 轴组分的相对增长速率要高于 X 轴。

preferred depth 最适深度 在模拟某个分类单元沿海洋深度梯度的分布时，所得到的分布的中心位置，该分类单元在此位置显示峰值丰度。

principal-component analysis 主成分分析 多变量分析的一种，通过对标本的度量变量进行组合，形成综合数轴，根据这些综合数轴对标本定位，在此基础上分析这些变量之间的对比型式。

principle of similitude 相似性原理 即生物大小调整原则，依照这一原则，如果功能维持不变，生物形态必定沿可预见的路径变化。

priority 优先律 生物分类法则之一，即客观异名中，应当保留先发表的名称，放弃后发表的名称。

proportional rate 比例速率 一种相对速率。

province 生物区 在生物地理学或古生物地理学中，指的是一组具有相似地理分布的分类单元，或者由这组分类单元所界定的区域。

provinciality 生物地理分区 在生物地理学或古生物地理学中，指的是分类单元的区域性分布。

pseudofossils 假化石 类似于生物残余、有时会被误判为化石的无机构造。

Pull of the Recent 现今影响 当接近现今时，多样性曲线就会出现人为夸大的倾向。

punctuated anagenesis 点断前进演化 一种演化型式，其中，大多数的演化变化都是累积发生的，而与世系分裂无关，并且，变化集中在少数几个快速演化时期，它们之间是较长期的停滞或稳定阶段。

punctuated equilibrium 点断平衡 一种演化型式，其中，多数变化的发生与世系分裂相关连，并且，各次分裂事件之间以长期的演化停滞为特征。

quadrat 样方 形状通常为正方形或长方形的模板，用以估算表面一定空间内分类单元的出现和丰度。

quantitative variable 定量变量 可用连续数值表示的生物学变量，如长度或质量。

random walk 随机行走 一种演化型式，其中，一个性状值中的变化被认为来自演化步骤的固定统计分布的随机描绘，并且，每一次演化变化都独立于所有过去和未来的变化。

range chart 延限图 保存在某个地点或某个地区的一组化石分类单元的地层延限的图形表达。

range-through assumption 全延限假设 在构建多样性曲线时，假设某个化石分类单元在其首现层位和末现层位之间发育连续的化石记录。

rank 等级 一个分类单元在分类系统中的级别（种、属、科等）。

ranked variable 等级变量 即有序变量（**ordinal variable**）。

ranking and scaling（**RASC**） 排序与校准法 类似于限定最优化法，依照最小矛盾原则，基于两个或更多地点的化石序列，构建分类单元的首现与末现的最佳复合标准的一种方法，在构建中优先考虑那些在不同地点频繁出现的事件的序列 [见 **composite standard reference section** 复合标准参考剖面，**constrained optimization** 限定最优化法（**CONOP**）]。

rarefaction 稀疏化法 一种统计方法，在采集了较少个体的情况下，用以估算可被发现的种或其他分类单元的数量。

recombination 重组 通过性细胞的形成及有性生殖，将现有遗传物质重新组合形成新的基因型。

recrystallization 重结晶作用 一种化石化过程，其中，在温度升高和压力增大的共同作用下，骨骼物质自发地转变为热力学上更加稳定的形式，并以微结构的改变为特征。

relative growth rate 相对生长速率 以单位时间内个体大小增长的比例来表示的生长率。

relative rate 相对速率 形态演化速率的一种计算方法，即计算单位时间内变化的比例，或者单位时间内性状改变量相对于性状总量的比例（见 **absolute rate** 绝对速率）。

replacement 置换作用或交代作用 一种化石化过程，其中，从溶液中析出的新矿物替换了原始的骨骼物质（见 **permineralization** 完全矿化作用）。

RNA 核糖核酸 核糖核酸，用来将 DNA 中的遗传信息翻译、合成为蛋白质。

rooted network 具根网状图 一种分支图，不仅图示了演化关系的亲近度，而且还标明了性状极向（见 **unrooted network** 无根网状图）。

score 刻度 一个标本或样品在主成分轴或其他分类轴上的位置。

seismic profile 地震剖面 通过离散的线条显示地下地质构造线的图件，如在海底之上的沉积覆盖面，这些线条通过在给定研究区内人工生成的地震波而形成。

sequence 层序 在层序地层学中，指的是由层序界线限定顶、底的旋回单位。

sequence boundary 层序界线 层序地层学中，标志从一个层序到下一个层序的地层转换的沉积间断或与之相对应的非侵蚀间隔。

sequence stratigraphy 层序地层学 研究地层记录中的沉积序列以及形成这些序列的过程的学科。

sere 演替系列 在一个生态序列中，从初始的先驱阶段到最终的高潮阶段所有识别出来的阶段的集合。

series 统 在地质记录的地层划分中，介于阶（**stage**）和系（**system**）之间的一个单位。

shape 形状 反映不同特征相对比例的外形特征；外形的一种无维量度方式。

shape coordinate 形态坐标 依据三个界标点形成一个三角形，选择其中两个点构成一个参照轴，第三个点则包含了形态信息，由此获得一个对形态的度量（见 **baseline** 基线）。

sibling species 亲缘同形种 关系密切的种，它们在基因和（或）行为上截然不同但在形态上难以区分。

Signor-Lipps effect Signor-Lipps 效应或模糊效应 由于采样不完整，使得灭绝界线上分类单元消失的趋势在化石记录中比实际发生的要更加渐进。

silica 二氧化硅或硅石 许多矿物和其他无机化合物的重要组分之一，化学方程式为 SiO_2（见 **opal** 蛋白石）。

singleton 单延限分子 在研究穿越多个地层间隔的分类单元的多样性时，用来定义那些仅限于单一地层时限的分类单元。

sister clades 姊妹分支 指一对分支，其相互之间亲缘关系比二者之一同其他任何分支的关系更为相近。

sister species 姊妹种 指一对物种，其相互之间亲缘关系比二者之一同其他任何物种的关系更为相近。

size 大小 形态的一个方面，反映一个生物的体型范围。

size-specific growth rate 大小 - 比例生长速率 即相对生长速率（**relative growth rate**）。

soft part 软体部分 生物体中未经历矿化或其他硬化作用的组成部分（见 **hard parts** 硬体部分）。

speciation 成种作用 通过世系分裂形成生殖隔离的分支，这种新种的起源称为成种作用。

speciation-rate bias 成种速率偏差 关于谱系演化趋势的一种假设机制，其中，物种遴选（**species sorting**）控制着谱系的演化趋势，而遴选又是由新种的新生速率不同而引起的。

species selection 物种选择 物种遴选的一种形式，其中，种级属性，如地理范围决定了物种的演化趋势是产生下一代种还是走向灭绝。

species sorting 物种遴选 由于成种速率和（或）灭绝速率的不同，导致物种优先聚集，并具有特定的表型或处于演化树的特定分枝。

stabilizing selection 稳化选择 自然选择的一种形式，即相对于中间值之上或之下的表型，中间表型更受青睐。

stage 阶 在地质记录的地层划分中，介于带（**zone**）和统（**series**）之间的一个单位。

standard deviation 标准偏差 一组样品值中偏差的离散程度的统计学度量，等于方差的正平方根。

standard error 标准误差 对样本统计中统计量不确定性的一种度量，等于样本统计中理论概率分布的标准偏差。

stasis 停滞 一个世系中缺乏可察觉的演化变化。

steinkern 内核 充填在生物体的骨骼空腔内的、硬化固结沉积物形式的实体化石。

stem group 茎群或基干类群 一个并系群，由某个分支中冠群之外的部分组成（见 **crown group** 冠群，**plesion** 近群）。

stratigraphic parsimony debt 地层简约亏欠 某个假设的演化树对实际上并未观测到的世系片段的存在的需求程度（见 **stratocladistics** 地层分支系统学）。

stratigraphic range 地层延限 一个分类单元处于其所观测到的首现和末现之间的时间或地层范围。

stratocladistics 地层分支系统方法 通过共同降低形态简约亏欠和地层简约亏欠的组合影响，将地层学信息进行综合以构建演化树的一种方法。

stratophenetics 地层表型分类法 一种系统发育方法，其中，依据总体的形态相似性而不是共同衍征将物种在连续地层时段中的记录连接起来。

strictly monophyletic group 狭义单系群 一种单系群。

stromatolites 叠层石 层状构造，由有机席（多为蓝菌）圈闭的层状沉积物组成。

structural factor 结构因素 建构形态学中，反映物理原理和材料性质必然结果的形态特征。

subfossil 亚化石 指近期形成、较少经历降解或成岩作用的死亡组合。

subjective synonym 主观异名 依据不同模式标本所建立的分类名称，并被后来的研究者判定属于同一物种。

succession 演替 占据特定地点的群落中的生物学组分随时间发生的可预见变化。

survivorship table 幸存表格或存活率表格 分类单元幸存数据的一种表述，其中列出了对于每一个给定的年代级别，具有对应时限的分类单元数目。

symmetric random walk 对称随机行走 随机移动的一种特例，其中，性状值在每一个时间增量中增加或降低的概率相同。

sympatric 同域的 用来描述具有重叠地理分布范围的居群的一个术语（见 **allopatric** 异域的）。

synapomorphy 共同衍征 被两个或更多物种共有的一个衍征。

synonym 同物异名 同一分类单元所拥有的两个或更多的分类名称。

syntypes 共模 数枚标本共同作为一个物种的命名依据。

system 系 在地质记录的地层划分中，介于统（series）和界（erathem）之间的一个单位；在地质年代中对应的是纪。

systematics 系统分类学 研究生物多样性以及生物间相互关系的学科。

taphofacies 埋藏相 具有独特保存特征联合体的化石组合。

taphonomic control 埋藏控制 搜索发现埋藏特征相似的一群生物，以确定某个分类单元的缺失是否具有生物学意义，而并不是反映采样的疏忽。

taphonomy 埋藏学 研究化石形成过程的学科。

taxonomic rate of evolution 分类单元演化速率 新的世系或分类单元新生及已有世系或分类单元灭绝的速率。

taxonomic richness 分类单元丰富度 生物多样性的一种度量方法，等于分类单元的数目。

taxonomic standardization 分类单元标准化 一种工作方法，即采用分类学上一致的方法，并据此对现有资料进行厘定。

taxonomic survivorship analysis 分类单元幸存分析 对地质历史中分类单元的时限进行统计分析。

taxonomy 分类学 描述和区分生物体的理论和实践的科学。

terminal 终结的 某个物种或世系片段未能产生任何后裔，称之为“终结的”。

terrane 地体 一个小型陆块或较大陆块的一小部分，在地质上与大型陆块的主体部分明显不同；因此被认为是形成于它处，之后才漂移至现在的位置。

terrigenous 陆源 用来表明沉积物来源于陆块剥蚀的一个术语。

theoretical morphology 理论形态学 对生命历史中形态的分布进行研究，并与理论上那些可能的形态的范围进行比较。

thin-plate spline 薄板样条方法 坐标转换的一种数学方法，其中，形态差异在特定的界标点中测量，并在界标点间插值。

time averaging 时间均化 一段时间内化石材料的累积，从而形成一个由不同时期的生物构成的组合。

time-environment diagram 时间 - 环境图 一种二维图形，用以图示所关注时间段内分类单元的环境分布。

trace fossils 遗迹化石 反映生物活动的残留物，如行迹和钻孔。

trade-off 权衡取舍 由两个或多个相互冲突且不能同时最佳化的功能需求或其他需求形成的一种折衷方案。

transect 横切面法 利用一个拉伸的线条或链条，或者沿一个线形轨迹进行分类单元采样的方法。

transgressive systems tract 海进体系域 层序地层学中，一个理想化的沉积序列的中间部分，地层上位于低水位体系域之上，并以准层序或更高级别层序的退积堆积为特征，标志着海平面上升速率的增加 [见 **highstand systems tract**（**HST**） 高水位体系域，**lowstand systems tract**（**LST**）低水位体系域，**parasequence** 准层序，**sequence** 层序]。

type genus 模式属 作为一个新描述科的正式名称持有者的那个属。

type species 模式种 作为一个新描述属的正式名称持有者的那个种。

type specimen 模式标本 作为一个物种的正式名称持有者的标本（见 **holotype** 正模，**paratype** 副模，**syntypes** 共模）。

unrooted network 无根网状图 一种分支图，其中图示了演化关系的亲近度，但未标明性状极向（见 **rooted network** 具根网状图）。

variance 方差 一组样本值中离散程度的统计学度量，其公式为 $\sum(x_i-\bar{x})^2/(n-1)$，$n$ 是样本大小，$x_i\,(i=1,\cdots,n)$ 是观测到的数值，$\bar{x}$ 为样本均值。

zone 带 生物带（biozone）的同义词。

zone fossil 带化石 标准化石（index fossil）或指导化石（guide fossil）的同义词。

参考文献

Adrain, J. M., and Westrop, S. R. (2000) An empirical assessment of taxic paleobiology. *Science* **289:** 110–112.

Aldridge, R. J. (ed.) (1987) *Palaeobiology of Conodonts*. Chichester, U. K., Ellis Horwood, 180 pp.

Allison, P. A. (1988) The role of anoxia in the decay and mineralization of proteinaceous macro-fossils. Paleobiology **14:** 139–154.

Alroy, J. (1994a) Appearance event ordination: A new biochronologic method. *Paleobiology* **20:** 191–207.

Alroy, J. (1994b) *Quantitative Mammalian Biochronology and Biogeography of North America* [unpublished Ph. D. dissertation]. Chicago, University of Chicago, 941 pp.

Alroy, J. (2001) A multispecies overkill simulation of the end-Pleistocene megafaunal mass extinction. *Science* **292:** 1893–1896.

Alroy, J. (2004) Are Sepkoski's evolutionary faunas dynamically coherent? *Evolutionary Ecology Research* **6:** 1–32.

Alvarez, L. W., Alvarez, W., Asaro, F., and Michel, H. V. (1980) Extraterrestrial cause for the Cretaceous–Tertiary extinction—Experimental results and theoretical interpretation. *Science* **208:** 1095–1108.

Aronson, R. B., MacIntyre, I. G., Precht, W. F., Murdoch, T. J. T., and Wapnick, C. M. (2002) The expanding scale of species turnover events on coral reefs of Belize. *Ecological Monographs* **72:** 233–249.

Bambach, R. K. (1973) Tectonic deformation of compositemold fossil Bivalvia (Mollusca). *American Journal of Science* **273-A:** 409–430.

Bambach, R. K. (1983) Ecospace utilization and guilds in marine communities through the Phanerozoic. *In* M. J. S. Tevesz and P. L. McCall (eds.), *Biotic Interactions in Recent and Fossil Benthic Communities*. New York, Plenum Press, pp. 719–746.

Bambach, R. K. (1985) Classes and adaptive variety: The ecology of diversification in marine faunas through the Phanerozoic. *In* J. W. Valentine (ed.), *Phanerozoic Diversity Patterns: Profiles in Macroevolution*. Princeton, N. J., Princeton University Press, pp. 191–253.

Bambach, R. K. (1999) Energetics in the global marine fauna: A connection between terrestrial diversification and change in the marine biosphere. *Geobios* **32:** 131–144.

Barnes, R. S. K., Calow, P., and Olive, P. J. W. (1993) *The Invertebrates: A New Synthesis*, 2nd ed. Oxford, U. K., Blackwell Scientific, 488 pp.

Baumiller, T. K. (1993) Survivorship analysis of Paleozoic Crinoidea: Effect of filter morphology on evolutionary rates. *Paleobiology* **19:** 304–321.

Baumiller, T. K., and Plotnick, R. E. (1989) Rotational stability in stalked crinoids and the function of wing plates in *Pterotocrinus depressus*. *Lethaia* **22:** 317–326.

Beck, C. B. (1962) Reconstructions of *Archaeopteris*, and further consideration of its phylogenetic position. *American Journal of Botany* **39:** 373–382.

Benedetto, J. L., Sánchez, T. M., Carrera, M. G., Brussa, E. D., and Salas, M. J. (1999) Paleontological constraints on successive paleogeographic positions of Precordillera terrane during the Ordovician. Geological Society of America Special Paper 336, pp. 21–42.

Bennett, K. D. (1997) *Evolution and Ecology: The Pace of Life*. Cambridge, U. K., Cambridge University Press, 208 pp.

Bennington, J. B. (2003) Transcending patchiness in the comparative analysis of paleocommunities: A test case from the Upper Cretaceous of New Jersey. *Palaios* **18:** 22–33.

Benton, M. J. (1995) Diversity and extinction in the history of life. *Science* **68:** 252–258.

Benton, M. J. (1996) On the nonprevalance of competitive replacement in the evolution of tetrapods. *In* D. Jablonski, D. H. Erwin, and J. H. Lipps (eds.), *Evolutionary Paleobiology*. Chicago, University of Chicago Press, pp. 185–210.

Boag, P. T. (1983) The heritability of external morphology in Darwin's ground finches (*Geospiza*) on Isla Daphne Major, Galápagos. *Evolution* **37:** 877–894.

Boardman, R. S., Cheetham, A. H., and Rowell, A. J. (eds.) (1987) *Fossil Invertebrates*. Palo Alto, Calif., Blackwell, 713 pp.

Bodenbender, B. E. (1996) Patterns of crystallographic axis orientation in blastoid skeletal elements. *Journal of Paleontology* **70:** 466–484.

Bodenbender, B. E., and Ausich, W. I. (2000) Skeletal crystallography and crinoid calyx architecture. *Journal of Paleontology* **74:** 52–66.

Bookstein, F. L. (1991) *Morphometric Tools for Landmark Data*. New York, Cambridge University Press, 435 pp.

Bookstein, F. L., Chernoff, B., Elder, R. L., Humphries, J. M., Jr., Smith, G. R., and Strauss, R. W. (1985) *Morphometrics in Evolutionary Biology* (Academy of Natural Sciences of Philadelphia Special Publication Number 12). Philadelphia, The Academy of Natural Sciences of Philadelphia, 277 pp.

Bottjer, D. J., and Ausich, W. I. (1986) Phanerozoic development of tiering in soft substrata suspension-feeding communities. *Paleobiology* **12:** 400–420.

Bottjer, D. J., Etter, W., Hagadorn, J. W., and Tang, C. M. (2002) *Exceptional Fossil Preservation*. New York, Columbia University Press, 403 pp.

Bowen, G. J., Clyde, W. C., Koch, P. L., Ting, S., Alroy, J., Tsubamoto, T., Wang, Y., and Wang, Y. (2002) Mammalian dispersal at the Paleocene/Eocene boundary. *Science* **295:** 2062–2065.

Bowring, S. A., Erwin, D. H., Jin, Y. G., Martin, M. W., Davidek, K., and Wang, W. (1998) U/Pb zircon geochronology and tempo of the end-Permian mass extinction. *Science* **280:** 1039–1045.

Bowring, S. A., Grotzinger, J. P., Isachsen, C. E., Knoll, A. H., Pelechaty, S. M., and Kolosov, P. (1993) Calibrating rates of early Cambrian evolution.

Science **261:** 1293–1298.

Boyce, C. K., Cody, G. D., Fogel, M. L., Hazen, R. M., Alexander, C. M. O'D., and Knoll, A. H. (2003) Chemical evidence for cell wall lignification and the evolution of tracheids in Early Devonian plants. *International Journal of Plant Sciences* **164:** 691–702.

Brett, C. E., and Baird, G. C. (1986) Comparative taphonomy: A key to paleoenvironmental interpretation based on fossil preservation. *Palaios* **1:** 207–227.

Brett, C. E., and Baird, G. C. (1995) Coordinated stasis and evolutionary ecology of Silurian to Middle Devonian faunas in the Appalachian Basin. *In* D. H. Erwin and R. L. Anstey (eds.), *New Approaches to Speciation in the Fossil Record*. New York, Columbia University Press, pp. 285–315.

Brower, J. C. (1999) A new pleurocystitid rhombiferan echinoderm from the Middle Ordovician Galena Group of northern Iowa and southern Minnesota. *Journal of Paleontology* **73:** 129–153.

Bruton, D. L., and Haas, W. (2003) The puzzling eye of *Phacops*. *Special Papers in Palaeontology* **70:** 349–361.

Budd, A. F. (2000) Diversity and extinction in the Cenozoic history of Caribbean reefs. *Coral Reefs* **19:** 25–35.

Burnham, R. J., Pitman, N. C. A., Johnson, K. R., and Wilf, P. (2001) Habitat-related error in estimating temperatures from leaf margins in a humid tropical forest. *American Journal of Botany* **88:** 1096–1102.

Campbell, K. S. W. (1957) A Lower Carboniferous brachiopod-coral fauna from New South Wales. *Journal of Paleontology* **31:** 34–94.

Carney, J. L., and Pierce, R. W. (1995) Graphic correlation and composite standard databases as tools for the exploration biostratigrapher. *In* K. O. Mann and H. R. Lane (eds.), *Graphic Correlation*. Tulsa, Okla., SEPM Special Publication No. 53, pp. 23–43.

Carrano, M. T. (1998a) Locomotion in non-avian dinosaurs: Integrating data from hindlimb kinematics, in vivo strains, and bone morphology. *Paleobiology* **24:** 450–469.

Carrano, M. T. (1998b) *The Evolution of Dinosaur Locomotion: Functional Morphology, Biomechanics, and Modern Analogs* [unpublished Ph. D. dissertation]. Chicago, University of Chicago, 424 pp.

Carroll, R. L. (1988) *Vertebrate Paleontology and Evolution*. New York, W. H. Freeman and Company, 698 pp.

Cavicchioli, R. (2002) Extremophiles and the search for extraterrestrial life. *Astrobiology* **2:** 281–292.

Chapman, R. E., Galton, P. M., Sepkoski, J. J., Jr., and Wall, W. P. (1981) A morphometric study of the cranium of the pachycephalosaurid Stegoceras. *Journal of Paleontology* **55:** 608–618.

Cheetham, A. H. (1986a) Branching, biometrics, and bryozoan evolution. *Proceedings of the Royal Society of London* B **228:** 151–171.

Cheetham, A. H. (1986b) Tempo of evolution in a Neogene bryozoan: Rates of morphologic change within and across species boundaries. *Paleobiology* **12:** 190–202.

Clarkson, E. N. K. (1998) *Invertebrate Palaeontology and Evolution*, 4th ed. Oxford, U. K., Blackwell, 452 pp.

Clarkson, E. N. K., and Levi-Setti, R. (1975) Trilobite eyes and the optics of Descartes and Huygens. *Nature* **254:** 663–667.

Clements, F. E. (1916) *Plant Succession: An Analysis of the Development of Vegetation*. Carnegie Institution of Washington Publication 242, 512 pp.

Cloud, P. E. (1973) Pseudofossils: A plea for caution. *Geology* **1:** 123–127.

Clyde, W. C., and Gingerich, P. D. (1994) Rates of evolution in dentition of Early Eocene *Cantius*: Comparison of size and shape. *Paleobiology* **20:** 506–522.

Conway Morris, S. (1976) A new Cambrian lophophorate from the Burgess Shale of British Columbia. *Palaeontology* **19:** 199–222.

Conway Morris, S. (1998) *The Crucible of Creation*. Oxford, U. K., Oxford University Press, 242 pp.

Cooper, G. A., and Grant, R. E. (1976) Permian brachiopods of West Texas, IV. *Smithsonian Contributions to Paleobiology* **21:** 1923–2607.

Cooper, R. A., Crampton, J. S., Raine, J. I., Gradstein, F. M., Morgans, H. E. G., Sadler, P. M., Strong, C. P., Waghorn, D., and Wilson, G. J. (2001) Quantitative biostratigraphy of the Taranaki Basin, New Zealand: A deterministic and probabilistic approach. *American Association of Petroleum Geologists Bulletin* **85:** 1469–1498.

Courtillot, V., and Gaudemer, Y. (1996) Effects of mass extinctions on biodiversity. *Nature* **381:** 146–148.

Darwin, C. R. (1859) *On the Origin of Species by Means of Natural Selection*. London, John Murray, 502 pp.

Davis, M., Hut, P., and Muller, R. A. (1984) Extinction of species by periodic comet showers. *Nature* **308:** 715–717.

Dickens, G. R., O'Neil, J. R., Rea, D. K., and Owen, R. M. (1995) Dissociation of oceanic methane hydrate as a cause of the carbon isotope excursion at the end of the Paleocene. *Paleoceanography* **10:** 965–971.

Dixon, O. A. (1989) Species definition in heliolitine corals of the lower Douro Formation (Upper Silurian), Canadian Arctic. *Journal of Paleontology* **63:** 819–838.

Dominguez, P., Jacobson, A. G., and Jefferies, R. P. S. (2002) Paired gill slits in a fossil with a calcite skeleton. *Nature* **417:** 841–844.

Droser, M. L., and Bottjer, D. J. (1993) Trends and patterns of Phanerozoic ichnofabrics. *Annual Review of Earth and Planetary Sciences* **21:** 205–225.

Eble, G. J. (1999) Originations: Land and sea compared. *Geobios* **32:** 223–234.

Eldredge, N., and Gould, S. J. (1972) Punctuated equilibria: An alternative to phyletic gradualism. *In* T. J. M. Schopf (ed.), *Models in Paleobiology*. San Francisco, Freeman, Cooper, and Company, pp. 82–115.

Erwin, D. H., Valentine, J. W., and Sepkoski, J. J., Jr. (1987) A comparative study of diversification events—The early Paleozoic versus the Mesozoic. *Evolution* **41:** 1177–1186.

Fahn, A. (1982) *Plant Anatomy*, 3rd ed. New York, Pergamon Press, 544 pp.

Falkowski, P. G., Katz, M. E., Knoll, A. H., Quigg, A., Raven, J. A., Schofield, O., and Taylor, F. J. R. (2004) The evolution of modern eukaryotic phytoplankton. *Science* **305:** 354–360.

Farmer, J. D., and Des Marais, D. J. (1999) Exploring for a record of ancient Martian life. *Journal of Geophysical Research* **104:** 26977–26995.

Farrell, J. R. (1992) The Garra Formation (Early Devonian: Late Lochkovian) between Cumnock and Larras Lee, New South Wales, Australia: Stratigraphic and structural setting, faunas and community sequence. *Palaeontographica Abteilung A* **222:** 1–41.

Ferson, S., Rohlf, F. J., and Koehn, R. K. (1985) Measuring shape variation of two-dimensional outlines. *Systematic Zoology* **34:** 69–78.

Fisher, D. C. (1977) Functional morphology of spines in the Pennsylvanian horseshoe crab *Euproops danae*. *Paleobiology* **3:** 175–195.

Fisher, D. C. (1984) Taphonomic analysis of late Pleistocene mastodon occurrences: Evidence of butchery by North American Paleo-Indians.

Paleobiology **10:** 338–357.

Fisher, D. C. (1991) Phylogenetic analysis and its application in evolutionary paleobiology. *In* N. L. Gilinsky and P. W. Signor (eds.), *Analytical Paleobiology*. Short Courses in Paleontology, Number 4. Knoxville, Tenn., The Paleontological Society, pp. 103–122.

Fisher, D. C. (1996) Extinction of proboscideans in North America. *In* J. Shoshani and P. Tassy (eds.), *The Proboscidea*. Oxford, U. K., Oxford University Press, pp. 296–315.

Fisher, D. C. (2002) Season of death, growth rates, and life history of North American mammoths. *In* D. West (ed.), *Proceedings of the International Conference on Mammoth Site Studies*. Publications in Anthropology, No. 22. Lawrence, Kans., University of Kansas, pp. 121–135.

Flessa, K. W., and Imbrie, J. (1973) Evolutionary pulsations: Evidence from Phanerozoic diversity patterns. *In* D. H. Tarling and S. K. Runcorn (eds.), *Implications of Continental Drift to the Earth Sciences*, volume 1. London, Academic Press, pp. 245–285.

Foote, M. (1988) Survivorship analysis of Cambrian and Ordovician trilobites. *Paleobiology* **14:** 258–271.

Foote, M. (1991) Morphologic and taxonomic diversity in a clade's history: The blastoid record and stochastic simulations. *Contributions from the Museum of Paleontology, University of Michigan* **28:** 101–140.

Foote, M. (1992) Paleozoic record of morphological diversity in blastozoan echinoderms. *Proceedings of the National Academy of Sciences USA* **89:** 7325–7329.

Foote, M. (1993) Discordance and concordance between morphological and taxonomic diversity. *Paleobiology* **19:** 184–205.

Foote, M., and Raup, D. M. (1996) Fossil preservation and the stratigraphic ranges of taxa. *Paleobiology* **22:** 121–140.

Foote, M., and Sepkoski, J. J., Jr. (1999) Absolute measures of the completeness of the fossil record. *Nature* **398:** 415–417.

Fortey, R. A. (1985a) Pelagic trilobites as an example of deducing the life-habits of extinct arthropods. *Transactions of the Royal Society of Edinburgh: Earth Sciences* **76:** 219–230.

Fortey, R. A. (1985b) Gradualism and punctuated equilibria as competing and complementary theories. *Special Papers in Palaeontology* **33:** 17–28.

Fortey, R., and Chatterton, B. (2003) A Devonian trilobite with an eyeshade. *Science* **301:** 1689.

Futuyma, D. J. (1987) On the role of speciation in anagenesis. *American Naturalist* **130:** 465–473.

Gál, J., Horváth, G., Clarkson, E. N. K., and Haiman, O. (2000) Image formation by bifocal lenses in a trilobite eye? *Vision Research* **40:** 843–853.

Garcia-Ruiz, J. M., Hyde, S. T., Carnerup, A. M., Christy, A. G., Van Kranendonk, M. J., and Welham, N. J. (2003) Selfassembled silica-carbonate structures and detection of ancient microfossils. *Science* **302:** 1195–1197.

Gilbert, J. J. (1966) Rotifer ecology and embryological induction. *Science* **151:** 1234–1237.

Gilbert, J. J. (1967) *Asplanchna* and postero-lateral spine production in *Brachionus calyciflorus*. *Archiv für Hydrobiologie* **64:** 1–62.

Gingerich, P. D. (1974) Stratigraphic record of Early Eocene *Hyopsodus* and the geometry of mammalian phylogeny. *Nature* **248:** 107–109.

Gingerich, P. D. (1983) Rates of evolution: Effects of time and temporal scaling. *Science* **222:** 159–161.

Gingerich, P. D. (1993) Quantification and comparison of evolutionary rates. *American Journal of Science* **293-A:** 453–478.

Gingras, M. K., MacMillan, B., Balcom, B. J., Saunders, T., and Pemberton, S. G. (2002) Using magnetic resonance imaging and petrographic techniques to understand the textural attributes and porosity distribution in *Macaronichnus*-burrowed sandstone. *Journal of Sedimentary Research* **72:** 552–558.

Gleason, H. A. (1926) The individualistic concept of the plant association. *Bulletin of the Torrey Botanical Club* **53:** 7–26.

Goldman, D., Mitchell, C. E., and Joy, M. P. (1999) The stratigraphic distribution of graptolites in the classic upper Middle Ordovician Utica Shale of New York State: An evolutionary succession or a response to relative sea-level change? *Paleobiology* **25:** 273–294.

Gould, S. J. (1967) Evolutionary patterns in pelycosaurian reptiles: A factor-analytic study. *Evolution* **21:** 385–401.

Gould, S. J. (1982) The meaning of punctuated equilibrium and its role in validating a hierarchical approach to macroevolution. *In* R. Milkman (ed.), *Perspectives on Evolution*. Sunderland, Mass., Sinauer Associates, pp. 83–104.

Gould, S. J. (1985) The paradox of the first tier—An agenda for paleobiology. *Paleobiology* **11:** 2–12.

Gould, S. J. (2002) *The Structure of Evolutionary Theory*. Cambridge, Mass., Harvard University Press, 1433 pp.

Gradstein, F. M., Ogg, J. G., and Smith, A. G. (eds.) (2004) *A Geologic Timescale 2004*. Cambridge, U. K., Cambridge University Press, 589 pp.

Grant, R. E. (1980) The human face of the brachiopod. *Journal of Paleontology* **54:** 499–507.

Greenstein, B. J. (1991) An integrated study of echinoid taphonomy: Predictions for the fossil record of four echinoid families. *Palaios* **6:** 519–540.

Grimes, S. T., Brock, F., Rickard, D., Davies, K. L., Edwards, D., Briggs, D. E. G., and Parkes, R. J. (2001) Understanding fossilization: Experimental pyritization of plants. *Geology* **29:** 123–126.

Grotzinger, J. P., Watters, W. A., and Knoll, A. H. (2000) Calcified metazoans in thrombolite-stromatolite reefs of the terminal Proterozoic Nama Group, Namibia. *Paleobiology* **26:** 334–359.

Haldane, J. B. S. (1949) Suggestions as to quantitative measurement of rates of evolution. *Evolution* **3:** 51–56.

Hallam, A. (1986) The Pliensbachian and Tithonian extinction events. *Nature* **319:** 765–768.

Hansen, T. A. (1980) Influence of larval dispersal and geographic distribution on species longevity in neogastropods. *Paleobiology* **6:** 193–207.

Hansen, T. A. (1982) Modes of larval development in early Tertiary neogastropods. *Paleobiology* **8:** 367–372.

Harland, W. B., Armstrong, R. L., Cox, A. V., Craig, L. E., Smith, A. G., and Smith, D. G. (1990) *A Geologic Time Scale 1989*. Cambridge, U. K., Cambridge University Press, 263 pp.

Harland, W. B., Cox, A. V., Llewellyn, P. G., Pickton, C. A. G., Smith, A. G., and Walters, R. (1982) *A Geologic Time Scale*. Cambridge, U. K., Cambridge University Press, 131 pp.

Hoffman, A. (1977) Synecology of macrobenthic assemblages of the Korytnica Clays (Middle Miocene; Holy Cross Mountains, Poland). *Acta Geologica Polonica* **27:** 227–280.

Hoffman, A. (1979) A consideration upon macrobenthic assemblages of the Korytnica Clays (Middle Miocene; Holy Cross Mountains, central Poland). *Acta Geologica Polonica* **29:** 345–352.

Holland, S. M. (1995) The stratigraphic distribution of fossils. *Paleobiology* **21:** 92–109.

Holland, S. M. (1999) The new stratigraphy and its promise for paleobiology. *Paleobiology* **25:** 409–416.

Holland, S. M. (2003) Confidence limits on fossil ranges that account for facies changes. *Paleobiology* **29:** 468–479.

Hunt, A. S. (1967) Growth, variation, and instar development of an agnostid trilobite. *Journal of Paleontology* **41:** 203–208.

Hunt, G. (2004a) Phenotypic variation in fossil samples: Modeling the consequences of time-averaging. *Paleobiology* **30:** 426–443.

Hunt, G. (2004b) Phenotypic variance inflation in fossil samples: An empirical assessment. *Paleobiology* **30:** 487–506.

Imbrie, J. (1956) Biometrical methods in the study of invertebrate fossils. *Bulletin of the American Museum of Natural History* **108:** 211–252.

Ivany, L. C., Patterson, W. P., and Lohmann, K. C. (2000) Cooler winters as a possible cause of mass extinctions at the Eocene/Oligocene boundary. *Nature* **407:** 887–890.

Jablonski, D. (1986) Background and mass extinctions—The alternation of macroevolutionary regimes. *Science* **231:** 129–133.

Jablonski, D. (1998) Geographic variation in the molluscan recovery from the end-Cretaceous extinction. *Science* **279:** 1327–1330.

Jablonski, D. (2005) Evolutionary innovations in the fossil record: The intersection of ecology, development, and macroevolution. *Journal of Experimental Zoology, Part B. Molecular and Developmental Evolution* **304B:** 504–519.

Jablonski, D., and Bottjer, D. J. (1983) Soft-bottom epifaunal suspension-feeding assemblages in the Late Cretaceous: Implications for the evolution of benthic paleocommunities. *In* M. J. S. Tevesz and P. L. McCall (eds.), *Biotic Interactions in Recent and Fossil Benthic Communities*. New York, Plenum Press, pp. 747–812.

Jablonski, D., and Bottjer, D. J. (1991) Environmental patterns in the origins of higher taxa: The post-Paleozoic fossil record. *Science* **252:** 1831–1833.

Jablonski, D., and Lutz, R. A. (1980) Molluscan larval shell morphology: Ecological and Paleontological applications. *In* D. C. Rhoads and R. A. Lutz (eds.), *Skeletal Growth of Aquatic Organisms: Biological Records of Environmental Change*. New York, Plenum, pp. 323–327.

Jablonski, D., Roy, K., Valentine, J. W., Price, R. M., and Anderson, P. S. (2003) The impact of the pull of the Recent on the history of marine diversity. *Science* **300:** 1133–1135.

Jackson, J. B. C. (2001) What was natural in the coastal oceans? *Proceedings of the National Academy of Sciences USA* **98:** 5411–5418.

Jackson, J. B. C., and Cheetham, A. H. (1990) Evolutionary significance of morphospecies: A test with cheilostome Bryozoa. *Science* **248**: 579–583.

Jackson, J. B. C., and Cheetham, A. H. (1994) Phylogeny reconstruction and the tempo of speciation in cheilostome Bryozoa. *Paleobiology* **20:** 407–423.

Jackson, J. B. C., and Cheetham, A. H. (1999) Tempo and mode of speciation in the sea. *Trends in Ecology and Evolution* **14:** 72–77.

Jackson, J. B. C, Kirby, M. X., Berger, W. H., Bjorndal, K. A., Botsford, L. W., Bourque, B. J., Bradbury, R. H., Cooke, R., Erlandson, J., Estes, J. A., Hughes, T. P., Kidwell, S., Lange, C. B., Lenihan, H. S., Pandolfi, J. M., Peterson, C. H., Steneck, R. S., Tegner, M. J., and Warner, R. R. (2001) Historical overfishing and the recent collapse of coastal ecosystems. *Science* **293:** 629–638.

Jackson, R. T. (1912) Phylogeny of the Echini with a revision of Paleozoic species. *Boston Society of Natural History Memoir* **7:** 1–443.

Jerison, H. J. (1969) Brain evolution and dinosaur brains. *American Naturalist* **103:** 575–588.

Jin, Y. G., Wang, Y., Wang, W., Shang, Q. H., Cao, C. Q., and Erwin, D. H. (2000) Pattern of marine mass extinction near the Permian–Triassic boundary in South China. *Science* **289:** 432–436.

Jones, B., Renault, R. W., and Rosen, M. R. (2001) Taphonomy of silicified filamentous microbes in modern geothermal sinters—Implications for identification. *Palaios* 16*:* 580–592.

Jones, D. S., and Gould, S. J. (1999) Direct measurement of age in fossil *Gryphaea*: The solution to a classic problem in heterochrony. *Paleobiology* **25:** 158–187.

Jones, D. S., and Quitmyer, I. R. (1996) Marking time with bivalve shells: Oxygen isotopes and season of annual increment formation. *Palaios* **11:** 340–346.

Katz, M. E., Pak, D. K., Dickens, G. R., and Miller, K. G. (1999) The source and fate of massive carbon input during the Latest Paleocene Thermal Maximum. *Science* **286:** 1531–1533.

Kemple, W. G., Sadler, P. M., and Strauss, D. J. (1989) A prototype constrained optimization solution to the time correlation problem. *In* F. P. Agterberg and G. F. Bonham-Carter (eds.), *Statistical Applications in the Earth Sciences*. Ottawa, Canada, *Geological Survey of Canada Papers* 89-9, pp. 417–425.

Kemple, W. G., Sadler, P. M., and Strauss, D. J. (1995) Extending graphic correlation to many dimensions: Stratigraphic correlation as constrained optimization. *In* K. O. Mann and H. R. Lane (eds.), *Graphic Correlation*. Tulsa, Okla., SEPM Special Publication No. 53, pp. 65–82.

Kenrick, P., and Crane, P. R. (1997) *The Origin and Early Diversification of Land Plants: A Cladistic Study*. Washington, D. C., Smithsonian Institution Press, 441 pp.

Kerr, R. A. (1987) Asteroid impact gets more support. Science **236:** 666–668.

Kidwell, S. M. (2001) Preservation of species abundance in marine death assemblages. *Science* **294:** 1091–1094.

Kidwell, S. M., and Baumiller, T. (1990) Experimental disintegration of regular echinoids: Roles of temperature, oxygen, and decay thresholds. *Paleobiology* **16:** 247–271.

Kingsolver, J. G., and Koehl, M. A. R. (1985) Aerodynamics, thermoregulation, and the evolution of insect wings: Differential scaling and evolutionary change. *Evolution* **39:** 488–504.

Knoll, A. H. (2003) *Life on a Young Planet*. Princeton, N. J., Princeton University Press, 277 pp.

Knoll, A. H., and Barghoorn, E. S. (1977) Archean microfossils showing cell division from the Swaziland System of South Africa. *Science* **198:** 396–398.

Koch, P. L., Fisher, D. C., and Dettman, D. (1989) Oxygen isotope variation in the tusks of extinct proboscideans: A measure of season of death and seasonality. *Geology* **17:** 515–519.

Koch, P. L., Zachos, J. C., and Gingerich, P. D. (1992) Correlation between isotope records in marine and continental reservoirs near the Paleocene/Eocene boundary. *Nature* **358:** 319–322.

Kowalewski, M. (2001) Applied marine paleoecology: An oxymoron or reality? *Palaios* **16:** 309–311.

Kowalewski, M., Avila Serrano, G. E., Flessa, K. W., and Goodfriend, G. A. (2000) Dead delta's former productivity: Two trillion shells at the mouth of the Colorado River. *Geology* **28:** 1059–1062.

Kummel, B., and Steele, G. (1962) Ammonites from the *Meekoceras gracilitatus* Zone at Crittenden Springs, Elko County, Nevada. *Journal of Paleontology* **36:** 638–703.

Labandeira, C. C., Johnson, K. R., and Wilf, P. (2002) Impact of the terminal Cretaceous event on plant–insect associations. *Proceedings of the National Academy of Sciences USA* **99:** 2061–2066.

Lande, R. (1979) Quantitative genetic analysis of multivariate evolution, applied to brain: body size allometry. *Evolution* **33:** 402–416.

Leaf Architecture Working Group. (1999) *Manual of Leaf Architecture*. Washington, D. C., Smithsonian Institution, 67 pp.

Levi-Setti, R. (1975) *Trilobites: A Photographic Atlas*. Chicago, University of Chicago Press, 213 pp.

Linck, O. (1954) Die Muschelkalk-Seelilie *Encrinus liliiformis*. *Aus der Heimat* **62:** 225–235.

Linnaeus, C. (1758) *Systema Naturae per Regna tria Naturae, Secundum Classes, Ordines, Genera, Species cum Characteribus, Differentiis, Synonymis, Locis,* 10th ed. Stockholm, Laurentii Salvii.

Lyell, C. (1833) *Principles of Geology,* volume III. London, John Murray, 383 pp.

Lyon, A. G., and Edwards, D. (1991) The first zosterophyll from the Lower Devonian Rhynie Chert, Aberdeenshire. *Transactions of the Royal Society of Edinburgh: Earth Sciences* **82:** 323–332.

Maas, M. C., Anthony, M. R. L., Gingerich, P. D., Gunnell, G. F., and Krause, D. W. (1995) Mammalian generic diversity and turnover in the Late Paleocene and Early Eocene of the Bighorn and Crazy Mountain basins, Wyoming and Montana (USA). *Palaeogeography, Palaeoclimatology, Palaeoecology* **115:** 181–207.

MacArthur, R. H., and Wilson, E. O. (1967) *The Theory of Island Biogeography*. Princeton, N. J., Princeton University Press, 203 pp.

MacDonald, K. B. (1969) Quantitative studies of salt marsh mollusc faunas from the North American Pacific coast. *Ecological Monographs* **39:** 33–60.

MacFadden, B. J. (1985) Patterns of phylogeny and rates of evolution in fossil horses: Hipparions from the Miocene and Pliocene of North America. *Paleobiology* **11:** 245–257.

MacFadden, B. J. (1986) Fossil horses from "Eohippus" (*Hyracotherium*) to Equus: Scaling, Cope's Law, and the evolution of body size. *Paleobiology* **12:** 355–369.

Martin, P. A., Lea, D. W., Rosenthal, Y., Shackleton, N. J., Sarnthein, M., and Papenfuss, T. (2002) Quaternary deep sea temperature histories derived from benthic foraminiferal Mg/Ca. *Earth and Planetary Science Letters* **198:** 193–209.

Martin, P. S., and Steadman, D. W. (1999) Prehistoric extinctions on islands and continents. *In* R. D. E. MacPhee (ed.), *Extinctions in Near Time*. New York, Kluwer Academic, pp. 17–55.

Mayr, E. (1942) *Systematics and the Origin of Species*. New York, Columbia University Press, 334 pp.

McElwain, J. C., Beerling, D. J., and Woodward, F. I. (1999) Fossil plants and global warming at the Triassic–Jurassic boundary. *Science* **285:** 1386–1390.

McGhee, G. R., and McKinney, F. K. (2000) A theoretical morphologic analysis of convergently evolved erect helical colony form in the Bryozoa. *Paleobiology* **26:** 556–577.

McGhee, G. R., and McKinney, F. K. (2003) Evolution of erect helical colony form in the Bryozoa: Phylogenetic, functional, and ecological factors. *Biological Journal of the Linnean Society* **80:** 235–260.

McKinney, F. K. (1992) Competitive interactions between related clades: Evolutionary implications of overgrowth interactions between encrusting cyclostome and cheilostome bryozoans. *Marine Biology* **114:** 645–652.

Meyer, D. L., and Macurda, D. B., Jr. (1977) Adaptive radiation of the comatulid crinoids. *Paleobiology* **3:** 74–82.

Miller, A. I. (2001) Ordovician radiation. *In* D. E. G. Briggs and P. R. Crowther (eds.), *Palaeobiology II*. Oxford, U. K., Blackwell Scientific, pp. 49–52.

Miller, A. I., and Sepkoski, J. J., Jr. (1988) Modeling bivalve diversification: The effect of interaction on a macroevolutionary system. *Paleobiology* **14:** 364–369.

Miller, A. I., Holland, S. M., Meyer, D. L., and Dattilo, B. F. (2001) The use of faunal gradient analysis for intraregional correlation and assessment of changes in sea-floor topography in the type Cincinnatian. *Journal of Geology* **109:** 603–613.

Moore, R. C., and Teichert, C. (eds.) (1978) *Treatise on Invertebrate Paleontology, Part T, Echinodermata 2*. Boulder, Colo. and Lawrence, Kans., The Geological Society of America and The University of Kansas, 1027 pp. Morris, J. (1854) *A Catalogue of British Fossils*. The Author, London.

Niklas, K. J. (1994a) *Plant Allometry*. Chicago, University of Chicago Press, 395 pp.

Niklas, K. J. (1994b) Morphological evolution through complex domains of fitness. *Proceedings of the National Academy of Sciences USA* **91:** 6772–6779.

Niklas, K. J. (1997) *The Evolutionary Biology of Plants*. Chicago, University of Chicago Press, 449 pp.

Niklas, K. J., and Kerchner, V. (1984) Mechanical and photosynthetic constraints on the evolution of plant shape. *Paleobiology* **10:** 79–101.

Nixon, K. C., and Wheeler, Q. D. (1991) An amplification of the phylogenetic species concept. *Cladistics* **6**: 211–223.

Norris, R. D. (1991) Biased extinction and evolutionary trends. *Paleobiology* **17:** 388–399.

Norris, R. D., Kroon, D., Klaus, A. *et al*. (1998) Blake Nose. *Proceedings of the Ocean Drilling Program, Initial Reports* 171B, 83 pp.

Novack-Gottshall, P. M., and Miller, A. I. (2003) Comparative geographic and environmental diversity dynamics of gastropods and bivalves during the Ordovician Radiation. *Paleobiology* **29:** 576–604.

Olson, E. C. (1972) *Diplocaulus parvus* n. sp. (Amphibia: Nectridea) from the Chickasha Formation (Permian: Guadalupian) of Oklahoma. *Journal of Paleontology* **46:** 656–659.

Padian, K., and Clemens, W. A. (1985) Terrestrial vertebrate diversity: Episodes and insights. *In* J. W. Valentine (ed.), *Phanerozoic Diversity Patterns: Profiles in Macroevolution*. Princeton, N. J., Princeton University Press, pp. 41–96.

Pannella, G., and MacClintock, C. (1968) Biological and environmental rhythms reflected in molluscan shell growth. *In* D. B. Macurda (ed.), *Paleobiological Aspects of Growth and Development, a Symposium*.

Menlo Park, Calif., Paleontological Society, *Paleontological Society Memoir* **2:** 64–80.

Paul, C. R. C. (1982) The adequacy of the fossil record. *In* K. A. Joysey and A. E. Friday (eds.), *Problems of Phylogenetic Reconstruction* (Systematics Association Special Volume No. 21). London, U. K., Academic Press, pp. 75–117.

Paul, C. R. C., and Smith, A. B. (1984) The early radiation and phylogeny of echinoderms. *Biological Reviews* **59:** 443–481.

Petersen, C. G. J. (1915) On the animal communities of the sea bottom in the Skagerak, the Christiania Fjord and the Danish waters. *Report of the Danish Biological Station to the Board of Agriculture* **23:** 3–28.

Phillips, J. (1860) *Life on the Earth*. Cambridge, U. K., Macmillan, 224 pp.

Precht, W. F., and Aronson, R. B. (2004) Climate flickers and range shifts in reef corals. *Frontiers in Ecology and the Environment* **2:** 307–314.

Purvis, A. (1995) A composite estimate of primate phylogeny. *Philosophical Transactions of the Royal Society of London* **348:** 405–421.

Raup, D. M. (1966) Geometric analysis of shell coiling: General problems. *Journal of Paleontology* **40:** 1178–1190.

Raup, D. M. (1967) Geometric analysis of shell coiling: Coiling in ammonoids. *Journal of Paleontology* **41:** 43–65.

Raup, D. M. (1975) Taxonomic diversity estimation using rarefaction. *Paleobiology* **1:** 333–342.

Raup, D. M. (1976a) Species diversity in the Phanerozoic: A tabulation. *Paleobiology* **2:** 279–288.

Raup, D. M. (1976b) Species diversity in the Phanerozoic: An interpretation. *Paleobiology* **2:** 289–297.

Raup, D. M. (1977) Stochastic models in evolutionary palaeontology. *In* A. Hallam (ed.), *Patterns of Evolution as Illustrated by the Fossil Record*. Amsterdam, Elsevier, pp. 59–78.

Raup, D. M. (1979) Biases in the fossil record of species and genera. *Bulletin of the Carnegie Museum of Natural History* **13:** 85–91.

Raup, D. M. (1983) On the early origins of major biologic groups. *Paleobiology* **9:** 107–115.

Raup, D. M. (1985) Mathematical models of cladogenesis. *Paleobiology* **11:** 42–52.

Raup, D. M. (1991) A kill curve for Phanerozoic marine species. *Paleobiology* **17:** 37–48.

Raup, D. M. (1992) Large-body impact and extinction in the Phanerozoic. *Paleobiology* **18:** 80–88.

Raup, D. M., and Crick, R. E. (1981) Evolution of single characters in the Jurassic ammonite Kosmoceras. *Paleobiology* **7:** 200–215.

Raup, D. M., and Jablonski, D. (1993) Geography of end- Cretaceous marine bivalve extinctions. *Science* **260:** 971–973.

Raup, D. M., and Sepkoski, J. J., Jr. (1982) Mass extinctions in the marine fossil record. *Science* **215:** 1501–1503.

Raup, D. M., and Sepkoski, J. J., Jr. (1984) Periodicity of extinctions in the geologic past. *Proceedings of the National Academy of Sciences USA* **81***:* 801–805.

Raup, D. M., and Sepkoski, J. J., Jr. (1986) Periodic extinction of families and genera. *Science* **231:** 833–836.

Rice, S. H. (1998) The bio-geometry of mollusc shells. *Paleobiology* **24:** 133–149.

Romer, A. S. (1970) *The Vertebrate Body*, 4th ed. Philadelphia, W. B. Saunders, 601 pp.

Rosenzweig, M. L., and McCord, R. D. (1991) Incumbent replacement: Evidence for long-term evolutionary progress. Paleobiology **17**: 202–213.

Rudwick, M. J. S. (1961) The feeding mechanism of the Permian brachiopod Prorichtofenia. *Palaeontology* **3:** 450–471.

Sadler, P. M., and Cooper, R. A. (2004) Calibration of the Ordovician timescale. *In* B. D. Webby, F. Paris, M. L. Droser, and I. G. Percival (eds.), *The Great Ordovician Biodiversification Event*. New York, Columbia University Press, pp. 48–51.

Savrda, C. E. (1995) Ichnologic applications in paleoceanographic, paleoclimatic, and sea-level studies. *Palaios* **10:** 565–577.

Schäfer, W. (1972) *Ecology and Paleoecology of Marine Environments* (Translated by Inngard Oertel, edited by G. Y. Craig). Chicago, University of Chicago Press, 568 pp.

Schopf, J. W., and Walter, M. R. (1983) Archean microfossils: New evidence of ancient microbes. *In* J. W. Schopf (ed.), *Earth's Earliest Biosphere: Its Origin and Evolution*. Princeton, N. J., Princeton University Press, pp. 214–239.

Seilacher, A. 1970. Arbeitskonzept zur Konstruktions- Morphologie. *Lethaia* **3:** 393–396.

Sepkoski, J. J., Jr. (1978) A kinetic model of Phanerozoic taxonomic diversity I. Analysis of marine orders. *Paleobiology* **4:** 223–251.

Sepkoski, J. J., Jr. (1979) A kinetic model of Phanerozoic taxonomic diversity II. Early Phanerozoic families and multiple equilibria. *Paleobiology* **5:** 222–251.

Sepkoski, J. J., Jr. (1981) A factor analytic description of the Phanerozoic marine fossil record. *Paleobiology* **7:** 36–53.

Sepkoski, J. J., Jr. (1984) A kinetic model of Phanerozoic taxonomic diversity III. Post-Paleozoic families and multiple equilibria. *Paleobiology* **10:** 246–267.

Sepkoski, J. J., Jr. (1997) Biodiversity: Past, present, and future. *Journal of Paleontology* **71:** 533–539.

Sepkoski, J. J., Jr. (1998) Rates of speciation in the fossil record. *Philosophical Transactions of the Royal Society of London, Series B* **333:** 315–326.

Sepkoski, J. J., Jr. (2002) A compendium of fossil marine animal genera. *Bulletins of American Paleontology* 363*:* 1–560.

Sepkoski, J. J., Jr., and Miller, A. I. (1985) Evolutionary faunas and the distribution of Paleozoic marine communities in space and time. *In* J. W. Valentine (ed.), *Phanerozoic Diversity Patterns: Profiles in Macroevolution.* Princeton, N. J., Princeton University Press, pp. 153–190.

Sepkoski, J. J., Jr., and Sheehan, P. M. (1983) Diversification, faunal change, and community replacement during the Ordovician Radiations. *In* M. J. S. Tevesz and P. L. McCall (eds.), *Biotic Interactions in Recent and Fossil Benthic Communities.* New York, Plenum Press, pp. 673–717.

Sepkoski, J. J., Jr., McKinney, F. K., and Lidgard, S. (2000) Competitive displacement among post-Paleozoic cyclostome and cheilostome bryozoans. *Paleobiology* **26:** 7–18.

Shaw, A. B. (1964) *Time in Stratigraphy*. New York, McGraw-Hill, 365 pp.

Sheehan, P. M. (2001) The Late Ordovician mass extinction. *Annual Review of Earth and Planetary Sciences* **29:** 331–364.

Sheehan, P. M., Coorough, P. J., and Fastovsky, D. E. (1996) Biotic selectivity during the K/T and Late Ordovician extinction events. *In* G. Ryder, D. Fastovsky, and S. Gartner (eds.), *The Cretaceous–Tertiary Event and*

Other Catastrophes in Earth History. Geological Society of America Special Paper 307, pp. 477–489.

Shen, S.-Z., and Shi, G. R. (2002) Paleobiogeographical extinction patterns of Permian brachiopods in the Asianwestern Pacific region. *Paleobiology* **28:** 449–463.

Shuto, T. (1974) Larval ecology of prosobranch gastropods and its bearing on biogeography and paleontology. *Lethaia* **7:** 239–256.

Signor, P. W., III, and Lipps, J. H. (1982) Sampling bias, gradual extinction patterns, and catastrophes in the fossil record. *In* L. T. Silver and P. H. Schulz (eds.), *Geological Implications of Impacts of Large Asteroids and Comets on the Earth*. Geological Society of America Special Paper 190, pp. 291–296.

Simpson, G. G. (1953) *The Major Features of Evolution*. New York, Columbia University Press, 434 pp.

Smith, A. B. (1994) *Systematics and the Fossil Record: Documenting Evolutionary Patterns*. Oxford, U. K., Blackwell Scientific, 223 pp.

Smith, J. P. (1932) Lower Triassic ammonoids of North America. *U. S. Geological Survey Professional Paper* 167, pp. 1–199.

Smith, L. H. (1998) Species level phenotypic variation in lower Paleozoic trilobites. *Paleobiology* **24:** 17–36.

Sober, E. (2004) The contest between parsimony and likelihood. *Systematic Biology* **53:** 644–653.

Sohl, N. F. (1960) Archaeogastropoda, Mesogastropoda and stratigraphy of the Ripley, Owl Creek, and Prairie Bluff Formations. *U. S. Geological Survey Professional Paper* 331-A, 151 pp.

Sorgenfrei, T. (1958) Molluscan assemblages from the marine Middle Miocene of South Jutland and their environments. *Geological Survey of Denmark*, II Ser. No. 79, 503 pp.

Speyer, S. E., and Brett, C. E. (1986) Trilobite taphonomy and Middle Devonian taphofacies. *Palaios* **1:** 312–327.

Springer, D. A., and Bambach, R. K. (1985) Gradient versus cluster analysis of fossil assemblages: A comparison from the Ordovician of southwestern Virginia. *Lethaia* **18:** 181–198.

Squyres, S. W., and Knoll, A. H. (eds.) (2005) *Sedimentary Geology at Meridiani Planum, Mars. Earth and Planetary Science Letters*, vol. 240, no. 1, pp. 1–190.

Stanley, S. M. (1972) Functional morphology and evolution of bysally attached bivalve mollusks. *Journal of Paleontology* **46:** 165–212.

Stanley, S. M. (1973) An explanation for Cope's Rule. Evolution **27**: 1–26.

Stanley, S. M. (1975) A theory of evolution above the species level. *Proceedings of the National Academy of Sciences USA* **72:** 646–650.

Stanley, S. M. (1999) The myth of the diversity plateau: High extinction rates, not ecological saturation, stifled the diversification of Paleozoic marine life. *Geological Society of America Abstracts with Programs* **31**(7): A-337.

Stanley, S. M., and Yang, X. (1994) A double mass extinction at the end of the Paleozoic Era. *Science* **266:** 1340–1344.

Stanley, S. M., Addicott, W. O., and Chinzei, K. (1980) Lyellian curves in paleontology: Possibilities and limitations. *Geology* **8:** 422–426.

Stewart, W. N. (1983) *Paleobotany and the Evolution of Plants*. Cambridge, U. K., Cambridge University Press, 405 pp.

Suchanek, T. H. (1983) Control of seagrass communities and sediment distribution by *Callianassa* (Crustacea, Thalassinidea) bioturbation. *Journal of Marine Research* **41:** 281–298.

Taylor, T. N., and Taylor, E. L. (1993) *The Biology and Evolution of Fossil Plants*. Englewood Cliffs, N. J., Prentice Hall, 982 pp.

Thompson, D'A. W. (1942) *On Growth and Form*. Cambridge, U. K., Cambridge University Press, 1116 pp.

Towe, K. M. (1987) Fossil preservation. *In* R. S. Boardman, A. H. Cheetham, and A. J. Rowell (eds.), *Fossil Invertebrates*. Palo Alto, Calif., Blackwell Scientific, pp. 36–41. Tree of Life Web Project [*http: //www. tolweb. org*, accessed 10 May 2006].

Ubukata, T. (2000) Theoretical morphology of hinge and shell form in Bivalvia: Geometric constraints derived from space conflict between umbones. *Paleobiology* **26:** 606–624.

Unrug, R., Unrug, S., Ausich, W. I., Bednarczyk, J., Cuffey, R. J., Mamet, B. L., and Palmes, S. L. (2000) Paleozoic age of the Walden Creek Group, Ocoee Supergroup, in the western Blue Ridge, southern Appalachians: Implications for evolution of the Appalachian margin of Laurentia. *Geological Society of America Bulletin*, Vol. 112, No. 7, pp. 982–996.

Valentine, J. W. (1970) How many marine invertebrate fossil species? A new approximation. *Journal of Paleontology* **44:** 410–415.

Valentine, J. W. (1989) How good was the fossil record? Clues from the California Pleistocene. *Paleobiology* **15:** 83–94.

Valentine, J. W. (2004) *On the Origin of Phyla*. Chicago, University of Chicago Press, 614 pp.

Valentine, J. W., Jablonski, D., and Erwin, D. H. (1999) Fossils, molecules, and embryos: New perspectives on the Cambrian explosion. *Development* **126:** 851–859.

Valentine, J. W., Jablonski, D., Kidwell, S., and Roy, K. (2006) Assessing the fidelity of the fossil record by using marine bivalves. *Proceedings of the National Academy of Sciences USA* **103:** 6599–6604.

Valentine, J. W., Tiffney, B. H., and Sepkoski, J. J., Jr. (1991) Evolutionary dynamics of plants and animals: A comparative approach. *Palaios* **6:** 81–88.

Van Wagoner, J. C., Mitchum, R. M., Campion, K. M., and Rahmanian, V. D. (1990) *Siliciclastic Sequence Stratigraphy in Well Logs, Cores, and Outcrops: Concepts for High-Resolution Correlation of Time and Facies*. Tulsa, Okla., American Association of Petroleum Geologists, Models in Exploration Series, No. 7, 55 pp.

Vermeij, G. J. (1977) The Mesozoic marine revolution: Evidence from snails, predators, and grazers. *Paleobiology* **3:** 245–258. Vermeij, G. J. (1987) *Evolution and Escalation: An Ecological History of Life. Princeton*, N. J., Princeton University Press, 527 pp.

Wagner, P. J. (1995) Systematics and the fossil record. Palaios **10:** 383–388.

Walossek, D., and Müller, K. J. (1994) Pentastomid parasites from the lower Palaeozoic of Sweden. *Transactions of the Royal Society of Edinburgh: Earth Sciences* **85:** 1–37.

Walter, M. R., Des Marais, D., Farmer, J. D., and Hinman, N. W. (1996) Lithofacies and biofacies of mid-Paleozoic thermal spring deposits in the Drummond Basin, Queensland, Australia. *Palaios* **11:** 497–518.

Walter, M. R., McLoughlin, S., Drinnan, A. N., and Farmer, J. D. (1998) Palaeontology of Devonian thermal spring deposits, Drummond Basin, Australia. *Alcheringa* **22:** 285–314.

Webby, B. D., Cooper, R. A., Bergström, S. M., and Paris, F. (2004) Stratigraphic framework and time slices. *In* B. D. Webby, F. Paris, M. L. Droser, and I. G. Percival (eds.), *The Great Ordovician Biodiversification Event*. New York, Columbia University Press, pp. 41–47.

Westrop. S. R., and Adrain, J. M. (1998) Trilobite alpha diversity and the reorganization of Ordovician benthic marine communities. *Paleobiology* **24:** 1–16.

Whittaker, R. H. (1975) *Communities and Ecosystems*, 2nd ed. New York, Macmillan, 385 pp.

Whittington, H. B. (1957) *The ontogeny of trilobites*. Biological *Reviews* **32:** 421–469.

Whittington, H. B. (1985) *The Burgess Shale*. New Haven, Conn., Yale University Press, 151 pp.

Wilf, P. (1997) When are leaves good thermometers? A new case for Leaf Margin Analysis. *Paleobiology* **23:** 373–390.

Wilf, P., and Labandeira, C. C. (1999) Response of plant– insect associations to Paleocene–Eocene warming. *Science* **284:** 2153–2156.

Wilf, P., Wing, S. L., Greenwood, D. R., and Greenwood, C. L. (1998) Using fossil leaves as paleoprecipitation indicators: An Eocene example. *Geology* **26:** 203–206.

Williams, A. (1957) Evolutionary rates of brachiopods. *Geological Magazine* **94:** 201–211.

Williams, A., Carlson, S. J., Brunton, H. C., Holmer, L. E., and Popov, L. (1996) A supra-ordinal classification of the Brachiopoda. *Philosophical Transactions of the Royal Society of London* B **351:** 1171–1193.

Wills, M. A., Briggs, D. E. G., and Fortey, R. A. (1994) Disparity as an evolutionary index: A comparison of Cambrian and Recent arthropods. *Paleobiology* **20:** 93–130.

Wing, S. L., Harrington, G. J., Smith, F. C., Bloch, J. L., Boyer, D. M., and Freeman, K. H. (2005) Transient floral change and rapid global warming at the Paleocene–Eocene boundary. *Science* **310:** 993–996.

Woodward, F. I. (1987) Stomatal numbers are sensitive to increases in CO_2 from pre-industrial levels. *Nature* **327:** 617–618.

Xiao, S., and Knoll, A. H. (2000) Phosphatized animal embryos from the Neoproterozoic Doushantuo Formation at Weng'an, Guizhou, South China. *Journal of Paleontology* **74:** 767–788.

Zachos, J., Pagani, M., Sloan, L., Thomas, E., and Billups, K. (2001) Trends, rhythms, and aberrations in global climate 65 Ma to present. *Science* **292:** 686–693.

Ziegler, A. M. (1965) Silurian marine communities and their environmental significance. *Nature* **207:** 270–272.

Ziegler, A. M., Cocks, L. R. M., and Bambach, R. K. (1968) The composition and structure of Lower Silurian marine communities. *Lethaia* **1:** 1–27.

译 后 记

第一版和第二版的《古生物学原理》均发表于上世纪70年代，其中第一版曾于1978年被原武汉地质学院（现中国地质大学·武汉）古生物教研室翻译并引入中国。在此后的三十多年里，古生物学研究取得了令人惊叹的成就，诸多重要材料被发掘出来，并在研究手段和方法上获得了极大的革新，各种定量方法贯穿于古生物学以及相关学科的诸多研究之中，包括数据的收集以及对数据的分析。这中间，中国的学者也做出了突出的贡献，但基于区域乃至全球数据开展的综合研究和定量分析尚不多。

在这三十年古生物学领域的创新性研究浪潮中，前两版《古生物学原理》发挥了重要的引导作用，而并非仅仅是本科生的教科书的作用。然而，经过三十多年的发展，古生物学研究的深度和广度与之前相比有了极大的革新，与地质学、生物学、化学、物理学、统计学、计算机科学的交叉日益广泛，此时，前两版的《古生物学原理》已经很难起到引导作用，即便是作为本科生的教科书也已过时。因此，在2008年，Foote和Miller两位教授系统地总结了当前古生物学与相关领域中的众多前沿与热点研究领域中较为成熟的研究方法与手段，并辅以丰富的实例，从而形成本书。可以说，本书是过去三十年里古生物学数据分析方法的集大成者，不仅仅是对古生物学专业的高年级本科生、硕士生和博士生，即使是工作多年的古生物学家，本书也具有重要的参考价值。

2008年夏天，译者（樊隽轩）在赴美国辛辛那提访问A. I. Miller教授期间，本书刚由Freeman出版社发行。此前译者已经开展了化石形态统计分析、定量生物地层学、定量生物地理与演化古生物学等方面的研究工作。因此在通读全书后，深深理解到本书对于古生物学的学生乃至科研人员的重要参考价值，随后在Miller教授的支持下，开始了本书中文版的翻译运作。

由于本书在论及各种数据采集和分析方法时，引用的多为国际间古生物学研究的最新研究进展，加之涉及诸多相关学科和定量方法，其中部分方法在国内尚未有人采用，因此在翻译上难度较大。最终经过16位翻译人员两年的共同努力，以及科学出版社胡晓春女士耐心、细致的审核与编辑工作，本书得以最终出版。对此深表感谢。

书中各章节的译者如下：第一章马学平，第二章王伟铭和毛方园，第三章方宗杰，第四章冷琴，第五章华洪，第六章张元动，第七章樊隽轩和陈清，第八章詹仁斌，第九章林巍、王小娟和王向东，第十章王晶和王军，词汇解释李国祥、詹仁斌和樊隽轩。本书的翻译出版得到了中国科学院知识创新方向性项目（KZCX2-EW-111）、国家自然科学基金（41221001，41290260和41272042）、中国科学院南京地质古生物研究所、现代古生物学和地层学国家重点实验室，以及GBDB数据库（Geobiodiversity Database, www. geobiodiversity. com）的支持，在此一并致谢。

古生物学重要生物类群

原核生物 prokaryote［典型的单细胞生物；细胞小（1—10μm），无细胞核及其他膜结合细胞器；DNA 位于单个染色体上］
- **真细菌域 Eubacteria**
  - **蓝细菌 Cyanobacteria**［光合生物；可能是真核细胞中光合器官——叶绿体的祖先］
- **古菌域 Archaea**［与真核生物具分子上的相似性］
  - **泉古菌界 Crenarchaeota**［包括许多生活于极端高温和酸性环境并通过硫氢反应获得能量的菌类］
  - **广古菌界 Euryarchaeota**［包括许多产甲烷的菌类及在极高盐度下生活的菌类］

真核生物域 Eukarya［细胞比原核生物大；DNA 位于细胞核内；具线粒体和叶绿体等膜结合细胞器；在演化上起源于原核生物的共生组合］
- **真菌界 Fungi**［多细胞生物；异养型；体外消化；在生态系统中任分解者之要职；与动物关系密切］
  - **子囊菌门 Ascomycota**（酵母菌及其亲缘类型）
  - **担子菌门 Basidiomycota**（蘑菇及其亲缘类型）
  - **壶菌门 Chytridiomycota**［大型含孢子生物体，使用鞭毛运动］
  - **接合菌门 Zygomycota**（面包霉菌及其亲缘类型）

动物界 Animalia［多细胞生物；异养型；具细胞运动性；在发育过程中，会先形成单胚层的小球，即囊胚，在多数类群中，囊胚通过原口内套，最终进入具两个胚层的生长阶段］
- **两侧对称动物 Bilateria**［两侧对称；三胚层］
  - **原口动物 protostomes**［原口发育为口；在发育早期通常具独特的螺旋型卵裂］
    - **蜕皮动物 Ecdysozoa**［在生长过程中会周期性蜕掉表皮的动物］
      - **节肢动物门 Arthropoda**［身体、附肢均分节；几丁质外骨骼，有时呈矿化］
        - **螯肢超纲 Chelicerata**［单枝型附肢；身体分为前体与后体两部分；具螯肢］
          - **蛛形纲 Arachnida**（如蜘蛛和蝎）
          - **肢口纲 Merostomata**（如†板足鲎和鲎）
        - **甲壳超纲 Crustacea**［双枝型附肢；身体分为头、胸、腹三部分；具两对触角］
          - **蔓足纲 Cirripedia**（如藤壶）
          - **软甲纲 Malacostraca**（如龙虾、蟹和虾）
          - **介形纲 Ostracoda**［个体较小；侧面扁平；具两枚壳瓣，有时为钙质壳，身体几乎被壳瓣包裹］
        - **六足超纲 Hexapoda**［单枝型附肢；身体分为头、胸、腹三部分；胸部具三个体节、六个附肢及翅膀］
          - **昆虫纲 Insecta**
        - **单肢超纲 Myriapoda**（如蜈蚣和马陆）［躯干长，具多体节及单枝型附肢］
        - **†三叶虫纲 Trilobita**［身体纵向上分三个区域，分为头、胸、尾三部分；钙化程度高；双枝型附肢］
    - **冠轮动物 Lophotrochozoa**［主要基于分子系统学证据而合并的门的集合］
      - **担轮动物 Eutrochozoa**［通过螺旋型卵裂方式及其他发育型式上的相似性而合并的门的集合］
        - **软体动物门 Mollusca**［具肉足和位于背部的内脏团；外套膜分泌碳酸钙质壳瓣］
          - **双壳纲 Bivalvia**（如蚌、牡蛎、贻贝和扇贝）［具两枚互相铰合的壳瓣；头部消失；以鳃滤食］
          - **头足纲 Cephalopoda**（如†菊石、鹦鹉螺、鱿鱼和章鱼）［仅具一枚壳瓣，平旋壳，具壳室，可漂浮；具腕或触手］
          - **腹足纲 Gastropoda**（如蜗牛和蛞蝓）［仅具一枚壳瓣，通常为螺旋壳；身体扭转］
          - **单板类 monoplacophorans**［仅具一枚帽状壳瓣；身体不扭转；发育成对器官］
            - **†太阳女神螺纲 Helcionelloida**
            - **背壳肌纲 Tergomya**
          - **多板纲 Polyplacophora**（如石鳖）［身体被八块铰合的背板包裹］
          - **†喙壳纲 Rostroconchia**［仅具一枚连续壳瓣，但却呈现类似双壳类的双瓣壳的形态］
          - **掘足纲 Scaphopoda**（如象牙贝）［具一枚象牙状长壳瓣，并在两端开口］
        - **环节动物门 Annelida**［分节的蠕虫；化石还包括坚硬的、含蛋白质的牙齿分子（虫牙化石）和碳酸钙质的管状体或胶结沉积颗粒形成的管状体］
          - **多毛纲 Polychaeta**［疣足发育几丁质的刚毛］
      - **触手冠动物 Lophophorata**［具发育早期的辐射型卵裂、触手状的捕食器官（触手冠）以及其他的特征的门的集合］
        - **腕足动物门 Brachiopoda**［具两枚钙质或者有机磷酸盐质壳瓣，有时发育铰合构造］
          - **舌形贝亚门 Linguliformea**［有机磷酸盐质壳，无铰合构造］
            - **舌形贝纲 Lingulata**
            - **†神父贝纲 Paterinata**
          - **髑髅贝亚门 Craniiformea**［钙质壳；无肉茎；多数为无铰类型］
            - **头壳纲 Craniata**
          - **小嘴贝亚门 Rhynchonelliformea**［钙质壳，多数为有铰类型；部分具钙质触手冠；具肉茎］
            - **†智利贝纲 Chileata**［通常无铰合构造］
            - **†小圆货贝纲 Obolellata**［壳瓣简单铰合］
            - **†库图贝纲 Kutorginata**［壳瓣简单铰合］
            - **†扭月贝纲 Strophomenata**［壳瓣常发育较复杂的铰合方式；部分类群中具腕棒］
            - **小嘴贝纲 Rhynchonellata**［壳瓣间常为较复杂的铰合方式；部分具发达的触手冠］
        - **苔藓动物门 Bryozoa**［群体生物；部分钙化］
          - **裸唇纲 Gymnolaemata**［部分钙化；个体为箱形或者圆柱形］
          - **窄唇纲 Stenolaemata**［已钙化；个体为典型的圆柱形］
  - **后口动物 Deuterostomia**［在发育过程中，原口常演化为肛门；一般为辐射型卵裂］
    - **脊索动物门 Chordata**［具脊索和咽鳃裂］
      - **脊椎动物亚门 Vertebrata**［具脊柱］
        - **无颌类 jawless vertebrates**
          - **无颌超纲 Agnatha**（如七鳃鳗和盲鳗）
          - **†牙形刺纲 Conodonta**［牙形的磷酸盐质分子］
          - **†鳍甲鱼纲 Pteraspidomorphi**［尾部具鳞；头部具骨甲］
        - **有颌类 Gnathostomata**［有颌的脊椎动物］
          - **†棘鱼纲 Acandthodii**［鳍具棘刺；体外具骨甲和刺］
          - **软骨鱼纲 Chondrichthyes**（如鲨和鳐）［内骨骼由软骨组成］
          - **†盾皮鱼纲 Placodermi**［头部和胸部覆盖骨甲］
          - **硬骨鱼类 Osteichthyes**［内骨骼为磷酸盐质］

辐鳍鱼纲 Actinopterygii［鳍呈放射状；包括大部分熟知的硬骨鱼类］

肉鳍鱼纲 Sarcopterygii（如肺鱼和腔棘鱼）［鳍为叶状；包括四足动物的祖先］

四足动物 Tetrapoda［通常具四个腿状肢体的肉鳍鱼类］

两栖类 amphibians（如蛙、蝾螈和多种已灭绝亲缘分子）［不具羊膜的四足动物］

羊膜动物 Amniota［羊膜卵被抗干燥的羊膜包裹］

爬行类 reptiles（如龟、蛇、蜥、鳄、兽孔类和恐龙）［非鸟非哺乳类的羊膜动物］

鸟纲 Aves［具翅；体表被羽毛］

哺乳纲 Mammalia［具乳腺；体表具毛发］

棘皮动物门 Echinodermata［五辐对称；钙质内骨骼；具独特的水管系统］

海星亚门 Asterozoa［星形；从身体中央辐射出五条或者更多的触手或腕；通常底栖，可移动］

海星纲 Asteroidea（如海星）［具明显的五辐对称；骨骼由许多小骨板组成］

蛇尾纲 Ophiuroidea（如海蛇尾）［具体盘和五条细长、灵活的触手］

†海蕾亚门 Blastozoa［球状壳体；多数具茎或者固着器；特化的捕食器官（腕羽）；腕不具体腔］

始海百合纲 Eocrinoidea［不属于其他纲的海蕾类动物］

海蕾纲 Blastoidea［具茎；腕羽处具有五条发育良好的线状体；具独特的呼吸构造（水旋管）］

双孔纲 Diploporita［骨板规则或不规则；具茎或不具茎；具独特的呼吸构造（双孔器）］

菱孔海林檎纲 Rhombifera［骨板规则；微弱的五辐对称；具茎；具独特的呼吸构造（菱孔）］

海百合亚门 Crinozoa［球状壳体；具茎；腕具体腔］

海百合纲 Crinoidea

海胆亚门 Echinozoa［形态多样；多数可自由移动；发育水管系统］

海胆纲 Echinoidea（如海胆和沙钱）［可移动；体壳呈球形或盘形］

†海座星纲 Edrioasteroide［固着；壳体呈盘形；上表面发育五条食物沟］

海参纲 Holothuroidea［可移动；身体拉长；体内具骨针］

†海扁果亚门 Homalozoa［身体扁平；不对称或两侧对称；可自由移动］

半索动物门 Hemichordata［身体呈蠕虫状，分为三个主要部分；与脊索动物相似］

†笔石纲 Graptolithina［群体生物；个体居于蛋白质管内］

前两侧对称动物 prebilaterians［演化上早于两侧对称动物的类群］

多孔动物门 Porifera（如海绵）［结构简单；无可识别的器官；重复的滤食单元］

钙质海绵纲 Calcarea［钙质骨针］

寻常海绵纲 Demospongea［蛋白质或硅质骨针］

六放海绵纲 Hexactinellida［硅质骨针；组织由多核体组成］

†古杯动物 Archaeocyathida［钙质；锥状并中空的骨骼发育多孔壁；可能不属于多孔动物］

刺胞动物门 Cnidaria［由两层细胞组成；辐射对称；具独特的刺状细胞］

珊瑚纲 Anthozoa（如珊瑚和海葵）

水螅纲 Hydrozoa［形态多样，包括单体和群体类型；部分为钙质］

钵水母纲 Scyphozoa（如水母）

原生生物界 Protoctista［不属于动物、植物或真菌的真核生物；通常为单细胞］

有孔虫类 Rhizaria［单细胞，具伪足］

有孔虫 Foraminiferida［钙质壳，被分隔为许多小的室，外壳常旋卷；有时由沉积颗粒胶结而成］

放射虫 Radiolaria［主要为硅质壳，形态为非常规律的放射状］

甲藻门 Pyrrhophyta（如甲藻）［单细胞生物，具鞭毛；多数为浮游生物；光合色素为叶绿素 a 和 c；化石主要为有机质壁的囊孢］

不等鞭毛门 Heterokontophyta［光合色素为叶绿素 a 和 c］

褐藻纲 Phaeophyceae［多细胞生物；有不同组织的分化］

硅藻类 diatoms［多数为单细胞生物，浮游生物］

定鞭藻门 Haptophyta［通常具鞭毛；光合色素为叶绿素 a 和 c］

颗石藻 coccolithophores［化石为细小的钙质盘状物（颗石）］

红藻门 Rhodophyta［光合色素为叶绿素 a 等；不具鞭毛；是造礁生物中重要的钙质类群；与植物具很近的亲缘关系］

植物界 Plantae［光合色素为叶绿素 a 和 b；通常具细胞壁，不具细胞运动性］

绿藻门 Chlorophyta［化石记录中重要的钙质类群；包括陆生植物的祖先］

有胚植物 Embryophyta（如陆生植物）

非维管植物 nonvascular plants

地钱门 Marchantiophyta（如叶苔）

角苔门 Anthocerophyta（如角苔）

苔藓植物门 Bryophyta

维管植物门 Tracheophyta［具有木质化的可运输水分的导管］

†莱尼蕨纲 Rhyniopsida［具简单的茎干，其末部发育孢子囊］

†工蕨纲 Zosterophyllopsida［孢子囊着生无叶茎干的侧面］

石松纲 Lycopsida［发育单一维管叶脉的简单叶状结构；石炭纪重要成煤植物］

木贼纲 Equisetopsida（如楔叶类）［孢子囊呈锥形；轮生的小叶型叶；侧枝从主干伸出］

真蕨纲 Filicopsida［孢子聚集于叶下方］

†前裸子植物纲 Progymnospermopsida（如古羊齿及其亲缘类型）［叶形似蕨叶，有孢子囊着生；茎干似种子植物；包括种子植物的祖先］

种子植物 Spermatophytata［通过种子而非孢子繁殖］

裸子植物纲 Gymnospermopsida（如松柏和苏铁）［种子不被果实包裹］

被子植物纲 Angiospermopsida（如开花植物）［具花；种子被果实包裹］

备注：本表列举了学生阅读古生物学文献时常见的生物类群。许多类群因化石记录稀少、多样性低或地层延限有限而略去不提。已灭绝类群用短剑符号†标注。正式生物类群的名字首字母大写，非正式的类群则小写。所有类群按照常见方式排序。这些类群的分类并未完全遵循系统发育的观点。部分类群为并系，我们已尽可能避免出现多系的情况。类群的细分程度取决于分支的程度。在某些情况下，类群间的相邻位置关系并不代表系统发育上的关联。例如，表中将四足动物与肉鳍鱼纲放置在了一起。常用名以及一些熟知的例子以圆括弧注明。类群的主要特征描述和其他相关注释，则以方括号注明。在许多情况下，所列出的特征并不是鉴定特征，也未必会在该类群的所有分子中出现。

资料主要来源：Boardman, Cheetham & Rowell (1987); Clarkson (1998); Falkowski *et al.* (2004); Kenrick & Crane (1997); Knoll (2003); Stewart (1983); Tree of Life 网络项目［http://www.tolweb.org, 数据取自 2006 年 5 月 10 日］; Valentine (2004);Williams *et al.* (1996)